W0085117

Alle in diesem Buch dargelegten Ansichten und Meinungen geben die des Autors wieder und müssen nicht unbedingt mit denen anderer Personen oder Institutionen, der Navy oder der Regierung irgendeines Landes übereinstimmen.

TOM CLANCY

# ARMORED CAVALRY

Die verbundenen amerikanischen Panzereinheiten

Aus dem Amerikanischen von Heinz-W. Hermes

WILHELM HEYNE VERLAG
MÜNCHEN

HEYNE SACHBUCH
19/676

Titel der amerikanischen Originalausgabe:
ARMORED CAV.
A GUIDED TOUR OF AN ARMORED CAVALRY REGIMENT.
Erschienen bei Berkley Books, New York

*Umwelthinweis:*
Dieses Buch wurde auf chlor- und säurefreiem Papier gedruckt.

Anmerkung des Übersetzers

Ich habe mich darum bemüht, alle mir zur Verfügung stehenden Quellen zu nutzen. Besonders Herrn Oberstleutnant Thome, Herrn Major Schnau und Herrn Oberstleutnant Bergentum kann ich für ihre tatkräftige Unterstützung gar nicht dankbar genug sein. Nicht immer waren wir in der Lage, die richtigen Fachbegriffe zu finden und mußten uns daher immer wieder mit ›direkten‹ Übersetzungen behelfen. Die Leser mögen uns das bitte nachsehen.

Taschenbucherstausgabe 2/2000
Copyright © 1994 by Jack Ryan Limited Partnership
Copyright © 1997 der deutschsprachigen Ausgabe
by Wilhelm Heyne Verlag GmbH & Co. KG, München
http://www.heyne.de
Printed in Germany 2000
Umschlagfoto: Copyright © 1994 by Hans Halberstadt, Arms Communications
Umschlaggestaltung: Atelier Bachmann & Seidel, Reischach
Satz: Leingärtner, Nabburg
Druck und Verarbeitung: RMO-Druck, München

ISBN 3-453-15541-6

*Dieses Buch ist den Troopern des 11. und 14. Armored Cavalry Regiments gewidmet. Sie wurden als letzte von ihrem fast fünf Jahrzehnte dauernden Wachdienst über die Tiefebene von Fulda aus Deutschland abgezogen, und sie können stolz darauf sein, daß sie ihren Krieg gewonnen haben, ohne einen einzigen Schuß im Zorn abgefeuert zu haben. Mögen sie, heute und auch später, erkennen, daß sie ihr Leben dafür aufs Spiel gesetzt haben, den Frieden für uns alle zu schmieden und zu schützen.*

*Gott segne Euch dafür.*

*Für die Erlaubnis, das im Buch verwendete Material und die Fotos verwenden zu dürfen, bedankt sich der Autor aufrichtig bei:*

Der United States Army; H. R. McMasters; Toby Marinez; AM General Corporation; BEI Defense Systems Company; Bell Helicopter-Textron, Inc.; Beretta USA Company; BMY; Boeing-Sikorsky; Colt's Manufacturing Company; FMC Corporation; General Dynamics Land Systems; Loral Vought Systems; McDonnell Douglas Helicopter Company; Oshkosh Truck Corporation; Sikorsky Aircraft; Trimble Navigation Ltd.; Hughes Missile Systems Company; John D. Gresham; alle Rechte vorbehalten.

# Inhalt

# Danksagungen

Einmal mehr gilt es, all denjenigen Dank zu sagen, die dazu beigetragen haben, daß aus diesem Buch etwas geworden ist, auf das man stolz sein kann. An erster Stelle steht dabei mein Partner und Rechercheur John D. Gresham. Er ist wieder einmal von einer Küste zur anderen gereist, um eine Fülle an Material und Erfahrungen zu sammeln, die hier zur Information und zur Unterhaltung des Lesers ausgebreitet werden. Sein Anteil an der Arbeit war gewaltig und mit einigen äußerst schwierigen Aufgaben verbunden. Ich danke ihm sehr für seine andauernde Hingabe und Freundschaft. Darüber hinaus konnte das ganze Team zum wiederholten Male von den klugen Hinweisen und Ratschlägen profitieren, die vom Herausgeber der Reihe, Professor Martin H. Greenberg kamen. Erneut ein Kompliment an Laura Alpher für ihre wunderbaren Zeichnungen, die so viel zur Qualität des Buches in seiner Endfassung beigetragen haben. Diese junge Dame verfügt über ein außergewöhnliches Talent, und ihre Arbeiten sollte man auch künftig im Auge behalten. Tony Koltz, Mike Markowitz und Chris Carlson mit ihren prompten Recherchen und ihrer kritischen Betreuung des Manuskripts dürfen nicht vergessen werden. Meine ganz besondere Dankbarkeit gilt Greg Stuart für seine erstklassigen Ratschläge im Bereich der Photographie. Dank auch an Cindi Woodrum, Diana Patin und Rosalind Greenberg für ihre Geduld und ihre unermüdliche Unterstützung, als es darum ging, all jene winzigen Kleinigkeiten auszugraben, die wir für unsere kleine Geschichte brauchten.

Was die Arbeit an einem Buch für einen Autor immer wieder so erfreulich und aufregend macht, ist die Unterstützung, die er »von oben« bekommt; auch dieses Projekt erfreute sich einer Hilfestellung durch die Army, die mit einem Wort gesagt, unglaublich war. Es ist fast unmöglich, dem Chief of Staff der US-Army, General Gordon Sullivan, angemessen zu danken. Dieser Gentleman, der aussieht wie der freundliche Besitzer einer Zoohandlung, ist die treibende Kraft hinter all den technischen Revolutionen, die im Augenblick bei der Army in die Tat umgesetzt werden. Die Army und unser ganzes Land können von Glück sagen, daß in dieser kritischen Phase ihrer Geschichte eine solche Führungspersönlichkeit an der Spitze der Army steht. Besonderer Dank geht auch an General Fred Franks für die Zeit, Geduld und die Freundschaft, die er allen Mitgliedern des Teams entgegenbrachte. Dank auch an General Barry McCaffrey und seiner Frau Jill, die uns einen ganz besonderen Abend in ihrem Heim bereitet haben. In Fort Hood, Texas, gilt unsere Dankbarkeit meinem alten Freund Lieutenant General Pete Taylor und seinem Nachfolger, Lieutenant General »Butch« Funk. Im National Training Center von Fort Irwin, California, war es Brigadier General Bob Coffey, der trotz seines übervollen Terminkalenders immer wieder die Zeit fand, uns das weltweit beste Trainingszentrum für Bodenkampf zu zeigen. Unser Dank geht auch an General Harold Wilson, Ph. D., den Chefhistoriker der US-Army. Schließlich gab es da noch drei außergewöhnliche junge Offiziere: Captain H. R. McMaster und Captain Joseph Sartiano sowie den 1st Lieutenant Dan Miller, die ihre ganz persönlichen Erfahrungen aus dem Golfkrieg mit uns teilten. Die Leser werden vermutlich ähnlich verblüfft sein wie wir, wenn sie sie lesen.

Eine andere Gruppe von Leuten, die uns bei unseren Recherchen entscheidend unterstützten, waren die verschiedenen Pressestellen und Büros für Öffentlichkeitsarbeit der US-Army [PAOs], die mit unseren zahllosen Anfragen nach Besuchen und Informationen umzugehen hatten. Rick und sein Team erfüllten uns praktisch jeden Wunsch nach Informationen und Zugangsberechtigungen, den wir an sie herantrugen, und damit wurden alle Sicherheitsüberprüfungen zu einem reinen Vergnügen. Über die Dienststelle von General Sullivan half uns Lieutenant Colonel Robert Coffey, die Modernisierungspläne der Army richtig darzustellen. In Fort Irwin, Kalifornien, waren es Captain Franklin Childress und Captain Len Tokar, die unseren Besuch nicht nur unvergeßlich, sondern in der unglaublichen Hitze des September 1993 auch erträglich machten. In Fort Polk, Louisiana, klärten uns Lieutenant Colonel Mike Trahan sowie Dan Nance und Dave Bingham über die Geschichte der leichten Kavallerie auf. Im Hauptquartier des TRADOC bewirkten Colonel George Stinnett und Ray Harper wahre Wunder, wenn es darum ging, unsere Arbeit zu unterstützen.

In Fort Bliss, Texas, hatte wir die Ehre, die Trooper des 3rd Armored Cavalry Regiments kennenzulernen, die hervorragendste Gruppe von Kämpfern, die man sich vorstellen kann. Unser Dank gilt hier zuallererst dem Regimentskommandeur, Colonel Robert Young. Dieser Berufssoldat – Friedenswächter und Sozialarbeiter zugleich – ist ein erstaunlich facettenreicher Mann. Dankenswerterweise nahm er sich während des Übungsprogramms des Regiments die Zeit, uns etwas über den Weg der 3rd Trooper zu erläutern. Auch der Regimentsstab verdient hier einiger Erwähnung. Command Sergeant Major Dennis E. Webster und der Einsatzoffizier des Regiments, Lieutenant Colonel Luke Barnett, leisteten Hervorragendes in der Koordination unserer Besuche beim Regiment. Die PAOs des Regiments, Captain Andy Vliet und 2nd Lieutenant Nichole Whitehead waren unglaublich verständnisvoll und geduldig. Auf keinen Fall dürfen wir vergessen, die Unterstützung zu erwähnen, die uns von den verschiedenen Bataillonskommandeuren zuteil wurde: den Lieutenant Colonels Norman Greczyn, Karl J. Gunzelman, Gratton Sealock und Thomas M. Hill. Natürlich waren da auch noch die außergewöhnlichen Bemühungen von Lieutenant Colonel Toby W. Martinez, dem Befehlshaber über das 1st (Tiger) Bataillon, die an dieser Stelle erwähnt werden sollen. Toby ist im Moment einer der besten Cavalry-Offiziere der Army. Er gestattete es uns, an seinen Siegen, Niederlagen und Erfahrungen teilzuhaben. Gott schütze dich, Toby.

Großen Dank schulden wir auch unseren verschiedenen Partner in der

Industrie. Ohne sie wären wir nicht an all die Informationen über die verschiedenen Waffen und Systeme gekommen. Bei den Waffenherstellern waren das Carl Oskoian von General Dynamics, Ken Julian und Judy McIlvanie von BMY und natürlich auch Bill Highlander und Madeleine Orr-Geiser von FMC. Bei den Herstellern von Hubschraubern waren es unter anderem Russ Rumney von Bell, Jim Kagdis von Boeing-Sikorsky, Ken Jensen von McDonnel Douglas und schließlich Bill Tuttle und Foster Morgan von Sikorsky. Die Leute bei den LKW-Fabrikanten waren ein reicher Quell an Informationen. Hier danken wir Walt Garlow und Lynn Jones von Oshkosh Truck ebenso wie dem unvergleichlichen Craig MacNab von AM General stellvertretend für alle anderen. Wir haben zahlreiche Freunde bei den verschiedenen Herstellern von Waffen, Panzerungen und Systemen gewonnen,darunter: Natalie Riley von BEI, Russ Logan bei Beretta USA, Cynthia Pulham bei Boeing, Art Dalton und Brian Berger von Colt, Clementine Cacciacarro und Cheryl Wiencek von Hughes, Robert Clower von IDA, Tommy Wilson von Loral, Peter Jones von Tenebrex und last but not least Ed Rodemsky und Barbara Thomas von Trimble, die soviel Zeit und Engagement aufbrachten, um uns in alle Feinheiten des GPS-Systems einzuweihen. Dank an euch alle.

Einmal mehr wurde uns Hilfe auch aus New York zuteil. Dort waren es Robert Gottlieb und William Morris, denen wir nochmals für die großartige Zusammenarbeit danken wollen. Bei Berkley Books gilt unsere dankbare Anerkennung unserem Lektor, John Talbot, aber genauso Jacky Sach, Patty Benford und David Shanks. Unseren Freunden Ed Burba und Donn Starry danken wir noch einmal für ihre Anregungen und klugen Ratschläge. All denjenigen, die uns auf Fahrten und Flügen mitgenommen haben, unseren Dank dafür, daß sie uns Laien beigebracht haben, wie die Dinge wirklich laufen. Auch unseren Freunden und Familien wollen wir dafür danken, daß sie die ständig verspäteten Abendessen, die nicht eingehaltenen Versprechen und versäumten Ferien ertragen haben; ihr alle sollt wissen, daß wir euch immer lieben. Ganz zum Schluß sagen wir dem kleinen Panzer-Sergeant, den jeder als »Big Daddy« kennt: »… Danke, daß wir bei den Panzern sein durften!«

# Vorwort

»IF YOU AIN'T CAV, YOU AIN'T …«* Dieser markige Soldatenslogan, der sich häufig an unübersehbaren Stellen findet, reflektiert die persönliche Einstellung eines Troopers und seiner Truppe. Dieses großartige Buch handelt von ebensolchen Soldaten.

Genaugenommen wurde es über die Panzerspähtruppen im allgemeinen und über ein Regiment der Armored Cavalry im besonderen geschrieben: das 3rd (unter dem Namen *Brave Rifles* bekannt), das bald vielleicht schon die letzte Organisation dieser Art bei den Aktivposten der US-Army sein wird – derselben Armee, die vor noch nicht allzu langer Zeit stolz auf fünf solcher aktiven Regimenter war. Während des Vietnamkrieges waren unter den leistungsfähigsten Einheiten wiederum diejenigen am effektivsten, die von einem Armored Cavalry Regiment kamen, nämlich die vom 11th (bekannt als »The Blackhorse«). Und im Golfkrieg waren es wieder die Regimenter der Armored Cavalry, diesmal das 2nd (*Toujours Prêt* = »Allzeit bereit«) und das 3rd, die zu den schlagkräftigsten gehörten. Jene Regimenter können auf eine lange Tradition herausragender Cavalry-Einheiten zurückblicken, in der berühmte Befehlshaber bereits als junge Offiziere Dienst taten. Im vorliegenden Buch beschreibt Tom Clancy besser als irgend jemand zuvor, warum Cavalry-Truppen das sind, was sie sind, wodurch sie sich von anderen unterscheiden und warum wir – an der Schwelle zum 21. Jahrhundert – eher mehr und nicht weniger Cavalry-Regimenter benötigen

Wie alle anderen militärischen Einheiten ist auch die moderne Armored Cavalry eine einzigartige Kombination aus Soldaten und Ausrüstung – das Wichtigste von allem sind und bleiben aber die Soldaten. Ein unumstößlicher Lehrsatz der Kampfführung lautet: Die Ausrüstung mag noch so gut sein, der siegreiche Ausgang eines Gefechts ist immer die Kombination aus dem Mut der Soldaten, der Qualität der militärischen Führung und der Effektivität der Ausbildung – eines Trainings, das individuell und in kleinen Einheiten unter Einbeziehung der Ausrüstung und unter Berücksichtigung genau durchdachter und häufig praktizierter Taktiken und Einsatzpläne erfolgt. Es greift also alles ineinander – Taktiken, Ausrüstung, Training und Organisation. Von all dem handelt dieses Buch: eine ganz besondere Organisation, ihre Ausrüstung, ihre Soldaten, ihre Führung und ihr Kampfstil. Natürlich findet man dieses spezielle Zusammenwirken nicht nur bei der Cavalry, denn es wird in ähnlicher Form auch in verschiedenen anderen Einheiten praktiziert. Dennoch gibt es eine ganze Reihe charakteristischer Merkmale der Cavalry, die diese Organisa-

---

* Sinngemäß:»Wenn Du nicht bei der Cavalry bist, bist Du nichts..«

tion vielleicht doch ein wenig »*anders*« macht im Vergleich zu anderen. Was sind nun diese Charakteristika?

An erster Stelle stehen hier sicherlich die traditionellen Missionen der Cavalry: Aufklärung und Absicherung. Mit anderen Worten, ein Feind muß ausfindig gemacht werden, um eine übergeordnete Befehlsebene davon in Kenntnis setzen zu können. Dann muß unter Umständen die Initiative ergriffen werden, um diesen Feind daran zu hindern, sich in Gefechtspläne eigener oder befreundeter Streitkräfte einzumischen. Diese historischen Missionen einer Kavallerie erfordern höchste operative Mobilität, taktische Beweglichkeit, eine hervorragende Befehls- und Führungsebene sowie die besondere Fähigkeit, über enorme Entfernungen hinweg wirkungsvoll operieren zu können. Darüber hinaus wird die Fähigkeit erwartet, daß sich diese Einheiten schnell wieder sammeln können, um einer Bedrohung entgegenzutreten – oder den Vorteil einer Situation ohne Verzögerung auszunutzen. Kurz, es wird von ihr verlangt, daß sie jederzeit in der Lage ist, die Initiative an sich zu reißen. Die Militärgeschichte lehrt, wie wichtig es ist, das Gesetz des Handelns in der Hand zu behalten. Zu allen Zeiten hat gewöhnlich derjenige gewonnen, der den Kampf bestimmt hat – unabhängig davon, wer zahlenmäßig über- oder unterlegen war, wer angriff oder sich verteidigte. Kavallerie-Einsätze erfordern Einheiten, die so organisiert und ausgebildet sind, daß sie die Kampfhandlungen bestimmen – jederzeit, vom ersten Augenblick an und auch danach.

Zweitens: Die Organisation der Cavalry ist tatsächlich anders. Die Notwendigkeit von Mobilität und Behendigkeit sowie von sparsamer Kraftentfaltung über große Entfernungen war eine der Ursachen, daß die moderne Kavallerie in Teams organisiert wurde, die bereits auf der niedrigsten Befehlsebene über eine kombinierte Bewaffnung verfügten. In der Nachkriegsära bestanden Einheiten der Armored Cavalry bereits von der Platoon*-Ebene an aufwärts aus einer ganz bestimmten Mischung von Spähtrupps, Infanterie, Panzern und Feldgeschützen für die indirekte Feuerunterstützung. Das ist der Grund, weshalb ein Second Lieutenant der Cavalry schon das Kommando über eine volle Bandbreite der Fähigkeiten von zusammengesetzten Waffengattungen hat. Damit ist er Befehlshaber einer kleinen Army in sich. Mit verschiedenen solcher Platoons kann ein *Cavalry-Troop-Commander*** hingehen und sie entweder so einsetzen, wie sie sind, oder aber Panzer, Infanterie, Feldgeschütze und Spähtrupps aus allen Zügen zu kombinierten Waffengattungen auf Squadronsebene neu gruppieren. Für die Squadrons eines Regiments der Armored Cavalry bedeutet bereits eine Panzerkompanie und eine Selbstfahr-Artillerie-Batterie, daß die Teams verschiedener Waffengattungen unter dem Kommando eines Battaillons-(Squadron)-Kommandeurs wesentlich verstärkt werden. Mit nur drei Cavalry Squadrons, einer Air Cavalry Squa-

---

* Platoon = Zug (ca. 120 Mann)
** Kompaniechef einer Panzeraufklärungskompanie

dron aus Späh- und Kampfhubschraubern, Pionier- und Chemical Companies* sowie einer *Combat Support Squadron***, die die eigenständige Versorgung mit logistischen Gütern gewährleistet, verfügt ein Regimentskommandeur dann über eine wirklich unabhängige Streitmacht aus kombinierten Waffengattungen. Um vergleichbare Fähigkeiten zu erreichen, wäre eine ganz Division vonnöten, obwohl diese um ein Vielfaches größer ist als ein derartiges Regiment. Wie wir in Tom Clancys Buch sehen werden, hat sich mit der Einführung wesentlich komplexerer Waffensysteme die Ebene, auf der Gruppen verschiedener Waffengattungen zusammengestellt werden, von der Zug- auf die Squadron-(Schwadrons/Battaillons-)ebene verschoben. Das Resultat bleibt dennoch das gleiche – bereits vom ersten Tag ihres Einsatzes an denken Befehlshaber der Cavalry in den Kriterien einer *Gefechtsführung mit verbundenen Waffengattungen*. Hierin liegt der eigentliche Grund, weshalb Cavalry-Einheiten sich von anderen unterscheiden. Die Kampferfahrung lehrt nämlich, daß die schwierigste Aufgabe darin besteht, die Kunst – und es ist wirklich eine Kunst – zu erlernen, instinktiv zu wissen, wie verbundene Waffengattungen einzusetzen sind. Befehlshaber bei der Cavalry müssen das beherrschen, täglich, ihr ganzes Leben lang.

In Tom Clancys Buch begegnen wir zwei unterschiedlichen Kommandeuren der Cavalry aus dem Golfkrieg, die Meister dieser Kunst sind – einer war kommandierender General des Panzerkorps, der andere Befehlshaber einer Cavalry Troop. Wir erfahren, daß der kommandierende General des Korps, General Fred Franks, selbst einmal Kommandeur eines Platoons, später dann Bataillonskommandeur, und noch später Kommandeur des 11th Regiment war. Der Kompaniechef einer *Cavalry Troop*, Captain H. R. McMaster, Jr., begann seine Laufbahn bei dieser Truppe als Second Lieutenant einer Cavalry-Einheit. Jeder beherrscht auf seiner Ebene die Kunst der Kampfführung mit verbundenen (kombinierten) Waffengattungen meisterhaft.

Die hervorragenden Kampferfolge der Armored Cavalry während des Golfkrieges stellen einen wichtigen Teil in Tom Clancys Buch dar. Besonders informativ sind dabei die Interviews mit General Franks und Captain McMaster. Bekanntlich waren ähnlich überragende Kampfleistungen der Armored Cavalry auch im Vietnamkrieg zu verzeichnen. Anfangs vertrat man hier allerdings die Ansicht, die Besonderheiten dieses Krieges, der Feind, das Gelände und die klimatischen Bedingungen würden es schlicht unmöglich machen, überhaupt gepanzerte Einheiten dorthin zu entsenden. Folglich wurden zunächst Infanterie-Divisionen ohne dazugehörige Panzer-Bataillone und Armored Cavalry-Squadrons nach Vietnam geschickt. Nachdem sie dann aber die ersten Erfahrungen vor Ort gemacht hatten, forderten die Infanterie-Befehlshaber im Kampfgebiet diese Einheiten aus der Heimat an. Mit einigen Bedenken wurde ein Regiment der Cavalry, das 11th, nach Südostasien entsandt, und dieses machte seine Sache gut. So folgten andere Einheiten, und auch sie erbrachten

---

\* ABC-Abwehrkompanien
\*\* Bataillon zur Einsatzunterstützung

respektable Leistungen. Später wurde dann ein spezieller Gefechtsverband geschickt, welcher die Leistungen der Panzereinheiten in Vietnam beurteilen sollte, und er kam zu dem Schluß, daß diese außerordentlich effektiv seien und mit Sicherheit am kostengünstigsten. Nach Ende des Krieges waren die Cavalry-Einheiten die letzten, die abgezogen wurden, weil sie ganz einfach eine größere Kampfkraft für die letzten Einsätze darstellten.

Aus dieser Erfahrung ergab sich ganz eindeutig, daß die Cavalry eine für begrenzte Konflikte wie geschaffene Truppe ist. Damit wurde sie zu einer Art Norm in der Ära nach dem Ende des kalten Krieges und den darauf folgenden Jahren. Umstrukturierungen in der Organisation und Ausrüstung, die von den Befehlshabern der Cavalry vorgeschlagen wurden, waren dann die Grundlage der Cavalry-Reformen nach dem Vietnamkrieg und schufen die Voraussetzungen für den Erfolg von Regimentern wie beispielsweise des 3rd, die 1991 im Krieg am Persischen Golf so außerordentlich effektiv waren.

Inzwischen hat sich unsere ehemals so vertraute Welt gewandelt. Die traditionelle Bedrohung, der wir mehr als fünf Jahrzehnte lang ausgesetzt waren, ist zerbrochen, und niemand ist in der Lage, eindeutige Prognosen für die Zukunft abzugeben. Rußland wird es weiterhin geben, aber in welcher Form? Wie werden seine Beziehungen zu den anderen ehemaligen Sowjetrepubliken aussehen? Vier dieser Republiken sind nun stolze Eigentümer thermonuklearer Waffen und verfügen über die Möglichkeiten, sie bei Kampfhandlungen einzusetzen. Inzwischen entwickeln sich militärische Konflikte in der Dritten Welt mit rasender Geschwindigkeit. Wie haben es hier tatsächlich mit neuen Umständen zu tun, so etwa, daß Atomraketen und andere Massenvernichtungsmittel bei Diktatoren in Regionen mit lebenswichtigen Ressourcen auftauchen. Wechselseitige wirtschaftliche Abhängigkeit – eine unausweichliche Tatsache unserer »modernen« Welt – macht alle Nationen, und ganz besonders die hochentwickelten, besonders verwundbar für die Gefährdungen, die von Unruhestiftern in der Dritten Welt ausgehen können. Gleichzeitig sorgen Krisen in der Binnenwirtschaft wie auch Akzentverschiebungen bei den nationalen Prioritäten, die sich heute auf medizinische, erzieherische, städtische und ökologische Probleme konzentrieren, für eine Situation, in der es schwer geworden ist, Unterstützung für die Streitkräfte zu gewinnen, um diesen neuen und ungewohnten Bedrohungen wirksam entgegentreten zu können.

Historisch gesehen, haben die Vereinigten Staaten von Amerika es immer wieder geschafft, nach erfolgreichen militärischen Unternehmen genau die Stärke, die den Sieg gebracht hat, zu zerstören – nur um kurz darauf feststellen zu müssen, daß alles innerhalb kürzester Zeit wieder aufgebaut werden mußte, weil neue und nicht vorhergesehene Bedrohungen entstanden waren. Bereits die ersten Kämpfe eines möglicherweise kommenden Krieges werden uns daher unausweichlich mit der Situation konfrontieren, dann den Preis dafür zahlen zu müssen, daß wir nicht vorbereitet gewesen sind. Diesen Preis aber können wir uns am wenigsten leisten – das Leben von Soldaten, Matrosen, Fliegern und Marineinfanteristen. An einem solchen Punkt befinden wir uns im Moment. Die Situation in dieser letzten Dekade des 20. Jahrhunderts erinnert sehr stark an jene dreißig Jahre, die dem Bürgerkrieg in Amerika folgten. Damals gab es nur noch die schattengleichen Überreste einer ehemals stolzen Armee, die mit der Zähmung des amerikanischen Westens und der Indianer schlichtweg überfordert war. Heute sind an die Stelle der »wilden Barbaren« des amerikanischen Westens religiöse Fundamentalisten und andere Typen von »Widersachern« getreten. Obwohl sie rein geographisch gesehen weit entfernt sind, haben ihre Waffen sie relativ näher an uns herangerückt als die unvergessenen »Grenz-Banditen« vergangener Zeiten. Oft ist der amerikanische Kongreß – nicht ganz ungerechtfertigt – für diese Zustände verantwortlich zu machen. Für den Kongreß stellt sich, ganz gleich ob gut oder schlecht, die Größe bewaffneter Streitkräfte lediglich in Fachbegriffen und Zahlen eines Haushaltsplans dar – Anzahl von Menschen, Stützpunkten und Art der Ausrüstung. Andererseits liegt die Strukturierung – etwa die Zahl von Divisionen, Geschwadern der Air Force und Flugzeugträger-Kampfgeschwadern – im Verantwortungsbereich der Streitkräfte, also bei Army, Navy und Air Force. Und genau hier haben die Teilstreitkräfte die Möglichkeit, Kreativität und Initiative zu beweisen. Nach dem Bürgerkrieg wurde die Army durch Kürzungen seitens des Kongresses zu drakonischen Maßnahmen gezwungen. Sie mußte ihre Stärke abbauen. Diesem Reduzierungsprozeß fielen sämtliche größere Formationen – Divisionen, Corps, Armeen – zum Opfer. Alle Operationen in diesen trostlos mageren Jahren lagen in den Händen einiger weniger, zwar äußerst fähiger, aber unterbemannter Infanterie-, Artillerie- und Kavallerie-Regimenter. Es ist ein Paradigma, das wir sehr genau studieren sollten. Tom Clancys phantastisches Buch bietet eine glänzende Gelegenheit, damit anzufangen.

Donn Starry, General der US-Army
im Ruhestand,
41st Colonel of the Blackhorse,
Honorary Colonel of the Regiment

# Einführung

W ann schlug eigentlich die Geburtsstunde der mobilen Gefechtsführung? Schwer zu sagen – aber mit einiger Wahrscheinlichkeit wird der Zeitpunkt nicht wesentlich nach der Erkenntnis anzusiedeln sein, daß sich mit einem Pferd recht gut Menschen und Gegenstände von einem Ort zum anderen transportieren lassen. Ganz sicher kann man davon ausgehen, daß diese Tatsache schon im dritten vorchristlichen Jahrtausend in den Steppen Zentralasiens bekannt war. Kürzlich erfolgte Ausgrabungen russischer Archäologen in den Steppen Kasachstans förderten Grabstellen aus der Bronzezeit zutage, die auf die Zeit zwischen 2200 bis 1800 vor Christi Geburt datiert werden. Dabei wurden die ältesten derzeit bekannten Überreste zweirädriger Streitwagen ans Tageslicht befördert. Sie waren damals erfunden worden, um Kriegern die antike Version einer High-tech-Plattform zu verschaffen, von der sie Pfeile abschießen oder Speere schleudern konnten.

Allerdings ist es auch durchaus möglich, daß die Anfänge mobiler Kriegführung noch weiter zurückreichen. Knochen aus noch früheren Zeiten, die in Grabstellen in der Ukraine gefunden wurden, lassen den Schluß zu, daß die langewährende Liebesbeziehung zwischen Mensch und Pferd unter Umständen schon vor mehr als sechstausend Jahren begann. Archäologen diskutieren zwar auch heute noch diese Frage, aber möglicherweise wurden Pferde bereits ohne Sattel geritten, lange bevor man anfing, sie in einem Geschirr vor Wagen mit Rädern zu spannen. Was, wenn der erste Einsatz eines Pferdes im Kampf die Aufgabe hatte, Aufklärung zu betreiben? Unbestreitbar kann man vom Rücken eines Pferdes aus wesentlich weiter sehen, als wenn man nur auf den eigenen Füßen steht. Das Pferd verfügt dazu auch noch über vier Beine, was zusätzliche Vorteile mit sich bringt, denn dadurch legt es mit einer Bewegung mehr Meter zurück als der Mensch. Allerdings mit der Einschränkung, daß es das lediglich über relativ kurze Entfernungen schaffen kann, und auch nur dann, wenn es gut behandelt wird. Ist das alles gegeben, verschafft ein Pferd seinem Reiter jedoch die Möglichkeit, einen Feind ausfindig zu machen, sich ihm zu nähern, seine Stärke einzuschätzen, vielleicht ihn sogar ein wenig zu schikanieren und dann unverletzt zu entkommen. Anschließend kann er dem eigenen Häuptling Bericht erstatten. So kam es also schon vor undenklichen Zeiten zu den beiden Hauptaufgaben einer Kavallerie: den Feind ausfindig zu machen und ihm Stiche zuzufügen.

Die Kavallerie selbst war in den seltensten Fällen eine Waffengattung von entscheidender Bedeutung. Dem widersprach zum einen die rein körperliche Größe eines Pferdes, welche die Entfaltungsmöglichkeiten von Kavalleriesoldaten im Vergleich zu den Infanteristen während eines Kampfes einschränkte. Die Brustbreite eines Pferdes und der Abstand, den ein Kavallerist halten muß, damit seine Beine nicht vom Reittier des Nebenmannes zerquetscht werden, muß ja ziemlich groß sein. Das bedeutet, daß zwei bis drei Infanteristen etwa die gleiche Front einnehmen wie ein einziger Reiter samt Pferd. Damit steht jeder Kavallerist zwei bzw. drei Speeren, Schwertern oder Bogen in den Händen von Fußsoldaten gegenüber. Zum anderen scheuen Pferde davor zurück, sich kopfüber in unüberwindliche Hindernisse zu stürzen. Ein Pferd mag vielleicht nicht zu den klügsten Geschöpfen der Erde gehören, aber es sind nur Menschen, die ihr Leben wissentlich wegwerfen. Drittens ist ein Pferd keine Maschine. Um die von ihm erwartete Leistung erbringen zu können, braucht es Futter, Wasser und Zeit, sich zu regenerieren. Wird das außer acht gelassen, stirbt es, und sämtliche Ersatzteile im Arsenal einer Armee können nichts daran ändern. In Zeiten des amerikanischen Westens galt die Regel, daß bei Einsätzen über Distanzen, für die man mehr als fünf Tage brauchte, eine Fußtruppe schneller war als jede Kavallerieeinheit. Ein Pferd garantierte dem Kavalleristen eine relativ hohe Geschwindigkeit, allerding nur über sehr kurze Entfernungen. Darüber hinaus gab – besonders nach dem Aufkommen von Feuerwaffen – ein Mann auf einem Pferd ein leichtes Ziel ab. Und dennoch, trotz all dieser Einschränkungen behielt das Pferd über drei Jahrtausende hinweg seine Bedeutung für die Kriegführung. Genauer gesagt, erfüllte die Reiterei mehrere entscheidende Missionen: den Feind zu finden; zu verhindern, selbst vom Feind aufgespürt zu werden; Informationen über den Feind zu sammeln, bevor die eigene Hauptstreitmacht auf die seine stößt; seine Flanken und Meldewege zu stören; ihn nach seiner Niederlage zu verfolgen; die eigenen Streitkräfte im Falle eines erzwungenen Rückzugs abzuschirmen.

Heute werden Pferde fast nur noch bei Paraden und Veranstaltungen verwendet. Allerdings sind die Missionen, die sie früher erfüllten, nach wie vor von lebenswichtiger Bedeutung. Obwohl es schon lange keine klassischen berittenen Kavallerieeinheiten mehr gibt, werden die Kompanien bei der Cavalry nach wie vor als »Troops«, die Bataillone als »Squadrons« bezeichnet, und es sind »Trooper«, die ins Gefecht ziehen (Traditionen sind nicht umzubringen, um so weniger, als Leute wie John Ford so großartige Kinofilme über ruhmreiche Kavalleriesoldaten gemacht haben). Dabei »sitzen« sie heute allerdings nicht mehr auf Pferden »auf«, sondern besteigen hochtechnisierte Kampffahrzeuge.

Obwohl sie schon immer die stolzeste Waffengattung der Army war und diejenige mit dem größten Sozialprestige – weshalb sie von der Infanterie auch ständig aufgezogen wird –, ist die Cavalry der Vereinigten Staaten[1] doch nicht einfach nur vornehm und war es tatsächlich auch nie. Sie wächst und verändert sich ständig. Im Laufe der 50er und 60er Jahre wandelte sie sich zu einer Schockwaffe. In jenen Tagen hatte das 11th Cavalry Regiment (ACR)[2] die Aufgabe übertragen bekommen, für die Deckung in der Tiefebene von Fulda zu sorgen, die als historische Einmarschroute nach Westdeutschland gilt. Die Mission des 11th ACR bestand darin, das Vorrücken gepanzerter Verbände von der Größenordnung der 3. Sowjetischen Invasionsarmee (die etwa zwölfmal so groß war) zu verlangsamen, wenn möglich zum Stehen zu bringen, auf jeden Fall aber zu behindern. Diese Aufgabe machte eine neue Art von Einheit erforderlich, die sich in ihrem Charakter erheblich von einer reinen Aufklärungseinheit unterschied. Infolgedessen verwandelte man das Regiment der Armored Cavalry in eine ungewöhnlich robuste Brigade, in eine Art Mini-Division – eine hervorragend ausbalancierte Gefechtsformation, in der ein wenig von all dem vertreten war, was die Army zu bieten hat, und zwar unter dem Kommando eines Full Colonel*. Auf diese Weise wurde ein ACR zu einem Traumkommando, in dem eine erfolgreiche Verwaltungsarbeit als Sprungbrett für eine militärische Karriere dienen konnte. Tatsächlich findet sich in den höchsten Dienstgraden der US-Army ein sehr hoher Anteil an Männern, die zur Zeit des kalten Krieges in einem der drei ACRs gedient oder sie kommandiert haben.

Aus diesem Wachstumsprozeß, dessen Zweck lediglich darin bestand, denjenigen Einheiten, die das erste Angriffsziel für die Rote Armee darstellten, eine bescheidene Überlebenschance zu verschaffen, ging schließlich eine militärische Organisation hervor, die für die heutige Welt, nach dem Zusammenbruch des Kommunismus, eine ungewöhnliche Relevanz besitzt. Relativ klein, hat ein ACR dennoch »scharfe Zähne« und einen »kurzen Schwanz« – eine schwere Faust mit einer verblüffenden Agilität auf dem Schlachtfeld. Es verfügt über die Fähigkeit weltweiter Mobilität und stellt die größte Konzentration von Feuerkraft dar, die jemals in einer Landeinheit geschaffen wurde. Die Verbindung von Waffen und Mobilität plus der absehbaren Revolution in der Technologie der Gefechts-Kommunikation wird die ACRs einer erneuten Wandlung unterwerfen und sie zur wichtigsten Bodenkampf-Komponente des amerikanischen Militärs bei der fortdauernden Fiedenssicherungs-Mission machen – und zugleich zu einem Sanktionsinstrument gegen potentielle Friedensstörer.

Damit aber wird einmal mehr das Vermächtnis jener erfüllt werden, die der Klang von »Boots and Saddles« bewegt hat.

Tom Clancy

---

* Da der Rang Colonel in zwei Stufen – Lieutenant Colonel und Colonel – getrennt wird, erfolgt der Hinweis, daß es sich um einen Oberst und nicht die vorausgehende, also niedrigere Dienstrangstufe eines Oberstleutnants handelt, im englischen und amerikanischen Sprachgebrauch durch die (inoffizielle) Hinzufügung von »full« = voll.

# Armor 101: Handbuch für die Gefechtsführung mit Panzertruppen

Spätestens seit dem Zeitpunkt, da sich der erste Krieger mit Leder gegen den Aufprall feindlicher Waffen zu schützen versuchte, begann der nicht enden wollende Kampf zwischen denjenigen, die Panzerungen entwerfen, um die Soldaten zu schützen, und denjenigen, die Waffen entwickeln, um ebendiese Panzerungen zu durchdringen und zu zerstören. Später, als der Mensch anfing, Metall zu Blechen zu schmieden, machte er aus diesen bereits wesentlich stärkere Panzerungen für Brust und Kopf, um besser gegen feindliche Speere und Pfeile geschützt zu sein. Ein wohlgepanzerter Krieger konnte sehr nah an Feinde herankommen, ihre Angriffe überstehen und sie anschließend mit seinen eigenen Waffen vernichten. Wenn scharfes Eisen auf einem Schlachtfeld herumfliegt, kann der Schutz einer guten Panzerung über Leben und Tod, Sieg oder Niederlage entscheiden.

Die Ritter Frankreichs unterlagen den Bogenschützen König Edwards III. von England in der Schlacht von Crécy (1346), weil die Panzerungen von Roß und Reiter nicht stark genug waren, um die Pfeile aufzuhalten, die von den *Longbows*\* abgeschossen wurden. Umgekehrt waren die ersten britischen Panzer in der Schlacht von Cambrai (1917) kugelsicher gegen deutsche Maschinengewehrprojektile. Die Welt der gepanzerten Krieger wird also von einem ewigen Wechsel im Gleichgewicht zwischen Panzerung und Feuerkraft bestimmt. Die Wechselwirkung dieser beiden Elemente – und zugleich die Fähigkeiten der Menschen, sich ihrer zu bedienen – bestimmen den Qualitätsgrad, mit dem sich ein Kampffahrzeug im Gefecht bewährt. Werfen wir zunächst einen raschen Blick auf den Stand der Dinge in der komplexen Wissenschaft der Panzer-Gefechtsführung.

## Panzerung – Die harte Schale

Panzerung ist die eigentliche Daseinsberechtigung für einen Panzer, nicht etwa seine Beweglichkeit oder seine Kanone, obwohl auch diese durchaus wünschenswert sind. Genau genommen befinden sich diese Kriterien in

---

\* Langbogen: überdimensional großer Kriegsbogen, der durch seine Länge und das daraus resultierende Spannungspotential eine für damalige Zeiten unvorstellbare Durchschlagskraft der Pfeile erzeugte.

einem ständigen Konkurrenzkampf, wenn es um die Konstruktion von Panzerfahrzeugen geht. Die Panzerung hat den Zweck zu erfüllen, die Mannschaft zu schützen und die Waffen funktionsfähig zu halten, damit sie dem Feind Schaden zufügen können.

Die Geburtsstunde der Panzer schlug im Ersten Weltkrieg und entsprang der Aussichtslosigkeit des Stellungskrieges in den Schützengräben. Nach der Marne-Schlacht im September 1914 zogen sich die geschlagenen Truppen des deutschen Heers zurück und verschanzten sich in einem System von Schützengräben und Defensivstellungen, die so stark waren, daß die alliierten Streitkräfte es nicht schafften, sie dort herauszutreiben. In den folgenden Jahren waren durch Maschinengewehr- und Artilleriegefechte grauenhafte Verluste auf beiden Seiten zu beklagen; der Krieg fraß sich fest, und es kam zu einer Pattsituation. Dazu trugen auch Hunderte von Kilometern Stacheldraht bei, die eine Todeszone zwischen den gegnerischen Armeen schufen (das sogenannte »Niemandsland«), in der Soldaten der Infanterie und der längst nicht mehr zeitgemäßen Kavallerie (die sich dessen nur noch nicht bewußt war) zu Zehntausenden niedergemäht wurden. Die alliierten Befehlshaber forderten immer mehr Artillerie an, um die deutsche Wehrmacht endlich niederkämpfen und ihre Stacheldrähte und Schützengräben zerstören zu können. Aber das funktionierte nicht. Das einzige Resultat dieser Anstrengungen war, daß ein riesiger Teil Nordfrankreichs und Belgiens in eine trostlose Mondlandschaft verwandelt wurde.

Man brauchte also etwas völlig Neues. Etwas, das sich direkt hinauf zu den Maschinengewehrnestern schleichen und sie ausschalten konnte, bevor es selbst zerstört würde. Die Lösung war schließlich eine Kombination aus Stahlplatten (Panzerung aus der Kriegsschifftechnologie), einem eingebauten Antriebsmotor, Ketten statt Rädern (wie bei den ersten Traktoren in der Landwirtschaft) und Maschinengewehren oder einer leichten Kanone. Der erste Panzer konnte bestiegen werden. Da er ursprünglich als *land ship** bezeichnet wurde, haben sich bis heute viele Fachbegriffe im Vokabular der Panzertruppen erhalten, die der Marinesprache entliehen sind, wie etwa Turm, Rumpf, Luke, Deck und Periskop. Dies trifft allerdings nicht auf den englischen Begriff »tank« zu, der von einer britischen Tarngeschichte herrührt: Die Briten versuchten die Entwicklung der Panzerfahrzeuge vor den Deutschen dadurch zu verschleiern, daß sie ihnen die Tarnbezeichnung *Storage Tanks*** oder »Boiler« gaben. Während des Ersten Weltkrieges verfügten die alliierten Panzer über Materialstärken zwischen 10 mm und 25 mm aus gehärteten Stahlplatten. Jedoch erwies sich nur eine Panzerung von mindestens 12 mm Dicke als ausreichend wirkungsvoll gegen panzerbrechende Geschosse der Deutschen auf Kernschußentfernung. Damit war diese Panzerung gleichzeitig auch stark genug, die meisten Splitter von Artilleriegranaten auszuhalten,

---

* Schiff zu Land
** Lagertank

obwohl ein direkter Treffer in den meisten Fällen verheerende Folgen hatte.

Zu Beginn des Zweiten Weltkrieges hatte die Panzerung bei den »Tanks« eine Stärke zwischen 30 mm und 70 mm erreicht, und der Frontbereich war in Fahrtrichtung nach hinten geneigt worden, um einen besseren Schutz gegen das Eindringen von Geschossen zu erzielen. Unglücklicherweise war es bei Materialstärken dieser Größenordnung nicht mehr möglich, einen Rundumschutz und gleichzeitig auch noch eine akzeptable Geschwindigkeit zu gewährleisten. Deshalb begannen die Ingenieure, Panzer zu konstruieren, die einen stark gepanzerten Frontbereich besaßen, während die Seiten- und Heckpanzerung auf die Hälfte der Materialstärke reduziert wurde, die man auf der Vorderseite verwendete. Während des Krieges schritt die Verbesserung bei Panzerkonstruktionen und -technologie mit atemberaubender Geschwindigkeit voran, und 1945 reichte die Stärke einer Frontpanzerung von 100 mm bis hin zu 150 mm, obwohl es bei den Deutschen auch Konstruktionen gab, die zwischen 200 mm und 240 mm erreichten (das ist mehr als bei den Panzerungen der Schweren Kreuzer der Marine).

Die Ingenieure der Nachkriegszeit folgten diesem Trend und entwarfen Panzertypen mit Frontpanzerungen im Bereich zwischen 100 mm und 120 mm. Es gab allerdings auch einige recht bemerkenswerte Verbesserungen bei der Größe und Feuerkraft der Hauptwaffen. Die Größe der Bohrung (bestimmt durch den Durchmesser der Granate, die von der Kanone abgefeuert werden soll) lag nun zwischen 100 mm und 115 mm. Nur zum Vergleich, die Bohrungen der gegen Ende des Zweiten Weltkrieges verwendeten Geschütze lagen durchschnittlich zwischen 75 mm und 90 mm. In der Zwischenzeit waren die Infanterietruppen mit tragbaren Startgeräten für Kurzstreckenwaffen gegen Panzer in Form der amerikanischen »Bazooka« und der deutschen »Panzerfaust« ausgerüstet worden und besaßen damit Waffen, mit denen sie Panzer ausschalten konnten.

Anfang der 60er Jahre wurde eine weitere Runde in der Vergrößerung der Materialstärke bei der Panzerung eingeläutet. Damit reagierte man in erster Linie auf die besseren Durchdringfähigkeiten der neuen *High-Explosive Anti-Tank* (HEAT = hochexplosive panzerbrechende Geschosse), die bei den Panzerkanonen und rückstoßarmen Gewehren aufgekommen waren. Gleichzeitig wollte man damit aber auch besser gegen die ersten Exemplare einer neuen Generation von *Anti-Tank Guided Missiles* (ATGMs = Anti-Panzer-Lenkflugkörper) gewappnet sein. Gleichzeitig begann man die Zusammensetzung der Panzerung selbst zu verändern. Bei den neuen Konstruktionen verwendete man nicht mehr einfach Stahl in immer dickeren Materialstärken, sondern setzte statt dessen auf Kombinationen aus Stahl und keramischen Schichtpreßstoffen. Damit hoffte man dann auch, den neuen Arten von Anti-Panzer-Waffen, deren Einführung nur noch eine Frage der Zeit war, ein widerstandsfähigeres Ziel entgegensetzen zu können. Erstmalig wurde eine kombinierte Panzerung dieser Art beim sowjetischen Kampfpanzer T-64*, der 1967 in Produktion ging, eingesetzt. Unglücklicherweise fielen die Vereinigten Staaten von Amerika, bedingt durch ihr Engagement im Vietnamkrieg, bei der Entwicklung von Panzerungen stark zurück. Diesen langwährenden Konflikt in Südostasien mußte die US-Army teuer bezahlen, denn dadurch verpaßte sie eine volle Generation in der Ausrüstungsentwicklung. Die Einheiten der Army an der Front waren bis gut in die 80er Jahre hinein gezwungen, mit Panzern ins Feld zu ziehen, die auf der Basis einer Technologie von 1950 gebaut worden waren (die M48- und M60-Serien).

## Moderne Panzerung

Was macht nun die Panzerung eines modernen Kampffahrzeuges komplett? Es sind die drei folgenden Faktoren, die bestimmen, wie effektiv ein Panzerungs-Schutzsystem oder -paket für einen Tank sein wird:

- die Materialstärke des Panzerungspaketes;
- die Materialzusammensetzung, aus der das Panzerungspaket besteht;
- der Neigungswinkel der Außenhaut des Panzerungspaketes in Relation zu einer auftreffenden Waffe.

Im folgenden wollen wir untersuchen, welche Auswirkung jeder einzelne dieser drei Faktoren auf die Wirksamkeit der Gesamtpanzerung hat und wie ihr Zusammenspiel gegen die verschiedenartigsten Angriffsformen aussieht. Anschließend werden wir einen Blick auf die exotische neue Generation von Explosive Reactive Armor (ERA = explosiv reagierende Panzerung) werfen und der Frage nachgehen, wie sehr sie das Bild verändert hat.

**Materialstärke der Panzerung (Dicke)** – Überall dort, wo es um Panzerungen geht, gibt es eine alte Konstruktionsregel: je dicker, desto besser. Obwohl der Grund für diese Lehrmeinung auf den ersten Blick offensichtlich erscheint, muß ich doch erklären, welche Bestandteile dieses Grundsatzes heute noch Gültigkeit besitzen, und welche Kriterien sich inzwischen geändert haben. Sämtliche modernen Panzerabwehr-Waffen, vielleicht mit Ausnahme einiger Minen, verwenden die unterschiedlichsten Arten von »Penetratoren«, um die gepanzerte Außenhaut eines Panzerfahrzeuges zu durchdringen und dann in dessen Innenraum Verwüstungen anzurichten. Je größer die reine Materialmenge ist, durch die sich ein Penetrator hindurcharbeiten muß, um so geringer wird die Chance für ihn, seine tödliche Wirkung entfalten zu können. Aber es gibt nun einmal eine rein praktische Grenze, die festlegt, wieviel Panzerung man einem Tank geben kann, damit er sich mit ihr noch immer über ein Gelände bewegen und dabei eine brauchbare Waffe tragen kann. Ein großer Block

---

* Hier irrt der Autor. Das war der T-54.

aus massivem Stahl ist sehr sicher gegen Penetration, aber er steht nur einfach in der Gegend herum und tut nichts.

Das klassische Material für die Panzerung eines Tanks besteht aus einer ganzen Familie von qualitativ hochwertigen Stahllegierungen, die gewalzt werden, um sowohl eine einheitliche Materialstärke, als auch die bestmögliche Kombination aus Widerstandsfähigkeit und Härte zu gewährleisten. Da das Material eine durchgängige Härte aufweist, wird dieser Panzerungstyp als RHA, *Rolled Homogeneous Armor* (homogene Walzstahl-Panzerung) bezeichnet, und dies ist der Standard, an dem sämtliche Panzerungsarten gemessen werden. Obwohl noch viele weitere Faktoren – also nicht allein die Materialstärke – in die Berechnung des sogenannten RHA-Äquivalents (gemessen in Millimetern Stärke einer RHA-Panzerplatte) für die Beurteilung einer Panzerplatte einbezogen werden, erlaubt deren relativ einfache, kalkulatorische Einschätzung sehr wohl eine vergleichende Auswertung sämtlicher Panzerungstypen. Der M4 Sherman Panzer, Jahrgang 1943, den mir meine Frau Wanda vor einigen Jahren zu Weihnachten schenkte, hat beispielsweise in der Materialstärke seiner Panzerung ein RHA-Äquivalent von 100 mm (3,9"). Nur zum Vergleich: Die ersten M1 *Abrams* Panzer, die Anfang der 80er Jahre ausgeliefert wurden, hatten einen RHA-Äquivalenzwert von fast 450 mm (etwa 17,7") gegen Penetratoren auf der Basis kinetischer Energie (solid-shot = Vollgeschoß). Die augenblickliche Version des *Abrams*, der M1A2 hat sogar einen RHA-Äquivalenzwert von beinahe 800 mm (etwa 31,85") gegen Penetratoren mit kinetischer Energie und sensationelle 1.300 mm (fast 51,2") gegen Waffen vom HEAT-Typ!

**Materialien** – Bei der Konstruktion eines Panzerungs-Schutz-Paketes muß wesentlich mehr berücksichtigt werden als einfach nur die Materialstärke des Stahls oder anderer Materialien. Tatsächlich sieht es sogar so aus, daß die Zusammensetzung des Pakets enorme Auswirkungen darauf hat, wie groß der Schutz sein wird, den die Panzerung zu gewährleisten imstande ist. Moderne Panzerungskonstruktionen sind außerordentlich komplexe Materialkombinationen (Stahl, Keramik, exotische Metall-Legierungen, und sogar Plastik). Die Chobham-Panzerung beispielsweise, die bei den ersten M1/M1A1-Panzern verwendet wurde, ist wesentlich effektiver gegen HEAT-Geschosse (chemische Energie/ Sprengstoff), als gegen *Long-rod*-Penetratoren. Das war der Grund für die HA-Version *Heavy-Armor* (schwere Panzerung) des M1A1, die man mit einer Außenhaut aus ausgebranntem Uran ausrüstete, denn sie hatte den alleinigen Zweck, Long-Rod-Penetratoren widerstehen zu können.

Bei all dem Gerede über HEAT-Geschosse und unterkalibrige Hartkerngeschosse (*Long-Rod Penetrator*) könnte man sich fragen, worauf ich eigentlich hinaus will. Deshalb bedarf es an dieser Stelle zunächst einiger Erklärungen. HEAT- oder *Shaped-charge**-Geschosse entstanden in der Zeit

---

* Hohlladung

des Zweiten Weltkrieges, als Waffenhersteller einen alten Bergarbeiter-Trick übernahmen. Dieser bestand darin, die Energie einer Explosion zu »formen« oder besser gesagt, auf eine kleine Fläche zu fokussieren, was die Möglichkeit schuf, eine Panzerplatte zu durchdringen. Anfang der 60er Jahre, als die Shaped-charge-Geschosse mit einem Raketenmotor und einem Lenksystem ausgestattet wurden, schlug die Geburtsstunde eines wirklich praktischen und leichtgewichtigen Panzer-Killers: der Anti-Tank Guided Missile (ATGM). Jetzt verfügten endlich auch die Infanterie und kleine Fahrzeuge über die Möglichkeit, Frontpanzerungen eines Tanks angreifen und überwinden zu können. Zuvor kam ein derartiger Angriff glattem Selbstmord gleich. Der ATGM bewährte sich 1973 im Arabisch-Israelischen Krieg, als etliche Panzerbrigaden der Israelis, die ohne eigene Infanterieunterstützung (die Infanterie schützt Panzer durch Aufspüren feindlicher Raketeneinheiten und deren Ausschaltung) gegen ägyptische Infanteriestellungen vorgerückt waren und dabei übel zugerichtet wurden. Mitte der 70er Jahre war es soweit, daß Militärexperten bereits darüber diskutierten, ob die ATGMs die Kampfpanzer zu altem Eisen hatten werden lassen.

Einige Offiziere der US-Army dachten da allerdings ganz anders. Sie entschieden, daß aus den verfügbaren Daten des Krieges von 1973 mehr herauszulesen sei als nur eine Grabinschrift für den Panzer. Beim genaueren Hinsehen entpuppten sich die Einsatzdaten des Krieges für die Panzerkonstrukteure des Westens als wichtige Information. Sie zeigten eindeutig, daß die damals verwendeten Panzerungsarten – gewöhnlich eine dünne, oberflächengehärtete Schicht auf einer dicken RHA-Platte – keineswegs einen wirksamen Schutz gegen die damals verwendete Generation von HEAT-Sprengköpfen darstellten. Schon allein das machte es notwendig, daß die nächste Panzerungsgeneration schon vor Beginn der 80er Jahre herauskommen mußte. Wie eingangs erwähnt, hatte die Sowjetunion, lange vor ihren westlichen Widersachern, bereits in den 60er Jahren damit angefangen, ihre Panzer mit einer Kombinationspanzerung (Metall und Keramik) ins Feld zu schicken. Anfang der 70er Jahre gelang aber dem Forschungszentrum der britischen Armee in Chobham die Entwicklung eines revolutionären Panzerungstyps. Es handelte sich um ein wabenförmiges Keramik-Verbundmaterial, das in Sandwichbauweise

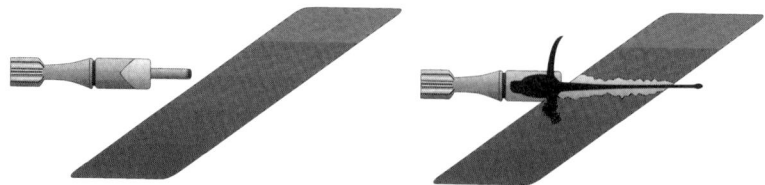

Grafische Darstellung eines HEAT-Geschosses beim Auftreffen auf eine abgewickelte Panzerung. Das Geschoß links befindet sich kurz vor dem Aufschlag; die Darstellung auf der rechten Seite zeigt die Situation unmittelbar nach Detonation der Hohlladung. JACK RYAN ENTERPRISES, LTD., VON LAURA ALPHER

zwischen zwei Stahlplatten eingefügt wurde. Dieses neue Verbundmaterial erhielt den Codenamen Burlington, ist aber besser unter seinem Handelsnamen – Chobham-Panzerung – bekannt. Durch ihre besonderen mechanischen Eigenschaften bieten unterschiedliche Schichten mit keramischen und metallischen Verbundmaterialien hervorragenden Schutz gegen HEAT-Geschosse. Keramische Materialien sind amorph. Das bedeutet, daß sie über keine kristalline Struktur verfügen, wie es bei den Metallen der Fall ist. Sie sind vielmehr »fluidartig«, das heißt, ihre Molekularstruktur ist ziemlich willkürlich angeordnet. Wenn also ein HEAT-Geschoß auf eine kombinierte Panzerung trifft, schlägt der Explosionsstrahl sehr schnell durch die äußere Stahlschicht und versucht sich anschließend durch das Keramikmaterial zu bohren. Im Gegensatz zu Metallen, die entlang ihrer Strukturgrenzen zwischen den Kristallen aufbrechen (die dann auch getrennt bleiben), neigen keramische Materialien dazu, um den »Jet«* herumzufließen und ihn in viele kleine »Jetlets«** zu zerlegen, die dann schnell zerstört sind. Der Nachteil der kombinierten Panzerung liegt in ihrer Sperrigkeit, weil die keramischen und Composit-Schichten eine ausreichende Tiefe aufweisen müssen, um den Explosionsstrahl effektiv zerstreuen zu können. Folglich ist das Gesamtgewicht (bzw. die Masse) eines kombinierten Panzerungspaketes tendenziell etwa genauso groß wie RHA bei gleicher Schutzvorgabe, obwohl Keramikmaterialien selbst leichter als Metall sind. Beispiele für ihre Verwendung findet man bei den Turmkonstruktionen des amerikanischen M1 *Abrams* und beim britischen Challenger, die beide 1991 sehr erfolgreich während des Golfkrieges im Einsatz waren. Tatsächlich ist die neueste Panzerungskonstruktion vom Chobham-Typ um etwa zwei bis zweieinhalbmal wirksamer gegen Waffen des HEAT-Typs als das gleiche Gewicht in massiver RHA-Panzerung.

Anfang der 80er Jahre, als die Tanks mit kombinierter Panzerung zur Truppe kamen, wurden die HEAT-Geschosse weniger bedrohlich für das Überleben von Panzern. Das machte den Penetrator auf der Basis kinetischer Energie dann wieder zum Panzer-Killer erster Wahl. Penetratoren mit kinetischer Energie verlassen sich auf die Aufschlagskraft, um Panzerungen durchbrechen zu können. Während die HEAT-Geschosse den größten Teil ihrer Durchschlagskraft aus der Geschwindigkeit des explosiven Strahls gewinnen, nutzen Penetratoren sowohl die Masse als auch die Geschwindigkeit, um ihre Funktion zu erfüllen. Moderne *Armor-Piercing, Fin-Stabilized, Discarding-Sabot*-Geschosse (APFSDS = panzerbrechendes, flügelstabilisiertes Treibspiegel-Geschoß) sind gewissermaßen sehr massive, lange und schlanke Darts (daher der Name *Long-rod Penetrator*), die sich beim Aufschlag in die Panzerung eines Tanks bohren. Wenn er über ausreichende kinetische Energie verfügt, dringt der Dart auf direktem Weg durch die Panzerung des Tanks und verwandelt seinen Innenraum in

---

* Strahl
** Strählchen

Ein APFSDS-Geschoß schlägt auf eine Panzerplatte auf und durchdringt sie. Man beachte die Splitterfragmente, die nach dem Eindringen des »Darts« nach innen geschleudert werden.   *JACK RYAN ENTERPRISES, LTD., VON LAURA ALPHER*

eine Hölle. Im Gegensatz zu Geschossen mit einem Hohlladungsstrahl sind diese unterkalibrigen Hartgeschosse massiv und werden nicht durch die amorphen Strukturen keramischer Materialien in kombinierten Panzerungen aufgehalten. Keramik besitzt allerdings noch eine andere Eigenschaft, die Auswirkungen auf die kinetische Energie von Geschossen hat, nämlich Härte: die Widerstandsfähigkeit eines Materials gegen Kratzer und Durchdringung. Je höher der Härtegrad, desto mehr kinetische Energie ist erforderlich, das Material zu durchdringen.

Solange es sich um den Schutz vor kinetischer Energie dreht, ist RHA ein (relativ gesehen) weiches Material, das sehr leicht von Hochgeschwindigkeits-long-rod-Penetratoren zur Seite geschoben werden kann. Obwohl sich Stahl durch spezielle Verfahren (wie Nitrierung und Karbonisierung) härten läßt, ist es nicht möglich, den gesamten Rumpf aus extrem hartem Stahl zu bauen. Das liegt daran, daß es äußerst schwierig ist, große Stücke hochgehärteten Stahls herzustellen und zu gepanzerten Strukturen zu verschweißen. Ein weiteres Problem besteht darin, daß Metalle mit hohem Härtegrad spröde sind und unter einem hochenergetischen Aufschlag wie Glas zu splittern neigen. Deshalb ist die Kombination von Schichten aus harten und weichen Stählen recht vorteilhaft. Wenn die äußere Schicht aus gehärtetem Stahl stark genug ist, kann es sein, daß das angreifende Projektil abgelenkt wird, beim Aufschlag zerbricht oder seine Spitze beim Aufprall zusammengequetscht wird (und es damit nicht mehr über eine schön scharfe Spitze verfügt). Durch diesen »Abstumpfungseffekt« muß das Projektil wesentlich mehr Energie darauf verwenden, die darunterliegenden Schichten weicheren Stahls zu durchdringen. Dieser weichere Stahl wiederum kann Energie absorbieren, weil er sich bereitwillig verformt und unter Last nachgibt. Auf diese Weise ist er in der Lage, die Energie des Geschosses zu zerstreuen.

Aber selbst gehärteter Stahl ist noch relativ weich im Vergleich zu Keramikmaterialien. Das sogenannte Silicon-Carbide beispielsweise (ein keramisches Material, das auch für Bohrer verwendet wird) ist etwa drei- bis viermal härter als RHA. Deshalb schützt eine kombinierte Panzerung aus Hartkeramik/Verbundblocks, unterstützt von RHA gegen Angriffe mit kinetischer Energie etwa genausogut wie eine Kombination aus harten und weichen Stählen (diese Panzerungen wurden ja speziell zur Abwehr von HEAT-Sprengköpfen in ATGMs konzipiert). Ein weiterer Vorteil (eigentlich mehr ein Vorteil in der Hinterhand) dieser Composit-Panzerung gegenüber RHA liegt darin, daß sie im allgemeinen dicker ist und ein unterkalibriges Hartkerngeschoß sich deshalb durch mehr Material kämpfen muß, bevor es das Innere eines Panzers erreichen kann. Die zusätzliche Lage aus *Depleted Uranium* (DU*) bei der HA-Version des M1 Abrams macht seine Panzerung nur noch widerstandsfähiger gegen Geschosse mit kinetischer Energie. Obwohl ihre Herstellung noch immer zu den am strengsten gehüteten Geheimnissen innerhalb der US-Army, zählt, steht doch fest, daß diese Panzerung die Widerstandsfähigkeit des M1 gegen *Long-Rods* praktisch verdoppelt hat. Die genaue Zusammensetzung der Panzerung des M1 wird derart streng geheimgehalten, daß der Füllraum für die Panzerung auf dem Fabrikgelände in Lima, Ohio – wo der M1 hergestellt wird – der einzige Ort war, zu dem man uns den Zutritt verweigerte. Tatsächlich beschrieb einer der dort tätigen Arbeiter ihn als den »Kryptonit**«-Raum.

**Neigung der Panzerung** – Ein wesentlicher Faktor für die Wirksamkeit eines Panzerungspakets ist der Neigungswinkel der Frontpanzerung. Der Neigungswinkel einer gepanzerten Oberfläche erzeugt zwei überaus wichtige Effekte: 1. Liegt der Neigungswinkel bei 60° oder darüber, besteht eine gute Chance, daß ein Projektil von der Oberfläche der Panzerung abprallt und dabei keine, oder nur geringfügige Beschädigungen verursacht. 2. Durch den Neigungswinkel wird die Menge an Panzerung bestimmt, die ein Long-Rod-Penetrator oder ein HEAT-Jet tatsächlich durchstoßen muß, bevor er das Innere des Panzers erreicht. Als Daumenregel kann man sagen, daß je größer der Neigungswinkel, desto größer auch der Schutz ist, denn dadurch wird die effektive Stärke der Panzerung vergrößert. Dies genau ist der Grund, weshalb der Neigungswinkel der Frontpanzerung im Laufe der Geschichte der Panzer ständig wuchs. Im Ersten Weltkrieg lag er bei vielen Fahrzeugen noch bei 0°. Gegen Ende des Zweiten Weltkrieges hatten die Frontpanzerungs-Neigungswinkel bereits Werte zwischen 45° und 60° erreicht. Moderne Hauptkampfpanzer weisen durch die Bank bei der Frontpanzerung einen Neigungswinkel auf, der um 80° liegt. Daraus folgt: Bei einem Panzer, dessen Panzerplattenstärke auf der Frontseite 200 mm dick ist und einen Neigungswinkel von 70° hat, muß eine Waffe erst einmal eine Materialstärke von 584 mm überwinden – und das ist schon eine ganze Menge!

Wie aber wirken all diese Dinge zusammen, wenn sie in die Konstruktion für einen Panzer in der realen Welt umgesetzt werden müssen? Gehen wir von folgender Überlegung aus: Der russische T-72-Panzer (nach Berichten, die in den Journalen des Pentagon veröffentlicht wurden) verfügt über eine aus Schichten hergestellte Frontpanzerung aus Stahl, Keramik- und Verbundmaterialien. Die Stärke wird mit 200 mm angegeben,

---

* Wörtlich: »erschöpftes«, d. h. ausgebranntes bzw. abgereichertes Uran, welches kaum mehr radioaktiv ist.
** Anspielung auf die Comic-Figur »Superman«, der durch »Kryptonit« seine Superfähigkeiten verliert.

und der Neigungswinkel liegt bei 68°. Eine überschlägige Berechnung des RHA-Äquivalenzwertes für Angriffe mit chemischer und kinetischer Energie ergäbe einen RHA-Äquivalenzwert von 720 mm (etwa 28,3") gegen ein HEAT-Geschoß und 454 mm (etwa 17,9") gegen Penetratoren mit kinetischer Energie. Das Risiko einer derartigen Berechnung besteht allerdings darin, daß man nicht einfach jedweden Panzerungstyp auf eine simple Zahl reduzieren kann. Außerdem gibt es nur sehr wenig öffentlich zugängliche Literatur darüber, wie die unterschiedlichen Panzerungsarten tatsächlich auf die verschiedenen Waffentypen reagieren. Diese grobe Einschätzung des T-72 läßt freilich auf jeden Fall den Schluß zu, daß seine Panzerung höchstwahrscheinlich ausreichenden Schutz bietet, um Angriffe fast sämtlicher Infanterie-Anti-Panzer-Waffen auf HEAT-Basis (Durchdringfähigkeit 400-600 mm) in der Art der russischen RPG-7 zu überstehen. Darüber hinaus ist es mit dem Durch- oder Eindringen allein ja noch nicht getan. Anschließend muß noch ausreichende Energie im HEAT-Jet vorhanden sein, um einen Panzer und seine Mannschaft kampfunfähig zu machen bzw. zu töten. Wenn ein ATGM lediglich über genügend Energie verfügt, um in die Panzerung einzudringen, hindert den Panzer nichts daran, anschließend weiterzukämpfen. Es muß also nach dem Eindringen noch ausreichende Restenergie vorhanden sein, um Fragmente und Splitter (buchstäblich Brocken, die aus der Panzerung herausgerissen wurden) in den Innenraum zu schleudern. Die haben dann die eigentliche Aufgabe, Panzer und Mannschaft auszuschalten.

**Reaktive Panzerung** – Die neueste Spielart der Panzertechnologie ist die *Explosive Reactive Armor* (ERA = Panzerung mit explosiver Gegenreaktion). Die ERA wurde von den Israelis (unter dem Handelsnamen Blazer) entwickelt und kam beim israelischen *Merkava*, dem in den USA gebauten M60 und den M48-Patton-Panzern im Rahmen der Libanon-Invasion von 1982 zum Einsatz. Während dieser Operation verlor die israelische Armee etliche der Panzer, die mit ERA ausgerüstet waren. Gerüchteweise

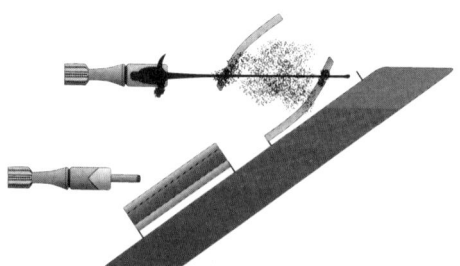

Reaktiv-Panzerung in Aktion. Unten im Bild nähert sich ein HEAT-Geschoß einer »Box« der reaktiven Panzerung (eine Art Sandwich, in dem sich eine Lage Sprengstoff zwischen zwei Metallplatten befindet). Trifft das Geschoß auf die Box auf (im oberen Teil der Darstellung), detoniert der Sprengstoff in der Box gleichzeitig mit dem HEAT-Gefechtskopf und unterbricht so den Fluß des Plasma-Strahls.

JACK RYAN ENTERPRISES, LTD., VON LAURA ALPHER

hört man, daß die Araber den Sowjets einige davon als Muster zugespielt hätten, denn ab etwa 1985 waren bei jeder Gelegenheit die sowjetischen T-64, T-72 und T-80-Panzer mit umfangreich verwendeter ERA auf Front, Seiten und Turm zu sehen. Durch die Hinzufügung der ERA (zu den bereits bestehenden HEAT-widerstandsfähigen Composit-Panzerungen) auf ihren Panzern verfügten die Sowjets nun über einen äußerst wirkungsvollen Schutz gegen absolut jede Art von ATGM der damaligen Zeit.

Die ERA sieht ein wenig wie ein Satz Kinderbauklötze aus und wird normalerweise auf den hervorstehenden vorderen Kanten eines gepanzerten Fahrzeuges montiert. Sie funktioniert etwa nach folgendem Prinzip: Wenn ein Shaped-charge-Jet auf einen ERA-Block trifft, löst der Aufschlag die Detonation einer Sprengladung aus, die sich als Sandwich zwischen zwei Stahlplatten befindet. Diese Explosion schleudert die äußere Platte in den HEAT-Jet, der sich jetzt durch diese Platte schneiden muß, um an die Hauptpanzerung heranzukommen. Die innere Platte wird gegen den Rumpf gedrückt und prallt von dort aus in den Weg des – inzwischen angeschlagenen – Jets zurück. Durch diese beiden sich bewegenden Platten wird die Energie des panzerbrechenden Strahls aufgezehrt, weil er sich die ganze Zeit durch neues Material schneiden muß. Was dann noch vom inzwischen ziemlich zerschlagenen Jet übrig ist, hat kaum mehr genügend Energie zur Verfügung, um die Hauptpanzerung zu durchschlagen.

Allerdings hat ERA auch einige schwerwiegende Mängel. Die Wirksamkeit einer ERA gegen einen Hohlladungsstrahl hängt sehr stark vom Neigungswinkel der Panzerung ab. Wenn man sich einmal einen sowjetisch/russischen T-72 anschaut, auf den ERA-Blocks montiert wurden, wird man feststellen, daß diese Blocks fast alle den gleichen Neigungswinkel haben wie der Hauptteil des Rumpfes. Bei einem Winkel von 68° zerstreut eine ERA annähernd 75 Prozent des *Shaped-charge-Jets*, während eine ERA mit einem Winkel von 0° es gerade noch schafft, zwischen 10 und 15 Prozent eines HEAT-Jets zu neutralisieren. So dauerte es auch nicht allzu lange, bis man darauf kam, daß ein Beschuß der Dachpanzerung (bei dem ein Sprengkopf praktisch auf einen Panzer hinunterfällt) ein guter Weg war, diese neue Panzerungsvariante zu überlisten. Selbst wenn man den gesamten Turm eines Panzers mit einer ERA versieht, wird ein von oben kommender Sprengkopf immer in einem Winkel von 0° auftreffen. Man erreicht also nur sehr wenig zusätzlichen Schutz im Verhältnis zu erforderlichen Kosten und zusätzlichem Gewicht. Der schwedische Bill und der amerikanische TOW-2B sind gute Beispiele für die Verwendung dieser Technik. Eine weitere Möglichkeit, mit einer ERA fertig zu werden, ist der sogenannte »duale« Sprengkopf. Dieser verfügt über eine zusätzliche kleine Sprengladung, die den Reaktiv-Block auslöst. Erst nach dieser ersten Explosion erfolgt die des Hauptsprengkopfes, um die Hauptpanzerung des Panzers zu durchschlagen. Die US-Army verwendet diese Tandemsprengköpfe beim neuesten Modell ihrer Panzerabwehr-Lenkflugkörper vom Typ *Hellfire*. Die Russen haben sogar einen Dreifachsprengkopf für ein 125-mm-HEAT-Geschoß entwickelt. Es läuft unter der Bezeichnung 3BK27 und soll dem Vernehmen nach in der Lage sein, selbst die modernen Panzerungspakete des Westens zu schlagen.

Ganz zu Anfang habe ich erwähnt, daß ein Long-Rod-Penetrator ebenfalls einen ERA-Block zünden kann. Im Gegensatz zum Explosionsjet eines HEAT-Geschosses, das selbst nur über eine sehr geringe Masse verfügt, ist der Long-Rod einfach zu wuchtig für die dünnen Stahlplatten eines ERA-Blocks. Folglich wird sein Durchschlagen der Panzerung von ERA-Blocks nur geringfügig abgeschwächt. An ERA-Blocks mit dickeren Platten wird bereits gearbeitet. Sie werden dann so konstruiert sein, daß sie Darts durch getrennte Aktionen in zwei Teile zerbrechen können. Durch die »dickwandigen« ERAs kommt es zwar zu einem verbesserten Schutz gegen die Long-Rods, gleichzeitig sinkt jedoch wieder der Schutz gegen HEAT-Geschosse. Man kann eben nicht alles haben!

Die Verwendung von ERA schafft aber noch zwei weitere Probleme. Erstens: Es handelt sich um einen »Ein-Schuß-Schutz«. Sobald ein Punkt eines ERA-geschützten Fahrzeugs getroffen wird, ist der Aufschlagsbereich ungeschützt (zumindest solange, bis man einen neuen ERA-Block angebracht hat). Zweitens: Abgesessene Infanterie ist nicht mehr in der Lage, mit ERA ausgerüstete Panzer zu begleiten, da die explodierende ERA reichlich Fragmente ausstreut, die alle Soldaten in unmittelbarer Nähe des Panzers glatt zerfleischen würden.

Mit anderen Worten, moderne Kampfpanzer sind *keineswegs* zu unbesiegbaren SF-Monster-Killermaschinen geworden. Man darf ja nicht vergessen, daß heutige Panzer und gepanzerte Kampffahrzeuge lediglich auf ihrer Vorderseite über eine massive Panzerung verfügen. Die Flanken, der obere Teil und die Unterseite sind nicht nur relativ dünn gepanzert, sondern es gibt auch einfach keine Methode, die Panzerung in diesen Bereichen wirksam abzuwinkeln. Während also die Reaktiv-Panzerung an der Vorderseite eines T-72 auf einen RHA-Äquivalenzwert von mehr als 1.000 mm gegen ein HEAT-Geschoß kommt, verfügt der Panzer auf seinen Flanken nur noch über ein RHA-Äquivalent zwischen 100 mm und 135 mm. Auf seiner Rückseite ist es sogar noch weniger. Wir sehen also, ein Panzer ist alles andere als unverwundbar. Nur eine gute taktische Führung versetzt ihn in die Lage, den Waffen, die dazu geschaffen wurden, ihn zu zerstören, stets seine stärkste Seite entgegenzuhalten

Man überlege einmal folgendes: Der *Hellfire* Panzerabwehr-Flugkörper wurde 1986 eingeführt. Er verfügte damals über eine Durchschlagskraft, die etwa einer RHA-Kapazität von rund 1.050 mm entsprach. Das würde ganz sicher nicht ausreichen, um die Frontpanzerung eines mit ERA-Blocks bestückten T-72 zu durchschlagen. Dagegen würde eine deutsche *Panzerfaust 100* aus dem Jahre 1942 mit einer RHA-Durchschlagskapazität von nur 200 mm die Seite eines T-72 ohne weiteres durchschlagen und den Panzer mit großer Wahrscheinlichkeit außer Gefecht setzen. Die während Desert Storm auf Seitenpanzerungen von T-72 abgefeuerten *Hellfires* bliesen die Türme der getroffenen Panzer glatt in die Luft, und die Seiten des gepanzerten Rumpfes klappten sprichwörtlich auseinander. Das Ungeheuer hat also auch seine Achillesferse.

Und damit kommen wir auf einen anderen Punkt der sowjetischen Panzerkonstruktionen. Im Vergleich zu den westlichen Konstruktionen haben ihre russischen Gegenstücke nur sehr schmale Frontprofile. Die russischen Panzer wurden so konstruiert, daß sie eine möglichst kleine Zielfläche bieten, wodurch die Wahrscheinlichkeit eines direkten Treffers herabgesetzt werden sollte. Als die Russen nun versuchten, ihre Konstruktionen an andere Länder zu verkaufen, wurde ebendiese Tatsache als enormer Vorteil hervorgehoben. Im Vergleich zum deutschen *Leopard II* ist der T-72 zum Beispiel rund 0,5 m niedriger und 0,75 m kürzer. Hinzu kommt, daß im Vergleich zu den kastenförmigen Türmen, wie sie beim deutschen *Leopard II* und beim amerikanischen *Abrams* M1 verwendet werden, auch die Türme der russischen Panzer wesentlich kleiner sind. Zu ihrem Leidwesen fanden die Betreiber sowjetischer Panzer vom Typ T-72 bald heraus, daß sie sich mit der relativ kleinen Zielfläche gleichzeitig eine ernstzunehmende Beschränkung des Innenraumvolumens eingehandelt hatten. Sie liegt im Vergleich zu den Panzern des Westens nur bei etwa der Hälfte des nutzbaren Innenraums. Sollte ein *Long-Rod-Penetrator* oder der Explosionsstrahl einer Hohlladung den Rumpf oder Turm eines russischen Panzers durchschlagen, ist die Wahrscheinlichkeit wesentlich größer, daß die Fragmente und Splitter irgend etwas Wichtiges treffen. Es ist ganz einfach weniger Platz da, um herumzuschwirren. In diesen kleinen Türmen haben die Russen keinen Platz mehr für detonationssichere Munitionsunterbringung mit definiertem Explosionsaustritt nach außen (wie sie bei den amerikanischen Abrams-Panzern verwendet werden). Deshalb muß die Munition unten im Rumpf untergebracht werden. Damit aber geht man beim T-72 das Risiko einer katastrophalen Explosion ein, sollte die Panzerung einmal durchschlagen werden. Wenn Ihnen also ein russischer Gebraucht-Panzer-Händler einmal einen – selbst wenig gefahrenen – T-64 oder T-72 anbieten sollte, sagen Sie einfach *Njet!*

## Panzerabwehr-Waffen – Die Drachentöter

Im Laufe der letzten drei Quartale unseres Jahrhunderts wurde eine Vielzahl der unterschiedlichsten Waffen entwickelt, um die gepanzerten Monster zu zerstören, die auf den Gefechtsfeldern herumstreiften. Die ersten Panzerabwehr-Waffen waren noch Gewehre mit enormen Kalibern (nicht ganz unähnlich denjenigen, die für die Jagd auf Elefanten und Nashörner verwendet werden), aus denen schwere Metallklumpen abgefeuert wurden. Diese primitiven Waffen wurden schon bald von wesentlich effektiveren Methoden abgelöst, mit denen man versuchte, eine panzerbrechende Wirkung zu erzielen. Geschichtlich gesehen ist der gefährlichste Feind eines Panzers – ein Panzer. Die Projektile aus der Hauptkanone eines Panzers wurden zur tödlichsten Panzerabwehr-Waffe. Um das richtig verstehen zu können, wollen wir einen Blick auf einige dieser Drachentöter werfen.

Teilver-
brennbare
Hülse

JA2
Treibladung

M129
Treibladungs-
zünder

Hartkernstachel aus
abgereichertem Uran

Aluminium-Hohlspiegel
(Treibkäfig)

Aluminium-
Flossenbaugruppe

Geschoßboden aus Stahl

Haupt-
ladung

Teilver-
brennbare
Hülse

Abstandsrohr mit
Piezo-elektri-
schem Element

Trichter
(Buchse)

Schaft

DIGL-RP
Treibladung

Leitwerk

Geschoßboden
aus Stahl

*Links:* Schnittzeichnung eines panzerbrechenden Geschosses vom Typ M829, Kaliber 120 mm, auf der Basis kinetischer Energie. Granaten dieser Art werden vom M1 *Abrams* MBT eingesetzt. Eine spezielle Version dieser Munition, die MY29A2 wurde 1991 während des Krieges am Persischen Golf als »Silver Bullet« bekannt. *Rechts*: Ein 120-mm-HEAT-Geschoß vom Typ M830, wie es vom M1 *Abrams* MBT verschossen wird.                      JACK RYAN ENTERPRISES, LTD., VON LAURA ALPHER

**Long-Rod Penetratoren** – Diese unterkalibrigen Hartkerngeschosse werden offiziell als *High-Velocity, Armor-Piercing, Finstabilized, Discarding Sabot* (HVAPFSDS = Hochgeschwindigkeits-, panzerbrechendes, flügel-stabilisiertes Treibspiegel-Geschoß) bezeichnet. Es handelt sich um soge-nannte Sub-Kaliber-Projektile (was besagt, daß sie schlanker sind als der Innendurchmesser des Kanonenrohrs, aus dem sie abgefeuert werden). Sie wurden so konstruiert, daß sie die Panzerung eines Tanks durch pure Gewalteinwirkung durchschlagen können. Mit anderen Worten, es han-delt sich bei diesen Waffen um die moderne Version der Bogenschützen König Edwards mit ihren Longbows aus der Schlacht von Crécy. Die zur Zeit verwendeten Long-Rod-Penetratoren werden aus massivem Wolf-ram oder Legierungen mit abgereichertem Uran hergestellt. Beide Mate-rialien verfügen über eine extrem hohe Molekulardichte und sind enorm hart. Einige der Vorgängermodelle waren noch aus Edelstahl mit Wolf-ramkern. Sie neigten jedoch dazu, beim Aufschlag auf die modernen Pan-zerungspakete heutiger Tanks zu zersplittern. Legierungen mit ausge-branntem Uran (DU = *Depleted Uranium*) kommen auf eine etwas bessere Durchschlagsleistung als die mit Wolframlegierungen, aber DU hat immer noch eine Restradioaktivität und der Staub ($UO_2$) ist extrem giftig. Da Munition in Panzern üblicherweise in separaten, gepanzerten Abteilun-gen untergebracht wird, ist vor dem Abschuß einer DU-Granate ein sehr wirksamer Schutz vor Strahlung und chemischen Risiken gewährleistet. Dieser Schutz geht jedoch augenblicklich verloren, wenn ein solches Projektil die Panzerung eines Ziels durchschlägt. Folglich hat die unvermeidliche Kontaminierung eines Gefechtsfeldes starke Vorbehalte wegen der dadurch entstehenden Umweltbelastung ausgelöst. Darüber hinaus ist die Herstellung ziemlich schwierig, und der Umgang mit dem Material muß während des Fabrikationsablaufes sehr vorsichtig erfolgen. Warum soll man sich dann überhaupt mit DU herumplagen?

Zunächst einmal, weil die Leistungsdaten von DU-Hartkerngeschossen doch immer noch einen Hauch besser sind als diejenigen aus Wolfram. Man kann nämlich nie genau wissen, ob man nicht einmal genau auf diesen Hauch höherer Leistung angewiesen ist, damit der Panzer (in dem man vielleicht selber sitzt) einen Angriff übersteht. Zweitens zerplatzt die Spitze eines DU-Penetrators, wenn er die Panzerung durchbricht, in kleinste Partikel, die sich durch den Reibungswiderstand extrem erhitzen. Wenn diese Splitter zum Schluß dann in den Innenraum des Panzers geschleudert werden, entzünden sie sich zu einem sehr heftigen Verbrennungsprozeß. Die sich dabei entwickelnde Hitze und der gleichzeitig entstehende Druck sind dann (angesichts der Mengen Kraftstoff und Munition, die üblicherweise im Innenraum verstaut werden) für Mannschaft wie Panzer tödlich. Dieser »pyrophorische*«-Effekt verschafft DU bei der definitiven Auslöschung des Gegners einen Vorteil gegenüber Wolfram.

Die im Augenblick verwendeten US-APFSDS-Geschosse, wie das M829A1, werden aus DU-Legierungen hergestellt und haben ein Länge/Durchmesser-Verhältnis von etwa fünfzehn bis zwanzig zu eins. Das bedeutet, daß die Länge des Geschosses fünfzehn bis zwanzigmal größer ist als sein Durchmesser. Die experimentellen APFSDS-Projektile, wie zum Beispiel das M829A2 – die *Silver Bullet*** des Golfkrieges – liegen bei einem Verhältnis von etwa dreißig zu eins. Setzt man den Durchmesser eines Long-Rod-Penetrators herab, wird seine Durchschlagskraft erhöht. Kurz gesagt, ein Hartkerngeschoß mit geringerem Durchmesser zwingt einen kleineren Bereich der Panzerung dazu, die auftreffende kinetische Energie zu absorbieren. Darüber hinaus bedeutet ein geringerer Durchmesser auch einen reduzierten Luftwiderstand. Das wiederum führt dazu, daß der Aufschlag des schlankeren Projektils mit einer höheren Geschwindigkeit auf das Ziel bei gleichzeitig kürzerer Flugzeit erfolgt. Ganz eindeutig schlechte Nachrichten für einen Panzer! Der Nachteil der Penetratoren mit geringem Durchmesser ist, daß sie durch die hohen Aufschlagbelastungen auf einen kleineren Flächenquerschnitt leichter zerbrechen.

Die Mündungsgeschwindigkeiten der APFSDS-Geschosse sind einfach atemberaubend. Bei der M256 120-mm-Glattrohrkanone, wie sie bei den

---

* Pyrophor ist ein Stoff, der die Eigenschaft besitzt, sich in feinster Verteilung in der Luft (bei Normaltemperatur) selbst zu entzünden.
** »Silberne Kugel«: Anspielung auf die Dracula-Geschichten. Vampire konnten bei Verwendung einer Schußwaffe nur dann vernichtet werden, wenn die Kugel aus reinem Silber bestand.

M1A1- und M1A2-Versionen verwendet wird, liegt die Mündungsgeschwindigkeit bei annähernd 1.650 m pro Sekunde oder anders ausgedrückt, bei etwa Mach 4. Wegen dieser hohen Geschwindigkeit auf der einen, und des geringen Durchmessers der Projektile auf der anderen Seite, sind Long-Rod-Penetratoren flügelstabilisiert, damit sie während des Fluges nicht taumeln. Also ist ein solches subkalibriges Hartkerngeschoß wirklich nichts anderes als ein 0,46 bis 0,61 m langer, 4,54 kg schwerer Dart aus Metall. Die Notwendigkeit, ein Geschoß auf diese Geschwindigkeiten zu beschleunigen, macht die Verwendung von Treibspiegeln erforderlich, die das Geschoß auf seinem Weg zur Mündung in der Mitte des Kanonenrohres halten. Sobald das Projektil aus dem Kanonenrohr austritt, trennt der aerodynamische Widerstand den Treibspiegel vom Penetrator, und das Geschoß fliegt auf sein Ziel zu. Die Möglichkeit, Treibspiegelladungen einzusetzen – und der damit verbundene höhere Gasdruck, der die Geschwindigkeit der Geschosse vergrößert –, ist einer der Gründe dafür, daß die Verwendung von Glattrohrkanonen als Panzergeschützen sich ziemlich weit verbreiteter Beliebtheit erfreut. Bei den älteren, gezogenen Rohren wurden spiralförmige Rillen in das Rohr eingearbeitet, die das Geschoß dann nach dem Losbrechen in eine stabilisierende Rotation versetzten. Die gezogenen Kanonenrohre vertragen allerdings keine derartig hohen Druckverhältnisse und Mündungsgeschwindigkeiten mehr, wie sie von Treibspiegelgeschossen produziert werden. Die Züge genannten Rillen würden durch solche Belastungen rasend schnell abgetragen, und das Rohr wäre bereits nach wenigen Schüssen unbrauchbar.

Wegen des Neigungswinkels und der Zusammensetzung der modernen Panzerung müssen die APFSDS-Geschosse perfekt geradeaus fliegen, um eine reelle Chance zu haben, auch noch mittlere Panzerungen durchschlagen zu können. Jedwede Abweichung von einer absolut geraden Flugbahn würde dazu führen, daß ein APFSDS-Projektil mehr als 80 Prozent seiner Durchschlagskraft verliert. Es besteht sogar die Möglichkeit, daß es unter der enormen Beanspruchung eines Aufschlags glatt zerbricht. Wenn ein Long-Rod-Penetrator allerdings die Panzerung eines Tanks exakt trifft, wird der extrem fokussierte Druck das Panzerungsmaterial deformieren und aus dem Weg des Projektils drücken. Auf das Wesentliche reduziert heißt das, daß die Panzerung aus der Bahn des Projektils herausfliegt und damit eine Art Hohlraum für die Durchdringung erzeugt wird. Sobald die Panzerung durchbrochen ist, werden die Reste des APFSDS-Geschosses zusammen mit den Fragmenten (Splittern) der Panzerung in den Innenraum des Panzers geschleudert. Das ist dann mit sehr ernstzunehmenden Konsequenzen für die Mannschaft verbunden: Die Männer sind in diesem Augenblick nämlich die sprichwörtlichen »sitzenden Enten«* in einem großen Faß aus Stahl. Während Desert Storm

---

* Begriff aus der Jägersprache für ein nicht zu verfehlendes Ziel.

wurden eine Menge APFSDS-Geschosse mit erstaunlichen Resultaten abgefeuert. Einmal traf beispielsweise ein Oberst der britischen Armee einen irakischen Panzer über eine Entfernung von mehr als 5400 m und zerstörte ihn – ein wirklich gelungener Fernschuß!

**HEAT/Shaped-charge-Geschosse** – Um ein gepanzertes Ziel zerstören zu können, muß man die Panzerung ausschalten, indem man ein Loch in sie hineinbrennt. In der augenblicklichen Waffentechnologie stehen dafür zwei Methoden zur Verfügung: Man kann entweder die kinetische Energie eines Long-Rod-Penetrators verwenden, der sich mit sehr hoher Geschwindigkeit bewegt – üblicherweise mit 1,6 km/sec –, oder man kann auf die chemische Energie zurückgreifen, die durch die Explosion einer Hohlladung erzeugt wird, wobei diese im Vergleich zum Dart mit durchaus langsameren Fortbewegungsgeschwindigkeiten auskommen kann.

HEAT-Geschosse verwenden eine hochexplosive Hohlladung, die um eine konische Metallhülse gepackt wird. Sobald die Ladung detoniert, bewirkt die Explosion einen augenblicklichen Zusammenbruch der Metallhülse nach innen. Die Hülse (normalerweise aus Kupfer oder Aluminium) wird durch die Explosionsenergie aufgeheizt und zusammengepreßt und erzeugt einen Jet mit Geschwindigkeiten zwischen 8.000 und 9.000 m/sec, oder anders ausgedrückt: Mach 25! Man darf sich die Metallhülse jetzt allerdings nicht als einen Strom geschmolzenen Metalls vorstellen. Sie ist nach wie vor relativ fest, verhält sich wegen des extremen Drucks, dem sie ausgesetzt ist, jedoch wie eine Flüssigkeit. Moderne HEAT-Geschosse haben eine lange Sonde oder Hohlkonus an der Spitze, die den Zündmechanismus enthält. Dadurch entsteht ein gewisser Abstand zwischen dem Sprengkopf und der Oberfläche des Ziels. Diese Distanz ermöglicht dem Strahl, seine optimale Form zu erreichen, die seine Durchschlagskraft maximiert.

Wenn ein Shaped-charge-Jet auf die Panzerung eines Tanks auftrifft, wird diese von dem hochkonzentrierten Druck deformiert und treibt das Panzerungsmaterial aus dem Weg des Jets, wodurch ein Durchbruchhohlraum ausgebildet wird. Die Funktionsweise ist ganz ähnlich wie beim Long-Rod-Penetrator: In beiden Fällen benutzen die Waffen einen hohen Punktdruck, um die rein mechanische Stärke einer Panzerung zu überwinden. Sobald das Panzerungsmaterial aus dem Weg geräumt ist, nimmt entweder der Jet oder das Projektil den geschaffenen Raum ein und arbeitet sich weiter nach innen durch. In beiden Fällen verhält sich die Panzerung wie eine Flüssigkeit und umfließt das eindringende Objekt. Hohlladungsmunition ist in der Lage, den etwa vier- bis siebenfachen Durchmesser ihres Gefechtskopfes an Millimetern RHA zu durchdringen, immer unter Berücksichtigung des Buchsenmaterials und des Panzerungstyps, der beim Ziel verwendet wird. Ist allerdings eine kombinierte Panzerung im Spiel, wird diese Daumenrechnung nicht aufgehen. Diese Art von Panzerung ist nämlich speziell auf die Abwehr von HEAT-Geschossen ausgelegt.

**Explosively Formed Projectile/Top Attack** – *Explosively Formed Projectiles* (EFPs = Geschosse, die sich mit der Detonation bilden) – oder »fliegende Untertassen«, wie sie oft genannt werden – sind direkte Verwandte der Shaped-charge-Gefechtsköpfe. Ähnlich wie bei den Hohlladungen wird auch hier hochexplosiver Sprengstoff dazu verwendet, eine Metallbuchse in ein Projektil umzuformen. Damit enden dann aber auch schon die Gemeinsamkeiten. Die *Shaped-charge*-Köpfe verwenden konisch geformte Buchsen, während die der EFPs wie eine abgeflachte, halbkugelförmige Schüssel geformt sind. Sobald der Sprengstoff detoniert, verformt er die Schüssel in einen festen *Slug*\* oder Penetrator, der um einiges anders ist als der gestreckte Jet. Ein Slug ist aerodynamisch stabil (etwa wie ein Long-Rod) und in der Lage, Geschwindigkeiten von bis zu 2.000 m pro Sekunde zu erreichen. Das entspricht etwa Mach 5, was eigentlich im Vergleich zu den 8.000 bis 9.000 Metern pro Sekunde, die von den meisten Jets der HEAT-Geschosse erreicht werden, ziemlich langsam ist. Folglich können EFPs nur geringere Stärken an Panzerungsmaterial durchbrechen als die Shaped-charge. Als grobe Regel für die Durchschlagskraft eines EFP kann man davon ausgehen, daß die durchbrochenen Millimeter RHA etwa dem Durchmesser des Gefechtskopfes entsprechen. (Die *Shaped-charge-Warheads*, um noch einmal daran zu erinnern, können eine Panzerung durchschlagen, die vier- bis siebenmal so dick ist wie der Durchmesser ihres Sprengkopfes.) EFPs finden daher in erster Linie Verwendung bei *Top-Attack*\*\*-Waffen und -Minen, bei denen panzerbrechende Leistungen der Spitzenklasse nicht erforderlich sind. Beispiele für Waffen dieser Art sind die schwedische *Bill* und die amerikanische TOW-2B.

Da sie selbst die dickste Panzerung eines Tanks umgeht, erfreut sich diese Munition für den Beschuß einer Dachpanzerung zur Zeit wachsender Beliebtheit. Wird beispielsweise ein EFP-Slug gegen einen T-72 eingesetzt, braucht sie nur 200 mm Dachpanzerung statt der 454 mm im Frontbereich zu durchbrechen. Im Augenblick ist man sogar dabei, die Geschosse für die Hauptwaffen der Panzer so zu konstruieren, daß auch sie in den Genuß dieser indirekten Technik kommen. Diese Technologie muß man im Auge behalten, denn sie ist die Zukunft.

---

\* Schnecke, Dorn
\*\* Beschuß der Dachpanzerung

40

# Dabei und wieder zurück:
# Ein Interview
# mit General Fred Franks

Vor mehr als zwanzig Jahren, nach dem Ende des Vietnamkrieges, dürfte es schwer gewesen sein, eine Organisation zu finden, der weniger Respekt entgegengebracht wurde, als der US-Army. Eine amerikanische Streitmacht von über 500.000 Mann – die meisten von ihnen Angehörige der US-Army, ausgestattet mit der Ausrüstung der US-Army und ausgebildet nach den Richtlinien der US-Army – hatten gerade etwas zuwege gebracht, was bis dahin in der Geschichte des amerikanischen Militärs unbekannt war: Sie hatten jedes Gefecht und jede Schlacht gewonnen, aber zusammen mit ihren Kameraden von Air Force und Navy Südostasien sieglos verlassen. Die politischen Hintergründe für die Niederlage in Vietnam waren wohl ebenso kompliziert wie widersprüchlich. Die Menschen waren jedoch der Ansicht, daß es das Einfachste wäre, die Schuld an Amerikas erstem verlorenen Krieg der Führung, dem Personal und der Ausrüstung der *big green machine* zuzuschieben (und nicht denjenigen, die eigentlich die Verantwortung trugen, nämlich den Politikern und Bürokraten).

Und dennoch, unter der Oberfläche dieser Niederlage und Verschwendung sprossen bereits die Wurzeln einer wiedergeborenen Army, die später den Irak in gerade einmal vier Tagen auf die Knie zwingen und damit neue Maßstäbe für die Kunst der Gefechtsführung setzen sollte. Wenn man heute auf die letzten zwanzig Jahre zurückblickt, kann man leicht feststellen, wie tief diese Wurzeln wirklich gewesen sein müssen. Ganz bestimmt reichen sie bis hin zu General Creighton Abrams, dem Stabschef der Army nach dem Vietnamkrieg. Als junger Offizier hatte er im Zweiten Weltkrieg die Befreiungskolonne befehligt, die während der deutschen Ardennen-Offensive als erste die belagerte Stadt Bastogne erreichte. Was ihm vorschwebte, war die Schaffung einer neuen, professionellen Armee.

Dann gab es noch eine Gruppe fähiger junger Offiziere, die während des Krieges in Vietnam gedient hatten. Diejenigen, die sich entschlossen hatten, bei der Army zu bleiben und es »durchzustehen«, schworen sich damals sicherlich:»Wenn wir es jemals bis zum General schaffen, werden eine Menge Dinge hier anders laufen!« Männer wie Colin Powell, der den Rassismus innerhalb einer Army überwinden mußte, die sich schwertat, die harten Lektionen der Integration zu erlernen. Panzeroffiziere wie Butch Funk und Infanterieoffiziere wie Pete Taylor, die mit einem Ruf nach Hause kamen, der ebenso hart war wie ihre Waffen. Und Typen wie Barry McCaffrey und Fred Franks, die Knochen und Glieder auf den Schlachtfeldern Südostasiens zurückgelassen hatten.

Zutiefst erschüttert über die Opfer, Verluste und die Verschwendung, die sie erlebt hatten, begann eine ganze Generation von Offizieren, die Army neu zu gestalten, damit sich eine derartige Tragödie in Zukunft nicht wiederholen sollte. All das taten sie aus einem Gefühl der Treue und des Respekts für die Gefallenen und diejenigen, die den Rest ihres Lebens als Krüppel verbringen mußten. Sie wollten ihnen auf diese Weise zeigen, daß ihre Opfer nicht umsonst gewesen waren. Dank der Redlichkeit, Intelligenz und Fähigkeit dieser Männer verfügen die Vereinigten Staaten von Amerika heute über eine Army, um die sie andere Nationen sie nicht nur beneiden und respektieren, sondern diese auch fürchten. Militäranalytiker betrachteten die Verteidigungsstreitkräfte Israels jahrzehntelang als Vorbild dafür, wie eine Armee funktionieren sollte. Doch selbst die vielgepriesenen israelischen Streitkräfte, die die Golan-Höhen hielten (ich schrieb darüber in meinem Roman *Das Echo aller Furcht*) und 1973 in Ägypten einmarschierten, erscheinen bisweilen als geradezu zweitrangig im Vergleich zu den Einheiten, die Amerika heute ins Feld führen kann.

Um uns ein besseres Bild davon machen zu können, was die US-Army alles durchmachen mußte, um diesen Punkt zu erreichen, sollten wir uns ein wenig mit General Frederik Franks unterhalten. General Franks ist im Augenblick der Kommandeur des *Training and Doktrine Command* (TRADOC) der US-Army, mit Hauptquartier im Fort Monroe, Virginia. Es liegt direkt neben dem alten Fort, von dem aus man damals das erste Gefecht zwischen den Panzerschiffen USS *Monitor* und CSS *Virginia* (besser unter

General Fred Franks, Kommandeur des US-Army *Training and Doctrine Command* (TRADOC) in Fort Monroe, Virginia.
*OFFIZIELLES FOTO DER US-ARMY*

---

\* USS = United States Ship: Schiff der Vereinigten Staaten von Amerika (wird auch heute noch verwendet).
CSS = Confederated States Ship: Schiff der konföderierten Staaten von Amerika.
Die o.a. Begegnung war das erste namhafte Gefecht zweier Nicht-Segel-Kampfschiffe, die über eine Stahlpanzerung verfügten, und fand gegen Ende des amerikanischen Bürgerkrieges statt.

dem Namen *Merrimac* bekannt)* beobachten konnte. Unter dem Oberbefehl eines Viersterne-Generals, das ist der höchste Rang in der US-Army, ist TRADOC für Organisation, Taktik, und Ausbildungsrichtlinien in der US-Army verantwortlich. TRADOC ist der Ort, an dem die Army ihre Art zu kämpfen definiert, dokumentiert und an grob geschätzt eine Million Einheiten in der US-Army, US-Army Reserve und der Nationalgarde weitergibt. Alle zusammen bilden dann die »Gesamtstreitmacht«.

Frederick Melvin Franks, Jr., wurde am 1. November 1936 in West Lawn, Pennsylvania geboren. Seine Jugend verbrachte er in Pennsylvania und ging dann für ein Jahr an die Lehigh University. Von dort wechselte er am 5. Juli 1955 auf die US-Militärakademie West Point im Staat New York. Sein Examen legte er am 3. Juni 1959 ab und erhielt den Rang eines Second Lieutenant bei der Panzertruppe. Lassen wir General Franks hier mit seiner Geschichte beginnen.

**Tom Clancy:**  Bei welcher Einheit begannen Sie Ihre Laufbahn?

**General Franks:**  Mein Wunsch war, zur Panzertruppe kommandiert zu werden und Dienst in einem Armored Cavalry Regiment zu tun – einer Einheit, die voll in den kalten Krieg verwickelt war. Schließlich landete ich ab März 1960 in Europa beim 11th Armored Cavalry Regiment, das in Regensburg stationiert war. Dort kam ich zur 3rd Squadron des 11th.

**Tom Clancy:**  Was erwartete Sie dort, als Sie ankamen?

**General Franks:**  Es war ... eine große Aufgabe. Das Regiment erfüllte eine wichtige und bereits damals sehr verantwortungsvolle Mission an der tschechoslowakischen Grenze. Außerdem gab es hier für einen jungen Lieutenant jede Menge Gelegenheiten, sich Professionalität anzueignen. Wir dienten dort zusammen mit etlichen Veteranen aus dem Zweiten Weltkrieg und dem Koreakrieg, die jungen Offizieren, NCOs* und zahlreichen anderen jungen Männern wie mir wertvolle Erfahrungen und Sachverstand vermitteln konnten.

**Tom Clancy:**  Was für eine Army war das in diesen Tagen? Sie wissen schon, Lebensstil und so weiter?

**General Franks:**  Die Einheit, zu der ich kommandiert worden war, hatte unmittelbar zuvor das 6th Armored Cavalry Regiment im Rahmen dessen, was wir »gyroskopische«** Rotation nannten, abgelöst. Obwohl ich zu dieser Zeit nicht so dachte, befanden wir [die Army] uns, aus heutiger Sicht betrachtet, im Wandel. Wir waren auf dem Weg nach oben. Meine vorgesetzten Offiziere und NCOs hat-

---

\* Non Commissioned Officer = Unteroffizier
\*\* kreiselkompaßähnliche

ten fast alle entweder im Zweiten Weltkrieg oder in Korea gekämpft. Das Gesamtkonzept der damaligen Zeit wies also in die gleiche Richtung. Obwohl sehr viel Vertrauen in die Fähigkeiten der Einheit gesetzt wurde, gab es im Vergleich zur heutigen Army bei fast allem eine gänzlich andere »Chemie« und Dynamik. Das lag an der Mischung aus älteren, wesentlich erfahreneren Soldaten und den jungen Offizieren, NCOs und dem Reservoir an Rekruten. Gleichzeitig war das 11th Cavalry ein sehr lebendiger Rahmen, in dem wir uns auf eine ganz reale Mission konzentrierten, weil wir in alle Krisen dieser Zeit [besonders Berlin und Kuba] einbezogen wurden. Wir standen im Feld, weit weg von zu Hause und in einem Grenzgebiet, das uns reichlich Gelegenheit verschaffte, unseren möglichen Feinden »Auge-in-Auge« gegenüberzustehen. Es war für uns eine Zeit sehr harter und intensiver Arbeit.

**Tom Clancy:** Gab es »Beinahe«-Situationen?

**General Franks:** Wir hatten die Berlin-Krise von '61 und '62 und die Kuba-Raketen-Krise. Für mich persönlich war es ein riesiges Glück, daß ich schon so früh in meiner Laufbahn derartig viel Verantwortung zu tragen hatte. Das ungeheure operative Umfeld bewirkte, daß man sehr schnell an Professionalität gewann. Das habe ich von einigen hervorragenden NCOs und etlichen engagierten Soldaten gelernt.

**Tom Clancy:** Wie waren Sie damals ausgerüstet?

**General Franks:** Jede Menge Ausrüstung aus dem Zweiten Weltkrieg zusammen mit moderneren Systemen. Die meisten der Waffen am Mann stammten noch aus der Zeit des Zweiten Weltkrieges. Ich kann mich erinnern, daß wir damals auch noch diese riesigen *Armored Personnel Carrier* [APC = gepanzerter Mannschafts-Transportwagen] mit der Bezeichnung M59 hatten. Die verfügten über je zwei Lastermotoren aus $2\frac{1}{2}$ Tonnen-LKW's, die auf beiden Seiten des Gefährts montiert waren. Das Ding war ein Wartungsalptraum, und die Maschinen liefen zu keinem Zeitpunkt, wie sie sollten. Schon etwas besser sah es da bei den Panzern aus, denn wir hatten das Spitzenmodell des *Patton*, den M48A2, mit einer verbesserten Kraftstoffeinspritzung beim Motor und einer 90-mm-Kanone. Allerdings waren wir doch mehr als nur ein bißchen besorgt, daß die neuesten russischen Panzer (die Modelle T54/55) gegen unsere 90-mm-Kanonen mit 100-mm-Kanonen antraten. Unsere Bergevorrichtungen waren noch auf M4 *Sherman* Chassis montiert, die aus der Zeit des Zweiten Weltkrieges stammten.

Außerdem verfügten wir über eine regelrechte Mixtur von Waffen. Dazu gehörten beispielsweise die Browning Automatic Rifles (BAR), M2 Maschinengewehre vom Kaliber .50 und die wirklich alten M1919A4 Maschinengewehre, die auf den Jeeps der Spähtrupps montiert waren. Ohne Frage hatten wir 1960 noch nicht die High-tech-Streitmacht mit modernster Ausrüstung, die 1991 der irakischen Armee die Niederlage beibrachte.

Die 60er Jahre brachten bedeutungsschwere Änderungen für die US-Army mit sich, denn der Brennpunkt amerikanischer Außenpolitik verlagerte sich von Europa und Kuba auf den Fernen Osten und Vietnam. Von da an gerieten die Streitkräfte der Vereinigten Staaten von Amerika generell und die US-Army insbesondere auf den absteigenden Ast. Diese Entwicklung sollte bis in die trüben 70er Jahre kein Ende finden. Der Vietnamkrieg brachte für Fred Franks eine Zeit großen persönlichen Schmerzes, denn 1970, während der Invasion Kambodschas, verlor er bei einem Feuergefecht vom Knie an abwärts den größten Teil seines linken Beines. Wie sich später herausstellte, verlief seine anschließende Entwicklung zu einem äußerst effektiven Soldaten praktisch parallel zur Wiedergeburt der Army, die sich durch die Folgen des Alptraums Vietnam hindurchkämpfen mußte.

**Tom Clancy:** Welche Veränderungen konnten Sie Mitte der 60er Jahre bei der Army feststellen, als die Verlagerung des Operationsschwerpunktes nach Südostasien erfolgte?

**General Franks:** In diesen Tagen hatten wir eine Army, die sich außerordentlich stark auf die Grundlagen des Geschützwesens, der Manöver und Instandsetzungsfähigkeiten konzentriert hatte. Daran arbeiteten wir sehr hart. Wir hatten eine Armee, die Selbstvertrauen besaß und zukunftsorientiert war – die versuchsweise Aushebung einer Luftlande-Cavalry-Division [die 1st Air Cavalry Division] war ein erstes Beispiel dafür.[1] In erster Linie war sie eine einsatzfähige Heereseinheit für den Feldeinsatz, die »kopfüber« ins Spiel kommen konnte. Obwohl ich selbst nicht dabei war, habe ich aus heutiger Sicht rückblickend den Eindruck, daß die Army, mit der wir nach Vietnam [1965 und 1966] gingen, eine äußerst fähige Streitmacht war. Die ersten taktischen Kampfhandlungen [in Vietnam], bei denen unsere Soldaten in einige schwere Gefechte verwickelt wurden und die sie gewannen, schienen das auch zu bestätigen. Auf viele der ersten Schlachten in den Kriegen, die unsere Nation führte, war unsere Army nicht immer ausreichend vorbereitet. In Vietnam dagegen waren unsere Streitkräfte, taktisch gesehen, absolut für diese ersten Kampfhandlungen bereit. Die zu diesem frühen Zeitpunkt in Vietnam eingesetzten Einheiten – wie beispielsweise die 1st Air Cavalry Division, das 11th Armored Cavalry Regiment usw. – waren hervorragend motiviert und brachten ausgezeichnete taktische Fähigkeiten mit auf den Kriegsschauplatz. Der kürzlich veröffentlichte Bericht von General Hal Moore über die Schlacht im Tal von Ia Drang und die Härte unserer Soldaten dort sowie ihr Heldentum bestätigen das sehr nachdrücklich.

**Tom Clancy:** Was genau lief für die Army in Vietnam schief?

**General Franks:** Schwer, so etwas zusammenfassend zu sagen … Ich diente '69 und '70 da unten als Major bei der 11th Cavalry, mit der ich später nach Kambodscha ging. Daher ist meine Sicht der Dinge aus dieser Zeit etwas eingeschränkt … Tatsächlich gingen aber eine ganze Reihe der unterschiedlichsten Sachen daneben. In Gefechten und Schlachten holten wir einen taktischen Sieg nach dem anderen, aber es fehlte jedweder zusammenhängende Plan und ein einheitliches Handlungskonzept, aus dem wir strategische Vorteile für die Gesamtbemühungen dieses Krieges hätten ziehen können. Wir hatten einfach nicht das, was wir heute unter »Operationskunst« verstehen. Ich kann mich entsinnen, daß damals ununterbrochen zwischen der militärischen und politischen Führung Mitteilungen über die strategischen Ziele, das Operationsschema und die Vorgehensweise hin- und hergingen. Also ganz allgemein Formulierungen, wie die Dinge erledigt werden sollten. Unglücklicherweise ging das auf diese Weise scheinbar endlos weiter. Während der ganzen 60er und dann auch noch bis in die 70er Jahre hinein.

**Tom Clancy:** Was passierte mit der Army auf institutioneller Ebene?

**General Franks:** Aus meiner Sicht betrachtet, führte der Verlust an erfahrenen Offizieren und NCOs, die fielen, verwundet wurden oder das Ende ihrer Dienstzeit erreicht hatten, zu einem allmählichen, einige Jahre andauernden Abbau von Einheit und Zusammenhalt auf der Führungsebene. Soweit Ersatz notwendig wurde, setzten wir als Nation keine Reservisten ein, was meiner Meinung nach ein riesiger Fehler war. Deshalb war die aktive Armee gezwungen, Führungskräfte, wo immer möglich, als Ersatz zu beschaffen. Schließlich blieb nichts anderes übrig, als zu versuchen, das Beste aus den zur Verfügung stehenden Kräften zu machen. Als dann aber die Zahl der Gefallenen in den Gefechten zu steigen begann, führte die Belastung der Personalstruktur dazu, daß der Zusammenhalt einiger Einheiten in Vietnam zu zerbrechen begann. Bei der Zivilbevölkerung unserer Nation herrschten Meinungsverschiedenheiten über den Sinn dieses Krieges. Diese, kombiniert mit den Verlusten in den Gefechten und dem DEROS*-Terminplan für jeweils ein Jahr, brachten die Army ab Mitte der 70er Jahre wirklich in arge Schwierigkeiten. Infolgedessen litt die Army als Institution sehr unter all diesen Dingen. Diese Situation wurde schließlich zu einem der Hauptprobleme, als wir '73 den Wandel zu einer Freiwilligenstreitmacht vollzogen und damit anfangen mußten, neue Leute für den Dienst anzuwerben.

**Tom Clancy:** Was passierte Ihnen persönlich während Ihrer Dienstzeit in Südostasien?

**General Franks:** Ich hatte das Privileg, bei einer großartigen Gruppe wirklicher Helden – 2nd Squadron, 11th Cavalry – zu dienen. Das Ende meiner Dienstzeit war für mich selbst, wie Sie wissen, außerordentlich schmerzvoll: Infolge einer Verwundung, die ich mir am 5. Mai 1970 bei einem Einsatz in Snoul, Kambodscha zuzog, verlor ich einen Teil meines [linken] Beines. Und wie so viele andere verlor ich dabei auch eine Menge großartiger Freunde. Anschließend verbrachte ich einige Zeit auf einer Amputierten-Station des Armeekrankenhauses in Valley Forge, Pennsylvania.

Was mich am meisten bei meinen Leidensgenossen beeindruckte, war die Tatsache, daß es sich bei ihnen um fabelhafte junge Amerikaner handelte, die losgezogen waren und auf den Schlachtfeldern das vollbrachten, was ihr Vaterland von ihnen gefordert hatte. Natürlich können Sie jetzt das Für und Wider dessen diskutieren, wozu sie aufgefordert worden waren. Doch solche Diskussionen führten unter anderem dazu, daß die Öffentlichkeit noch recht lange Zeit nach dem Krieg unfähig war, in ihrer Beurteilung die Krieger vom Krieg zu trennen. Unglücklicherweise waren es die Soldaten, die den Kopf für alles hinhalten mußten. Meine Kameraden auf der Amputierten-Station in Valley Forge hatten es zum Beispiel satt, immer wieder erklären zu müssen, was ihnen passiert war, wenn sie nach Hause kamen. Das galt ganz besonders dann, wenn sie immer aufs neue zu hören bekamen, für welche Verschwendung man all ihre Erfahrungen hielt. Das führte schließlich dazu, daß sie teilweise dazu übergingen, den Leu-

---

* Date of Expected Return from Overseas Service: voraussichtlicher Termin für die Rückkehr von einem Einsatz in Übersee.

ten zu erzählen, sie hätten sich ihre Verletzungen bei Betriebs- oder Autounfällen zugezogen ... Ich kann mich allerdings nicht daran erinnern, daß in der ganzen Zeit, in der ich dort war, auch nur ein einziger gewählter Politiker oder ein Stabsoffizier mit einem höheren Rang als Colonel einmal zu Besuch gekommen wäre, um diesen großartigen jungen Amerikanern auch nur »Danke« zu sagen.

**Tom Clancy:**     Haben Sie sich nach Ihren Erfahrungen in Südostasien selbst irgendwelche Ziele gesetzt, wie ihr weiterer Dienst in der Army ablaufen sollte?

**General Franks:** Absolut! Ich habe kein Recht, hier stellvertretend für alle anderen zu sprechen, aber ich kann sehr wohl über meine ganz persönlichen Erfahrungen reden. Seit damals brennt eine glühend heiße Flamme in meinem Innern wegen ebendieser Zeit und all der Dinge, die damals passiert sind. Ich erinnere mich auch an die Soldaten, mit denen ich die Ehre hatte, im Feld zu stehen. In Momenten der Stille kann man fast die Namen an der Wand [am Vietnam Memorial in Washington, D. C.] fühlen. Ich denke auch an meine Kameraden aus der Amputierten-Station in Valley Forge, an ihre Opfer und ihr zerstörtes Vertrauen. Deswegen habe ich ihnen, mir selbst und der Army gegenüber ein Gelübde abgelegt: Für den Fall, daß ich jemals die Gelegenheit bekäme, in den aktiven Dienst zurückzukehren, würde ich alles tun, was in meinem Einflußbereich und in meiner Verantwortung steht – wo immer das sein mochte –, um *persönlich* dafür zu sorgen, daß es *nie wieder* zu einem solchen Vertrauensbruch kommt. Niemals!

**Tom Clancy:**     Welchen Dienstrang hatten Sie in der Army, als sie das Krankenhaus in Valley Forge verließen, und wohin ging es von da aus?

**General Franks:** Zu jener Zeit war ich Major, und ich stellte den Antrag, im aktiven Dienst bei den Panzertruppen bleiben zu dürfen. Alles, was ich mir je gewünscht hatte, war, Soldat und in der Lage zu sein, in der Army Karriere zu machen. Sollten meine körperlichen Voraussetzungen einen Hinderungsgrund darstellen, wäre eben nichts daran zu ändern. Man darf ja nicht automatisch davon ausgehen, daß ich meine Aufgaben nicht erfüllen kann, nur weil mir mein linker Unterschenkel fehlt. Es zählt nicht das, was einem fehlt, sondern das, was man hat! Hochrangige Befehlshaber in der ganzen Army setzten sich sehr stark dafür ein, daß diejenigen unter uns, die eigentlich disqualifizierende körperliche Mängel hatten, dennoch im aktiven Dienst bleiben konnten. Infolgedessen erlaubte mir die Army, bei den Panzertruppen zu bleiben, und ich machte mich auf, in die Welt zurückzukehren. Für diese Chance werde ich der Army als Institution wohl ewig dankbar bleiben. Mein nächstes Kommando führte mich ans AFSC, [*Armed Forces Staff College* Stabsakademie der Panzertruppen] nach Norfolk in Virginia. Bevor wir uns dorthin auf die Reise machten, besuchte ich mit meiner Frau und meiner Tochter aber erst einmal Disney World in Florida. Mit diesem Ort werde ich wohl immer etwas Positives assoziieren: Hier konnte ich nach etlichen schweren Operationen zum ersten Mal wieder richtig laufen. Am AFSC arbeitete ich dann weiter daran, in Form zu bleiben. Ich spielte Softball und ging viel spazieren. Fuhr überall in der Gegend des AFSC Fahrrad. Ich weiß noch, daß ich mit gleichaltrigen Kameraden darüber witzelte, was es wirklich heißt, »die Beine in die Hand zu nehmen«. Im Anschluß ans AFSC wurde ich ans *Departement of the Army Staff\** in Washington, D. C., kommandiert. Dort arbeitete ich ein Jahr und war anschließend zwei Jahre als militärischer Assistent des Army-Unterstaatssekretärs tätig. Im Juni 1975 bekam ich dann die Gelegenheit, den Befehl über die 1st Squadron des 3rd Armored Cavalry Regiments in Fort Bliss, Texas, zu übernehmen.

Als ich das Kommando über die Cavalry Squadron antrat, waren seit dem Tag, an dem ich die Amputierten-Station in Valley Forge verlassen hatte, kaum mehr als drei Jahre ins Land gegangen. Wie Sie sich denken können, war ich bei der Übernahme des Kommandos etwas nervös. Aber ich muß gestehen, daß es meine Kameraden und NCOs waren, die mich erst wieder zu einem richtigen Soldaten machten. Ich kann mich keines einzigen Falles entsinnen, bei dem sich irgend jemand besorgt wegen meiner Amputation geäußert hätte. Sie nahmen mich einfach, wie ich war, und richteten sich nach dem, was ich leisten konnte. Das war für mich persönlich eine großartige Quelle der Stärke. Diese Familie, deren Angehöriger ich anderthalb Jahre lang sein durfte, werde ich niemals vergessen. Mit dieser Erfahrung war ich endgültig wieder zu einem ganzen Soldaten geworden.

Wissen Sie, in einer Erholungsphase bezieht man seine Inspirationen von den unterschiedlichsten Seiten.

---

\* Amt für Stabsangelegenheiten der US-Army

Meine Familie. Meine Frau Denise und meine Tochter Margie. Beide inspirierten mich damals und tun es auch heute noch. Sie kennen sehr genau den Unterschied zwischen Mitleid und Anteilnahme. Meine Eltern und die fähigen Ärzte und das medizinische Personal des *Army Medical Service* – einschließlich der harten Disziplin der Physiotherapeuten, die von uns verlangten, daß wir vor Spiegeln zum Takt der Metronome liefen und liefen, und zwar so lange, bis wir endlich den richtigen Schritt herausgefunden hatten. Wir witzelten darüber, daß wir erst in dem Augenblick unser Examen ablegen könnten, wenn wir in der Lage wären, gleichzeitig zu gehen, Kaugummi zu kauen und uns dabei zu unterhalten.

Eins meiner ganz speziellen Vorbilder war die ganze Zeit über Sir Douglas Bader, das berühmte Flieger-As der RAF. Er hatte bereits vor dem Zweiten Weltkrieg bei einem Unfall während einer Übung beide Beine verloren. Man nannte ihn »Tin Legs«* Bader. Colonel »Red« Reeder war in West Point Assistenztrainer des Baseballteams. Ihm mußten nach Verwundungen, die er bei der Invasion der Normandie mit der 4th Infanterie Division im Jahre 1944 in Frankreich abbekommen hatte, beide Beine amputiert werden. Er war so nett und schickte mir ein Exemplar von *Reach for the Sky*. Diese ausgezeichnete Biographie über Sir Douglas von Paul Brickhill las ich dann, und sie gefiel mir wirklich sehr gut. Später, in den 80er Jahren, war ich in England, um das *AirLand Battle Concept* beim Stab der britischen Armee vorzustellen. Dabei ergab sich die Gelegenheit, Sir Douglas zu besuchen und mich mit ihm zu unterhalten, bevor er starb. Er war für mich eine wirkliche Inspiration.

Mitte der 70er Jahre war der absolute Tiefpunkt für die moderne amerikanische Army erreicht. Von den Erfahrungen in Südostasien zermürbt und als drittklassige Streitmacht – im Vergleich zu den Armeen anderer Nationen wie Israel, Großbritannien und sogar der ehemaligen Sowjetunion – eingeschätzt, mußte sie von Grund auf neu aufgebaut werden. Dabei sollte gleichzeitig das neue Rekrutierungssystem eingeführt werden, das nur noch Freiwillige erfaßte – wobei den angeworbenen Soldaten nur ein niedriger Sold und schlechte Lebensbedingungen in Aussicht gestellt werden konnten – und dabei auch noch gleichzeitig eine ganz neue Waffenfamilie zur Produktionsreife gebracht werden. Die Konzentration auf einen möglichen Konflikt der NATO mit den Staaten des Warschauer

---

* Blechbeine

Pakts bestimmte die Planung und Beschaffungsmaßnahmen der Army für die folgenden zwanzig Jahre. Vor diesem Hintergrund entstand eine neue Gefechts-Theorie unter dem Namen »Maneuver Warfare«*. Für Fred Franks, zu dieser Zeit Offizier auf mittlerem Dienstrangniveau, war es eine Zeit, in der er sich im Zentrum des gesamten institutionellen Wachstums und aller Entwicklungsabläufe befand. Er erlebte sie an Orten wie dem Department of the Army und in der sich neu bildenden Organisation namens TRADOC mit.

**Tom Clancy:**    Mitte der 70er Jahre durchlief die Army einige recht umfangreiche Änderungen. Erzählen Sie uns bitte, was Sie davon mitbekamen.

**General Franks:** In jenen Tagen verfügten die Nation und die Army über einige ziemlich außergewöhnliche Führungspersönlichkeiten in Uniform. Männer, die den Weitblick und das Rückgrat besaßen, ihre Vorstellungen auch durchzusetzen. General Creighton Abrams, General Bill DePuy. Sie schufen das *Training and Doctrine Command* (TRADOC) und leiteten den Wechsel zu einer Freiwilligenarmee ein. Gleichzeitig lief die Durchführung des *Total Army Concept* an, welches National Guard, US-Army Reserve vollständig und einige Bestandteile der aktiven Streitkräfte einschloß. Wenn wir also irgendwann noch einmal in den Krieg ziehen müßten, so würde das mit einem Dreikomponenten-Kampf-Team geschehen. Geteilte Verantwortung. Auf diese Weise würden die Regierung, der Kongreß und das amerikanische Volk Einblick in all das haben, was mit dieser neuen Streitmacht geschehen würde. Das machte Sinn, denn es würde die Amerikaner und ihre Army miteinander aussöhnen – denn so wurde dokumentiert, daß diese Streitmacht eine »amerikanische Army« ist. Um diese Truppen ausrüsten zu können, setzten die Generäle Abrams und DePuy etwas in Gang, was unter dem Namen *The Big Five* bekannt werden sollte: fünf neue Waffensysteme, welche die Eckpfeiler der Army in den 80er Jahren sein sollten. Dazu gehörten der *Abrams* M1 Panzer, das *Bradley* Gefechtsfahrzeug, der AH-64 *Apache* Kampfhubschrauber, der *Blackhawk* Hubschrauber und das SAM-D(*Patriot*)-System.

**Tom Clancy:**    Gegen Ende der 70er Jahre wurden die Erörterungen über die neue *Maneuver Warfare*-Doktrin zum ersten Mal veröffentlicht. Würden Sie unseren Lesern bitte etwas dazu sagen?

**General Franks:** Während des Vietnamkrieges verpaßte die United

---

* Bewegliche Gefechtsführung

States Army einen kompletten Modernisierungszyklus. Wir waren derart auf die Durchführung des Krieges in Südostasien konzentriert, daß sowohl die Modernisierung der Ausrüstung, als auch die Verbesserungen auf dem Gebiet intellektueller und taktischer Neuentwicklungen verpaßt wurden. Dadurch ging während dieses Zeitraums die Entwicklung bei der Geschwindigkeit und Tödlichkeit moderner Waffen völlig an uns vorbei. Diese Tatsache kam uns 1973 durch den arabisch-israelischen Krieg schockartig zu Bewußtsein. In dessen Verlauf gingen mehr Panzer verloren, als sich im gesamten Arsenal des NATO-Kontingentes der US-Army befanden. Es war höchste Zeit, daß die Army endlich aufwachte, allein schon deshalb, weil unser Hauptinteresse [z. B. lebenswichtige strategische Interessen] auf Kampf und Sieg der NATO in Europa lag. Die zentrale Frage war: Wie würde sich diese Art von Kampf für uns darstellen?

Wie sich herausstellte, hatte der Krieg von '73 eine ausgezeichnete Modellfunktion, es war eine Art von Ersatz, wenn Sie so wollen. Um sich einen persönlichen Eindruck davon zu verschaffen, was dabei alles Berücksichtigung finden mußte, flogen General Bill DePuy, damals noch Kommandeur des TRADOC, und Don Starry, zu dieser Zeit noch im Rang eines Major General vom Armor Center in Fort Knox, Kentucky, hinüber, um den Golan und die Schlachtfelder im Sinai zu besuchen. Dort wollten sie sich selbst ein Bild davon machen, was auf uns zukommen könnte. Die Ergebnisse dieser Reise wurden in einem Grundsatzpapier aufgezeichnet, das zu einem der fundamentalen Bestandteile des *Army's Basic Field Operations Manual*\*, FM 100-5, wurde, das 1976 erschien. Es stellte den ersten wirklichen Bruch mit den überholten Lehrmeinungen dar. Die neue Leit-bzw. Richtlinie hatte zunächst den Spitznamen *The Active Defense*\*\*, war aber in Wirklichkeit mehr als nur das. Weit mehr. Es war zugleich ein Bekenntnis zur Geschwindigkeit und Tödlichkeit moderner Waffen und die intellektuelle und richtungsweisende Antwort der Army auf die veränderte Situation.

Die Army ging in den darauffolgenden Jahren ihren Weg im Sinne dieser Lehrmeinung weiter, und die eingeleitete Entwicklung begann erste Früchte zu tragen, als die *Big Five*-Waffen entwickelt und getestet waren

---

 \* Handbuch für die Grundlagen von Gefechtseinsätzen
\*\* Aktiv- bzw. Vorwärtsverteidigung

und an die Truppe ausgeliefert wurden. Dann fingen wir an, über Begriffe wie *Maneuver Warfare* und »Gefechtsführung auf Operationsebene« zu reden. Das war notwendig, weil die operative Seite der Gefechtsführung in dieser Art bis dato noch nicht praktisch erprobt war. Unsere Studien und Kriegsspiele in den späten 70er Jahren hatten uns gezeigt, daß man einfach nicht siegen kann, wenn man in einer statischen oder passiven Gefechtsführung verharrt. Folglich war die mobile, fließende, gestaffelte Kriegführung zu einer wesentlichen Vorgabe geworden. Zeitgleich begann man den Gedanken eines »zweiten Echelon*« – oder des, wie es General Donn Starry (der einer der Hauptautoren des ursprünglichen Konzepts war) ausdrückte – »erweiterten Gefechtsfeldes« – zu erörtern. Etwa in der Zeit, als die Ausgabe des FM-100-5 von 1982 erschien, gab man der Richt- und Leitlinie den treffenderen und eigentlich richtigen Namen *AirLand Battle*. Damit nutzte die Army verschiedene, zeitgleiche Abläufe, um sich wieder an einen der Spitzenplätze der Armeen der Welt zu schieben: die Einführung neuer Richtlinien und die Indienststellung neuer Waffensysteme zusammen mit der Schaffung eines Vollzeit-Rekrutierungs-Kommandos bei dem besonderes Gewicht auf hochwertige Soldaten und frühzeitige Investitionen in einen Ausbildungs-Lehrplan gelegt wurde. Die Ausbildungsrichtlinien beinhalteten das *Army Training and Evaluation Program* (ARTEP = Ausbildungs- und Bewertungsprogramm des Heeres) und die *After Action Reviews* (AARs = Übungs-Schlußbesprechungen) und auch das, was unter dem Sammelbegriff *Combat Training Centers*** [in der Art des National Training Centers (NTC) in Fort Irwin, Kalifornien] bekannt werden sollte. In der Zeit, als all das zur Durchführung gebracht wurde, stellten wir fest, daß eine sichtbare Wiedergeburt von Geisteshaltung und Aggressivität in der US-Army stattfand.

**Tom Clancy:** Was war denn nun das Fazit all dieser hochgradigen Aufmerksamkeit, die man dem künftigen Bild und den Truppenteilen der Army entgegenbrachte?

**General Franks:** In den 70er Jahren kamen die obersten Führungskräfte der Army zu dem Schluß, daß diese Army als Institution auf die Dinge achten sollte, die von entscheidender Bedeutung für den Erfolg ihrer Grundaufgabenstellung

---

\* sekundäre Staffelstellung
\*\* Gefechtsausbildungszentren

waren. Diese Grundaufgabe besteht darin, hinauszuge-
hen, zu kämpfen und Kriege für unser Land zu gewinnen, wenn wir den Befehl als Teil eines Teams von Truppen verbundener Waffengattungen dazu erhalten. Gegen Ende der 70er Jahre nahm das alles langsam Gestalt
an. Das heißt: Die Ausrüstungsqualität wurde besser;
TRADOC hatte begonnen, die Einheiten der Army im
Rahmen des »Division-86$^2$-Programms« neu zu gestalten; die *Big Five*-Waffensysteme waren unterwegs; neue
Programme für die militärische Führungsschicht wurden entwickelt, wie beispielsweise das *Noncommissioned
Officer Education System*\* und später dann auch die
*School of Advanced Military Studies* [SAMS = Akademie
für weiterführende militärische Studien in Fort Leavenworth in Kansas, deren Absolventen als »Jedi Ritter«
bekannt sind]. General Paul Gorman und andere betrieben erste Studien, die später zum NTC in Fort Irwin
führten. All das zusammengenommen brachte dann
Schritt für Schritt die Gefechtsfeldkonzentration für
unsere Operationen hervor, mit der wir in die 80er Jahre
gingen.

**Tom Clancy:**    Doch während all diese großen Dinge passierten, waren
sie immer noch unten beim 3rd ACR Befehlshaber der
1st Squadron. Vor welche Art von Herausforderungen
sahen Sie sich dort als Kommandeur in der Zeit von
1975 bis 1976 gestellt?

**General Franks:**    Wissen Sie, wir hatten eine Menge motivierter und guter Soldaten und NCOs, aber es gab auch jede Menge
Probleme mit der Disziplin. Die Army ist immer zugleich ein Spiegelbild der jungen Leute, die sich zum
Dienst melden, wie der gesellschaftlichen Schichten,
aus denen sie kommen. Deshalb sieht Amerika, wenn es
auf seine Army blickt, in sein eigenes Spiegelbild und
wird mit all den guten und schlechten Eigenschaften
konfrontiert, die ihm selbst innewohnen. Zu dieser Zeit
gab es zahlreiche rassistische Spannungen in Amerika.
Diese Spannungen gab es ganz offenkundig damals
auch in der Army. Auch die gesamte Drogenproblema-
tik schwebte über uns. Ich kann mich entsinnen, daß wir
an jedem Zahltag die komplette 1st Squadron ins Kino
des Stützpunktes befahlen, um uns darüber zu unterhalten, was wir während des vergangenen Monats gemacht hatten und was für die kommenden Wochen in
Planung war; außerdem wurden Auszeichnungen ver-

---

\* Ausbildungsgang für Unteroffiziere

liehen. Ich führte ein, daß wenn es das ganze Bataillon schaffte, dreißig Tage lang keinen Fall von *Absent Without Leave* (AWOL\*) melden zu müssen, jeder einen freien Tag erhalten sollte. Heutzutage ist so etwas fast unbekannt. Die Zahl der AWOL-Fälle oder nicht freiwilligen Rückkehr zum Dienst nach einem Urlaub oder Wochenende ist verschwindend gering. In der damaligen Zeit war eine Periode ohne AWOL etwas, das man sich auf der Zunge zergehen lassen mußte. Wie Sie leicht aus dem eben Gesagten schließen können, gab es etliches, auf das wir *innerhalb* der Army aufpassen mußten. Tatsächlich stellt es sich mir aus heutiger Sicht so dar, als wäre alles von dem Zeitpunkt an besser geworden, als wir damit aufhörten, alle außer uns selbst für unsere Probleme verantwortlich zu machen. Also fingen wir gemeinsam – als Militärs – damit an, die Ärmel hochzukrempeln und daran zu arbeiten, weil wir wußten, wie wichtig die Army als Institution für unser Land war.

**Tom Clancy:** Wie ging es für weiter, nachdem Sie Ihre Dienstzeit als Bataillonskommandeur bei der 1st Squadron des 3rd ACR hinter sich hatten?

**General Franks:** Ich arbeitete sechs Monate in einem speziellen Amt der Army Task Force, der sogenannten *Tank Force Management Group*\*\* und ging anschließend ans National War College. Danach wurde ich ans TRADOC abkommandiert, das zuerst unter dem Befehl von General Donn Starry und später unter dem von General Glenn Otis stand. Unsere vordringlichen Bemühungen bestanden zu dieser Zeit in dem Versuch, ein paar »Zähne« ins Ausbildungsprogramm zu bekommen, indem wir das NTC und einige andere Gefechtsübungszentren einrichteten. TRADOC war emsig darum bemüht, die neuen *AirLand Battle*-Richtlinien hinaus an die Einheiten zu bekommen und gleichzeitig das erste der »Big Five«-Waffensysteme einzuführen. Rückblickend betrachtet waren wir von dem Augenblick an, als wir bereit waren, in die 80er Jahre zu gehen, endlich soweit, die Probleme hinter uns zu lassen, mit denen wir uns Anfang und Mitte der 70er Jahre herumgeplagt hatten. Ich selbst war

---

\* Unerlaubtes Entfernen von der Truppe. Hier handelt es sich noch nicht um den Tatbestand des Desertierens, sondern z.B. um ein ungenehmigtes Überziehen der dienstfreien Zeit außerhalb des Stützpunktes.
\*\* Steuerungs- bzw. Führungsgruppe der Panzertruppen

nur ein kleines Rädchen in diesem Team, zu dem unter anderem auch Männer wie General Carl Vuono und General Jack Galvin gehörten.

So schrecklich die 70er Jahre auch gewesen sein mochten, die 80er Jahre waren für die Army wie eine frische Brise. Da war zum einen die Einführung der Waffen des »Big Five«-Systems bei den Einheiten. Zum anderen garantierten die Anfangsjahre der Präsidentschaft von Ronald Reagan, daß ausreichende Mittel für die Beschaffung dieser und anderer Rüstungsgüter zur Verfügung standen. Aber es geschah weit mehr als die bloße Einführung neuer Waffen. In der gesamten Army stand die intellektuelle Wiedergeburt kämpferischer Fertigkeiten in voller Blüte, und das ganz besonders bei den jungen, aggressiven Führungspersönlichkeiten, die aus dem ganzen Land zur Army kamen. Diese neue Energie und Aggressivität wurde von den älteren Führungspersönlichkeiten aus der Vietnam-Ära – wie Fred Franks – akzeptiert und in die richtigen Bahnen für neue Ideen und die neuen Richtlinien gelenkt. Die 80er Jahre wurden damit die Zeit der großen Gelegenheiten für General Franks. Wegen seiner hervorragenden Leistung als Befehlshaber immer größerer und wichtigerer Einheiten in Europa stieg er in weniger als acht Jahren vom Colonel zum Lieutenant General (drei Sterne) auf.

**Tom Clancy:** Was machten Sie anschließend?

**General Franks:** Im Frühjahr 1982 verließ ich das TRADOC und ging nach Deutschland, um in Fulda das Kommando über das 11th ACR zu übernehmen. Ich erinnere mich noch gut daran, wie sich meine Konzentration ganz plötzlich von der Arbeit im TRADOC auf den Befehl über ein Cavalry Regiment verlagern mußte, das direkt mit der sowjetischen 8. Guard Combined Arms Army konfrontiert war.

**Tom Clancy:** Können Sie uns etwas über die Eigenschaften eines Armored Cavalry Regiments erzählen?

**General Franks:** Ein Cavalry Regiment ist eine faszinierende Organisation. Es ist so strukturiert und ausgerüstet, daß es nicht nur unabhängig und dezentralisiert operieren, sondern auch eine breite Frontlinie abdecken kann. Dabei ist es in der Lage, mit großer Wirtschaftlichkeit und einem, wie ich es gerne nenne, niedrig angesetzten Führungsbereich darüber vorzugehen. Wenn ich sage, niedriger Führungsbereich, dann meine ich damit kleine Stäbe, die schnelle Entscheidungen fällen können. Auf diese Weise kann ein ACR viele Dinge völlig selbständig erledigen. Aus meiner Sicht steckt aber die wirkliche Kraft der Armored Cavalry in ihren Leuten. Diese Kraft entsteht aus ihrer Motivation, Zähigkeit, ihrem Elan, Stolz und dem fast »familiären« Gefühl, das damit einhergeht, bei der Kavallerie zu sein. Wenn Sie sich einmal die Zeit nehmen, genau hinzusehen, werden Sie Offiziere und Mannschaften finden, die ihre gesamte Laufbahn bei Einheiten der Armored Cavalry zugebracht haben. Sie suchen sich diese Einheiten aus, denn für diese Soldaten sind sie so etwas wie eine Familie! In der Zeit zwischen 1982 un 1984 hatten wir so eine großartige Familie, die aus Soldaten, NCOs, Offizieren, Zivilisten und deren Familienangehörigen bestand.

**Tom Clancy:** Wie widerstandsfähig wirkten in diesen Tagen die sowjetischen Streitkräfte, denen Sie in der Tiefebene von Fulda direkt gegenüberlagen, auf Sie?

**General Franks:** Nun ... die 8. Guard Combined Arms Army machte zu dieser Zeit einen verdammt guten Eindruck.[3] Ich hatte allerdings das Gefühl, daß auch wir ganz schön zäh waren. Wir vertraten die Ansicht, daß wir unsere Aufgaben sehr professionell zu erfüllen hatten und deshalb unser Gewerbe ständig und reichlich mit Alarmen, Kriegsspielen und Feldübungen trainieren mußten. Wenn sie über die Grenze ins Tal von Fulda gekommen wären, hätten sie Bekanntschaft mit einer großen Faust namens 11th Cavalry gemacht! Natürlich hätten wir dabei über einige Hilfe verfügt. Wir waren die Verzögerungskraft. Hinter uns stand der Rest des V. amerikanischen Armeecorps. Dazu gehörten unter anderem die 8th Infantry Division, die 3rd Armored Division, und auch die gesamte Artillerie des V. Corps.

**Tom Clancy:** Wann bekamen Sie Ihre ersten M1 *Abrams* Panzer?

**General Franks:** Die ersten M1 wurden im Laufe des Jahres 1983 beim 11th ACR in Dienst gestellt. Wenn ich mich recht entsinne, war die erste Einheit in Europa, die mit M1 Panzern ausgerüstet wurde, die 3rd Infantry Division. Das erste große Manöver, bei dem wir mit ihm Erfahrungen sammeln konnten, war REFORGER-82.[4] Bei diesem Manöver fiel er über eine Brigade her, welche die Feindrolle spielte, und handelte sich seinen Spitznamen »Whispering Death«* ein. Jetzt fragte natürlich jeder andauernd: Wo bleiben die M1?. Erstmalig kamen wir im darauffolgenden Jahr – bei REFORGER-83 – dazu, sie richtig einzusetzen. Zu Beginn des Manövers war uns im Szenario eine Defensivrolle zugewiesen worden. Wir wechselten jedoch selbst sehr schnell zum Angriff, um die Vorteile voll ausschöpfen zu können, die uns die enorme Mobilität und Sensorausstattung des M1 verschaffte. Schon bald konnten wir auch in unserer Divi-

---

* Flüsternder Tod

sion die Vorteile nutzen, die durch die Einführung der neuen Wärmebildgeräte beim M1 entstanden waren. Hinzu kamen noch weitere neue Systeme, wie der *Bradley* und später der *Apache* Hubschrauber, die uns insgesamt wesentlich mehr Möglichkeiten verschafften, bei Nacht und schlechtem Wetter zu kämpfen.

**Tom Clancy:** Wo waren Sie Ende der 80er Jahre und womit haben Sie sich zu dieser Zeit beschäftigt?

**General Franks:** Mein Kommando beim 11th ACR endete 1984, und ich wurde von dort aus nach Grafenwöhr kommandiert, wo ich von 1984 bis 1985 den Befehl über das Seventh Army Training Command hatte. Anschließend ging es weiter nach Fort Leavenworth in die Position des stellvertretenden Kommandeurs des CGSC*. 1987, in der Zeit, die dem Goldwater-Nichols Act von 1986 folgte, war ich der erste J-7[5] beim Joint Staff. 1988[6] kam ich wieder zurück nach Europa. Ich erhielt das Kommando über die 1st Armored Division. Dann, im August 1989 hatte ich die große Ehre, das VII. Corps[7] übernehmen zu dürfen. Zu dieser Zeit war es ein Corps des »kalten Krieges«, das auf der Stelle saß und auf den Angriff wartete, der möglicherweise über die Grenze vorgetragen werden konnte. Soweit es die Einheiten betrifft, die damals unter meinem Oberbefehl standen, handelte es sich beim VII. Corps um die folgenden: die U.S. 1st Armored Division, das 2nd ACR und die 3rd Infantry Division der USA, die 12. Panzerdivision der deutschen Bundeswehr, die 11th Aviation Brigade, und weitere Kampf-, kampftechnische und logistische Versorgungseinheiten des Corps. Darüber hinaus gab es noch weitere Einheiten von US-Stützpunkten, wie die 1st Infantry Division, die im Fall einer Krise, sobald sie an die Front kommandiert würden, meinem Befehl unterstellt worden wären. All diese Einheiten waren bestens ausgebildet, sehr gut geführt und komplett modernisiert. Damals hatte ich das Gefühl, daß wir im Corps als eine große Einheit üben und kämpfen sollten, und wir konzentrierten das Training des VII. Corps in diese Richtung. Im Laufe der folgenden Jahre begannen wir wie ein Corps zu üben, wie ein Corps zu kämpfen und fingen sogar an, unsere Logistik und Transportplanungen auf Corps-Ebene auszuarbeiten. Ich hatte nämlich auch das Gefühl, daß wir eine Sensibilität für die Veränderungen in der Welt um uns herum brauchten.

---

* *Command and General Staff College* = Führungsakademie

| | |
|---|---|
| **Tom Clancy:** | Lag das nun speziell auf der Linie der aktuelleren »Maneuver Doktrin«, wie sie in der 1986er Ausgabe des FM-100-5 beschrieben wurde? |
| **General Franks:** | Ja, mit der Betonung darauf, daß das gesamte Corps über die Flexibilität verfügen sollte, Organisationen neu aufeinander abstimmen zu können. Außerdem sollte es |

in der Lage sein, Einsatzprofile blitzschnell zu ändern und eine feindliche Streitmacht als kompakter Brocken anzugreifen. Ich hatte das Gefühl, daß das wichtig für die Fähigkeit des VII. Corps war, seine Aufgabe im kalten Krieg auch wirklich zu erfüllen. Das waren die Ideen und Konzepte, die wir damals im Winter, als REFOR-GER-90 lief, verwirklichen wollten. REFORGER-90 war eine völlig neuartige Übung, die von General Butch Saint [dem damaligen Oberbefehlshaber der US-Army in Europa] entworfen worden war. Sie konfrontierte die realen Einheiten mit Simulationen (wobei Panzer und schwere Ausrüstung in der Landschaft ausgeschaltet werden sollten). Das Manöver war als Kampfübung für große Gefechtsformationen vorgesehen, bei der das Szenario die Konfrontation mit großen Kampfformationen in einem Planquadrat vorsah. Diese Übung war in erster Linie als Kommandoposten-Übung für Führungskräfte und Stäbe gedacht, die mit verschiedenen angeschlossenen Einheiten arbeiten mußten. Das hatte schon große Ähnlichkeit mit dem Konzept, das wir im Laufe der Operation Desert Storm verwirklichten. Weil Butch Saint Bewegung im Kampf haben wollte, führte er absichtlich die Trennung von Einheiten herbei. Deshalb mußten wir mit langen Märschen versuchen, in Kontakt mit den simulierten feindlichen Streitkräften zu kommen, wobei uns ein Truppenkontingent folgte. Gleichzeitig arbeiteten wir sehr intensiv an der Verwirklichung der Vorstellung. Hubschrauber, Artillerie und Lenkwaffen für Angriffe in die Tiefe und Präzisionsschläge einzusetzen. Wir [das VII. Corps] schafften es während einer Übung im September 1990 sogar, als zusätzlichen Bonus eins der neuen J-STARS Aufklärungsflugzeuge auszuprobieren [Eine umgebaute Boeing 707. Sie war mit Radargeräten ausgerüstet, die Bodenziele bereits aus Entfernungen von mehreren hundert Meilen ausmachen konnten. Die so erhaltenen Informationen konnten von diesem Flugzeug dann an Bodenstationen der Divisionen und Corps direkt übermittelt werden]. Im März 1990 änderten wir das Szenario für die 1st Infantry Division bei einer *Battle Command Training Program*-Übung [BCTP = Maßnahme zur Weiterbildung in der Gefechtsführung] in Fort Riley. Hier sollten einerseits weite Truppenbewegungen bis zu einem Feindkontakt notwendig sein und andererseits das Schwergewicht mehr auf den Angriff verlagert werden. Ähnliches führten wir dann im Juni auch mit der 3rd Infantry Division in Deutschland durch. Das alles war für das gesamte Corps der Beginn einer Verlagerung auf anders geartete Übungsschwerpunkte, bevor wir nach Saudi-Arabien verlegt wurden. Man muß sich immer auf Ausbildung und grundlegende Missionen konzentrieren. Das gilt besonders, wenn man im Gleichklang mit den rasanten Änderungen der Weltlage und politischen Gegebenheiten bleiben will.

Ende der 80er Jahre nahmen die ersten Anzeichen für eine Revolution in Osteuropa Gestalt an. Gorbatschow kam Mitte der 80er Jahre an die Macht und startete seine tiefgreifenden Sozialreformen in der Sowjetunion. Gegen Ende des Jahres 1989 hatte diese Reformbewegung allerdings auch noch andere Mitglieder des Warschauer Pakts erfaßt. Sie sollte schließlich ihren Höhepunkt im Fall der Berliner Mauer, des Eisernen Vorhangs und der Auflösung des Warschauer Pakts erreichen. In einem unglaublichen Winter war die Bedrohung Europas verschwunden, und der kalte Krieg hatte mit einem Sieg der NATO und der demokratischen Streitkräfte sein Ende gefunden. Der Warschauer Pakt welkte dahin.

**Tom Clancy:** Hatten Sie damals schon eine Vorstellung von den massiven Veränderungen, die Ende 1989 auf Osteuropa zukommen würden?

**General Franks:** Schon recht bald konnte man in der NATO und ganz Europa einen frischen Wind spüren. Es war für mich schon ein außergewöhnliches, dramatisches Ereignis, zu beobachten, wie Menschen sich dazu entschließen, die Freiheit zu erlangen und ihren eigenen Weg zu gehen. Dabei sah ich gleichzeitig das Pflichtbewußtsein unserer Soldaten bei der Erfüllung ihrer Aufgabe – und es war schwer für mich, alles gedanklich umzusetzen. Ich kann mich daran erinnern, daß ich 1989, als sich alles öffnete, meinen Blick über Orte schweifen ließ, an denen ich die Streitkräfte des Warschauer Paktes während meiner ganzen Laufbahn, vom Lieutenant bis zum Lieutenant General, beobachtet hatte. Jetzt sah ich dort ganze Ströme von Autos über die Grenze kommen. Stellen Sie sich vor: Eine Strategie, wie sie in Europa zu Zeiten des kalten Krieges festgeschrieben war, existierte von einem Augenblick auf den nächsten nicht mehr!

**Tom Clancy:** Wie war das, als 1989 nach all den Jahren, in denen Sie Ihre sowjetischen Kontrahenten über die innerdeutsche Grenze hinweg beobachtet hatten, die Berliner Mauer fiel?

**General Franks:** Ich war damals gerade auf Heimaturlaub und sah mir zu Hause im Fernsehen eine Sendung im American Forces Network [AFN] an, als die ersten Berichte einliefen. Die Mauer begann zu fallen, und die ersten Menschen kamen bereits durch den Eisernen Vorhang. Am nächsten Morgen ging ich mit meinem Stab an Bord eines Flugzeugs, und wir flogen nach Hof, um uns dort mit Colonel Don Holder vom 2nd ACR zu treffen. Es war einer dieser historischen Augenblicke, von denen man jedes noch so kleine Detail in Erinnerung behält. Ich kann mich entsinnen, daß wir in einem Van vom 2nd ACR aus losfuhren. Auf einer Landstraße passierten wir einen kleinen grauen Trabant, in dem ein Mann und eine Frau auf den Vordersitzen saßen und ein kleines Mädchen von neun oder zehn Jahren zwischen sich hatten. Während wir langsam überholten, konnte ich das Leuchten von Hoffnung und Erwartung auf die Zukunft in den Augen des Kindes erkennen. In einem Bruchteil von Sekunden standen all die Jahre des Trainings, der Opfer und Pflichterfüllung vor meinem geistigen Auge. Rückblickend muß ich sagen, daß ich nie damit gerechnet hatte, daß ich den Fall der Mauer noch erleben würde. Niemals.

Der August 1990 brachte die irakische Invasion in Kuwait und damit das erste Engagement von amerikanischem Militärpersonal im Nahen Osten. Obwohl es zunächst so aussah, als bestünde kein Bedarf für eine Verlegung des VII. Corps unter dem Kommando von General Franks in die Region, änderten sich die Dinge dann doch sehr rasch. Als der Sommer zu Ende ging und Sadam Husseins Invasionsarmee Kuwait noch immer besetzt hielt, entschied Präsident George Bush, daß eine Militäraktion erforderlich sei, um sie dort wieder hinauszuwerfen. General Franks berichtet über die weiteren Ereignisse.

**Tom Clancy:** Wir schreiben jetzt Anfang August 1990. Was geschah mit Ihnen und dem VII. Corps, als die Nachrichten über die irakische Invasion Kuwaits durchkamen?

**General Franks:** Es gibt da ein altes Sprichwort: Man marschiert zum Klang der Kanonen. Obwohl das VII. Corps nicht gleich am Anfang in den Vorderen Orient entsandt wurde [das XVII. Airborne Corps (= Fallschirmjäger-Corps) war die Eingreiftruppe bei dieser Mission], vertrat ich die Ansicht, daß die Leute, die man nach Saudi-Arabien und in die Golfregion geschickt hatte, unsere Soldaten, unsere Freunde und unsere Army waren, und daß wir [das VII. Corps] darauf vorbereitet sein sollten, jede nur mögliche Unterstützung anzubieten. Wir trafen eine Entscheidung: Was sie auch immer brauchen würden – Menschen, Aus-

rüstung, kleinere Einheiten oder das gesamte VII. Corps –
wir würden uns sofort ins Getümmel stürzen und wollten
deshalb für alle Eventualitäten gerüstet sein.

Also begannen wir, hinter zahllosen verschlossenen
Türen in der Alarm-Einsatz-Zentrale des VII. Corps
Einsatzpläne für das Gebiet auszuarbeiten und die Meldungen des Nachrichtendienstes zu verfolgen, die aus
dem Kampfgebiet kamen. Immer häufiger stellten wir
uns dann die Frage: Was ist wenn..? Folglich überlegten
wir, wie wir das VII. Corps auf schnellstem Weg auf
Schiffe bringen konnten, die uns an den Persischen Golf
transportieren würden. Zuerst erwogen wir, das Corps
in die italienischen Häfen zu verlegen. Allerdings stellte
sich schon bald heraus, daß der Weg über die norddeut-
schen und niederländischen Häfen für das VII. Corps
schneller und leichter sein würde. Für diese Planungen
hatten wir nicht die Spur einer Anweisung von irgend-
einer vorgesetzten Dienststelle. Aber wir wollten einfach mit ins Spiel kommen und uns mit dieser Situation
schon soweit wie irgend möglich vertraut machen.

**Tom Clancy:** Wann hatten Sie endgültig das Gefühl, daß das VII.
Corps eingesetzt werden könnte?

**General Franks:** Nun, ich fuhr hinunter* und sprach mit General Butch
Saint über die Vorstellung, daß, wenn die Situation ein
weiteres Corps in Saudi-Arabien erforderlich machen
sollte, das VII. Corps eigentlich schon halbwegs dort
wäre. Wir wußten damals ja schon, daß das Engagement der US-Army in Europa auf ein einziges Corps
reduziert werden würde [zur Zeit des kalten Krieges
waren hier noch zwei US-Corps, das V. und VII., statio-
niert], und so machte ich ihm die Logik der Verwendung des VII. Corps anschaulich. Vielleicht sollte ich
dazu erklären, daß erst die Situation in Europa nach
dem Zusammenbruch des Warschauer Pakts eine solche Denkweise möglich gemacht hatte – auch wenn seit
dem Fall der Berliner Mauer gerade einmal ein Jahr vergangen war!

Schon bald darauf erhielten wir [das VII. Corps] den
Befehl, mit ersten Planungen zu beginnen… obwohl
schon kurz darauf die Anweisung erfolgte, alles wieder
zu stoppen und den vorherigen Zustand wieder herzustellen. »Schmeißt aber nicht gleich *alles* weg!« sagte
man uns. Dann, kaum fünf Tage später, rief man mich
an und teilte mir mit, daß ich die Planungen wieder

---

* nach Süddeutschland

ankurbeln sollte. Es sollte aber alles ganz einfach und *sehr* knapp gehalten werden. Kurze Zeit später stellte ich in Heidelberg bereits die endgültige Truppen-/Einheiten-Einsatzliste mit General Saint zusammen. Dann endlich, am 8. November 1990, erhielten wir über das AFN-Fernsehen die Nachricht: Wir sollten an den Golf verlegt werden, um dort als »Offensive Option« für die bereits in Saudi-Arabien stehenden Einheiten verfügbar zu sein.

Es war schon ein bißchen paradox, daß für den folgenden Tag eine Feierlichkeit in den Kelly Baracks in Stuttgart [dem Hauptquartier des VII. Corps] angesetzt worden war, bei der ein Denkmal [es enthielt ein Stück der Berliner Mauer und des Stacheldrahtzaunes der innerdeutschen Grenze] enthüllt werden sollte. Es war dem Personal und den Familien des VII. Corps für all die Jahre gewidmet worden, in denen sie ihre Pflicht getan und möglicherweise dazu beigetragen hatten, die Freiheit für alle Menschen in Europa zu gewinnen. Nachdem das vorbei war – ich weiß noch genau, es war ein sehr kalter Morgen –, befahl ich sämtliche Kommandeure der Einheiten ins Konferenzzimmer des Lageraums und instruierte sie über die kommenden Ereignisse. Wir hatten ein phantastisches Team: Major General Ron Griffith, 1st Armored Division; Major General Butch Funk, 3rd Armored Division; Brigadier General Bob McFarlin vom II. Corps Support Command; Colonel Don Holder, 2nd Armored Cavalry Regiment; mein G-3 (Generalstabsoffizier im Führungsgebiet 3), Colonel Stan Cherrie (ein weiterer Amputierter); Colonel Johnnie Hitt, 11th Aviation Brigade; Brigadier General Creighton Abrams, der Befehlshaber des Artillerie-Corps, Major General Gene Daniel, der stellvertretende kommandierende General, und Brigadier General John Landry, der Stabschef. Ich betonte nachdrücklich, daß wir jede Menge Teamarbeit leisten müßten, da wir völlig andere Vorgaben für das Corps hätten als die aus der Zeit des kalten Krieges. Zusätzlich mußten wir das Training besonders auf Dinge wie chemische Kriegführung und Fähigkeiten im Geschützwesen konzentrieren. Ich strich auch die Notwendigkeit von Gefechtsübungen im Großverband heraus, weil unser Stützpunkt in Deutschland, rein räumlich gesehen, nicht genug Platz bot, um als Corps in Gesamtstärke üben zu können.

**Tom Clancy:** Aus welchen Einzelbestandteilen setzte sich das VII. Corps zusammen, als es zum Einsatz im Nahen Osten aufbrach?

**General Franks:** Was wir als das »Corps des kalten Krieges« bezeichneten, bestand normalerweise aus den 75.000 Mann, die in Europa stationiert waren. Von diesen Soldaten sollten allerdings nur 42.000 Mann an den Golf verlegt werden. Das restliche Personal würde dann von den REFORGER-Einheiten kommen, die in den USA stationiert waren. Man würde sie von ihren Heimatstützpunkten aus direkt dort hinüber transportieren. Aus Europa gingen die 1st und 3rd Armored Division, das 2nd ACR, das Hauptquartier des VII. Corps und Versorgungseinheiten mit. Aus den Staaten kam die 1st Infantry Division unter dem Kommando von Major General Tom Rhame. Als wir das Corps schließlich nach Saudi-Arabien verlegten, kamen auch noch die 1st Cavalry Division (Major General John Tilelli) und die 1st Armoured Division (Major General Rupert Smith) der Briten hinzu, so daß unsere Gesamtstärke bei annähernd 146.000 Soldaten lag.

**Tom Clancy:** Was taten Sie persönlich, nachdem die Einsatzbefehle an die Kommandeure der einzelnen Einheiten hinausgegangen waren?

**General Franks:** Was man als erstes tun möchte, wenn man Gelegenheit dazu hat, ist, sich selbst in das Gebiet zu begeben, in dem man operieren wird, um an Ort und Stelle Aufklärung für die Führung zu betreiben, das Gelände in Augenschein zu nehmen und Unklarheiten im Rahmen des Möglichen auszuräumen. Außerdem hatte ich den Wunsch, mit einigen meiner Kameraden vom XVIII. Airborne-Corps zu sprechen, die schon seit Beginn von Desert Shield vor Ort waren. Also flog ich zusammen mit einigen ausgewählten Kommandeuren und Stäben am Wochenende nach dem Erhalt des Einsatzbefehls runter nach Saudi-Arabien, um genau diese Aufklärungsarbeit zu leisten. Ich erinnere mich, daß Major General Tom Rhame, der Befehlshaber der 1st Infantry Division (*The Big Red One**) fast vierundzwanzig Stunden an einem Stück geflogen ist, um sich dort mit uns zu treffen. Wir versammelten uns in Saudi-Arabien und unterhielten uns mit Kameraden von der 24th Mechanized Infantry Division und der 1st Cavalry Division. Dabei machten wir uns mit den geplanten Sammlungsräumen und Landungshäfen vertraut.

Dann, am Dienstag trafen wir uns in Daran mit General Norman Schwartzkopf, um den Grundplan für die Ope-

---

\* »die große rote Eins«. Eine der berühmtesten Infanteriedivisionen der USA. Zeichnete sich in beiden Weltkriegen aus. Trägt eben diese »große rote (Zahl) 1« als Insignie auf dem Ärmel der Uniform.

rationen durchzusprechen, den der Stab des CENTCOM zusammengestellt hatte. Wir erhielten einen klaren Überblick. Aus dem Plan ging hervor, daß dem VII. Corps die Rolle der Hauptangriffs-Kraft übertragen worden war. General Schwartzkopf hielt das Briefing persönlich ab, erläuterte die einzelnen Angriffsphasen und betonte die Notwendigkeit von Aggressivität bei deren Durchführung. Außerdem umriß er die Truppenkonzentrationen bei den Irakern und ging auch auf die Stärken der Amerikaner und Iraker ein. Er erläuterte die Anordnung der irakischen Defensivstellungen, die Möglichkeiten einer chemischen Kampfführung und die Notwendigkeit der Räumung von Sperren. Ich merkte, wie ich das alles sehr schnell verinnerlichte und sogar schon dabei war, erste intuitive Vorgehensweisen zu entwickeln. Er fragte mich, wenn ich mich recht entsinne, was ich gerade dächte. Meine Antwort war: »Das wird funktionieren. Wir können das auf diese Weise durchziehen.«

**Tom Clancy:** Wie lief die Verlegung des VII. Corps nach Saudi-Arabien ab?

**General Franks:** Überall gab es großartiges Teamwork, bei den Militärs, den Zivilisten, den Deutschen und Amerikanern. Sobald ich den Befehl zum Abrücken gegeben hatte, geschahen einige bemerkenswerte Dinge. Das gesamte VII. Corps stürzte sich praktisch in die Arbeit. Wir mußten das »Corps des kalten Krieges«, das gewohnt war, an einem Ort zu verharren, sprichwörtlich über Nacht zu einem beweglichen Eingreifkorps machen. Das bedeutete, daß wir mit Mobilitätsplänen und Ressourcen arbeiten mußten, von denen zuvor niemand erwartet hatte, daß wir sie jemals brauchen würden. Da waren zum Beispiel die *SeaLand Container* [die auf Containerfrachter verladen werden konnten] für Ausrüstung und Ersatzteile, das Befestigungsmaterial zur Sicherung von Fahrzeugen und Ausrüstung auf Eisenbahnwaggons, die neuen Kommunikationsgeräte, eine leistungsfähigere Logistik und vieles mehr. Wir verwendeten Eisenbahnzüge, Frachtkähne, Straßenkonvois und Transportflugzeuge, um das ganze Gerät zu den Häfen zu schaffen. Das Ganze wurde in aller Stille mit der Regierung des neuen, wiedervereinigten Deutschland koordiniert. Wir richteten auch noch in jeder Einheit und militärischen Gemeinschaft spezielle Organisationen für die Unterstützung der Soldatenfamilien ein. Major General Roger Bean wurde zum kommandierenden General des VII. Corps in Deutschland ernannt. Der ganze Einsatz zur Familienunterstützung, die Art und Weise, wie unsere

Familien miteinander in Verbindung bleiben und füreinander da sein konnten, die Reaktion der deutschen Bevölkerung, das alles war einfach grandios.

Es ist für mich noch immer erstaunlich, daß wir kaum ein Jahr nach dem Fall der Berliner Mauer Positionen verlassen konnten, die wir über einen Zeitraum von fast einem halben Jahrhundert gehalten hatten, um uns jetzt mit einer neuen Bedrohung auseinandersetzen zu können.

In der Zwischenzeit war durch eine Sendung des Fernsehens in dieser Nacht die Zahl der Menschen, die etwas über den Beginn des Einsatzes am Donnerstag wußten, von acht auf das ganze VII. Corps angewachsen. Minister Cheney, General Powell und der Präsident sprachen über CNN und AFN; jetzt wußten all meine Leute Bescheid. Wenn ich heute daran denke, dürfte das wahrscheinlich der leichteste und schnellste Weg gewesen sein, jeden von dieser Neuigkeit in Kenntnis zu setzen. Von jetzt an ging alles wirklich schnell, denn schon am folgenden Montag hatten wir die ersten Abteilungen (2nd Squadron, 2nd ACR) des VII. Corps marschbereit. Wir hatten ursprünglich vor, die Einheiten zur Einsatzunterstützung als erste loszuschicken, entschieden uns dann aber für Colonel Don Holder und sein 2nd ACR. ... Es vergingen nur vier Tage von dem Augenblick, da die Nachrichten über AFN/CNN gesendet worden waren, bis zu dem Zeitpunkt, an dem sich die ersten Abteilungen in Marsch setzten – und das bei einem Kaltstart.

Sobald die Verlegung des VII. Corps nach Saudi-Arabien begonnen hatte, wurde es für General Franks und seinen Stab Zeit, das Corps in Stellung zu bringen und auf die Kampfhandlungen vorzubereiten. Große Mengen neuer Ausrüstung, viel harte Arbeit und Training mußten bewältigt werden, um das Corps für die bevorstehenden Aufgaben zu wappnen. Bedingt durch den gewachsenen Umfang der Streitkräfte, die dem General unterstellt worden waren, brauchte man dazu einige Monate. Für General Franks bedeutete dies, daß er den Oberbefehl über ein Truppenkontigent hatte, das in seiner Größe etwa der 3. Armee General George Pattons (im Winter 1944) entsprach. Für General Franks muß man allerdings auch noch die eigene kleine Air Force aus Hubschraubern des Corps hinzurechnen. So wie das VII. Corps für den Persischen Golf konfiguriert war, stellte es die größte Panzerformation dar, die jemals von einem einzigen Mann kommandiert wurde. Es hatte aber auch eine ganz spezielle Aufgabe: die Elite-Panzereinheiten der Republikanischen Garde[8] der Iraker aufzuspüren und zu vernichten.

**Tom Clancy:**     Der Einsatz sollte im November beginnen. Wann trafen denn die letzten Ihrer Einheiten in Saudi-Arabien ein?

**General Franks:** Eigentlich hatten wir das Ziel, den eintreffenden Einheiten wenigsten drei Wochen Zeit zu geben, damit sie noch vor dem Start der Offensiv-Operationen die Gelegenheit hätten, sich zu organisieren und zu üben. Eine Woche war dafür vorgesehen, sich zurechtzufinden, auszupacken, die Waffen zusammenzusetzen und dergleichen. Die anschließenden zwei Wochen sollten dann für ziemlich intensive Übungen reserviert sein. Die meisten Gefechts-Einheiten des Corps – das berichtete ich dem Verteidigungsminister [Richard Cheney] beim Briefing vom 7. Februar – waren jederzeit zum Angriff bereit. Ich war damit recht zufrieden.

Vielleicht sollte ich noch hinzufügen, daß wir uns damals gerade auch noch in erheblichem Umfang mit neuer Ausrüstung und High-Tech-Geräten vertraut machen mußten. Dazu gehörten: GPS-Empfänger [GPS = *Global Positioning System*[9]], *Pioneer* RPVs [*Remotely Piloted Vehicles*]*, kleine, unbemannte Aufklärungsflugzeuge], und ein neues, für alle Quellen verwendbares Aufklärungssystem namens *Hawkeye*. Zeitgleich wurden große Stückzahlen alter Modelle unserer M1-Panzer und *Bradley*-Kampffahrzeuge ausgemustert und durch neue ersetzt. Das Ganze lief im Rahmen eines Sonderprogramms unter der Leitung von Major General Pete McFey vom TACOM ab. Daran beteiligt waren auch Teams vom Anniston Army Depot und der Firmen General Dynamics und FMC. Hier wurde von jedem einzelnen hervorragende Arbeit geleistet! Gleiches gilt auch für die Soldaten, die Zivilangestellten des Verteidigungsministeriums und natürlich auch für die Einsatz-Unterstützungs-Teams aller Vertragsfirmen. Eine ganz phantastische Zusammenarbeit.

**Tom Clancy:** GPS war damals ein relativ neues System. Wie wichtig war es für die Planung und Durchführung Ihrer Operationen?

**General Franks:** Einfach unentbehrlich. In der Anfangsphase des Einsatzes war noch kein einziger GPS-Empfänger verfügbar. Aber als Ende Februar der Bodenkampf begann, hatten wir [das VII. Corps] uns mehr als 3.400 davon beschafft. Ich kann mich entsinnen, daß die 1st Infantry Division ihre Geräte aus Fort Riley in Kansas mitgebracht hatte, während der Rest des VII. Corps seine Geräte im Rahmen einer Dringlichkeits-Beschaffungsmaßnahme des

---

* »Ferngelenkte Fahrzeuge« wäre die wörtliche, aber sachlich falsche Übersetzung, denn es handelt sich um unbemannte, ferngesteuerte Flugkörper, auch »Drohnen« genannt, die zu Aufklärungs- und Testzwecken verwendet werden.

Verteidigungsministeriums noch während des Einsatzes bekam. Die Soldaten nahmen die Dinger einfach aus den normalen Verkaufsverpackungen und waren in der Lage, sie in weniger als einer halben Stunde zu verwenden. Es war sogar so, daß unsere Truppen, weil nicht genug Halterungen und externe Antennen mitgeliefert worden waren, sofort Wege fanden, die Geräte an allem und überall anzubringen und zu verwenden. Ich erinnere mich, daß ich Helikopter-Crews dabei beobachtet habe, wie sie die Empfänger in die Plastik-»Gewächshäuser« ihrer Chopper gehalten haben, um einen Satellitenfix* zu bekommen.

Um richtig verstehen zu können, weshalb GPS derartig wichtig war, müssen Sie folgendes bedenken: Wenn Sie vier Divisionen in einem sehr begrenzten Manöverraum auf ebenem Terrain bewegen müssen, und dabei Waffen einsetzen, deren Projektile Mündungsgeschwindigkeiten in der Größenordnung von fast einer Meile pro Sekunde haben und dabei noch über Entfernungen von weit über 3.500 m tödlich sind, wünschen Sie sich schon recht genaue Navigationsdaten für diese Einheiten. Nur so können Sie die Wahrscheinlichkeit minimieren, ihre eigenen Leute umzulegen. In der Nacht des 26. Februar 1991 hatten wir vier Divisionen und neun Brigaden mit nahezu 2.000 Fahrzeugen in einem Umkreis von gerade einmal 120 km im Feld. Als wir die Grenze überschritten, standen zwei Panzerdivisionen auf einer Frontlänge von knapp 40 km Seite an Seite. Das ist *wirklich* knapp! Doch durch die Verwendung von GPS kannten unsere Einheiten jederzeit ihre Position ebenso genau wie die exakten Positionen, die für die Einheiten an ihren Flanken vorgesehen waren. So etwas bekommen Sie in der Wüste, wenn Sie nur mit Kompaß und Karte ausgerüstet sind, einfach nicht zustande. Ohne GPS hätten wir bei weitem nicht so gut arbeiten können, wie wir es dann getan haben.

Nicht selten entschlossen wir uns – mein Adjutant, Major [inzwischen Lieutenant Colonel] Toby Martinez und ich –, einen HMMWV zu nehmen und hinaus in die Wüste zu fahren, um uns zu orientieren. Wir wollten so aus erster Hand die Wüstennavigation kennenlernen,

---

* Gemeint ist hier der einwandfreie Empfang von mindestens zwei Satelliten der GPS-Satellitenkonfiguration, die als Minimalanforderung für die Funktion von GPS-Empfängern gilt. Um exakte Positionsdaten zu erhalten, sollte ein Empfänger jedoch sechs, besser noch mehr Satelliten gleichzeitig empfangen können.

und ich mußte meine Vorstellung von Entfernungen, die ich noch aus Europa mitgebracht hatte, revidieren … Ich machte das, weil ich dann instinktiv in der Lage wäre, abzuschätzen, wieviel Zeit es kosten würde, Einheiten in der Wüste über bestimmte Entfernungen zu schicken. Darüber hinaus wollte ich wissen, wie dort die Bewegungsmöglichkeiten für das Corps beschaffen waren. Von Zeit zu Zeit verirrten wir uns, weil wir entweder dem GPS oder meinem Fahrer, Sergeant David St. Pierre, nicht trauten oder weil wir ein paar andere Fehler machten. Insgesamt gesehen, halfen uns die Ausflüge aber, ein recht gutes Gefühl dafür zu entwickeln, was da auf das VII. Corps zukam.

Etwa Mitte Februar 1991 lief der Luftkampf im Rahmen der Operation Desert Storm bereits fast einen Monat, und die gesamten Streitkräfte der alliierten Koalition hatten von den Küsten des Persischen Golfs bis zu den Wüstensänden im Westen Saudi-Arabiens Stellung bezogen. Als am G-Day, dem 24. Februar 1991 der Bodenkampf (unter der Bezeichnung Desert Saber = Wüstensäbel) begann, marschierte das VII. Corps in Rich-

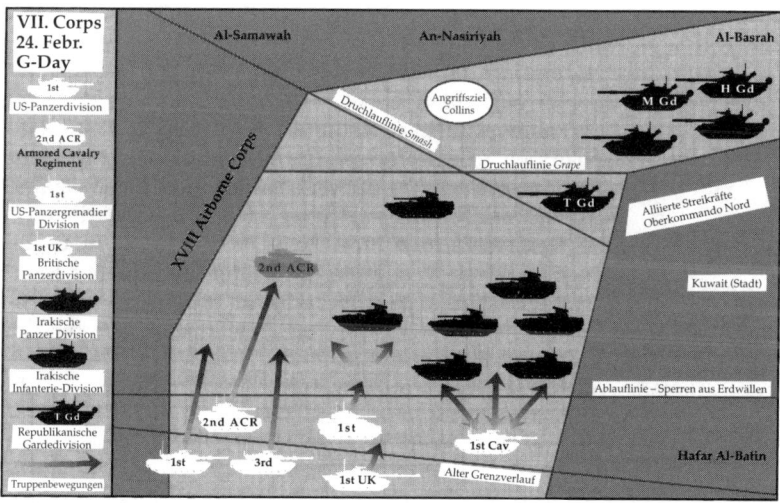

Der Aufmarsch des VII. Corps und der irakischen Einheiten auf der gegnerischen Seite zu Beginn der Operation Desert Saber, dem Bodenkampfabschnitt im Krieg am Persischen Golf von 1991. Aus der Abbildung geht deutlich hervor, daß das Hauptziel des VII. Corps im Angriff auf die Republikanischen Gardedivisionen der Iraker bestand. Diese Gardeeinheiten bestanden aus den Divisionen Tawakalna (T Gd), Hammurabi (H Gd) und Medina (M Gd) sowie einer Reihe anderer irakischer Formationen. Die Grafik zeigt das VII. Corps beim Durchbruch der befestigten Stellungen, wie auch die trügerische Finte der 1st Cavalry Division (Panzer) am Wadi al-Batin hinauf und wieder zurück.

*JACK RYAN ENTERPRISES, LTD., VON LAURA ALPHER*

tung auf sein Ziel, die Divisionen der Republikanischen Garde, los. Diese gegnerischen Einheiten schlichen zu dieser Zeit gerade an der ehemaligen Grenze zwischen dem Irak und Kuwait herum.

**Tom Clancy:** Aus welchen Komponenten setzte sich das VII. Corps beim Aufmarsch Ende Februar zusammen?

**General Franks:** Vor Beginn des Krieges verfügten wir über fünf Divisionen – etwa 146.000 Mann, 1.600 Panzer und 800 Hubschrauber mit allen dazugehörigen Lastern und anderen Transportfahrzeugen. Das waren zusammengerechnet mehr als 40.000 Fahrzeuge, die täglich so rund zehn Millionen Liter Kraftstoff verschlangen. Nachdem das Corps im Gefecht stand, war da auch noch die Rede von täglich einigen tausend Tonnen Munition. Wir nannten es die »Logistik der nackten Gewalt«. Da draußen wurde, wie ich feststellen konnte, eine umfassende Zusammenarbeit mit den Versorgungstruppen praktiziert. Das war für die Durchführung des Krieges geradezu lebenswichtig, denn wenn Sie die Logistik außer acht lassen, verlieren Sie einen Krieg. Der Schlüssel für einen Krieg in der Wüste – das ist eine Tatsache – sind Truppenbeweglichkeit, Luftüberlegenheit und Versorgung.

Es gibt da noch etwas, das ich Ihnen vielleicht erzählen sollte: Die Art und Weise, wie wir die Bodentruppen in unseren ursprünglichen taktischen Aufmarschgebieten gruppiert hatten, bot die Möglichkeit, uns nach Westen zu wenden und dabei die gleiche Manöverformation zu verwenden – von Osten nach Westen –, wie wir sie später auch in der Richtung von Süden nach Norden einsetzten. Das Ergebnis war eine »Generalprobe in vollem Kostüm«, bei der wir eine 160-km-Bewegung mit sämtlichen Einheiten des VII. Corps zu unseren Angriffspositionen vollführten. Das geschah auf dieselbe Weise, wie wir es später während des tatsächlichen Krieges machen wollten. Damit verbrachten wir insgesamt fünf Tage, und es verschaffte uns eine großartige Möglichkeit, die Macken in unseren Bewegungen zu eliminieren und ein besseres Gefühl für die Gefechtsführung zu bekommen.

Eine weitere Sache war die, daß beim CENTCOM die Besorgnis bestand, die Iraker könnten versuchen, einen Angriff auf Bereitstellungen [wie sie das gegen die arabischen und US-Streitkräfte bei Kafji probiert hatten] gegen unsere Logistikzentren entlang der Wasserpipeline [sie verläuft parallel zur Grenze] durchzuführen.

Durch einen derartigen Angriff würden sie die Bewegungen des XVIII. Airborne und VII. Corps unterbrechen. Um den Irakern diese Option zu nehmen, wurde uns die 2nd Brigade der 101st Airborne Division ebenso wie die 1st Cavalry Division unterstellt, die vorher Reserveeinheiten des CENTCOM gewesen waren.

Jetzt konnten wir zweierlei erreichen: Erstens die Iraker daran hindern, von Süden her anzugreifen. Zweitens hatte ich jetzt eine Division, die ich in die Senke von Rugi [sie befindet sich zu beiden Seiten des Wadi al-Batin] bewegen konnte. Von dort aus konnte sie Überraschungsangriffe und Demonstrationen militärischer Präsenz durchführen. Der Sinn war der, die irakischen Streitkräfte davon zu überzeugen, daß wir [das VII. Corps] dabei wären, unseren Angriff am Wadi hinauf durchzuführen, und sie nicht in Richtung Westen zu umgehen versuchten. Ich war mir bewußt, daß die 1st Cavalry Division am G-Day wieder zur CENTCOM Reserve werden würde. Also war sie logischerweise erste Wahl für die Mission in der Rugi Senke und entband auf diese Weise die 3rd Armored Division von dieser Aufgabe. So verschaffte sie mir die Möglichkeit, die 3rd Armored Division parallel zur 1st U.S. Armored Division auf der Westflanke der in Stellung gehenden Truppen zu positionieren. Der ursprüngliche Plan hätte mich nämlich gezwungen, die 3rd Armored Division da oben hinzuschicken, aber mit dem Eintreffen der 1st Cavalry Division war ich in der Lage die 3rd Armored Division freizustellen, damit sie nach Westen marschieren konnte.

Also befahl ich die 1st Cavalry Division hinauf in den Wadi, um dort eine Reihe von Scheinangriffen und Provokationen durchzuführen. Später fanden wir heraus, daß das 10. Jihad Corps der Iraker den Plan hatte, uns aufzuhalten, falls wir beabsichtigten, das Wadi hinauf vorzustoßen. Major General John Tilelli, seine Befehlshaber und Soldaten leisteten bei dieser Mission ausgezeichnete Arbeit und verschafften uns dabei gleichzeitig erste Erkenntnisse darüber, wie die Iraker kämpfen würden.

**Tom Clancy:** Als der G-Day näherrückte, waren die Witterungsbedingungen außerordentlich schlecht, oder? Inwieweit wurde das VII. Corps durch das Wetter beeinflußt?

**General Franks:** Das Wetter war einfach scheußlich. Zeitweilig konnten wir wegen des Regens, des Windes und all des herumfliegenden Staubs und Sandes nicht fliegen [die Hubschrauber des VII. Corps], was auch einen *Close Air*

71

*Support** fast unmöglich machte. Es war saukalt. Absolut scheußliche Bedingungen. Das galt natürlich für beide Seiten. Weil wir aber gerade vom Training im Winterwetter Deutschlands kamen, hatten wir das Gefühl, daß wir unter diesen Bedingen weit besser operieren konnten als die Iraker. Wir brauchten jedes Kleidungsstück, das uns zur Verfügung stand. Sogar die Schutzanzüge für die chemische Kampfführung waren jetzt ganz nützlich. Der herumfliegende Sand schränkte die Sicht sehr stark ein. Später wurde mir berichtet, daß im Januar und Februar dieses Jahres [1991] da unten mehr Regen als in den gesamten vergangenen zehn Jahren gefallen sei. Wann immer Sie also die Aktionen der Soldaten des VII. Corps betrachten, sollten Sie dabei die Umweltbedingungen berücksichtigen. Die Leute waren einfach großartig!

**Tom Clancy:** Gerade auf dem Höhepunkt des schlechten Wetters mußten Sie vorzeitig losschlagen, nicht wahr? Worauf trafen Sie denn in den ersten paar Tagen?

**General Franks:** John Yeosock, der kommandierende General der Third Army, rief mich am G-Day [24. Februar 1991] um 9:30 Uhr an und fragte:»Können Sie früher los?« Völlig überraschend wollten sie dort wissen, ob wir wohl etwa fünfzehn Stunden früher als geplant losmarschieren könnten, weil die Angriffe der anderen Streitkräfte der Koalition [die beiden Divisionen der Marines, die entlang der Küste nach Kuwait hinein angegriffen hatten] so erfolgreich verlaufen waren. Wir hatten eigentlich geplant, die irakischen Verteidigungsstellungen bei Tageslicht anzugreifen – schließlich hatten wir doch für einen Angriff bei Tag geübt. Aber obwohl es nun so aussah, als müßten wir bei Nacht angreifen, sagte ich John, daß wir uns mit einem Vorlauf von zwei Stunden in Marsch setzen konnten. Dann widmete ich mich der Aufgabe, das VII. Corps in Gang zu bekommen.

Gegen Mittag waren wir soweit. Der Befehl für einen Angriff um 15.00 Uhr traf jedoch erst gegen 13.00 Uhr ein. Dadurch verloren wir zwischen 9.30 Uhr und 15.00 Uhr eine Menge Tageslicht. Die *Big Red One* [1st Infantry Division] startete ihre Artillerievorbereitung um 14.30 Uhr und den Angriff dann um 15.00 Uhr. Das 2nd ACR bei den Umfassungskräften im Westen begann seinen Angriff um 14.30 Uhr, und ihm folgten gleich darauf die 1st und die 3rd Armored Division. Der Breschenschlag

---

* Luft-Nah-Gefechtsfeldunterstützung bei Bodenkämpfen

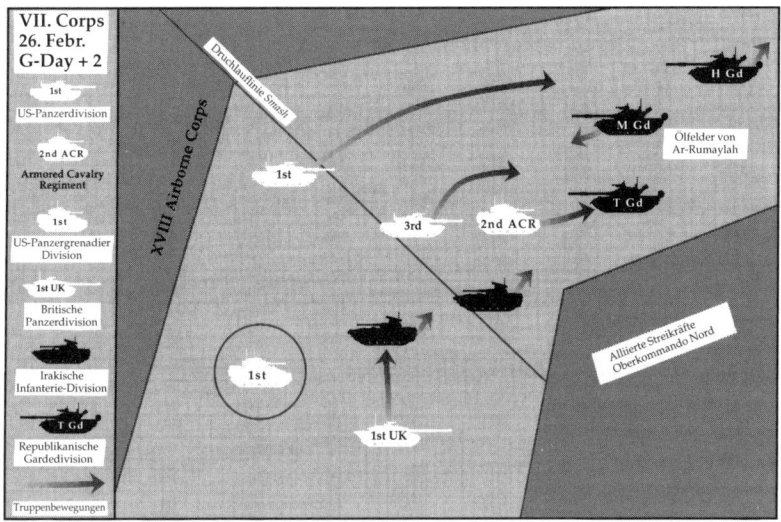

VII. Corps
26. Febr.
G-Day + 2

1st
US-Panzerdivision

2nd ACR
Armored Cavalry
Regiment

1st
US-Panzergrenadier
Division

1st UK
Britische
Panzerdivision

Irakische
Infanterie-Division

T Gd
Republikanische
Gardedivision

Truppenbewegungen

XVIII Airborne Corps

Durchlaufinie Smash

1st

3rd    2nd ACR

1st

1st

1st UK

H Gd

M Gd

Ölfelder von
Ar-Rumaylah

T Gd

Alliierte Streikräfte
Oberkommando Nord

Nachdem das VII. Corps einen Schwenk nach Osten gemacht hatte, um Einheiten der Republikanischen Garde anzugreifen, folgte eine Reihe von Großangriffen. Das 2nd Armored Cavalry Regiment (2nd ACR) griff die Tawakalna-Division (T Gd) im »Battle of 73 Easting« (Gefecht am ostwärtigen 73. Gitternetz) an, während die 1st und die 3rd Armored Division (oben nur als 1st und 3rd bezeichnet) weitermarschierten. Die britische 1st Armoured Division griff weiterhin reguläre irakische Einheiten längs der »Innenseite« der Zone des VII. Corps an, während die 1st Infantry Division als Reserve für das VII. Corps bereitstand.

*Jack Ryan Enterprises, ltd., von Laura Alpher*

verlief gut und man kam ausgezeichnet in Stoßrichtung und nach Westen voran. Es gab Gefechte, einige Nahkämpfe mit kleineren Waffen, und Tausende von Gefangenen. Aber auch wir hatten die ersten Opfer zu beklagen. Während der nächsten paar Tage gerieten wir im Rahmen einiger Infanterie-Angriffe mit den Irakern aneinander und machten erneut einige Tausend Gefangene. Überall gab es auch Gefechte mit kleineren Waffen und Nahkampf; überall im Corps war der Angriff gleichermaßen in Schwung. Es kostete einige Zeit, bis alle Fahrzeuge durch die Bresche geführt worden waren. Das war auch darauf zurückzuführen, daß die Marschgeschwindigkeit durch Abschnitte mit unerwartet schlechten Geländebedingungen – dort hatten einige Einheiten mit Treibsand zu kämpfen – verlangsamt wurde. Aber alles in allem konnten wir mit dem allgemeinen Vormarschtempo Schritt halten und dem Corps einen genügend ausgewogenen Status geben, um den Republikanischen Garden einen Schlag zu versetzen.

**Tom Clancy:** Das VII. Corps war jetzt also in Bewegung gesetzt. Was glaubten Sie erreichen zu können?

**General Franks:** In unserem Sektor waren wir Force-Oriented[10]. Zielsetzung war die Vernichtung der Republikanischen Gardedivisionen. Dabei hatten wir drei Divisionen im Auge: die Tawakalna, die Medina und die Hammurabi. Zusätzlich gab es noch das 10. Jihad Corps in der Stärke von zwei Divisionen [die irakische 10. und 12. Division], die 17. Irakische Panzerdivision. Des weiteren waren da noch Abteilungen anderer Panzereinheiten, die zusammen mit fünf zusätzlichen Divisionen (mit einer in Reserve), direkt gegenüber der Bresche lagen, von der aus wir unseren Angriff begonnen hatten. Aber es gab auch noch andere Divisionen des Feindes in unserem Kampfabschnitt. Obwohl wir wußten, wo sich die feindlichen Streitkräfte zu jenem Zeitpunkt tatsächlich befanden, hatten wir keine genaue Vorstellung davon, wie ihre Einsatzbereiche definiert waren. Nachdem der Angriff durch die Bresche eröffnet war, fanden auch noch jede Menge Truppenbewegungen bei den Einheiten der Iraker statt. Die Vielzahl von Bewegungen und das schlechte Wetter machten es zu einer extrem schwierigen Aufgabe, punktgenau festzulegen, wo sie sich gerade befanden. Also blieb uns nichts anderes übrig, als sie einfach aufzuspüren, zu binden und anzugreifen.

**Tom Clancy:** Wie sah die Kommunikation beim VII. Corps aus, und welche Arrangements waren auf der Befehls- und Führungsebene getroffen worden?

**General Franks:** Unsere Kommunikationssysteme bestanden aus einer Mischung von alten und neuen Geräten. Die 3rd Armored Division hatte beispielsweise schon die neuen Geräte mit mobiler Telefonausstattung [auf der Basis der kommerziellen Mobiltelefone]; das galt aber nicht für den Rest des VII. Corps. »Schnittstellen« zwischen den alten und neuen Systemen einzurichten, war eine gute Maßnahme, um hier die Verbindung untereinander herzustellen. In erster Linie begaben sich aber die Kommandeure der Einheiten [auf Divisions-/Regiments-/Brigadeebene] entweder in Kampffahrzeugen oder Hubschraubern direkt an die Front und betrieben reichlich Führung »von Angesicht zu Angesicht«. Das war auch durchaus sinnvoll, weil ein taktischer Informationsaustausch über derartig große Entfernungen leiden kann[11].

Was die Befehls- und Führungs-Arrangements betrifft, so habe ich zu keinem Zeitpunkt meine Hauptkommandostelle aus Saudi-Arabien herausbewegt und bin auch während der vier Tage des Bodenkampfes nie dorthin zurückgekehrt. Während dieser Tage sprach ich meistens persönlich und vor Ort mit den Kommandeuren der Einheiten, und abends war ich öfter im *Tactical Command Post* [TCP = Hauptgefechtsstand] des VII. Corps, der sich entweder am selben Platz wie die 3rd Armored Division befand oder unmittelbar dahinter. In den drei Tagen ununterbrochenen Kampfgeschehens hielten wir insgesamt einundzwanzig Kommandeursbesprechungen mit den untergeordneten Befehlshaber ab. An der Front ist die Ausübung der persönlichen Befehls- und Führungsgewalt immer noch das Beste. Nur so kommt man an all die Informationen, die man braucht, um Entscheidungen treffen zu können. Darüber hinaus verschafft dieses Vorgehen einem die Gelegenheit, sich die Führungseigenschaften anzueignen, die man benötigt, um eine Einheit in Bewegung zu halten. In der Nacht, in der ich einen Schwenk um neunzig Grad [siehe unten] befahl, hatten wir zwei M577 [gepanzerte Kommandofahrzeuge], zwei große Kartentische und zwei Konferenzschaltungen per Telefon. Der Regen tröpfelte unaufhörlich durch die Segeltuchbespannungen der Vorzelte an den M577 und durchnäßte alle Karten. Normalerweise verfügten wir im Hauptgefechtsstand über fünf M577 samt Befehlsübermittlungsgeräten. In meinem *Blackhawk* [Hubschrauber] hatte ich eine Karte aus Papier auf einem Brett befestigt, das mir zwei Unteroffiziere mit Handsägen aus einer Bohle angefertigt hatten. Nun ja, was den Rest des Tagesablaufs anging, so bekam ich etwa drei bis vier Stunden Schlaf pro Nacht.

Nachdem er in den ersten beiden Tagen der Offensive auf direktem Weg nach Norden vorgerückt war, kam nun für General Franks der Zeitpunkt, wo er die erste einer ganzen Reihe von Schlüsselentscheidungen zu treffen hatte. Jetzt mußte er sich festlegen, ob er weiter nach Norden vorrücken oder sich nach Osten wenden wollte, um in Kontakt mit den Divisionen der Republikanischen Garde zu kommen. Doch lassen wir General Franks die Geschichte selbst erzählen:

**Tom Clancy:** Fangen wir mit dem dritten Tag (dem 26. Februar 1991) an, als das VII. Corps seinen Marsch nach Norden hinter sich hatte. Was passierte dann?

**General Franks:** Am Nachmittag des zweiten Tages [Montag, 25. Februar] befahl ich meinen Stabschef John Landry mit seinem G-2 John Davidson, den Kommandeur der Artillerie des Corps, Creighton Abrams, und den Befehlshaber der Flieger, Johnnie Hitt, nach vorn zu einem Treffen mit mir und meinem G-3 Stan Cherrie. Es war Zeit, eine Entscheidung zu fällen. Wir waren von der Annahme ausgegangen, daß das Oberkommando der Streitkräfte der Republikanischen Garden dort bleiben würde, wo es war. Major General John Stewart, der Army Central Command Intelligence Officer [ARCENT G-2 = Chef der Nachrichtenabteilung im CENTCOM/Army] bestätigte das. Wir kristallisierten zwei Möglichkeiten heraus: entweder weiter Richtung Norden und dort in Angriffsabschnitten weiter vorrücken, oder eine Schwenkbewegung nach Osten machen und Kurs auf die Flanken der meist zum Stehen gekommenen Republikanischen Garden zu nehmen. Wenn wir weiter nach Norden vorgestoßen wären, hätten wir das XVIII. Airborne Corps »abgeklemmt«. Das heißt, wir hätten es in seinem Vorgehen gegen die Republikanischen Garden abgeblockt. Damit hätten wir es zur Untätigkeit verdammt, weil die vom XVIII. dann keine Aufgabe mehr gehabt hätten. Wenn sich das VII. Corps dagegen nach Osten gewendet hätte, wäre es für das XVIII. Airborne Corps auf unserer Westseite möglich geworden, in eine Position direkt nördlich von uns zu gelangen. Das hätte uns in die Lage versetzt, einen konzentrierten Angriff mit zwei Corps gegen die Republikanischen Garden auszuführen. So sahen die Grundzüge der Bewegungen aus, über die ich John Yeostock, den Staatssekretär des Verteidigungsministeriums, General Powell und General Schwartzkopf schon Anfang Februar informiert hatte: mit geballter Faust neunzig Grad nach Osten zuschlagen. Es war einer von sieben möglichen FRAGPLANs oder *Audibles*[12], die wir entworfen hatten, und auf die ich jetzt, jeweils in Abhängigkeit von den Feindbewegungen, zurückgreifen konnte. Dieser hier war jetzt FRAGPLAN 7, den übrigens ein britischer Major namens Nick Seymour unter Leitung meines Planungsoffiziers, Lieutenant Colonel Bob Schmidt, in meinem G-3-Planungsraum erstellt hatte.

**Tom Clancy:** Am Morgen des dritten Tages war das Wetter noch schlechter geworden. Wie war es in dieser Zeit um die J-STARS-Unterstützung bestellt?

**General Franks:** J-STARS-Unterstützung hatten wir nur mit Unterbrechungen, weil lediglich zwei Maschinen im ganzen Kampfgebiet zur Verfügung standen, und es gab ja auch noch andere Prioritäten. Der Bodenstützpunkt für das J-STARS-System lag weiter hinten beim *Main Tactical Operations Center* [TOC = Hauptlagezentrum für taktische Operationen] und die Informationen wurden mir als ungefähre Positionen durchgegeben, welche die feindlichen Einheiten unmittelbar vor uns einnahmen. In dieser Zeit sprach ich auch mit General Schwartzkopf, weil einige Verwirrung darüber herrschte, wie schnell das VII. Corps nun eigentlich vorgerückt war. Das konnte ich nur schwer nachvollziehen, weil ich der felsenfesten Überzeugung war, daß die Kommunikation während unseres Vormarsches über meinen Stabschef nach hinten zur Third Army und dem CENTCOM-Hauptquartier in Riad unzweideutig gewesen sei. Ich teilte General Schwartzkopf mit, wie unser Vormarsch abgelaufen war und daß ich die Entscheidung getroffen hatte, den Stoßkeil des VII. Corps nach Osten zu richten, direkt in die Republikanischen Garden hinein. Ich sagte ihm allerdings auch, daß ich nicht besonders glücklich über den Befehl sei, die britische 1st Armoured Division nach Süden zu schicken, damit sie dort das Wadi al-Batin nehmen konnte. Schließlich handelte es sich dabei um einen Bereich, den wir ganz bewußt umgangen hatten. Er befahl mir, den Angriff mit Nachdruck fortzusetzen, und informierte mich, daß man die Hammurabi-Division dabei beobachtet habe, wie sie auf ihre Laster aufsaß, um zu fliehen.

Als sich das VII. Corps am Morgen und Nachmittag des 26. Februar nach Osten bewegte, war es um Luftunterstützung und -aufklärung noch immer schlecht bestellt. Es gab jetzt immer öfter Scharmützel mit irakischen Einheiten. Dann kam es schließlich zu dem Kontakt, auf den das Corps hingearbeitet hatte. Eine Vorhut aus drei Panzerverbänden des 2nd ACR sowie andere Einheiten des Corps in ihrem Abschnitt stießen mit Überwachungskräften der drei Republikanischen Gardedivisionen zusammen.

**Tom Clancy:**     Was passierte am Nachmittag des 26.?
**General Franks:** Das 2nd ACR unter dem Kommando von Colonel Don Holder klärte für das VII. Corps auf, und ich erwartete von ihm, daß es die Republikanischen Garden aufspüren und binden würde. Wenn möglich sollte es auch noch feststellen, wo sich die südlichen Abteilungen der Republikanischen Garden im Augenblick befanden. Das war notwendig, damit wir deren Flanken ausfindig machen konnten, um die *Big Red One* hindurchzuführen. Bei dieser Art des Vorgehens bildete das VII. Corps eine Streitmacht »mit drei Fäusten«, die aus drei schweren amerikanischen Einheiten bestand und auf die Republikanischen Garden einschlagen konnte. Zusätzlich stand die 1st Armoured Division der Briten als vierte Division bereit, den Angriff von Osten her abzu-

runden. Am späten Nachmittag stießen drei Panzer-kompanien des 2nd ACR auf eine Brigade der Tawakalna-Division [später »Battle of 73 Easting«/Gefecht am ostwärtigen 73. Gitternetz genannt]. In einem heldenhaften Gefecht banden und vernichteten sie die irakische Einheit.

Meiner Meinung nach war die Kommandostruktur der Iraker an diesem Punkt durch die Ereignisse des Tages völlig erschüttert. Ich gewann den Eindruck, man hätte sich dafür entschieden, einen generellen Rückzug einzuleiten. Das verschaffte uns die Gelegenheit, unsere schwere Einheit direkt in sie hineinzuführen und mit dem Prozeß der völligen Aufreibung der irakischen Einheiten zu beginnen. Ich wollte zum Zeitpunkt der Hauptoffensive auf jeden Fall mit dem größtmöglichen Schwung auf sie einschlagen, damit wir gleichzeitig die zerstörerische Kraft unserer Einheiten maximieren und dabei eigene Verluste so gering wie möglich halten konnten. Das ist der wichtigste Aspekt

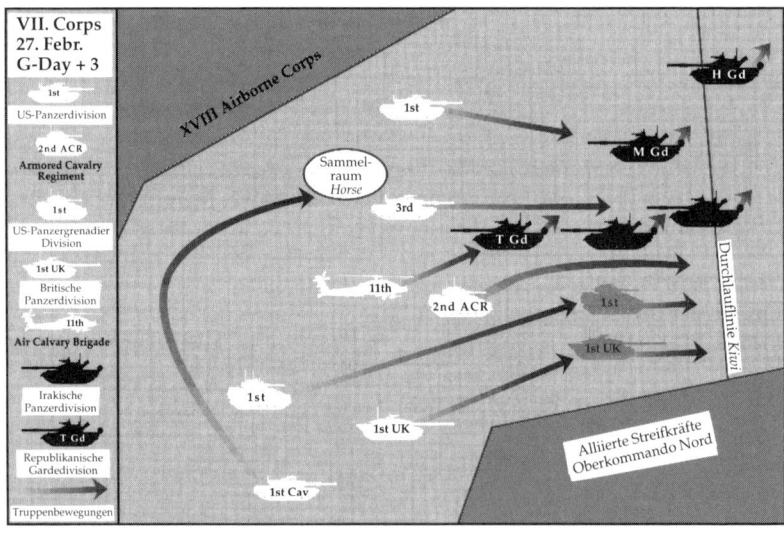

Am vierten Tag des Bodenkrieges war das VII. Corps in Kampfhandlungen verwickelt, die zur Vernichtung von Einheiten der irakischen Republikanischen Gardedivisionen führte. General Franks setzte das gesamte Corps für den Angriff und die Vernichtung aller irakischen Einheit ein. Bei diesen Angriffen wurde die Tawakalna-Division (T Gd) völlig aufgerieben, die Hammurabi-Division (H Gd) schwer angeschlagen und die Medina-Division (M Gd) kampfunfähig gemacht. Von diesem Zeitpunkt an begann ein umfassender Rückzug der Iraker, die dadurch weiteren Angriffen des VII. Corps entgehen wollten.

*Jack Ryan Enterprises, Ltd., von Laura Alpher*

| | |
|---|---|
| | von Tempo: die eigenen Streitkräfte zum Zeitpunkt der Generaloffensive auf dem Höhepunkt ihrer Stärke und Geschwindigkeit zu haben und dieses Niveau dann auch bis zum Ende durchzuhalten. Das haben wir geschafft. |
| **Tom Clancy:** | Jetzt hatten Sie und das VII. Corps das erreicht, was sie sich vorgenommen hatten. Einheiten der Republikanischen Garden lagen im Gefecht mit drei US-Divisionen, die den Irakern ziemlich schwere Schäden zufügten. Hatten Sie irgendeine Vorstellung von der Schwere der Schäden bei den Irakern? Welche Verluste hatten sie in Gefechten, wie beispielsweise dem auf der Hochebene von Medina[13], hinnehmen müssen? |
| **General Franks:** | Ich hatte das Gefühl, daß wir [das VII. Corps] außerordentlich massiert vorgingen und der Boden rund um das Gefechtsfeld im wahrsten Sinne des Wortes wackelte. Man konnte die Leuchtspurgeschosse der Maschinengewehre sehen und hörte das typische »Krach« der Panzerkanonen. Auch das »Wusch« der MLRS-Raketen auf ihrem Weg zum Ziel war deutlich zu vernehmen. Wenn man nicht genau gewußt hätte, was hier eigentlich vor sich ging, hätte man ebensogut annehmen können, man stünde mitten in einem Spätsommergewitter an der Ostküste. Ein fast ununterbrochenes grollendes Donnern. Ich kannte die Geräusche und konnte mir vorstellen, welchen Tribut dieser massierte Einsatz des VII. Corps fordern würde. Es war ein ungeheuer geschicktes Manöver auf begrenztem Raum, durchgeführt von den hervorragenden Kommandeuren und Soldaten des Corps. |

Gegen Ende des dritten Tages war das VII. Corps vollauf mit seiner Mission beschäftigt, die Republikanischen Garden der Iraker in ihrem Kampfabschnitt zu binden und zu vernichten. Als der dritte Tag sich neigte und der vierte begann, bestand das vordringliche Problem von General Franks darin, alle Einheiten des VII. Corps im Gefecht zu halten, »zum Klang der Kanonen zu marschieren«, wie er es gerne ausdrückt. Deshalb wechselte seine Aktivität jetzt mehr in Richtung Gefechtsfeldauswahl, und er arbeitete sehr hart am Verkehrsmanagement.

| | |
|---|---|
| **Tom Clancy:** | Wir sind jetzt also am vierten Tag des Bodenkampfes angekommen. War zu diesem Zeitpunkt der überwiegende Teil Ihrer Einheiten bereits zur Verfolgungsjagd übergegangen? |
| **General Franks:** | An manchen Stellen ja, an anderen nicht. Es gab gehörige Einschränkungen und disziplinarische Maßnahmen, um die Wahrscheinlichkeit von *fractricide* oder |

*friendly fire\** so weit wie möglich auszuschließen. Die 1st und 3rd Armored Division waren noch immer in einen »hitzigen Angriff«[14] mit den Resten der Republikanischen Gardedivisionen verwickelt, während die Big Red One wie auch die britische 1st Armoured Division zu einem Verfolgungs- und Vernichtungsgefecht[15] übergegangen waren. Für den frühen Mittwochmorgen hatte ich geplant, die 1st Armoured Division der Briten vom südlichen Teil der Kampfzone des VII. Corps abzuziehen und sie zusammen mit der 1st Cavalry Division außen herum nach Norden zu kommandieren. An diesem Punkt sollte dann das gesamte Schema für das VII. Corps eine Zusammenführung sein, die auf ein »doppeltes Einkesseln«[16] der verbliebenen feindlichen Streitkräfte hinauslaufen würde. Als ich frühmorgens die *Big Red One* besuchte und dort mit dem stellvertretenden Divisionskommandeur Brigadier General Bill Carter und Major General Tom Rhame sprach, stellte ich fest, daß sie zur Jagd bereit waren. Daher befahl ich ihnen, sich nach Osten in Richtung des »Blauen auf der Karte« [Spitzname der Army für den Persischen Golf] in Marsch zu setzen. Anschließend befahl ich den Briten, weiter nach Osten vorzurücken. Die 1st Cavalry sollte nördlich der 1st Armored Division angreifen, und der 1st und 3rd Armored Division befahl ich ein weiteres Vorrücken in Richtung Ost, bis an die Einsatzgrenze, die man als Durchlauflinie (Abschnittsgrenze) Kiwi in die Karten eingetragen hatte. Des weiteren kommandierte ich das 2nd ACR auf die Innenflanke der Big Red One, wobei es allerdings östlich der 3rd Armored Division bleiben sollte.

Wir [das VII. Corps] hatten unsere eigenen Einsatzgrenzen gezogen, als wir diesen doppelten Kesselring skizziert hatten. Als die 1st Armored Division die Abschnittsgrenze Kiwi erreicht hatte, konnten wir das 2nd ACR nach oben zwischen die anderen Einheiten verlegen und verschafften damit der 1st Cavalry Division die Möglichkeit, etwas nördlich der 1st Armored Division Stellung zu beziehen. Dabei blieb sie aber immer noch gut südlich des XVIII. Fallschirmjäger-Corps. Wenn ich etwas mehr Platz gehabt hätte, wäre ich einfach außen herum marschiert, ohne dabei Gefahr

---

\* »Durch Brudermord oder befreundetes Feuer fallen« bedeutet, daß es zu Verlusten durch den Beschuß eigener Streitkräfte kommt. In diesem Zusammenhang wird auch die Formulierung *blue on blue* (Blau schießt auf Blau) verwendet. Eigene Streitkräfte werden in Lageerörterungen und -planungen traditionell mit der Farbe Blau, feindliche mit Rot bezeichnet.

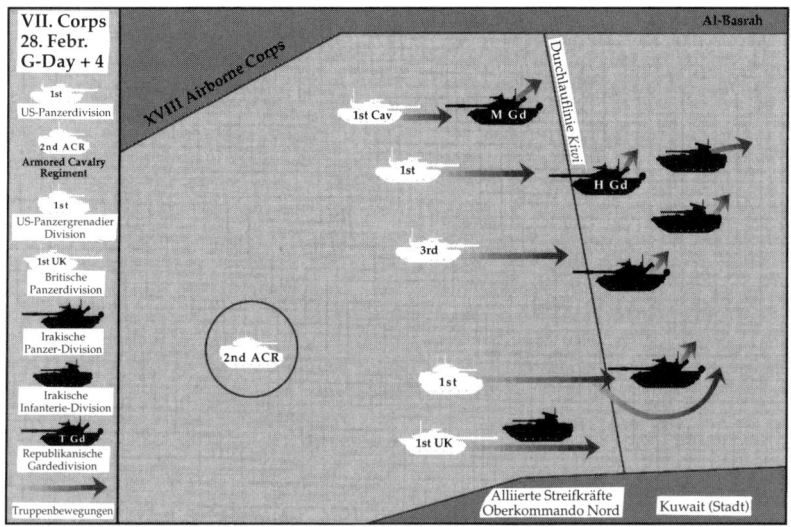

JACK RYAN ENTERPRISES, LTD., VON LAURA ALPHER

Während der letzten Morgenstunden des 28. Februar 1991 setzte das Corps seine Angriffe und Zweikämpfe mit irakischen Einheiten fort, bis um 8:00 morgens der Befehl zur Feuereinstellung kam. Das 2nd Armored Cavalry Regiment war während der Kampfhandlungen Reserveeinheit des Corps und nach dem Krieg Bestandteil der friedenssichernden und humanitäre Hilfe leistenden Streitkräfte

zu laufen, mit Einheiten des XVIII. zusammenzustoßen, und nicht gezwungen gewesen, so aufwendige Manöver fahren zu lassen. Als der Tag zu Ende ging, taten sich zwei große Dinge. Die Cavalry Squadron von Major General Ron Griffith [Kommandeur der 1st Armored Division] lag in einem schweren Gefecht. Er konnte die 1st Cavalry Division einfach nicht bei Tageslicht passieren lassen. Deshalb entschieden wir uns, die 1st Cavalry Division zurückzuhalten und ihre Bewegung um die 1st Armored Division herum auf den Tagesanbruch des nächsten Morgens zu verschieben. Wir kamen zu dem Schluß, daß es einfach zu viele Unwägbarkeiten gab. Es konnte in der Dunkelheit zu Fehlern oder zu einem Beschuß durch eigene Streitkräfte kommen, wenn eine ganze Division, Brigade hinter Brigade, nach fast vier Tagen ununterbrochener Operationen, da so einfach durchfahren würde.

Dann kam auf einmal Major General Butch Funks 3rd Armored Division so richtig nach Osten in Schwung, und es sah fast so aus, als würde die Big Red One etwas aus der Achse kippen. Jetzt konnte es mir auf einmal passieren, daß zwei meiner Divisionen Gefahr liefen, ineinander zu rennen. Folglich befahl ich der Big Red One sich neu zu orientieren, und zwar weiter nach Osten und dann zu stoppen, damit die 3rd Armored Division weiter in Richtung Kuwait bis zur Abschnittsgrenze, der Durchlauflinie Kiwi, vorrücken konnte. Etwa in dieser Zeit kam die Parole von einer »möglichen« Feuereinstellung gegen 5:00 morgens am kommenden Morgen auf. Das war das erste, was ich darüber hörte, also rief ich beim ARCENT-Hauptquartier zurück und sprach dort mit Lieutenant General John Yeostock [Third Army] und der sagte: »Ja. Es sieht ganz danach aus.« Also ließ ich Parole für die Feuereinstellung um 5:00 morgens ausgeben. Dann, etwas später, es war schon nach 1:30 morgens, rief man mich an, um mir mitzuteilen, daß die Sache mit der Feuereinstellung um 5:00 morgens ein Irrtum gewesen sei und die Waffenruhe erst ab 8:00 Uhr gelten solle. Das VII. Corps sollte aber auf jeden Fall bis pünktlich 8:00 Uhr weiter aggressiv angreifen. Aufgrund der Tatsache, daß wir innerhalb von nur sechs Stunden dreimal Instruktionen an die Kommandeure der verschiedenen Einheiten im gesamten VII. Corps ausgegeben hatten, war es nicht weiter verwunderlich, daß es den letzten zwölf Stunden des Krieges sehr stark an Klarheit mangelte. Unsere letzten Anweisungen für die Divisionen lauteten also, mit den Angriffen fortzufahren, und zwar genau in die Richtungen, die sie auch schon zuvor genommen hatten.

Ich wies den Stab des Corps nachdrücklich an, das 2nd ACR weiterhin für das VII. Corps in Reserve zu halten. Dann befahl ich der 1st Cavalry Division, die Bewegung durch die 1st Armored Division hindurch fallen zu lassen [wegen der kurzen Zeit, die jetzt nur noch für Feindseligkeiten zur Verfügung stand]. An die 3rd Armored Division ging der Befehl hinaus, mit ihrem Angriff bis 8:00 Uhr in befohlener Richtung fortzufahren. Dann auf einmal, so gegen 7:20 Uhr, erhielten wir einen Anruf über das Funknetz des Corps [beim vorgeschobenen TOC des VII. Corps], daß eine Einheit unter feindlichem Feuer liege. Also gab einer von meinem Stab, bevor ich auch nur davon wußte, bereits den »Feuer einstellen«-Befehl über den UKW-Sprechfunk des Befehls- und Führungsnetzes. Ich wußte sofort, daß die »friendly fire«-Warnung nicht von der 1st Infantry Division selbst hatte kommen können, denn die stand mehr als 80 km entfernt. Also riefen wir bei ihnen zurück und befahlen die Fortsetzung des Angriffs. Der Befehl erreichte allerdings nicht mehr alle untergeordneten Einheiten; und die blieben im Grunde dort stehen, wo sie sich gerade befanden. Wir schafften es doch noch irgendwie, den Befehl zur Fortsetzung des Angriffs nach hinten an die 1st und 3rd Armored Divisions weiterzuleiten; und die griffen dann weiter bis 8:00 morgens an. Und das war's dann.

**Tom Clancy:** Was genau zerstörte das VII. Corps während der hundert Stunden, die der Bodenkampf dauerte?

**General Franks:** Alle Einheiten des kompletten 7. Corps der Iraker wurden entweder vernichtet, gefangengenommen oder einfach umgangen. Dieses 7. Corps setzte sich aus fünf Infanteriedivisionen und weiteren motorisierten Infanteriedivisionen als taktischer Reserve zusammen. Was die Divisionen der Republikanischen Garde in unserem Kampfabschnitt anging, vernichteten wir die Tawakalna-Division völlig und machten die Medina-Division kampfunfähig, während wir die Hammurabi-Division zum Rückzug zwangen. Dabei lief sie direkt in die 24th Mechanized Infantry Division von Barry McCaffrey hinein. In einem abschließenden Gefecht verlor sie dann noch bis zum Eintreffen des Befehls zur Feuereinstellung etliche ihrer Fahrzeuge. Wir griffen auch die Adnan-Division der Republikanischen Garden an und rieben die 10. und 12. Panzer- und die 17. Infanteriedivision der Iraker auf. Dazu kamen noch eine ganze Reihe Abteilungen anderer irakischer Divisionen. Was die Ausrüstung angeht, so dürfte die Endsumme bei fast 4.000 Kampffahrzeugen der Iraker gelegen haben; und wir nahmen irgendwo zwischen 23.000 und 24.000 Gefangene, wobei die Gesamtzahl wahrscheinlich noch höher gelegen haben dürfte, weil wir einfach nicht die Zeit hatten, dauernd genau nachzuzählen.

**Tom Clancy:** Wieviel amerikanische und britische Soldaten des VII. Corps fielen während des Krieges?

**General Franks:** Bei den US-Streitkräften fielen 47 im Kampf und 192 erlitten Verwundungen, und bei den britischen Streitkräften waren es 16 Gefallene und 60 Verwundete bei einer Gesamtstärke von 146.000 Soldaten im VII. Corps. Das ist schmerzlich. Jeder einzelne ist ein Verlust für seine Familie und Verwandten, für seine Kommandeure und seine Kameraden. Ein einziger ist schon zuviel. Aber die Aufgabenstellung war, die Mission mit geringstmöglichen Kosten und größtmöglicher Geschwindigkeit durchzuführen. Ich war – und bin – furchtbar stolz auf alle. Das gilt für die Befehlshaber genauso wie für die Soldaten. Wir waren ein Team. Wir waren eine Familie. Sie lieferten den Irakern einen Kampf im Sand, im Regen, in der Dunkelheit und im Matsch und schrieben im Wüstensand des Persischen Golfes ein neues Kapitel in der Geschichte der Gefechtsführung mit Panzern.

Nach dem Krieg half das VII. Corps bei der Verwirklichung des Waffenruhe-Programms und setzte die Bedingungen des Waffenstillstandes zwischen dem Irak und den Alliierten der Koalition durch. Danach kehrten alle nach Hause zurück, zu ihren Stützpunkten in Deutschland – und trauigerweise bedeutete das dann auch das Ende des VII. Corps. Durch merkwürdige und unglückliche Schicksalsfügungen mußten viele Menschen und Einheiten, die am meisten dazu beigetragen hatten, den kalten Krieg zu gewinnen, jetzt ihre »Deaktivierung« hinnehmen. Mit dem Zusammenbruch des Warschauer Paktes und des Kommunismus gab es einfach keine Daseinsberechtigung mehr für zwei in Europa stationierte Corps. Also wurde das VII. Corps aufgelöst. Damit verschwanden auch einige der ältesten und namhaftesten Einheiten des kalten Krieges. Das 11th ACR zum Beispiel. Andere wiederum, wie etwa das 2nd ACR, wurden nach Hause in die Vereinigten Staaten von Amerika verlegt, und dort mit neuen Missionen wieder aufgebaut. Für das 2nd bedeutete das den Umzug nach Fort Polk in Louisiana, wo es die Aufgaben einer leichten Kavallerie und die Aufklärungsarbeit für das XVIII. Airborne Corps übernommen hat. Heute haben sie ihre Panzer und *Bradleys* gegen HMMWVs eingetauscht und warten auf das neue XM8 *Armored Gun System* (AGS = leichter Kampfpanzer).

Was General Franks angeht, so verließ er das VII. Corps bereits, bevor die meisten dieser Ereignisse stattfanden. Im August 1991 folgte er dem Angebot von General Gordon Sullivan, dem Stabschef der Army, das Kommando über das TRADOC zu übernehmen. Seine Aufgabe bestand dort in der Leitung des Expertengremiums der Army, das festlegt, wie man kämpft und womit gekämpft wird. Heute (in Frühling 1994) steht er immer noch an der Spitze des TRADOC und aller ihm angeschlossenen Stützpunkte und personellen Ressourcen.

**Tom Clancy:** Sie sind also heute der Kommandeur des TRADOC. Worum geht es eigentlich bei diesem Job?

**General Franks:** Im Frühsommer der Jahres 1991 erhielt ich einen Anruf von General Gordon Sullivan, dem neuen Stabschef der Army, der mir sagte:»Freddie, ich möchte, daß du mir einen Gefallen tust. Übernimm das Kommando über TRADOC.« Und ich antwortete:»Mach ich. Danke für den Vertrauensbeweis.« Ich übernahm hier im August 1991 das Kommando. Es ist ein phantastischer Job, und man befindet sich dabei direkt im Zentrum aller Veränderungen, die gerade jetzt auf die Army zukommen. Wir tragen hier die Verantwortung für alle Hilfestellungen, die geleistet werden müssen, um den intellektuellen Wandel bei der Army-Führung von einem vorbestimmten, erstarrten Umfeld des kalten Krieges zu einer Streitkraft-Projekt-Orientierung in einer Army der Ära nach dem kalten Krieg zu bewerkstelligen. Unsere Aufgabe beim TRADOC besteht darin, diese Army in ihrem Wachstumsprozeß zu unterstützen, darauf zu achten, daß alle Lektionen, die wir auf den Schlachtfeldern und aus Gefechten gelernt haben, in unsere Richtlinien eingehen. Und außerdem müssen wir auch noch ein Auge darauf behalten, daß die Army ihren Weg ins 21. Jahrhundert findet. TRADOC besteht seit zwanzig Jahren und versteht sich für die Army als Agentur des Wandels. Es wird auch weiterhin seine Aufgaben im Dienste der Nation erfüllen. Wir meinen, in unserem Wandel den richtigen Weg gewählt zu haben. Die Überarbeitung unserer Vorstellungen darüber, wie gekämpft werden sollte, ist in ihren Grundzügen abgeschlossen und im FM 100-5 Abschnitt: *Operations* niedergelegt. Wir experimentieren in unseren Gefechts-Labors mit neuen Ideen, die auf den ersten Anzeichen von Veränderungen bei der Gefechtsführung basieren, die wir in Desert Storm bemerkten. Ich bin fest davon überzeugt, daß wir uns an einem entscheidenden Punkt des Wandels der Methoden bei der Durchführung von Bodenkämpfen befinden. So könnte es durchaus sein, daß zukunftsorientierte Experimente auf Organisationsebene dazu führen, daß beispielsweise die Cavalry zum Modell für eine schnelle Eingreiftruppe wird, in der zusammengeführte Waffengattungen und eine höhere Befehls- und Führungsebene verwirklicht sein werden.

**Tom Clancy:** Ist diese Aufgabe der ultimative Ausdruck des Versprechens, das Sie sich selbst gegeben haben, als Sie die Amputierten-Station in Valley Forge verließen?

**General Franks:** Man muß wohl tun, was getan werden muß, was machbar ist, und zwar immer im Rahmen der Eigenverantwortung. Dabei muß darauf geachtet werden, daß der eigene Teil der Army die richtigen Dinge für die Soldaten und die Nation zur Durchführung bringt. Kurz gesagt, ja! Außerdem sollte ich vielleicht hinzufügen, daß ich dabei auch nicht das Versprechen an meine Leidensgenossen von damals in Valley Forge vergessen habe, ihr Vertrauen und das aller Kameraden aus Vietnam nicht zu enttäuschen. Wenn wir jemals erneut in den Krieg ziehen müssen, sollen sie darauf bauen können, daß ihr in mich gesetztes Vertrauen nicht enttäuscht wird. Sie sollen wissen, daß ich mich immer dessen entsinnen werde, was wir zusammen durchgemacht haben. 1994 werde ich hier im TRADOC mein fünfunddreißigstes Dienstjahr vollenden. Dennoch werde ich jederzeit bereit sein, in jedem Truppenteil der Panzerstreitkräfte Dienst zu tun, wenn mein Vaterland mich dazu auffordert.

**Tom Clancy:** Wie paßt das 3rd Armored Cavalry Regiment in die künftigen Organisationsformen und Missionen der US-Army?

**General Franks:** Was Sie sich wirklich vor Augen halten müssen, ist die Tatsache, daß in einer Weltlage, in der Zweideutigkeiten zur Regel geworden und Ereignisse – ganz gleich, mit welchem Grad an Verläßlichkeit – sehr schwer vorauszusagen sind (besonders in Beziehung darauf, wo sich gegnerische Streitkräfte voraussichtlich befinden werden), der Stellenwert taktischer Aufklärung einen immer höheren Stellenwert haben wird. Eine erfolgreiche taktische Aufklärung muß immer der erste Schritt sein, denn sie ist untrennbar verbunden mit der erfolgreichen Durchführung von Operationen. Genau das ist die traditionelle Aufgabe eines Armored Cavalry Regiments in einem schweren Panzercorps wie dem III. Corps. Dieses Prinzip ist richtig, und dabei spielt es keine Rolle, ob man sich mit den Streitkräften einer Nation oder eines Staates oder andersartigen, weniger konventionellen Arten von Streitkräften auseinandersetzen muß.

Während des kalten Krieges konnten wir mit einem relativ linear strukturierten Gefechtsfeld rechnen, auf dem wir zahlenmäßig unterlegen gegen wesentlich stärke Streitkräfte anzutreten gehabt hätten. Das sorgte für eine relativ hohe Sicherheit von Voraussagen, wie die Gefechtsbedingungen aussehen würden. Deshalb befanden sich taktische Aufklärung und Schutzoperationen, so wichtig sie auch waren, doch auf einem wesentlich niedrigeren Niveau, als es die Kampfkraft der Cavalry eigentlich zuließ. Die Operations-Szenarien in der Zeit nach dem kalten Krieg schufen jedoch gänzlich andere – schon fast entgegengesetzte – Verhältnisse. Der Wert der Aufklärungseinheiten – die den Feind ausfindig machen, ihn binden, seine Flanken und Lücken aufspüren und zwischen getrennten eigenen Einheiten Verbindungen herstellen konnten – stieg ins Unermeßliche und damit stieg gleichzeitig auch der Wert von Organisationen in der Art der Armored Cavalry Regimenter, die dafür bemannt, ausgerüstet und ausgebildet wurden, dezentralisiert über weite Fronten als fest verschweißtes Team von kombinierten Waffengattungen zu operieren.

Im Laufe der Jahre sind Regimenter der Kavallerie immer wieder anders ausgerüstet worden: Pferde, Säbel, Pistolen, dann Repetiergewehre, gepanzerte Fahrzeuge und leichte Panzer und heute schließlich schwere Panzer. Im Augenblick sind wir allerdings gerade dabei, das 2nd Cavalry Regiment als Light Cavalry Regiment mit HMMWVs und dem neuen XM8 *Armored Gun-System* auszurüsten. Dadurch wird sowohl der Wert der leichten wie der schweren gepanzerten Cavalry im Rahmen der einzelnen Bataillone der Divisionen wie auch in den einzelnen Regimentern erhöht – bei den heutzutage derartig unsicheren Gefechtsfeldbedingungen des operativen Umfeldes eine absolute Notwendigkeit.

**Tom Clancy:** Versetzen Sie sich einmal in die Situation, Sie wären der CINC (*Commander in Chief* = örtlicher Oberbefehlshaber eines der unabhängigen Kommandos), der eine *Joint Task Force* (JTF = Eingreiftruppe) in ein Krisengebiet zu führen hätte. Was macht eine Einheit der Armored Cavalry wie zum Beispiel das 3rd ACR für Sie dann so attraktiv, daß Sie sie gerne unter Ihrem Kommando hätten?

**General Franks:** Das 3rd ACR operiert als ein absolut homogenes Team aus kombinierten Waffengattungen und kann als völlig unabhängige Einheit vorgehen. Es ist sowohl im mentalen, wie auch physischen Sinn sehr schnell und beweglich. Es verfügt über die Fähigkeit, ein großes Spektrum taktischer Operationen durchzuführen und kann sich den rasch wechselnden Situationen auf einem Gefechtsfeld anpassen. Es ist in der Lage, einen Feind ausfindig zu machen und zu binden und anschließend schneller eine Gefechtsfeldsituation zu entwickeln als jede andere Art von Einheit, die wir heute ins Feld führen können. Bedingt durch die Entwicklungsgeschichte unseres Staates ist es ein Regiment, das auf eine lange Geschichte zurückblicken kann. Es versteht sich als »Familie« aus Soldaten, NCOs und Offizieren. Das sind Soldaten, die über jede Menge Motivation, Stolz und Kampfgeist verfügen; und sie nehmen für sich in Anspruch, eine Elite-Einheit zu sein. Dadurch könnte eine übertriebene Vorstellung von ihrer Kampfkraft auf dem Gefechtsfeld zustande kommen, die jenseits ihrer rein physischen Größe liegt. Allerdings muß ich klarstellen, daß derartige Familiengefühle und dieser Stolz nicht nur bei Einheiten der Armored Cavalry zu finden sind. Solche Charakteristika finden Sie in ähnlicher Form auch bei Ranger- und Fallschirmspringereinheiten sowie Einheiten der leichten Infanterie. Auch andere Einheiten sind

in der Lage, vergleichbar enge Zusammengehörigkeits-
gefühle zu entwickeln. Es ist der Kampfgeist; und der
macht den Unterschied auf einem Gefechtsfeld aus.
Kürzlich, am 3. Oktober 1993, konnten Sie das noch in
Mogadischu, Somalia, feststellen.

Ein weiteres charakteristisches Merkmal ist die Tatsache, daß der Befehls- und Führungsapparat eines Regiments schnell und beweglich genug ist, um zusätzliche Verstärkungseinheiten wie ein Artillerie-Corps,
*Apache* Helikopter, Versorgungseinheiten und dergleichen aufzunehmen und dennoch weiterhin problemlos
zu operieren. Das ist es, was wir im Golf-Krieg mit dem
2nd ACR von Colonel Don Holder machten. Darüber
hinaus fehlt einem Armored Cavalry Regiment eine
ganze Menge von dem, was ich als »Wasserkopf« bezeichnen würde. Es steht unter dem Kommando eines
Colonel mit einem sehr kleinen Stab und operiert auf
sehr dezentralisierte Weise. Dadurch steht und fällt sein
Erfolg mit der Initiative kleiner Einheiten ihrer Kommandeure. Und es ist verdammt schnell! Die Motivation in einer solchen Einheit konnte man während des
[Golf-]Krieges sehr gut beim 2nd ACR im Laufe des
Battle of 73 Easting feststellen, als drei junge Kommandeure von Cavalry Troops, H. R. McMaster, Dan Miller
und Joe Sartiano zusammen mit den Befehlshabern in
ihren Bataillonen und Regimentern eine weit überlegene Panzereinheit der Iraker angriffen und vernichteten. Diese Art von physischer und mentaler Agilität im
Zusammenspiel mit Flexibilität beim Einsatz ist etwas,
das wir in steigendem Maße im Erscheinungsbild der
Army in der Ära nach dem kalten Krieg beobachten
können. In unserer Rolle als Architekten der Zukunft,
werden wir hier im TRADOC ihre Lektionen im Auge
behalten, während wir mit den verschiedensten Konfi-
gurationen von Einheiten experimentieren, die zum Teil
erst durch die Fortschritte in der Technologie des Infor-
mationszeitalters – und dort ganz speziell der Digital-
technologie – möglich geworden sind.

**Tom Clancy:** Nachdem die US-Army nun gerade noch über eins der
Armored Cavalry Regimenter verfügt (das 2nd steht
zur Zeit in seiner Umrüstung auf ein Light Cavalry
Regiment, und das 11th wurde deaktiviert), würde
mich interessieren, welche Verbesserungspläne Sie für
das 3rd ACR geplant haben?

**General Franks:** Wir haben hier im TRADOC eine flächendeckende Studie über den Wert von Aufklärungseinheiten in der
Army durchgeführt. Im Moment sind wir mitten in

einem Prozeß, im Rahmen dessen wir Anpassungen bei all den unterschiedlichen Einheiten der Cavalry durchführen. Ein besonderer Schwerpunkt liegt dabei auf den Abteilungen in Bataillonsgröße der Cavalry. Ihre Fähigkeiten bei der Durchführung und Verwirklichung von Aufklärungseinsätzen sollen dadurch verbessert werden. Was die beiden unabhängigen Kavallerie-Regimenter [das 2nd und 3rd] angeht, so werden wir bei denen mit der Modernisierung unter dem Aspekt der Panzerung weitermachen [mit dem M1A2 für das 3rd ACR und dem XM8 AGS für das 2nd ACR]. Darüber hinaus arbeiten wir natürlich sehr intensiv daran, ihre Einsatzfähigkeit zu verbessern.

Darin liegt der Schlüssel für die Reorganisation der 2nd Cavalry, die gänzlich anders ausgerüstet ist [HMMWV Mannschaftswagen statt der M3 Schützenpanzern]. Damit ist sie jedoch besser für schnelle Einsätze gewappnet. Aber obwohl gänzlich anders als ihr schwerer gepanzertes Gegenstück ausgerüstet und zusammengesetzt, herrscht hier doch die gleiche Motivation und der gleiche Kampfgeist. Der Schlüssel zum Erfolg wird allerdings dort zu finden sein, wo sorgfältig ausgewählt wird, welche der beiden Organisationen wo und wann am sinnvollsten eingesetzt werden kann. Wie wir schon vorhin besprochen haben, besteht wegen ihrer besonderen Fähigkeit, ganz einfach zusätzliche Einheiten mit Panzern oder Hubschraubern zu integrieren, sowohl für die eine wie auch für die andere Einheit die Möglichkeit, sich in genau die Streitmacht zu verwandeln, die Sie gerade haben wollen.

Ich sehe schon kommen, daß wir beide Arten von Regimentern [schwere, wie leichte] bei der Cavalry auf unserem Weg ins 21. Jahrhundert weiterentwickeln werden. Das wird ganz besonders in dem Bereich der Fall sein, den ich gerne als die »elektronische Kavallerie« bezeichne. Das ist es nämlich, wozu der militärische Nachrichtendienst sich immer mehr entwickelt. Um nur ein Beispiel zu nennen: Der RAH-66 *Comanche* Helikopter besitzt gleichzeitig Aufklärungs- und Angriffskapazität und wird Anfang des 21. Jahrhunderts zur Truppe kommen. Seine Fähigkeiten, enorm schnell Aufklärungsdaten zu sammeln, aufzubereiten, auszuwerten und die gewonnenen Erkenntnisse über das Gefechtsfeld an den Rest der Streitkräfte weiterzuleiten, werden ihn zu einem lebenswichtigen Bestandteil der Cavalry-, wie auch anderer Teams aus kombinierten Waffengattungen machen, die sich in den Einsätzen der

Zukunft befinden. Er ist ein Bestandteil der kommenden Revolution im Bodenkampf, die ich schon vorher ansprach und die erst durch Qualität, erfahrene Soldaten und Befehlshaber und die Digitaltechnologie möglich gemacht wurde.

**Tom Clancy:** Auf was müssen die jungen Männer und Frauen gefaßt sein, die sich innerhalb der nächsten – sagen wir – zehn Jahre dazu entschließen, in Einheiten der US-Army Cavalry Dienst zu tun?

**General Franks:** Ich würde sagen, daß man auch weiterhin von ihnen erwarten wird, daß sie »spezielle« Aufgaben auf den Gefechtsfeldern erfüllen. Ebenso wird es für sie auch weiterhin eine Herausforderung sein, mit den gestellten Aufgaben fertig zu werden und Missionen auszuführen, die unser Vaterland ihnen übertragen wird. Ich bin fest davon überzeugt, daß sie es schaffen werden. Es ist eine Tatsache, daß eine ganze Reihe von ihnen das auch schon bei den letzten Kampfhandlungen der Vereinigten Staaten von Amerika unter Beweis gestellt haben.

Diese jungen Menschen sind bereits kräftig dabei, neue Kapitel in der Kavalleriegeschichte unseres Landes zu schreiben. Wenn ich einmal einen Blick in die Zukunft werfe, so sehe ich dort die hervorragenden jungen Befehlshaber der Cavalry, wie sie in verantwortungsvolle Positionen bei den Streitkräften aufsteigen. Ich bin sicher, daß auch sie an großartigen Seiten ihrer eigenen Geschichte weiterschreiben werden, wenn und falls sie in der Zukunft zu Kämpfen unserer Nation befohlen werden.

Meiner Meinung nach ist Befehlsgewalt – das Kommando im Kampf – in erster Linie eine Sache des Vertrauens. Bevor der Bodenkampf begann, sprach mich ein Soldat an und sagte: »Machen Sie sich keine Sorgen, Herr General, wir vertrauen Ihnen.« Stark. So habe ich meine eigenen Anstrengungen als kommandierender General des Corps verdoppelt, nur um sicherzustellen, daß ich mich dieses Vertrauens auch würdig erweisen würde. Das ist das elementare Band zwischen Soldaten und Befehlshabern auf einem Gefechtsfeld, das Band zwischen Amerika und der US-Army; und ich glaube, daß wir dieses Band heute in den Streitkräften wie auch in Amerika existiert.

Über einen Zeitraum von mehr als drei Jahrzehnten führte General Fred Franks Soldaten der US-Army. Wenn Sie einmal Soldaten auf ihn ansprechen, werden Sie tiefen Respekt und eine große Zuneigung für diesen leisen, sanft sprechenden Mann mit dem eisernen Willen finden. In den Jahrzehnten des Dienstes für sein Vaterland wurden er und die Army, die er so liebt, mit einer Menge Herausforderungen konfrontiert. Fred Franks half der Army, die Lektionen des Vietnamkrieges zu verarbeiten und in der Morgendämmerung einer neuen Ära mit der Fokussierung auf den kalten Krieges zu brechen. Ganz gleich, ob er zu den kommunistischen Unterdrückern am Eisernen Vorhang hinüberstarrte oder die Truppen zur Befreiung des Königreiches Kuwait anführte – Fred Franks war immer der Inbegriff des Geistes der Cavalry. Und dieser Geist streckt seine Hand aus, um jeden Soldaten der Nation zu berühren.

# Fahrzeugsysteme
# der US-Army

Jeder, der regelmäßig die Nachrichten in den Medien verfolgt, kann Ihnen erzählen, daß die gesamte Ausrüstung, die von der US-Army angeschafft und eingesetzt wird, zum Himmel stinkt. Enthüllungsjournalisten haben Jahre damit zugebracht, der Welt klarzumachen, daß die Waffen der Army nicht in der Lage wären, geradeaus zu schießen, daß sie dauernd in die Luft flögen, bevor irgend jemand sie überhaupt einsetzen könne, oder einfach Blindgänger seien.

Um eine wesentlich realistischere Einschätzung dieser Form von Hardware zu bekommen, sollten Sie vielleicht besser einmal bei der irakischen Armee nachfragen. Saddams Truppen mußten zu ihrem Leidwesen feststellen, daß die meisten Kommentatoren in den Medien tatsächlich keine allzu große Ahnung von militärischer Ausrüstung hatten. Im Januar und Februar 1991 mußte sich jedes größere Waffensystem im Arsenal der Army einer umfassenden Bewährungsprobe unter Extrembedingungen unterziehen. Entgegen allen laut gewordenen Kritiken, die unsere Waffen als empfindliches und kompliziertes High-Tech-Material bezeichneten, das im Wüstenstaub des Irak und Kuwaits ersticken und den wesentlich »einfacheren« Waffen sowjetischer Herkunft, wie sie die irakischen Streitkräfte verwendeten, zum Opfer fallen würden, trat das genaue Gegenteil ein.

In weniger als hundert Stunden schlugen die Streitkräfte der Vereinigten Staaten von Amerika und ihrer Verbündeten eine Streitmacht, die fast sechs Monate Zeit gehabt hatte, sich einzugraben. Und die amerikanischen Waffen waren die Stars der ganzen Show. Der Reigen wurde von den AH-64A *Apache* Hubschraubern eröffnet, die erste Punkte bei den Angriffen in der Nacht des 16. Januar 1991 machten, indem sie einen dicken Brocken aus Saddams Luftverteidigungssystem herausschlugen. Dann schossen M1A1 *Abrams* Panzer mit schöner Regelmäßigkeit die neuesten Modelle der sowjetischen T-72 Panzer ab, und das über Entfernungen von fast zwei Meilen. Wann immer die irakische Feldartillerie einmal dumm genug war, das Feuer zu eröffnen, hagelte innerhalb weniger Sekunden der Tod in Form von *Cluster Bomblets**  der MLRS Artillerie-Raketen auf sie nieder. Das war das Maß an Gewalt, was auf die im Rückzug befindlichen Streitkräfte des Irak abgeladen wurde und dazu führte, daß der Krieg nach nur vier Tagen schon zu Ende war.

Wie sahen nun die Entwicklungs- und Beschaffungsmaßnahmen der Army für die Ausrüstung aus, die sie heute verwendet? Hinter dem ober-

---

* Kleine Bomben (*bomblets* oder Submunition genannt), die, in Trauben (*cluster*) zusammengefaßt, das Abwurfgebiet in Streumustern abdecken sollen.

flächlichen Erscheinungsbild sämtlicher Fahrzeuge, Kanonen und Flug-zeuge, die von der Army in den 70er und 80er Jahren angeschafft wurden, steckt weit mehr als nur der Wunsch, Technologie und Geld auf den modernen Gefechtsfeldern zu verpulvern. In diesen Jahren stand die plötzliche Bedrohung eines massiven, unerwarteten Ansturms von Streit-kräften des ehemaligen Warschauer Paktes und Nord-Koreas im Raum. Treibende Kraft in der Entwicklung dieser Systeme war damals die Ab-sicht, ein Gefechtsfeld zu beherrschen, die feindliche Armee zu schlagen und sie dahin zurückzutreiben, woher sie gekommen war. Diese Wunsch-vorstellungen nahmen erstmals in den Ideen von General Creighton Abrams Gestalt an, der von 1972 bis 1974 Stabschef der Army war. General Abrams erkannte, daß man eine ganz neue Art von Krieg führen mußte, wollte man die Gefechte gewinnen, die auszutragen die Bodenstreitkräfte der USA und ihrer Verbündeten möglicherweise im letzten Quartal unse-res Jahrhunderts gezwungen sein würden. Um diesem Anspruch gerecht zu werden, benötigte die Army eine völlig neue Generation von Waffen, die mit Angehörigen einer gänzlich neuen Streitmacht – von ausschließ-lich Freiwilligen – bemannt werden müßte. Diese Truppen hätten dann im Rahmen von Taktiken vorzugehen, die Anfang der 70er Jahre noch nicht einmal in den Vorstellungen der Planer existierten.

Leider ist es so, daß der Prozeß der Entwicklung neuer Waffen beim amerikanischen Militär Zeit beansprucht. Reichlich viel Zeit sogar. Ein Dozent an der *Defense Management School*\* in Fort Belvoir, Virginia, ver-glich einmal die Programme für Beschaffungsmaßnahmen des Verteidi-gungsministeriums mit einem Ochsenkarren. Dabei steht jedes einzelne Element des Programms für einen Ochsen, der individuelle Vorstellungen und Ziele verfolgt. Die Aufgabe eines Programmleiters, normalerweise ein Colonel oder Brigadier General, ist dann die eines »Trail Bosses«. Er ist also der Mann, der letzten Endes dafür verantwortlich zeichnet, die neuen Waffen oder das neue System in die Hände der Soldaten zu geben. Das Programm-Management ist eine undankbare Aufgabe. Es zieht einige der besten Offiziere von ihren Fronteinheiten ab und versetzt sie in Büros, wo sie eine ganz andere Art von Krieg zu führen haben als die, für die sie eigentlich ausgebildet wurden. Dort werden sie ständig von widerlichen Journalisten überprüft, von übereifrigen Regierungsmitgliedern und deren Stäben genervt und von Lobbyisten der Rüstungsindustrie bedrängt, die alles daran setzen, sich ihren Anteil am Verteidigungshaushalt zu sichern. Wirklich keine Karriere, von der eine echte Kämpfernatur träumt.

Ohne ein starkes Management-Team wird es jedoch kein Programm jemals schaffen, ein System bis zur Auslieferung an die Kampfeinheiten voranzutreiben. Was Programmleiter auch heute noch vor Angst schlot-tern läßt, ist die Erinnerung an das *Sergeant York*-Kanonensystem aus den 80er Jahren. Ursprünglich lief dieses Programm unter der Bezeich-nung *Divisional Air Defense System* (DIVADS = Abteilungs-Luftabwehr-

---

\* Akademie für Verteidigungskoordination

System). Es war als Geleitschutz für Panzerstreitkräfte konzipiert worden, um den Abschuß feindlicher Kampfhubschrauber und -flugzeuge zu übernehmen. Das DIVADS-Programm litt von Anfang an unter Schwierigkeiten. Unzureichend ausgearbeitete Baubeschreibungen führten dazu, daß schon bei der Zusammenstellung der Basiskomponenten nichts so recht zueinanderpaßte. Das Fahrgestell war ein überarbeitetes Chassis des inzwischen überholten M48 Panzers. Die alte und zuverlässige *Bofors* Zwillingsflak, Kaliber 40 mm, wurde an ein mechanisches Lagesystem gekettet, das ein wahres Rattennest an Kompliziertheit war. Das Radargerät war die umgebaute Version dessen, was man auch im F-16 Kampfflugzeug finden kann, und ein digitaler Datenbus verband sechzehn unterschiedliche Mikroprozessoren in verschiedenen »Black Boxen«, die man im Turm untergebracht hatte. Während der ganzen Zeit sorgte ein extrem komprimierter Terminplan dafür, daß die Hard- und Software niemals wirklich die Chance hatten, auszureifen. Darüber hinaus wurde das Programm durch einen wahren Sturm an schlechter Publicity unterminiert. *Sergeant York* hat sich von dem ganzen Ärger nie erholt, und irgendwann wurde das Programm aufgegeben. Die meisten der etwa fünfzig Fahrzeuge, die von Ford Aerospace an die Army ausgeliefert wurden, machten dann doch noch eine, wenn auch recht zweifelhafte Karriere als Zielfahrzeuge auf den Übungsgeländen der Air Force. Nachdem man auf diese Weise etliche hundert Millionen Dollar ausgegeben und absolut nichts dafür bekommen hatte, mußte die Army nun lernen, was Programm-Management wirklich bedeutet und daß die Minimierung technischer Risiken zu den Voraussetzungen gehört.

Herausgekommen ist dabei eine Streitmacht, die heute als die bestausgerüstete der Welt gilt. Der augenblickliche Stabschef der Army, General Gordon Sullivan, gibt sich damit allerdings noch nicht zufrieden. Er plant einerseits eine ganze Serie von Modernisierungen bei den bestehenden Systemen und andererseits die Beschaffung von ein paar neuen »Force Multiplier« (worunter man bei der Army alles versteht, »was in der Lage ist, das, was wir schon haben, in seiner Wirksamkeit noch zu verbessern«). Einige dieser Initiativen sind vergleichsweise kleine und damit erschwingliche Schritte wie beispielsweise der, den gesamten Fahrzeugpark der Army mit Empfängern für das NAVSTAR *Global Positioning System* (GPS) auszurüsten, um die Navigation genauer zu machen. Andere dagegen, wie der neue RAH-66 *Comanche* Erkundungs-/Kampfhubschrauber, erfordern beträchtliche Ausgaben, damit Bodenstreitkräfte besser wissen, was gerade hinter dem nächsten Hügel vor sich geht.

Die Ausrüstung, die von der US-Army verwendet wird, ist also nichts, was von ganz alleine da ist. Sie macht riesige Dollar-Investitionen seitens der Steuerzahler und Personal seitens der Army notwendig. Erst wenn man wirklich gesehen hat, was es da draußen alles gibt, kann man beurteilen, ob die Amerikaner einen guten Gegenwert für ihr Geld bekommen haben.

# Panzerfahrzeuge der US-Army

»Matschbäuche« und »Kriechstrampler« sind nur einige der zahlreichen Namen, die Angehörige der anderen Teilstreitkräfte gerne für die Fahrzeuge verwenden, die bei der US-Army im Einsatz sind. Sie können sie nennen, wie sie wollen. Die Bodenfahrzeuge der Army sind heute die fähigsten, beweglichsten, zuverlässigsten und robustesten in der gesamten Geschichte motorisierter Gefechtsführung. Die Wurzel dieses Erfolges steckt in einer eigentlich ganz simplen Tatsache: der einheitlichen Spezifikation aller Fahrzeuge, die für den Einsatz in der Army vorgesehen sind. Absolut jeder Panzer, jedes gepanzerte Fahrzeug und jeder Lastwagen muß in der Lage sein, den gleichen Böschungswinkel (und zwar 60°) zu erklettern, den gleichen Querneigungswinkel (bis zu 45°) zu überwinden, die gleiche Tiefe im Wasser (etwa 1 m) zu durchwaten, und identische klimatische, Sicherheits-, Wartungs- und andere Vorgaben erfüllen. Die Operation Desert Storm hat bewiesen, daß die Army sämtliche Kombinationen ihrer Grundfahrzeuge über absolut jedes befahrbare Gelände bewegen kann, ohne daß irgendein Fahrzeugtyp den Vormarsch aufgehalten hätte.

Diese Leistung ist das Resultat konzentrierter und langjähriger Anstrengungen des US-*Army Tank and Automotive Command* (TACOM = Befehlsbereich für das Panzer- und Kraftfahrzeugwesen) mit Sitz in Warren, Michigan. TACOM ist praktisch das Herz der Bemühungen der Army, ihre Bodenfahrzeuge zu modernisieren. Nichts könnte wohl weiter von der Realität entfernt sein, als die landläufige Ansicht, TACOM sei ein Sammelpunkt für überbezahlte Schreibtischgenerale und korrupte politische Bürokraten. TACOM ist ein Team verschiedener Spezialisten: Ein Teil kommt aus dem Zivilleben und ist zeitlich befristet dort tätig, der andere setzt sich aus ambitionierten jungen Offizieren und Stabsoffizieren zusammen, welche die Erfahrungen der Army bei Kampfeinsätzen in eine Realität aus Stahl, Aluminium, Gummi und Plastik umsetzen. Die Leute von TACOM sind ausgebuffte Profis. Die Kronjuwelen ihrer Anstrengungen sind die Panzer und gepanzerten Fahrzeuge. Auf die wollen wir als erstes einen Blick werfen.

### Der M1 *Abrams* Main Battle Tank (MBT)*

Er hat etliche Spitznamen. Amerikanische Trooper nennen ihn »The Beast«, »Dracula« oder »Whispering Death«. Welchen Namen Sie aber auch immer verwenden mögen, eines steht fest: Der M1 *Abrams* ist ohne Frage der beste *Main Battle Tank* der Welt. Um diese Bewertung nachvollziehen zu können, müssen Sie sich einige Ereignisse während des Golf-

---

\* Wörtlich »Haupt-Schlacht-Panzer«. Eine solche Bezeichnung gibt es im Deutschen nicht. Bei der Bundeswehr werden Panzer mit einer entsprechenden Typenbezeichnung versehen und generell als Kampfpanzer bezeichnet.

krieges vor Augen führen. Bei einer Gelegenheit feuerte ein M1 mit seiner 120-mm-Kanone auf einen T-72 Panzer der Iraker. Das Geschoß durchschlug den T-72 glatt und traf auch noch einen zweiten direkt dahinter: Beide Panzer wurden zerstört.

Eine weitere, noch erstaunlichere M1-Geschichte passierte, als die 24th Mechanized Infantry Division von General Barry McCaffrey Richtung Euphrat stürmte. Es regnete in Strömen, und ein M1 blieb in einem Schlammloch stecken. Es gelang nicht, ihn da aus eigener Kraft herauszubringen. Also blieb die Besatzung beim Panzer und wartete auf das Eintreffen von Bergefahrzeugen. Der Rest ihrer Einheit marschierte in der Zwischenzeit weiter.

Während sie da saß und wartete, kamen plötzlich drei irakische T-72 Panzer über einen Hügel gefahren und entdeckten den im Schlamm festsitzenden Panzer. Einer der T-72 feuerte ein High-Explosive Anti-Tank(HEAT)-Geschoß ab, das die Frontpanzerung am Turm des M1 traf, aber keinerlei Beschädigungen hervorrief. Jetzt feuerte die Besatzung des M1, obwohl sie immer noch im Dreck steckte, eine panzerbrechende 120-mm-Granate auf den angreifenden Panzer ab. Das Geschoß durchschlug den Turm des T-72 und jagte ihn in die Luft. Gleichzeitig feuerte der zweite T-72 ebenfalls ein HEAT-Geschoß auf den M1 ab. Auch das traf die Frontpanzerung des Turmes, ohne Schäden zu verursachen. Umgehend erledigte der M1 auch diesen T-72 mit einem weiteren 120-mm-Geschoß. Unmittelbar darauf schoß der dritte T-72 eine panzerbrechende Granate vom Kaliber 125 mm aus einer Entfernung von 400 m auf den M1 ab. Die kratzte nun wenigstens die Frontpanzerplatte etwas an. Als die Mannschaft des letzten T-72 einsah, daß eine Fortführung der Aktion keine Aussicht auf Erfolg haben würde, hielt sie es für besser, sich aus dem Staub zu machen und nach Deckung zu suchen. Sie hatte eine Sanddüne ganz in der Nähe entdeckt, hinter der sie schnell in Deckung ging, und fühlte sich nun in Sicherheit. Die Mannschaft des M1 aber sah durch ihr TIS, *Thermal Imaging Sight* (WärmebildDarstellung-/Anzeigegerät) den »heißen Federbusch« der Auspuffgase des T-72 hinter der Düne auftauchen. Sie feuerte eine weitere 120-mm-Granate durch die Düne hindurch, direkt in den Panzer und zerstörte auch ihn.

Man kann sich leicht vorstellen, daß die Mannschaftsmitglieder des M1 nun langsam doch ziemlich beunruhigt waren. Dies teilten sie auch jedem im gesamten Funknetz mit, der nur bereit war, ihnen zuzuhören. Schon kurz darauf traf Hilfe in Form einer weiteren Einheit ein, die ebenfalls mit M1 ausgerüstet war. Ohne zu zögern, versuchte man nun den festgefahrenen M1 aus dem Schlammloch herauszuziehen. Unglücklicherweise saß dieser *Abrams* aber nun wirklich extrem fest. Trotz vereinter Bemühungen von zwei hinzugezogenen M88 Bergefahrzeugen war dieser Panzer einfach nicht freizubekommen. Schließlich traf der Befehl ein, mit den Bergeversuchen aufzuhören und den festsitzenden *Abrams* zu zerstören. Daraufhin eröffneten die anderen M1 aus ihren 120-mm-Kanonen das Feuer auf den Panzer. Die ersten beiden Geschosse schafften es nicht, die Panzerung des Tanks zu durchschlagen. Als schließlich der dritte Schuß aus einem idealen Winkel abgefeuert wurde, gelang es dann doch noch, wenigstens die äußere Turmpanzerung zu durchbrechen und die dahinterliegende Munition zur Explosion zu bringen. Aber statt sich so einfach zerstören zu lassen, lenkte der M1 den Explosionsdruck durch ein Blowout Panel* nach oben aus dem Innenraum ab, und das Feuerlöschsystem an Bord hatte das Feuer bereits abgewürgt, bevor dieses auch Gelegenheit erhielt, den Elektroniksystemen im Mannschaftsraum wirklichen Schaden zuzufügen.

Etwa zu diesem Zeitpunkt trafen weitere M88-Bergepanzer am Ort des Geschehens ein. Jetzt endlich, nachdem auch die beiden ersten M88 hinzugezogen wurden, gelang es doch noch, den Panzer aus dem Dreck zu ziehen. Bei der anschließenden Inspektion wurde der M1 für wieder einsatzfähig erklärt, wenn die Schäden beseitigt würden, die durch die hochgegangene Munition hervorgerufen worden waren. Der M1 wurde zum Instandsetzungspunkt der Division zurückgebracht. Dort demontierte man den beschädigten Turm (den man in die USA zurückschickte, damit dort die Schäden analysiert werden konnten) und ersetzte ihn durch einen neuen. Danach fuhr der Panzer zu seinem nächsten Einsatz.

Der M1 war das Kind gescheiterter Bemühungen um die Entwicklung eines neuen MBT, der die M48/60 Serien des *Patton* Panzers ersetzen sollte. Die *Pattons* waren in den 50er, 60er und 70er Jahren die wichtigste Stütze der amerikanischen Panzerstreitkräfte. Diese Panzer, deren Versionen in ihrer Grundkonstruktion vom M26 *Pershing* aus dem Zweiten Weltkrieg abstammten, mußten im arabisch-israelischen Krieg von 1973 schwerwiegende Verluste durch die drahtgelenkten Panzerabwehr-Flugkörper und Scharen von Panzern hinnehmen, die ihnen von den Ägyptern und Syrern entgegengeworfen wurden (nachzulesen im Eröffnungskapitel meines Romans *Das Echo aller Furcht*). Obwohl die Israelis diesen Krieg letzten Endes doch noch gewannen, war der Preis an Panzern und hochtrainierten Mannschaften, den sie für diesen Sieg zahlen mußten, einfach zu hoch. Die Besorgnis über die Verwundbarkeit von Panzern durch diese neuen, tragbaren Panzerabwehr-Flugkörper (in der Art der AT-3 *Sagger*) veranlaßte einige Militäranalytiker, die Überlebensfähigkeit von Panzerfahrzeugen auf modernen Gefechtsfeldern vom Grundsatz her in Frage zu stellen.

Angesichts all dieser technischen und taktischen Ungewißheit versuchte die Army dringend, einen neuen MBT fertigzustellen. So entschloß man sich zu einer Partnerschaft mit Westdeutschland, um einen gemeinsamen Panzer zu entwickeln, der im Rahmen der NATO eingesetzt werden sollte. Dieser MBT-70 (der später bei der US-Army die Typenbezeichnung XM803 erhielt) war ein Wunder an technischer Ingenieurskunst. Er verfügte über eine Aufhängung/Federung, mit der er »in die Knie gehen« konnte, um im Stand eine kleinere Zielfläche zu bieten, und über ein kombiniertes Waffensystem aus Flugkörpern und Kanonen, mit dem er theo-

---

* Teil des Bunkerraums mit definiertem Explosionsaustritt nach außen

retisch alles auf einem Gefechtsfeld angreifen und allem entkommen konnte. Doch der MBT-70 erwies sich aber als zu kompliziert und auch zu kostspielig, um wirklich in Serie gehen zu können. 1971 schließlich stoppten sowohl der Kongreß als auch die Army selbst das Programm und starteten neu. Die Westdeutschen dagegen machten in der Zwischenzeit weiter und entwickelten den erfolgreichen, eher konventionellen *Leopard II* in Eigenregie ohne all den modischen Schnickschnack des MBT-70.

Nach dem Fehlschlag des MBT-70-Programms kehrte man bei der Army an die Zeichenbretter zurück und begann auf einem »leeren Blatt Papier« mit einem neuen Programm unter der Bezeichnung XM1. Die erste Entscheidung war, daß der XM1 ausschließlich mit Kanonen bewaffnet sein sollte. Erfahrungen mit kombinierten Kanonen-/Flugkörpersystemen im Feld hatten die Army auf diese Idee gebracht. Es hatte sich nämlich herausgestellt, daß die Erschütterungen durch das Abfeuern einer Kanone zu Beschädigungen an den empfindlichen elektronischen und optischen Systemen führen konnten, die für das Flugkörpersystem benötigt wurden. Statt dessen sollten die Kanonen die modernsten Laser-Entfernungsmeß- und Feuerleitsysteme bekommen, durch die es dann möglich wäre, die Hauptwaffe genauer zu richten als je bei einer Panzerwaffe in der Geschichte zuvor. Gleichzeitig würde ein Thermal Imaging Sight Kommandanten und Richtschützen die Möglichkeit eröffnen, Ziele selbst bei Nacht, dichtestem Nebel oder Staub allein durch deren Infrarot-(Wärme-)Strahlung auszumachen. Außerdem sollte der Panzer mit der neuen Generation der Chobham-Panzerung ausgerüstet werden, um gegen die Panzerabwehr-Flugkörper gewappnet zu sein, die sich während des arabisch-israelischen Krieges von 1973 als tödlich erwiesen hatten. Schließlich wurde zum ersten Mal nach Jahrzehnten wieder eine extrem große Mobilität zur Schlüsselvorgabe bei der Konstruktion erhoben.

Die Army vergab Aufträge zur Entwicklung von Prototypen an General Motors (GM) und Chrysler, die im Wettbewerb gegeneinander antreten sollten (General Dynamics übernahm später die Panzerabteilung von Chrysler). Das Fahrzeug von GM wurde von einem konventionellen Dieselmotor mit Turbolader angetrieben, während man bei Chrysler auf eine revolutionäre 1.500 Pferdestärken* starke Gasturbine vom Typ Avco-Lycoming AGT-1500 setzte, welche direkt auf die Antriebswelle wirkte. Trotz spürbaren Drucks seitens Army, Kongreß und der Deutschen (die versuchten, ihren *Leopard II* an die Amerikaner zu verkaufen), entschied sich das Pentagon für das Modell von Chrysler und hatte seinen XM1. Nach der Entwicklungs- und Testphase wurde der Panzer typenklassifiziert und erhielt seinen offiziellen Namen *Abrams* nach General Creighton Abrams, der ihn über die gesamte Zeit seines Heranreifens hinweg begleitet hatte. Das allererste an die Army ausgelieferte Exemplar bekam den Namen *Thunderbolt*, also den gleichen Namen, den auch der Kommandopanzer von General Abrams im Zweiten Weltkrieg hatte.

---

* 1.500 PS = 1118,5 kW

Die Entscheidung für den 1.500-Pferdestärken-Gasturbinenantrieb und gegen den Dieselantrieb von GM war ein kalkuliertes Risiko für das Team des Pentagon. Gasturbinenantriebe stellen einige sehr harte Anforderungen an den Kraftfahrzeugbau. Zunächst einmal verbrennen Gasturbinen über einen weiten Bereich ihrer Leistungsentfaltung tendenziell mehr Kraftstoff als vergleichbare Diesel- oder Benzinmotoren. Das macht sich beim M1 ganz besonders im Leerlauf und bei langsamer Marschfahrt auf der Straße bemerkbar. Auf der anderen Seite arbeitet die Turbine des M1 bei hoher Geschwindigkeit im Gelände (sagen wir um 50 bis 65 km/h) wesentlich rationeller. Tatsächlich ist sie in diesem Bereich sogar besser als jede andere Art von Motor. Ein weiteres Problem liegt darin, daß Turbinen immense Mengen Luft absorbieren. Und sie benötigen extrem wirksame Luftreinigungssysteme, um Staub und Partikel herauszufiltern, die die kostspieligen Turbinenschaufeln oder andere Komponenten möglicherweise angreifen würden. Ganz zu schweigen von der riesigen Auspuffwolke, deren heiße Abgase für Menschen gefährlich und für Infrarot-Sensoren sehr gut wahrnehmbar sind. Als die Entscheidung für die Chrysler-Konstruktion gefallen war und sie in Produktion gehen sollte, wußte man beim TACOM um diese Nachteile und akzeptierte sie. Aber wie man es auch betrachtet, der Gewinn für die Crews des M1 durch den Turbinenantrieb liegt eindeutig darin, daß sie jetzt die Möglichkeit haben, auf 1.500 PS zurückzugreifen, die sie mit Geschwindigkeiten von deutlich mehr als 65 km/h über ein Gefechtsfeld transportieren können. Diese Mobilität war während des Golfkrieges der Schlüssel für die Leistungen des M1 und bestimmt mit ein Grund dafür, weshalb die M1-Mannschaften ihre Fahrzeuge so sehr schätzten.

Die ersten M1 hatten noch die 105-mm-Kanone. Diese Waffe mit der Bezeichnung M68 (auf der Basis der britischen L5) war seit den späten 60er Jahren als schwere Kanone die Standardwaffe bei den amerikanischen Panzerstreitkräften. Die Kanone selbst mochte schon etwas in die Jahre gekommen sein, ihre Munition jedoch war brandneu. In den 80er Jahren hatte man eine neue Generation Long-Rod-Penetratoren entwickelt, die für die NATO-Bündnisstaaten bestimmt war. Diese neuen, aus abgereichertem Uran (von der US-Regierung als *Staballoy** bezeichnet) hergestellten Geschosse von extremer Härte konnten absolut jede Art von Frontpanzerung bei sämtlichen Panzern des Warschauer Pakts durchschlagen. Die Verwendung von ausgebranntem Uran war mit dafür verantwortlich, daß die *Long-Rods* ihre kinetische Energie maximieren und ihre hohe Geschwindigkeit auf dem Flug zum Ziel beibehalten konnten. Zusätzlich zur 105-mm-Hauptwaffe hatten die ersten M1 auch noch ein Maschinengewehr M2, Kaliber .50, auf der Station des Kommandanten, ein Maschinengewehr M240, Kaliber 7,62 mm, oberhalb der Luke des Ladeschützen und ein weiteres Maschinengewehr, Kaliber 7,62 mm, in achsenparalleler Anbringung zur Hauptkanone. Den Schutz des Turmes übernahm die

---

* Legierung bzw. Legierungskern aus abgereichertem (ausgebranntem) Uran.

neue Chobham-Panzerung, und es gab noch eine ganze Reihe weiterer Neuerungen, wie beispielsweise das automatische Feuermelde-/Löschsystem. Der Fahrer saß ganz vorn im Rumpf in einer nach hinten geneigten Sitzposition (sein Sitz erinnert sehr stark an den, der auch bei den F-16 Fightern verwendet wird) und steuerte über eine Kombination aus einer Art Motorradlenker mit einem Gashebel.

Während der Entwicklungs- und Testphase wurde der M1 von der Öffentlichkeit sehr heftig kritisiert. Dessenungeachtet erwarb sich dieser Panzer jedoch schnell den Ruf sehr großer Ausgewogenheit. 1982, während der jährlich stattfindenden NATO-Übung REFORGER, bei der die Schnelligkeit einer Überführung alliierter Verstärkungstruppen nach Europa getestet wird, fuhr eine Brigade M1 einen Frontalangriff auf eine kanadische Brigade *Leopard I*, welche die Rolle des Eindringlings simulierte. Indem sie sich ihre überlegene Mobilität (bis zu 70 km/h) zunutze machten, hatten die Amerikaner schnell die Lücken in den kanadischen Linien entdeckt und ausgenutzt. Die Kanadier waren vom M1 derart beeindruckt, daß sie ihm bei der anschließenden Manöverkritik den Titel»Whispering Death«(Flüsternder Tod) verliehen. Im Vergleich zu den Dieselaggregaten ihrer *Leoparden* waren die Turbinen der M1 wirklich leise wie ein Schatten. Als zusätzlicher Vorteil stellte sich heraus, daß die Wartung und Instandhaltung von Turbinen auch wesentlich leichter als bei konventionellen Dieseln war. Tatsächlich benötigt ein Mechanikerteam kaum mehr als eine Stunde, um den gesamten AGT-1500/Getriebeblock auszutauschen. Im Vergleich dazu braucht selbst ein eingespieltes Team mehr als vier Stunden für das Auswechseln der Dieselmaschine beim alten M60A3 *Patton*.

Im Laufe der folgenden Jahre wurden amerikanische Einheiten in wachsendem Umfang mit M1 ausgerüstet. Man gewann immer mehr Erfahrungen im Feld, und in gleichem Maße, wie die Entwicklung in der Herstellungstechnologie kontinuierlich voranschritt, konnten auch allmählich Verbesserungen eingeführt werden. Ein erster Schritt, unter der schlichten Bezeichnung IP (= *Improvement Program* = Verbesserungsprogramm) M1, beinhaltete eine Verstärkung des Schutzes durch die Panzerung, kleine Modifikationen am Kanonensystem und eine Vergrößerung des Stauraums. 1988 erwartete man bei der Army das Eintreffen eines wirklich neuen Modells – des M1A1. Schon bei der Einführung des M1 hatte es Pläne gegeben, eine amerikanische Version der deutschen Rheinmetall 120-mm-Glattrohrkanone (bekannt als M256) zu montieren. Im Jahre 1984 wurden etwa vierzehn M1 (unter der Bezeichnung M1E1) mit dieser 120-mm-Kanone zu Entwicklungs- und Testzwecken ausgerüstet. Nach dem erfolgreichen Abschluß der Testphase gab die Army dann endgültig grünes Licht für die Produktion des M1A1. Obwohl fast der ganze Turm neu konstruiert werden mußte, um die neue Kanone unterbringen zu können (die amerikanische Version wird im Rock Island Arsenal in Illinois produziert), waren die Resultate erstaunlich. Mit der neuen, in Deutschland entwickelten 120-mm-Munition NATO-Standard war er jetzt zu dem Panzer geworden, mit dem die Army an den Persischen Golf zog und den Sieg über den Irak errang.

Aber über diese neuen, stärkeren Kanonen hinaus verfügte der M1A1 über einige wesentliche Verbesserungen. Zum ersten Mal hatte man in einen amerikanischen Panzer ein *Atmospheric Overpressure System* (AOS*) eingebaut. Durch das AOS kann eine Mannschaft selbst dann noch auf einem Gefechtsfeld überleben und kämpfen, wenn dieses durch die Gifte chemischer oder biologischer Waffen oder durch atomaren Niederschlag kontaminiert ist. Ein Ventilator saugt die Außenluft an, leitet sie durch eine ganze Serie von Filtern – etwa wie bei einer Gasmaske, nur um ein Vielfaches größer – und hält dadurch den Innenraum des Mannschaftsabteils unter einem etwas höheren als dem Außenluftdruck. So kann zwar saubere Luft nach draußen, aber keine kontaminierte Luft nach innen gelangen.

Und dann die Panzerung. Obwohl die Chobham-Panzerung der ersten M1 Serien ausreichend und angemessen erschien, sorgte man sich bei der Army doch, ob sie auch gut genug wäre, um den neuen Long-Rod Penetratoren widerstehen zu können, die jetzt bei den Panzern sowjetischer Herkunft eingeführt wurden. Also beauftragte TACOM General Dynamics damit, eine zusätzliche Panzerungsschicht am Turm des M1A1 aufzubringen. Die Einzelheiten sind noch immer streng geheim, aber mit einiger Wahrscheinlichkeit besteht das neue Paket aus einer Hülle aus rostfreiem Stahl, die um eine (schätzungsweise ein bis zwei Zoll starke) Lage aus ausgebranntem Uran besteht, das in eine Art Maschendraht eingeflochten ist. Kampferfahrungen haben gezeigt, daß diese Panzerung fast unverwundbar gegenüber allen Flugkörpern vom Typ des AGM-65 *Maverick*, bis hin zum AGM-114 *Hellfire*, ist. Bei zwei Varianten des M1A1 sind diese Modifikation zu finden: Es sind der M1A1 HA (*Heavy Armor* = Zusatzpanzerung) und der M1A1 HC (*Heavy Armor-Common* = Zusatzpanzerung einschließlich Reaktivpanzerung). Darüber hinaus verfügt der M1A1 HC auch noch über eine digitale Antriebssteuerung, wodurch der Kraftstoffverbrauch bei Schleichfahrt im Gelände und bei Marschfahrt auf Straßen verbessert wird.

Die Leistungen des M1A1 während des Golfkrieges demonstrierten anschaulich die Stichhaltigkeit des ursprünglichen Konzepts von General Abrams und des M1-Konstruktionsteams. Obwohl der M1 enorm viel Kraftstoff verbrauchte, bekam man dieses Problem durch geradezu pedantische logistische Planung und die gemeinsamen Anstrengungen von Tanklastzugfahrern und Helikopter-Crews in den Griff, die für das Nachtanken des Panzerbestandes verantwortlich waren. Auf der Habenseite stand, daß der M1A1 durch irakischen Beschuß fast unverwundbar war und nur einige wenige *Abrams* durch Panzerminen außer Gefecht gesetzt wurden (wobei die Beschädigungen normalerweise noch im Feld reparabel waren, indem man die gerissenen Ketten und Laufrollen ersetzte). Nicht ein einziger M1A1 wurde durch direktes feindliches

---

* System, das mit einem Luftdruck im Innenraum arbeitet, der höher ist als der das System umgebende.

Dieser M1A2 ist äußerlich durch seinen *Commander's Independent Thermal Viewer* (CITV = unabhängiges Wärmebildgerät des Kommandanten) zu erkennen: der gedrungene Zylinder auf der rechten Seite des Turms. Das Gerät direkt oberhalb der Kanonenmündung ist der Feld-Kollimator, der mit Hilfe eines Laserstrahls den Rohrdurchhang des Kanonenrohrs mißt, der durch Aufheizung und Temperaturveränderungen zustande kommt. Die Luke des Fahrers steht übrigens offen – sie hebt sich durch den Druck auf einen Hebel nur ganz wenig nach oben und kann dann nach links geschwenkt werden.

<small>GENERAL DYNAMICS LAND SYSTEMS</small>

Feuer ausgeschaltet, und lediglich ein Mann der M1-Besatzungen wurde getötet. Es war der Kommandant eines Panzers: Er stand in seiner Luke, als in einem feindlichen Fahrzeug, das er gerade ausgeschaltet hatte, Munition und Kraftstoff hochgingen. Nur für die Statistik sei gesagt, daß die M1A1 mehr feindliche Waffensysteme zerstörten als jede andere Waffe, die in diesem Krieg zum Einsatz gebracht wurde. »Als ich nach Kuwait marschierte, hatte ich neununddreißig Panzer«, berichtete ein gefangengenommener irakischer Bataillonskommandeur. »Nach sechs Wochen Bombardement aus der Luft waren es immerhin noch zweiunddreißig. Nach zwanzig Minuten Kampfeinsatz gegen die M1 hatte ich keine mehr.«

### Der M1A2 – eine Besichtigung

Bereits ehe Desert Storm die Fähigkeiten der M1A1 im Gefecht unter Beweis stellte, hatten TACOM und General Dynamics beschlossen, die M1-Basiskonstruktion noch weiter voranzutreiben. Ursprünglich lief der M1A2 unter der Bezeichnung M1 Block II und war daraufhin konstruiert worden, eine ganze Reihe von High-Tech-Features zu erproben. Dazu gehörte unter anderem auch das automatische Ladesystem für die Hauptkanone (wodurch die Crew auf drei Mann reduziert werden konnte), ein zweites Thermal Sight für den Kommandanten und ein voll digitalisiertes Fahrzeug-Kontrollsystem. Man dachte auch über ein Datenverbundsystem zwischen den Fahrzeugen nach, das einem Befehlshaber die Möglichkeit verschaffen würde, seine Einheit zu führen, ohne dabei auf den Sprechfunk angewiesen zu sein. So bestünde die Möglichkeit einfach nur grafische Instruktionen und Textnachrichten zu übermitteln. (In der Hitze des Gefechts kommt es selbst bei den diszipliniertesten Einheiten sehr

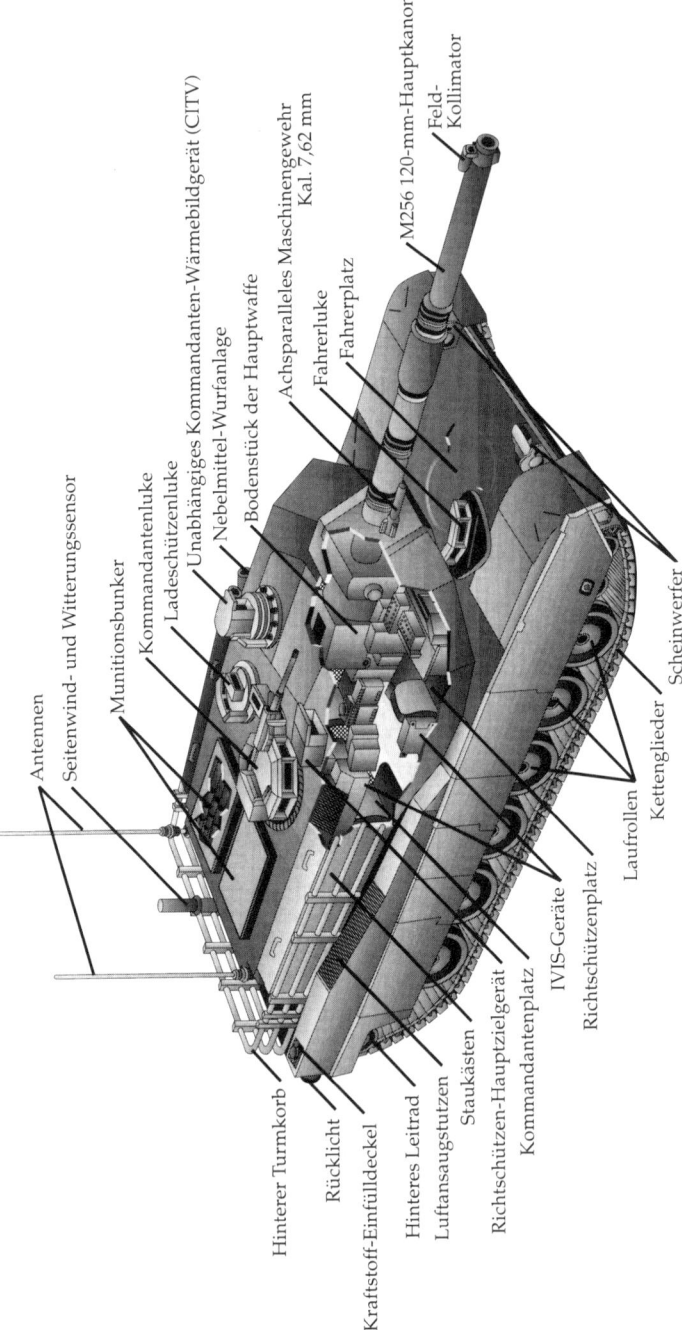

Antennen
Seitenwind- und Witterungssensor
Munitionsbunker
Kommandantenluke
Ladeschützenluke
Unabhängiges Kommandanten-Wärmebildgerät (CITV)
Nebelmittel-Wurfanlage
Bodenstück der Hauptwaffe
Achsparalleles Maschinengewehr Kal. 7,62 mm
Fahrerluke
Fahrerplatz
M256 120-mm-Hauptkanone
Feld-Kollimator

Hinterer Turmkorb
Rücklicht
Kraftstoff-Einfülldeckel
Hinteres Leitrad
Luftansaugstutzen
Staukästen
Richtschützen-Hauptzielgerät
Kommandantenplatz
IVIS-Geräte
Richtschützenplatz
Laufrollen
Kettenglieder
Scheinwerfer

JACK RYAN ENTERPRISES, LTD., VON LAURA ALPHER

M1A2 *Abrams* Main Battle Tank

leicht dazu, daß Anweisungen über Sprechfunk unverständlich werden: Zu viele Männer schreien dann gleichzeitig auf demselben Kanal herum.) Die Entwicklung des M1A2 begann Ende 1989. Im Laufe des Jahres 1992 gingen dann überall die ersten Prototypen auf verschiedenen Testgeländen der USA in die Erprobungsphase. Im Verlauf dieses Entwicklungsprogramms wurde das automatische Ladesystem wieder aufgegeben. Seine Kosten, seine Komplexität sowie die schlichte Tatsache, daß ein Soldat von neunzehn Jahren mit einem kräftigen rechten Arm, wesentlich zuverlässiger und intelligenter ist, führte zu einer Streichung des Systems aus dem endgültigen Konstruktionsprogramm. Alles andere jedoch wurde beim M1A2 – so wie er heute produziert wird – beibehalten. Das wollen wir uns jetzt einmal aus der Nähe betrachten.

Die *General Dynamics Land Systems Division* (GDLS) baut und testet die M1A2 in Lima, Ohio. Die dortige *Lima Army Tank Plant*, die sich in Regierungsbesitz befindet, ist heute [1993] die einzige Fabrik der westlichen Welt, in der noch neue Panzer hergestellt werden. Durch die Kürzungen im Rüstungshaushalt in der Ära nach dem kalten Krieg wurden ganze Produktionslinien bei Gesellschaften wie GIAT in Frankreich und Vickers in England »auf Eis gelegt«, wie man das im Geschäftsleben nennt. In Lima dagegen kommen Walzstahl-Panzerplatten (RHA) auf der einen Seite der höhlenartigen Fabrik hinein, und am anderen Ende rollen fertige M1-Panzer heraus. Diese Art von Metallverarbeitung ist heiß, staubig und anstrengend. Und dennoch, wenn Sie einmal durch die Panzerfabrik der Army in Lima gehen, bekommen Sie ein Gefühl von der massiven Kraft, die hier mit unglaublicher Präzision kombiniert wird. Vom ersten Schnitt der RHA-Platten mit Plasma- und Autogenbrennern, bis hin zur abschließenden Montage des Turms und der Ketten liegen die Fertigungstoleranzen des M1A2 in Bereichen, die noch ein klein wenig enger gefaßt sind als bei der besten Schweizer Uhr.

Und überall auf dem Fabrikgelände sind die Menschen durch das Wissen motiviert, daß sie hier nicht nur den besten MBT der Welt bauen, sondern auch den einzigen, der sich im Moment überhaupt in Produktion befindet. Selbstverständlich schätzen sie den Wert ihrer Jobs sehr hoch ein und arbeiten hart dafür, sie auch zu behalten. Die Qualität ihrer (immerhin gewerkschaftlich organisierten) Arbeit ist so ausgezeichnet, daß mehr als 40 Prozent der Fahrzeuge perfekt sind (man nennt das »Null-Defekt«), wenn die Inspekteure der Regierung sie erstmalig begutachten. Und »perfekt« ist hier im wahrsten Sinne des Wortes gemeint. Man wird in der gegen chemische Substanzen widerstandsfähigen Farbe weder einen Kratzer noch eine Blase finden. Auch die Suche nach nur einem einzigen defekten Innenlämpchen wird ergebnislos verlaufen. Das alles dürfte dazu beitragen, daß der *Abrams* der erfolgreichste Panzer der Welt von heute ist. Lima verschifft im Augenblick Bauteile des M1A1 Panzers nach Ägypten und produziert komplette M1A2 für Saudi-Arabien und Kuwait. Ohne diese Exportaufträge hätte die Fabrik geschlossen werden müssen, da es eine Lücke zwischen den ursprünglichen M1A2-Produktionsvorgaben der US-Army und dem für 1994 geplanten Beginn des Programms für die Nachproduktion gab. Ohne die Exportaufträge wären die USA nicht mehr im Geschäft mit schweren Panzern vertreten.

Unweit der Produktionshalle stößt man auf einen Hangar, in dem die neuen *Abrams* untergestellt und vor der Auslieferung getestet werden. Auf den ersten Blick wird man beim M1A2 nur sehr wenige Unterschiede zum ursprünglichen M1A1 feststellen können. Die Kuppel des Kommandanten (ein Ring von Winkelspiegeln direkt unterhalb der Luke) ist anders geformt, und außerdem gibt es noch ein gedrungenes Drehgehäuse, das ein wenig wie ein Periskop aussieht – der Commander's Independent Thermal Viewer (CITV). Im Innenraum erweist sich der M1A2 dann allerdings als ein völlig neuer Panzer, und zwar in jeder Hinsicht.

Ungeachtet seines Gewichts von etwa 63.000 kg sieht der M1A2 glatt und tödlich aus. Trotz seiner zusätzlichen Panzerung aus Lagen ausgebrannten Urans kann er sich immer noch mit Geschwindigkeiten von rund 70 km/h durch die Landschaft bewegen. Wenn Sie an Bord klettern, bemerken Sie als erstes die Fahrerposition, die sich direkt unter dem Rohr der Hauptwaffe befindet. Tatsächlich ragt die Vorderseite des Turms über den Kopf des Fahrers hinaus, wenn sich der Turm in direkter Vorausrichtung befindet. Man kann auf dem Fahrersitz Platz nehmen, indem man entweder die Fahrerluke zur Seite dreht, oder von hinten durch die Turmbühne kriecht. Der Sitz ist außerordentlich bequem, obwohl schon etwas eng für Leute, die größer als 1,80 m sind! Der Nachteil besteht darin, daß man eine fast liegende Position einnimmt (der Sitz ist nach hinten geneigt, um die Höhe des Rumpfes niedrig halten zu können). Das verschafft einem das Gefühl, sich eher in einem Miniatur-Unterseeboot oder einem Kampfflugzeug, als in einem Kampfpanzer zu befinden. Außerdem meint man, vom Rest der Mannschaft isoliert zu sein. Deren Mitglieder haben nämlich alle ihre Position hinter dem Turmdrehkranz, also rund 1,20 m bis 1,80 m hinter der Fahrerposition. Die Steuerelemente sind verblüffend einfach zu handhaben, und man hat sie binnen weniger Minuten im Griff. Der Gashebel und die Steuerung selbst werden über eine Lenkstange in der Art eines Motorradlenkers bedient. Sie ist in jede Richtung verstellbar, wobei Armlehnen die Ellbogen in einer aufrechten Stellung halten, was die Sache recht bequem macht. Man gibt Gas, indem man den rechten Handgriff auf sich zu dreht, und die Kraftentfaltung erfolgt praktisch ohne Verzögerung. Das Bremspedal befindet sich an seiner normalen Position vorne am Boden des Abteils. Und diese Bremsen sind überwältigend! Es war schon brillante Ingenieurskunst erforderlich, um siebzig Tonnen auf dem sprichwörtlichen Pfennig zum Stehen zu bringen. Insgesamt gesehen gestaltet sich eine Fahrt überraschend sanft, wenn man einmal davon absieht, daß unterhalb von 33 km/h das Rasseln der Ketten ziemlich laut ist. Tatsächlich erinnert die Fahrt in diesem Panzer eher an die Fortbewegung in einem amerikanischen Straßenkreuzer auf einer glatten Straße. Dieser Eindruck bleibt selbst dann noch erhalten, wenn man sich im M1A2 über unebenes Gelände bewegt.

Steht die Fahrerluke nicht gerade offen (und Sie strecken Ihren Kopf vorsichtig unter dem Überhang des Turms heraus), betrachten Sie die Welt durch drei Winkelprismen, die in den Lukendeckel eingelassen sind. Der Fahrer hat kein eigenes Wärmebildgerät, das ihm bei der Orientierung hilft. Statt dessen kann aber bei Bedarf ein Sichtgerät mit Restlichtverstärkung montiert werden, das die Orientierung bei Dunkelheit verbessert. Direkt auf Ihrer linken Seite befindet sich die neue Anzeigenkonsole des Fahrers. In den vorausgegangenen Versionen des M1 befanden sich in dieser Konsole ganze Serien von analogen Anzeigen und Instrumenten, auf denen man zum Beispiel den Flüssigkeitsstatus (Kraftstoff, Öl usw.), die Geschwindigkeit, den Kurs etc. ablesen konnte. Heute ist das *Panel-Driver's Integrated Display* (DID = Anzeigebildschirm des Fahrers) genannt – ein orangefarbener, armierter Plasmabildschirm (ganz ähnlich denen, die man auch bei einigen Laptops findet), auf denen all die vorgenannten Kriterien angezeigt werden und darüber hinaus alle Navigationsanweisungen sowie der Fahrzeugstatus. Das DID erhält seine Informationen über den MIL Standard-1553-Datenbus (auf den ich weiter unten noch zu sprechen komme). Der Fahrer, der ja die Verantwortung für die Aufrechterhaltung aller automatisierten Systeme an Bord des Panzers trägt, wird auf dieser Konsole jedes Problem, das einmal auftreten sollte, als erstes diagnostizieren.

Der M1 ist der erste schwere amerikanische Panzer seit dem Zweiten Weltkrieg, dessen Rumpf und Turm komplett aus Panzerplatten statt aus Gußstahl gebaut wird. Das bedeutet nicht nur einen wesentlich höheren Schutz, sondern hat auch die Herstellung, Modernisierungs- und Reparaturmaßnahmen am M1 wesentlich vereinfacht. Zusätzlich kann GDLS durch die Verwendung von RHA-Platten auch immer die neuesten Herstellungstechnologien in die Produktion einbinden. Ein Teil des Geheimnisses für eine »Null-Defekt«-Produktion des M1 dürfte auch darin liegen, daß ein wesentlicher Teil des Herstellungsprozesses durch computergesteuerte Maschinen erfolgt. Diese Computersteuerung kommt fast überall, angefangen vom Schneiden der Platten, über das Schweißen bis hin zum Fräsen und schließlich dem Finish zum Einsatz. Im Bereich des Rumpfes bewegt sich die Stärke der Panzerung zwischen zwei und vier Zoll (ca. 5 bis 10 cm) und dient damit als Außenhülle für den Rest des Panzerschutzsystems. Entlang der Vorderseite und der Seitenteile besteht das System aus Schichtpanzerung. Wahrscheinlich wird dabei eine Lage von Polyurethanschaum durch eine Lage Chobham-Panzerung (ein Sandwich aus Metall und Keramikblöcken) gestützt, die ihrerseits wahrscheinlich selbst wieder von einer Maschendrahtschicht aus ausgebranntem Uran oder einem zusätzlichen Innenrumpf aus RHA-Platten verstärkt wird. Auf der Innenseite all dessen befindet sich eine spezielle Lage, die verhindern soll, daß irgendwelche Splitter oder Fragmente im Innenraum herumfliegen und die Mannschaft verletzten oder empfindliche Systeme beschädigen. Alles in allem sitzt die Mannschaft eines M1A2 hinter einem Panzerungssystem, das wahrscheinlich härter ist als die achtzehn Zoll (ca. 46 cm) massiven Stahls, den den Kommandoturm eines Schlachtschiffes in der Art der USS *Iowa* (BB-61) schützen.

Im rückwärtigen Teil des M1-Rumpfes liegt der Schlüssel für seine Leistung: der Antrieb in Form der 1.500 PS starken Gasturbine vom Typ AGT-1500. Wenn Sie einmal einen Blick in den Motorraum werfen, dürfte es Sie am meisten überraschen, wie klein diese Turbine in Wirklichkeit ist. Den größten Teil des Raumes nehmen die Luftfilter-/Abgassysteme für die Turbine und das Getriebe für sich in Anspruch. Das Getriebe ist eine hydrokinetisch arbeitende Automatik mit sechs Gängen (vier vorwärts und zwei rückwärts), die wie im Flug schaltet. Dieses Getriebe wirkt auf die hinteren Triebräder. Diese großen Kettenzahnräder mit Gangverzahnungen greifen in die stählernen Verbindungsblöcke an den Ketten, die die Ketten über die Umlenkrollen und vorderen Leiträder ziehen. Die Ketten selbst sind bewährte Konstruktionen. Die Gummiplatten können abgenommen werden, ohne daß deswegen die Ketten völlig demontiert werden müßten. Mit dieser Kombination bringt es der M1A2 auf eine Beschleunigung von 0 auf 33 km/h in nur 7,2 Sekunden, Straßengeschwindigkeiten von 69 km/h und im Gelände immer noch auf 49 km/h.

Hier unter der Panzerung sind auch die Kraftstofftanks mit einem Füllvolumen von 1.850 Litern eingebaut worden. Obwohl die AGT-1500 praktisch alles von JP8-Jet-Treibstoff bis hin zu reinem Alkohol konsumieren kann, verwendet die Army einfachen Dieselkraftstoff, um die Logistikketten zu den Panzereinheiten zu vereinfachen. Bei Marschfahrt verbraucht der M1 etwa vier Liter pro Meile und kommt damit auf einen Aktionsradius von ca. 250 Meilen. GDLS hat dem Durst des Kraftpakets M1A2 Rechnung getragen und ihm eine digitale Triebwerkssteuerung verpaßt, die wesentlich besser in der Lage ist, den Kraftstofffluß zu regulieren, und damit die Wirtschaftlichkeit verbessert. Um auch den hohen Verbrauch im Leerlauf in den Griff zu bekommen, testet die Army im Augenblick den Einsatz eines Hilfsaggregats (wahrscheinlich ein kleiner Drehkolben-Motor, der im Batterieabteil untergebracht wird), um über elektrische Energie verfügen zu können, ohne daß man deshalb gleich die Turbine starten muß. Das wird zu einer bedeutenden Verbesserung bei der wirtschaftlichen Nutzung des Kraftstoffs führen.

Die ganze Mobilität wäre freilich wertlos ohne die Nutzlast, die der Rumpf transportiert – der Turm mit seinen drei Mann Besatzung und den Waffen. Der Turm selbst hat eine innere und eine äußere Hülle aus RHA, zwischen die ein Panzerungs-Schutz-Paket eingebettet wurde. Er sitzt auf einem auf den Rumpf montierten Ring. Vom Turm hängt in den Turmdrehkranz des Rumpfes etwas hinab, was als *Turret Basket*\* bezeichnet wird. Diese Bühne dient gleichzeitig als Fußboden und Unterbringungsmöglichkeit für die gesamte Ausrüstung, die im Turm Platz finden muß. In der Mitte des Basket befindet sich ein Gleitring, über den die elektrische Energie, die hydraulischen Anschlüsse, und die Verbindungen zum digi-

---

\* Turmkorb

talen Datenbus des M1A2 geführt werden. Im Inneren des Turms haben Ladeschütze (links hinten), Richtschütze (rechts vorn) und Kommandant (rechts hinten) ihre Positionen, und auch die M256-120-mm-Hauptkanone befindet sich hier. Mehr zum hinteren Teil des Turms hin sind die gepanzerten Munitionsspinde für die 120-mm-Geschosse der Hauptkanone untergebracht.

Für die Mannschaften, die schon in den früheren Versionen des M1 Dienst taten, erscheint der Turm des M1A2 überraschend geräumig. Das liegt daran, daß sich GDLS bei der Konstruktion des M1A2 bemüht hat, praktisch jedes elektrische System und alle »Black Boxes« von dort zu verbannen. Dazu wurden sämtliche analogen Systeme neu konstruiert und gegen die moderneren digitalen Anzeigen ausgetauscht. Die Digital-Technologie machte es möglich, mehr Systeme in dennoch kleinere Gehäuse zu packen und in den »Winkeln und Ritzen« des Turms unterzubringen. Die Leistungsfähigkeit dieser neuen Systeme geht wesentlich weiter als die bloße Umsetzung der alten analogen Anzeigewerte in digitale. Die damaligen Analogsysteme waren im Grunde eigenständige Black Boxes, die jede für sich spezielle Funktionen oder Aufgaben erfüllten. So hatte zum Beispiel das Steuerungssystem für die Turbine im M1A1 absolut keine Verbindung zum Feuerleitsystem der Hauptwaffe oder zum *Thermal Sight* des Richtschützen. Das ist beim M1A2 gänzlich anders. Jedes einzelne der elektrischen und elektronischen Haupt- und Untersysteme im M1A2 ist so konstruiert, daß es harmonisch mit sämtlichen anderen Systemen des Panzers zusammenarbeitet. Dazu gehören:

* Das *Gunner's Primary Sight**\* und *Gunner's Control and Display Panel* (GCDP = Überwachungs- und Anzeigenkonsole des Richtschützen) – Das *Gunner's Primary Sight* ist das primäre thermische/Tageslicht-Sichtgerät, das der Richtschütze für die Zielansprache der M256-120-mm-Hauptkanone benötigt. Es wurde im Laufe etlicher Vorgängerversionen des TIS (*Thermal-Imaging Sight*) immer weiter verbessert, indem man es unter anderem in zwei Achsenrichtungen stabilisierte und damit die Möglichkeit schuf, den Kurs schneidende Ziele am Boden und Hubschrauber/Flugzeuge in der Luft zu verfolgen. Es bietet sowohl Tageslicht- (optische), wie auch thermische (Hitzesignatur) Sichtmöglichkeiten. Das GCDP ist der Pfad, auf dem der Richtschütze Zugang zum Netzwerk des Fahrzeuges erhält und das ihm Kontrollmöglichkeiten über jeden Bereich im Waffensystem des M1A2 eröffnet. Es ist ein Multifunktions-Display (MFD = Mehrzweckanzeige) mit Mehrfachdarstellungsmöglichkeiten, oder »Seiten«, die angewählt werden können, um sich den Status der verschiedenen Waffensysteme anzeigen zu lassen.
* Das *Driver's Integrated Display* (DID) – Es übermittelt dem Fahrer eines M1A2 sämtliche Informationen, die er beim älteren M1A1 noch über

---

\* Hauptzielgerät des Richtschützen

analoge Instrumente erhielt. Es ist ein MFD mit »Seiten« für die Navigation, den Flüssigkeitsstatus (Kraftstoff, Öl, usw.) und eine Vielzahl weiterer Funktionen.

• Der *Commander's Independent Thermal Viewer* (CITV = unabhängiges Wärmesichtbild des Kommandanten) und das Commander's Integrated Display (CID = integriertes Anzeigegerät des Kommandanten) – Die größte und leistungsfähigste aller MFD-Anzeigen im M1A2. Der CITV ist vom Gunner's Primary Sight völlig unabhängig und verschafft dem Panzerkommandanten die Möglichkeit, das umgebende Gelände zu überwachen, ohne Rücksicht darauf, wohin das Kanonenrohr/der Turm gerade zeigt. Der Kommandant kann seinen CITV so einstellen, daß er automatisch einen bestimmten Sektor absucht, oder ihn mit einem Steuerhebel auf der rechten Seite seiner Station bedienen, der dem eines Flugzeugs nicht unähnlich ist. Der Hebel, an dem sich Abzüge und Bedienknöpfe für die KfH* Turm-Übersteuerungseinrichtung befinden, hat darüber hinaus ein analoges Eingabegerät – oder »Maus« – mit dem der Kommandant bestimmte Punkte auf dem CID-MFD kennzeichnen kann. Sollte ein Ziel in Sicht kommen, kann er die Kontrolle über sämtliche Steuerungssysteme des Turms, einschließlich der Hauptwaffe, von seinem Platz aus übernehmen. Die CID-Konsole ist die Schnittstelle des Kommandanten zu sämtlichen Fahrzeugsystemen und dient ihm auch als Eingabegerät für das Inter-Vehicular Information System (IVIS/IFIS). Über dieses System kann ein M1A2 Kontakt zu anderen Panzern einer Einheit aufnehmen, ohne auf den Sprechfunk zurückgreifen zu müssen.

• Die Position/Navigation (POS/NAV) Sensoreinheit – Hierbei handelt es sich um ein Trägheits-Lenksystem, das sehr genau erfaßt und aufzeichnet, wo der M1A2 war und wohin er sich bewegt hat. Es füttert seine Daten auf direktem Weg in das IVIS-System, um die genaue Position zu errechnen, an der sich der M1A2 im jeweiligen Augenblick gerade befindet. Das System schafft so eine Genauigkeit von etwa 17 Yards/15 m auf 1.000 zurückgelegte Yards/914 km.

• Die *Radio Interface Unit* (RIU = Funkgeräte-Verbindungseinheit) – Sie ist das Herzstück des IVIS-Systems und das Tor für den Informationsfluß zwischen den Fahrzeugsystemen des M1A2 und den beiden eingebauten, abhörsicheren AN/VRC-92A SINCGARS UKW-Funkgeräten. Die SINCGARS-Funkgeräte sind deshalb so abhörsicher, weil sie Verschlüsselungs- und Frequenzsprungtechnologie in sich vereinen und so feindliche Funkaufklärung unterbinden können. Die RIU steuert die Funkgeräte und Netze, in die sie integriert sind, und verteilt Informationen an andere mit IVIS ausgestattete Fahrzeuge wie auch an Artillerie-/Flugzeug-Einheiten im Bereich des TACFIRE-Feuerleit-Netzwerks.

---

* **K**ommandant **f**ührt **H**auptwaffe

110

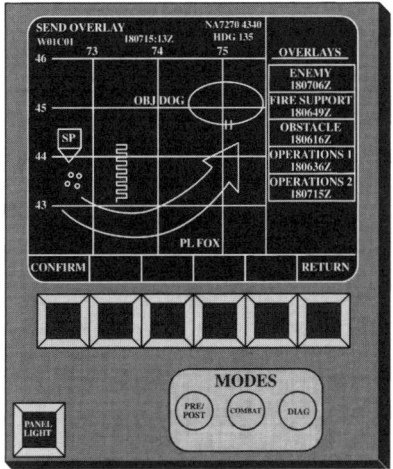

Darstellung einer »Seite« auf einem IVIS Terminal, wie sie der Kommandant eines M1A2 *Abrams* Kampfpanzers vor sich sieht. Hier werden die Bewegungen von vier M1 Panzern (die vier kleinen Kreise auf der linken Seite) angezeigt. Diese Bewegungen richten sich auf ein Angriffsziel (als »OBJ DOG« bezeichnet) durch eine Durchlauflinie (mit der Bezeichnung »PL FOX«)
*JACK RYAN ENTERPRISES, LTD., VON LAURA ALPHER*

- Die *Hull Electronic Unit* (HEU = Fahrzeugelektronik-Einheit) – Die HEU kontrolliert alle elektronischen Untersysteme im Rumpf, angefangen vom Kraftstoffbestand, bis hin zur Anzeige, ob das Fernlicht eingeschaltet ist oder nicht.

- Die *Fire Control Electronics Unit* (FCEU = Feuerleitrechner) – Die FCEU kontrolliert das Feuerleitsystem der M256-120-mm-Hauptwaffe. Dieses System gibt Aufschluß über die Bedingungen im Umfeld, die Temperatur und den Abnutzungsgrad des Kanonenrohrs, den Typ und Status der Munition, und bietet darüber hinaus optional eine Reihe weiterer Funktionen. Es wurde so konstruiert, daß man nun auch über die Möglichkeit verfügt, die neue Generation von Lenkwaffen für Panzerkanonen (einschließlich der Luftabwehrgranaten), die im Moment eingeführt werden, mit Feuerleitlösungen zu versehen und abzufeuern.

- Die *Digital Electronics Control Unit* (DECU = digitale Steuereinheit für die Antriebselektronik) – Die DECU überwacht und steuert den AGT-1500-Antrieb. Sie ist in der Lage, den Status der Maschine einzuschätzen und diese Beurteilung an die Mannschaft zu melden. Darüber hinaus kann sie diese Informationen – wie all die anderen Fahrzeugsysteme der Army auch – über das IVIS-System darstellen.

Sämtliche Subsysteme sind über einen Datenhighway – oder Netzwerk – miteinander verbunden. Dieses Netzwerk (offiziell unter der Bezeichnung MIL Standard 1553-Data-Bus bekannt) erlaubt es jedem einzelnen System, Informationen an alle im Panzer verteilten Anzeigegeräte zu senden. Das gesamte System ist komplett rationalisiert. Das bedeutet, daß für den Fall einer Unterbrechung im 1553-Datenbuskabel an irgendeinem beliebigen Punkt der Datenfluß automatisch um die Unterbrechung herumgeleitet und auf ein zweites Kabel verlagert wird. Kommende Versionen der M1A2/IVIS-Software werden wahrscheinlich sogar in der Lage sein,

Ersatzteile, Munition, Öl oder Kraftstoff anzufordern und den Gefechts-Versorgungseinheiten genau mitzuteilen, wann und wohin die Bestellung gebracht werden soll! All das geschieht dann ohne aktiven Eingriff seitens der Mannschaft. Feldversuche der Einheiten in Fort Hood, Texas, und am *National Training Center* (NTC) in Fort Irwin, Kalifornien, die mit M1A2 ausgerüstet sind, haben gezeigt, daß sie im Gefecht etwa drei- bis viermal tödlicher sein werden als ein vergleichbar ausgestatteter M1A1.

Diese ganze Technologie ist ganz schön aufregend und sexy, aber wie kann ein M1A2 das alles einsetzen, wenn es darum geht, feindliche Truppen anzugreifen und zu vernichten? Gehen wir einmal von einem Cavalry Platoon* aus, das sich aus vier M1A2 zusammensetzt und sich auf dem Weg zu einem Kontakt mit feindlichen Panzer- und Kampffahrzeugen der Infanterie befindet.

Vor dem Abmarsch bringt der Platoon-Commander die Karten/Folien auf den CID-MFDs im Kommandopanzer auf den neuesten Stand. Dabei kann er entweder auf bestehende Karten-Datenbänke zurückgreifen oder eigene Eingaben machen. Die Marschroute, mögliche Kontaktpunkte, Hindernisse und dergleichen können alle auf diesen elektronischen Karten verankert und sogar selbst dann noch aktualisiert werden, wenn sich die Einheit bereits auf dem Vormarsch befindet oder sich Änderungen in der taktischen Situation ergeben haben. Nachdem die Karten/Folien über das IVIS Netzwerk an die anderen Panzer des Platoons (wie auch an den Kompanie-/Troop-Chef) übertragen worden sind, sitzt die Einheit auf und sammelt sich in Marschformation (wahrscheinlich in Doppelreihe oder Keilformation). Anschließend bewegen sich die Panzer sehr schnell durch das Gelände. Dabei werden die Fahrer von den Daten ihrer DIDs geführt, die sogar noch während der Fahrt durch Eingaben über das IVIS-System abgeändert werden können. Jeder einzelne Panzerkommandant stellt sein CITV so ein, daß es einen vorgesehenen Sektor des Gebietes um die Einheit herum überwacht. Mit einiger Wahrscheinlichkeit haben die Ladeschützen bereits ein M830 *High-Explosive Anti-Tank*(HEAT)-Geschoß im Rohr, weil es einen außerordentlich guten Wirkungsgrad gegen alle Arten von Zielen gewährleistet. Die Richtschützen halten währenddessen an ihren Wärmebildgeräten Ausschau nach möglichem Ärger. Das alles geschieht, ohne daß auch nur ein einziges Wort gesprochen wird.

Stellen wir uns vor, daß das Platoon plötzlich auf eine kombinierte Einheit aus feindlichen Panzern/Panzergrenadieren stößt, die sich hinter eilig angelegten Hindernissen verbirgt (bei den US-Streitkräften nennt man so etwas »billige Tricks«). Sobald der Richtschütze des ersten Panzers im Platoon den Feind in Sicht hat, setzt er sofort den Laser-Entfernungsmesser ein, um den Abstand zum führenden feindlichen Panzer festzustellen, und der Platoon Commander wird umgehend über IVIS einen Positionsbericht an den Rest des Zuges und die vorgesetzten Dienststellen

---

* Zug von 3 bis 5 Gefechtsfahrzeugen

weiterleiten. Damit wird gleichzeitig die Zusammensetzung und Position (automatisch durch Daten des Laser-Entfernungsmessers und des POS/NAV-System ergänzt) der feindlichen Kräfte dargelegt. Sobald die ersten HEAT-Geschosse die Rohre verlassen haben, öffnen sich die Geschützverschlüsse der M256-Kanonen und werfen die leeren Patronenböden der verbrauchten Ladung aus (die Patronenhülse verbraucht sich während des Feuerns). Dann brüllt der Richtschütze per Intercom dem Ladeschützen zu, welche Ladung – M830 HEAT oder M827 APFSDS (von der Mannschaft *Sabot* genannt) – er als nächste ins Rohr geschoben haben möchte. Der Ladeschütze dreht sich nach rechts, drückt sein rechtes Knie gegen den Schalter, der die explosionssichere Panzertür zum Bereitschaftsmunitionsraum öffnet und wuchtet ein Geschoß des gewünschten Typs heraus.

Sobald er den Knieschalter losläßt (die Panzertür schließt sich umgehend automatisch) rammt er die Granate mit seinem rechten Arm ins Patronenlager des Geschützes, sieht zu, daß er seine Hand freibekommt und schreit »*Up!*«\*. Das ist das Signal für den Richtschützen, daß das nächste Geschoß feuerbereit ist. Während der Ladeschütze mit seiner Arbeit beschäftigt ist, hat der Richtschütze die Zeit genutzt, auf dem GCDP auszuwählen, welche Art von Geschoß auf das nächste Ziel, das er anvisiert hat, abgefeuert werden soll. Nach der Rückmeldung des Ladeschützen prüft der Richtschütze mit dem Laser-Entfernungsmesser noch einmal die Entfernung zum Ziel, schreit »*On the way!*«\*\* und betätigt gleichzeitig den Abzug. Das Feuerleitsystem übernimmt – ebenso wie die anderen M1A2-Systeme – die Daten vom Querwindsensor und führt genaue Korrekturen der Zielbewegungen bzw. der Rohrseelenachse der Kanone durch. Im Augenblick des Losbrechens herrscht ein unglaublicher Krach, und die Rohrbrems- und Vorlaufeinrichtung beginnt augenblicklich mit der Aufzehrung der Rückstoßenergie. In diesen Sekunden sollte jedes Mitglied der Turmbesatzung höchste Konzentration darauf verwenden, Arme und Beine vor den 115 Tonnen Rückstoßenergie der Kanone in Sicherheit zu bringen, die sich nur wenige Zentimeter von ihnen entfernt entlädt. Dieser Vorgang wird sich in jedem der Panzer alle drei bis fünf Sekunden wiederholen, und das so lange, bis sich die feindliche Einheit entweder zurückzieht oder – was wahrscheinlicher ist – völlig vernichtet ist und die Überlebenden sich ergeben.

Während all dies geschieht, lassen die Panzerkommandanten kein Auge von ihren CITVs, um die anderen Sektoren des Gefechtsfeldes zu überwachen, damit ihnen keine feindlichen Einheiten entgehen, die sich aus irgendeinem anderen Sektor nähern könnten. Nehmen wir an, der Platoon Commander entdeckt seitlich versetzt eine solche Einheit (etwa feindliche Panzer, die an der Flanke seines Platoons anzugreifen versuchen). Sobald er die drohende Gefahr erkannt hat, zentriert der Comman-

---

\* »Geladen!«
\*\* »Abgefeuert!«

der den führenden feindlichen Panzer sofort auf seinem CITV-Schirm und drückt den Bedienknopf für die KfH-Übersteuerungseinrichtung an seiner Handsteuerung. In weniger als zwei Sekunden (das ist *sehr* schnell) hat sich der Turm bereits gedreht und das Kanonenrohr das neue Ziel aufgefaßt. Jetzt noch ein Schnippen des Daumenschalters, um den Laser-Entfernungsmesser zu aktivieren, und der Kommandant kann den neuen Angriff ausführen. Sobald er das »*Up!*« des Ladeschützen über Intercom hört, brüllt er selbst »*On the way!*«, und die erste Granate ist »auf dem Weg« zum Ziel. Gesamtzeit zwischen erster Wahrnehmung des neuen Ziels und dem Abfeuern des ersten Geschosses: wahrscheinlich weniger als fünf Sekunden. Wenn der Richtschütze das neue Ziel übernommen hat und es selbst anzugreifen beginnt, wird der Kommandant die Position des ersten feindlichen Panzers dazu verwenden, um den anderen Panzern im Platoon über sein IVIS-System zu melden, auf was er gestoßen ist. Indem er den Daumenzeiger / die Maus betätigt, blättert er die verschiedenen Seiten der Nachrichtenformate durch, findet schließlich die richtige und schickt die Information über die neue Bedrohung ab. Nun werden die restlichen M1A2 der Einheit so schnell wie möglich aufschließen, um sich ebenfalls mit der zweiten Bedrohung auseinanderzusetzen. Währenddessen hat der Platoon Commander die Gelegenheit, die Kartenfolien für den Zug und die übergeordneten Befehlsstellen auf den neuesten Stand zu bringen (und die aktualisierten Karten über das IVIS-System abzuschicken). In diesen Updates werden die Positionen der »billigen Tricks« der feindlichen Kräfte vermerkt sein, und der Kompanie-/Troop-Commander kann dann den Einsatz von Pionierfahrzeugen oder M9 ACE veranlassen, um diese zu aus dem Weg zu räumen. Das alles geschieht, ohne daß auch nur ein einziges Wort über die Sprechfunkkanäle gegangen wäre.

Während der ganzen Zeit sind die Fahrer weiter auf das Ziel des Platoons zugefahren und haben dabei die Geschützbedienungen nicht im geringsten gestört. Sollte der Feind sich zum Artilleriebeschuß entschließen, kann der Platoon Commander umgehend reagieren, indem er entweder Feuerschutz durch eigene Artillerie oder Luftangriffe über die IVIS/TACFIRE-Schnittstelle anfordert. Wegen der großen Genauigkeit der Daten aus dem POS/NAV-Systems ist die Wahrscheinlichkeit sehr stark reduziert worden, daß dabei zufällig eigene Truppen beschossen werden. Um es noch einmal zu betonen, all das geschieht, ohne daß auch nur ein einziges gesprochenes Wort über den Äther geht. Die Vernichtung der feindlichen Einheiten ist so schnell über die Bühne gegangen, daß sie wahrscheinlich noch nicht einmal Gelegenheit gefunden haben dürften, Kontakt mit ihren vorgesetzten Dienststellen aufzunehmen, um Bericht über das Gefecht zu erstatten. So ähnlich wie in dem haarsträubenden SF-Thriller *Alien* von Ridley Scott wird die einzige Wahrnehmung höherer Befehlsstellen des Feindes wahrscheinlich darin bestehen, festzustellen, daß irgend etwas passiert ist. Vielleicht bekommen sie gerade noch ein Kreischen in den Funkgeräten mit, dem anschließend nur noch Stille folgt. Tödliche Stille.

Soldaten verlassen über die hintere Rampe einen M2 *Bradley* Schützenpanzer. Die auffällig dicke Rampe verfügt über eine runde Mannluke, durch die auf- und abgesessen werden kann, ohne daß man deswegen die Rampe herablassen muß.

OFFIZIELLES FOTO DER US-ARMY

Nachdem die feindliche Einheit vernichtet und damit die Zielsetzung des Platoons erfüllt ist, kann der Zugführer über das IVIS-System Nachschub anfordern, nach einem neuen Einsatz fragen oder einfach seinen Gefechtsbericht einreichen. Die Schlagkraft von Einheiten, die mit dem M1A2/IVIS-System ausgerüstet sind, ist so stark, daß Einsätze, für die normalerweise Kompanien oder Bataillone benötigt wurden, jetzt an Teams in Platoon-Stärke übertragen und von diesen auch erfolgreich durchgeführt werden können.

Die Kehrseite dieser Kraft und Flexibilität ist, daß sie einem Panzerkommandanten äußerstes Situationsbewußtsein und außergewöhnliche geistige Leistungen abverlangt, um das Optimum aus einem M1A2 herauszuholen. Aber ich glaube, wenn Sie selbst eigene Erfahrungen mit der Generation unserer Kinder von heute sammeln konnten, die ihr ganzes bisheriges Leben mehr oder weniger damit verbracht hat, Videospiele zu meistern und an Computern zu sitzen, werden Sie einer Meinung mit mir sein, daß diese jungen Menschen kaum Schwierigkeiten haben werden, jene Systeme zu beherrschen. Sogar ein älterer Junge könnte es … und genau das habe ich auch getan!

## Das M2/3 *Bradley* Infantry/Cavalry Fighting Vehicle

Während der letzten zehn Jahre wurde fast andauernd jede Menge Tinte verspritzt und auch sehr viel Sendezeit im Fernsehen darauf verschwendet, auf das Gefechtsfahrzeug M2/3 *Bradley* einzuprügeln. Um es ein für allemal klarzustellen: Der *Bradley* ist *kein* Panzer! Seine Aufgaben sind sogar sehr weit von denen eines Panzers entfernt. Entgegen allen Darstellungen seitens schlechtinformierter Journalisten und sogenannter »Verteidigungs-Reformer« erfüllt der M2/3 die Aufgaben, für die er konstruiert wurde, sogar besser als jedes andere vergleichbare Fahrzeug, das es heute auf der Welt gibt.

Aber was macht der *Bradley* eigentlich? Der M2/3 wurde nicht dafür konzipiert, gegen Panzer zu kämpfen, obwohl er mit einem Flugkörper-Startgerät für die TOW-2-Panzerabwehr-Leuchtflugkörper (ATGM) und einer 25-mm-M242 *Bushmaster*-Kanone ausgerüstet ist. Er ist auch *nicht* dafür konzipiert worden, Schäden durch MBT-Geschosse und schwere ATGMs zu ignorieren, obwohl er recht gute Überlebenschancen gegen Waffen dieser Art hat. Um es noch einmal zu betonen, der *Bradley* ist kein Panzer!

Er ist allerdings sehr wohl ein gut bewaffnetes, gepanzertes Gefechts-Taxi, das geschaffen wurde, um eine Gruppe Infanteriesoldaten oder einen Spähtrupp an den Rand eines Gefechtsfeldes zu bringen, wenn nötig Feuerschutz zu geben und die Männer anschließend wieder aufzunehmen, um sie gegebenenfalls zum nächsten Einsatzort zu bringen. Weitere wichtige Missionen sind für ihn die Durchführung von Späheinsätzen für Cavalry-Einheiten und Infanterieunterstützung für Panzertruppen auf einem Gefechtsfeld. Und in diesem Job ist er unübertroffen. Es gibt auf der ganzen Welt nur zwei Fahrzeuge, die mit dem *Bradley* in der gleichen Klasse antreten können – den britischen FV-432 *Warrior* und den russischen BMP-3. Den beiden fehlen allerdings einige Leistungsmerkmale des M2/3. Ich will damit nicht behaupten, der *Bradley* sei die ultimative Waffe. Wie die meisten Konstruktionen, so ist auch der *Bradley* eine Kompromißlösung, mit der man versuchte, die verschiedenen Arten möglicher Bedrohungen, Aufgaben und Fähigkeiten zusammen mit den verfügbaren Technologien und Kosten unter einen Hut zu bekommen. Aber um all das besser verstehen zu können, sollte man zumindest einen kleinen Teil seiner Geschichte kennen.

Die Geschichte des M2/3 Gefechtsfahrzeuges beginnt Ende der 30er Jahre, als der geistige Vater des Panzerkrieges, der deutsche General Hans Guderian, in seinem Buch *Achtung – Panzer!* die Notwendigkeit von Infanterie-Transportfahrzeugen beschrieb. Diese Transporter sollten die modernen Panzertruppen begleiten, die bei den Armeen der europäischen Großmächte damals langsam Gestalt annahmen. Am Anfang waren es noch Halbkettenfahrzeuge ohne Dach, die eine Gruppe Infanteriesoldaten aufnehmen konnten und lediglich über ein Maschinengewehr für den Feuerschutz verfügten. Die Panzergrenadiereinheiten sollten dabei unmittelbar hinter den Panzereinheiten herfahren, um die Panzer zu unterstützen, sobald sie ins Gefecht kamen. Diesen ersten Fahrzeugen, denen noch der Antrieb auf der Vorderachse fehlte, mangelte es doch noch sehr an Geländegängigkeit. Mit ihrer dünnen Panzerung und ohne festes Dach waren sie durch fast alles verwundbar, was größer als eine Maschinengewehrkugel oder ein Granatsplitter war. Nach dem Krieg wurden die unterschiedlichsten Verbesserungen auf der Basis der Halbkettenkonstruktion hergestellt. Dazu gehörte beispielsweise auch der britische *Saracen*, ein völlig geschlossenes Fahrzeug mit Sechsradantrieb und einem kleinen MG-Turm.

Die erste wirkliche Verbesserung auf dem Weg zum realistischen *Infantry Fighting Vehicle* (IFV = Schützenpanzer) kam dann allerdings aus einer etwas ungewöhnlichen Quelle: aus der *Food Machinery Corporation* (FMC) von San Jose, Kalifornien. FMC genoß einen ausgezeichneten Ruf im Bereich Ausrüstung für die Nahrungsmittelproduktion. Aber auch die bei dieser Firma hergestellten Kanonenbettungen für die Marine und Flugkörperstartgeräte waren qualitativ hochwertig. Jetzt präsentierte FMC das Konzept für einen *Armored Personnel Carrier* (APC = gepanzerter Mannschafts-Transportwagen) in Vollkettenversion, ganz aus speziell gehärtetem Flugzeugaluminium hergestellt, vor. Als das Fahrzeug 1959 bei der US-Army in Dienst gestellt wurde, bekam es die Typenklassifizierung M113. Mit seinem wasserdichten Rumpf, auf den man ein leichtes Maschinengewehr montiert hatte, konnte der M113 eine Squad Infanterie einschließlich all ihrer Waffen transportieren, Flüsse und Seen ohne besondere Vorbereitungen durchqueren, in der Geschwindigkeit mit der M60-*Patton*-Serie schritthalten und selbst schwerem Maschinengewehrfeuer widerstehen. Dieser APC war billig und einfach in der Herstellung und avancierte schnell zum beliebtesten gepanzerten Fahrzeug, das jemals gebaut wurde. 1993 hatte er eine Produktionszahl von mehr als 70.000 erreicht, und selbst heute wird er noch in Übersee hergestellt. Er wurde bei Dutzenden von Konflikten auf der ganzen Welt eingesetzt, angefangen bei der Berlin-Krise von 1961.

Obwohl er mehr als drei Jahrzehnte lang treue Dienste geleistet hat, war er noch immer nicht ultimativer Ausdruck jener Vorstellungen, die General Guderian im Kopf hatte, als er 1937 *Achtung-Panzer!* schrieb. Nur ein Beispiel: Seine leichte Panzerung machte ihn für die tragbaren Panzerabwehr-Waffen verwundbar, die in den 60er und 70er Jahren eingeführt wurden. Die meisten Länder, in denen gepanzerte Fahrzeuge hergestellt wurden, wußten das, und es begann ein Wettrennen darum, wer als erster ein wirkliches IFV zur Serienreife bringen würde. Als die Sowjets schließlich 1967 ihr BMP-1 IFV enthüllten, löste das Schockwellen aus, die sämtliche Armeen der restlichen Welt erschütterten. Der BMP-1 war mit Startgeräten für raketengetriebene Granaten (RPG), einem AT-3 *Sagger* ATGM Startgerät und Maschinengewehren bestückt. Darüber hinaus verfügte er über Schießscharten für die an Bord befindliche Infanteriegruppe, die so vom Inneren des Fahrzeuges aus feuern konnte. Das BMP-1 IFV revolutionierte die taktischen Vorstellungen der Panzergrenadiere. Natürlich gab es auch beim BMP-1 Schwächen: Der Raum für die Mannschaft war unglaublich eng; um die Startschiene der *Sagger* nachzuladen, mußte der Richtschütze seine Luke öffnen und die Leitflächen des Flugkörpers mit einem Stock auseinanderfalten; und der abgeflachte, zur Seite versetzte Turm schuf in seinem Feuerbereich reichlich große tote Winkel. Seine große Mobilität und die schwere Waffenbestückung ließen die Konstrukteure gepanzerter Fahrzeuge im Westen um eine passende Antwort ringen.

In der Zwischenzeit hatte die US-Army aber keineswegs die Hände in den Schoß gelegt. Doch die verschiedenen Konstruktionen für ein IFV, die von amerikanischen Herstellern vorgelegt wurden, wiesen nicht akzeptierbare Schwächen auf. Eine ganze Reihe von Prototypen schaffte es noch nicht einmal, den von der Army aufgestellten Grundvorgaben zu entsprechen. Ein Teil des Problems waren auf jeden Fall die Kosten. IFVs mit ihren

teuren Waffenbestückungen und Sensoren kosteten etwa drei- bis viermal soviel wie ein APC in der Art des M113. Hinzu kam, daß es in den 60er
Jahren ganz einfach noch keine Steuerelektronik für die verschiedenen
Waffensysteme gab. Als aber in den 70er Jahren die Technologie der integrierten Schaltkreise endlich ausgereift war, schien der richtige Zeitpunkt
gekommen, es noch einmal zu versuchen.

Anfang der 70er Jahre hatte sich die US-Army zu dem Entschluß durch-
gerungen, jetzt doch mit der Entwicklung eines IFV Ernst machen zu wollen und nahm FMC für die Produktion des sogenannten XM723 *Mechanized Infantry Combat Vehicle* (MICV = Schützenpanzer bei Panzergrenadiereinheiten) unter Vertrag. Dieses Fahrzeug sollte so konstruiert sein, daß es
die M1 *Abrams* Panzer ins Gefecht begleiten konnte. Beim XM723 sollte
sowohl eine neuartige (und schwere) Stahl/Aluminium-Rumpfpanze-
rung verwendet werden wie auch Komponenten des amphibischen Zug-
fahrzeugs LTVP-7 des Marine Corps, um die Last der schwereren Panzerung und einen Ein-Mann-Turm mit einer 20-mm-Kanone tragen zu
können. Gleichzeitig entwickelte die Army ein neues Cavalry-/Aufklä-
rungs-Fahrzeug unter der Bezeichnung XM800, um den in die Jahre gekommenen M114 der Cavalry zu ersetzen. Der allzeit kostenbewußte Kongreß schoß beide Programme ab und trug der Army auf, statt dessen die
Erfordernisse beider Fahrzeuge in einem einzigen zu vereinen. Das war
die Geburtstunde des M2/3 Fighting Vehicle. Es hatte allerdings alles
andere als eine glückliche Kindheit. Es gab jede Menge Kompromisse, die
bei diesem Fahrzeug geschlossen werden mußten – und reichlich Feinde,
die es zu überwinden galt.

Die schlimmsten Widersacher war eine Bande von Militärreformern,
die sich Ende der 70er und Anfang der 80er Jahre in den verschiedenen
Abteilungen des Pentagon eingenistet hatten. Als sogenannte »Leichtge-
wicht-Fighter-Mafia« oder »Einfach-ist-besser-Clique« machten sie sich
für die Rückkehr zu einfacheren, Low-Tech-Waffensystemen stark. Diese

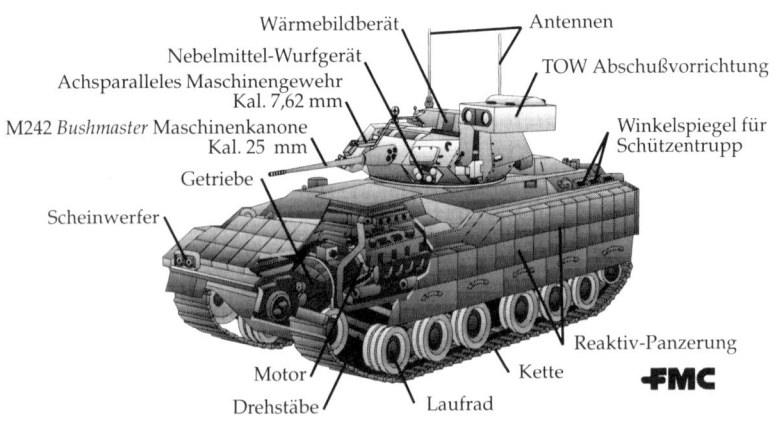

M2/3 *Bradley* Fighting Vehicle          *Jack Ryan Enterprises, Ltd., von Laura Alpher*

sollten in großen Stückzahlen eingekauft werden, um der wachsenden Vielfalt von Waffensystemen des Warschauer Pakts – die zu dieser Zeit gerade eingeführt wurden – etwas entgegenzusetzen. Sie schimpften über die offensichtlichen und komplexen Kosten, die durch Waffenentwicklungen bei allen Teilstreitkräften entstanden. Ihr erklärtes Ziel bestand in der Torpedierung derartiger Programme, und sie sahen ihre Aufgabe darin, Mittel und Wege zu finden, eben dieses Ziel auch zu erreichen. Gezielte Indiskretionen sickerten an die Medien durch.

Ein bissiger Bericht in der CBS-Sendung *60 Minutes* hüllte das *Bradley*-Programm in eine solche Giftwolke, daß es bis zum Krieg am Persischen Golf im Jahre 1991 dauerte, ehe der M2/3 sie wieder loswerden konnte. Was allerdings die Betroffenen selbst angeht, nämlich die Mannschaften des *Bradley*, nun, die Jungs liebten ihr Fahrzeug von Anfang an und hätten sich mit Händen und Füßen dagegen gewehrt, in irgend etwas anderes einzusteigen. Jetzt aber genug der Politik. Werfen wir lieber einen Blick ins Innere eines *Bradley*.

## Der M2/3 *Bradley* – eine Besichtigung

Das M2/3 *Bradley* Fighting Vehicle (BFV) ist ein 30 Tonnen (27,2 metrische Tonnen) schweres, gepanzertes Fahrzeug mit einer Stammbesatzung von drei Mann. Je nachdem, welche der beiden Versionen man betrachtet (der M2 ist der Schützenpanzer der Infanterie und der M3 das Cavalry-/Aufklärungsfahrzeug), kann der *Bradley* eine Vielzahl von Lasten transportieren. Der M2 befördert eine kleine (sechs Mann) Gruppe Infanterie, während im M3 zwei Späher, zusätzliche Funkgeräte, Munition und TOW-Flugkörper Platz finden. Der einzige, von außen sichtbare Unterschied zwischen den beiden *Bradley*-Versionen besteht in den seitlichen Schießscharten für die M16 der aufgesessenen Infanterie-Squad, die beim M2 vorhanden sind und beim M3 fehlen. Die beiden Schießscharten in der Heckklappe dagegen sind bei beiden Versionen vorhanden. Obwohl der *Bradley* nirgendwo auch nur annähernd so glatt und geduckt ist wie seine ausländischen Gegenspieler, verfügt er doch über den Vorteil, das am stärksten bewaffnete IFV der Welt zu sein. Die Basisversion des M2/3, die 1982 in Dienst gestellt wurde, verfügte über die gleiche Waffenbestückung wie der M2A2 und der M3A2, die zur Zeit produziert werden: eine 25-mm-Kanone, ein koaxiales 7,62-mm-Maschinengewehr und ein Zwillingstartgerät für TOW-2 ATGMs. Hinzu kommen die persönlichen Waffen, die an Bord befindliche Soldaten und Späher bei sich tragen, wozu auch die aktuelle Version des M16A2 Sturmgewehrs und die neue AT-4 Panzerabwehr-Rakete gehören. Der hauptsächliche Unterschied zwischen den vorausgegangenen und heutigen Fahrzeugen besteht in höherer Fahrleistung und besserem Mannschaftsschutz, zuzüglich einem verbesserten TOW-Flugkörpersystem. Außerdem wurde ein besseres ABC-Atemsystem eingebaut, das es der Mannschaft des Fahrzeugs erlaubt, Luft über Schläuche aus einem zentralen Filtersystem atmen zu können, und nicht

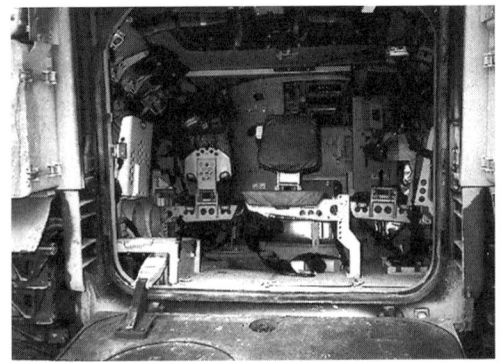

Blick durch die Heckklappenluke eines *Bradley Fighting Vehicle*. Gut zu sehen sind die abklappbaren Sitze. Auffallend auch die Turmbühne vorn im Fahrzeug.
JOHN D. GRESHAM

mehr auf die MOPP-IV (MOPP steht für *Mission-Orientated Protective Posture* = einsatzorientierte Schutzausrüstung) ihrer Kampfanzüge für chemische Kampfführung zurückgreifen zu müssen.

Die ursprüngliche Spezifikation für den M2/3 forderte eine Panzerungsstärke, die schweres Maschinengewehrfeuer (Kaliber 0.5"/12,7 mm) und Splitterwirkung von Artillerie- und Mörsergranaten überstehen konnte. Mit zunehmender Verwendung schwerer Automatikkanonen und tragbarer Panzerabwehrwaffen wurde auch die Panzerung der neuesten *Bradley*-Modelle verstärkt.

Das war notwendig geworden, damit der *Bradley* auch Einschläge von schweren 30-mm-Kanonen (in der Art der GAU-8, wie sie bei der A-10A »*Warthog*« eingebaut wird) und leichter Panzerabwehr-Waffen wie der sowjetischen RPG-7 überstehen kann. Die A2-Versionen des *Bradley* tragen charakteristische Platten aufgesetzter Panzerung und haben tiefer gezogene Seitenschürzen um den unteren Teil des Rumpfs, um die Ketten zu schützen. Trotzdem, das sei noch einmal betont, wurde ein BFV nie dafür konstruiert, auch den Beschuß durch schwere Panzergranaten oder Flugkörpertreffer zu überstehen. Der M2/3 soll im Team mit den M1 *Abrams* zusammenwirken und keineswegs selbst gegen Panzer vorgehen. (Als das 1991 während des Golfkrieges passierte, machten die *Bradleys* Schweres durch, aber sie teilten genausoviel aus, wie sie einstecken mußten.)

Genau wie sein schwerer Vetter, der M1, hat auch der *Bradley* einige Überlebenseinrichtungen, die entworfen wurden, um Leben zu retten, falls das Mannschaftsabteil oder der Turm einmal getroffen werden sollten. Der M2/3 verfügt zunächst über ein Feuerlöschsystem, das selbst einen so katastrophalen Brand abwürgt, wie er beispielsweise durch einen Treffer im Munitionsabteil oder Kraftstofftank ausbrechen könnte. Zusätzlich sind alle M2A2 und M2A3 mit Auskleidungen gegen Abplatzwirkung ausgestattet, die dazu beitragen sollen, daß die Mannschaft nicht durch Splitter verletzt wird, falls ein Projektil die Panzerung des Rumpfs durchschlägt. Wenn sich das Besatzungsmitglied eines *Bradley* also nicht gerade in der direkten Flugbahn eines panzerbrechenden Geschosses oder im Jet eines Flugkörpergefechtskopfes befindet, hat es eine gute Chance zu überleben. Sollten Sie also einmal Kommandeur auf Seiten des Feindes sein, der eine Einheit ausmacht, die sich aus M1 und *Bradleys* zusammensetzt, ist es besser, wenn Sie zu allererst auf die Panzer feuern, weil die für Sie die größte Existenzbedrohung darstellen. Diese einfache Lehre hat die Army aus dem Golfkrieg von 1991 gezogen und hat sie dazu veranlaßt, ihre M1 unmittelbar an die Cavalry Squadrons in den schweren Panzer-und Panzergrenadier-Divisionen zu binden.

Der Einstieg in einen *Bradley* erfolgt über den Heckbereich, wo die »wertvolle Fracht« aus Soldaten und Munition untergebracht ist. Man kommt durch eine Öffnung hinein, die von einer schweren, hydraulisch betriebenen Heckklappe verschlossen werden kann. In der M2-Version des *Bradley* befinden sich hier sechs Sitze für Infanteristen und ihre Waffen sowie zusätzlicher Stauraum für die Munition. Die Aufteilung des gesamten Laderaums ist vor kurzem erst überarbeitet worden, wobei man die Munition für die 25-mm-Kanone jetzt unter den Bodenplatten und die fünf TOW-Flugkörper in senkrechten Munitionshalterungen untergebracht hat. Außerdem gibt es Schießscharten und Winkelspiegel für spezielle Kurzversionen des M16 Sturmgewehrs – die im Gefecht selbst allerdings eher selten zum Einsatz kommen. Das ursprüngliche IFV-Konzept für Infanteristen, die aus dem Innenraum eines gepanzerten Fahrzeug heraus kämpfen, hat sich bei den Armeen dieser Welt eigentlich nie richtig durchsetzen können. Es ist nun einmal so, daß Soldaten hinaus ins Gelände müssen, um ihre individuellen Waffen wirklich effektiv verwenden zu können. Und all die intelligenten Bomben und Lenkwaffen werden niemals etwas daran ändern! Der Altmeister der Science-fiction, Robert Heinlein, lag völlig richtig: Eines Tages wird es auch Raumschiffsoldaten geben! Die M3 Cavalry-/Erkundungsversion des *Bradley* ist dem M2 sehr ähnlich, nur daß hier vier der Sitze fehlen, um Platz für mehr TOW-Geschosse und die spezielle Funkausrüstung zu schaffen, die von den beiden hinten mitfahrenden Spähern verwendet wird.

Wenn man sich weiter nach vorn begibt, kommt man zur Turmbühne. Im Inneren des Turms befinden sich die Sitze des Fahrzeugkommandanten (rechts) und des Richtschützen (auf der linken Seite). Beide Positionen sind überraschend komfortabel ausgelegt, sogar für Leute, die größer als 1,80 m sind. Ganz ähnlich wie beim M1 gibt es hier ein Wärmebildgerät, das sich achsenparallel zum Kanonenrohr bewegt, obwohl das Bild hier vor einem roten Hintergrund erscheint und nicht vor einem grünen. Die wichtigste Sache im ganzen Turm ist ein Steckschlüssel (die Mannschaften sagten uns, daß sie das Sears Craftsman Modell bevorzugen), der dazu dient, während des Nachladevorgangs die Maschinengewehr- und Kanonen-Munitionszuführungen von Hand zu betätigen. Das scheint für ein gepanzertes Fahrzeug im Wert von mehr als einer Million Dollar pro Stück reichlich primitiv, aber es ist einfach, es funktioniert, und dadurch wird es möglich, die Munitionszuführung kompakt zu halten (ganz anders als beispielsweise das sperrige und komplizierte System der Linearzuführung mit Zerfall-Gliedergurt beim AH-64 *Apache* Helikopter).

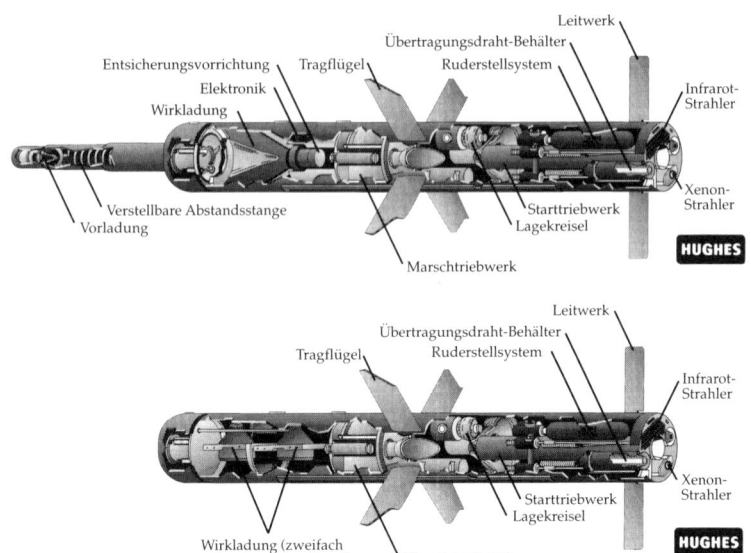

*Oben:* Schnittzeichnung eines drahtgelenkten TOW-2A Panzerabwehr-Flugkörpers
*Unten:* Schnittzeichnung eines drahtgelenkten TOW-2B Panzerabwehr-Flugkörpers.
Die beiden nach unten losbrechenden Gefechtsköpfe befinden sich an der Spitze
des Flugkörpers.      Jack Ryan Enterprises, ltd., von Laura Alpher

Die Kanone des *Bradley* ist eine stabilisierte Waffe, und das Feuern
während der Fahrt erfordert nur geringfügige Korrekturen. Sowohl die
Kanone als auch Maschinengewehr und TOW-Flugkörper können von beiden Sitzen aus abgefeuert werden. Das Auslösen der Waffen ist eigentlich
nicht viel schwieriger als bei einem Videospiel. Bei den Kanonen braucht
man nur zu entscheiden, welche Waffe und Munition man haben möchte.
Dann müssen Sie lediglich noch mit Ihren Handhebeln das Fadenkreuz
über das Ziel bringen und den Daumenabzug betätigen. Normalerweise
sind fünfundsiebzig Schuß panzerbrechender 25-mm-Munition und 225
Schuß hochexplosiver 25-mm-Munition geladen und feuerbereit. Dazu
kommen noch zwei TOW-2 Flugkörper und 800 Schuß Munition für das
Maschinengewehr Kaliber 7,62 mm, die ebenfalls fertig geladen sind.

Die TOW-Flugkörper sind die Hauptwaffe des *Bradley* mit panzerbrechender Wirkung, und sie blicken auf eine lange und faszinierende
Geschichte zurück. 1958 fing die Army an, die Möglichkeiten für die Entwicklung eines Panzerabwehr-Flugkörpers zu prüfen, der sich 1. aus
einem Rohr starten ließ, 2. optisch zu verfolgen und 3. drahtgelenkt war,
daher das Akronym TOW (*Tube launched/Optical tracked/Wire guided*). 1963
hatte Hughes den ersten erfolgreichen Prototyp fertiggestellt, und die ersten Flugkörper der Serienproduktion wurden 1969 an die Army ausgeliefert. Im Gefecht wurde der erste TOW am 22. Mai 1972 von einem UH-1
Hubschrauber aus gestartet und schaltete einen nordvietnamesischen T-54

Panzer auf eine Entfernung von 900 m aus. Weitere Kampfeinsätze von TOWs machten schnell deutlich, daß sie praktisch »aus dem Stand« zu einem Klassiker geworden waren. Der Rohrstart reduziert das Rückstoßproblem früherer Panzerabwehr-Waffen, da jetzt eine kleine Ladung den Flugkörper aus dem Rohr heraus befördert. Sobald er das Rohr verlassen hat, entfaltet der Flugkörper seine Leitflossen, und der Raketenmotor zündet in sicherer Entfernung vom Startgerät und seinem Bediener. Drahtsteuerung bedeutet, daß sich der Flugkörper praktisch vom Startmoment an bis zum Aufschlag auf das Ziel (oder bis der Draht zu Ende ist) unter der Kontrolle des Richtschützen befindet. Am Schwanz des TOW-2 hat man eine Xenon-Signallampe eingebaut, die im Infrarotspektrum außerordentlich hell ist und eine optische Verfolgung sehr einfach macht – sogar noch nachts, bei Nebel, Schnee oder Sandstürmen, wenn zusätzlich das TAS-4 *Thermal Sight* montiert wird. Das heißt also, wenn der Richtschütze es schafft, das Fadenkreuz des optischen Zielgerätes auf dem Ziel zu halten, dann wird der Flugkörper dieses Ziel auch treffen. Die Zuverlässigkeit dieses Systems lag in Gefechten bei über 95 Prozent, und das ist schon erstaunlich, ganz gleich, welchen Standard man zum Vergleich heranzieht.

Auf einem einfachen Dreibein montiert, wiegt das komplette TOW-2 System 127 kg und kann gut von der Drei-Mann-Besatzung getragen werden. Die Minimalentfernung für den Einsatz des TOW liegt bei 65 m, seine größte Reichweite bei 3,75 km (das entspricht der Länge des Lenkdrahtes). Der Flugkörper fliegt mit Unterschallgeschwindigkeit: 1.154 km/h Spitzengeschwindigkeit, die allerdings rapide sinkt, sobald der Raketenmotor ausgebrannt ist. Das passiert bereits kurz nach dem Start, und anschließend fliegt der Flugkörper nur noch im Gleitflug weiter, wobei er etwa fünfzehn bis zwanzig Sekunden benötigt, um seine Maximalreichweite zu erreichen. Auf den *Bradley* hat man ein Zwillingsstartgerät für TOWs montiert. Die Version für einen einzelnen TOW kann man auf dem HMMWV und sogar auf leichten Rad- oder Kettenfahrzeugen anbringen. Darüber hinaus findet das Einzelstartgerät auch Verwendung beim AH-1 *Cobra* und vielen Hubschraubern auf der ganzen Welt.

Insgesamt gibt es fünf Ausführungen des TOW, mit steigenden Stärken bei den Gefechtsköpfen. Bis heute wurden insgesamt mehr als 500.000 Einheiten produziert. Einige davon werden seit Anfang 1994 unverändert hergestellt. Man behandelt die TOWs als »Geschosse aus Holz«, die in einem Behälter »frischgehalten« werden und so gelagert eine Lebensdauer von bis zu zwanzig Jahren erreichen. Sämtliche Versionen sind unter einander kompatibel, solange die Software der Startgerätesteuerung korrekt auf dem neuesten Stand gehalten wird. Die augenblicklich aktuelle Version ist der TOW-2B, der entwickelt wurde, um die neuesten Verbund- und Reaktivpanzerungssyteme überwinden zu können. Er ist so programmiert worden, daß er direkt über das Ziel fliegt, wo ein hochempfindlicher Sensor zwei nach unten losbrechende Gefechtsköpfe auslöst. Die Gefechtsköpfe verfügen über sehr massive Metallbuchsen, die sich zu sogenannten *Explosively Forged Projectiles* (EFP = Geschoß, das sich erst mit der Detonation bildet) ausformen, um die dünne Dachpanzerung des Ziels durchschlagen zu können.

1993 vergab die Army einen Vertrag über die Herstellung von 18.800 TOW-2A und TOW-2B-Flugkörpern an Hughes zu einem Stückpreis von rund 9.800 Dollar – ein echtes Sonderangebot für die Vernichtung eines 250.000 Dollar teuren Panzers sowjetischer Herkunft. Um einen TOW einzusetzen, braucht der Richtschütze nach dem Start lediglich das Fadenkreuz des Sichtgerätes auf dem Ziel zu halten, und der Flugkörper fliegt direkt hinein. Alles, was getan werden muß, ist, das Zwillingsstartgerät aufzurichten (es kann von einer Luke im Dach des hinteren Abteils aus nachgeladen werden), zu feuern und das Ziel im Visier zu behalten. Sämtliche Befürchtungen, daß die Anbringung der neuen Reaktivpanzerung auf einigen Panzern für die TOWs zu einem unüberwindlichen Hindernis werden könnte, erwiesen sich im Golfkrieg als unbegründet. Der TOW-2 Gefechtskopf kann praktisch jeden Panzer auf einem Gefechtsfeld schlagen, vielleicht mit Ausnahme des M1 *Abrams* oder des britischen *Challenger II*! Die einzig wirkliche Beschränkung für die Verwendung des TOW-Systems besteht darin, daß der *Bradley* anhalten muß, um den Flugkörper abzufeuern.

Auch die Kanonen des *Bradley* sind einfach zu handhaben. Obwohl sie nicht mit Laser-Entfernungsmesser ausgestattet sind, ist es leicht, die Entfernung richtig einzuschätzen. Sie brauchen nur eine geschätzte Entfernung in die Waffensteuerungskonsole einzugeben (im Sichtgerät befindet sich ein Raster, das Ihnen dabei hilft). Die Mannschaften werden darauf trainiert, die Entfernung richtig zu schätzen, indem sie die scheinbare Höhe des Ziels im Zielgerät der Kanone als Referenz heranziehen – je näher das Ziel, desto größer erscheint es. Dann legen Sie den Visierpunkt des Sichtgerätes auf das Ziel und lösen einige Schüsse aus, um sich auf die Entfernung einzuschießen. Sobald Sie das Ziel eingegabelt haben, brauchen Sie nur noch sooft wie nötig zu feuern. Das Ziel wird in der Anzeige bald durch die Treffer und den Staub in der Nähe einschlagender Fehlschüsse undeutlich werden und mit einiger Wahrscheinlichkeit dann aber auch schon zerstört sein. Bei 300 Schuß pro Minute hat man das Gefühl, als würde man mit einem Feuerwehrschlauch auf das Ziel schießen! Die Richtschützen sind aber darauf trainiert, sparsam mit der Munition umzugehen, und feuern nur einzelne Schüsse ab, bis sie Einschläge im Ziel feststellen können. Erst dann feuern sie Dreischuß-Salven ab, bis sie sicher sein können, daß das Ziel zerstört ist.

Ebenso wie der M1 hat auch der *Bradley* zwei der neuen SINCGARS-Funkgeräte an Bord, obwohl die augenblickliche A2-Version noch nicht in das IVIS-System integriert ist. Allerdings denkt man bereits über ein Programm nach, wie man die M2A2 und M3A2 mit einem abgespeckten IVIS-Terminal und GPS ausrüsten kann. Die Beschränkungen in den Rüstungsausgaben dürften das Programm allerdings so weit verzögern, daß es wahrscheinlich erst bei den neuen A3-Versionen verwirklicht werden wird, die gegen Ende dieses Jahrzehnts in Dienst gestellt werden.

Wenn man aus dem Turmdrehkranz herausklettert und sich weiter nach vorn bewegt, kommt man zur Position des Fahrers und dessen Luke. Hier finden Sie einen sehr komfortablen Sitz und direkt davor ein bediener-freundliches Instrumentenbrett. Der *Bradley* wird von einem 600 PS (ca. 447 kW) Turbodiesel mit Automatikschaltung angetrieben. Zum Starten benötigen Sie keinen Zündschlüssel. Sie drücken nur einen Knopf auf dem Armaturenbrett, um die Kraftstoffpumpe in Betrieb zu setzen, und legen dann einen Umschalthebel auf die Stellung START. Umgehend springt die Maschine an und erreicht langsam die Betriebstemperatur. Alles, was sie jetzt noch tun müssen, ist, den Wählhebel der Automatik in die D (DRIVE)-Stellung zu bringen und aufs Gaspedal zu treten. Das Fahrzeug beschleunigt rasch, und bevor Sie es richtig mitbekommen, haben Sie bereits eine Geschwindigkeit von ca. 50 km/h erreicht. Die Spitzenge-schwindigkeit des *Bradley* liegt bei 65 km/h. So hat er keine Schwierigkei-ten, mit den M1 *Abrams* mitzuhalten, weder auf der Straße noch im Gelände. Der einzige Trick, den man beherrschen muß, um die A2-Version des *Bradley* zu steuern, besteht darin, daß man die leichte Tendenz zum Ausbrechen des Hecks in Kurvenfahrten berücksichtigt. Aber daran ge-wöhnt man sich recht schnell, und nach kurzer Zeit macht eine Fahrt mit dem Biest richtig Spaß.

Etwas zeitaufwendig ist die Vorbereitung des *Bradley* für die Schwimm-fahrt. Wegen der vielen Flüsse in Europa und Korea (wo die Army in der Zeit des kalten Krieges damit rechnete, aktiv werden zu müssen) hatte man den *Bradley* auf ähnliche Weise für Schwimmfahrten kon-struiert wie seinen älteren Vetter, den M113. Aber wegen seines durch den Turm und die Panzerung bedingten höheren Gewichts brauchte er etwas zusätzlichen Auftrieb. Der wird durch eine aufrichtbare »Schwimm-schürze« aus gummiertem Gewebe über einem Stahlrahmen gewähr-leistet, um das Oberdeck wasserfrei zu halten. Das funktioniert ganz gut.

Abschließend möchte ich sagen, daß der *Bradley* vielleicht nicht das ulti-mative gepanzerte Kampffahrzeug sein mag, aber er ist ein ausgereiftes Waffensystem, das ständig weiterentwickelt wird, um mit den Verände-rungen bei den Schlüsseltechnologien Schritt zu halten. Vielleicht ist er nicht ganz so sexy wie ein *Abrams* Panzer, aber mit Sicherheit genauso lebenswichtig und notwendig.

## Der M113 Armored Personnel Carrier

Der M113 *Armored Personnel Carrier* (APC = gepanzerter Mannschaftswa-gen) war das erste moderne »Gefechtstaxi« für die Infanterie bei Kampf-handlungen. Er wurde so konstruiert, daß alle Vorteile bei der Verarbei-tung von Aluminium in Flugzeugbau-Qualität genutzt werden konnten, die sich aus den in den 50er Jahren erzielten Fortschritten in der Guß-Schweißtechnologie ergeben hatten. Sie ermöglichten Bauweisen, welche die gleiche Materialbelastbarkeit aufwiesen wie vergleichbare, jedoch wesentlich schwerere Stahlkonstruktionen. Durch diese Leichtbauweise konnten die Konstrukteure von FMC jetzt relativ kleine Automotoren verwenden, die dieses Kettenfahrzeug mit erheblichen Nutzlasten antreiben, und es außerdem mit der Fähigkeit ausstatten, durch Seen, Flüsse und Bäche zu waten oder zu schwimmen. Selbst heute noch hat der M113 aus den ersten Serien ein fast modern anmutendes Erscheinungsbild. Es ist fast so, als hätte Frank Lloyd Wright einen Schuhkarton genommen und ihm eine perfekte Form verliehen, um das zu transportieren, was die Army als die »wertvollste aller Frachten« bezeichnet, nämlich die Infanterie.

Im Laufe der Jahre haben die FMC und ihre Lizenznehmer etwas mehr als 85.000 M113 für mehr als ein Dutzend Staaten produziert (die Israelis nennen ihre M113 »Zeldas«). Obwohl inzwischen keine der ehrwürdigen M113 in der FMC-Fabrik in San Jose, Kalifornien, mehr hergestellt werden, läuft die Produktion an anderen Orten wie beispielsweise in der Türkei und Italien weiter. Mehr als 32.000 sind nach wie vor bei der US-Army im Einsatz.

Das Basismodell ist der *Infantry Squad Carrier**. Diese Version des M113 ist in der Lage, eine komplette Infanterie-Squad (also zwischen zwölf und vierzehn Soldaten) einschließlich all ihrer Waffen aufzunehmen. Dabei sollte man nicht vergessen, daß es sich hier um eine komplette Squad handelt und nicht um reduzierte Einheiten, wie sie von den meisten IFVs in der Art des M2 *Bradley* (in dem nur sechs Soldaten Platz finden, um abgesetzt zu werden) oder dem BMP transportiert werden. Man hat auch die Möglichkeit, ein Maschinengewehr (üblicherweise ein M2, Kaliber .50) oder einen automatischen Granatwerfer (in der Art des 40-mm-Mk19) auf der drehbaren Halterung (dem sogenannten »Pintle«) auf der Kommandantenluke zu montieren. Um diese außenliegenden Waffen abzufeuern, muß der Kommandant seine Luke öffnen und sich auf seinen Sitz stellen. Die Soldaten sitzen hinten auf Bänken. Unter den Sitzflächen und an den Seitenwänden befinden sich Stauräume für Waffen und Munition. Man steigt durch eine Heckluke ein und aus, die mit einer hydraulisch betriebenen Klappe ausgestattet ist, um den Zugang zu erleichtern. Fahrer und Richtschütze (falls letzterer dabei) sitzen vorn in der Nähe von Motor und Getriebe. Kürzlich hat FMC mit der Auslieferung von Ausbausätzen begonnen, um die Überlebensfähigkeit der M113 durch die Anbringung innenliegender Splitterschutzvorrichtungen und zusätzlicher Außenpanzerung zu verbessern. Auch eine verbesserte Motor-/Getriebeeinheit und außenliegende Kraftstofftanks gehören dazu, um das Risiko von Bränden im Innenraum herabzusetzen. Bekannt unter der Bezeichnung M113A3, wird dieser Umbausatz im Augenblick in verschiedenen Army Depots bei den bestehenden M113 nachgerüstet. Diese kommen dann bei Reserveeinheiten der Army und der Nationalgarde zum Einsatz und sind darüber hinaus auch für Ambulanz- und Versorgungsaufgaben bei den aktiven Einheiten vorgesehen. Der M113A3 ist ein erstklassiger APC der noch

---

* leicht gepanzerter Mannschafts-Transportwagen

Ein M113 des 3rd ACR in der Konfiguration als *Fire-Support Team Vehicle* (FIST-V = Fahrzeug für vorgeschobene Artilleriebeobachter).
JOHN D. GRESHAM

viele Jahre Einsatzlebens vor sich hat. Er ist billig, robust und vielseitig verwendbar. Nicht ganz schlecht für ein Fahrzeug, das zu einer Zeit konstruiert wurde, als ich noch ein Kind war.

Während FMC und ihre Lizenznehmer etliche zehntausend Stück des Basismodells herstellen, produzieren sie auch noch Tausende anderer Varianten des M113. Die wahrscheinlich wichtigste ist das M577 *Command Vehicle\**, das von den Panzereinheiten der US-Army als mobiler Gefechtsstand verwendet wird. Der M577 ist im Grunde ein M113-Fahrgestell, bei dem man Dach und Seitenwände angehoben hat. Zusätzlich wurden Generatoren untergebracht, um die Vielzahl von Funkgeräten in den Regalen im Heckabteil mit Strom zu versorgen. Die genaue Kombination der Funkgeräte hängt davon ab, welche Art von Gefechtsstand gebraucht wird (Kompanie, Bataillon, Regiment, etc.) und wo er Stellung beziehen soll, ob an der Front oder weiter hinten. Darüber hinaus ist das Fahrzeug mit einem ausziehbaren Schutzzelt am Heck ausgerüstet, damit hier Platz für Tische und Kartentafeln geschaffen werden kann.

Es sollte vielleicht erwähnt werden, daß dieses ehrwürdige Fahrzeug auch ein paar Mängel hat. Der eklatanteste dürfte der sein, daß man den M577 nicht effektiv einsetzen kann, solange er in Fahrt ist. Da es für die Funktion der an Bord befindlichen Funkgeräte unabdingbar ist, daß das Fahrzeug steht, wird es im selben Augenblick für Artilleriebeschuß von einer Einheit verwundbar, die mit *Radio Direction Finding Units* (DF = Funkpeilung) ausgestattet ist. Um diesen Mangel abzustellen, produziert FMC zur Zeit Bausätze zur Modernisierung des M577-Bestandes. Nach Abschluß der Modernisierung laufen die Fahrzeuge dann unter der Bezeichnung M577A3. Dabei sind dann auch neue Funkgeräte und Führungs- und Befehlsdisplays, die – zumindest eingeschränkt – auch während der Fahrt verwendet werden können. Auf diese Weise kann, wenn auch nur vorübergehend, eine $C^3$ (Command, Control, Communi-

---

\* Befehlsfahrzeug

cation)-Fähigkeit geschaffen werden, bis das neue XM4-C$^3$-Fahrzeug dienstbereit ist.

Eine wesentlich tödlichere Version des M113 ist der M901. Bei diesem Modell wurde das Chassis eines M113 mit einem aufrichtbaren Zwillings-Start- und Zielgerät (»Hammerhai« genannt) für die TOW-Panzerabwehr-Flugkörper kombiniert. Es wurde entwickelt, um den Infanterieeinheiten, die mit M113 ausgestattet sind, im Kampf gegen Panzer ein paar Muskeln mehr zu verschaffen. Das Fahrzeug ist ein Kompromiß zwischen Mobilität und Feuerkraft (mit lediglich zwei TOW-Flugkörpern). Ein ähnliches Fahrzeug (unter der Bezeichnung M981 FIST-V) ist anstelle des Flugkörperstartgerätes mit einem Laser-Zieldesignator ausgerüstet und wird von Artilleriebeobachtern verwendet. Die Army setzt aber auch bereits die ersten M2/3 für FIST-Teams ein.

Die M113-Versionen, die man am häufigsten bei Panzereinheiten findet, sind die M106- und M125-Mörser-Selbstfahrlafetten. M106 trägt einen 81-mm-Mörser und M125 den stärkeren 106-mm-Mörser, ansonsten sind die Fahrzeuge identisch. Die Mörser hat man auf Drehbettungen (die sehr stark an eine *lazy Suzan** erinnern) montiert. Von dort aus wird durch eine große runde Luke im Dach gefeuert. Es steht auch noch ausreichend Stauraum für Mörsergranaten zur Verfügung. Mit den eingebauten Funkgeräten kann am Sprechfunkverkehr in den verschiedenen Kommunikations-»Netzen« von Einheiten teilgenommen werden. Der M106 ist die am meisten verbreitete Version. Normalerweise sind jeweils zwei sowohl einer Panzer-/Panzergrenadierkompanie und einer Cavalry Troop unterstellt. Ihre Primäraufgabe ist es, direkten Nebel- und Feuerschutz zu geben, damit die Captains und Lieutenants, die kleinere Einheiten befehligen, auf diese Weise über eigene Artillerieunterstützung auf Abruf verfügen.

Der M113 ist im Vergleich zu den Fahrzeugen, die ihn ersetzen sollen, schon ein alter Kämpe. Überall auf der Welt haben militärische Streitkräfte die alte Aluminiumdose bereits durch so wunderbare Fahrzeuge wie den *Bradley*, den *Warrior* und den BMP ersetzt.

Man sollte dabei allerdings bedenken, daß es sich keine Militärmacht leisten kann, nicht einmal die USA, ihre gesamten Panzerstreitkräfte nur auf teure Fahrgestelle in der Art eines *Bradley* oder *Abrams* zu stützen. Damit stellt der M113 eine gute und einfache Ausgangsbasis für die unterschiedlichsten Anwendungsgebiete zur Verfügung und ist mehr als nur ausreichend für diese Jobs. Es gibt einen Ausspruch, der dem ehemaligen Chef der sowjetischen Marinestreitkräfte, Admiral Gorschkow zugeschrieben wird: »Tadellos ist für einen Feind gut genug.« Für eine tadellose Bewältigung vieler Aufgaben, die von der USArmy im 21. Jahrhundert zu erfüllen sind, wird der M113 mehr als nur gut genug sein.

---

* »Faule Susi« = amerikanische Jahrmarktattraktion, hier: Drehteller für die Bereitschaftsmunition bei Mörsern.

Das M93E1 *Fox* ABC-Spürfahrzeug. JACK RYAN ENTERPRISES, LTD., VON LAURA ALPHER

## Das *Fox* NBC Reconnaissance Vehicle

Während Desert Storm sahen sich die Truppen der alliierten Koalition mit vielfältigen Bedrohungen konfrontiert. Saddam Husseins Arsenal von chemischen und biologischen Waffen war aber sicherlich das, was die größten Ängste und Befürchtungen auslöste. Im Laufe der Jahre aufgebaut, war diese Waffenansammlung immer vielschichtiger geworden und hatte bereits Kampftests absolviert. Bei den Kampfhandlungen gegen die Iraner und irakischen Kurden hatte sich diese Ansammlung chemischer Wirksubstanzen ihres Spitznamens »Atombombe des armen Mannes« durchaus würdig erwiesen. Obwohl immer wieder betont wurde, daß während des Krieges kein Angriff mit Chemiewaffen erfolgte, war diese Bedrohung für die US-Army außerordentlich real und furchterregend. Ein Grund für diese Furcht der US-Army dürfte unter anderem gewesen sein, daß sie es zugelassen hatte, daß die Fähigkeiten, auf einem chemisch kontaminierten Gefechtsfeld zu kämpfen und zu überleben, im Laufe der vergangenen Jahrzehnte praktisch auf den Nullpunkt der Prioritätenliste abgesunken waren. Das soll nicht heißen, daß chemische und biologische Kampfführung in den Plänen der US-Army überhaupt keinen Stellenwert mehr besessen hätten. Das Überdruck-Filtersystem der M1A1/2 Panzer und die verbesserten ABC-Schutzanzüge der US-Truppen am Persischen Golf sind eindeutige Anzeichen dafür, daß man in der Zwischenzeit schon einige Fortschritte gemacht hatte. Aber das sind rein passive Schutzmaßnahmen, die nicht ausreichen, die Grundproblematik zu lösen. Nur ein Beispiel mag das verdeutlichen: Sie müssen auf einem Gefechtsfeld *sofort* wissen, ob ein chemischer Angriff stattgefunden hat oder nicht. Der amerikanische Mk8 Detektor, der vor dem Golfkrieg bei der Army erste Wahl für das Aufspüren von Chemieangriffen war, schlägt im Fall der Kontaminierung akustisch Alarm. Allerdings ist er nicht in der Lage, Aufschluß über das Ausmaß dieser Kontaminierung und über die Art des verwendeten chemischen Wirkstoffs zu geben. Das sind nur zwei Faktoren, die für eine

Armee von lebenswichtiger Bedeutung sind, wenn sie auf einem chemisch verseuchten Gefechtsfeld effektiv kämpfen will. Vor dem Golfkrieg bestand also die einzige Möglichkeit festzustellen, welche Art chemischen Angriffs stattgefunden hatte, darin, Soldaten mit Indikatorpapier loszuschicken (diese Indikator-Papierstreifen waren mit speziellen Substanzen behandelt worden, die je nach den verwendeten Chemikalien unterschiedliche Farbreaktionen zeigten). Wenn man sich die Vielfältigkeit und den Umfang von Saddams Chemiewaffenarsenal vor Augen hielt, war klar, daß ein derartiges Vorgehen nicht ausreichen und man hier etwas Besseres brauchen würde.

Die Deutschen lieferten die Antwort auf dieses Problem: ein merkwürdig aussehendes, gepanzertes Fahrzeug namens *Fuchs*. Ursprünglich von Thyssen Henschel hergestellt, ist der *Fox* (inzwischen als M93 typenklassifiziert) ein gepanzertes Radfahrzeug. Es ist mit spezieller Ausrüstung vollgepackt, über die man feststellen kann, welche Art von atomarem, biologischem oder chemischen Angriff (ABC) stattgefunden und welche Ausdehnung die Kontaminierung hat. Von einem 320 PS (238 kW) starken V-8 Dieselmotor angetrieben, rollt der *Fuchs* auf sechs riesigen Gummireifen, die ihm große Mobilität verleihen. Er kommt auf eine Spitzengeschwindigkeit von 106 km/h und hat eine Reichweite von mehr als 820 km mit einer Tankfüllung. Seine Mannschaft besteht aus vier Mann (Fahrer, Kommandant und zwei Mann für die Bedienung der Sensoren), die in dieser gepanzerten, bereits mit dem fortschrittlichen Überdruck-Filter-Klima-System ausgerüsteten Zitadelle Platz finden. Dadurch kann die Mannschaft in einem fast normalen Umfeld arbeiten und ist nicht auf Schutzanzüge und -masken angewiesen. Obwohl die Panzerung nicht an die Standards heranreicht, die man beim M1A2 oder *Bradley* findet, ist sie immer noch stark genug, um vor Maschinengewehr- oder Mörserfeuer Schutz zu bieten, das die hauptsächliche Bedrohung für Aufklärungsfahrzeuge wie den *Fox* darstellt. Das ganze System ist derart komfortabel, daß etliche Befehlshaber, mit denen ich gesprochen habe, liebend gerne einen *Fuchs* zu ihrem persönlichen Kommandofahrzeug machen würden. Einer ging sogar so weit, das Fahrverhalten, die Sitze und die Klimaanlage mit einem flotten GM oder Winnebago Camper zu vergleichen!

Die wirkliche Nutzlast des *Fox* ist seine integrierte Sensorik, die man im hinteren Teil des Fahrzeugs untergebracht hat. Das wohl eindruckvollste dieser teilweise recht komisch aussehenden Systeme wird dazu verwendet, Gebiete zu vermessen und zu inspizieren, von denen man annimmt, daß sie durch chemische Wirkstoffe kontaminiert – oder »versaut« – sind. Am Heck des Fahrzeuges befinden sich zwei mechanische Arme, an denen Rollen mit einer Beschichtung aus klebrigem Silikon oder Gummi befestigt sind. Sie werden abwechselnd zum Boden herabgesenkt und nehmen beim Rollen während der Fahrt Spuren jedweder Art von Chemikalien auf, die vielleicht dort abgelagert sein könnten. Nachdem man das kurze Zeit mit einem der Arme gemacht hat, wird dieser wieder nach oben gefahren (und der andere abgesenkt) und an einen Sensorenkopf geführt, der ein Massenspektrogramm erstellt. Dieses Massenspektrometer ist in der Lage, Dutzende von chemischen Agentien zu identifizieren, angefangen von Senfgas bis hin zu den neuesten Entwicklungen auf dem Gebiet tödlicher Nervengase. Die computerisierten Analysegeräte sind mit einem Trägheitsnavigationssystem gekoppelt (ganz ähnlich dem POS/NAV-System des M1A2), das die kartographische Aufzeichnung des untersuchten Gebietes ständig auf dem neuesten Stand hält. Darüber hinaus gibt es einen Sensor, der möglichen radioaktiven Niederschlag oder Kontaminierung durch Atomwaffen feststellt. Sobald ein bestimmtes Gebiet vermessen ist, können die gewonnenen Daten über zwei SINCGARS-Funkgeräte zurück an Befehlshaber befreundeter Streitkräfte übermittelt werden. Falls notwendig, kann der *Fox* auch eine Spur aus hell leuchtenden Farbstoffen legen, um kontaminierte Gebiete zu kennzeichnen oder eine sichere Durchfahrt durch eine solche Zone zu markieren.

Sechzig solcher Fahrzeuge stifteten die Deutschen den US-Streitkräften, um die Truppen der Koalition am Golf zu unterstützen. Zehn davon gingen an Divisionen des Marine Corps am Ostende der Front und die restlichen fünfzig an Einheiten der Army beim VII. Corps und XVIII. Airborne Corps. Jedes Brigade- und Regimentshauptquartier wiederum bekam zwei davon, um auf dem Marsch in den Irak und nach Kuwait nach chemisch kontaminierten Zonen zu suchen. Obwohl Sie diese Fahrzeuge in den Berichten von CNN kaum einmal zu Gesicht bekommen haben dürften, können Sie absolut sicher sein, daß direkt hinter den Stoßkeilen der amerikanischen Streitkräfte die *Füchse* an der Arbeit waren. Glücklicherweise schien es keine chemischen Angriffe gegeben zu haben. Dennoch traten immer wieder chemische Niederschläge und in Windrichtung abtreibende Giftgaswolken auf, denn eine ganze Reihe irakischer Munitionsbunker wurden durch Bomben und Artilleriegranaten zerstört. Die Arbeit der kleinen Streitmacht von *Füchsen* ging auch nach dem Waffenstillstand weiter. Sie waren noch Wochen später damit beschäftigt, die Gefechtsfelder in Kuwait und im Irak auf der Suche nach tödlichen Chemikalien zu inspizieren. Insgesamt gesehen waren sie enorm erfolgreich, obwohl kein einziger Fall bekannt geworden ist, bei dem es zu Verlusten durch den Einsatz von irakischen Chemiewaffen gekommen wäre.

Die positiven Erfahrungen, die man bei den amerikanischen Streitkräften mit dem *Fox* machte, führten zu einem Beschaffungsprogramm für weitere Fahrzeuge, die mit neuen und verbesserten Kapazitäten versehen werden sollen. General Dynamics Land Systems (der Hersteller des M1A2 *Abrams*), in Zusammenarbeit mit Thyssen Henschel, erhielt von der Army den Auftrag, zusätzliche *Fox NBC Reconnaissance Vehicles* herzustellen. Zusätzlich zu den sechzig Fahrzeugen, die wir von der Bundesrepublik Deutschland geschenkt bekommen haben, sind weitere achtundvierzig *Fox*/M93 Fahrzeuge für die Unterstützung von Einheiten bewilligt worden, die möglicherweise irgendwann einmal vom amerikanischen Militär ins Gefecht geschickt werden. Darüber hinaus wird der gesamte *Fox*-Fuhrpark mit GPS-Empfängern nachgerüstet, um die Navigationsgenauigkeit zu verbessern. Geplante Modernisierungsmaßnahmen beinhalten zusätzliche Sensoren, einen Zentralcomputer mit einem Kommandantenbildschirm und Drucker sowie einen aufrichtbaren Antennenmast, der Gaswolken erfassen und (nach Größe, Wirkstoff, Geschwindigkeit, Driftrichtung und dergleichen) identifizieren kann. Wenn die Beschaffungsmaßnahme Ende der 90er Jahre abgeschlossen ist, werden die verbesserten *Fox*/M93A1 der US-Army die leistungsfähigsten ABC-Spürfahrzeuge der Welt sein. Das einzige, was der *Fuchs* wohl nicht erreichen wird, sind hohe Stückzahlen, denn die Army wird aller Wahrscheinlichkeit nach kaum mehr als zwei- bis dreihundert dieser handlichen kleinen Fahrzeuge benötigen. Dennoch, die etwa hundert Fahrzeuge, die man den Einheiten im Feld unterstellt, werden der Army helfen, mit der ABC-Gefahr auf künftigen Gefechtsfeldern besser umgehen zu können. Gleichzeitig kann auch der ständig wachsenden Bedrohung durch toxischen und nuklearen Terrorismus besser begegnet werden. Periodische Modernisierungen der Einsatzsoftware und der Ausrüstung werden dafür sorgen, daß die *ABC-Füchse* ihre Aufgabe auch in den kommenden Jahrzehnten sehr gut meistern. *Danke schön, Deutschland!*

## Weitere gepanzerte US-Fahrzeuge

Bis jetzt haben wir erst einige wenige der Fahrzeuge besprochen, die zu den Panzertruppen der US-Army gehören – nämlich diejenigen, die eine offensichtlich militärische Funktion erfüllen. Einigen von denen, die wir uns im folgenden ansehen wollen, könnten Sie unter Umständen auch auf öffentlichen Straßen begegnen. Was sie in erster Linie von ihren zivilen Gegenstücken unterscheidet, ist die Tatsache, daß sie ihre Aufgaben auf einem Gefechtsfeld erfüllen müssen. Dadurch werden sie natürlich erheblich teurer, und in mancherlei Hinsicht müssen auch Leistungsabstriche hingenommen werden. Aber sie sind ebensosehr Kampffahrzeuge wie M1A2 und *Bradley*.

### M88 Armored Recovery Vehicle

Tatsache ist: Panzer und andere Panzerfahrzeuge sind schwer. Ebenfalls Tatsache ist: Ketten- und Panzerfahrzeuge können liegenbleiben, und das nicht einmal selten! Wenn also bei einem solch riesigen stählernen Biest, wie es beispielsweise der M1A2 ist, einmal eine Kette reißt oder das Getriebe versagt (und so etwas passiert wirklich), brauchen Sie schon eine höllische Zugmaschine, um ihn zum nächsten Instandsetzungspunkt zu schleppen, damit er dort wieder fahrtauglich gemacht werden kann. Genau das ist die Aufgabe des M88 Bergepanzers. Der bei BMY Combat Systems in York, Pennsylvania, hergestellte M88 ist ein schweres gepanzertes Kettenfahrzeug, das mit allem notwendigen Gerät ausgerüstet ist, um ein schweres Panzerfahrzeug zu bergen oder abzuschleppen. Ohne einen M88 wäre es kaum möglich, solche Schwergewichte zurück zur nächstliegenden Instandsetzungseinheit im Feld zu schaffen, damit sie es reparieren und zurück in den Einsatz schicken kann. Diese Instandsetzungseinheiten schaffen es selbst noch bei Fahrzeugen, die schwere Treffer abbekommen haben, nach nur wenigen Stunden Aufenthalt in der Werkstatt deren Einsatzbereitschaft wiederherzustellen. Während Desert Storm wurden beispielsweise M1, deren Turm getroffen worden war, zum Feld-Instandsetzungspunkt geschleppt, wo man ihnen binnen weniger Stunden einen komplett neuen Turm verpaßte. Das Problem ist nur, dorthin zu kommen.

Wie wir bereits festgestellt haben, ist die aktuelle Version des M88, der M88A1 etwas untermotorisiert (nur 760 PS bzw. 559 kW) und im Vergleich zum M1 (51 t) zu leicht. Das macht es ihm schwer, einen der großen *Abrams* zu bergen oder abzuschleppen, wenn er festsitzt oder schwer beschädigt ist. Um diese Mängel zu beseitigen, haben die Army und BMY den M88A2 entwickelt und auch schon getestet. Er wiegt jetzt 63 Tonnen, hat einen 1.050 PS Turbodiesel als Antrieb, und seine Getriebeeinheit wurde verstärkt, so daß er auch die schwersten und größten Panzerfahrzeuge bergen kann. Die Last-/Hebearmkapazität dieses Fahrzeugs liegt bei einer Zugkraft von 63 Tonnen. Es kann einen Panzer, der sich überschlagen hat, wieder aufrichten und den 23 Tonnen schweren Turm eines M1A2 abheben. Die Army braucht dieses Fahrzeug dringend! Sie würde es nicht so gern noch einmal erleben, daß wieder ein M1 um sein Leben kämpft, während er darauf warten muß, geborgen zu werden.

## M9 Armored Combat Earthmover (ACE)

Gibt es auf dieser Welt irgend etwas, das das Bild eines »Arbeiters« besser symbolisiert als ein Bulldozer? Den größten Teil unseres Jahrhunderts hat diese typisch amerikanische Konstruktion dazu beigetragen, das Angesicht unserer Erde zu verändern. Dabei ist er gleichzeitig auch ein wesentlicher Bestandteil der Kampfausrüstung. Bulldozer werden von amerikanischen Pioniertruppen schon seit dem Zweiten Weltkrieg verwendet. Damals wurden sie von den Pionierbataillonen der US-Navy, unter dem Namen »Seabees« eingeführt. Seit dieser Zeit werden sie bei allen vier Teilstreitkräften zu fast allem eingesetzt, sei es für die Durchführung von Standardprojekten des Bauwesens oder für den Ausbau von Defensivstellungen im Feld.

Panzerkommandanten haben immer den stark ausgeprägten Wunsch, von Bulldozern ins Gefecht begleitet zu werden. Ein gepanzerter Bulldozer, widerstandsfähig gegen den Beschuß aus kleineren Waffen und Granatsplitter, kann nämlich noch im Gefecht Stellungen ausheben und Sperren bauen. Allerdings befand sich das Programm für die Konstruktion eines neuen Bulldozers, im Vergleich zu Projekten wie *Abrams* M1 und *Bradley* IFV, ziemlich weit unten auf der Prioritätenliste der Army.

Erschwerend kam hinzu, daß der ursprüngliche Vertragsnehmer für dieses Programm, das jetzt unter der Bezeichnung M9 *Armored Combat Earthmover* (ACE = gepanzertes Erdarbeitsgerät) läuft, weder die Zeit- noch die Kostenvorgaben einhalten konnte. Am Ende schrieb die Army, nachdem sie die Prototypen akzeptiert und einige Testserien durchgeführt hatte, den Auftrag neu aus. BMY erhielt den Zuschlag und brachte das Gefährt zur Produktionsreife. 1988 rollten dann die ersten ACEs vom Fließband.

Der M9 ACE sieht ein wenig aus wie eine Blechdose mit schmalen Ketten an den Seiten und einer Bulldozerschaufel am Vorderteil. Innen ist eine gepanzerte Ein-Mann-Kabine, die über ein eigenes ABC-Filtersystem verfügt, damit der Fahrer mit seinem ACE auch in verseuchtem Umfeld arbeiten kann. Der Antrieb erfolgt durch eine 298 PS starke Cummins V903-Dieselmaschine über ein Achtgang-Automatikgetriebe (sechs Vorwärts- und zwei Rückwärtsgänge). Auf der Straße erreicht ein M9 eine Spitzengeschwindigkeit von 49 km/h. Damit kann das Fahrzeug sehr gut selbst zum Einsatzort gelangen und ist nicht auf Tieflader angewiesen, die es dorthin transportieren müßten. Es bestehen auch keine Schwierigkeiten, den M9 auf dem Luftweg zu transportieren, wenn größere Transportflugzeuge in der Art der C-130 *Hercules* oder C-5 *Galaxy* zur Verfügung stehen. Dank seiner einzigartigen hydropneumatischen Federung kann ein M9 mit einem einzigen Anlauf rund 6,65 m³ Erde in seinen vorderen Räumschild nehmen. Er leistet sämtliche Aufgaben aus dem Bereich der Erdarbeiten, wie das Ziehen von Gräben, Planieren, Transportieren, Heben und Schleppen.

Das Wichtigste ist und bleibt aber, daß der M9 – und ein vergleichbares britisches Fahrzeug, der Combat Engineer Tractor (CET) – die einzigen Erdarbeitsfahrzeuge sind, die auch unter Beschuß arbeiten können. Zwar lassen sich einfache Räumschaufeln auch an Panzern montieren, damit sie sich durch Hindernisse hindurchkämpfen können, aber Panzerfahrer sind nicht dafür ausgebildet worden, Erdbewegungen und Bauarbeiten durchzuführen. Genau dafür braucht man eben einen ACE.

Kommen wir zu Saddam Hussein und seiner Entscheidung vom August 1990, Kuwait zu überrollen. Kaum begannen die ersten Einheiten der 82. Fallschirmjäger-Division und der Marines mit der Landung im Norden Saudi-Arabiens, schrien deren Kommandeure auch schon nach einer Ausrüstung, die sie beim Eingraben unterstützen konnte. Sie fürchteten, daß diese leichten Einheiten mit unzureichender Bewaffnung kaum mehr als eine »Stolperschwelle« für Saddams schwere Panzertruppen auf dem Weg nach Süden wären. Historisch gesehen sind Truppen, die sich eingegraben haben, zwischen drei- bis fünfmal so effektiv wie die gleiche Anzahl Soldaten, die auf offenem Feld steht. Deshalb erhielt BMY nur wenige Tage nach dem Startbefehl für Desert Shield* die Anweisung, sämtliche M9, die auf dem Auslieferungsgelände standen und aus den

---

* »Wüstenschild« = vorbereitende Aktion zu Desert Storm

Fertigungsstraßen herausgeholt werden konnten (nach meinen Informationen sollen es insgesamt neunundneunzig gewesen sein) auf dem schnellsten Weg zur Airbase in Dover, Delaware, zu schaffen. Von dort aus sollten sie umgehend mit C-5 *Galaxy* Transportern zu den amerikanischen Streitkräften in Saudi-Arabien gebracht werden. Die einzige Vorbereitung für ihre neue Aufgabe bestand in der Aufbringung einer sandfarbenen CARC-Beschichtung (*Chemical Agent Resistant Coating*) gegen chemische Wirkstoffe, damit sie sich besser ins Terrain Arabiens einfügten. Die ACEs waren von derart lebenswichtiger Bedeutung, daß man sie sogar noch vor so wichtiger Ausrüstung wie den AH-64A *Apache* Kampfhubschraubern und – man glaubt es kaum – sogar noch vor der Munition ins Kampfgebiet brachte! Kaum angekommen, wurden sie auf Tieflader verladen und an die Front zu den Einheiten verfrachtet, die sie so dringend benötigten. In den nun folgenden Monaten waren sie unentwegt im Einsatz, hoben Gefechtsstellungen aus, bauten Panzersperren und leisteten eine Vielzahl weiterer Erdarbeiten. Sogar die Marines, die weiter draußen an der Küste in Stellung gegangen waren, forderten einige ACEs an und wurden kurz darauf mit dreißig Stück beliefert.

Später, als Desert Storm schon lief und die Gefahr einer Invasion Saudi-Arabiens durch die Iraker gebannt war, nahm die Idee einer Offensive zur Befreiung Kuwaits langsam Gestalt an. Wieder waren es die M9 und andere Pioniergeräte, die gebraucht wurden, um diese Vorstellung zu verwirklichen. Nur Ausrüstungsgegenstände wie die ACEs ermöglichten den Amerikanern Planungen für den Durchbruch durch die Verteidigungsstellungen, die Saddams Streitkräfte entlang der saudischen Grenze errichtet hatten. Tests mit den M9 hatten der US-Army gezeigt, daß ein ACE durchaus fähig ist, die hohen Sandwälle, die von den Irakern entlang der Grenze aufgeschüttet worden waren, sehr schnell abzutragen. Die Herausforderung für die M9 bestand nun darin, möglichst schnell drei bis fünf Bahnen durch die Wälle (von denen jeder etwa 6 bis 9 m hoch und zwischen 15 und 20 m dick war) zu schaufeln, damit die Speerspitzen der Panzertruppen hindurchfahren und auf dem schnellsten Weg zu den feindlichen Stellungen dahinter gelangen konnten. Damit wurden die M9 zu Wegbereitern, als im Februar 1991 die Bodenkampfphase von Desert Storm begann. Kaum hatten sie sich durch die Wälle gegraben, folgten die ACEs wieder den Angriffsspitzen der Panzertruppen und waren erneut dazu bereit, jede Arbeit zu übernehmen, die man ihnen übertragen würde. Diese Leistungen waren fast makellos und dem Rest der Welt fast unbekannt. Aber fragen Sie doch einmal die Captains und Lieutenants der Army, die den Befehl über die vorgeschobenen Platoons und Companies/Troops hatten, ob sie über den Einsatz der M9 glücklich waren oder nicht. Ich denke, Sie werden nur einhelliges Lob zu hören bekommen.

# Laster und andere Transportfahrzeuge der US-Army

## Die Laster-/Transportphilosophie der US-Army

Obwohl die Wehrmacht mit dem »Blitzkrieg« die mobile Kriegführung einführte, sollte man nicht vergessen, daß das deutsche Heer sogar noch nach zwei Kriegsjahren in erster Linie Pferde als Zugmittel verwendete. Tatsächlich waren es die Amerikaner, die weltweit die erste wirklich mobile Army präsentierten. Der Schlüssel für diese Mobilität waren Radfahrzeuge. Absolut jeder amerikanische Soldat hat einen Teil seiner Zeit in einem Jeep oder Schwerlaster verbracht. Sogar die berühmte 82. und 101. Division der Fallschirmjäger/Luftlandetruppen kamen Ende 1944 nicht mit Flugzeugen oder Gleitern in die Ardennen-Offensive, sondern wurden auf Lastern ins Gefecht gefahren. Militärische Radfahrzeuge sind alles andere als sexy und auch nicht besonders prächtig. Sie sind schlicht und ergreifend zweckmäßig. Sie haben eigentlich nichts mit der Panzergefechtsführung selbst zu tun, mit Ausnahme vielleicht der »low-boy«-Trucks, die Panzerfahrzeuge an die Front bringen (weil diese sonst relativ schnell ihre Ketten und Getriebe verschleißen würden), der Tanklaster, die den Dieseltreibstoff zum Nachtanken befördern, und den LKW's zum Transport von Nahrungsmitteln, Ersatzteilen, Wasser und allem anderen, was man eben sonst noch zur Kriegführung braucht.

Die augenblickliche Generation von Radfahrzeugen der Army wurde mit dem Hintergedanken konstruiert, daß sie in der Lage sein sollten, mit den höchst mobilen Kettenfahrzeugen in der Art des M1 *Abrams* MBT und den M2/3 *Bradleys* Schritt zu halten und sie zu unterstützen. Sie können die gleichen Hügel erklettern, die gleichen Flußläufe durchqueren und sich durch das gleiche Gelände bewegen wie ihre wesentlich schwereren Gegenstücke. Jetzt wissen Sie, warum man in Fernsehberichten von den Panzerspitzen immer so viele Laster und andere Radfahrzeuge zusammen mit den Panzern in gemischter Formation vorrücken sehen konnte. Sie fahren mit den Panzern, weil sie dafür konstruiert wurden. Diese Fähigkeit haben sie aber nicht von ungefähr. Sie wurden von Anfang an

Ein M998 HMMWV »Hummer« des 3rd ACR in seiner normalen Umgebung.
*JOHN D. GRESHAM*

dafür konstruiert und repräsentieren ein jahrzehntelanges Konzept, wonach sämtliche Fahrzeuge der Army in der Lage sein müssen, gemeinsam zu marschieren.

## High-Mobility Multipurpose Wheeled Vehicle (HMMWV)

**Die Geschichte des Programms** – Jeder Krieg bringt seine eigenen Ikonen hervor. Wer könnte schon die F-4 *Phantom*, den UH-1 *Huey* Hubschrauber oder das AK-47 Sturmgewehr des Vietnamkrieges vergessen? Bei Desert Storm war es neben den F-117 Stealth Fightern, den SCUD Boden-Luft-Flugkörpern und den *Patriot* Flugabwehr-Flugkörpern auf jeden Fall auch das *High-Mobility Multipurpose Wheeled Vehicle\**. Die Abkürzung HMMWV wird *Humvee* oder einfach *Hummer* ausgesprochen (wobei der letztgenannte gleichzeitig der warenrechtlich geschützte Name des Herstellers AM General ist). So ziemlich jeder Soldat hat in der Golfregion während Desert Shield oder Desert Storm einmal in so einem Ding gesessen. Präsident Bush und seine Frau fuhren einen und nahmen sogar ihr Thanksgiving-Dinner auf seiner Motorhaube ein. Während Desert Storm konzentrierte sich die Army auf einige tausend M1 *Abrams* Panzer und M2/3 *Bradleys* Kampffahrzeuge, um den Sieg davonzutragen, während die Zahl der HMMWVs bei etwa zwanzigtausend lag. Sie wurden einfach für alles verwendet, sei es zum reinen Personaltransport für Offiziere, als leichte Laster oder als Startgeräte für TOW-Panzer- oder *Stinger*-Flugabwehr-Flugkörper. Sie absolvierten ihre Einsätze auf eine Art und Weise, die ihres ehrwürdigen Großvaters, des *Willys Jeep* aus dem Zweiten Weltkrieg, würdig war. Der HMMWV kam als Nachfolger für das letzte *Jeep*-Modell der Army, den M151 (von Ford). Heute ist er bereits das Fahrzeug mit der weitesten Verbreitung im amerikanischen Militär.

Aber was ist eigentlich ein HMMWV? Die Army bezeichnet ihn als vierrädriges »Mittelklassefahrzeug« (ca. 1.814 bis 4.535 kg). Bei den Streitkräften, in denen er eingesetzt wird, hat man allerdings eine andere Bezeichnung: das »Kann-Alles-Fahrzeug«. Er übernimmt sämtliche Aufgaben, die auch schon vom alten M151 ausgeführt wurden. Darüber hinaus macht er aber auch alles, was der alte $1^{1}/_{4}$-Tonnen-LKW (»Fünf-viertel« genannt) und sechs weitere Lastertypen zur Aufgabe hatten. Das vereinfacht die für seine Bedienung und Wartung notwendigen Kenntnisse ganz erheblich. Außerdem konnte der Bedarf an unterschiedlichen Ersatzteilen aus den verschiedensten Produktlinien durch seine Einführung wesentlich reduziert werden.

Der HMMWV ist heute wahrscheinlich das beweglichste und robusteste aller Radfahrzeuge der Army. Es erklimmt die gleichen Hügel, durchquert die gleichen Flußläufe und verfügt über die gleiche Belastbarkeit und Zuverlässigkeit wie jedes andere Fahrzeug der gegenwärti-

---

\* höchst bewegliches Vielzweck-Radfahrzeug

gen Generation. Das ist der Schlüssel zum außerordentlichen Erfolg des *Hummer*.

Die Basisversion läuft unter der Bezeichnung M998, deren Fahrgestell Grundlage für eine ganze Familie der unterschiedlichsten Varianten ist. Um nur einige zu nennen:

- die dachlose Last-/Mannschaftstransport-Version, die für Vielzweckoperationen und -transporte verwendet wird;
- der M1026 Waffenträger, auf dem man eine M2 Maschinenkanone Kaliber 0,5", eine leichtes M60 Maschinengewehr Kaliber 7,62 mm oder einen Mk-19 40-mm-Granatwerfer montieren kann;
- der M966 TOW-2 Flugkörpertransporter, auf dessen Chassis ein leichtes (abnehmbares) Drillings-Startgerät montiert wird und der außerdem unter dem hinteren Dachbereich auch noch genug Platz für sechs weitere TOW-2 bietet;
- der M966 Mini- und der M977 Maxi-Krankentransporter für die Evakuierung von Verwundeten, zwei Fahrzeugversionen, die sich während Desert Storm als außerordentlich nützlich und zweckmäßig erwiesen;
- der M1037 *Shelter Carrier* (Schutztransporter), der eine ganze Bandbreite von Funktionen haben kann, vom Befehls- und Führungsfahrzeug bis hin zur fahrbaren Werkstatt;
- der »schwere Hummer« M1097 kann gegen Beschuß aus leichten Waffen gepanzert werden. Diese ca. 4.545 kg schweren Fahrzeuge lassen sich zu Mannschaftstransportfahrzeugen der leichten Infanterie umbauen und dienen als Basis für die neuen Spähfahrzeuge, die sich beim TACOM zur Zeit in der Entwicklungsphase befinden.

Zweifellos werden AM General und die Army noch weitere HMMWV-Varianten entwickeln und sicherlich werden diese dann ähnlich erfolgreich sein wie die bisherigen, denn immerhin blickt AM General auf eine mehr als fünfzigjährige Erfolgsgeschichte zurück.

Die Story des HMMWV ist eine Art Entwicklungsgeschichte. Er wird von derselben Firma, nämlich AM General (dem unmittelbaren Nachkommen von Willys) hergestellt, die auch schon die Ur-Jeeps produzierte. Obwohl AM General wohl häufiger als jeder andere Vertragsnehmer des Verteidigungsministeriums den Besitzer gewechselt hat (von Kaiser Jeep über American Motors zu LTV und schließlich zur Renco Group), werden HMMWVs, die heute von den Fließbändern rollen, von den Söhnen und Töchtern und sogar den Enkelkindern jener Männer und Frauen produziert, die schon während des Zweiten Weltkriegs Militärfahrzeuge bauten.

Es wäre schön, wenn man behaupten könnte, der HMMWV besäße dieselbe attraktive High-Tech-Philosophie, die auch den M1 oder *Bradley* hervorgebracht hat. Tatsächlich ist die HMMWV-Konstruktion aber eher ein Wunder an konservativer Ingenieurskunst. Die Basis des *Hummer*-Fahrgestells bilden zwei massive Stahlrohre, die sich über die gesamte Länge des Fahrzeugs hinziehen. Der HMMWV rollt auf vier besonders konstruierten Rädern, von denen jedes separat über ein neuartiges Radnabengetriebe angetrieben wird. Die ganze Karosserie ist aus leichtgewichtigen Aluminiumlegierungen in Flugzeugbau-Qualität hergestellt. Dieses Material ist so widerstandsfähig gegen Korrosion, daß AM General eine Garantie von fünfzehn Jahren gegen Durchrostung gibt! Der *Hummer* wird von einem Achtzylinder-Dieselmotor von General Motors, der 150 PS (112 kW) leistet, über eine Dreigangautomatik angetrieben. Das Resultat ist ein Fahrzeug mit extrem niedrigem Schwerpunkt, das fast jeden Hügel erklettern und Wasser bis zu einer Tiefe von etwa 0,75 m durchqueren kann. Es bewegt sich leichtfüßig auf Eis, Schnee und durch Sand und übersteigt locker Stufen und Baumstämme bis zu einer Höhe von etwa 0,6 m.

**Fahrbericht** – Wenn Sie zum ersten Mal auf einen *Hummer* zugehen, werden Sie zunächst von der unglaublichen Kastenförmigkeit beeindruckt sein. AM General ist sehr stolz darauf, daß nicht ein einziger Pfennig Steuergelder dafür verschwendet wurde, den HMMWV zu stylen oder attraktiv zu machen. Tatsächlich wird man sehr stark an die A-10A *Thunderbolt II* der Air Force erinnert, die nicht von ungefähr den liebevoll gemeinten Spitznamen »Warzenschwein« hat. Beide wurden nicht auf Schönheit, sondern auf Zweckmäßigkeit hin konstruiert. Für die Leute bei AM General und der Army ist er aber trotzdem eine Schönheit. Sie beschreiben ihn als »funktionell elegant«.

Bei der militärischen Ausführung des HMMWV findet man kaum Anzeichen von Komfort, und die Rücksitze der ersten HMMWV-Modelle sind in den Augen von einigen Mitfahrern eine Art Folterbank. Wenn Sie also auf Luxus aus sind, vergessen Sie dieses Biest ganz schnell wieder. Sobald Sie Platz genommen haben, ist es für Sie von geradezu lebenswichtiger Bedeutung, daß Sie sofort die Sicherheitsgurte anschnallen. Die Fahrt mit einem HMMWV im offenen Gelände kann ganz schön ruppig sein, und die meisten der militärisch genutzten *Hummer* haben keine Türen! Lediglich die mit Waffen bestückten und ein paar andere Ausführungen haben feste Türen, alle anderen verfügen gerade einmal über Türen und Dächer aus Segeltuch. Jeder militärische HMMWV hat die gleiche CARC- Lackierung, die bei absolut allen zur Zeit im Einsatz befindlichen Fahrzeugen der Army verwendet wird. In den meisten Fällen befinden sich zwischen dem Fahrer- und Beifahrersitz Halterungen für Funkgeräte. In vielen HMMWVs gibt es zudem am Armaturenbrett Halterungen für die militärische Version der Trimble GPS-Empfänger.

Beim Blick auf das Armaturenbrett werden Sie nicht gerade überwältigt sein, wenn Sie es mit dem im M1A2 vergleichen, das mit der neuesten Elektronik ausgestattet ist. Der *Hummer* hat etwa die gleiche Instrumentierung, die Sie vielleicht bei einem alten Volkswagen erwarten würden: Tachometer, Tankuhr und ein paar Anzeigelämpchen. Das Lenkrad besteht aus nacktem schwarzem Plastik und hat an der Steuersäule zwei Wählhebel: einer für die Schaltung der normalen Gänge (NEUTRAL, DRIVE, REVERSE), der andere für die hohe bzw. niedrige Übersetzung des Allradantriebs. Wie bei den meisten Militärfahrzeugen gibt es auch hier keinen Zündschlüssel. Im oberen linken Bereich des Armaturenbretts finden Sie dafür einen einfachen Schalter mit den Stellungen für START, OFF und DRIVE. Statt der Handbremse ziehen Sie hier ein Drahtseil aus dem Armaturenbrett und arretieren es mit einem Vorhängeschloß am Lenkrad. So sichern Sie den *Hummer* auch gleichzeitig gegen Diebstahl. Einen »Humvee« in Gang zu setzen ist ganz einfach, und die Maschine erwacht praktisch augenblicklich zum Leben. Wer das weiche Schnurren eines Benzinmotor in einem normalen Straßenfahrzeug gewohnt ist, dem wird das entschiedene Grollen des GM-Diesels schon ziemlich extrem erscheinen. In Wirklichkeit läuft der Diesel im *Hummer* recht weich und verfügt über eine ziemlich ansehnliche Drehmomentkurve. Will man das Optimum aus diesem kraftvollen Dieselmotor herausholen, muß man im Vergleich zu einem normalen Straßenfahrzeug etwas umdenken. Zwischen dem Druck auf das Gaspedal und der Umsetzung in Bewegung liegt nämlich eine leichte Verzögerung, die berücksichtigt werden will.

Im Gegensatz zu den meisten Off-Road-Fahrzeugen hat der HMMWV einen permanenten Allradantrieb (es sei denn, man schaltet ihn in den Freilauf, weil er abgeschleppt werden muß). Sie müssen sich allerdings entscheiden, ob Sie in der hohen oder niedrigen Getriebeübersetzung fahren wollen. Für eine Fahrt auf normaler Straße sollten Sie die HIGH-Stellung wählen. Überraschenderweise erfordert die Lenkung des HMMWV eine gefühlvolle Hand, und nicht das grobe Zupacken, das man von konventionellen Lastern und Allradfahrzeugen (4WD) gewohnt ist. Rein vom Gefühl her verhält er sich mehr wie ein Cadillac, bei dem nur geringfügige Lenkkorrekturen und mäßiger Kraftaufwand notwendig sind, um eine optimale Beherrschung des Fahrzeugs zu erzielen. Unter allen anderen Gesichtspunkten verhält er sich aber überhaupt nicht wie ein Automobil der Luxusklasse. Das beste Wort, mit dem sich das Gefühl, einen *Hummer* zu fahren, beschreiben läßt, ist »Souveränität«. Ganz gleich, ob er über Felsen klettert (der HMMWV hat eine Bodenfreiheit von 16"/40,6 cm) oder Bäche durchwatet (bis zu 30"/76,2 cm im fließenden Wasser), der Wagen gibt einem das Gefühl, daß man jede Aufgabe mit ihm lösen kann. Das heißt aber nicht, daß man den HMMWV rücksichtslos fortbewegen darf. Vielmehr ist es so, daß dieses Fahrzeug einen bedächtigen und vorsichtigen Fahrer erfordert, der seine Leistung sinnvoll zu nutzen versteht. Ein Major am National Training Center sagte mir einmal, man könne gut darauf verzichten, ein Gelände einzunehmen, das für einen *Hummer* weder erklimm- noch erreichbar ist!

Der *Hummer* hat einige ziemlich außergewöhnliche Tricks auf Lager. Da ist zum Beispiel die Art und Weise, wie man mit ihm steile Böschungen hinaufklettert und wieder hinunterfährt! Sie können praktisch jede Art von Hügel hinauffahren, dessen Kuppe Sie erreichen wollen, dazu brauchen Sie nur Ihren Sicherheitsgurt festzuziehen (damit Sie nicht herausfallen), den Getriebewählhebel auf D1 zu stellen (niedriger Gang, kleine Übersetzung) und gefühlvoll aufs Gaspedal zu treten. Fast wie durch Zauberei nähern Sie sich kontinuierlich, wenn auch langsam der Kuppe des Hügels. Hierbei kommt die ununterbrochene Kraftübertragung auf die dicken Reifen zur Wirkung. (So unglaublich es auch klingen mag, aber man wird mit Matsch, Geröll, weichem Sand und Schnee ganz einfach dadurch fertig, daß man die Geschwindigkeit etwas reduziert und gefühlvoll mit dem Gaspedal umgeht.) So fasziniert Sie von der Steigleistung auch gewesen sein mögen, der Weg bergab ist sogar noch eindrucksvoller. Auch hier besteht der ganze Trick wieder darin, auf D1 zu schalten und Kurs auf das Tal zu nehmen. Das allerwichtigste ist jetzt, daß Sie auf keinen Fall auf das Bremspedal treten! Natürlich hört sich das bei einer Talfahrt verrückt an, aber jetzt steht und fällt alles mit der Kompression des Dieselmotors im HMMWV. Die Bremse auch nur zu berühren hieße, daß die Räder sofort blockieren und das Fahrzeug in eine gefährliche Schlitterpartie bringen würden. Es ist schon ein wenig verblüffend, wenn Sie ein Gefälle hinabblicken, von dem Sie sich nicht einmal sicher sind, ob Sie es schaffen würden, dort zu Fuß hinabzusteigen. Dabei sitzen Sie in einem Wagen, der genau dort hinunterfährt und Ihnen dabei auch noch das Gefühl von Souveränität und Sicherheit vermittelt. Das alles wurde auf dem Schießplatz von einem Major des *Dragon* Observer/Controller Teams beim NTC sehr überzeugend demonstriert, als er einigen meiner Mitarbeiter die Instrumentenausrüstung des Gebietes auf der Spitze eines Berges (ein teilweise ziemlich hoch und besonders heimtückisch aussehender Steinhaufen) vorführen wollte: Er schaltete seinen *Hummer* auf D1 und nahm einfach Kurs nach oben. Der »Pfad« (wenn man den Mut hat, ihn als solchen zu bezeichnen) bestand aus Geröll und Gesteinsbrocken. Später erzählte er uns, daß der einzige Weg nach oben nur mit einem Hubschrauber zu schaffen wäre – oder mit einem HMMWV!

Ich möchte meine Diskussion über den *Hummer* an dieser Stelle mit der Beschreibung eines berühmt gewordenen Fotos aus dem Krieg am Persischen Golf abschließen (es gibt unzählige *Hummer*-Stories aus diesem Krieg). Es zeigt einen HMMWV der 82. Fallschirmjäger-Division, der fast bis zum Zusammenbrechen (die Räder und Achsen sind fast völlig in den Radkästen verschwunden) beladen ist. Das ist wörtlich zu verstehen, denn man hat ihn mit Munition und Ausrüstung bepackt, außerdem sind auch noch einige Soldaten aufgesessen, und obendrein hat er auch noch eine 105-mm-Haubitze im Schlepp! Später kommen wir noch einmal darauf zurück, welche Pläne die Army für dieses faszinierende Fahrzeug hat. Der HMMWV ist in der Tat so populär geworden, daß AM General inzwischen auch noch kommerziell nutzbare und für den Privatgebrauch bestimmte Versionen verkauft. Dabei sind die *Hummer* nicht gerade billig (1994 lag der Preis, je nach Ausstattung, zwischen 40.000 und 60.000 Dollar), aber mit einiger Sicherheit die besten 4WD-Nutzfahrzeuge die zur Zeit gebaut werden.

## M1070/M1000 Heavy-Equipment Transporter System (HETS)

Man lädt nicht einfach ein ganzes Bataillon M1A2 oder *Bradleys* ab und läßt sie dann etliche hundert Kilometer bis an die Front fahren. Panzerfahrzeuge sind in mechanischer Hinsicht anspruchsvolle Bestien, die mit jeder Meile ihrer Fortbewegung unglaublich starke Verschleiß- oder Abnutzungserscheinungen produzieren. Aus diesem Grund pflegen Armeen, die schwer gepanzerte Fahrzeuge einsetzen, diese auf Spezialtransporter zu verladen, die sie an die Front bringen. Sie ähneln sehr stark den Low-Boy-Sattelschleppern und sind so konstruiert, daß ein Panzerfahrzeug über eine absenkbare Rampe auf den Auflieger des Sattelschleppers fahren kann, um dann in die vorgeschobenen Sammlungsräume transportiert zu werden. Das Problem mit den im Moment verwendeten HETS*, die unter der Bezeichnung M911/M746 und 747 bekannt sind (die erste Zahlenkombination bezeichnet den Sattelschlepper, die zweite den Aufliegertyp), ist die enorme Gewichtszunahme der M1 MBTs. Dadurch reduziert sich ihre Einsatzmöglichkeit auf befestigte Straßen und ihre Spitzengeschwindigkeit auf maximal 25 km/h.

Um diesen Mangel aus der Welt zu schaffen, führt die Army zur Zeit in großem Umfang die neuen M1017/M1000 ein. Diese Fahrzeuge werden bei der Oshkosh Corporation in Oshkosh, Wisconsin, hergestellt und können auf der Straße wie auch im Gelände siebzig Tonnen Nutzlast (das entspricht etwa dem Gewicht eines *Abrams*) mit Geschwindigkeiten von bis zu 50 km/h befördern. In seiner möglicherweise wichtigsten Rolle wird es sich dann auch auf der neuen Klasse von Roll on/Roll off-Transportschiffen der Army bewegen können, ohne auch nur einmal den Rückwärtsgang einlegen zu müssen. Das versetzt die M1017/M1000 in die Lage, ihre lebenswichtige Fracht mit nur minimaler Unterstützung durch Ausrüstung und Einrichtungen auf einem Pier von Bord zu schaffen. Und das kann unter Umständen die Frage entscheiden, ob man einen Krieg gewinnt oder ob die bösen Jungs sich an den Stränden unserer Alliierten die Sonne auf den Bauch scheinen lassen.

### M939 5-Ton Truck

Heereseinheiten brauchen jede Menge Zeugs: Zeug zum Essen, zum Trinken, zum Schießen. Das alles muß irgendwie bewegt werden, und dazu braucht man LKW's. Viele LKW's. Der am weitesten verbreitete dieser LKW ist der klassische 5-Tonner (die Bezeichnung bezieht sich auf die Nutzlast) M939. Die neueste Version ist eine eigentlich schon recht ehrwürdige Konstruktion, die von der BMY Truck Company produziert wird. Bei der letzten Version, dem M939A2, gibt es aber eine einzigartige Neuerung: das zentrale Reifendruck-Kontroll-System. Damit kann der Fahrer während der Fahrt den Reifendruck und damit auch die Traktion verändern, indem er lediglich im Fahrerhaus einen kleinen Schalter betätigt. Dadurch wird die Leistungsfähigkeit des M939A2 in weichem Sand und Matsch wesentlich verbessert.

---

\* Schwerlast-Transporter-Systeme

## Die Familie der Heavy Expanded Mobility Tactical Trucks (HEMTT)

Die Lasterfamilie der *Heavy Expanded Mobility Tactical Trucks* (HEMTT = militärisch genutzte LKWs mit hoher Geländegängigkeit) wurde konstruiert, um vorgeschobene Einheiten mit Kraftstoff, Wasser, Trockennahrung und anderen Gütern zu versorgen. Sie wird bei Oshkosh hergestellt und dient außerdem als Plattform für Kräne und weitere Serviceausrüstung zur Wartung anderer Fahrzeuge der Army. Mit einer Nutzlast von 9 Tonnen können sich die HEMMTs mit Geschwindigkeiten von bis zu 90 km/h in den unterschiedlichsten Geländeformationen bewegen. Im Augenblick gibt es fünf verschiedene Varianten, die alle auf den Gefechtserfahrungen von Desert Storm basieren. Der M977 ist ein Leichttransporter mit Kran; der M978 ist ein Tanklaster mit 9.450 Liter Füllkapazität; M983 und M984 sind die Schlepp- oder Bergversionen, und der M985 ist der Schwerlasttransporter mit einem Kran für die Materialbewegung. Es ist so gut wie sicher, daß die Army auch noch weitere Varianten dieses hervorragenden Fahrzeuges entwickeln wird.

## Künftige Entwicklungen

In den 80er Jahren erlebte die US-Army mit der Einführung des *AirLand Battle*-Konzepts und der Festschreibung der Gefechtsführung auf der Basis synchronisierter Manöver eine tiefgreifende Revolution. Und falls irgendwelche bösen Jungs davon träumen, noch mehr Ärger zu machen, dann hat General Gordon Sullivan, der Stabschef der Army, ein paar schlechte Nachrichten für sie. Nachdem die Revolution der 80er so erfolgreich gewesen war, hat sich die Army nämlich entschieden, eine weitere in den 90er Jahren zu veranstalten. Um 1997 werden sämtliche der nachfolgend beschriebenen Systeme fertig und bei den aktiven Einheiten sein. Einige davon, wie der M2A3/M3A3, sind Weiterentwicklungen bereits bestehender Systeme. Andere wiederum, wie das XM8 *Armored Gun*-System (ein starker, dabei leichter Kampfpanzer) stellen die Verwirklichung völlig neuer Ideen dar. Diese neuen Systeme wurden so konstruiert, daß sie einen ausgezeichneten Gegenwert für die nur noch eingeschränkt verfügbaren Haushalts-Dollars der späten 90er Jahre repräsentieren. Und all denen, die der Ansicht sind, die Verteidigungsausgaben seien aufgebläht, sei eines gesagt: Seit 1991 der Golfkrieg zu Ende ging, wurde das Beschaffungsbudget der Army (also der insgesamt verfügbare Betrag für die Beschaffung, angefangen von Panzern bis hin zum Personalcomputer) um zwei Drittel gekürzt! Dessen ungeachtet treibt General Sullivan seine Vorstellung von der Verwirklichung des digitalisierten Gefechtsfelds mit Leidenschaft und Weitblick voran. So, wie er es angepackt hat, könnte es sogar funktionieren.

## Die *Stinger*-Varianten der M2A3/M3A3 *Bradleys*

Sie werden sich jetzt vielleicht fragen, wann man den *Bradleys* die gleiche digitale Ausstattung verpaßt wie den M1A2. Mit diesem digitalen Datenbus und dem IVIS-Fahrzeug-Netzwerk an Bord genießt der M1A2 einen unschätzbaren Befehls- und Führungsvorteil gegenüber fast allem, was sich sonst noch auf einem Gefechtsfeld bewegen könnte. Beim augenblicklich im Einsatz befindlichen *Bradley* fehlt das alles aber. Er fährt vergleichsweise taub und blind neben den neuen Panzern her. Ohne eine IVIS-Schnittstelle besteht das Optimum dessen, was die Kommandanten der *Bradleys* tun können, darin, die Sprechfunkmitteilungen ihrer Kameraden in den *Abrams* abzuhören.

FMC arbeitet als Hauptfirma daran, irgendeine Art von digitalem Befehls- und Führungssystem in die M2A2/M2A3 *Bradleys* zu bekommen. GDLS hat bereits etwa sechs M2A2 auf IVIS-Tauglichkeit umgerüstet, um sie in Fort Hood im NTC testen und weiterentwickeln zu können. Auf einen Nenner gebracht heißt das: Es wird ein Programm geben, den *Bradley*-A2-Bestand mit Übergangsbausätzen zu modernisieren, die in Depots bzw. Stützpunkten der Army installiert werden sollen. In diesem Paket wird sich bestimmt auch ein GPS-Empfänger, ein Laser-Entfernungsmesser und vielleicht sogar ein kleines Terminal für den Fahrzeugkommandanten befinden. Ganz sicher wird es aber nicht bei allen Fahrzeugsystemen eingebaut werden, und ebenso sicher werden bei dieser Ausführung die Daten einfach per SINCGARS-Funk übermittelt. Dennoch können derartig ausgerüstete Fahrzeuge am IVIS-Verkehr teilnehmen, ohne deswegen voll integriert sein zu müssen.

Eine weitere Version, die unmittelbar vor dem Abschluß steht, ist das *Bradley Stinger Vehicle*, eine Variante des *Bradley*, die einige der Lücken in der Luftabwehr der Army schließen soll. Was die Verwendung von Patriot-Flugabwehr-Lenkwaffen angeht, waren die Leistungen der Army-Einheiten während Desert Storm zweifellos ausgezeichnet. Es hätte alles aber auch ganz anders aussehen können, wenn sich der Irak dazu entschlossen hätte, die vorgeschobenen Einheiten mit seinen verbliebenen Bodenkampfflugzeugen und Hubschraubern anzugreifen: Die Luftabwehrkapazitäten bei vorgeschobenen Gefechtseinheiten der Army beschränkten sich nämlich auf einige ziemlich überholte Systeme wie die *Chaparal* Flugkörper, die PIVADS 20-mm-FLAK (das ist eine auf einen M113 montierte *Vulcan*-Maschinenkanone*) und der leichte *Stinger*-RMP-Flugkörper für die FLAK-Aufgabe. Das bei weitem beste der genannten Systeme ist noch der *Stinger*. Er hat wenigstens einen Sucher, dessen Technik sich auf dem neuesten Stand befindet und sich durch fast keine Art von Düppeln und Funkstörungen verwirren läßt. Das Problem für die

---

\* Maschinenkanone, die auch als Bordkanone bei Fightern der US-Air Force verwendet wird. Sie arbeitet nach dem *Gatling*-System, d. h. es ist eine Waffe mit mehreren rotierenden Läufen, die es auf sehr hohe Feuergeschwindigkeit bringt.

Panzerstreitkräfte der US-Army liegt darin, daß die *Stinger* zur Zeit fast ausschließlich als tragbare Systeme an Soldaten ausgegeben werden. Hinzu kommt vielleicht noch eine Handvoll *Avenger* Flugabwehrfahrzeuge (HMMWVs, auf die ein Sockel für acht *Stinger* und ein Maschinengewehr Kaliber 0,5" montiert wurde).

Um bei diesem Problem Abhilfe zu schaffen, entwickelt die Army im Moment eine FLAK-Version des *Bradley*, die die Panzertruppen verteidigen soll. Sie befindet sich augenblicklich noch in der Testphase. Der *Bradley Stinger* wird einen neuen Turm haben und zusätzlichen Stauraum im Heck des Fahrzeugs für die Flugkörper und 25-mm-Munition. Der Turm wurde so modifiziert, daß jetzt statt des normalen TOW-2-Startgerätes ein Vierfachstartgerät für die *Stinger* montiert werden kann. Das neue Befehls- und Führungssystem kann Daten von einem *Forward Area Air Defense System* (FAADS = Flugabwehr-Frühwarnsystem) eingespeist bekommen. Das Feuerleitsystem wurde ebenfalls abgewandelt. Es schafft jetzt den gleichzeitigen Angriff auf sich schnell bewegende Luftziele mit den *Stinger* und mit der 25-mm-Maschinenkanone. Voraussetzung dafür ist aber das Vorhandensein eines *Identification Friend or Foe* (IFF*)-Decoders. Über die genaue Stückzahl dieser Fahrzeuge, den Zeitplan und die Indienststellung macht man sich momentan im TRADOC noch Gedanken. Fest steht aber, daß der *Bradley Stinger* auf dem besten Weg ist, die beste mobile Luftabwehrplattform zu werden, die je von der Army ins Feld geschickt wurde. Das einzige Problem sind auch hier wieder die sich bereits abzeichnenden Geldschwierigkeiten. Also muß die Army wieder einen Weg finden, das *Bradley Stinger*-Programm mit dem berühmten »geölten Schuhlöffel« im ohnehin schon stark strapazierten Haushalt unterzubringen. Irgendwie wird sie das schon schaffen, denn man weiß sehr genau, daß es in Zukunft kaum noch einmal einen weniger effektiven Gegner als den Irak geben wird!

Langfristig gesehen wird der M2A3/M3A3 *Bradley* die modernisierte Variante des existierenden *Bradley* sein. Bei diesem Programm wird FMC die bestehenden M2/3-Fahrgestelle schon sehr früh aus dem Produktionsablauf auskoppeln, sie völlig abspecken und auf dieser Grundlage ein völlig neues Fahrzeug aufbauen. Das wird so ähnlich ablaufen wie im M1A2-Programm der Army bei GDLS. Diese neuen Fahrzeuge werden allerdings durch einen MIL STD 1553-Datenbus voll integriert sein. Zu dieser Integrierung wird auch die Umstellung sämtlicher analoger Geräte auf die zuverlässigeren in Digitalausführung beitragen. Darüber hinaus denkt man über einige andere Dinge nach wie ein Wärmebildgerät für den Kommandanten (in der Art des CITV beim M1A2) und einen Entfernungsmesser/Designator** auf Laserbasis. Diese Geräte wären beim Ein-

---

* Flugzeuge haben sogenannte Transponder (**Trans**mitter/Res**ponder**), die von speziellen Geräten »verhört« werden. Das IFF-Gerät identifiziert einen Transponder-Code aufgrund seiner Kennung als »freundlich« oder »feindlich«.
** Bezeichner

satz von lasergelenkten Waffensystemen sehr hilfreich. Sicherlich wird man auch die Vorteile der zweiten Generation der FLIR-Technologie nutzen. Sie wird bereits in Systemen wie dem RAH-66 *Comanche* Erkundungs-/Kampfhubschrauber verwendet und bietet eine wesentlich bessere optische Auflösung auf den Displays als alle bestehenden Systeme. Mit einiger Wahrscheinlichkeit wird es auch eine Vernetzung zwischen den Fahrzeugen geben, die mit dem IVIS-System der M1A2 kompatibel ist. Aber auch das wird ein System der zweiten Generation sein. Damit wäre dann endlich Schluß mit dem Daten-Nadelöhr, unter dem das augenblickliche IVIS-System leidet (es arbeitet nämlich lediglich mit einer Geschwindigkeit von 1.200 bis 2.400 bps* und ist damit gerade einmal so schnell wie das langsamste Computermodem). Als schon fast banale Fußnote kann noch hinzugefügt werden, daß FMC auch noch mit aufblasbaren Schwimmkörpern herumexperimentiert, welche die zur Zeit verwendeten Schwimmschürzen ersetzen sollen. Darüber hinaus gibt es einige unbestätigte Gerüchte, daß man bei FMC auch an Kampffahrzeugen aus Plastik arbeitet. Es ist durchaus möglich, daß irgendwann einmal bei Fahrzeugen in der Art des *Bradley* Composit-Materialien aus Plastiklagen, Kevlar und anderen Verbundstoffen die kugelsichere Rumpfpanzerung ersetzen werden. Dieses Fahrzeug hätte den großen Vorteil, daß es wesentlich leichter, billiger zu betreiben (wegen der besseren Kraftstoffausbeute und geringeren Abnutzungs- bzw. Verschleißerscheinungen) und möglicherweise aufgrund des geringeren Radarquerschnitts (RCS**) des oberen Rumpfteils aus Plastikmaterial sogar *stealthy*** wäre.

Zur Zeit müssen derartige Träume allerdings noch in den Konstruktionsbüros von FMC und den Sitzungsräumen des TRADOC in Warren, Michigan, weiterschlummern. Gerade im Augenblick ist nämlich sehr wenig Geld für neue Systeme verfügbar. Das ist auch der Grund, weshalb selbst die Bemühungen für die Einführung der -A3-Version des *Bradley* in dieser Legislaturperiode wohl weiter darauf warten müssen, ob sie noch an die Reihe kommen. Wesentlich ausgereiftere Programme wie das des M1A2 und des AH-64 C/D *Longbow Apache*, die schon in der Test-, teilweise sogar schon in der Produktionsphase sind, haben nämlich Vorrang. Wie auch immer, irgendwann beim Anbruch des 21. Jahrhundert sollten Sie darauf achten, ob dann nicht auch der *Bradley* inzwischen mit bei den neuesten digitalisierten Systemen ist, die von der US-Army eingeführt werden.

---

* bits per second
** **R**adar **C**ross **S**ection: Größe (Querschnitt) eines Objekts auf einem Radarschirm, die durch die Menge reflektierter Radarstrahlen eines Senders bestimmt wird.
*** Abgeleitet von STEALTH, der sogenannten »Tarnkappentechnologie«, die eine Radarerfassung außerordentlich erschwert.

# Das XM8 Armored Gun System

In einer Ecke in den Produktionshallen auf dem Fabrikgelände von FMC in San Jose, Kalifornien, wurde sehr schnell ein neues Fließband eingerichtet, das möglicherweise schon bald mit der Produktion eines der aufregendsten Fahrzeuge in der Geschichte der US-Army beginnen wird: dem XM8 *Armored Gun System* (AGS).

Tatsächlich handelt es sich hierbei um einen äußerst fähigen leichten Kampfpanzer (wobei dieser Begriff bei der US-Army etwas in Ungnade gefallen ist). Er ist die Antwort auf das Problem der Light Cavalry, Infanterie und Luftlandetruppen mit dem Mangel an gepanzerter Schlagkraft.

Die Grundgedanke für einen leichten Panzer besteht darin, daß er alles vernichten soll, was leichter ist, sich aber vor allem verstecken oder entkommen kann, was stärker ist als er selbst. Bei weniger als der Hälfte des Gewichts und beim halben Preis eines MBTs, dabei aber mit fast identischer Bewaffnung bekommen Sie mit einem leichten Panzer theoretisch mehr für Ihr Geld. In der Praxis sieht es aber etwas anders aus. Es hat sich gezeigt, daß leichte Panzer im allgemeinen teurer, weniger effektiv und weniger überlebensfähig sind, als es sich ihre Konstrukteure erhofft haben (weshalb der Begriff »leichter Panzer« auch so unbeliebt ist).

Seit dem Vietnamkrieg lag der gepanzerte Feuerschutz für leichte Einheiten ganz in Händen des leichten M551 *Sheridan* Panzers. Unglücklicherweise konnte der *Sheridan* die in ihn gesetzten Erwartungen nie so recht erfüllen und war für seine Betreiber eine arge Enttäuschung. Seine Aluminiumpanzerung erwies sich gegen die tragbaren Panzerabwehr-Waffen in Vietnam als zu schwach, und sein kompliziertes 152-mm-Kanone/Flugkörper Startgerät war ein Paradebeispiel für Unzuverlässigkeit. Darüber hinaus verfügte er über die häßliche Eigenart, seine Ketten in eng gefahrenen Kurven abzuwerfen. Genau betrachtet besteht die einzig wirklich wertvolle Leistung, zu der *Sheridan* fähig war, darin, daß er der Army

Das XM8 *Armored Gun-System*: Die Fahrerluke mit ihren Winkelprimen ermöglicht einen recht guten Rundumblick, die ziemlich schmalen Ketten zeigen, daß es sich hier um ein leichtgewichtiges Fahrzeug handelt. *FMC Corporation*

147

ein billiges und vor allen Dingen verfügbares Fahrgestell lieferte, mit dem die OPFOR-Teams am NTC in Fort Irwin, Kalifornien, ein feindliches Panzerbataillon simulieren konnten. Derzeit ist die letzte Einheit mit M551 das Luftlande-Panzerbataillon der 82nd Airborne Division. Der einzige Grund, weshalb er dort immer noch verwendet wird, ist der, daß die *Sheridans* (gerade eben noch) aus der Luft abgeworfen werden können. Wäre das nicht der Fall, hätte die Army sie längst eingestampft.

Das Versagen eines einzigen Waffensystems stellt allerdings keineswegs die Notwendigkeit und Aufgabenstellung für eine leicht gepanzerte Unterstützung von leichter Infanterie, Panzeraufklärern und Luftlandetruppen in Frage. Tatsächlich ist mit dem Verlust der Stützpunktrechte der amerikanischen Streitkräfte (wie beispielsweise auf den Philippinen) in den 80er und 90er Jahren die Notwendigkeit für ein solches System sogar eher noch gewachsen. Die Pläne von General Sullivan laufen darauf hinaus, ständig acht Brigaden in voller Kampfbereitschaft zu halten, damit sie jederzeit mit ihrer gesamten Ausrüstung verlegt werden können. Dennoch besteht auch weiterhin der Bedarf für Luftlandetruppen, die als Sofortreaktions-Einheiten in ein Krisengebiet geschickt werden können. Um diese Lücke zu füllen, initiierte die Army 1980 das AGS-Programm. Es sah die Entwicklung eines leichten, überlebensfähigen, gepanzerten Fahrzeugs vor, das über eine gute Feuerkraft verfügen mußte und per Lufttransport praktisch überall hingebracht werden konnte. Die Ausschreibung für das Projekt entschied FMC für sich. Gegen Ende 1994 werden die ersten sechs Prototypen des XM8 fertig sein. Falls das Programm seinen Zeitplan einhalten kann, werden die ersten XM8-Einheiten als Panzerbataillon der 82. Fallschirmjäger-Division in Fort Bragg, North Carolina gegen Ende 1997 stehen.

Beim XM8 sind Rumpf und Turm aus Aluminium. Seine Bewaffnung besteht aus einer 105-mm-Kanone mit schwachem Rückstoß, bei der die gleiche Art von Munition verwendet werden kann, die auch schon bei den ersten Versionen des M1 *Abrams* eingesetzt wurde. Um die Granaten leichter handhaben und laden zu können, hat die Army für den AGS das 5"-Selbstladesystem der Mk45 Kanone von der Navy übernommen. Es hält bis zu zwanzig

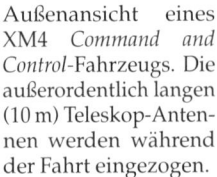

Außenansicht eines XM4 *Command and Control*-Fahrzeugs. Die außerordentlich langen (10 m) Teleskop-Antennen werden während der Fahrt eingezogen.

FMC CORPORATION

148

105-mm-Granaten in Bereitschaft. Darüber hinaus befinden sich noch weitere neun in speziellen Abteilungen im Frontbereich des Fahrzeugs. Alle fünf Sekunden ist ein Nachladevorgang abgeschlossen, und das System sollte eigentlich recht zuverlässig sein, weil es sich, historisch gesehen, auf die Erfahrungen der Navy mit diesen Kanonenbettungen stützt und die ersten Tests auch schon erfolgreich absolviert hat. Durch die Verwendung des Selbstladers konnte die Mannschaft für den XM8 auf drei Mann reduziert werden, wobei der Fahrer vorn im Rumpf sitzt, während Richtschütze und Kommandant ihre Plätze auf der rechten Seite des kompakten Turms haben.

Es gibt ein kleines Wärmebildgerät für den Kommandant und Richtschützen und auch einen 1553-Datenbus, der sämtliche Fahrzeugsysteme miteinander verbindet. Auch bestehen bereits Pläne, unter Umständen ein zusätzliches Netzwerk von Fahrzeug zu Fahrzeug in der Art des IVIS zu entwickeln, das dann ebenfalls eingebaut werden soll. Mit seiner 550 PS (410 kW) Dieselmaschine und einem hydromechanischen Automatikgetriebe wird der XM8 Spitzengeschwindigkeiten von bis zu 74 km/h erreichen können, was allerdings von Gelände und verwendetem Panzerungspaket abhängt.

Die Panzerung ist die eigentlich große Neuerung bei diesem AGS. Zusätzlich zum Rumpf und Turm aus Aluminium werden hier in Harz eingebettete Schichten aus Siliziumcarbid (das ist das Zeug, aus dem die Industriebohrer gemacht werden) verwendet, die ihrerseits auf den Rumpf gebolzt werden. Diese Panzerung gewährt vergleichbaren Schutz wie bei den -A2-Versionen der *Bradley*-Panzerungen (der sogenannte Level I). Außerdem lassen sich problemlos weitere Panzerungsschichten auf Rumpf und Turm aufbringen, um die Panzerungsart auf die Erfordernisse der jeweiligen Mission und die zu erwartenden Bedrohungen abzustimmen. Einige der zusätzlichen Panzerungspakete bestehen aus Siliziumcarbidkacheln, andere aus Titan oder Verbundmaterial. Trägt der XM8 das zusätzliche Level III-Panzerungspaket, ist er mit einiger Sicherheit besser gepanzert als die letzten Versionen des M60 *Patton*, der immer noch ein hervorragender Panzer ist.

Der Grund, weshalb es bei diesem Fahrzeug so viele verschiedene Optionen für die Panzerung gibt, dürfte in erster Linie darin liegen, daß es bei einem AGS in erster Linie darauf ankommt, ein möglichst breites Einsatzspektrum zu schaffen. Auf den ersten Blick erscheint es nicht besonders praktisch, eine Panzereinheit per Luftpost an Orte wie Saudi-Arabien zu verschicken. Eine solche Aktion würde das gesamte Lufttransportsystem des amerikanischen Militärs lähmen. Als beispielsweise die 24th Mechanized Infantry* durch die Wälle Richtung Saudi-Arabien marschierte, hatte sie mehr als 6.000 Fahrzeuge, vom M1A1 bis hin zu HMMWVs dabei! Mit einer C-5 *Galaxy* (unserem größten Transportflugzeug) können Sie wegen der Nutzlastkapazität lediglich einen einzigen M1 befördern. Da wir aber nur 150 dieser unschätzbar wertvollen Vögel im Einsatz haben, würde es Wochen dauern, auch nur eine einzige Panzerdivision in den Nahen Osten zu schaffen. Der XM8 ist aber – selbst mit voller Level III Panzerung und in

---

* Panzergrenadiere

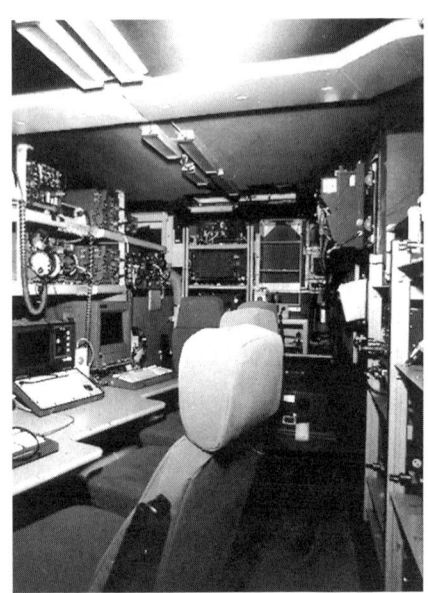

Innenansicht des Prototyps eines XM4 *Command and Control Vehicle* (C2V). Auffällig sind das große Platzangebot für Computer und Funkgeräte in den Regalen und die vier bequemen Sitze für die Mannschaft. *FMC Corporation*

Gefechtsausrüstung – immer noch wesentlich kleiner und leichter als ein *Abrams*. Die C-5 schafft es immerhin, bis zu fünf Stück davon aufzunehmen. Mit der Level II-Panzerung sieht es noch besser aus. Zwar finden auch von dieser Variante nur fünf in der *Galaxy* Platz, doch können sie am Fallschirm hängend direkt aus dem fliegenden Flugzeug über der Abwurfzone abgeladen werden. Kaum eine halbe Stunde nach ihrer Landung haben die Mannschaften (ohne daß eine Unterstützung durch weitere Soldaten notwendig wäre) die Fahrzeuge gefechtsbereit gemacht. Da ein beschädigtes aber nun einmal ebenso hilfreich ist wie ein Schrottfahrzeug, wurde der AGS so konstruiert, daß er mit einem absoluten Minimum an Servicepersonal auskommt. So kann beispielsweise ein einziger Mann die komplette Antriebseinheit in weniger als zehn Minuten ausbauen und braucht für das Nachladen der gesamten Munition kaum mehr als zwanzig Minuten.

Der AGS wird die Speerspitze der leichten Truppen der Army im 21. Jahrhundert sein. Zusätzlich zu den Panzerbataillonen der 82nd Airborne und der 101st Air Assault* Division wird auch das neue 2nd Armored Cavalry Regiment (Light) mit XM8 ausgerüstet werden. Dieses Regiment wird die Erkundungs- und Abschirmaufgaben für das XVIII. Fallschirmjäger-Korps übernehmen (das sich aus der 24. Panzergrenadier-, der 82nd Airborne und der 101st Air Assault Division zusammensetzt). Im Augenblick bestehen Produktionspläne in einer Größenordnung von rund 800 XM8. Bei Bedarf werden weitere 1.000 für die Divisionen der leichten

---

* Luftlande- bzw. Luftangriffs-Division

Infanterie und Truppen der Reserve/Nationalgarde folgen. Auch Taiwan hat Interesse am Ankauf einiger XM8 bekundet. Achten Sie also weiter auf dieses nette kleine Fahrzeug: Wenn es erst einmal soweit ist, werden Sie gleich eine ganze Menge davon zu sehen bekommen!

## Der XM4 Mobile Command Post

Seit den 60er Jahren findet man den ehrwürdigen M577 fast überall in der Army. Aber obwohl die neuen -A3-Versionen seit Mitte der 90er Jahre bei den Truppen eingeführt werden, muß man zugeben, daß die Army einen neuen *Mobile Command Post*\* braucht. Um diesem Bedarf gerecht zu werden, hat die Army FMC mit dem Bau eines neuen *Command and Control Vehicle* (bei FMC nennt man das ein C2V) beauftragt, das die Typenklassifizierung XM4 *Mobile Command Post* bekam. Es baut auf dem gleichen robusten Fahrgestell auf, das man auch bei dem Fahrzeug für die MLRS-Startgeräte verwendet. Das C2V, das im Augenblick bei der Army getestet wird, ist kastenförmig und bietet geräumigen Schutz. Sein Antrieb erfolgt über einen 600 PS (447 kW) Dieselmotor. Es ist mit einer kugelsicheren Panzerung versehen, die Beschuß aus leichten Maschinengewehren aushält, und verfügt auch über das Überdruck-/Filter-/Klimasystem. Der XM4 verschafft Befehlshabern von Bataillons- bis Corpsstärke die Möglichkeit, Operationen auch noch während des Marsches zu leiten.

Das eigentliche Herz des Systems besteht aus einem Satz verstellbarer Regale, in denen eine Vielzahl von Funkgeräten, Computer und Elektronikschaltkästen Platz findet. Um nur ein Beispiel zu nennen: Für den Hauptgefechtsstand eines Panzerbataillons bzw. einer Squadron der Armored Cavalry benötigt man gegebenenfalls vier der SINCGARS-Funkgeräte und gleichzeitig noch Befehls- und Führungsterminals, die Verbindung zu den Feuerleitstellen auf Regiments-/Brigade, Company- und Troop-Ebene haben und auch noch den Luftabwehr-Sprechfunknetzen angeschlossen sind. All diese Funkgeräte werden mit einem aufrichtbaren, 10 m langen Antennenmast verbunden. Außerdem sind sie an die UKW-Peitschenantennen angeschlossen, damit die jeweiligen Befehlshaber auch noch während der Fahrt Verbindung aus einem XM4 heraus halten können. Das ist sehr hilfreich, wenn es darum geht, die Verletzbarkeit des C2V gegenüber feindlichem Artilleriebeschuß oder Luftangriffen zu reduzieren. Sowohl Artillerie als auch Kampfflugzeuge können auf Funkstrahlen»reiten«, einen XM4 einpeilen und zielgenau beschießen. Die sechs- bis achtköpfige Mannschaft besteht aus Fahrer und Mechaniker plus vier Besatzungsmitgliedern, die im hinteren Teil des Fahrzeugs die verschiedenen Systeme bedienen. Obwohl die Unterkunft nicht gerade gemütlich ist, wird der C2V mit einiger Sicherheit eins der komfortabelsten Fahrzeuge der ganzen Army sein. Das scheint auf den ersten Blick etwas unfair gegenüber den gewöhnlichen Soldaten im

---

\* beweglicher Gefechtsstand

Feld. Dabei muß man allerdings bedenken, daß ein kommandierender Offizier im Fahrzeug unter Umständen im Laufe einer Nacht nur sehr wenig Schlaf bekommt und man dennoch von ihm erwartet, daß er jederzeit seine volle Leistung bringt. Das wiederum kann über Leben und Tod der ihm unterstellten Soldaten entscheiden. Aus diesem Grund sind die Steuersysteme für die Umgebungsbedingungen im XM4 die stärksten von allen Fahrzeugen, die jemals für die Army hergestellt wurden. Sogar die Sitze sind so konstruiert, daß sie Ermüdungserscheinungen vorbeugen und der Crew dabei helfen, höchst konzentriert zu bleiben. FMC behauptet, daß diese Sitze etwa denen entsprechen, die auch in den Shuttle-Bussen der Flughäfen verwendet werden. Wenn Sie so viel reisen müssen wie ich, werden Sie wissen, daß sie zu den bequemsten der Welt gehören.

### Das XM5 Electronic Fighting Vehicle

Während der 80er Jahre modernisierte die Army ihre gesamten Kapazitäten im Bereich der Elektronischen Kampfführung auf einem Gefechtsfeld. Eine der Hauptinnovationen war der EH-60 *Quick Fix* EW* Hubschrauber, der schon erfolgreich während Desert Storm eingesetzt wurde. Dieser EH-60 kann sehr schnelle Funkpeilungen durchführen und aufgrund der so gewonnenen Daten eine Vielzahl der unterschiedlichsten Kommunikationsgeräte, Radaranlagen sowie eine Reihe anderer elektronischer Systeme stören. Mit dem XM5 *Electronic Fighting Vehicle* (EFV = Fahrzeug für elektronische Kampfführung) zielen die Bodenstreitkräfte jetzt auf genau dieselben Kapazitäten. Unter Verwendung des gleichen Grundchassis wie beim XM4 C2V hat der XM5 auch einen fast identischen Aufbau. Die einzigen von außen sichtbaren Unterschiede bestehen in einem längeren, aufrichtbaren Antennenmast (30 m hoch) und einem anderen Antriebssystem. Der Innenraum entspricht im großen und ganzen dem XM4, mit ähnlichen Regalsystemen, genauso bequemen Sitzen und vergleichbarer Innenausstattung. Der Unterschied liegt hier in Typ und Aufgabenstellung der »Black Boxes«. Mit diesen kann eine Mannschaft von sechs bis acht Mann nach feindlichen Sendern suchen, Zielpeilungen durchführen, Positionen eines Feindes via Kommando-Nachrichtenkette weiterleiten (für mögliche Luftangriffe durch Fighter oder Hubschrauber bzw. Artilleriebeschuß) und, falls gewünscht, die feindlichen Systeme stören. Obwohl weder die Army noch FMC irgendwelche Angaben darüber veröffentlichen, wie breit die Störmöglichkeiten gefächert sind und wieviele Kanäle jeweils gleichzeitig von einem Fahrzeug überwacht und gestört werden können, steht auf jeden Fall fest, daß mit dem XM5 ein neuer Ball für die elektronischen Kämpfer der US-Army ins Spiel gebracht worden ist. Da die meisten Systeme des XM5 über Softwaresteuerungen arbeiten, wird man auch in Zukunft sehr schnell in der Lage sein, sich auf die Veränderungen bei taktischen Situationen einzustellen, die unvermeidlich kommen werden.

---

* Elektronic **W**arfare = Elektronische Kampfführung

# Artilleriesysteme
# der US-Army

Seit gegen Ende des 19. Jahrhunderts Artilleriegeschütze mit gezogenen Rohren und Mörser eingeführt wurden, hat wohl kaum eine Waffengattung mehr Opfer bringen müssen als die Artillerie. Allerdings gibt es auch kaum eine andere Waffengattung, die über größere Fähigkeiten verfügt, Unmengen an Sprengstoff auf ein Ziel abzuladen. Mit dem Ende des Ersten Weltkrieges hatten Artilleriegranaten derartige Größen und Gewichte erreicht, daß man im richtigen Einsatz der Artillerie bei jedem Angriff und jeder Verteidigung *den* Schlüssel zum Sieg oder zur Niederlage sah. Als zunächst die Deutschen und dann auch die Alliierten die chemischen Waffen einführten, kam zu den bereits vorhandenen Fähigkeiten der Artillerie eine weitere und noch tödlichere Nutzlast hinzu. Seit dieser Zeit wurden in immer größerem Umfang Atomsprengköpfe, Landminen, Streumunition und sogar lasergeführte Gefechtsköpfe aus Kanonen – oder Rohren, wie es beim Heer heißt – der Artillerie abgefeuert. Raketenartillerie und Mörsersysteme haben die Artillerie in ihrer Gesamtheit sogar noch schlagkräftiger gemacht.

Kurz bevor im Jahr 1991 der Krieg am Persischen Golf begann, blickten etliche Analytiker mit großer Aufmerksamkeit – und einer gewissen Furcht – auf die riesigen Mengen von artilleristischem Granaten- und Raketenmaterial, das der Irak gehortet hatte. Darüber hinaus verfügten die Iraker über immense Geschützbestände, mit denen man all das auch abfeuern konnte. Allein die Bandbreite der vorhandenen Systeme war schon furchteinflößend. Angefangen von der eindrucksvollen G5 Haubitze, Kaliber 155 mm (eine Konstruktion des ebenso brillanten wie gewinnsüchtigen Südafrikaners Dr. Gerald Bull) bis hin zu den riesigen Mehrfach-Raketen-Startgeräten sowjetischer Herkunft besaß die irakische Artillerie praktisch die gesamte Palette um alles von Chemiewaffen bis hin zu kleinen Minenfeldern liefern zu können. Diese Bedrohung wurde als so gefährlich eingestuft, daß die Planer des CENTCOM im *Black Hole\**-Planungszentrum in Riad fast die Hälfte ihrer»Gefechtsfeldvorbereitung« durch Luftangriffe für die Eliminierung dieser mehreren Tausend Kanonen und Raketenstartgeräte in Kuwait und im südlichen Irak einsetzten. Auch General Norman Schwartzkopf schätzte die Notwendigkeit der Ausschaltung der irakischen Artillerie als so lebenswichtig ein, daß er darauf bestand, erst dann mit dem offensiven Bodenkrieg zu beginnen, wenn

---

\* Gemeint ist hier ein Planungsbüro des CENTCOM in Nordafrika, das unter strengster Geheimhaltung praktisch rund um die Uhr Feldzugspläne entwarf und überarbeitete. (Vgl. auch Tom Clancy, *Fighter Wing*, Interview mit General Horner.)

die alliierten Flieger wenigstens die Hälfte dieses Arsenals vernichtet hätten. Rückblickend betrachtet, war es wahrscheinlich eine kluge Entscheidung. Also brachten Flieger sämtlicher alliierter Streitkräfte schon etliche Wochen vor dem »G-Day« die irakische Artillerie zum Schweigen, mit dem Ergebnis, daß Saddams vielgepriesene Artillerie am G-Day – und auch danach – für die Streitkräfte der Alliierten kaum noch zu spüren war.

Gleich vom ersten Tag der Luftoffensive an wurde die Artillerie der Alliierten zum festen Bestandteil der Luftbombardierung gemacht. Ob es nun der Artilleriebeschuß mit 8"-Selbstfahrhaubitzen der Marines über die Grenze hinweg oder Angriffe auf feindliche Befehls- und Führungsbunker durch die Flugkörper der *Army Tactical Missile Systems* (ATACMS) waren – die alliierte Artillerie war schnell, genau und tödlich. Sobald auch nur eine irakische Artilleriebatterie das Feuer eröffnete, wurden die Flugbahnen ihrer Granaten vom Suchradar der alliierten Artillerie zu den Ausgangspunkten zurückverfolgt und umgehend eine *Multiple-Launch Rocket System* (MLRS = Vielfach-Raketenstartsystem) Batterie angefordert, um diese Stellung zu zerstören. Das geschah gewöhnlich in weniger als einer Minute, nachdem die irakische Batterie ihre ersten Granaten abgeschossen hatte.

Ironischerweise begann die Army zu einem Zeitpunkt, da die Artillerie tödlicher war denn je zuvor, mit der Ausmusterung vieler schwerer Kanonen, die seit dem Zweiten Weltkrieg ihre wichtigsten Stützen gewesen waren. Heute sind Monster wie die 175 mm und die 8"-Selbstfahrhaubitze zu Gunsten der neuen Ausführungen der MLRS und M109 ausgemustert worden. Also wird man jetzt bei den schweren Divisionen der Army nur noch die beiden letztgenannten Systeme finden. Bessere Leistungsdaten werden zukünftig auf der Grundlage verfeinerter Software, besserer Datenverbindungen und überlegener Gefechtsköpfe zustande kommen. Schauen wir uns das alles doch einmal genauer an.

## Das M270 Multiple-Launch Rocket System (MLRS)

Der Einsatz von Raketen als Artillerie geht, grob geschätzt, auf das Jahr 100 vor Christi Geburt zurück. Damals verwendeten die Chinesen primitive Schwarzpulverraketen, um die Pferde ihrer Feinde in Angst und Schrecken zu versetzen. Möglicherweise gab es schon bei den Armeen der Chinesen, Mongolen und Inder Spezialtruppen, deren Aufgabe es war, Raketen als taktische Bombardierungsartillerie einzusetzen. Darüber hinaus bestand auch die Möglichkeit, Brandsätze zu verschießen oder Signalgeschosse zur Verständigung befreundeter Truppen untereinander zu verwenden. Wesentlich später übernahm die britische Armee in der Zeit der napoleonischen Kriege eine von Sir Walter Congreve verbesserte Version der Schwarzpulverrakete für den Kampfeinsatz. Raketen dieser Art wurden mit durchschlagendem Erfolg während der Schlacht von Bladensburg (das war unmittelbar bevor die Briten Washington, D.C., im Jahre 1814 niederbrannten) und der Bombardierung von Fort Henry in der Nähe von Baltimore (»im roten Schein der Raketen«) eingesetzt. Aber erst in der Zeit des Zweiten Weltkrieges wurden Raketen durch verbesserten Vortrieb und größere Sprengladungen zu wirklich effektiven Bestandteilen der Artillerie. Die Russen produzierten für die Rote Armee die *Katjuscha*-Raketenwerfer* und die Deutschen die *Nebelwerfer*-Raketen für die Wehrmacht. Beide Systeme wurden von ihren Gegnern wie Tod und Teufel gefürchtet. Während dieses Krieges machte die US-Army nur in geringem Umfang von der Raketenartillerie Gebrauch. In der Nachkriegsära hingegen investierte man stark in die Entwicklung von Lenkflugkörpern. Aus diesen Entwicklungen gingen die Raketen mit Atomsprengköpfen, wie *Lance* und *Honest John* hervor. Nur einmal, während der 70er Jahre, spürte die US-Army ganz offiziell den Mangel an Raketenartillerie. Verschiedene Faktoren führten daraufhin zur Einführung eines neuen Programms, das später zum *Multiple Launch Rocket System* (MLRS) wurde. Einer dieser Faktoren, die das Fehlen der Raketenartillerie spürbar werden ließen, war sicherlich der ausgiebige Gebrauch, den die Panzerstreitkräfte der Warschauer-Pakt-Staaten und anderer sowjetischer Satellitenstaaten auf der ganzen Welt von der Artillerie machten. Eine wesentlich logischere Grundlage für die Beschaffung eines derartigen Systems dürfte aber der äußerst effektive Einsatz von Raketenartilleriesystemen sowjetischer Herkunft durch Ägypter und Syrer gegen israelische Streitkräfte während des Arabisch-Israelischen Krieges von 1973 gewesen sein. Eine Gruppe von Offizieren der US-Army wurde nach dem Krieg zur Erkundung der Kampfgebiete in den Nahen Osten geschickt, um dort die Wirksamkeit von Raketenartillerie zu untersuchen. Nachdem ihre Berichte von den Offiziellen der Army überprüft worden waren, faßte man den Entschluß, ein neues Programm für Raketenartillerie ins Leben zu rufen, das dann zum MLRS führte.

Die Iraker nannten es »Steel Rain«, und dieser Name war außerordentlich zutreffend. Während des ganzen Golfkrieges im Jahre 1991 passierte es jedesmal wieder: Sobald eine irakische Batterie das Feuer eröffnete, das Befehlszentrum zu senden anfing oder ein hochwertiges Ziel der Iraker in einem Umkreis von 30 km vor der alliierten Frontlinie ausgemacht wurde, war es eine Sache von Sekunden, und schon bedeckten Geschosse des MLRS den Himmel Arabiens und regneten Tod und Verderben auf die irakische Einheit hinab. Die Stärke dieser neuen Waffe war so groß, daß sie zu Beginn des Krieges oft für die Aufgabe reserviert wurde, die Artilleriestellungen der Iraker auszuschalten, die gerade das Feuer auf Truppen der Koalition eröffnet hatten. Dieses sogenannte *Counterbattery Fire*** war die Mission der MLRS-Batterien, die von den Amerikanern und Briten losgeschickt wurden, um die irakischen Kanonen im selben Augenblick zum Schweigen zu bringen, in dem sie identifiziert wurden. Bei dieser Aufgabe – und nicht bei dieser allein – erwies sich MLRS als das flexibelste Artilleriesystem im Arsenal der Alliierten.

---

*  im deutschen Landserjargon als »Stalinorgel« bezeichnet
** (= Feuerkampf der Artillerie)

Die Entwicklung des MLRS Systems war wohl eins der problemlosesten und effizientesten Programme der Army in der ganzen Ära nach dem Vietnamkrieg. Die Anforderungen für das System wurden am TRADOC erstellt. 1976 folgte die Einrichtung eines Programmbüros beim *Army Missile Command* im Redstone Arsenal in Huntsville, Alabama. Bereits 1977 schrieb das Programmbüro einen Wettbewerb für die Produktion des Systems aus, an dem sich Boeing und LTV-Aerospace (inzwischen Loral Vought Systems) beteiligten. Ein weiterer großer Meilenstein war 1979 die Unterzeichnung des *Memorandum of Understanding* (MOU) durch die US-Army, Großbritannien, Deutschland und Frankreich zur Herstellung eines MLRS-Systems, das an die NATO-Mitgliedstaaten ausgeliefert werden sollte. Diesem MOU trat später auch noch Italien bei. Unabhängig davon sind auch die Niederlande, die Türkei, Griechenland, Bahrain, Korea, Israel und Japan MLRS-Betreiber. 1980 gewann LTV die Ausschreibung und erhielt einen Vertrag zur Integration und Produktion eines umfassenden MLRS-Systems, das in Camden, Arkansas, gebaut wird. Die ersten Exemplare der Serienproduktion kamen 1982 zur US-Army und dort erreichten die ersten Einheiten, die ausschließlich mit dem MLRS ausgerüstet waren, ihre volle Einsatzbereitschaft gegen Ende des gleichen Jahres.

Das Startfahrzeug für das MLRS-System basiert auf einem M993-Kettentransporter der FMC Corporation von San Jose in Kalifornien. Beim M993 werden sowohl die Technologie als auch Einzelkomponenten (also beispielsweise Aufhängung, Federung und Antriebseinheit) aus dem *Bradley*-Programm übernommen. Dadurch kommen auch dem *Bradley* vergleichbare Charakteristika bei der Handhabung und im Fahrverhalten zustande. Der Motor ist ein Cummins V8-Diesel mit 500 PS, und die Kraftübertragung erfolgt über ein Viergang-Automatikgetriebe (drei Vorwärts- und ein Rückwärtsgang). Diese Antriebseinheit liefert genug Kraft, um das MLRS mit Spitzengeschwindigkeiten von mehr als 64 km/h über ein Gefechtsfeld bewegen zu können. Eine sehr interessante Einzelheit bei der Radaufhängung sind die Naben. Sie wurden mit besonderen Arretierungen versehen (sogenannten *Suspension Lockouts*), die das Fahrzeug während Raketen- und Flugkörperstarts besser stabilisieren.

Das MLRS verfügt über die gleichen Fähigkeiten bei der Geländebewältigung wie alle anderen Fahrzeuge gleicher Generation, die bei der US-Army im Einsatz sind und kann auch von einer Reihe von Flugzeugen der amerikanischen Lufttransporteinheiten befördert werden. Im Gegensatz zum *Bradley* befindet sich das gepanzerte Mannschaftsabteil (kugelsicher gegen Beschuß aus kleineren Waffen bis einschließlich Artillerie und Mörsergranatsplittern) in einer Kabine im vorderen Teil des Wagens. In ihm haben drei Soldaten Platz: üblicherweise Fahrer, Richtschütze und Gruppenführer. Alle Mitglieder sind geländetrainiert, und auch noch zwei Soldaten können das System ganz leicht bedienen.

Die Kabine hat man mit einem Überdrucksystem ausgestattet, damit auch während des Feuerns gefilterte Atemluft zur Verfügung steht, denn die Mannschaft bleibt während der ganzen Operation in der Kabine. Diese

Beim abgebildeten MLRS befindet sich das Startgerät in höchster Elevation. Aus diesem Blickwinkel sind die zwölf Raketenrohre deutlich zu erkennen.
*FMC CORPORATION*

ist außerdem mit gepanzerten Jalousien versehen, um zu verhindern, daß die Windschutzscheiben von den Abgasen der Raketen verbrannt werden oder Schaden durch Trümmerstücke nehmen, die durch die Druckwelle der Raketen aufgewirbelt werden können. Im Innenraum befindet sich außer den Instrumenten auf der Fahrerseite auch noch ein Terminal, über das die Verbindung zum Feuerleitsystem und die Kommunikation mit dem *Battery Control System* (BCS) im Netzwerk der Artillerieführung abgewickelt wird. Außerdem hat man hier auch noch zwei SINCGARS-Funkgeräte für die Sprach- und Datenkommunikation eingebaut. Das BCS ist seinerseits wiederum in das TACFIRE-System eingebunden, das über die Divisions-/Regimentsebene bis hinauf zur Squadron-/Bataillonsebene arbeitet. Damit fungiert es als zentrale Schaltstelle für alle artilleristischen Bedürfnisse – den sogenannten »Fire Missions« – von Fronteinheiten. Der Feuerleitbereich des Systems greift auf Positionsdaten eines kreiselgestützten Navigationssystems zurück, um der MLRS-Crew »unmittelbare« Feuerleitlösungen zu verschaffen. Gerade diese Fähigkeit, umgehend auf Feuerkommandos zu reagieren, macht das Besondere am MLRS-System aus, auf das wir später noch näher eingehen werden.

Der wichtigste Teil des MLRS ist auf dem rückwärtigen Teil des Fahrzeugs untergebracht worden – der M270 *Multiple Rocket Launcher**. Bewegung und Zielvorgang laufen beim Startgerät hydraulisch ab und werden über das Feuerleitsystem gesteuert. Es kann Behälter mit vorgeladenen Raketen/Flugkörpern paarweise befördern und laden. Die Grundwaffen des MLRS kommen aus einer Familie ungelenkter Raketen, die eine Vielzahl unterschiedlicher Nutzlasten über eine Maximalentfernung von etwa 32 km tragen können. Der Behälter mit sechs Raketen hat die Bezeichnung M26 (jeder MLRS-Raketenwerfer kann zwei dieser M26er tragen). Die Raketen selbst, unter der Bezeichnung M77 bekannt, sind 12'

---

* Mehrfach-Raketenwerfer

10,8"/3,93 m lang, haben einen Durchmesser von 8,94"/22,7 cm und wiegen jeweils 307 kg. Diese M77 Rakete kann wahlweise eine Reihe der nachfolgenden Gefechtsköpfe tragen:

- M77 – Der Basisgefechtskopf und der einzige, der 1991 im Golfkrieg verwendet wurde. Er enthält ein Paket von 644 M77 Zweifach-Submunitionen. Jede dieser Submunitionen wiegt etwa 0,25 kg und hat etwa die Größe einer Handgranate. In diesem Submunitionspaket befinden sich sowohl Splitter- als auch Hohlladungen zum Einsatz gegen Fahrzeuge. Wenn die Submunition in der Luft ausgestreut wird, zieht jede einzelne einen Schweif zur Flugstabilisierung hinter sich her, wodurch das Streufeld vorhersehbarer gemacht wird. Insgesamt gesehen schafft ein einziger M26-Raketenbehälter eine Flächendeckung mit seiner Submunition, die sich in einer Größenordnung von etwas mehr als 6-12 ha bewegt (immer abhängig von der Überlappung). Truppen auf offenem Gelände werden theoretisch überall im Einschlagsgebiet getötet, und ein LKW oder ein ungepanzertes Fahrzeug wird durch einen direkten Treffer der Submunition zerstört. Selbst ein leicht gepanzertes Fahrzeug kann noch durch einen Direkttreffer funktionsunfähig werden.
- XR-M77 – Während des Golfkrieges wurde offensichtlich, daß die irakische Armee über Geschützartillerie (speziell die südafrikanische G-5) mit Reichweiten von bis zu 40 km verfügte. Deshalb entschied sich die US-Army, die M77 Raketen so zu modifizieren, daß sie auf Reichweiten von 45 km kamen, was eine Reduzierung der Nutzlast aus Submunition bei den M77 um etwa 20 Prozent auf 518 (von 644) Stück und eine Vergrößerung des Raketenmotors erforderlich machte.
- AT-2 – Diese Wurfeinheit für die fallschirmgebremsten Panzerabwehr-Minen wird im Augenblick von einem Konsortium deutscher Industrieunternehmen für die MLRS-Raketen entwickelt. Der Gefechtskopf enthält achtundzwanzig dieser AT-2, wovon jeder einzelne einen schweren Panzer ausschalten kann.
- SADARM – Unter der Bezeichnung *Sense-And-Destroy ARMor** hat die US-Army (mit Aerojet Electrosystems Co. als Hauptvertragsnehmer) eine ganz besondere Munition entwickelt. Sie ist in der Lage, das Vorhandensein eines gepanzerten Fahrzeugs oder Artilleriegeschützes festzustellen, während sie sich – an drei kleinen Fallschirmen hängend – auf dem Weg zum Boden befindet. Der Sensor vom Typ Zweifachsucher (Infrarot und Millimeterwellen-Radar) kann die »heißen Flecken« des Motorraums eines Panzers und auch das »Zentrum der Radarmasse« eines Fahrzeugs erfassen. Beide Signaturen werden normalerweise von dessen Turmstruktur erzeugt. Jede einzelne Rakete trägt sechs SADRAMs (es gibt auch noch ein Programm für eine Version als 155-mm-Artillerie-Geschützgranate, die zwei kleinere SADARMs trägt),

---

* Erfassen und Zerstören von Panzerung

die über Fahrzeugansammlungen ausgestoßen werden. Sobald der Sensor ein Panzerfahrzeug oder Geschütz in seinem Blickfeld erfaßt, schießt es eine Hohlladung auf das Dach des Ziels hinunter. Wegen der Budgetkürzungen ist die Weiterverfolgung dieses Programms allerdings fraglich.

• TGW – Ein weiterer »intelligenter« Gefechtskopf für das MLRS war die Munition mit den *Terminally Guided Warheads* (TGW). Der TGW war eine große panzerbrechende Granate die einen »cleveren« Radarsucher einsetzte, der, auf dem Millimeterband arbeitend, Panzer oder andere Ziele hoher Priorität ausfindig machte. Sobald ein TGW-Geschoß ein wertvolles Ziel ausgemacht hat (es kann sehr wohl zwischen verschiedenen Arten von Zielen, wie Panzern, IFVs, Artillerie und dergleichen unterscheiden), manövriert es sich darüber, taucht hinab auf das Dach des Ziels und zerstört es mit einer großen Hohlladung. Jede Rakete könnte drei dieser TGWs tragen. Die Vereinigten Staaten haben sich aus diesem Programm zurückgezogen, während Frankreich, Deutschland und Großbritannien es aufrecht erhalten wollen.

Obwohl es etliche Initiativen gibt, bessere Gefechtsköpfe zu entwickeln und einzuführen, befindet sich nur die M77-Basisversion im Einsatz. Genau diese Version war es auch, die 1991 im Golfkrieg verwendet wurde. Insgesamt feuerten 201 (189 amerikanische und 12 britische) MLRS-Fahrzeuge während Desert Storm 9.660 M77-Raketen ab. Sie luden eine Gesamtmenge von etwa 6.221.040 tödlicher Submunitionen auf irakische Ziele ab. Der Kommandeur einer britischen MLRS-Batterie (zwölf Startfahrzeuge) nannte sie einmal die »Planquadrat-Vernichter«. Damit beschrieb er die Fähigkeit von MLRS-Batterien, ein ganzes Planquadrat (etwa ein Quadratkilometer auf den militärischen Standardkarten) völlig zu verwüsten.

So gut aber die ungelenkten Raketen auch sein mögen, es gibt doch immer wieder Gelegenheiten, bei denen sich ein Kommandeur im Feld wünscht, auch Ziele zu treffen, die weiter als 32 km entfernt liegen. Die kann er mit den augenblicklich verwendeten Varianten nämlich nicht erreichen. Einige der Dinge, die einem solchen Kommandeur Kopfschmerzen bereiten können, sind beispielsweise Boden-Luft-Raketenstellungen SAM (*Surface-to-Air Missile*), Befehlsstellen und Logistikzentren. Die befinden sich nämlich meistens in dem Bereich, der gerne als »rückwärtiger Raum« bezeichnet wird. Die einzigen Möglichkeiten, die ein Army Commander auch heute noch hat, sind, entweder die Air Force oder Navy zu einem Luftangriff anzufordern oder so wertvolles Material wie einen *Apache* AH-64 Kampfhubschrauber oder gar eine ganze Kommandoeinheit aufs Spiel zu setzen. 1991 hat die Army allerdings 105 Einheiten der neuen Boden-Boden-Waffe SSM (*Surface-to-Surface Missile*) an den Persischen Golf gebracht, die als *Army TACtical Missile System* (ATACMS) bekannt geworden ist. ATACMS ist ein gedrungener kleiner SSM mit einer Länge von 3,66 m und einem Durchmesser von 0,6 m. Seine Reichweite liegt zwischen 100 und 150 km. Die Nutzlast besteht aus 950 M74-Cluster-

Bomblets, die jeweils etwa die Wirksamkeit einer Handgranate haben. Es bestehen aber auch noch Pläne für andere Gefechtskopftypen, die gegen ganz spezielle Ziele zum Einsatz gebracht werden sollen.

Die ATACMS werden in verschiedenen Produktionsstätten der Firma Loral Vought Systems in Texas hergestellt. Jeder dieser kleinen SSMs findet in einem MLRS-Behälter Platz (der normalerweise für sechs M77 Raketen vorgesehen ist) und kann von jedem MLRS-Startgerät geladen und abgefeuert werden, wenn dieses vorher mit den notwendigen Feuerleit- und Softwareanpassungen versehen wurde. Was ATACMS allerdings so sehr von den normalen Raketen unterscheidet, ist mehr als einfach nur eine größere Reichweite. ATACMS verfügt nämlich über ein äußerst genaues Lenksystem, das es ermöglicht, eine Wolke aus M74-Bomblets exakt über dem Ziel auszulösen. Weil die M74er auf keinen Fall die panzerbrechende Kraft der M77-Submunitionen erreichen, sind sie für den Einsatz gegen »weiche Ziele« optimiert worden. Das bedeutet, daß Angriffsziele wie Radarstellungen, Befehls- und Führungs-LKW's und Tanklastzüge sehr empfindlich auf Angriffe mit ATACMS-Flugkörper reagieren. Das soll allerdings nicht heißen, daß die Army planen würde, ATACMS-Flugkörper einfach über Gefechtsfelder auszuschütten. Nimmt man ihren Einsatz während des Golfkrieges als Maßstab, so neigt die US-Army augenscheinlich eher dazu, sie als »silberne Kugeln« einzusetzen. Tatsächlich sah es nämlich so aus, daß lediglich dreißig der 105 an den Persischen Golf geschickten ATAMCS auch wirklich die Startgeräte von achtzehn M270 verließen, die für diese neuen Flugkörper modifiziert worden waren. Der erste Start eines einzelnen ATACMS erfolgte beim VII. Corps und galt einer irakischen SA-2 *Guideline* SAM-Batterie. Die Batterie wurde zerstört. Verblüffenderweise war es gerade die Air Force, die diese Mission gleich am ersten Tag des Luftkrieges angefordert hatte. Sie wollte sichergehen, daß sie anschließend einigermaßen ungefährdet ihre Missionen über dem Zielgebiet fliegen konnte!

Was soll man eigentlich mit der ganzen Technologie und Feuerkraft anfangen, die dem MLRS-System innewohnt? Gehen wir doch einmal von folgendem Beispiel aus: Ein amerikanischer Gefechtsverband sammelt sich zum Angriff gegen feindliche Bodenstreitkräfte. Dabei ist die Gegenseite aber nicht so dumm wie Saddam Hussein und bemerkt schon sehr früh die ersten Anzeichen des kommenden Angriffs. Als Gegenmaßnahme plant der feindliche Kommandeur einen nächtlichen Artillerieangriff mit schweren Kalibern auf die amerikanischen Truppen, weil diese im Stadium des Aufmarsches am verwundbarsten sind. Das erste Zeichen für seine Aktivitäten wird das Aufblitzen feindlicher Kanonen am Horizont sein. Aber erst das nächste Zeichen ist wirklich hilfreich für die Amerikaner. Irgendwo im Verlauf der amerikanischen Linien befindet sich ein Beobachtungsposten mit einem Q-37-*Firefinder* Artillerie-Suchradar. Dieses spezielle Radar ist in der Lage, die anfliegenden Granaten zu ihren Ausgangspunkten zurückzuverfolgen, und kann aus den gewonnenen Daten sehr schnell die Positionen der feindlichen Batterien errechnen, die dann über ein Terminal in das TACFIRE Artillerie-Feuerleit-Netzwerk eingespeist werden. Die Q-37 Mannschaften verstehen ihren Job und sind so schnell, daß sie sämtliche gegnerischen Artilleriestellungen bereits geplottet haben, bevor die erste der abgefeuerten Granaten auch nur den Boden berührt. Weiter hinten, im Hauptquartier der amerikanischen Einheiten entwickelt der TACFIRE-Computer sofort Feuerleitlösungen für die eigenen Artillerie-Einheiten, die sich schon die ganze Zeit in Erwartung genau solcher Situationen befinden. Tatsächlich haben diese Einheiten bereits auf elektronischem Wege ihre Feuerbefehle erhalten, bevor die zweite Salve die Rohre der gegnerischen Batterien verlassen hat.

Jetzt nehmen die Dinge einen sehr raschen Verlauf. Jeder Batteriekommandeur, der den Befehl zur Feuererwiderung erhalten hat, wird diesen so schnell er kann in die Tat umsetzen. Je schneller die feindlichen Batterien zum Schweigen gebracht sind, desto weniger Amerikaner landen im Lazarett oder in Leichensäcken. Die Feuererwiderungsaufgabe wird von der US-Army als so lebenswichtig eingestuft, daß der augenblicklich gültige Standard eine Reaktionszeit zur Feuererwiderung von gerade einer Minute vorschreibt. Hat der Kommandeur der MLRS-Batterie bereits anhalten lassen und ist in Schußposition, brauchen seine Leute nur noch die Positionen der feindlichen Batterie in ihr Feuerleitsystem einzugeben und den Abzug zu betätigen.

Eine der besten Eigenschaften des MLRS-Systems ist aber, daß es sich mit den mobilen Truppen bewegen kann, zu deren Unterstützung es schließlich da ist. Lassen Sie uns jetzt zu der Einheit zurückkehren, die wir beobachten wollten. Gehen wir davon aus, daß sie im Moment auf einer

Innenraum der MLRS-Mannschaftskabine. Der Richtschütze gibt gerade Zieldaten über die Tastatur ein. Die großen abgedeckten Hebelknöpfe rechts von ihm sind Sicherungs- und Abfeuerungsschalter. Beide Mannschaftsmitglieder tragen den Standard-CVC-Helm-(*Combat Vehicle Crew*) mit eingebauten Kopfhörern und Mikrofonen. *FMC CORPORATION*

Straße in Richtung Front fährt. Jede Batterie verfügt insgesamt über neun Startgeräte (jeweils drei in jedem der drei Platoons) und dazu noch über achtzehn M985 Artillerie-Munitionstransporter mit Anhängern. Das sind Varianten des M977 HEMTT-Lasters, von denen jeder einen Hänger zieht, der entsprechend ausgerüstet ist, um die Raketenbehälter für das MLRS-System zu transportieren. Jeder M985-LKW kann selbst acht dieser Behälter transportieren, und weitere acht befinden sich dann auf den Hängern. In diesem Fall wollen wir einmal davon ausgehen, daß zwei der Züge die M26-Raketenbehälter (zwölf Raketen pro Startgerät) geladen haben und die andere Abteilung mit ATACMS-Flugkörpern bestückt ist (je zwei pro Startgerät). Der Batteriekommandeur entschließt sich dazu, nur die sechs Fahrzeuge einzusetzen, die mit Raketen bestückt sind, und die drei Startgeräte mit ihrer Ladung ATACMS-Flugkörpern in Reserve zu halten.

Sobald der Feuerbefehl eingetroffen ist, befiehlt der Kommandeur den Munitionstransportern, sich auf sichere Entfernung zurückzuziehen (um sie vor den Druckwellen der startenden Raketen und einer möglichen Feuererwiderung durch die feindlichen Batterien zu schützen) und den Batterien selbst vorzurücken. Da alle Fahrzeuge eigene POS/NAV-Systeme haben, die aktualisierte Navigationsdaten aus den NAVSTAR-GPS-Empfängern erhalten, kennt jeder Fahrzeugkommandant – und damit auch das Feuerleitsystem an Bord – die Position jedes einzelnen Startgerätes mit einer Genauigkeit von etwa plus/minus 5 m. Damit erübrigt es sich, die Startgeräte unmittelbar nebeneinander zu postieren, um mit den Gefechtsköpfen der M77-Raketen ein genaues Streumuster zu erzielen. Diese Daten werden nämlich zusammen mit den Zielpositionen vollautomatisch in das Feuerleitsystem eingespeist. Die einzige Aufgabe des Richtschützen besteht zu diesem Zeitpunkt darin, das System zu überwachen, die Anzahl der abzufeuernden Raketen einzugeben (das kann pro Fahrzeug praktisch jede Zahl zwischen eins und zwölf sein) und auf den Feuerbefehl durch den Batteriekommandeur zu warten. Im Augenblick ist der Fahrer der meistbeschäftigte Mann, denn er muß das Fahrzeug in die richtige Schußposition bringen. Er arretiert die Federung, um das Fahrzeug zu stabilisieren, senkt die gepanzerten Jalousien über die Windschutzscheibe ab, um sie vor Beschädigungen durch die zu erwartende Druckwelle zu schützen, und schaltet das Überdruck-/Filtrationssystem der Kabine ein, damit die Mannschaft keinen Schaden durch die Abgase der Raketen nimmt. Nicht gerade viel zu tun, könnte man meinen. Bedenken Sie aber, daß das alles binnen weniger Sekunden über die Bühne geht, und schon ist das MLRS feuerbereit.

Sobald die sechs Fahrzeuge Feuerbereitschaft melden, befielt der Batteriekommandeur Feuereröffnung. Seit er den Feuerauftrag vom TACFIRE-System erhalten hat, ist wahrscheinlich kaum mehr als eine Minute vergangen. Das gepanzerte Gehäuse auf dem Heck jedes Startgerätes, in der sich die Raketenbehälter befinden, dreht und neigt sich (entsprechend der Impulse, die vom Feuerleitcomputer kommen), bis die korrekte Überhöhung und Richtung eingestellt ist. Dann bricht die erste Rakete los. Die anderen folgen ihr in »Wellen« von etwa fünf Sekunden Abstand. Nach-

*Oben links*: Ein MLRS feuert auf dem Raketenübungsgelände in White Sands, New Mexico, eine Rakete ab.
<small>O<small>FFIZIELLES</small> F<small>OTO DER</small> US-A<small>RMY</small></small>

*Oben rechts:* MLRS-Raketenabschuß – Phase 2 <small>O<small>FFIZIELLES</small> F<small>OTO DER</small> US-A<small>RMY</small></small>

*Links*: MLRS-Raketenabschuß-Phase 3
<small>O<small>FFIZIELLES</small> F<small>OTO DER</small> US-A<small>RMY</small></small>

dem der Raketenmotor gezündet hat faucht die Rakete durch das Startrohr und wird dabei von einem Satz spiralförmiger Schienen geführt, die sie in eine leichte Rotation versetzen und sie damit stabilisieren, sobald sie das Rohr verlassen hat. Nach dem Rohraustritt zündet eine kleine Treibladung, welche die Aufrichtung und Arretierung der vier gebogenen Flossen am Heck der Rakete auslöst. Die spezielle Biegung der Flossen erhält die Rotation der Rakete aufrecht. Im selben Augenblick justiert sich auch das Startgerät selbständig neu, um ein »Verwackeln« auszugleichen das nach jedem Raketenstart durch die Druckwellen eintreten kann. (Die Mannschaften, die schon häufiger Raketenstarts erlebt haben, berichteten uns, daß die Geräuschkulisse im Inneren des Fahrzeugs einem das Gefühl vermittelt, man säße im Zentrum einer Gewitterwolke. Für einen Beobachter in der Nähe hört sich das Abfeuern der MLRS-Raketen eher wie splitterndes Glas an. Aber wo immer man sich auch gerade befindet, ob draußen oder drinnen, der Anblick der startenden Raketen ist schon beeindruckend, ganz besonders nachts.) Wenige Sekunden später ist der HTPB-Raketenmotor ausgebrannt, und die Rakete legt nun den verbleibenden Weg zum Ziel in einer ballistischen Kurve zurück. Sobald sie sich über dem Ziel befindet, löst ein elektrischer Zünder den Streumechanismus oder die »Seelenladung« im Zentrum des Gefechtskopfes aus. Daraufhin fallen die M77-Submunitionen, die in Polyurethanschaum zusammengepackt waren, in einer Wolke auf das Ziel hinunter. Da die sechs MLRS-Fahrzeuge bei ihren Salven insgesamt 46.368 M77-Submunitionen auf die feindliche Artillerie-Stellung abladen, ist das Resultat schrecklich: Mit allergrößter Wahrscheinlichkeit wird jede Kanone und Selbstfahrlafette von einer der Submunitionen getroffen und entweder beschädigt oder zerstört worden sein. Auch jedes Fahrzeug, das Munition geladen hatte und von einem M77 getroffen wurde, wird in die Luft geflogen sein. Man kann nicht darüber hinwegsehen, daß die Wahrscheinlichkeit für das Überleben der Artillerie-Mannschaften sehr gering ist. Tatsächlich werden Metallschrott und Fleischfetzen das einzige sein, was übriggeblieben ist. Das alles ist geschehen, bevor die Kanonen auch nur den Abschuß der dritten oder vierten Granate geschafft haben. Entlang der gesamten Frontlinie haben sich die Artillerie-Einheiten sang- und klanglos samt ihren Kommandeuren »in Luft aufgelöst«. Schon nach kurzer Zeit wird das feindliche Oberkommando versuchen, Kontakt zu den Einheiten herzustellen, aber es wird niemand mehr da sein, der antworten könnte.

Das ist aber noch keineswegs das Ende der Geschichte. Der Batterie-Kommandeur muß sich jetzt mit dem großen Problem beschäftigen, wie er es am sichersten schafft, daß das, was er gerade der feindlichen Batterie zugefügt hat, nicht auch *seiner eigenen* widerfährt. Er befiehlt sofortigen Abmarsch zu einem Planquadrat, in dem sich die Batterie sammeln, neu formieren und die leeren Startgeräte nachladen kann. (Jetzt wissen Sie, warum die US-Army das MLRS als *Shoot and scoot**-System bezeichnet). Während die Batterie auf dem Weg zu ihrer Nachladeposition ist, nehmen weitere Ereignisse ihren Lauf. Verschiedene amerikanische *Radio-Direction-Finding*-Einheiten (RDF = elektronische Funkaufklärung) haben eine Reihe von Kommunikationssignalen von verschiedenen feindlichen Befehlsstellen im rückwärtigen Raum (also in einer Entfernung zwischen 100 und 150 km hinter der Frontlinie) aufgefangen, und der amerikanische Kommandeur wird sich jetzt mit diesen auseinandersetzen. Sobald die genauen Positionen der feindlichen Befehlsstellen feststehen, wird jeder einzelnen von ihnen ein ATACMS-Startfahrzeug mit einem entsprechenden Feuerauftrag zugeordnet. Kurz darauf schickt das TACFIRE-System bereits Befehlssequenzen hinunter zur Batterie in die BCS-Terminals an Bord der Fahrzeuge. Sobald dieser Vorgang abgeschlossen ist, wird der Batterie-Kommandeur die ATACMS-Startfahrzeuge an den Straßenrand fahren lassen, wo sie ihre Flugkörper starten und anschließend weiterfahren, um die Nachladeposition anzulaufen.

Die Vorbereitungen für ATACMS-Starts sind für die Mannschaften die gleichen wie beim M26-Raketenstart. Das Endresultat sieht aber etwas anders aus. Auch hier wird das Startfahrzeug arretiert und gesichert, die Zieldaten werden automatisch vom Feuerleitsystem übernommen und die Startsequenzen ausgelöst. Da aber die ATACMS sehr wertvoll und nur in begrenzter Stückzahl verfügbar sind, wird nur einer dieser Flugkörper pro Ziel gestartet. Sobald ein Flugkörper vom Startrohr freige-

---

\* »Schieß und kratz die Kurve«

kommen ist, entfalten sich die Leitflossen. Auf seinem Weg zum Ziel sieht er jetzt einer dieser Cartoon-Waffen verdammt ähnlich (Sie wissen schon: ACME ist ein Name, dem Sie vertrauen können!*). Die ATACMS-Flugkörper sind so gedrungen und pummelig, daß ein aufgemaltes Haifischmaul (so wie es die *Flying Tigers* auf ihre P-40 gemalt hatten) keineswegs fehl am Platze wäre. Inzwischen manövriert der ATACMS unter Verwendung des eingebauten Kreiselkompasses – ein spezielles Ringlaser-Kreiselsystem – so, daß er unmittelbar über dem Ziel antreffen wird. Es dauert schon einige Minuten, bis die 100 bis 150 km zurückgelegt sind. Bei seinem Eintreffen detoniert eine kleine Ladung im Inneren des Pakets aus Bomblet-Munition, das sich im Gefechtskopf befindet, und dann streuen die Bomblets über das Zielgebiet. Jedes dieser »Bömbchen« besitzt die zerstörerische Kraft einer Handgranate oder kleinen Mörsergranate.

Für nur leicht geschützte Ziele in der Art von Stabseinheiten werden sie sich als außerordentlich destruktiv erweisen und mit einiger Wahrscheinlichkeit alles außer gepanzerten Fahrzeugen zerstören. Voraussichtlich wird das sicherste Zeichen für einen erfolgreichen Angriff der ATACMS sein, daß die Funkkreise des feindlichen Hauptquartiers plötzlich schweigen und auch keine Aussendung von elektronischen Signalen mehr erfolgen wird. Die MLRS-Batterie wird etwa zur gleichen Zeit ihren Nachladeplatz erreicht haben und dabei sein, neue Raketen in die Startfahrzeuge zu laden. Diese Arbeit übernehmen die M985. Sie heben jeweils ein Paar vorgeladener Raketen-/Flugkörperbehälter auf den Boden hinter den Startfahrzeugen. Dann heben die eingebauten Ladekräne der Startfahrzeuge die einzelnen Behälter hinauf in die M270-Startgeräte, und schon ist die Batterie wieder gefechtsbereit.

Wie Sie feststellen konnten, verfügt das MLRS-System über einige Eigenschaften, die es zu einem der flexibelsten und stärksten Waffensysteme im Arsenal der US-Army machen. Gegen Ende 1993 wurden rund sechshundert Startfahrzeuge an die US-Army ausgeliefert, und einige weitere gingen an die Partner des MLRS-Konsortiums. Augenblicklich bestehen bei der Army Pläne, etwa 1.300 Startfahrzeuge zu den Truppen zu bringen und damit auch ein sehr umfangreiches Arsenal an MLRS-kompatiblen Raketen und Flugkörpern zu unterhalten. Die Haushaltskürzungen dürften aber die erzielbaren Stückzahlen niedriger als gewünscht ausfallen lassen. Wie dem auch sei, es ist eine simple Tatsache, daß MLRS das beste Artilleriesystem ist, das zur Zeit in der US-Army verwendet wird. Bis gegen Ende dieses Jahrzehnts die M109A6 *Paladin* 155-mm-Selbstfahrhaubitze eingeführt wird, bleibt MLRS auf jeden Fall das weitreichendste, schnellste und genaueste Artilleriesystem der Army.

---

* Anspielung auf die Comic-Serie *Roadrunner*, bei der ACME-Sprengstoffprodukte immer wieder erfolglos eingesetzt werden, um dem *Roadrunner* den Garaus zu machen.

# Die M109A6 *Paladin* 155-mm-Self-Propelled Howitzer

Im Rahmen der Modernisierungspläne, die General Sullivan für 1997 projektierte, wird auch die etwas profan aussehende und vergleichsweise überholte Rohrartillerie einer digitalen Überarbeitung unterzogen. In der Tat plant man, alle Qualitäten, die das MLRS so nützlich machen – Geschwindigkeit, Reaktionsfähigkeit, hervorragende Navigationsgenauigkeit und Kommunikation zwischen den Fahrzeugen – auch bei der folgenden Version der *Self-Propelled Howitzer* (SPH = Selbstfahrhaubitze), der M109, einzuführen. Die Gründe für diese Modernisierungsmaßnahme sind eigentlich sehr logisch, denn die Rohrartillerie kann (immer noch) eine wesentlich größere Menge genau gerichteter Feuerkraft auf ein Ziel abladen als jedes andere Waffensystem. Sie ist effizient. Das ist schlicht und einfach der Grund dafür, weshalb die Army das SPH-Modernisierungs- und Entwicklungsprogramm unter der Bezeichnung M109A6 *Paladin* vorantreibt. Der Wirkungsgrad resultiert aus einer geschichtlich nachvollziehbaren Nützlichkeit selbstfahrender Artillerie. Diese besondere Entwicklung im Bereich ballistischer Waffen hat eine wichtige Vergangenheit und eine lebenswichtige Zukunft. Lassen Sie uns einmal einen Blick darauf werfen.

Große Kanonen sind schwer. Als im 15. Jahrhundert erstmalig die Vorstellung einer mobilen Artillerie verwirklicht wurde, mußten die Artilleriegeschütze noch von zahlreichen Ochsengespannen gezogen werden. Obwohl Ochsen langsamer, störrischer und dümmer als Pferde sind, verfügen sie über mehr Kraft und Ausdauer bei Märschen über große Entfernungen. Mit Beginn des 17. Jahrhunderts hatte man es aber geschafft, die Kanonen und Lafetten stärker und dennoch leichter zu machen. Leicht genug jedenfalls, um jetzt von einem Gespann aus zwei Pferden gezogen werden zu können. Die Stückmannschaften mußten allerdings immer noch zu Fuß nebenher laufen. Gegen Ende des 18. Jahrhunderts begannen einige Armeen, die Kanoniere auf eigene Pferde zu setzen. Sie wurden von leichten zweirädrigen Wagen, sogenannten *Caissons**, begleitet, in denen Schießpulver und Granaten befördert wurden. Diese »berittene Artillerie« konnte sich mit Kavalleriegeschwindigkeit bewegen. Sie wurde darauf gedrillt, ihre Kanonen extrem schnell gefechts- und wieder marschbereit (*limbered* und *unlimbered***) zu machen. Im Laufe des Ersten Weltkrieges wurden die Pferde nach und nach von Lastern und Traktoren, die eisenschlagenen Karrenräder durch Gummireifen ersetzt. Dennoch konnte man auch zu Beginn des Zweiten Weltkrieges bei einigen Armeen noch immer Artillerie finden, die von Pferden gezogen wurde. Mit motorisier-

---

\* frz. Begriff aus der Pionier- bzw. Ingenieursterminologie, eigentlich ein wasserdichter Senkkasten
\*\* Auf- und Abprotzen. Die Protze war der zweirädrige Karren, der, an das Geschütz angehängt, für den Munitionstransport verwendet wurde.

ten Zugfahrzeugen konnten die Truppen ihre Kanonen mit Landstraßengeschwindigkeiten bewegen, zumindest so lange, bis sie die Straßen in Matsch verwandelt hatten. Dann allerdings passierte ihnen genau dasselbe wie allen anderen Radtransporten, sie blieben stecken: Opfer von »General Matsch«.

Es lag auf der Hand, daß man eine bessere Transportform für die Artillerie brauchte. Die Lösung bahnte sich bereits an: die Selbstfahr-Artillerie. Im Zweiten Weltkrieg war es die deutsche Wehrmacht, die als erste den Gedanken der Selbstfahr-Artillerie systematisch verwirklichte. Sie demontierte die Türme von veralteten Panzerfahrgestellen und montierte statt dessen improvisierte Bettungen für Feldgeschütze. Jetzt konnten die Kanone, die Mannschaft und gewisse Mengen Munition querfeldein fahren und mit den vorgehenden deutschen Panzertruppen Schritt halten. Leider verfügten die frühen dachlosen Systeme über keinerlei Schutzeinrichtungen für die Mannschaft gegen herabregnende Granatsplitter – und damit noch nicht einmal gegen Regen! Auch die alliierten Streitkräfte entwickelten im Zweiten Weltkrieg selbstfahrende Artilleriestücke. Besonders bekannt wurde der M3 »Priest« mit einer kleinen 105-mm-Haubitze. 1950 stellten dann sowohl amerikanische, wie britische Streitkräfte zunehmend 105-mm-*Self-Propelled Guns* (SPG) mit völlig geschlossenen Türmen in Dienst. Diese Fahrzeuge sahen den Panzern verblüffend ähnlich, doch konnten ihre klobigen Türme nur eingeschränkt bewegt werden (360°-Drehungen wie bei einem Panzer waren nicht möglich). Um das Fahrgestell gegen den Rückstoß der Kanone zu stabilisieren, brauchten verschiedene Modelle einen sogenannten »Spaten« – ein breites, gezahntes Blatt, das an Scharnieren am Heck aufgehängt war. Der »Spaten« wird vor dem Schießen in den Boden abgesenkt und stabilisiert so das Fahrzeug gegen den Rückstoß der Kanone.

Die Konstruktion einer Selbstfahrkanone ist, genau wie bei allen anderen gepanzerten Kampffahrzeugen, eine Gratwanderung zwischen Mobilität und Geschwindigkeit auf der einen und Schutz, Gewicht, Munitionskapazität und mechanischer Komplexität auf der anderen Seite. Außerdem spielen auch nationale Stilelemente und -Richtlinien eine Rolle. Hierzu nur ein Beispiel: Um wertvolle menschliche Arbeitskräfte einzusparen, hat das schwedische Heer seine 155-mm-Selbstfahrkanone mit einem ausgeklügelten mechanischen Selbstladesystem ausgerüstet; sowjetische Konstruktionen von Selbstfahrkanonen setzen auf flache Flugbahnen und Direktfeuer, um das Feuerleitsystem zu vereinfachen und zusätzlich auch Panzerabwehrkapazitäten zu erzielen.

Die Ursprünge des amerikanischen M109-Programms gehen auf die 60er Jahre zurück. Damals entschied die Army, daß bei der kommenden Generation ihrer SPHs sowohl Mannschaft als auch Kanone und Munition unter einer Panzerung Schutz finden sollten, die ausreichend wäre, artilleristischem Gegenfeuer und Beschuß aus kleineren Waffen standzuhalten. Die ersten Resultate dieses Programms waren M108 (mit einer 105-mm-Haubitze) und M109 (mit einer 155-mm-Haubitze). Beides sind Kanonen auf einem Kettenfahrgestell mit einer gepanzerten »Box« beziehungs-

M109A6 *Paladin Self-Propelled Howitzer* (SPH)
JACK RYAN ENTERPRISES,LTD., VON LAURA ALPHER

weise »Kabine«, die man über das Chassis gebaut hat. Die Kabine bietet so viel Platz, daß die Mannschaft die Haubitze laden und abfeuern kann und auch noch genügend Raum für die Unterbringung von Munition zur Verfügung steht.

Diese relativ einfachen Fahrzeuge waren für die Einsatzprofile im Vietnamkrieg und zu Beginn des kalten Krieges völlig ausreichend. In den 80er Jahren kamen jedoch ständig neue Operationsanforderungen hinzu. Eine davon war die Notwendigkeit, die Position für eine Stellung sehr genau erkunden und festlegen zu müssen (je genauer Sie wissen, wo Sie sich befinden, desto genauer können Sie auch Ihr Ziel anvisieren). Dabei sollte aber der Schutz des Fahrzeuges nicht verlassen werden. Hinzu kommt, daß die Zeit, die benötigt wird, um die Batterie in Stellung zu bringen und abhörsichere Sprechfunkverbindungen aufzubauen, zum geschwindigkeitsbestimmenden Faktor dafür geworden ist, wie schnell auf die Anforderung von Artillerie-Unterstützung reagiert werden kann.

Etwa um die Zeit des Golfkrieges von 1991 lag die Standardvorgabe bei der US-Army für das Erreichen der Gefechtsbereitschaft einer M109A2-Batterie (acht M109 samt Munition und Transportern) bei etwa elf Minuten. Gemessen an der Reaktionsfähigkeit und Leistung der MLRS-Batterien, die ihre Reaktionszeit nach Sekunden bemessen, erscheinen einem die Leistungen der Rohrartillerie während Desert Storm ziemlich lahm. Aber schon bevor die Truppen der Vereinigten Staaten an den Golf geschickt wurden, hatte die Army die Entwicklung einer neuen Generation der M109 eingeleitet, die des M109A6 *Paladin*.

Der Gedanke, der hinter der Entwicklung des *Paladin* stand, ist fast der gleiche, der zur Entwicklung des M12A2 *Abrams* geführt hatte: Man nehme ein bestehendes Fahrzeug-Chassis (in der Art der alten M109A2 oder M109A3), reduziere es bis auf sein Skelett, überarbeite sämtliche Kraftfahrzeug- und Federungskomponenten (genaugenommen heißt das, unter dem »Verschleiß- und Abnutzungsgesichtspunkt« einen »Nullstatus« herbeizuführen), reiße sämtliche alte Fahrzeugelektronik heraus (im

Jargon der Fahrzeugindustrie:»Vectronik«) und ersetze sie durch neue, zuverlässigere Digitalsysteme und vernetze das alles mit einem eingebauten Datenbus; dann baue man noch ein paar der notwendigsten Kommunikationssysteme ein und füge schließlich Navigationssysteme und einen Feuerleitcomputer, der den Erfordernissen unter Artilleriefeuer gerecht wird, zur Verbesserung der Reaktionszeit hinzu. So macht die Army aus einer Kanone, die eigentlich längst überholt ist, in nur einem einzigen, grundlegenden Modernisierungsablauf das weltbeste Rohrartilleriesystem.

Wenn Sie auf einen *Paladin* zugehen, fallen Ihnen sofort ein paar Details an seinem Äußeren auf, die ihn von seinem Vorgängermodell M109 unterscheiden. Allein schon die umfangreichere Turmverkleidung und die zusätzlichen Funkantennen weisen darauf hin, daß hier etwas Neues steht. Beim Innenraum sieht es schon ganz anders aus.

Normalerweise besteigt die Mannschaft das Fahrzeug vom Heck her, indem sie sich unter den Überhang der Turnüre duckt und auf Händen und Knien durch die Hauptluke kriecht. Sobald Sie aber den Innenraum erreicht haben, können Sie sich aufrichten und haben auf einmal das Gefühl, hier drinnen könnte man auch Handball spielen. Alles ist sehr geräumig. Ganz im Gegensatz zu den beengten Verhältnissen in einem *Abrams* oder *Bradley* können Sie hier aufrecht stehen, selbst wenn Sie größer als 1,80 m sind, und sich sogar recht bequem bewegen.

Die Gestaltung des Innenraumes erinnert stark an den *Abrams*. Auch hier ist die Position des Kraftfahrers relativ weit vorn, während Kommandant und Richtschütze ihre Position rechts und der Ladeschütze links vom Turm haben. Sämtliche Oberflächen sind innen mit einer Kevlar-Beschichtung versehen, um die Gefahr für die Mannschaft zu reduzieren, die durch herumfliegende Splitter entstehen kann. Direkt hinter dem Turm befindet sich der Stauraum für Munition und Treibladungen. Der *Paladin* bietet in seinem Heckbunker Platz für insgesamt siebenunddreißig NATO-Standard-Granaten vom Kaliber 155 mm, ein Paar lasergelenkte Copperhead-Projektile und alle notwendigen Treibladungen, um sie auf den Weg zu bringen. Zu den verschiedenen möglichen Munitionstypen gehören unter anderen:

- *High Explosive* (HE) – Ein mit Sprengstoffen der PBX-Serien gefülltes Stahlmantelgeschoß. Sein Aufschlagzünder löst beim Auftreffen auf den Boden aus und hat eine Druck- und Splitterwirkung.
- *Hig-Explosive, Variable-Time* (HE-VT) – Ein HE-Geschoß mit Radar-Annäherungszünder. Dieser Zünder kann so programmiert werden, daß er sich in einer bestimmten Höhe über dem Ziel auslöst und das Ziel mit einem Splitterhagel überschüttet, wenn die Granate explodiert.
- Weißer Phosphor (WP) – Er heißt bei den Truppen»Willie-Pete«. Diese Granate ist mit weißem Phosphor, gefüllt und hat eine kleine Sprengladung. Sobald die Granate auf dem Boden aufschlägt und die Sprengladung hochgeht, entzündet sich der weiße Phosphor durch die Anwesenheit von Sauerstoff automatisch (sowohl in der Luft als auch im Wasser). Zusätzlich zur Brandwirkung erzeugt der weiße Phosphor

eine ausgedehnte weiße Rauchwolke, die auch als Zielmarkierung für andere Waffen verwendet werden kann. Der Nachteil von WP liegt darin, daß sowohl seine Herstellung als auch seine Handhabung mit Gefahren verbunden ist. Die furchtbaren Brände, die er auszulösen vermag, haben bei vielen Menschen zu der Ansicht geführt, daß er eine grauenhafte und unmenschliche Waffe sei. Dessen ungeachtet werden aber WP-Granaten von absolut jeder Nation mit Artillerie-Truppen verwendet.

- *Field Artillery Containerized Anti-Tank Mine* (FASCAM) – Hierbei handelt es sich um Artillerie-Granaten, in denen sich mehrere panzerbrechende Minen befinden. Die Minen sind in der Lage, Ketten von Panzerfahrzeugen abzusprengen oder Radfahrzeuge in Lastergröße zu zerstören. FASCAM-Geschosse können in hohem Bogen in Gebiete wie Straßenkreuzungen oder Pässe geschossen werden, wo sie bis zu ihrer Räumung feindliche Streitkräfte in ihrem Vormarsch blockieren.
- Rauch – Sehr häufig werden Rauchgeschosse (Granaten mit pyrotechnischem Rauchentwickler) nur zu dem Zweck eingesetzt, eine Position zu markieren oder eigene Bewegungen vor dem Feind zu kaschieren. Rauchgranaten werden in unterschiedlichen Farben, wie Rot, Blau, Purpur oder Orange verwendet.
- *Jabberwocky** – Dieses Projektil trägt den Namen eines Gedichtes von Lewis Caroll. Die Granate enthält ein kleines, aber überaus starkes Breitband-Funkgerät mit störenden Eigenschaften durch Geräuschentwicklung auf den Frequenzen, das konstruiert wurde, um den feindlichen Funkverkehr nachhaltig zu beeinträchtigen. Sobald sich ein Jabberwocky über dem Zielgebiet befindet, löst es einen Fallschirm aus, der den Fall zur Erde verlangsamt und eine weiche Landung ermöglicht. Ist der Jabberwocky auf dem Boden angekommen, fährt er sofort eine Antenne aus und beginnt mit seiner Störsendung. Eine kleine thermische Batterie innerhalb der Hülse hält ihn für einige Stunden in Betrieb.
- SADRAM – Ähnlich wie bei den MLRS-Flugkörpern gibt es auch eine Entwicklung bei den Artillerie-Granaten, die dazu führen soll, daß auch sie eine Anzahl von SADRAM *Skeets*** tragen können, die dann über Zielen ausgestreut in der Lage sind, feindliche Panzer und Fahrzeuge zu vernichten. Allerdings scheint dieses Programm bereits zu einem Opfer der Budgetkürzungen geworden zu sein. An seine Stelle soll ein Ersatzprogramm unter der Bezeichnung BAT (mit einem Akustiksensor) treten.
- *Copperhead*** – Das Kronjuwel der amerikanischen Artillerie. Konzipiert zum Einsatz gegen Panzer und Punktziele, stellt Copperhead so etwas wie das Artillerie-Äquivalent zu den lasergeführten Bomben dar. Sobald er abgefeuert ist, entfalten sich kleine Leitflossen aus dem Gra-

---

\* »Kauderwelsch«
\*\* Tontauben
\*\*\* Kupferkopf

170

natkörper, und im gleichen Augenblick nimmt ein Lasersucher an der Spitze seine Suche nach einem Laserlicht am Boden auf, das in einem ganz speziellen Code pulsiert. Das ist dann das Signal von einem Laser-Designator, der das gewünschte Ziel markiert – bzw.»anmalt«. Solche Laser-Designatoren verfügen über eine Reichweite von etlichen Kilometern. Es gibt sie in kleinen tragbaren Ausführungen, wie sie beispielsweise von einem vorgeschobenen Spähtrupp verwendet oder an einem Kampffahrzeug oder Hubschrauber montiert werden können. Wenn der Sucher einmal den Laserpunkt erfaßt hat, richtet er sich auf das Ziel aus, indem er über die Leitflossen die notwendigen Kurskorrekturen durchführt. Der Hochexplosiv-Sprengkopf hat einen Kontaktzünder und ist stark genug, einen Panzer zu zerstören. Das einzige Problem des *Copperhead* liegt darin, daß er nur in begrenzten Stückzahlen verfügbar ist. Wegen der hohen Kosten wurde die Produktionslinie geschlossen, bevor die geplante Stückzahl erreicht war. Daher muß sehr sparsam mit ihm umgegangen werden. Aber wie auch immer, das hier ist bestimmt die genaueste und tödlichste Artilleriewaffe der heutigen Zeit, die für den Punktzieleinsatz zur Verfügung steht.

Die obige Liste erhebt natürlich keinen Anspruch auf Vollständigkeit. Es gibt noch viel mehr, was alles in eine 155-mm-Granate gestopft werden kann. Sehen Sie die Aufzählung also lediglich als generellen Überblick über die Leistungsfähigkeit der amerikanischen Heeresartillerie. Bei der Lektüre wird der eine oder andere von Ihnen sich vielleicht darüber gewundert haben, weshalb in dieser Liste Artillerie-Geschosse mit nuklearen und chemischen Gefechtsköpfen ausgeklammert wurden. Die schlichte Wahrheit ist: Solche Waffen gehören der Vergangenheit an. Es gab einmal eine Zeit, in der man bei der Army eine 2-Kilotonnen-Atomgranate herausgebracht hatte, die unter der Bezeichnung W82 geführt wurde. 1991 befahl Präsident Bush aber die Beseitigung sämtlicher Atomwaffen aus den Beständen der aktiven Streitkräfte der USA. Darüber hinaus verfügten die US-Truppen auch über ein kleines, aber äußerst effizientes Arsenal an chemischen Waffen. Glücklicherweise wurde dieses Programm im Rahmen einer ganzen Reihe von internationalen Verträgen beendet. Die Lagerbestände werden schrittweise in Verbrennungsanlagen in Kentucky, Utah, und auf dem Johnston-Atoll in Mikronesien vernichtet.

Strukturell gesehen wird der *Paladin* in erster Linie aus Aluminium hergestellt (wie auch der *Bradley* und M113). Dennoch sind wichtige Bereiche nach wie vor aus qualitativ höchstwertigem Stahl. Er hat ein Gewicht von 28.181 kg und wird von einem 440 PS (328 kW) Detroit-V8-Turbodiesel über ein mechanisches Sechsganggetriebe (vier Vorwärts-, zwei Rückwärtsgänge) angetrieben. Das bringt ihn auf eine Höchstgeschwindigkeit von 57 km/h und eine Reichweite von 351 km im Gelände. Der eigentliche »Geschäftsbereich« des *Paladin* ist aber seine M284-(155-mm)-Kanone, Kaliber 39, die man auf einer M182-Bettung montiert hat. Mit ihr kann konventionelle Munition über Entfernungen von 23 km verschossen werden. Raketengetriebene Granaten kommen sogar auf 30 km.

Was den *Paladin* so anders macht, sind die Systeme, die verbessert oder ausgetauscht wurden. Die hauptsächlichen Modernisierungsmaßnahmen betrafen folgende Punkte:

- Federungs- und Radaufhängungssystem – Weil das Gewicht des *Paladin* inzwischen auf gut 29.000 kg angewachsen ist, hätten die Aufhängung und Federung des M119-Fahrwerks im Originalzustand erhebliche Probleme bekommen, auf dem Marsch durch das Gelände von Feuerstellung zu Feuerstellung die Stabilität des Fahrzeugs aufrecht zu erhalten. Um dem entgegenzuwirken, stattete man den M109A6 mit längeren Torsionsstäben und einem hydropneumatischen Federungssystem aus, um die Fahrt sanfter zu gestalten und gleichzeitig der größeren Zuladungskapazität des neuen Fahrzeugs gerecht zu werden.

- *Automatic Fire-Control System* (AFCS) – Dieses automatische Feuerleitsystem ist eine integrative Lösung der Probleme, die die Bestimmung der Fahrzeugposition, der Empfang von Feueraufträgen und die automatische Zielansprache der Kanone aufwerfen. Das System verfügt über ein Trägheitsnavigationssystem unter der Bezeichnung *Modular Azimuth\* Positioning System* (MAPS). Des weiteren kann das System Zieldaten, die über die an Bord befindlichen Funkgeräte empfangen werden, direkt in das Feuerleitsystem einspeisen. Alles, was die Mannschaft noch zu tun braucht, um die Geschosse ins Ziel zu bringen, besteht also darin, den richtigen Zünder in die Spitze der Granate einzubauen, die Granate und den Treibladungsbeutel ins Rohr zu schieben und an der Abzugleine zu ziehen. Zwar mangelt es dem MAPS-System im Augenblick noch an einem NAVSTAR-GPS-Empfänger, aber es dürfte nicht mehr allzu lange dauern, bis eine Nachrüstung erfolgt.

- *Voice/Digital Communications Systems* – Da bei den im Moment verwendeten M109 die Befehlsübermittlung von der Batterie-Gefechtszentrale aus noch per Feldtelefon erfolgt, müssen sie nachhaltige Einschränkungen in ihrer Leistungsfähigkeit in Kauf nehmen. Der *Paladin* dagegen hat zwei AN/VRC-89 SINCGARS Funkgeräte, mit denen sowohl abgesicherter Sprechfunkverkehr als auch digitaler Datenaustausch und eine Einbindung in das TACFIRE/BCS-System möglich ist.

- *Automatic Remote Travel Lock* (Automatisch ferngesteuerte Transportsicherung) – Das Kanonenrohr des M109 ist ziemlich lang. Daher ist es notwendig, es während des Marsches sicher zu arretieren, damit Belastungen vermieden werden, die unter Umständen zu einem Verbiegen oder Verdrehen des Rohres führen könnten. Durch diese Effekte würde sowohl die Schußgenauigkeit, wie auch die Sicherheit gefährdet. Bei den augenblicklichen Versionen des M109 muß dazu noch ein Mann-

---

\* Azimut: in der Astronavigation verwendeter Begriff. Definiert als Winkel zwischen der Vertikalebene eines Gestirns und der Südhälfte der Meridianebene, gemessen von Süden über Westen, Norden und Osten.

schaftsmitglied aussteigen und das Kanonenrohr von Hand in seiner Transportsicherung fixieren. Beim *Paladin* geschieht dies automatisch in weniger als fünfzehn Sekunden.

- *Driver's Night Vision Device* (Fahrer-Nachtsichtgerät) – Bislang bestanden bei Nachtmärschen und nächtlichen Artillerie-Angriffen für den M109 wegen des Fehlens eines eingebauten Nachtsichtsystems erhebliche Schwierigkeiten. Diesen Mangel hat man beim *Paladin* durch den Einbau eines AN/VVS-2 (V4) Nachtsichtsystems beseitigt. Bei diesem System handelt es sich um ein Sichtgerät zum »Anklippen«, das also sehr schnell und ohne Werkzeug am Periskop des Fahrers (innerhalb von fünfzehn Sekunden) montiert werden kann. Das relativ neue System arbeitet mit Restlichtverstärkung und verschafft selbst in mondlosen Nächsten noch einen klaren Blick nach draußen.
- *Microclimate Cooling System* (MCS) – Selbst unter optimalen Bedingungen ist ein Feuerauftrag für eine 155-mm-Haubitze immer noch ein heißer, schmutziger und staubiger Job. Wenn die Mannschaft dabei auch noch die MOPP-IV-Schutzanzüge tragen muß, wird die Angelegenheit zu einer kräftezehrenden Aktion. Um die Hitze- und Rauchbelastung zu beseitigen, hat man das *Microclimate Cooling System* (MCS = Mikroklima-Kühlsystem) entwickelt. Es versorgt alle, die einen solchen Schutzanzug tragen, mit gefilterter und gekühlter Luft und macht so die Arbeitsbedingungen etwas angenehmer. Alle Mannschaftsmitglieder sind per Schlauchverbindung über ihre Gesichtsmasken an das MCS angeschlossen. Selbst wenn die Crew keine MOPP-IV-Anzüge trägt, legt sie die Masken an, damit sie die aus der Kanone austretenden Treibgase nicht einatmet.
- Stromversorgung – All die elektronischen »Schätze« an Bord benötigen Unmengen an Elektrizität. Um die gestiegenen Anforderungen im Bereich der Stromversorgung des M109A6 zu erfüllen, wurde ein zusätzlicher Generator vom 650 Ampère Leistung installiert.

All das bedeutet, daß ein M109A6 durchaus in der Lage ist, fast dasselbe mit einer Kanone zustande zu bringen, was das MLRS-System mit seinen

*Field Artillery Ammunition Supply Vehicle* (FAASV = Munitions-Versorgungsfahrzeug. Auf diesem Foto ist das mechanisch betriebene, ausklappbare Förderband zu erkennen, mit dem Munition direkt in einen M109 umgeladen werden kann.

BMY COMBAT SYSTEMS

Raketen und Flugkörpern schafft. Dabei werden die gleichen Mobilitäts- und Geschwindigkeitswerte erzielt. Der *Paladin* wurde daraufhin konstruiert, seine Rolle auf den digitalisierten Gefechtsfeldern des 21. Jahrhunderts spielen zu können. Ganz im Gegensatz zu seinen Vorgängern, die, um eine Überlebenschance zu haben, hinter der Front zurückbleiben mußten, kann er selbst mit den am weitesten vorgerückten Einheiten der Panzertruppen kämpfen. Im Handumdrehen kann er anhalten und kaum sechzig Sekunden später ist auch schon seine erste Granate »unterwegs«. Die Fähigkeit, »zu schießen und die Kurve zu kratzen«, erhöht die Überlebenschance des Systems bei Abwehrfeuer durch eine gegnerische Batterie.

Es gibt auch ein spezielles Fahrzeug, dessen einzige Aufgabe darin besteht, zu gewährleisten, daß der *Paladin* immer genug Munition hat und jederzeit gefechtsbereit ist. Es heißt Field Artillery Ammunition Supply Vehicle (FAASV) und transportiert die Munition, Treibladungen und Zünder zu den *Paladin*-Einheiten an der Front. Das FAASV wird ebenfalls auf der Basis des M109-Fahrgestells gebaut. Sein gepanzertes Gehäuse kann bis zu 90 Granaten, drei lasergeführte Copperhead-Granaten, 99 Treibladungen und 104 Projektilzünder aufnehmen. Das Fahrzeug läuft unter der Bezeichnung M992A1 und kann gemeinsam mit dem *Paladin* Einsätze fahren, im gleichen Gebiet operieren und ihn sogar während eines Feuergefechts noch nachladen.

Das FAASV verfügt über ein Fördersystem, mit dem es möglich geworden ist, Munition und Treibladungen von und zum *Paladin* zu befördern, ohne daß die Mannschaften ihre Fahrzeuge verlassen müßten. Das kann zu einem entscheidenden Faktor werden, wenn eine *Paladin*-Einheit unter feindlichen Beschuß gerät (obwohl die Besatzungen es unter ungleich sichereren Verhältnissen normalerweise vorziehen, die Munition und Treibladungen von Hand umzuladen). Darüber hinaus kann ein FAASV auch noch als Zugmaschine für absolut jede Haubitzenlafette im Arsenal der Army eingesetzt werden, sollte einmal diese Notwendigkeit bestehen. Es hat sogar genug Muskeln, einen kampfunfähigen *Paladin* abzuschleppen!

Jeder der 824 *Paladine*, welche die Army anzukaufen plant, soll sein eigenes FAASV bekommen, das ihn im Gefechtseinsatz versorgt. Ältere Selbstfahrhaubitzen werden jedoch auch weiterhin auf Munitionstransporter in der Art des M548 auf der Grundlage des M113er Chassis zurückgreifen müssen.

Welche Bedeutung hat das alles nun für die Mannschaften und die Kommandeure der *Paladine*, die sich auf ihr reaktionsfähiges und genaues Artilleriefeuer verlassen? Gehen wir einmal von folgendem Beispiel aus: Eine der am häufigsten verwendeten Einsatzformen für die mobile Artillerie während Desert Storm war der gepanzerte Artillerieangriff. Diese Einsätze liefen mit Selbstfahr-Artillerie nach dem Schema »Angriff und Rückzug« ab. Sie wurden nach Kuwait und in den Irak hinein vorgetragen, um Ziele anzugreifen, für deren komplette Zerstörung etwas mehr als nur ein paar Bomben erforderlich waren. Diese Ziele lagen außerdem auch noch außerhalb der Reichweite der 16"/406-mm-Bordkanonen der

Schlachtschiffe *Wisconsin* und *Missouri*. Wie wertvoll diese Angriffe waren, läßt sich am besten daran erkennen, daß sie in den Lufteinsatz-Plänen mit angeführt waren, die täglich vom »schwarzen Loch« des Hauptquartiers in Riyadh herausgegeben wurden. Diese Order regelten das gesamte Bombardement des Irak und des besetzten Kuwait.

Stellen wir uns ein *Palladin*-Bataillon vor, das den Befehl bekommen hat, die Frontlinien zu durchbrechen und einen Angriff auf ein feindliches Treibstoffdepot durchzuführen, das sich rund 50 km hinter der Front befindet. Seine Aufgabe wird es nun sein, schnellstmöglich etwa 30 km ins feindliche Territorium einzudringen, dort umgehend Stellung zu beziehen und etwa ein Dutzend Granaten pro Fahrzeug abzufeuern. Dann soll es so schnell wie möglich von dort verschwinden und zu einer anderen Position wechseln, wo es die gleiche Prozedur wiederholt, um schließlich auf dem schnellsten Weg zurück hinter die eigenen Linien zu kommen.

Kein Artillerie-Bataillon würde sich jemals auf ein solches Abenteuer einlassen, wenn es sich nicht zuvor einiger Hilfe versichert und umfangreiche Planungen durchgeführt hätte. Also wird auch diese Mission bis ins letzte Detail ausgearbeitet. Das Bataillon selbst setzt sich aus drei Batterien Artillerie zusammen. Jede dieser Batterien besteht aus acht M109A6 *Paladinen* (die wiederum in zwei Platoons von jeweils vier Fahrzeugen aufgeteilt sind), acht M992A1 FAASVs (je vier pro Platoon) und einem Paar modifizierter M577, den sogenannten PCVs, *Platoon Control Vehicles* (Zug-Befehlsfahrzeugen, je eins pro Platoon). Diese PCVs werden gebraucht, um auf schnellstem Weg die vom TACFIRE- System eingehenden Feueraufträge unter die M109A6 des jeweiligen Zuges zu verteilen. Falls erforderlich, kann ein *Paladin* allerdings auch auf direktem Weg Feueranforderungen von vorgeschobenen Posten oder Luftaufklärern annehmen und umsetzen. Es entspricht den normalen Regeln bei der Army, daß die Kanonen mit Geleitschutz fahren. In unserem Fall soll die Eskorte eine Kompanie der Armored Cavalry sein (also neun M1A2, dreizehn *Bradleys*, ein M981 FIST-V und zwei M125 106-mm-Mörserträger). Hinzu kommen noch einige der zu einer solchen Einheit der Armored Cavalry gehörenden OH-58D *Kiowa Warrior* Aufklärungshubschrauber, die den Flankenschutz der Einsatztruppe übernehmen. Diese Streitmacht ist sicherlich nicht groß genug, um die Aufmerksamkeit des Feindes über Gebühr auf sich zu lenken, aber auf jeden Fall groß genug, ein feindliches Versorgungsdepot zerstören zu können oder den Stoßkeil einer feindlichen Offensive stumpf werden zu lassen.

Nach Einbruch der Dämmerung marschiert die Task Force ab, wobei die Spähtrupps der Panzeraufklärer-Kompanie als Pfadfinder fungieren. Ihnen folgen die *Paladine* und PVCs. Jetzt suchen sie nach einer Schwachstelle in der Deckung und stoßen – sobald sie diese ausgemacht haben – mit größtmöglicher Geschwindigkeit durch, um die Gefahr einer Entdeckung durch feindliche Beobachter herabzusetzen. Dank des IVIS-Systems in den Fahrzeugen der Cavalry und der Schnittstelle (eine Art digataler »Kleiderhaken«) zum TACFIRE-System werden alle Befehle zum Vorgehen weitergeleitet, ohne daß dazu Sprechfunk benötigt wird, der nur die Aufmerksamkeit des Gegners wecken würde. Da jedes Fahrzeug über ein eigenes, sehr genaues Navigationssystem verfügt, ist es auch nicht erforderlich, daß alle in geschlossener Formation marschieren. Tatsächlich kann die Task Force sich in kleine Gruppen von Zuggröße aufteilen, die völlig unabhängig voneinander zum Sammelpunkt fahren. Die FAASVs, einige der Tanklaster und Spähfahrzeuge bleiben solange zurück, um einen Versorgungsstützpunkt einzurichten. Hier stehen sie in Bereitschaft, um überall hinzufahren, wo die Task Force sie benötigt.

Wie bei derartigen Operationen üblich, werden auch hier kleine Zwei-Mann-Gruppen der Army Rangers von der Special Forces Group aus Fort Benning, Georgia, als Spähtrupps und vorgeschobene Beobachter vorausgeschickt. Diese Teams beobachten jede Feindbewegung im Zielgebiet und werden die möglicherweise notwendig gewordenen Korrekturdaten für den Artilleriebeschuß liefern. Der Marsch zur ersten Position erfolgt schnell und dauert – vom Zeitpunkt des Frontüberganges an gerechnet – kaum mehr als eine Stunde. Sobald die *Paladine* ihre vorgesehenen Feuerpositionen erreicht haben, sendet jedes Fahrzeug ein Datensignal über das Netzwerk, um seine Feuerbereitschaft anzuzeigen. Was dann geschieht, geschieht schnell. Sehr schnell.

Im Kommandofahrzeug der Task Force wird eine Nachricht auf dem Datenterminal (dem sogenannten »Data Message Device« oder DMD) mit dem Feuerbefehl für das Treibstoffdepot erscheinen. Jedem Platoon wird dabei ein anderer Teil dieser Einrichtung zugewiesen. Die Nachricht endet mit einem abschließenden Datensatz, der sogenannten *Time on Target* (TOT = Zeit bis zum Angriffsbeginn auf das Ziel) für den Artilleriebeschuß. Um den Überraschungseffekt voll auszuschöpfen, versucht der Kommandeur, das Feuer aus allen Rohren zu synchronisieren, damit die ersten Granaten zeitgleich einschlagen. Sobald die Feueraufgabe über das Netzwerk unterwegs und der TOT-Countdown abgelaufen ist, werden die Verschlußstücke der Haubitzen geöffnet, die Projektile (in diesem Falle ein Job für konventionelle Hochexplosivgranaten) und Treibladungsbeutel eingerammt, die Bodenstücke geschlossen und die letzten Checks abgehakt. Die Kommandanten und Richtschützen der *Paladine* tippen die Zielkoordinaten ein; alles weitere erledigt das MAPS-System: Es korrigiert die Kanonenneigung und -richtung, es errechnet deren Elevation und Azimut, um das Ziel punktgenau zu treffen. Die Mannschaften, die ihre MCS-Masken angelegt haben, sind bereits damit beschäftigt, den zweiten Schuß vorzubereiten, während das Feuerleitsystem gerade den ersten abfeuert. In weniger als einer Sekunde (was allerdings auch von ihrer relativen Position im Zielgebiet abhängt) haben bereits alle vierundzwanzig *Paladine* ihre erste Granate abgeschossen, und die Mannschaften sind dabei, die zweite ins Rohr zu bringen. Der normale Standard der Army geht davon aus, daß eine Mannschaft es schaffen muß, eine Granate pro Minute zu laden und abzufeuern und das ohne Unterbrechung, bis die Munition verbraucht ist. Es gibt aber auch eine Schnellfeuerausbildung, bei der die Crews einen hektischen Tanz im Inneren eines M109A6-Turmes aufführren, der jedoch einer äußerst präzisen Choreographie unterliegt. Das Resultat besteht aus zwölf Schuß in kaum mehr als drei Minuten. Und genau das passiert jetzt. In wenig mehr als 180 Sekunden explodieren etwa 288 hochexplosive Granaten im rund 20 km entfernten Kraftstoffdepot. Währenddessen ist das Ranger Team damit beschäftigt, in seinen versteckten Positionen die Gefechtsschäden aufzulisten und in einen kleinen Telekommunikations-Terminal einzugeben. Auf diesem Weg erhält der Kommandeur der Task Force die Information, ob das Ziel bereits zerstört wurde oder weiter beschossen werden muß. Sobald die Benzintanks im Depot in die Luft fliegen, wird es Zeit, nach Hause zu fahren.

»Schieß-und-kratz-die-Kurve« heißt das Spiel, das hier gespielt wird, und genau das läuft jetzt ab. Kaum haben die letzten Granaten ihre Rohre verlassen, rasen die *Paladine*, PVCs und ihre Cavalry-Eskorte zur Sekundär-Feuerstellung, die vorher für sie festgelegt wurde. Nach einem Sprint von zehn bis zwölf Minuten von ihrer Primärstellung, halten die *Paladine* wieder an, um festzustellen, ob sie noch weiter auf das Depot schießen oder absichernde Maßnahmen ergreifen müssen, damit sie dort selbst mit heiler Haut wieder herauskommen. In unserem Fall wird die Entscheidung getroffen, noch schnell zwölf FASCAM-Minen auf die feindlichen Zufahrtswege zu den Fluchtrouten Richtung Heimat und die Zufahrten zum Depot zu schießen (um den Gegner daran zu hindern, den Brand noch mit Aussicht auf Erfolg zu bekämpfen). Nachdem auch das erledigt ist, sieht jeder zu, daß er auf den vorgeplanten Routen zurück zu den eigenen Linien kommt. Sollte einer der OH-58D *Kiowa Warrior* Aufklärungshubschrauber während des Rückmarsches irgend etwas ausmachen, von dem er den Eindruck hat, daß es die Verfolgung der *Paladine* auf ihrem Rückzug aufgenommen hat, wird sich herausstellen, daß die beste Hilfe für die M109A6 die *Paladine* selbst sind. Jetzt kommt die Stunde der Copperheads. Alles, was der Richtschütze/Beobachter an Bord des Hubschraubers jetzt noch zu tun hat, ist, seinen Laser-Designator auf das Ziel zu legen, den Designator-Code einzugeben, die Feueranforderung ins Netzwerk zu bringen, und innerhalb von sechzig Sekunden wird ein Copperhead seinen Bogen auf dem Weg zu einem Direkttreffer beim Eindringling über das Gefechtsfeld ziehen.

Da kein Bedarf an zusätzlicher Munition besteht, setzen sich die FAASVs mit ihrer Eskorte jetzt in Bewegung, um sich hinter den eigenen Linien wieder mit der *Paladin*-Task-Force zu vereinigen. Jeder M109A6 erhält ein Planquadrat zugewiesen, in dem er sich mit seinem FAASV trifft. Dort fängt dann der Nachlade- und Aufräumprozeß an. Für die Richt- und Ladeschützen bedeutet das, die Rohrwischerstangen und Rohrreinigungsbürsten herauszuholen, um die Pulverrückstände aus den Kanonenrohren und Geschützverschlüssen zu entfernen. Dann geht es an das Auffüllen der Stauräume für Munition und Treibladungen. Für den Fahrer ist jetzt die Zeit gekommen, die Ketten zu warten und den Stand der verschiedenen Flüssigkeiten des Fahrzeugs zu überprüfen. Was den Kommandanten angeht, so muß er jetzt die Einsatz- und Schießberichte schreiben und sich auf die Feueraufträge des kommenden Tages vorbereiten.

So sieht der Alltag bei jener Truppe aus, die man als »Königin des Schlachtfeldes« bezeichnet – bei der Artillerie. Und jetzt hat der M109A6 die Regentschaft in diesem Königreich übernommen.

## Zukunftsperspektiven

Wir haben hier viel über die Bedeutung der Artillerie auf einem modernen Gefechtsfeld gesprochen. Wenn dadurch etwas klar geworden sein soll, dann dies: Die große Reichweite der Artillerie kann vollständige Einheiten eines Feindes praktisch auf Knopfdruck »verdampfen«. Während andere Arten von Geschützfeuer, wie beispielsweise aus Hubschraubern und Panzern, einzelne Fahrzeuge mit tödlicher Genauigkeit auszuschalten vermögen, schafft es die Artillerie mit nur einem einzigen Schlag, viele von ihnen zu vernichten, selbst wenn sie sich noch außerhalb des Sichtbereichs befinden. Obwohl das schon mehr als ausreichend erscheint, hat die Army bereits Pläne, diese Kanonen bei Bedarf noch tödlicher zu machen. Der erste ist ein neues Artillerie-Leitsystem. Obwohl das TACFIRE-Netz ein durchaus leistungsfähiges System ist, leidet es doch unter einigen Mängeln, etwa unter dem Fehlen von »Haken« für andere Manöver- und Fahrzeugsteuerungssysteme. Ein weiterer ist der, daß TACFIRE auf große, zentral positionierte Computer angewiesen ist, die in einem Befehlsstand eines Artillerie-Bataillons untergebracht werden müssen. Die Zerstörung oder die Fehlfunktion dieses TACFIRE-Rechners hat zwangsläufig zur Folge, daß es zu einem Ausfall des gesamten Systems kommt, das von diesem Rechner bedient wird. Um diese Schwäche zu beheben, hat die Army damit begonnen, ein neues Leitsystem für die Artillerie einzuführen, das AFATDS, *Advanced Field Artillery Tactical Data System* (= computergesteuertes Datenerfassungs- und Feuerleitsystem). AFATDS wurde so konstruiert, daß es die Einschränkungen des TACFIRE überwindet und über weiterreichende Fähigkeiten verfügt, als man sich das zu der Zeit, als TACFIRE konstruiert wurde, hätte träumen lassen. An erster Stelle steht dabei, daß AFATDS sich aus einer Vielzahl kleinerer Computer zusammensetzt, die in einer sogenannten »aufgeteilten Architektur« zusammenarbeiten. Das bedeutet, daß ein Computer praktisch überall innerhalb des AFATDS-Netzwerkes plaziert werden kann, wo er dann seine Rechenleistung in die Aufgabenstellung des Netzwerkbetriebes einbringt. Darüber hinaus werden alle AFATDS-Konsolen und Anwenderschnittstellen völlig neu gestaltet. Sie sind jetzt leichter zu bedienen und können schneller neu programmiert werden, um sich den neuen Taktiken und Artilleriesystemen anzupassen. Bei der Entwicklung des AFATDS hat man auch Wert darauf gelegt, daß dieses System mit einer größeren Vielfalt von Systemen in der US-Army zusammenarbeiten und »reden« kann, als das bei TACFIRE der Fall war. Dadurch haben mehr Menschen in einer Einheit den Vorteil, selbst Artillerie-Unterstützung anfordern und auch bekommen zu können, wann und wo auch immer es erforderlich sein mag. AFATDS ist für all diejenigen, die mit den dicken Kanonen umgehen müssen, eine längst überfällige Kapazitätserweiterung.

Was die Kanonen selbst betrifft, so gibt es hier verschiedene Möglichkeiten. Die US-Army hat viel in die Forschung und Entwicklung eines neuen *Advanced Field Artillery Systems* (AFAS\*) investiert. Bei den neuartigen Haubitzen dieses Systems werden Liquid Propellants (LP = Flüssigtreibladungen) statt der Feststofftreibladungen in Beuteln verwendet, die heute noch eingesetzt werden. LPs haben den Vorteil, daß sie sowohl effizienter als auch besser kontrollierbar sind als die konfektionierten Beutel mit fester Treibladung. Die Kehrseite der Medaille ist aber, daß die Unterbringung und Handhabung der LPs schwieriger ist. Um diese Probleme zu lösen, bedurfte es sehr fortschrittlicher Chemotechnik. In der Army gibt es einige, die LPs als »höchst riskante« Technologie beschimpfen, die nicht ausgereift genug sei, um in den Gefechtseinsatz gebracht zu werden. Folglich befürworten einige Artillerie-Experten die Alternative zum LP, die sogenannte *Unicharge*\*\*. Bei der *Unicharge* handelt es sich um eine neue Familie von NATO-Treibladungen, die wesentlich wirkungs- und kraftvoller als die normalen Treibladungen in Beuteln sind. Die Verwendung der Unicharge macht nur geringfügige Änderungen bei den Haubitzen notwendig (eine 23.000-cm$^3$-Kammer statt der 18.000-cm$^3$-Kammer beim M109A6), verspricht aber die gleiche Genauigkeit und adäquate Reichweiten wie die LP-Waffen, die zur Zeit in der Entwicklung sind.

Damit stellt sich die Frage, welche der beiden nun entwickelt und eingeführt werden soll. Wenn Geld keine Rolle spielen würde, könnte man davon ausgehen, daß die *Paladine* sofort umgebaut würden, um die 155-mm-Unicharge-Kanone aufzunehmen. Die LP-Technologie dagegen würde sicherlich an die Laboratorien zur Weiterentwicklung zurückverwiesen werden. Aber Geld *spielt* nun mal eine Rolle in diesen Zeiten ständiger Abbau- und Kürzungsmaßnahmen im Bereich der Streitkräfte. Die Debatte über Risiken und Vorteile von LP gegenüber festen Treibladungen würde den Rahmen unserer Erörterungen sprengen. Man kann allerdings davon ausgehen, daß in der Artillerie-Gemeinde darüber ebenso heftige wie leidenschaftliche Kämpfe ausgetragen werden.

Beim MLRS sieht alles etwas klarer aus. Die XR-M77- und SADRAM-Gefechtsköpfe sind produktionsreif. Sie können eingeführt werden, sobald der Kongreß die Mittel dazu bewilligt hat. Im Augenblick beginnt man gerade mit der Arbeit an einer ATACMS-Variante mit größerer Reichweite. Mit diesem Modell könnte man Ziele angreifen, die bis 300 km entfernt sind. Aber da kommt sicherlich noch einiges nach.

---

\* Bei diesem System handelt es sich um Hochgeschwindigkeitsgeschosse, die aus speziellen Haubitzen abfeuert werden.
\*\* Einheitsladung

# Hubschraubersysteme der US-Army

Im Morgengrauen des 16. Januar 1991 ging ein irakischer Techniker auf dem Gelände eines Luftabwehrzentrums im Command, Control and Communication (C³I) und Nachrichtendienstbereich im Süden des Zentraliraks von einem Gebäude zum anderen. Sein Name und seine Aufgabe sind nach wie vor unbekannt, aber in dieser Nacht wurde er für ganz kurze Zeit zu einem Fernsehstar. Als er nämlich gerade auf die Tür des Gebäudes direkt vor ihm zuging, schwebten vier bizarr geformte Gebilde etwa 8 km entfernt im Süden unmittelbar über dem Boden. Plötzlich brachen aus den schwebenden Schatten Feuerzungen hervor und flogen wie brennende Pfeile in elegantem Bogen in die Gebäude. Der Reihe nach explodierten die LKWs, Antennenmasten, Generatoren und Kasernen des Führungszentrums und verwandelten sie in ein Flammenmeer. Durch die Druckwelle wie betäubt, begann der Techniker zu rennen, wahrscheinlich in der Absicht, seine Gefechtsstation zu erreichen. Er hat es nie geschafft, denn gerade als er die Eingangstür zu diesem Gebäude erreichte, flog ein *Hellfire* Flugkörper durch die Tür direkt vor seiner Nase. Als der Gefechtskopf detonierte und dabei die ganze Seite des Gebäudes zerstörte, verschlang die Hitzewelle den Techniker und machte ihn damit zu einem der ersten, die auf Seiten der Iraker Saddam Husseins wahnwitzigen Traum von der Beherrschung Kuwaits zum Opfer fielen. Videokameras, die parallel zu den Wärmebild-Sichtgeräten an den Kanonen der Hubschrauber montiert worden waren, lieferten die geisterhaften, trüben Bilder dieses Ereignisses, die vom Pentagon zur Veröffentlichung freigegeben wurden.

Das Instrument, das den Tod des Technikers herbeigeführt hatte, war weder eine F-117A der Air Force noch ein *Tomahawk** BGM-109 Marschflugkörper der Navy sondern vielmehr eine Staffel AH-64A *Apache* Helikopter der US-Army. Diese Hubschrauber lösten die ersten Detonationen von Desert Storm aus. Längst bevor die High-Tech F-117 und *Tomahawk* damit anfingen, Ziele im Irak anzugreifen, schlug die Task Force Normandy auf zwei irakische Luftverteidigungszentren (sie wurden unter den Code-Bezeichnungen *Nebraska* und *Oklahoma* geführt) entlang der südlichen Grenze des Irak ein. Die Task Force Normandy setzte sich aus zwei Staffeln *Apaches* (vier davon in jeder Staffel mit den geheimen Rufzeichen *Team Red* und *Team White*) zusammen, die von zwei MH-53J Pave Low Special Operations Hubschraubern begleitet wurden (zur Kommuni-

---

* Die Streitaxt der Indianer Nordamerikas ist auch der Name des USN-Marschflugkörpers, der vornehmlich von Unterseebooten aus gestartet wird.

kations- und Navigationsunterstützung und als Rettungshubschrauber für den Fall der Fälle). Diese Task Force war die erste Einheit der koalierten Streitkräfte, die in feindliches Territorium eindrang, und sie sprengte dabei zwei Löcher in die irakischen Luftabwehrlinien. Die Vernichtung dieser beiden Ziele war von lebenswichtiger Bedeutung, denn die Kampfflugzeuge, die laut Terminplan die SCUD-Startrampen im Westen des Irak zerstören sollten, mußten genau die Zonen durchfliegen, die von den beiden Luftabwehrzentren überwacht wurden. Wären sie nicht gleich zu Beginn, quasi in den ersten Sekunden des Luftkampfes, zerstört worden, hätte die irakische Luftabwehr eine realistische Chance gehabt, den Flugzeugen der Koalition schwere Verluste zuzufügen. Außerdem wären durch sie auch die weiter im Landesinneren liegenden Ziele in Alarmbereitschaft versetzt worden. Die Zerstörung dieser beiden Ziele wurde als so wichtig eingestuft, daß General Norman Schwartzkopf, der kommandierende General des CENTCOM, eine hundertprozentige Erfolgsgarantie forderte.

Der einzige Offizier, der die Herausforderung einer solchen Garantie auf sich nehmen konnte, war Lieutenant Colonel Richard Cody, ein Fliegeroffizier der 101st Air Assault Division. Cody wußte genau, daß die Zerstörung der beiden Luftabwehrzentren mit einem »Timing auf die Sekunde« erfolgen und daß der Angriff solange beobachtet werden mußte«, bis man ganz sicher sein konnte, daß sie auch wirklich dem Erdboden gleichgemacht worden waren. So etwas schafft nicht einmal das beste Kampfflugzeug, selbst wenn es mit den hervorragendsten Zielsystemen ausgerüstet ist. Also mußte etwas anderes her. Lieutenant Colonel Cody hatte das sichere Gefühl, daß die Kombination aus der Feuerkraft des *Apache*, seinen überragenden Wärmebildgeräten und seiner Fähigkeit, auch nach dem Angriff noch am Ort des Geschehens herumlungern zu können, um die Resultate abzuschätzen, ihn zum einzigen Flugzeugtyp des CENTCOM machte, der eine solche Aufgabe übernehmen konnte.

Die von der Task Force Normandy beim Angriff an diesem Januarmorgen erzielten Ergebnisse zeigten, daß das von Cody in die *Apache* und in die Männer der 101. gesetzte Vertrauen begründet und alles andere als tollkühne Waghalsigkeit war. Als er und die anderen fünfzehn Soldaten der Army Task Force ihre Raketen und Flugkörper gestartet und die Granaten aus ihren Kanonen auf die Iraker abgefeuert hatten, bewiesen sie damit auch gleichzeitig der ganzen Welt, daß die Heeresfliegerei in der US-Army erwachsen geworden war. Sie war nicht länger das uneheliche Kind einer Scheidung der Army des Zweiten Weltkrieges von dem Emporkömmling US-Air Force, sondern endlich bereit, ihren Platz als Schwertarm der Kommandeure auf einem Gefechtsfeld der neunziger Jahre und danach einzunehmen.

Die früheren Feindseligkeiten, die schließlich zu einem Bruch zwischen der Army und ihrem Air Corps führten, fingen schon nach dem Ersten Weltkrieg an. Damals galt das Fliegen noch als etwas, das nur auf Visionäre und Technologie-Extremisten eine besondere Anziehungskraft ausübte. Diese Männer träumten von mächtigen Bomberflotten, die einen

Krieg schon am ersten Tag gewinnen konnten, indem sie sofort einen entscheidenden Schlag gegen die wirtschaftlichen und politischen Zentren eines Feindes führten. Die Generäle der Army, ein von Natur aus konservativer Haufen, wünschten sich allerdings nur ein paar Flugzeuge mit fügsamen Piloten am Knüppel, die ein bißchen Bodenkampfunterstützung fliegen sollten, sprich: feindliche Schützengräben beharken, ein paar Bomben auf Befehlsstände und Versorgungslager werfen, nach Artillerie Ausschau halten und ein paar Aufklärungsphotos machen, während sie feindliche Flugzeuge gleichzeitig daran hinderten, genau dasselbe mit ihnen selbst zu veranstalten.

Die Auseinandersetzungen über die künftige Rolle einer Luftmacht gipfelten schließlich 1925 im Kriegsgerichtsverfahren gegen General Billy Mitchell. Dieser Prozeß – zusammen mit vielen anderen traumatischen Kämpfen – löste bei den Offizieren des Army Air Corps ein kollektives Gefühl von Verfolgungswahn und Martyrium aus. Ohne Chance, eigenständiger Truppenteil zu werden (wie die Royal Air Force in Großbritannien schon seit 1919 und die deutsche Luftwaffe ab 1933), verbrachte das Army Air Corps fast den ganzen Zweiten Weltkrieg damit, seine strategische Bedeutung unter Beweis zu stellen. Nur so konnte es seine Interessen dahingehend vertreten, endlich als Teilstreitkraft anerkannt zu werden. Diesen Kampf hat die amerikanische Heeresfliegerei letzten Endes für sich entschieden – aber um welchen Preis! Tausende von Fliegern und Flugzeugen gingen bei heldenhaften Bombereinsätzen verloren, die bei hellem Tageslicht geflogen wurden und deren Ziele nicht selten auch noch von recht zweifelhaftem Wert waren. Als dann die Atombombe kam, bestand die einzige Aufgabe des Army Air Corps darin, sie gegebenenfalls auch abzuwerfen. Jetzt war der Zeitpunkt für die Schaffung einer eigenständigen Air Force unabwendbar geworden, und 1947 war es schließlich soweit: Präsident Harry Truman unterzeichnet den National Security Act. Aus diesem ging einerseits das Verteidigungsministerium hervor, und andererseits machte er die US-Air Force zu einer gleichberechtigten Teilstreitkraft neben US-Army und US-Navy. Die Air Force packte also ihre Flugzeuge und Stützpunkte zusammen und verließ die Army. Die ganze Hinterlassenschaft bestand aus einigen Aufklärungs-, Verbindungs- und VIP-Flugzeugen sowie ein paar wackeligen Experimentalmaschinen namens Helikopter (denen man zu dieser Zeit keine große Zukunft gab). Mit dieser mageren Erbmasse fingen die verbliebenen Mitglieder der Army Aviation ganz von vorne an.

Als Igor Sikorsky gegen Ende des Zweiten Weltkrieges seine ersten Hubschrauber auslieferte, waren sie noch sehr zerbrechlich und unzuverlässig. Das änderte sich im Laufe des Koreakrieges, als sie erstmalig die Gelegenheit bekamen, wirklich in Aktion zu treten – als Verwundetentransporter. Tausende von Soldaten der Vereinten Nationen verdanken diesen lärmenden »Kaffeemühlen« ihr Leben. Eine neue Mission für die Heeresflieger war aus der Taufe gehoben worden: »MEDEVAC (*MEDical EVACuation* = Verwundeten- und Krankentransport)« war die offizielle, »abstauben« die inoffizielle Bezeichnung dafür. In den 50er Jahren führten

Fortschritte bei der Antriebstechnologie schrittweise dazu, daß ein außerordentlich lebenswichtiges Element im Leistungskatalog der Drehflügler entstand: die Lasthebe- und Transportkapazität. In dieser Zeit experimentierten sowohl die Army als auch das Marine Corps mit diesen Flugmaschinen herum, um herauszufinden, welche Vorteile ihnen ihre Verwendung bringen würde. Gleichzeitig lehnten Air Force und Navy die Hubschrauber gänzlich ab und konzentrierten sich statt dessen auf die Entwicklung von Atombombern, Überschallflugzeugen und Luft-Luft-Lenkflugkörpern. Gegen Ende der 50er Jahre kam es endlich mit der Gasturbine zu dem Technologiedurchbruch, der die Helikopter zu einem vollwertigen Partner der Luftflotte machte. Wie wir bereits gesehen haben, entwickeln Gasturbinen (in sich geschlossene Jet-Antriebe, die ihr Drehmoment direkt auf eine Achse übertragen und nicht auf Vortrieb mittels Auspuffdüsen angewiesen sind) enorme Drehmomentwerte bei einem Minimum an Platzbedarf und sehr geringem Gewicht. Das macht sie zum idealen Antrieb für Hubschrauber, die sich auf einer ständigen Gratwanderung zwischen Nutzlast und Leistung befinden. Die neuen Turbinen stellten gegenüber den bislang verwendeten Kolbenmotoren einen derartigen Fortschritt dar, daß man etliche der bestehenden Konstruktionen umbaute. Es waren nur geringfügige Abänderungen notwendig, um auch hier die neuen Antriebe einbauen zu können.

Als sich die 60er Jahre ihrem Ende näherten, kamen die ersten Hubschrauber heraus, die konsequent auf die Nutzung der Vorteile des Turbinenantriebs hin konstruiert worden waren. Der bemerkenswerteste dürfte wohl das Modell 204 von Bell gewesen sein, das als UH-1 *Iroquois* oder »*Huey*« bekannt wurde. Tausende dieser vielseitigen Chopper wurden produziert und nach Vietnam in den Kampf geschickt. Die UH-1 Konstruktion war so widerstandsfähig, daß selbst die neuen Versionen und Spezialausführungen auch 1993 noch immer auf der gleichen Basis gebaut werden. Einer dieser Nachkommen war der AH-1 *Cobra* Kampfhubschrauber, der erstmalig 1967 an Kampfhandlungen teilnahm und seitdem bis zum heutigen Tag bei der Army und dem Marine Corps im Dienst ist.

Diese neuen Hubschrauber ermöglichten sowohl der Army als auch dem Marine Corps die Entwicklung neuer Taktiken. Für die Marines, die Tausende von Männern beim Sturm auf die Strände von Tarawa, Iwo Jima and anderer Inseln im Pazifik verloren hatten, war es das Konzept für eine Vertikalentfaltung – dadurch konnte das Marine Corps Truppenlandungen durchführen, die *hinter* den feindlichen Linien stattfinden würden, ohne daß der Feind vorgewarnt würde. Für die Army bedeutete es die Wiederauferstehung der 1st Cavalry Division (die nach dem Koreakrieg aufgelöst worden war); außerdem wurde eine komplette Einheit jetzt durch eine Mischung verschiedener Hubschraubertypen lufttransportierbar – oder »luftmobil« – gemacht. Diese neuen Truppen – die sogenannte »Air Cav« – zählten zu den effektivsten Waffengattungen, die in Vietnam fochten. Mit ihrer Fähigkeit, ohne Vorwarnung auf einen Feind herabzustoßen, und in ihrer Mobilität weder durch Sümpfe noch den Dschungel beeinträchtigt, wurde die Air Cav zu einer bösen Überraschung für die kommunistischen Streitkräfte. Dafür wurde der Army aber auch eine Rechnung präsentiert, die sie zahlen mußte: Die Hueys und anderen Hubschrauber dieser Generation hatten absolut keinerlei Schutz gegen Beschuß aus Handwaffen und tragbaren SAMs, die gegen Ende der 60er Jahre herauskamen. Tausende von Helikoptern wurden in Vietnam abgeschossen, so viele, daß die Army bis zum heutigen Tag nicht in der Lage ist, genaue Zahlen anzugeben. Und auch der Preis an Menschenleben war hoch. Der ersten Turbinenhubschrauber hatten so gut wie keine Vorrichtungen, die Crews und Treibstofftanks bei Schäden und Abstürzen wirkungsvoll schützen konnten, was zu hohen Verlusten und schrecklichen Verbrennungen und Verletzungen bei Überlebenden von Abstürzen führte. Zwar wurde zwischenzeitlich an Verbesserungen und gänzlich neuen Konstruktionen gearbeitet, die allerdings die Einheiten in Vietnam vor dem Ende des Konfliktes in den frühen 70er Jahren nicht mehr erreichten.

Das Ende des Vietnamkrieges und das Wiederaufflammen der Gefahr, die von der Sowjetunion im Rahmen des kalten Krieges ausging, wurden nun zum Schlüsselthema für die Army. Jetzt hieß es für die Heeresfliegerei, sich den neuen Rollen und Missionen anzupassen, welche die späten 70er und ganzen 80er Jahre mit sich brachten. Es bestanden damals Pläne, mit Leib und Seele eine zweite Generation von Kampfhubschraubern zu entwickeln, die die *Cobras* ablösen sollten, aber die Absetzung des AH-56 *Cheyenne*-Programms von Lockheed, Anfang der 70er Jahre, setzte diesen Plänen ein frühes Ende. Das *Cheyenne*-Programm litt unter einer Vielzahl von Problemen, und obendrein pochte die Air Force nachdrücklich darauf, daß getroffene Vereinbarungen bezüglich der Missionen, die man der Army zu fliegen erlaubt hatte, nicht überschritten würden. Der wirklich letzte Nagel zum Sarg des *Cheyenne* könnte auch ganz einfach seine Leistung gewesen sein. Sowohl wegen seiner hohen Geschwindigkeit, als auch aufgrund der Tatsache, daß er seinen Auftrieb durch Stummelflügel bezog, betrachtete die Air Force den AH-56 als eine technische Verletzung der Vereinbarungen von Key West (einer Vereinbarung, die im Grunde ein »Staatsvertrag« zwischen Army und Air Force war, in dem festgeschrieben wurde, daß nur die Air Force berechtigt sei, mit Festflügelflugzeugen zu operieren). Vor allem aber fiel der *Cheyenne* der sich ändernden Natur der Bedrohung selbst zu Opfer. *Cheyenne* war dafür konstruiert worden, aus mittleren Höhen in schnellem Sinkflug anzugreifen. Deshalb war er lediglich gegen heftiges Maschinengewehrfeuer ausreichend gepanzert. Gegen die radargelenkten, automatischen Kanonen und Flugkörper mit Infrarotsuchern, die Ende der 70er und Anfang der 80er Jahre von den Sowjets und ihren Satellitenstaaten eingeführt wurden, hätte er keine Chance gehabt.

Trotzdem machte die Heeresfliegerei – ähnlich wie auch die Panzertruppe – weiter, indem sie zu totgeborenen Programmen aus den 60er Jahren zurückkehrte und diese mit neuen und verbesserten Ideen für die Zukunft wieder aufnahm und weiter vorantrieb. Um 1974 setzte man zwei neue Programme in Gang: den AAH, *Advanced Attack Helicopter* (fortschrittlicher Kampfhubschrauber, aus dem der AH-64 hervorging) und das UTTAS, *Utility Tactical Transport Aircraft System* (taktisches Nutz- und Transport-Flugzeugsystem, dessen Resultat schließlich der UH-60 war). Sie sollten die zwar zuverlässigen, aber inzwischen in die Jahre gekommenen AH-1 und UH-1 *Chopper* ersetzen, die damals den größten Anteil der Hubschrauberflotte bei der Army stellten. In der Zwischenzeit wurden Übergangslösungen für den Panzerabwehr-Einsatz hergestellt. Dabei griff man auf Systeme zurück, die eigentlich Bestandteil des AH-56 werden sollten, speziell das TOW-Flugkörper-System. Man modifizierte den AH-1 und transplantierte ihm Flugkörperstartgeräte, während man darauf wartete, daß die neuen Chopper-Konstruktionen endlich ihren Dienst antreten könnten. Schließlich begann die Army damit, neue taktische Formationen und Vorstellungen auszuprobieren, mit denen sie den wachsenden Anforderungen an die Heeresfliegerei gerecht werden wollte. Das schloß auch ein, daß die Flieger-Brigaden »päckchenweise« in alle Divisionen der Army eingegliedert wurden. Man beschränkte sich also jetzt nicht mehr allein auf Formationen mit einem eindeutigen heeresfliegerischen Auftrag, wie es bei der 1st Cavalry der Fall war. In Verbindung mit diesem Vorgehen stimmte die Flieger-Gemeinschaft ihre Taktiken und Operationspläne auch verstärkt mit den Bodentruppen ab. Durch eine solche Integration konnte die Zielsetzung einer Gesamt-Gefechtsführung bei der Army wirkungsvoller zur Durchführung gelangen.

Gegen Anfang der 80er Jahre begannen diese Initiativen erste Früchte zu tragen. 1983 wurde die Army Aviation endlich zu einer eigenständigen Waffengattung innerhalb der Army. (Vorher gehörten die Mannschaften der Kampfhubschrauber zur Panzertruppe, die der schweren Transporthubschrauber zum Transportation Corps, und die Aufklärungshubschrauber waren Eigentum der Artillerie!) Auf diese Weise gab die Army ihren Fliegern zu verstehen, daß sie nun endlich mit ihren Kameraden in der Panzertruppe, Infanterie und Artillerie auf einer Stufe standen. Auf den ersten Blick scheint das keine große Angelegenheit gewesen zu sein, aber für die Flieger bedeutete es eine ganz erhebliche Anerkennung ihrer Rolle im Gefecht. Damit waren gleichzeitig und endgültig auch alle Arten innerer Auseinandersetzungen unterbunden worden, die 1947 schon einmal zu einer Trennung des Army Air Corps von der Army geführt hatten. Ein eher praktischer Aspekt war der, daß die gesamte neue Helikopter-Generation jetzt nur noch einem Zweck diente: die Army Aviation Force zu verstärken. Einige davon, etwa der AH-64A *Apache* und der OH-58D *Kiowa Warrior*, eröffneten der Army völlig neue Möglichkeiten wie beispielsweise Angriffe in die Tiefe und Nachteinsätze. Andere wiederum, wie der UH-60A *Blackhawk* und CH-47D, erweiterten bestehende Kapazitäten durch größere Reichweiten und höhere Transportvolumina. Die neuen Chopper konnten eine überwältigende Feuerkraft produzieren und Treffer wegstecken, die ihre Vorgänger glatt zerstört hätten.

Die Bestätigung all dieser Fähigkeiten kam während der Operation Just Cause, der Invasion von Panama. Bei der Operation Desert Storm war es die Task Force Normandy, die den Krieg eröffnete und mit dem massierten Vorgehen der 101st Air Assault Division (die einzige Hubschrauber-truppe in Divisionsstärke) den Euphrat hinauf auch den Schlußpunkt setzte. Die Heeresfliegerei war inzwischen auch zahlenmäßig so stark geworden, daß General Franks, der kommandierende General des amerikanischen VII. Corps, mehr als 800 Helikopter unter seinem Kommando hatte.

## Der AH-64A *Apache* Kampfhubschrauber

Er sieht wirklich gemein aus. Ich meine, so etwas wird man nie als Zivilversion eines Verkehrshubschraubers während der Rush Hour über dem Stadtzentrum sehen. Eigentlich sieht er überhaupt nicht wie ein Flugzeug aus. Wenn Sie um die Maschine herumgehen, bietet dieses Monster aus jedem Blickwinkel ein anderes Erscheinungsbild. Eine Flugmaschine, selbst ein Hubschrauber, sollte eigentlich fließende Linien haben, um den reibungslosen Luftfluß um das Flugwerk zu unterstützen. Nicht so der AH-64A *Apache*. Er besitzt die ganze, unmittelbar ins Gesicht springende Brutalität raubgieriger Insekten, die ein entlegener Planet hervorgebracht haben könnte. Nur daß dieses Insekt hier Panzer verschlingt und keine Blattläuse.

Der AH-64A ist im Augenblick die ultimative Verkörperung eines Kampfhubschraubers. Seine Feuerkraft und Panzerung machen ihn zum Gegenstück eines schweren Panzers, das sich *über* dem Gefechtsfeld bewegt. Bei Tag und Nacht wie auch unter schlechten Witterungsbedingungen findet und zerstört er seine Ziele, wie er will, und ist gegen feindliche Waffen fast immun.

Wie der M1 *Abrams* so geht auch der *Apache* auf ein zuvor eingestelltes Programm zurück. Im Fall des AH-64A war das der Lockheed AH-56 *Cheyenne*. Der *Cheyenne* zog seine Leistung in erster Linie aus purer Ge-

Ein AH-64A *Apache* in Nahansicht. Auffällig der Scheibenwischer auf der Windschutzscheibe vor dem Richtschützen und die abgesetzte Position der an der Spitze montierten Sensoren und Optiken: TADS/PNVS oben, der große Laser-Entfernungsmesser und -Designator zusammen mit den Direktsicht-Optiken darunter.

McDonnell Douglas Helicopter Company

schwindigkeit im Geradeausflug und nicht so sehr aus Mobilität und der Fähigkeit, heimlich (*stealthy*) zu operieren. Seinem Aussehen nach war er für alle Welt ein wütender Kolibri, der in seiner Wesensart dem russischen Il-2 *Shturmovik* (Sturmkämpfer) aus dem Zweiten Weltkrieg nachkonstruiert war. Der Il-2 war im Grunde ein gepanzerter Sturzbomber, den man um Panzerabwehrkanonen herumgebaut hatte. Die 23-mm-Zwillingskanonen des *Shturmovik* konnten sich durch die Dachpanzerungen fast aller Nazi-Panzer sägen. Einige der »Sturmkämpfer«-Asse erzielten Hunderte von Panzerabschüssen.

Zusätzlich zum Hauptrotor hatte man dem *Cheyenne* einen am Schwanz angebrachten Schub-Propeller und Stummelflügel verpaßt, um Hochgeschwindigkeitsleistungen zu erzielen (für einen Hubschrauber sind das Geschwindigkeiten von über 480 km/h). Die Konstruktion des AH-56 war so konzipiert, daß er mit Höchstgeschwindigkeit auf Ziele hinabstürzen und dabei eine Kombination aus TOW-Flugkörpern (er war der erste Hubschrauber, der speziell auf die Verwendung des TOW-Systems hin konstruiert worden war), 2,75"/70-mm-Raketen und 20-mm-Kanonenfeuer zum Einsatz bringen konnte. Die Leistungsfähigkeit des *Cheyenne* war zwar beeindruckend, aber hinter seinem imposanten Auftreten verbargen sich einige fatale Probleme. Zum einen explodierten in den Jahren zweistelliger Inflationszuwachsraten ab 1970 die Kosten für den AH-56. Zum anderen führte ein Konstruktionsfehler im Rumpfbereich während der Testserien zum Verlust eines Prototyps. Das Schlimmste aber war, daß der AH-56 durch einen Sturzangriff mit Höchstgeschwindigkeit genau in die Leistungsbereiche etlicher Waffen sowjetischer Herkunft kam (wie zum Beispiel der SAMs vom Typ SA-7 *Grail* und SA-8 *Gecko,* und auch der mobilen Luftabwehrkanonen ZSU-23-4 *Shilka*).

Deshalb war die Absetzung des *Cheyenne*-Programms praktisch schon vorprogrammiert. Als es schließlich soweit war, gab es dennoch zwei wichtige Resultate. Erstens: Die Air Force initiierte die Entwicklung eines Flugzeugs, dessen vornehmliche Aufgabe im CAS, *Close-Air-Support* (Luft-Nahunterstützung) bestehen sollte, das unter der Entwicklungsbezeichnung Attack-Experimental (kurz AX) lief und schließlich zur A-10A *Thunderbolt II* führte. Zweitens: Der Army wurde der Start eines Ersatzprogramms für den AH-56 bewilligt. Dieses Programm, das unter der Bezeichnung *Advanced Attack Helicopter* (AAH) lief, brachte den AH-64 *Apache* Kampfhubschrauber hervor.

Das AAH-Programm sollte der Army einen Hubschrauber verschaffen, der Tag und Nacht auch Schlechtwetteroperationen gegen feindliche Panzer und befestigte Ziele fliegen konnte. Die Army wählte für den Wettbewerb zwei Vertragsbewerber aus: Bell Helicopter-Textron aus Fort Worth, Texas (die Hersteller des Klassikers AH-1 *Cobra*), mit ihrer YAH-63-Konstruktion und Hughes Helicopter aus Culver City, Kalifornien, und Mesa, Arizona, mit ihrer Konstruktion YAH-64, die diese Prototypen für ein Ausscheidungsfliegen entwickeln sollten. Beide Produkte erwiesen sich als hervorragende Konstruktionen. Ihre Entwicklung war langwierig und beschwerlich gewesen, und beide Maschinen wurden bis an die Grenze ihrer Leistungsfähigkeit getestet. Schließlich entschied sich die Army für das Modell von Hughes Helicopters (die Firma wurde Mitte 1993 von der McDonnell Douglas Helicopter Company übernommen), das in puncto Flugleistung, Cockpitgestaltung und Systemintegration als besser beurteilt wurde. Daraufhin begann die Army, die Entwicklung des Hughes-Entwurfs, der jetzt die Bezeichnung AH-64A *Apache* bekam, in vollem Umfang voranzutreiben. 1982 galt der *Apache* als produktionsreif, und 1986 wurden die ersten ausgeliefert. Die Army selbst bestellte 811 *Apache* bei McDonnell Douglas, und weitere Einheiten wurden an Israel, Ägypten, Saudi-Arabien, die Vereinigten Arabischen Emirate und Griechenland verkauft.

Die Spezifikation für den AAH kannte keine Kompromisse im Bereich Sensoren, Waffen, Beweglichkeit und Überlebensfähigkeit. Ganz im Gegensatz zum AH-56, wo pure Geschwindigkeit Maß und Ziel aller Dinge war, lag bei der AAH-Konstruktion das Schwergewicht auf den Fähigkeiten, sich im Tiefflug anzuschleichen und Waffen über große Entfernungen hinweg, möglichst schon außerhalb der Reichweite feindlicher Luftabwehrstellungen, starten zu können.

Ähnlich, wie es das *Tank Automotive COMmand* (TACOM) mit seiner Vereinheitlichung der Mobilitätsanforderungen bei sämtlichen neuen Fahrzeugkonstruktionen handhabt, so fordert auch das Army Aviation Center in St. Louis, Missouri, daß alle neuen Hubschrauberkonstruktionen bestimmte Standards im Bereich Manövrierfähigkeit, ballistische Sicherheitstoleranzen gegen feindliches Kanonenfeuer und bei der Laderaumkapazität erfüllen müssen. Der AH-64A ist beispielsweise immun gegen Kugeln vom Kaliber 7,62 mm, widerstandsfähig gegen Geschosse vom Kaliber 0,5"/12,7 mm und kann Treffer von Hochexplosivgeschossen bis Kaliber 23 mm überstehen (das heißt, er kann selbst mit Treffern im Antrieb, in der Kraftübertragung und den Flugsteuerungssystemen noch nach Hause kommen).

Der Rumpf wurde so stabil gebaut, daß er selbst einen Absturz, bei dem Kräfte von 20 *g* (der zwanzigfache Wert der Erdanziehungskraft) freigesetzt werden, noch so weit verkraftet, daß die Besatzung dabei nicht ums Leben kommt. Auch die Kraftstofftanks sind aufprallsicher und selbstabdichtend.

Bei den neuen amerikanischen Hubschraubern wurde die Unterdrückung der Infrarot-(IR)Signatur von Anfang an zum integralen Bestandteil der Konstruktion gemacht. Flugkörper mit Infrarotsuchern stellen nämlich die Hauptgefahr für niedrig fliegende Flugzeuge dar. Der Sucher eines feindlichen IR-Flugkörpers orientiert sich an den heißen Abgasen eines Gasturbinenantriebs. Eine Möglichkeit, die Wirksamkeit solcher Flugkörper herabzusetzen, besteht darin, die heißen Abgase mit großen Mengen kalter Luft zu mischen, sie vom Flugzeug weg zu leiten und die Abgasdüsen zu isolieren, damit der Flugkörper kein heißes Metall mehr zu »sehen« bekommt. Die *Black Hole*-IR-Unterdrücker des AH-64A *Apache* schaffen das recht gut.

Hubschrauber brauchen auch ECM, *Electronic Countermeasures* (elektronische Gegenmaßnahmen), um auf einem modernen Gefechtsfeld überleben zu können. ECM ist ein geheimnisvolles Betätigungsfeld, das sich in einem ständigen Wandel befindet. Die technischen Leistungen bestimmter Systeme unterliegen normalerweise strengster Geheimhaltung, aber man kann auf jeden Fall davon ausgehen, daß die nachfolgend aufgelisteten einige der typischen Eigenschaften solcher »Garnituren« wiedergeben:

- Ein RWR, *Radar-Warning-Receiver* (Radar-Warn-Empfänger), der die Mannschaft alarmiert, sobald man von feindlichem Radar erfaßt worden ist, damit sie Fluchtmaßnahmen in die Wege leiten kann;
- ein Radarstörer, der Signale aussendet, die gegnerische Radargeräte entweder überlagern oder verwirren sollen;
- *Chaff Dispenser**, die ganze Wolken von metallbeschichteten Streifen freisetzen, welche bestimmte Radarfrequenzen außerordentlich stark reflektieren, wodurch auf den Radarschirmen des Feindes »Schnee« entsteht, der die wirklichen Ziele überdeckt;
- *Flare Dispenser***, die als »Lockvögel« für IR-suchende Flugkörper verwendet werden;
- ein Infrarot-Störgerät – normalerweise ein elektrisch aufgeheizter »Ziegelstein« auf dem Schwanzausleger des Hubschraubers, der so intensive Strahlungen in einem speziellen Bereich des Infrarot-Spektrums aussendet, daß der außerordentlich empfindliche Suchkopf eines anfliegenden Flugkörpers übersättigt und abgelenkt wird. Das augenblicklich verwendete Modell ist das ALQ-144, das wegen seines unverwechselbaren Aussehens den Spitznamen »Disco-Kugel« erhielt.

All das macht die heutige Generation amerikanischer Helikopter zur überlebensfähigsten der Welt. Nicht unverwundbar, aber im Vergleich zu ihren Vorgängern aus der Vietnam-Ära sehr hart im Nehmen.

Was die Transportkapazitäten angeht, so haben die in den Dschungelgebieten Südostasiens gemachten Erfahrungen gezeigt, daß Operationsfähigkeit unter klimatisch heißen Bedingungen eine Grundvoraussetzung für sämtliche Neukonstruktionen von Hubschraubern zu sein hatte. Die magische Zahl »4.000/95« wird als Bemessungsstandard für die Leistungen von Hubschraubern verwendet. Diese Zahl gibt die Vertikalflugleistung wieder, die ein bestimmter Hubschrauber zu erbringen hat, während er seine Standard-Nutzlast bei einer Umgebungstemperatur von 35° Celsius trägt und eine Schubleistung von 95 Prozent anliegt. Diese Bedingungen entsprechen annähernd den für den Antrieb denkbar ungünstigsten Voraussetzungen (Gasturbinen erzeugen die höchsten PS/

---

* »Düppel-Automaten«. Unter »Düppeln« versteht man Störmittel wie Metallfolien u. dergl., die elektromagnetische Strahlung stören.
** »Fackelautomaten«. Gemeint sind hier Auswurf- bzw. Streugeräte für Wärme-Scheinziele.

Schnittzeichnung eines McDonnell Douglas AH-64A *Apache* Kampfhubschraubers.

*Jack Ryan Enterprises Ltd., von Laura Alpher*

Labels (clockwise):

- Struktur des Höhenstabilisators
- Heck-(Sporn-)Rad
- Auswurf für Düppel und Wärmescheinziele
- Heckträger-konstruktion
- T-700-GE-701 Turbine
- Zwillingsstartgerät *Stinger*-Flugkörper
- Abschußbehälter 2,75" *Hydra 70* Raketen
- Startgerät für AGM-114 *Hellfire* Flugkörper
- Avionik-(Flugführungsgeräte-)Schacht
- Hauptfahrwerk
- M230 Bordkanone Kaliber 30 mm
- Turm der TADS/PNVS Visiereinrichtung
- Richtschützenplatz
- Pilotenplatz
- Hauptgetriebe
- Hauptrotornabe
- Hauptrotorblatt
- Sensormast Luftdaten (Staudruck etc.)
- Höhenleitwerk (-Stabilisator)
- Heckrotorwelle
- Heckrotor
- Heckrotorgetriebe
- Seitenleitwerk (-Stabilisator)

191

Ein Chief Warrant Officer der Army zeigt Laura Alpher, der Illustratorin der Buchserie, einen der Avionik-Schächte des AH-64A *Apache* Kampfhubschraubers. JOHN D. GRESHAM

kW-Werte bei kalten Temperaturen, die geringsten unter feucht-heißen klimatischen Verhältnissen), wie sie unter Umständen in Gegenden wie dem Persischen Golf und Panama anzutreffen sind. Führt man sich einmal die geographische Lage der Krisengebiete auf unserer Erde vor Augen, ist diese Spezifikation auch recht sinnvoll.

Wenn Sie um einen *Apache* herumgehen, können Sie sich des Gefühls nicht erwehren, daß ihn eigentlich niemand wirklich konstruiert haben kann, sondern daß eine Gruppe von Jungs mit verbundenen Augen einen Haufen verschiedener Komponenten einfach mit Leim und Tesafilm zusammengeklebt hat. Die Rotorblätter hängen herunter, der Rumpf verläuft in einem absurd erscheinenden Winkel nach oben und irgendwelches Zeug sprießt in alle möglichen Richtungen aus dem Ding heraus. Aber all das ist nur irreführend. Der *Apache* stellt in Wirklichkeit eines der beeindruckendsten integrierten Waffensysteme der Welt dar.

Die Außenhülle ist zum überwiegenden Teil ein *Semi-Monocoque* (das heißt, daß die Außenhaut mit ihren darunterliegenden Spanten zu einer einzigen selbsttragenden Struktur geformt wurden), und der größte Teil davon besteht aus Lukendeckeln. Die Turbinenverkleidung wurde so gebaut, daß sie das Service-Personal bei seiner Arbeit unterstützt, weil sie als Arbeitsbühne verwendet werden kann. Darüber hinaus ist die gesamte Maschine so konstruiert worden, daß man sie zusammenlegen, einpacken und mit den meisten Transportflugzeugtypen der Air Force von einem Ort zum anderen schaffen kann.

Der Antrieb erfolgt über zwei General Electric T-700-GE-701C Turbinen, deren Leistung schätzungsweise bei je 1800 SHP* liegen dürfte. Sie wirken gemeinsam auf ein Hauptgetriebe. Mittels einer langen Welle, die durch den gesamten Schwanzausleger verläuft, wird gleichzeitig auch der Heckrotor angetrieben. Dieser arbeitet vom Prinzip her genauso wie diejenigen bei Hubschraubern mit nur einem Antriebsaggregat. Er wirkt der

---

\* Shaft-Horse Power = Wellen-PS

Rotationskraft des Hauptrotors entgegen, um eine stabile Fluglage zu ermöglichen. Der Kopf des Hauptrotors befindet sich direkt oberhalb des Getriebes und trägt den vierflügeligen Hauptrotor. Man hat sich für die Konstruktion eines Rotors mit vier Blättern entschieden, um damit einen höheren Wirkungsgrad im Vergleich zu den Zweiflüglern UH-1 und AH-1 der 60er Jahre zu erzielen. Mehr Rotorblätter verschaffen Ihnen einen größeren Auftrieb und ein weicheres, leiseres Flugverhalten. Sie brauchen allerdings eine entsprechend hohe Antriebsleistung, um die Blätter auf eine ausreichende Geschwindigkeit beschleunigen zu können. All das zu verwirklichen, bedurfte es nicht unerheblicher Ingenieurskunst. Es ist nämlich nicht ganz so einfach, wie man sich das vielleicht vorstellt, einen Rotorkopf zu entwerfen, der die vier Flügel in Balance hält, sie steuert und dennoch fest mit dem Flugzeug verbindet. Einige russische Konstruktionen haben sogar fünf oder sechs Blätter.

Tatsächlich ist die erste Wahrnehmung der meisten Menschen, wenn sich ein vier- und kein zweiblättriger Hubschrauber nähert, daß sie anstelle des gewohnten »Wusch-Wusch« des Rotors ein aggressives »Grollen« vernehmen.

Fast alle Avioniken und »Black Boxes« sind unter zwei Verkleidungen entlang beider Seiten des vorderen Rumpfteils verstaut worden. Sie dienen gleichzeitig als Stufen, über die man in das Cockpit des *Apache* einsteigen kann. Das Cockpit selbst ist durch eine dicke, kugelsichere Scheibe in zwei Bereiche getrennt. Im vorderen befindet sich die Position des Copiloten, der gleichzeitig Richtschütze ist, und im hinteren ist der Arbeitsbereich des Piloten. Sämtliche Scheiben der Kanzel bestehen aus »Flachglas«. Sie haben eine spezielle Form erhalten, um das »Sonnenglitzern« (Reflexionen), das einem Feind die Position des Hubschraubers verraten könnte, zu minimieren. Der Cockpit-Bereich ist ausreichend stark gepanzert, um einen direkten Treffer durch eine hochexplosive 23-mm-Granate verkraften zu können. Beide Positionen des AH-64A sind mit den Standardkomponenten für die Flugsteuerung ausgerüstet (Cyclic* zur Steuerung der Vor- bzw. Rückwärtsbewegung und Collective** für die Leistungssteuerung des Hauptrotors). Auch Instrumente für die Navigation der Maschine finden Sie an beiden Positionen. Jeder Bediener hat darüber hinaus alle notwendigen Instrumente an seinem Platz, mit denen er seine spezifischen Aufgabenstellungen bewältigen kann.

Das wohl wichtigste dieser Instrumente dürfte das von Martin Marietta produzierte *Target-Acquisition Designation Sight and Pilot Night-Vision Sen-*

---

* *Cyclic pitch control*, im gängigen Jargon als »Stock« oder »Knüppel« bezeichnet = periodische Steigungssteuerung bei Hubschraubern. Alle Blatt-Anstellwinkel werden gleichzeitig mit dem Azimutwinkel des Blattes geändert.
** *Collective pitch control*, im gängigen Jargon kurz als »pitch« bezeichnet = nicht periodische Steigungssteuerung der Rotorblätter eines Hubschraubers, bei der alle Blätter unabhängig von ihrem Azimutwinkel eine identische Veränderung des Blatt-Anstellwinkels erfahren.

*sor* (TADS/PNVS*) System sein, das man in den Bug des *Apache* montiert hat. Der PNVS-Teil des Systems befindet sich im oberen Turm des Systems und ist ein Wärmebildgerät (in der Technologie ähnlich den im *Abrams* und *Bradley* verwendeten Geräten), dessen Bewegungen synchron zu denen des Pilotenhelms ablaufen. Dieser Helm ist übrigens auch ein bemerkenswertes Ding. Er wird jedem Besatzungsmitglied angepaßt und individuell eingestellt, damit er oder sie durch ein einfaches Bewegen des Kopfes mit den Waffen und Sensoren zielen kann.

Dieses System wird immer dann verwendet, wenn der *Apache* einen Einsatz unter schlechten Witterungsbedingungen, bei dichtem Nebel, Dunst oder bei Nacht fliegen muß. Das Sichtgerät des Piloten baut sein Bild auf einem kleinen runden Bildschirm auf, der direkt am Helm befestigt ist. Bei Bedarf wird er direkt oberhalb des Wangenknochens vor das rechte Auge des Piloten geklappt. Dieser Augenbildschirm kann auch noch weitere Daten aus dem Bereich Navigation oder Waffensteuerung anzeigen, was den Piloten erlaubt, sich ziemlich gut auf einem Gefechtsfeld zu orientieren. Die restlichen Instrumente im Armaturenbrett sind so ausgelegt, daß sie bei Dunkelheit keinesfalls das Nachtsichtvermögen des Piloten beeinträchtigen. Die meisten von ihnen sind sogenannte »Balken«-Anzeigen – das heißt, daß sie ihre Daten als senkrechte Linien darstellen. Es gibt aber auch noch Rundinstrumente, wie Sie sie vom Armaturenbrett Ihres Autos gewöhnt sind. Zu der Zeit, als der *Apache* entworfen wurde, war man der Meinung, sein Cockpit sei sehr fortschrittlich. Bei Systemen der nächsten Generation (wie beispielsweise der Version AH-64D *Longbow* des *Apache*-Modells) werden allerdings schon die meisten Einzelinstrumente durch zwei große, computergesteuerte Multifunktions-Videoanzeigen ersetzt worden sein.

Das primäre Navigationssystem des *Apache* ist das AHRS, *Litton Attitude Heading Reference System* (Flugregler), das heute bei den meisten Helikoptern der Army zur Standardausrüstung gehört. Dieses Trägheits-Referenz-System arbeitet mit einem ASN-137 *Doppler-Velocity Measuring System*** zusammen (einem kleinen, nach unten gerichteten Radargerät, das die Bewegung des Hubschraubers über Grund erfaßt). Da das AHRS nach Ablauf einiger Stunden dazu neigt, von der genauen Position »abzudriften«, haben die meisten *Apache* auch noch einen NAVSTAR-GPS-Empfänger im vorderen Cockpit, damit der Richtschütze die über GPS gewonnenen Daten von Hand ins AHRS eintippen kann. Eine verbesserte Version des AHRS, die Korrekturen seitens des GPS automatisch übernehmen kann, wird in Kürze herauskommen.

Die Primärsteuerung für das Waffensystem des *Apache* befindet sich im vorderen Cockpit. Obwohl die Waffen von beiden Positionen aus abgefeuert werden können, ist es die Aufgabe des vorn sitzenden Richtschützen, die Munition des AH-64 ins Ziel zu bringen. Die Waffen werden über das

---

* TADS = Sichtgerät zur Zielerkennung und Designation/PNVS = Nacht-Sichtsensoren des Piloten.
** Doppler-Geschwindigkeits-Messung

TADS/PNVS-System gerichtet, das im unteren Teil des Bug-Sensorturms untergebracht wurde. Es besteht aus einem weiteren FLIR-Sensor, einer Tageslicht-Fernsehkamera, einem Satz Fernglasoptiken für die direkte Zielbetrachtung, einem Laser-Entfernungsmesser und einem Laser-Designator zur Kennzeichnung von Zielen für lasergeführte Waffen. Ganz ähnlich wie der Pilot im hinteren Cockpit hat auch der Richtschütze ein am Helm montiertes Sichtgerät, auf dem sowohl die Sicht auf das Ziel als auch zielrelevante Daten dargestellt werden. Genau wie das PNVS des Piloten wird auch das TADS im»SLAVE*«-Modus unmittelbar den Helmbewegungen des Richtschützen unterworfen und bewegt sich achsenparallel zu dem, was der Richtschütze gerade sieht. Um ein Ziel anzugreifen, braucht der Richtschütze nur noch eine passende Waffe zu wählen, den »Death-Dot« des am Helm angebrachten Ziel-Sichtgerätes auf das Ziel zu legen und den Abzug zu betätigen. Anschließend übernimmt das *Fill-Control System* den größten Teil der Arbeit.

Jede Waffe hat den Zweck, ein Ziel zu zerstören und der AH-64 kann nahezu jedes Ziel zerstören, das er aufspürt. Unter dem vorderen unteren Bugbereich des *Apache* befindet sich ein Turm, in den man die von McDonnell Douglas Helicopter hergestellte M230 30-mm-Maschinenkanone eingebaut hat. Diese Kanone verschießt Leichtgewichtgranaten vom Kaliber 30 mm (im Gegensatz zur schweren Munition Kaliber 30 mm, die bei der GAU-8 Kanone der A-10 verwendet wird) auf der Basis der Aden/DEFA Munitionsfamilie, die seit Beginn der 50er Jahre verwendet wird. Die Bezeichnung dieser Granaten ist M789. Sie haben einen kleinen Gefechtskopf vom Typ Hohlladung, der etliche Zentimeter Panzerung durchbrechen kann. Das bedeutet, daß sie durchaus einen Panzer von oben oder hinten außer Gefecht setzen und absolut jede Art von APC oder Kampffahrzeug (vielleicht mit Ausnahme des *Bradley* oder des britischen *Warrior*) vernichten können. Das M789-Projektil verfügt außerdem über ein Splittergehäuse, das es beim Einsatz gegen Bodentruppen auf offenem Gelände außerordentlich wirksam macht. Das ohne Verbindungsglieder auskommende Nachführsystem hat eine Kapazität von 1.200 Schuß.

Die restlichen Waffen des *Apache* sind an den beiden Stummelflügeln auf den Rumpfseiten untergebracht worden. An jeder der beiden Tragflächenunterseiten befinden sich zwei Anschlußpunkte für die Raketen- und Flugkörper-Startgeräte. Es bestehen auch Pläne für die Anbringung von Anschlußpunkten auf der Oberseite der Flächen, wo je ein Paar kleiner Luft-Luft-Flugkörper (AAM = Air-to-Air Missile) untergebracht werden sollen. Bei einigen *Apache* der Army werden die *Stinger*-Lenkflugkörper für den Luftkampf verwendet. Obwohl während Desert Storm niemand Gelegenheit hatte, mit ihnen die Probe aufs Exempel zu machen, haben testweise durchgeführte Luftkämpfe gezeigt, daß ein *Apache* mit der Kombination aus den *Stinger*-Flugkörpern und der M230 Maschinenkanone gut genug gerüstet ist, um es mit jedem anfliegenden Flugzeug aufzunehmen, das in seine

---

\* SLAVE = Übersteuerung

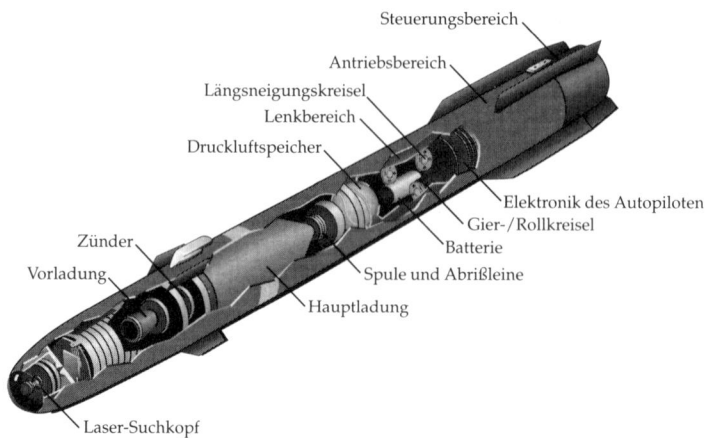

Steuerungsbereich
Antriebsbereich
Längsneigungskreisel
Lenkbereich
Druckluftspeicher
Elektronik des Autopiloten
Gier-/Rollkreisel
Zünder
Batterie
Vorladung
Spule und Abrißleine
Hauptladung
Laser-Suchkopf

Schnittzeichnung eines AGM-114F *Hellfire* Anti-Armor Missile mit seinem Tandem-Gefechtskopf. *JACK RYAN ENTERPRISES, LTD., VON LAURA ALPHER*

Reichweite gerät. Das soll aber nicht heißen, daß man von den Besatzungen der AH-64 erwartet, daß sie Hochleistungsjets vom Himmel holen. Auf jeden Fall können sie aber andere Helikopter oder Flugzeuge für die Bodenkampfunterstützung – in der Art der russischen SU-25 *Frogfoot* – abschießen.

Seit die ersten Hubschrauber mit Waffen ausgerüstet wurden, gehörten kleine ungelenkte Raketen zur Standardausrüstung. Der AH-64 macht da keine Ausnahme: Er trägt eine recht beeindruckende Last aus 2,75"/70-mm-Raketen (hergestellt von der BEI Defense Systems Company). Diese heute unter ihrem Spitznamen *Hydra-70* bekannten Raketen tragen praktisch alle Arten von Gefechtsköpfen, angefangen bei 4,5 kg HE- (M151) über Rauch- (M264) und Leucht-Gefechtsköpfe (M257) bis hin zu einem Fléchette-Gefechtskopf (der M255, der mit kleinen Projektilen in der Form von Teppichnägeln bestückt ist). Jede dieser Raketen besteht aus einem MK66 Raketenmotor, einem Gefechtskopf und einem dazugehörigen (Punkt- oder Aufschlag-, Zeit- bzw. Verzögerungs- oder Airburst-)Zünder. Die *Hydra-70* werden normalerweise in Startbehältern zu je neunzehn Stück transportiert. Von diesen Behältern kann ein AH-64 bis zu vier tragen, obwohl man während Desert Storm im allgemeinen nur zwei montierte. Während Angriffsoperationen in die Tiefe können ein oder mehrere dieser Raketenbehälter durch Zusatztanks zur Erzielung eines größeren Aktionsradius ersetzt werden.

Bei der Konstruktion des *Apache* hat man von Beginn an großen Wert darauf gelegt, daß die Notwendigkeit von Panzerabwehrflugkörpern mit großer Reichweite auch richtig verstanden wurde. Der TOW-Flugkörper ist zweifellos wirksam, doch die Tatsache, daß zum einen sein Lenkdraht die Reichweite auf etwa 3,7 km begrenzt und der Hubschrauber zum anderen auch noch während des ganzen, nur unterschallschnellen TOW-Fluges zum Ziel auf der Stelle stehen muß, waren gravierende Nachteile.

Deshalb wurde als Bestandteil der AAH-Spezifikation auch ein neuer panzerbrechender Flugkörper in das Systempaket eingebunden. Rockwell International und Martin Marietta übernahmen seine Entwicklung und spätere Produktion. Bei seiner Indienststellung wurde er dann als AGM-114 *Hellfire* typenklassifiziert.

Der *Hellfire* ist größer als ein TOW und wiegt um die 45,3 kg. Im Gegensatz zum TOW wird er über einen Laser-Designator via TADS/PNVS-System gelenkt, was ihm zu einer wesentlich größeren Reichweite (im äußersten Fall bis zu 8 km) verhilft. Außerdem ist der *Hellfire* auch erheblich schneller. Seine Geschwindigkeit liegt eindeutig im Überschallbereich. Auch der Gefechtskopf ist beträchtlich größer als beim TOW-2. Er faßt bei der Version AGM-114F als Tandem-Gefechtskopf (zwei Hohlladungen, die hintereinander angeordnet sind) mehr als 9 kg HE. Sollten Sie sich fragen, welche Zerstörungskraft in einem derartigen Gefechtskopf steckt, dann denken Sie daran, daß die Vorgängerversion AGM-114C mit nur einem Sprengkopf die Panzerung der irakischen T-72 nicht nur durchbrach, sondern sie buchstäblich in ihre Einzelteile zerlegte!

Ein *Hellfire* findet sein Ziel durch einen optischen Sucher in der Nase des Flugkörpers. Er hält nach dem Fleck eines Laser-Lichtes Ausschau, mit dem das Ziel durch das TADS/PNVS-System eines *Apache*, den am Mast des OH-58D *Kiowa Warrior* montierten Designator, das GLDS-System eines FIST-V oder irgendeinen anderen Laser-Designator »angemalt« wird. Man kann sogar den LANTIRN-Laser-Zielbehälter im Bauch eines F-15E *Strike Eagle* Fighters der Air Force dazu benutzen, um Ziele für den *Hellfire* zu markieren.

Im Gegensatz zu den Fighter-Bombern, die lediglich eine einzige Laser-Guided-Bomb (LGB) auf jeweils ein Ziel abwerfen, können mehrere *Apache* ohne weiteres etliche *Hellfire* gleichzeitig auf unterschiedliche Ziele im selben Gefechtsfeld starten. Man hat den *Hellfire* (und alle anderen lasergelenkten Waffen der gegenwärtigen Generation) so konstruiert, daß er nur Kurs auf einen speziell für ihn bestimmten Laser-Punkt nimmt. Dieser Punkt pulsiert in einem digitalen Code, der vom Startflugzeug festgelegt wird. Damit wird nicht nur das Problem gelöst, wie man mehrere Flugkörper auf ihren Kursen zu verschiedenen Zielen halten kann, sondern Hubschrauber oder Beobachter am Boden werden auch in die Lage versetzt, von diversen Hubschraubern aus gestartete *Hellfires* zu lenken.

So kann der Starthubschrauber zum Beispiel hinter einem Hügel Schutz vor feindlichem Beschuß suchen (der Autopilot des *Hellfire* kann darauf programmiert werden, daß er im Bogen über dazwischenliegendes Terrain hinweg fliegt), während ein anderer mit einem Laser-Designator aus einer völlig anderen Richtung das Ziel »anmalt«. Der OH-58D mit seinem *Mast Mounted Sight* (MMS = Mastvisier) kann den MMS-Kopf gerade eben über eine Baumkrone oder einen Berggrat hinauslugen lassen und die *Hellfires* zu ihren Zielen führen, ohne irgendein anderes Teil seines Rumpfes zu zeigen. Eine weitere interessante Fähigkeit der *Hellfire* ist die, daß ein *Apache* diese Flugkörper im Salventakt mit sehr kurzen

Intervallen (etwa alle fünf Sekunden) starten kann. Wenn der Richtschütze eines *Apache* beispielsweise einen Zug aus drei oder vier Panzern vor sich sieht, der nah aufgeschlossen hat, kann er den Laser auf den ersten Panzer führen, bis der erste Flugkörper getroffen hat, dann schnell zum nächsten wechseln, dann wieder zum nächsten und so weiter, bis er entweder keine Ziele oder keine Flugkörper mehr hat. Der *Hellfire* kann sogar für den Luftkampf eingesetzt werden, sollten einmal keine *Stinger* mehr an Bord sein. Wird ein Flugzeug oder ein Hubschrauber von einem *Hellfire* getroffen, ist dieser Vogel im gleichen Augenblick auch schon ein toter Vogel!

Von ein paar technischen Pannen einmal abgesehen, verlief die Entwicklung des *Hellfire* zeitlich genau nach Plan und auch ganz im Rahmen des vorgegebenen Budgets: Am Ende waren nur ein paar geringfügige Änderungen notwendig. Dem ursprünglichen A-Modell wurden noch ein Zweiphasen-Gefechtskopf hinzugefügt (um mit den Wirkungen reaktiver Panzerung fertig zu werden) und ein neuer digitaler Autopilot (durch den der Richtschütze für den Weg zum Ziel zwischen einer hohen oder flachen ballistischen Kurve und Gelände-Konturflug wählen konnte), um die AGM-114F-Variante zu schaffen, die im Augenblick sowohl für den AH-64A *Apache* als auch den OH-58D *Kiowa Warrior* ausgeliefert werden. Es bestehen auch Pläne für eine Version, die über Millimeterwellen gelenkt werden soll. Sie wird *Longbow Hellfire* heißen und soll bis zum Ende dieses Jahrzehnts verfügbar sein.

Wie sieht es eigentlich aus, wenn man diese ganze Technologie wirklich einsetzen will? Kürzlich hatte ich Gelegenheit, als Gast des III. Corps in Fort Hood, Texas, auf dem Vordersitz eines AH-64A *Apache* mitfliegen zu dürfen. Mein Pilotenausbilder war Chief Warrant Officer 4th Degree (CW-4), der auf den Namen Sandy hört. Ein hagerer Mann von 1,80 m Länge, der in dem typisch vagen und gedehnten Slang des Südwestens sprach, den viele Flieger angenommen haben. Aus meiner Perspektive bestand der wichtigste Teil unserer Unterhaltung vor dem Flug aus der Frage: »Wie viele Flugstunden haben Sie auf dem Buckel?«

»Oh, zusammen an die fünftausend«, antwortete Sandy und fuhr dann fort, »fünfundzwanzighundert in ›Snakes‹ [AH-1] und nochmal fünfundzwanzighundert im ›Pache‹ [AH-64].«

Jetzt wußte ich, daß ich beruhigt sein konnte. Ich fliege eigentlich nicht besonders gern, aber Hubschrauber-Flüge mag ich, ganz besonders dann, wenn ein erfahrener CW-4 am Steuerknüppel sitzt. Sandy erwies sich im Umgang mit dem Knüppel als ebenso sanft wie der Texaner Van Cliburn an einem Steinway. Bevor es an diesem Abend losging, verbrachte ich noch einige Zeit in einem *Apache*-Flugsimulator. Anschließend brauchte ich etwa eine halbe Stunde, bis ich meine Fliegerkombi und den Helm mit dem Augensichtgerät angezogen hatte. Helm und Sichtgerät anzuziehen, ist weniger schwierig als langwierig.

Als die texanische Sonne im Westen unterging, setzten Sandy und ich uns in Richtung auf unseren *Apache* in Bewegung. Dort kletterte ich in den Sitz des Richtschützen und schnallte mich an. Der Sicherheitsgurt ist eigentlich mehr ein Geschirr. Sie können es sich etwa wie die Fünfpunkt-gurte vorstellen, die auch von Rennfahrern verwendet werden. Alles, was man beim Anschnallen tun muß, ist, jeden einzelnen Gurt in einen Zentralverschluß einzuklinken und anschließend straff zu ziehen. Um sie zu lösen, braucht man nur den Zentralverschluß des Geschirrs zu drehen, und schon klicken alle auf einmal aus. Der Sitz ist außerordentlich bequem. Man hat das Gefühl, als säße man in einem großen Treibhaus.

Nachdem auch noch der Helm aufgesetzt und das Sichtgerät eingestellt war, blieb mir nichts weiter, als darauf zu warten, daß Sandy mit seinen Flugvorbereitungen fertig wäre und die Motoren anlassen würde.

Während er all das erledigte, hielt Sandy mich freundlicherweise über die Gegensprechanlage auf dem laufenden. Die Aufwärmphase verlief ganz gemütlich, und ich konnte sie gut auf den Instrumenten im vorderen Cockpit verfolgen. Der wirklich einzig ungemütliche Augenblick kam, als wir uns beim Abheben von unserer Abstellposition in die Kurve legten, um hinüber zum Taxiway zu fliegen. In diesen Sekunden wurde nämlich kurzfristig das Abgas der Turbinen von der Klimaanlage angesaugt und durch die Lüfteröffnungen ins Cockpit geblasen. Sandy hatte mich allerdings schon davor gewarnt. »Es *riecht* nur wie ein Feuer im Cockpit«, hatte er gesagt, »ist aber harmlos.« Er hatte recht. Es roch etwa so wie die Auspuffgase, die Sie mitbekommen, wenn Sie hinter einem Autobus stehen. Die Klimaanlage ist nun einmal weniger für das Wohlbefinden der Crew gedacht, sondern in erster Linie lebenswichtig für die Elektronik und Instrumente an Bord. Nichtsdestotrotz ist sie die gelegentlichen Gerüche schon wert, besonders dann, wenn Sie in einem dicken (feuerfesten) Nomex®-Fliegeranzug stecken.

Mit einem Hubschrauber abzuheben, erzeugt genau das gleiche Gefühl, das Sie erleben, wenn sie mit einer Drahtseilbahn aus der Talstation herauskommen – eine merkwürdige Aufwärtsbewegung, der eine Vorwärtsneigung folgt. Trotzdem fühlt man sich im *Apache* völlig sicher. Ich jedenfalls hatte das Gefühl, als säße ich in einer gepanzerten Badewanne. Um Sie herum ist reichlich Panzerung (sie ist ja so konstruiert, daß sie Aufschläge hochexplosiver 23-mm-Geschosse aus einer Kanone aushält). Zusammen mit den Fünfpunkt-Sicherheitsgurten vermittelt Ihnen das ein Gefühl von Sicherheit, das der einfache Beckengurt eines MD-80-Verkehrsflugzeuges einfach nicht bieten kann. (Hier ein kleiner Hinweis an die Luftfahrtgesellschaften: Ihre Passagiere würden sich ruhiger verhalten, wenn sie mitbekämen, was der Pilot vorn in der Kanzel von sich gibt.) Sobald wir unsere Startposition erreicht und die Freigabe vom Turm erhalten hatten, stiegen wir wie im Fahrstuhl in die Abenddämmerung hinauf. Wir wurden von zwei oder drei anderen *Apache* und einem Sikorsky UH-60L *Blackhawk* begleitet, die einige meiner Mitarbeiter an Bord hatten. Mit den anderen *Apache* und dem *Blackhawk* auf den Fersen flogen wir samtweich mit einer Geschwindigkeit von 145 Knoten/268 km/h durch die texanische Nacht zum Demonstrationsgelände. Der Flug in einem Hubschrauber mit einem einfachen Rotor hat immer etwas von einem Erdbeben an sich, das man auf einem Kronleuchter sitzend erlebt. Das Flugzeug scheint sich ständig vibrierend um einen einzigen Punkt und von ihm weg zu bewegen, der sich oberhalb Ihres Kopfes befindet. Da aber der *Apache* einen vierflügeligen Rotor hat, geht hier alles viel angenehmer über die Bühne. Als wir das Demonstrationsgebiet schließlich erreicht hatten, stand die Vorführung der akrobatischen Fähigkeiten des -64 als erster Punkt auf der Tagesordnung. Ich muß gestehen, daß sich meine Begeisterung für diese Vorführung stark in Grenzen hielt, aber mit wachsendem Vertrauen in Sandys Fähigkeiten schluckte ich meine Vorbehalte hinunter und entschloß mich, die Grenzen meiner Belastbarkeit zu testen.

Zuerst gingen wir in einer Höhe von 300 m über der Landschaft in den Schwebeflug. Seltsamerweise – ich weiß auch nicht, warum – wirkt Höhe aus einem Hubschrauber betrachtet wesentlich weniger eindrucksvoll, als wenn Sie auf der Spitze eines hohen Gebäudes wie dem Empire State Building stehen. Sandy meldete sich über die Gegensprechanlage und teilte mir mit, daß ich eine Weile untätig zusehen sollte, während er seinen Parcours absolvierte. Dann gingen wir schnell zu einer Reihe von scharfen Wendungen, Sink- und Steigflügen über. Es reicht wohl, wenn ich sage, daß der AH-64 über eine Agilität verfügt, die einen feindlichen Richtkanonier auf dem Boden in Rage versetzen kann. Das rein körperliche Empfinden ist dabei in etwa mit einer Fahrt auf der Space-Mountain-Achterbahn in Disney World, Florida, zu vergleichen. Unter Sandys fähigen Händen schwebte die Maschine, drehte sich, schoß steil in den Himmel, tauchte wieder hinab, beschleunigte vorwärts, rückwärts und, was ich am bemerkenswertesten fand, flog mit einer Geschwindigkeit von mehr als 50 Knoten/93 km/h *seitwärts*. Sandy machte das alles auf eine so unterhaltsame Weise, daß ich einfach zu beeindruckt war, als daß mir hätte übel werden können. Diese Beweglichkeit ist natürlich gewollt, denn sie soll den Richtschützen und Bedienungsmannschaften von SAM-Stellungen das Leben schwerer und das der *Apache*-Besatzungen sicherer machen.

Der *Apache* braucht eine gefühlvolle Hand und ist damit durchaus den Kampfflugzeugen vergleichbar. Und genau wie bei den Fightern honoriert die Steuerung auch hier diesen zartfühlenden Umgang. Die Präzision, mit der Sandy die Manöver durchführte, war eine Demonstration, die für sich selbst sprach. Er sagte mir immer vorher Bescheid, was passieren würde, teilweise wohl, um mich zu warnen, darüber hinaus aber auch – so vermute ich zumindest –, damit ich seine Geschicklichkeit nachvollziehen konnte. Nachdem ich gerade erst am Nachmittag den Simulator hinter mich gebracht hatte, war ich dazu auch durchaus in der Lage. Die Maschine selbst strahlt schon ein Gefühl von Kraft und Solidität aus, und ein erfahrener Pilot wie Sandy verstärkt das nur noch. Schon nach kurzer Zeit war ich begeistert.

Nachdem die Vorbereitungen abgeschlossen waren, flog Sandy den *Apache* hinaus in die texanische Nacht. Da der Richtschütze im -64 vorn sitzt, hat er ohne Zweifel den besten Platz des Hauses erwischt. Stellen Sie sich den Blick aus einem hervorragend konstruierten Auto vor, nehmen Sie das mal zwei, und Sie haben etwa das Gefühl, das einen da oben in der

Luft erfaßt. Es ist der gleiche Blick, mit dem ein Adler auf die Welt hinabsieht. Sie haben Höhenangst? Machen Sie sich deswegen keine Sorgen. Das scheint alles keine Rolle mehr zu spielen, sobald Sie sich hingesetzt und angeschnallt haben. Irgendwann fühlen Sie sich da oben wie zu Hause. Direkt vor Ihnen befinden sich einige der interessantesten Instrumente, die man sich vorstellen kann. Und längst nicht alle sind schwer zu bedienen.

Es dauert nicht lange, und Sie werden vom Adler zur Eule. Der *Apache* ist nämlich in erster Linie ein Nachtjäger – obwohl es für Sie als Richtschütze absolut nicht Nacht ist. Draußen nahm die Bewölkung zu, und ein Gewitter braute sich zusammen. Langsam sah alles aus wie das Innenleben einer Kuh. Mit bloßem Auge konnte man weder Mond noch Sterne sehen. Sobald man aber durch das Wärmebildgerät blickt, ist jedes Detail des Bodens unter einem klar auf dem grün-weißen Bildschirm zu erkennen. Sie können Ihren Sichtbereich selbst wählen. Sobald Sie irgend etwas Interessantes entdeckt haben, können Sie es mit dem Zoomer heranholen, indem Sie nur einen Knopf auf der TADS-Steuerung drücken. Jetzt kann das Feuerleitsystem (durch einen weiteren Knopfdruck an der Steuerung) sich auf ein Ziel aufschalten und es automatisch in seiner Fortbewegung verfolgen. Das verringert die Arbeitsbelastung ganz wesentlich und verschafft dem Richtschützen Gelegenheit, auch noch andere Ziele zu beobachten und auszuwählen, falls es erforderlich sein sollte. Der Grundgedanke des *Apache* scheint – im nachhinein betrachtet – der zu sein, einem Feind das Leben sauer und es für die guten Jungs gleichzeitig leichter zu machen.

Bei unserem Weiterflug über die texanische Landschaft führte Sandy mir ein wenig von der ACM-Technik, *Air Combat Maneuvering* (Luftkampfmanöver) vor, indem er Scheinangriffe auf den UH-60L *Blackhawk* hinter uns flog. Als Sandy den großen Kampfhubschrauber herumriß, um hinter den Schwanz des UH-60 zu kommen, konnte ich schon kurz darauf den *Blackhawk* ausmachen und über das TADS verfolgen. Sandy sagte mir, daß im Fall eines wirklichen Feuergefechts der *Stinger*, ein *Hellfire* und auch die M230-Chain-Gun wahlweise hätten eingesetzt werden können. Alles, was ich hätte tun müssen, wäre gewesen, den »Death-Dot« auf den anderen Hubschrauber zu führen, und schon hätte ihn das gewählte Gefechtsmaterial unausweichlich getroffen. Natürlich gibt es zusätzliche Techniken, die beispielsweise dann zur Anwendung kommen, wenn das Ziel die Flucht ergreift, aber die Grundlagen sind ganz leicht erlernbar, und man hat sie schnell im Griff.

Als sich das Gewitter um uns herum zusammenzog, wurde es Zeit, sich auf den Heimweg zu machen. Während wir uns dem Flugfeld von Fort Hood näherten, nahm der Seitenwind in Böen derartig zu, daß die Bäume auf dem Boden die ersten Blätter verloren. Diese Böen aus der Prärie sollten uns später, im Laufe der Nacht, noch erreichen. Dessen ungeachtet verhielt sich der *Apache* unter Sandys respekteinflößenden Steuerfähigkeiten stabil. Die Landung eines AH-64 ist nur ein leichtes Wackeln, und schon ist man auf dem Boden. Bevor ich es überhaupt richtig mitbekommen hatte, rollten wir schon zurück zum Abstellplatz, wo wir uns mit Sandy und der Bodencrew über den Flug unterhielten. Alles in allem war es eine äußerst eindrucksvolle Demonstration der Fähigkeiten, die in einem *Apache* stecken. Aber was mich vielleicht am meisten von allem beeindruckte, war, daß alles, was ich getan hatte, *bei Nacht* geschehen war. Sandy hat keine Probleme, Einsätze bei Nacht zu fliegen, nicht einmal, wenn er dabei in die Ausläufer eines Gewitters muß und obendrein noch einen Zivilisten auf dem Vordersitz hat. Das zeigt, welches Vertrauen er zu diesem Flugzeug hat, aber auch, wie hoch er seine eigenen Erfahrungen und sein Können einschätzt. Wo immer Du auch gerade steckst, Sandy, wenn Du das liest, ich danke Dir für die Einblicke, die Du mir verschafft hast, und für den Flug!

Der *Apache* ist eindeutig der Kampfpanzer der Heeresflieger. Seine Möglichkeiten, riesige Mengen an Waffenlast zu tragen – und zwar jederzeit, am Tage wie bei Nacht, bei fast jedem Wetter –, macht ihn für einen Kommandeur, der irgend etwas Feindliches absolut und unzweifelhaft ausschalten muß, zur Waffe seiner Wahl. Den Berichten der Army zufolge zerstörten *Apache*-Hubschrauber während Desert Storm:

- 837 Panzer und Kettenfahrzeuge
- 501 Radfahrzeuge
- 66 Bunker und Radarstellungen
- 12 Hubschrauber (am Boden)
- 10 Kampfflugzeuge (am Boden)
- 120 Artillerie-Geschützstellungen
- 42 SAM- und AAA-Geschützstellungen.

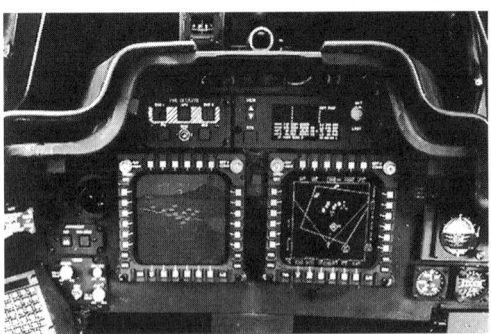

Zwei Multifunktions-Displays (MFDs) mit grüner Bildschirmdarstellung dominieren die Pilotenposition in einem AH-64D *Longbow Apache*. Die Displays sind von Knöpfen eingerahmt, die es dem Piloten ermöglichen, die unterschiedlichsten Optionen und Ausgabe-»Seiten« anzuwählen. Das kleine Display über dem MFD auf der rechten Seite ist für die Navigationssysteme vorgesehen. Man beachte auch die geringe Anzahl von analogen Instrumenten, die als Notsystem fungieren, sollte während eines Gefechts ein Schaden oder ein Fehler in der Stromversorgung eintreten. McDONNELL DOUGLAS HELICOPTER COMPANY

Über die aufgelisteten Erfolge hinaus unterstützten *Apache* auch die Gefangennahme von 4764 irakischen Soldaten.

Das bringt uns zum Ausgangspunkt unserer Erörterung zurück. Obwohl der *Apache* heute ein ausgezeichnetes Waffensystem ist, bestehen umfassende Modernisierungspläne, die in naher Zukunft verwirklicht werden sollen. Ende 1996 wird ein neuer *Apache* in Produktion gehen. Wie bei dem M1A2- und *Paladin*-Programm plant die Army auch beim *Apache* eine Digitalisierung, die viele der bei fortschrittlichen Bodenfahrzeugen bereits vorhandenen Leistungsmerkmale beinhalten soll. Das ist der Grund, weshalb das Army Aviation and Troop Command in St. Louis, Missouri, einen Entwicklungsauftrag für den AH-64D *Longbow* an McDonnell Douglas vergeben hat. Wie bei vielen anderen Systemen der Army, die als Teil von General Sullivans neuer Streitmacht eingeführt werden sollen, ist auch der AH-64D auf der Basis bestehender Systeme – in diesem Fall dem Flugwerk des AH-64A – aufgebaut.

Es ist geplant, sämtliche bestehenden Elektroniksysteme zu entfernen und durch neue Digitalsysteme zu ersetzen, die über einen 1553-Datenbus gekoppelt sind. Zusätzlich wird die gesamte Instrumentierung im Cockpit durch Kombinationen aus Multifunktionsanzeigen (MFDs) ersetzt, um die Arbeitsbelastung der Crews zu reduzieren. Das ist besonders wichtig, weil beim AH-64D-Modell erstmals ein brandneues Sensorsystem unter der Bezeichnung *Longbow* eingebaut werden soll. Longbow ist ein pilzförmiges Radar auf der Spitze des Rotormastes eines *Apache*. Das Longbow-Millimeterwellen-Radar ist so konstruiert, daß sich sowohl Boden- als auch Luftziele bei jedem Wetter – ganz gleich, ob tagsüber oder bei Nacht –, ausmachen lassen. Der AH-64D kann hinter Deckung bietendem Gelände oder Baumwipfeln »auftauchen«, und das Radar braucht nur ganz wenige Umdrehungen zur Erfassung der gesamten Umgebung (es kann entweder einen 360° Vollkreis um den *Apache* oder nur kleine torten-

Ein Prototyp des AH-64D *Longbow*. Hier dreht er während eines Testfluges in der Nähe von Mesa, Arizona scharf nach Steuerbord ab. Man beachte den am Mast montierten Radom und die volle Bestückung mit sechzehn AGM-114 *Hellfire* Flugkörpern. McDonnell Douglas Helicopter Company

förmige Stücke absuchen). Da der *Longbow-Apache* auf »Stealth-Fähigkeit« hin konstruiert wurde, wird es für einen Feind schwer sein, ihn dabei zu erfassen oder abzufangen. Sobald das Longbow-Radar den Bereich abgesucht hat, »taucht« der *Apache* wieder ab, und die Bord-Computer beginnen mit der Datenauswertung.

Innerhalb von Sekunden können die Computer des Radars bis zu 256 verschiedene Ziele erkennen und klassifizieren, die den nachfolgenden fünf Kategorien zugeordnet werden:

- Kettenfahrzeug
- Radfahrzeug
- Luftabwehrfahrzeug
- schnelles Festflügel-Flugzeug im Flug
- Hubschrauber im Flug

Der Computer vergibt für jedes Ziel eine eigene Identifikations-(ID)-Nummer zur Verfolgung und versieht es gleichzeitig mit einem kombinierten Fix* aus Zeit, Position, Geschwindigkeit und Kurs. Sobald die Berechnungen abgeschlossen sind, werden die Daten an jeden in der Luft befindlichen Hubschrauber und die anderen im Netzwerk zusammengeschlossenen kompatiblen Systeme (wie IVIS, MCS und AFATDS) übertragen. Auf diese Weise fungiert der *Apache* als Plattform für die Gefechtsleitung (praktisch wie eine kleine Ausgabe der J-STARS-Radarflugzeuge der Air Force oder die *Aegis*-Kreuzer bei der Navy).

Die Entwicklung des *Longbow* wurde fest mit der Entwicklung einer neuen Version des *Hellfire*, des sogenannten *Longbow Hellfire*, verknüpft. Eine der Lenkoptionen beim *Longbow Hellfire* ist ein im Millimeterwellenbereich arbeitender Suchkopf, der so programmiert werden kann, daß der Flugkörper zu einem bestimmten Punkt fliegt, an dem ein Ziel vermutet wird, und sich erst dort selbsttätig aktiviert. Dieser Sucher des *Longbow Hellfire* wird nicht zu unrecht als »brillant« bezeichnet, weil er zwischen den verschiedenen oben aufgelisteten Zieltypen unterscheiden kann. Hat er das ihm zugewiesene Ziel erkannt, taucht der Flugkörper direkt darauf hinab und zerstört es. Während der AH-64A *Apache* lediglich einen *Hellfire* nach dem anderen starten und lenken kann, vermag der AH-64 *Apache* in der D-Version, die Daten des Longbow-Radars aufzuteilen und innerhalb weniger Sekunden bis zu sechzehn *Hellfire* abzufeuern. Darüber hinaus besteht die Möglichkeit, das Feuer verschiedener *Apache*-Hubschrauber von einer einzigen Maschine aus zu koordinieren, wodurch sich eine ungeheure Feuerkonzentration erzeugen läßt. Eine Formation von vier AH-64D, von denen jeder die volle Bestückung mit sechzehn *Hellfire* trägt, kann gegebenenfalls in wenigen Minuten bis zu 128 Ziele zerstören. Selbst unter Berücksichtigung von Fehlschüssen wären sie in der Lage, drei bis vier Panzer-Bataillone mit ein paar Salven auszuschalten. Das entspricht General Sullivans Vorstellung von Feuerkraft: Eine Handvoll Hubschrauber zerstört buchstäblich nur durch ein Schalterknipsen eine ganze Panzer-Brigade.

---

* Navigationsbegriff im Sinne von »aktueller Ort«.

Die meisten Hubschrauber vom Typ *Blackhawk* können mit dem *External Stores-Support System* (ESSS = System für die Anbringung außenliegender Zusatzgeräte und Behälter) ausgerüstet werden. Die Zusatztanks fassen je 870 Liter Treibstoff. Das Foto zeigt eine Special-Operations Version, den MH-60K, der auch mit einem Ausleger für die Betankung während des Fluges ausgerüstet ist. Außerdem verfügt er über spezielle Nachtsicht- und Navigationsausrüstung.

SIKORSKY HELICOPTER-UNITED TECHNOLOGIES

Im Augenblick bestehen Pläne, jeden dritten AH-64D mit dem Longbow-Radar auszurüsten. Die flächendeckende Auslieferung soll Anfang 1997 beginnen, und innerhalb Jahresfrist werden die ersten Einheiten komplett sein.

## Der UH-60 *Blackhawk* Vielzweckhubschrauber

Eine der schwersten Aufgaben der Welt dürfte es sein, einen Klassiker zu ersetzen. Der HMMWV hatte es beispielsweise außerordentlich schwer, an die Stelle des *Jeep* zu treten. Aber er hat es geschafft – und zwar hervorragend. Durch diese erfolgreiche Ablösung wurde zugleich der Beweis angetreten, daß Technik, gepaart mit gesundem Menschenverstand und ausgereifter Technologie sehr wohl einen neuen Klassiker hervorbringen kann. Als abzusehen war, daß Ersatz für den allgegenwärtigen Hubschrauber des Vietnamkrieges, den UH-1 *Iroquis*, geschaffen werden mußte, war klar, daß sich die amerikanische Heeresfliegerei einer vergleichbaren Aufgabe wie beim *Jeep* stellen mußte. Der *Huey* wurde von seinen Besatzungen geliebt und von allen militärischen Kräften geschätzt, bei denen er im Einsatz war. Dennoch mußte ein Nachfolger für den UH-1 her. Es bestand dringender Bedarf an einem Flugzeug mit höherem ballistischen Schutz, besserer Widerstandsfähigkeit im Fall eines Crashs, größerer Transportkapazität und verbesserter Überlebensfähigkeit.

Um diesen Nachfolger zu produzieren, setzte die Army Anfang 1970 ein Programm unter der Bezeichnung UTTAS, *Utility Tactical Aircraft System* (Vielzweck-Flugzeugsystem) in Gang. Drei Wettbewerber reichten Gebote für UTTAS ein (Bell, Boeing-Vertol und Sikorsky), von denen Boeing-Vertol und Sikorsky den Zuschlag für den Bau eines Prototypen bekamen. Um 1974 herum lagen Boeing-Vertol mit dem Prototypen YUH-61A und Sikorsky mit dem YUH-60A (S-70 war die werksinterne Typenbezeichnung bei Sikorsky) in einem Kopf-an-Kopf-Rennen um den UTTAS-Bauvertrag. Es ging hier schließlich um das größte Army-Aviation-Programm nach dem Vietnamkrieg – sowohl in Hinsicht auf das Budget als auch auf die Stückzahlen. 1976 war die Entscheidung gefallen, der Wettbewerb beendet, und Sikorsky wurde mit seinem Modell zum Sieger erklärt. Nachdem er von der Army auf den Namen UH-60A *Blackhawk* getauft worden war und man eine Reihe von Beschaffungsverträgen mit langjähriger Laufzeit unterzeichnet hatte, ging die Maschine 1979 in die Serienproduktion und wird seitdem bis heute und auch noch in den kommenden Jahren gebaut. Inzwischen sind mehr als 1.500 UH-60 und Varianten dieses Hubschraubers an die Army ausgeliefert worden. Einige davon befinden sich zur Zeit noch im Lieferrückstand. Darüber hinaus hat Sikorsky Hunderte von UH-60- und S-70-Modellen an andere Truppengattungen ausgeliefert (die US-Navy setzt sie beispielsweise in der Unterseebootbekämpfung und -aufklärung unter der Bezeichnung SH-60B/F *Seahawk* ein). Auch befreundete Nationen wie Japan, die Türkei und Australien, um nur einige Beispiele anzuführen, haben die Maschine geordert und geliefert bekommen. Das UH-60/S-70 Flugwerk wurde zu einem enormen Umsatzträger für Sikorsky und diente als Basis für eine Reihe unterschiedlicher Versionen. Sie reichen vom ursprünglichen UH-60L, wie er heute gebaut wird, bis hin zur bizarr wirkenden MH-60K-Variante für die Special Operations (ein Ingenieur bei Sikorsky bezeichnete dieses Modell als »Kampfstern Galactica«*). Der MH-60K wurde speziell für die Einsätze des 160th Special Operations Aviation Regiment in Fort Campell, Kentucky, konzipiert.

Die nackten Statistiken der UH-60-Familie geben eigentlich kaum Aufschluß darüber, wie wichtig der *Blackhawk* für Operationen der Army wirklich ist. Mit zwei General Electric Turboshaft-Motoren** hat der *Blackhawk* ein Leergewicht (unbetankt) von rund 4.800 kg und ein zulässiges Gesamtgewicht von etwa 9.970 kg. Die Flugbesatzung besteht aus einem Piloten, einem Copiloten und einem Crew-chief. Es gibt Einrichtungen für den Transport von elf komplett ausgerüsteten Soldaten oder vierzehn Passagieren. Außerdem wurden an den Seiten der beiden Schiebetüren zwei Halterungen für M60 Maschinengewehre Kaliber 7,62 mm angebracht. Die Höchstgeschwindigkeit liegt bei etwa 160 Knoten/300 km/h mit der er grob gerechnet 2,3 Stunden in der Luft bleiben kann. Der Kraftstoff in den eingebauten Tanks bringt ihn auf eine Reichweite von 600 km. Seine Grundaufgabe ist die eines mittleren Transporthubschraubers für die Bewegung von Truppen und deren Ausrüstung in Landezonen, der Luftangriff und der Transport von Versorgungsgütern an Orte, die von Bodentransportern nicht erreicht werden können. Darüber hinaus wurde der UH-60 ausgiebig als MEDEVAC-Transporter verwendet, weshalb eine speziell für diese Aufgabe zugeschnittene »Dust-Off«-Version gerade in

---

* Anspielung auf die gleichnamige SF-Filmserie.
** Unter einem Turboshaft-Motor bzw. -Antrieb versteht man eine Turbine, die keinen direkten Vorschub liefert, sondern auf eine Welle (shaft) wirkt.

das Beschaffungsprogramm der Army aufgenommen wurde. Der UH-60 wurde außerdem so konstruiert, daß er selbst schnell per Lufttransport verlegt werden kann. In eine C-130 geht einer hinein, und in eine C-5 passen sechs *Blackhawks*.

Der UH-60 kann mit einem *External-Stores-Support-System* (ESSS = System für die Anbringung außenliegender Zusatzgeräte und Behälter) ausgestattet werden. Das ESSS besteht aus einem Paar Stummelflügel (eines auf jeder Rumpfseite) mit allen Rohr- und Kabelverbindungen für Zusatztanks, Transportbehälter und Panzerabwehrminen vom Typ »Volcano«. Es können sogar Vierfach-Startgeräte für die *Hellfire*-Flugkörper angebracht werden. Der *Blackhawk* kann selbst allerdings keine Ziele mit den *Hellfire* angreifen (dazu fehlt es ihm an den notwendigen Laser-Zieldesignatoren), aber er hat die Möglichkeit, Flugkörper auf Ziele zu *starten*, die von anderen mit einem Laser-Zieldesignator ausgerüsteten Systemen »angemalt« werden.

Das L-Modell des UH-60 ist auf dem besten Weg, das Gegenstück der Heeresflieger zum HMMWV der Bodenkampftruppen zu werden. Er kann den größten Teil der Ausrüstung transportieren, die man bei den leichten Luftlande- und Fallschirmjäger-Divisionen antrifft. Das ist auch der Grund, weshalb man den UH-60L als persönliches »Transportbesitztum auf Divisionsebene« betrachtet und damit die Belastung der nur begrenzt verfügbaren CH-47-Schwerlasthubschrauber der Army etwas reduziert. Wie seine Typenbezeichnung verrät, ist der UH-60L ein Nachfolger des Basismodells UH-60A mit einer ganzen Reihe von Modifikationen. Dazu gehören:

- Verbesserte T-701 Motoren mit 1940 SHP pro Maschine. Dabei wurde gleichzeitig das Getriebe der gewachsenen Leistung der Motoren angepaßt.
- Kleinere strukturelle Verbesserungen am Rumpf und ein außenliegender Lasthaken, mit dem Frachtstücke von bis zu 4090 kg gehoben werden können. Damit kann der UH-60L außenhängende Lasten bis zur Größe eines M1097 »Heavy Hummer« HMMWV befördern.
- Die Flugsteuerung wurde dahingehend modifiziert, daß die elektromagnetische Interferenz (EMI) besser abgeschirmt wird. Diese Überlagerungen der Bordelektronik durch elektromagnetische Impulse können leicht beim Überfliegen von Überlandleitungen und anderen starkstromführenden Einrichtungen zustande kommen.
- Die Gestaltung der Cockpit-Instrumente wurde überarbeitet, um die Arbeitsbelastung der Crew zu reduzieren, was besonders bei Nachteinsätzen wichtig ist, da hier die *Night Vision Goggles* (NVG = Nachtsichtbrillen) getragen werden müssen. Dabei mußte speziell die Cockpit-Beleuchtung abgeändert werden, um sie NVG-kompatibel zu machen.

All das macht den UH-60 zum besten mittleren Transporthubschrauber der Welt. Daneben gibt es eigentlich nur noch den Bell Boeing V-22 *Osprey*, der im Augenblick für eine Produktion zur Verwendung bei den Marines vorbereitet wird. Allerdings ist der noch Jahre von seiner Indienststellung entfernt.

Wie verhält sich ein UH-60L denn nun im Flug? Er ist vielleicht der am einfachsten zu handhabende und am bequemsten zu fliegende Hubschrauber im ganzen Arsenal der US-Army. Wenn Sie auf dem rechten Sitz Platz nehmen (der Pilot sitzt im Hubschrauber im Gegensatz zu den Festflügel-Flugzeugen rechts, obwohl der *Blackhawk* ähnlich wie die meisten zweisitzigen Maschinen von beiden Positionen aus gesteuert werden kann) und sich den Sitz bequem eingestellt haben, wird Sie sicherlich als erstes beeindrucken, wie logisch die ganzen Instrumente angeordnet sind. Die wichtigsten sind »Balken«-Anzeigen – sie sehen etwa wie elektronische Thermometer aus –, bei denen die Informationen am Steigen und Fallen eines Leuchtbalkens entlang einer Skala abgelesen werden können. Zusätzlich haben sowohl Pilot als auch Copilot jeder noch einen Block mit Warnlampen, sogenannten »Enunziatoren«*, die Gefahrensituationen wie Brände und Überhitzung oder den Status des Fahrgestells anzeigen. Es gibt die normalen Flugzeuginstrumente, wie einen künstlichen Horizont, aber auch die Ausgabegeräte für AHRS, TACAN und einen GPS-Empfänger. Der UH-60L hat – fast genau wie der AH-64 – ebenfalls eine komplette ECM-Ausstattung einschließlich RWR und kann zusätzlich bei Bedarf mit Störgeräten und Scheinziel-Dispensern ausgerüstet werden. Die im Augenblick verwendete Flugsteuerung ist (für einen Hubschrauber) konventionell. Sie besteht aus dem Collective (im Grunde der Leistungshebel der Maschine) auf der linken Seite und dem Cyclic (Richtungs- und Anstellwinkelsteuerung), wobei der letztgenannte der Knüppel zwischen Ihren Beinen ist. Dann gibt es noch Pedale, die Drehungen des Helikopters im Schwebeflug und dergleichen unterstützen sollen, aber ich habe festgestellt, daß die *Blackhawk*-Crews sie nur von Fall zu Fall benutzen. Sobald Sie sich angegurtet und auf den Start vorbereitet haben, steigt der Crew-Chief aus und stellt sich vor die Maschine (dabei ist er per Kabel über die Gegensprechanlage des Choppers mit den Piloten verbunden) und achtet darauf, ob es irgendwelche Brände oder sonstige Probleme während der Aufwärmphase gibt. Der Start der Motoren ist einfach. Man drückt ein paar Knöpfe und wartet darauf, daß sich die T-701 aufwärmen. Sobald die Warnleuchten Grün zeigen (»Rot« kann natürlich nichts Gutes bedeuten …), löst man die Feststellbremse, drückt den Cyclic nach vorn, zieht ganz sanft am Collective, wodurch man etwas Gas gibt, und rollt zur Startposition. Sobald Sie vom Turm Starterlaubnis bekommen haben (der *Blackhawk* ist auch schon mit den neuen stör- und abhörsicheren SINCGARS-Funkgeräten ausgerüstet), ziehen Sie gefühlvoll am Collective, drücken den Knüppel nach vorn, und Sie sind in der Luft.

Fast augenblicklich stellt man fest, wie geschmeidig und seidenweich der *Blackhawk* fliegt. Dafür dürfte in erster Linie die ausgezeichnete Konstruktion und Ausgewogenheit des Antriebs, des Getriebes und des

---

* Hinweisleuchten, die meist direkt auf ihrer transparenten (farbigen) Abdeckung die jeweilige Funktionsbezeichnung tragen. Sie müssen nicht zwingend Warnleuchten sein, sondern können auch als Statusleuchten ausgelegt sein.

Rotorsystems verantwortlich sein. Tatsächlich war ich überrascht, daß der *Blackhawk* keine aktiven Vibrationsdämpfer mehr hat, wie sie noch beim OH-58D und einigen anderen Hubschrauber-Modellen zu finden sind.

Ein weiterer Grund für das samtweiche Flugverhalten des UH-60L ist aber auch sein automatisches Stabilisierungssystem, das unmittelbar mit der Flugsteuerung verbunden ist. Dieses System puffert die Steuerimpulse und Flugwerkreaktionen gegeneinander ab und macht den Flug in einem *Blackhawk* zu einer Fahrt in einem amerikanischen Straßenkreuzer der Luxusklasse. Es ist eine Freude, in ihm zu fliegen, und das Gefühl von Kontrolle, Autorität und weichem Dahinfliegen setzt sich fast sofort in das Vertrauen um, daß man an Bord eines UH-60 mit jeder Situation fertig werden kann. Tatsächlich sind inzwischen zivile Betreiber anderer Hubschrauber zu der Ansicht gelangt, daß die Flugbesatzungen der UH-60/S-70-Serien ab und zu wieder einmal in etwas einsteigen sollten, was sie als »richtigen« Hubschrauber bezeichnen, weil sich der *Blackhawk* viel zu leicht fliegen würde. Der Schwebeflug ist denkbar einfach: Alles, was Sie tun müssen, ist, den Cyclic ein wenig zurückzunehmen, um die Maschine mit leicht aufwärts gerichtetem Bug »abzufangen« (das nimmt die Fahrt aus dem Hubschrauber), dann den Collectiv nachzuführen, und schon hängen Sie in der frischen Luft! Ein unbeschreibliches Gefühl.

Das ganze Herumzappeln in der Luft macht enormen Spaß, aber der Tiefflug ist das, worauf es bei der Heeresfliegerei ankommt, und der *Blackhawk* ist für diese Aufgabe bestens qualifiziert. Kürzlich trafen wir uns mit einer UH-60L-Crew der 4th Air Cavalry Squadron der 3rd Armored Cavalry in Fort Bliss, Texas, um mit ihr auf einen Sprung hinüber zum Übungsgebiet zu fliegen. Nur um die Sache ein wenig interessanter zu machen, sollte der Flug ausschließlich bei Nacht erfolgen (wenn Sie es genau wissen wollen, es war 3:00 Uhr morgens), wobei die Crew ihre neuen AN/PVS-6 NVGs testen sollte. Als wir abgehoben hatten, beschäftigte sich die Mannschaft sehr sorgfältig damit, ihre Bezugspunkte und die Horizontlinie zu definieren. Eines der Risiken eines Nachtfluges liegt im plötzlichen Auftreten von Schwindelgefühlen, die dazu führen können, daß die Flugbesatzungen mehr ihren Augen als den Instrumenten trauen. Um dieses Risiko kalkulierbar zu halten, teilen sich Pilot und Copilot die Aufgaben: Der eine fliegt die Maschine, und der andere überwacht währenddessen die Instrumente. Dabei wechseln sie sich in bestimmten Zeitabständen ab, damit keiner zu sehr auf seine jeweilige Tätigkeit fixiert wird.

Nachdem wir Kurs auf unser Ziel genommen hatten, ging die Crew zum sogenannten»Konturflug«-Profil über. Das heißt, der *Blackhawk* wird so schnell wie möglich (also mit etwa 150 Knoten/280 km/h) geflogen, wobei er eine vorgegebene Flughöhe über dem Boden – ganz egal, wie der auch aussehen mag – von etwa 15 m einhalten muß. Konturflug ist im UH-60L mit einem unglaublichen Nervenkitzel verbunden. Dabei läßt das automatische Stabilisierungssystem die Angelegenheit allerdings recht weich über die Bühne gehen. Die Vertikalbewegungen sind zwar sehr schnell, erwecken aber nie den Eindruck unvermittelt oder gar panisch zu sein. Das macht es feindlichen Richtschützen und Bedienungsmannschaften von SAM-Stellungen am Boden schwer, den *Blackhawk* zu verfolgen. Es kann auch ohne weiteres dazu führen, daß Crews von feindlichen Kampfhubschraubern oder Jagdflugzeugen in ihrem Versuch entmutigt werden, einen »billigen Schuß« auf den dahinfliegenden UH-60L abzugeben. Wenn Sie ein gegnerischer Pilot sind und Ihr automatisches Stabilisierungssystem nicht besser als das des *Blackhawk* ist, könnten die Manöver, die sie fliegen müssen, um in die beste Schußposition an seinem Schwanz zu kommen, dazu führen, daß sich Ihre Flugbahn mit dem Gelände schneidet, wodurch Ihre Karriere als Pilot ein sehr plötzliches Ende nehmen würde.

Auf unserem Flug zur Landezone (LZ) demonstrierte uns die Crew auch, wie sie A-Teams (Spähtrupps) und Mitglieder der Special Operation Groups unter Gefechtsbedingungen absetzt. Es begann mit einigen Schein-Absetzungen: Der Hubschrauber berührte nur kurz den Boden und hob sofort wieder ab, ohne irgend etwas oder irgend jemanden abgesetzt zu haben. Auf diese Weise werden Dritte verunsichert, die diese Manöver des *Blackhawk* möglicherweise beobachten. Die Beobachter können sich nie ganz sicher sein, ob das jetzt gerade wirklich die LZ des Teams war oder nicht. Schließlich war der Zeitpunkt gekommen, an dem das Team tatsächlich den Hubschrauber verlassen sollte. Der Crew-Chief sagte jedem Bescheid, daß er sich jetzt festhalten und auf einen schnellen Stop gefaßt sein sollte. Kurz darauf fing der Pilot die Maschine sehr abrupt ab, wobei er gleichzeitig die Nase hochzog und die Geschwindigkeit reduzierte. Dadurch war die Vorwärtsbewegung des *Blackhawk* im gleichen Augenblick zu Ende, in dem die Räder den Boden berührten. Sofort riß der Crew-Chief eine der Schiebetüren auf, das Landungsteam sprang hinaus, und der Crew-Chief reichte ihm rasch die Ausrüstung und Versorgungsgüter hinterher. Innerhalb von fünfzehn Sekunden war das Team raus, der Crew-Chief hatte die Schiebetür wieder zugeworfen und den Piloten gemeldet, daß wir wieder klar zum Abheben waren. Sofort gab der Pilot oben im Cockpit Maximalleistung auf den Collective und drückte den Cyclic-Knüppel nach vorn, um so schnell wie möglich aus der LZ zu verschwinden. Anschließend absolvierte die Flugbesatzung noch einige zusätzliche Störmittelabwürfe, bevor sie uns auf dem Übungsgebiet absetzte und selbst zum Stützpunkt zurückkehrte.

Während der *Blackhawk* ins zweite Jahrzehnt seines Militärdienstes geht, kann er schon jetzt auf eine Laufbahn zurückblicken, die ihm Zuverlässigkeit in Leistung und Haltbarkeit bescheinigt. Die *Blackhawks* werden auch weiterhin in einer Vielzahl von Varianten ausgeliefert werden. Tatsächlich werden die Fließbänder der Sikorsky-Fabrik in Stratfort, Connecticut, auch in Zukunft zu den bestausgelasteten der heutigen Welt gehören. Damit wird der UH-60L auch für die kommenden Jahre, das heißt bis gut ins 21. Jahrhundert hinein, der Standard-Vielzweck-Hubschrauber mittlerer Größe bei der US-Army bleiben.

# Der OH-58D *Kiowa Warrior*
## Aufklärungs-Kampfhubschrauber

Frage: Welches Militärflugzeug hat in den letzten Jahren die meisten Auszeichnungen von Industrie und Regierung für hervorragende Technik, Zufriedenheit der Kunden und Gefechtsleistung im Einsatz verliehen bekommen? Der AH-64 *Apache*? Das F-117A Stealth-Kampfflugzeug? Der OH-58D *Kiowa Warrior*?

Antwort: Der OH-58D *Kiowa Warrior*.

»Häh? Der was?« werden Sie fragen (und das wäre nicht einmal überraschend). Aber auch wenn Sie noch nie von einem *Kiowa Warrior* gehört haben, bleibt die Tatsache bestehen, daß es im gesamten Militär der Vereinigten Staaten nie ein anderes Flugzeugprogramm gegeben hat, das erfolgreicher gewesen wäre. Was alles noch erstaunlicher macht, ist die Tatsache, daß nicht ein einziges OH-58D-Flugwerk jemals neu für die US-Army gebaut wurde. Sämtliche Einheiten, die bei den US-Truppen in Dienst gestellt wurden, waren aus bestehenden Flugwerken umgebaut worden. Wenn das auf Sie einen ähnlich faszinierenden Eindruck macht, wie auf mich, als ich die Story des *Kiowa Warrior* zum ersten Mal hörte, dann lesen Sie weiter.

Spähen und Beobachten gehört zu den wichtigsten der vielfältigen Aufgaben der Heeresfliegerei. In der Tat war auch die erste militärische Aufgabe der Luftfahrttechnik die Beobachtung aus der Luft. Sie wurde erstmals während des amerikanischen Bürgerkrieges in den Ballons des Dr. Thadious Lowe in die Tat umgesetzt. Viel später, im Ersten Weltkrieg, führte ihre Verwendung bei der Aufklärung und Beobachtung zur Entwicklung von Kampfflugzeugen, die ebendiese Ballons wieder vom Himmel holen sollten.

Die Story des OH-58D – wie auch schon einiger anderer Waffensysteme, mit denen wir uns bislang beschäftigt haben – beginnt in der Ära des Vietnamkrieges. In diesem Krieg schaffte die Army einige kleine Aufklärungshubschrauber an, die Angriffe der Air Cavalry leiten und Ziele für die Kampfhubschrauber auskundschaften sollten. Obwohl die Army anfänglich den OH-6-Hubschrauber von Hughes für diese Mission verwendete (der inzwischen in der MD-500 Modellserie von McDonnel Douglas aufgegangen ist), legte sie sich schließlich auf eine Version des bekannten Bell Helicopter Textron Modells 206 Jet Ranger fest, der diese lebenswichtige Arbeit zu leisten hatte. Die meisten von Ihnen kennen das Modell 206 als Hubschrauber, der im Flugtaxiverkehr und bei Reportagen für Fernseh-Nachrichten verwendet wird. Die Army kaufte Ende der 60er und Anfang der 70er Jahre ein paar davon, baute Militärfunkgeräte und -avioniken ein (und noch ein bißchen mehr, wie sich später herausstellte) und nannte sie OH-58 *Kiowa*.

Der OH-58 erwies sich für Spähaufträge, die mit bloßem Auge und bei Tageslicht durchgeführt wurden, als völlig ausreichend, hatte aber ganz gehörige Mängel bei Dunkelheit, Nebel und Dunst. Das wurde zu einem ernsten Problem, als die OH-58 für die *Cobra*-Hubschrauber in der Panzer-abwehr-Version spähen mußten, die gerade in den 70er Jahren auf der Bild-fläche erschienen. Die Crews der OH-58 konnten nur »irgendwas« in einiger Entfernung ausmachen, und schon waren sie gezwungen, die *Cobra*-Kampf-hubschrauber zu rufen (die mit weitreichenden, stabilisierten optischen Systemen ausgerüstet waren). Auf diese Weise identifizierten die *Cobras* die Ziele für die *Kiowas* und nicht umgekehrt, wie es eigentlich gedacht war!

Diese Mängel der OH-58 waren den Führungskreisen der Heeresflieger wohlbekannt. Sie mußten sich allerdings noch so lange ruhig verhalten, bis die Verträge für den *Apache* und *Blackhawk* unter Dach und Fach waren, bevor sie es sich leisten konnten, das Programm für den Aufklärer in dem zur Verfügung stehenden Budget unterzubringen. Gegen Ende der 70er Jahre wurde ein Modernisierungsplan für die Aufklärer der Heeresflieger unter der Bezeichnung *Army Helicopter Improvement Program* (AHIP) ausfor-muliert. Der vorgegebene Rahmen des AHIP-Planes sah vor, daß der Ge-winner einer Ausschreibung zwischen Bell Helicopter-Textron und Hughes Helicopter (inzwischen McDonnel Douglas Helicopter) die Flugwerke der bereits vorhandenen Aufklärungshubschrauber umzubauen hätte (um die Kosten niedrig zu halten). Bei dieser Maßnahme sollten die Maschinen neue Antriebe, Avioniken und Sensoren bekommen. 1981 siegte Bell mit dem Vor-schlag, den Bestand an OH-58-Flugwerken der Army in AHIP-Hubschrau-ber umzubauen. Der Schlüssel zu den neuen Kapazitäten dieses Hub-schrauber lag im Mastvisier MMS von McDonnell Douglas, das auch über ein stabilisiertes FLIR, eine Tageslicht-Fernsehkamera und einem Laser-Ent-fernungsmesser und -Designator für den *Hellfire* und anderes lasergelenktes Gefechtsmaterial verfügt. Um 1985 waren die ersten Einheiten der AHIP-Hubschrauber so weit, daß sie in Dienst genommen werden konnten. Bis zu REFORGER-87 hatten die AHIP-*Kiowas* bereits einen so starken Eindruck hinterlassen, daß sich die Kommandeure sämtlicher Waffengattungen, angefangen von Brigaden der Feldartillerie bis zu *Apache*-Kampfhubschrau-ber-Bataillonen die Hacken abliefen, um welche zu bekommen.

Das hätte schon die ganze OH-58D Story sein können, wären da nicht die *anderen* bösen Jungs am Persischen Golf gewesen: die Iraner. Gegen Ende ihres achtjährigen Krieges starteten sowohl der Irak als auch der Iran offensive Angriffe gegen Tanker, die das Rohöl des jeweiligen Gegners aus dem Persischen Golf herauszuschaffen versuchten. Solange die beiden Streithähne Exocet-Flugkörper und sonstige Raketen in die Tanker ihres Kontrahenten pumpten, kümmerte sich bei Lloyds of London niemand darum. Als dann die Iraner aber damit anfingen, Tanker anzugreifen, die Ölhandelsaufträge im Dienst der anderen Mitglieder des *Gulf Cooperation Council* (= Kooperationsrat der arabischen Golfstaaten) erfüllten (wie Ku-wait, Saudi-Arabien und die Vereinigten Arabischen Emirate, die zu die-ser Zeit noch den iranisch-irakischen Krieg auf Seiten des Irak finanzier-ten), war das plötzlich eine völlig andere Geschichte. 1987 schließlich bat die kuwaitische Regierung die Vereinigten Staaten, in den Gewässern des Persischen Golfs eine Schutzzone für den freien Seehandel einzurichten und diese auch durchzusetzen.

Kurz darauf startete die US-Navy eine langfristige Geleitschutz-Operation für kuwaitische Tanker (die auf amerikanische Reeder umgeflaggt wurden) auf ihrem Weg aus dem und in den Golf. Anfangs glaubten die Planer bei der Navy noch, daß die *Silkworm*-Flugkörper und Kampfbomber die Hauptgefahr für die Tanker darstellen würden. Diese Annahme erwies sich jedoch schon sehr bald als Irrtum. Die Vorstellungen, von denen man ausgegangen war, erlitten bereits beim allerersten Konvoi sprichwörtlich Schiffbruch, als der Tanker *Bridgeton* auf eine zwar primitive, aber nichtdestotrotz äußerst wirksame Kontaktmine lief, die von den Iranern gelegt worden war. Innerhalb weniger Tage trieben die Iraner die Amerikaner zum Wahnsinn. Sie führten eine Art maritimen Guerilla-Krieg mit Minen und setzen Angehörige der Revolutionsgarde in Rennboote (die sogenannten »Boghammer«), aus denen sie raketengetriebene Granaten abfeuerten. Die US-Navy der 80er Jahre war darauf ausgerichtet, sich auf dem offenen Meer mit der russischen Marine auseinanderzusetzen. Küstennahe Operationen gegen eine Low-Tech-Guerilla-Truppe durchzuführen, die sich an keine einzige der bekannten Regeln halten wollte, stand nicht auf ihrem Programm. Die Navy brauchte Hilfe – und mußte dazu (können Sie sich das vorstellen?) bei der US-Army anklopfen.

Nach der gescheiterten Geiselbefreiung von 1980 hatte die Army ihre Special-Operations-Kapazitäten ausgebaut. Dazu gehörte die Aufstellung einer speziellen Hubschraubereinheit, der Task Force (TF) 160 (die als 160th Aviation Regiment bekannt wurde) in Fort Campbell, Kentucky. TF-160 (die sich selbst den Namen *Nightstalkers* und das Motto »die Nacht gehört uns« gab) verfügte über eine Anzahl modifizierter McDonnell Douglas H-6 (als AH-6 bezeichnet), die mit Wärmebild-Sichtgeräten, Maschinengewehren und Raketen ausgerüstet waren – also genau das Richtige für den Persischen Golf, dachte man sich. Es dauerte auch nicht lange, und sie operierten von Fregatten der US-Navy und vor Anker liegenden Frachtkähnen aus und hatten sich bald den Spitznamen »die Killer-Eier« eingehandelt. Die AH-6 stellten den Tankerkrieg auf den Kopf, und ihre Einsätze krönten sie mit der Eroberung (und Zerstörung) des Landungsbootes *Iran Ajar*, das beim Minenlegen erwischt wurde.

Bedauerlicherweise rief die Army ihre kleine Flotte von AH-6 (zusammen mit ihren Special-Ops Crews) zurück, weil sie andere dringende Verpflichtungen zu erledigen hatte. Gleichzeitig stellte die Army aber auch fest, daß ein anderes Flugzeug benötigt wurde, um die AH-6 am Persischen Golf zu ersetzen, eine Maschine, die auch von Truppenangehörigen der normalen Heeresfliegerei geflogen werden konnte.

Nach einer Weile fand man, daß ein OH-58 – ein wenig modifiziert, damit er mit Luft-Boden-Flugkörpern (AGM) ausgerüstet werden konnte – für die Aufgabe ganz gut geeignet wäre. Im September 1987 beauftragten die Joint Chiefs of Staff Bell Helicopter-Textron im Rahmen eines »schwarzen« Programms (schon die bloße Existenz eines derartigen Programms unterliegt der Geheimhaltung) unter dem Code-Namen PRIME CHANCE, fünfzehn OH-58D in eine bewaffnete Ausführung umzubauen. Weniger als hundert Tage, nachdem die Army »grünes Licht« gegeben

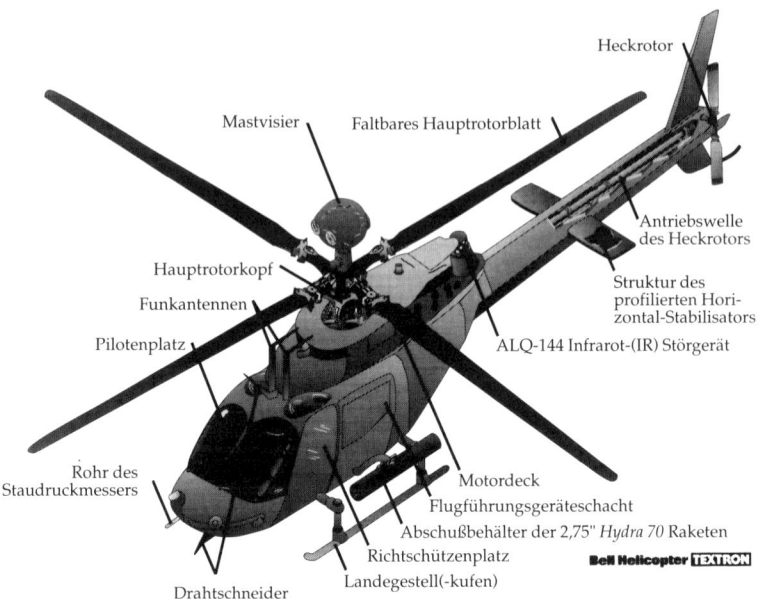

Heckrotor

Mastvisier

Faltbares Hauptrotorblatt

Antriebswelle des Heckrotors

Hauptrotorkopf

Struktur des profilierten Horizontal-Stabilisators

Funkantennen

Pilotenplatz

ALQ-144 Infrarot-(IR) Störgerät

Rohr des Staudruckmessers

Motordeck

Flugführungsgeräteschacht

Abschußbehälter der 2,75" *Hydra 70* Raketen

Richtschützenplatz

Drahtschneider

Landegestell(-kufen)

**Bell Helicopter TEXTRON**

Schnittzeichnung eines Bell Helicopter-Textron OH-58D *Kiowa Warrior* Scout/ Attack Hubschraubers.
JACK RYAN ENTERPRISES, LTD., VON LAURA ALPHER

hatte, war die Prototyp- und Testphase abgeschlossen, die Fabrikation aufgenommen, und die ersten beiden Hubschrauber wurden ausgeliefert. Innerhalb von sieben Monaten erhielt das 1st Battalion der 18th Aviation Brigade (die dem XVIII. Airborne Corps unterstellt ist) fünfzehn PRIME CHANCE- Maschinen. Das Basismodell des OH-58D wurde folgendermaßen modifiziert:

- Einbau von Waffenträgerpylonen, die AGM-114 *Hellfire-*, *Stinger*-Flugkörper für den Luftkampf, 2,75" *Hydra-70* Raketen und einen Behälter für ein Maschinengewehr Kaliber .50 aufnehmen konnten;
- Anhebung der Dauerleistung der Motoren und Getriebe von 455 auf 510 SHP, bei gleichzeitiger Verwendung eines anderen Motoröls, das besser auf die höheren Temperaturen am Persischen Golf abgestimmt war;
- Installation eines Ausrüstungspakets für den Einsatz, bestehend aus einem ARN-118 TACAN-Navigationsempfänger, einem Videorecorder, der zusammen mit dem MMS verwendet wird, und einigen neuen Avioniken (ein MIL STD 1553 Datenbus gehörte bei diesem Hubschrauber bereits zur Standardausrüstung);
- eine ECM-Garnitur, bestehend aus einem AN/APR-39/44 RWR* und einem AN/ALQ-144 IR-Störgerät;

---

* Radarwarnempfänger

- Leitern für den Rettungseinsatz zur Bergung von der Wasseroberfläche;
- Abschirmung gegen die zu erwartende elektromagnetische Interferenz von Radargeräten auf den Schiffen der Navy, von denen aus der neue PRIME CHANCE-Hubschrauber operieren sollte.

Noch unter seiner Code-Bezeichnung TF-118 säuberte der PRIME CHANCE OH-58D den Persischen Golf sehr schnell von Iranern, die den Tankerhandel schikanierten. Nach nur ganz wenigen Gefechten beschlossen die iranischen »Boghammer« und Minenleger, sich besser nicht mehr mit dem TF-118/Navy Team einzulassen. Kurz darauf gingen die Iraker und Iraner wieder dazu über, SCUD-Flugkörper auf die Städte des jeweils anderen zu starten – während sie gleichzeitig über einen Waffenstillstand verhandelten. 1989, als der letzte von der US-Navy eskortierte Tanker-Konvoi den Persichen Golf verließ, waren die Vereinigten Staaten dort nur noch durch einen PRIME CHANCE OH-58D vertreten, der die Hintertür aus der Luft beobachtete. Die Leistungen des PRIME CHANCE OH-58D waren derart eindrucksvoll, daß der für die Army zuständige Staatssekretär im Verteidigungsministerium bereits 1990 verfügte, daß sämtliche 243 OH-58D der Army genau wie die PRIME CHANCE-Maschinen auszurüsten seien. Darüber hinaus sollten weitere einundachtzig Einheiten neu beschafft werden, um die gestiegene Nachfrage nach diesem kleinen Hubschrauber mit dem großen Auge befriedigen zu können.

Der Staub, den die Eskortierung kuwaitischer Tanker aufgewirbelt hatte, hatte sich noch nicht einmal ganz gesetzt, als im August 1990 Saddam Husseins Truppen schon wieder aktiv wurden und in Kuwait einmarschierten. Umgehend wurden die fünfzehn PRIME CHANCE-Maschinen (jetzt der 4th Squadron der 17th Cavalry des XVIII. Airborne Corps unterstellt) zusammen mit dem Rest des OH-58D-Bestandes wieder an den Persischen Golf geschickt, um dort im Rahmen der Operationen Desert Shield und später auch während Desert Storm Dienst zu tun. Die PRIME CHANCE-Vögel kehrten zu ihren nautischen Unterkünften des Tankerkrieges zurück. Wieder operierten sie von Lastkähnen und Lenkwaffen-Fregatten der Oliver-Hazard-Perry-Klasse (FFG-7) aus. Besonders bemerkenswert waren dabei die Einsätze zweier PRIME CHANCE OH-58D, die abgestellt worden waren, von der USS *Nicholas* aus ihre Einsätze zu fliegen. Von Ende Januar 1991 an flogen die beiden *Kiowas* fast alles, angefangen von bewaffneter Aufklärung, über die Zerstörung von *Silkworm*-Flugkörper-Stellungen bis hin zur Versenkung irakischer Patrouillenboote. Aber auch das Register ihrer landgestützten Vettern, der AHIPs, konnte sich sehen lassen: Sie führten Erkundung und Aufklärung für die *Apache* durch, »malten« mit ihren Laser-Punkten Ziele für die Copperhead-Geschosse an, flogen nächtliche Späheinsätze entlang der Front und gaben die Ergebnisse von Zielerkundungen an die Festflügel-Flugzeuge weiter. Während der ganzen Zeit, die sie am Persischen Golf im Einsatz waren – also von 1988 bis zum Ende von Desert Storm –, ging kein einziger OH-58D durch feindlichen Beschuß verloren. Als Anerkennung des

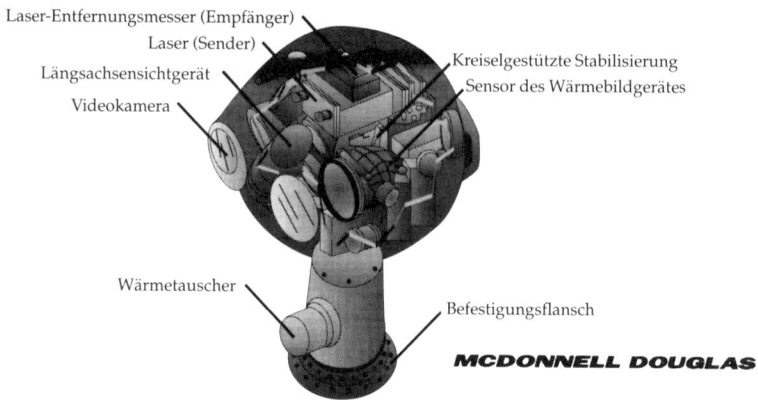

Laser-Entfernungsmesser (Empfänger)
Laser (Sender)
Längsachsensichtgerät
Videokamera
Kreiselgestützte Stabilisierung
Sensor des Wärmebildgerätes
Wärmetauscher
Befestigungsflansch

**MCDONNELL DOUGLAS**

Schnittzeichnung eines *Mast-Mounted-Sight* (MMS) von McDonnell Douglas, wie es bei den OH-58D *Kiowa Warrior* Aufklärungs-/Kampfhubschraubern verwendet wird.
*JACK RYAN ENTERPRISES, LTD., VON LAURA ALPHER*

wachsenden Renommees der bewaffneten OH-58D wurden sie in *Kiowa Warrior* umbenannt. Dieser Name reflektiert sehr gut die Leistungen, die dieser Hubschraubertyp in seiner kurzen und abenteuerlichen Karriere vollbracht hat.

Wie sieht das Produkt *Kiowa Warrior* aber nun eigentlich in Wirklichkeit aus? Wenn Sie auf einen zugehen, könnte Ihr erster Gedanke der sein, daß man hier die geschmeidigen Linien des Urmodells 206 durch die ganzen Antennen, Drahtschneider und den unbeholfen aussehenden Ball – das Mast-Mounted Sight (MMS) – auf der Spitze des Rotorkopfes völlig ruiniert hat. Aber all das Zeugs – und noch etliches mehr davon – ist es erst, was den ganz besonderen Charakter des *Kiowa Warrior* ausmacht.

Das MMS selbst sitzt auf einem speziellen, vibrationsgedämpften Flansch oberhalb des vierblättrigen Rotorkopfes. Innerhalb des kugelförmigen Gehäuses befindet sich ein FLIR-Wärmebildsystem, eine Tageslicht-Fernsehkamera, ein Laser-Entfernungsmesser und ein Laser-Designator. Sämtliche Systeme sind mit zwei MFDs im Cockpit verbunden. Diese multifunktionalen Minibildschirme erinnern sehr stark an kleine 15 cm (Bildschirmdiagonale) Computer-Monitore und sind von fünfzehn Knöpfen umrandet, mit denen man die unterschiedlichsten Menüs und Bildschirmanzeigen (im Crew-Jargon »Pages« genannt) darstellen kann. Über diese »Seiten« werden das MMS-, das Navigations- und die Flugsysteme gesteuert. Je nach den bevorzugten Einstellungen des Bedieners (beide Mitglieder der Flugbesatzung haben je einen Bildschirm für sich) kann das MFD als Sicht-/Ziel-Anzeige für das MMS, als Navigationsdisplay zur Wegpunktdarstellung oder einfach zur Überwachung des Kraftstoff- und Waffenstatus verwendet werden. Alle Waffenbedienungen liegen auf den beiden Steuerhebeln (Cyclic und Collectiv), und jedes Crew-Mitglied kann die Maschine fliegen, wobei das jeweils andere als Copilot

216

fungiert. Die Rollenverteilung sieht vor, daß der Pilot die Waffen abfeuert und der Copilot das MMS bedient. Bildlich können Sie sich das wahrscheinlich am besten vorstellen, wenn Sie wissen, daß sich auf dem Cyclic-Bedienhebel der Piloten beispielsweise alle Waffenwahl- und Auslöseknöpfe, die MMS-, die Trimm- und die MFD-Steuerung befinden.

Das Cockpit selbst kann seine Herkunft von einem leichten Hubschrauber nicht verleugnen: Für einen groß gewachsenen Menschen ist es bedrückend eng. Das Mittelstück der OH-58D-Kabine wurde zu einem Avionikschacht umfunktioniert, und die Flugbesatzung (Pilot auf dem rechten, Copilot auf dem linken Sitz, beide mit kompletten Steuerungen) ist im vorderen Kabinenteil untergebracht. Die Sitze sind zweifellos bequem, wenn Sie aber größer als 1,80 m sind, doch sehr eng. Für den Piloten gibt es zusätzlich ein kleines HUD, *Heads-Up-Display* (Blickfeld-Darstellungsgerät). Zur Unterstützung bei der Einsatz- und Navigationsplanung ist auch ein Gerät vorhanden, mit dem Daten – ähnlich wie beim *Apache* – geladen werden können, die bereits auf dem Stützpunkt mittels Personalcomputer erstellt wurden. Diese Daten werden von einem Datenträger in den Speicher des Rechners im Hubschrauber überspielt, etwa so wie das Laden eines Videospiels von einer Diskette. Zusätzlich hat man noch einen Videorecorder installiert, der sämtliche Informationen, die von den MMS-Kameras kommen und die Daten von den Bildschirm-»Seiten« aufzeichnet.

Einer der Nachteile des *Kiowa Warrior* besteht darin, daß es einfach nicht möglich ist, das Cockpit gänzlich gegen Angriffe durch Chemiewaffen abzuschotten. Tatsächlich fliegen die Crews ihre Maschinen an heißen Tagen sogar gänzlich ohne Cockpit-Türen. Um also für Einsätze unter chemischer Kontamination gerüstet zu sein, muß die Flugbesatzung ihre MOPP-IV-Schutzanzüge tragen. Dazu hat man ein System an Bord eingebaut, das die M-43-Gesichtsmasken der Flieger mit gefilterter Luft versorgt. Bei Nachteinsätzen muß die Crew auf die AN-PVS-6 restlichtverstärkenden Sichtgeräte zurückgreifen, die einfach an den Helm geklemmt werden. Die grenzen allerdings das Blickfeld etwas ein, und man hat das Gefühl, als würde man durch eine Papröhre blicken. Alle Instrumente und Anzeigen im Cockpit sind so konzipiert, daß sie von der Crew auch dann noch abgelesen werden können, wenn sie ihre Nachtsichtgeräte trägt.

Die Waffen werden von zwei röhrenförmigen Metallmasten getragen, die sich an der Rumpfmitte befestigen lassen. Nur am linken ist die Montage eines Behälters mit einer Maschinenkanone Kaliber 0,5" möglich. Beide Masten können ansonsten aber folgende Waffen aufnehmen:

- je zwei AGM-114 *Hellfire*-Flugkörper;
- je zwei *Stinger*-Flugkörper für den Luftkampf;
- je einen Raketenstartbehälter vom Typ M260 mit jeweils sieben 2,75" *Hydra-70* Raketen.

Praktisch jede denkbare Kombination der oben angeführten Waffen kann mitgenommen werden, obwohl die *Kiowa Warrior* normalerweise paarweise operieren, wobei ein Hubschrauber *Hellfire* (zwei) und Raketen (einen Behälter) und der andere *Stinger* (zwei) und einen Maschinenkanonen-Behälter geladen hat. Natürlich kann der *Kiowa Warrior* auch mit seinem MMS Ziele für jede Art von lasergelenktem Gefechtsmaterial markieren. Darüber hinaus besteht die Möglichkeit, durch die Verwendung des *Airborne Target Handover Systems* (ATHS) die Zielkoordinaten eines Bodenziels – sobald sie von den Sensoren des MMS fixiert wurden – via Datenfernübertragung an beliebig viele andere Flugzeuge weiterzuleiten. Dankbare Empfänger wären da beispielsweise die AH-64 der Army, die A-10 *Warthogs* der Air Force oder die AV-8B *Harrier* des Marine Corps. Außerdem besteht eine Direktverbindung zum TACFIRE-Artillerie-Feuerleitsystem (und dem AFATDS, sobald dieses eingeführt ist).

Sämtliche Systemkommunikation wie auch der gesamte Sprechfunk der Crew läuft über zwei Funkgeräte (ein AN/ARC-186 auf den UKW-Frequenzen und ein Have Quick II im UHF-Bereich), deren Bedienung über die MFDs erfolgt. Bei einigen Maschinen hat die Army sogar die Möglichkeit für den Einbau von Echtzeit-Videoverbindungen geschaffen, die ihre Bilder ohne Zeitverzögerung an Kommandeure auf dem Boden übertragen können. Eine weitere Möglichkeit besteht im Einbau eines Gerätes, das unter der Bezeichnung *Night Pilotage System*\* läuft und die Installation eines kleinen Wärmebildgerätes in einem Turm unter der Nase des Hubschraubers erforderlich macht. Es arbeitet dann etwa wie das PNVS-System beim *Apache*, indem es seine Daten direkt in die Helmsichtgeräte der Crew überträgt. Aufgrund von Haushaltskürzungen bleiben dies im Augenblick aber reine Optionen.

Einen *Kiowa Warrior* zu fliegen, ist etwas völlig anderes im Vergleich zu den Hubschraubern, mit denen wir uns bislang befaßt haben. Beim *Apache* hieß es noch, gefühlvoll mit unbändiger Kraft umzugehen, und der Flug im *Blackhawk* ähnelte mehr der Fahrt in einem sanften Cadillac. Sitzt man dagegen in einem *Kiowa Warrior*, wird man eher an die Fahrt in einem kleinen Import-Sportwagen erinnert. Das Angurten läuft aber fast nach dem gleichen Schema ab wie im *Apache* oder im *Blackhawk*.

Weil die OH-58D nicht selten mit offenen Türen geflogen werden, herrscht ein ziemlicher Lärm. Dadurch kommt dem Tragen eines Helms und einer Fliegerkombi eine fast lebenswichtige Bedeutung zu. Dafür sind sie aber recht komfortabel. Sobald die Systemüberprüfungen vor dem Start abgeschlossen sind, nimmt der Pilot lediglich den Collective zurück, und schon sind Sie in der Luft. Die Beweglichkeit des *Kiowa Warrior* ist verblüffend, obwohl er nur auf eine Spitzengeschwindigkeit von etwa 120 Knoten/220 km/h kommt, wobei dann schon die Türen geschlossen sein müssen (man verliert etwa 10 Knoten/18 km/h Fahrt, wenn sie offenstehen). Im Gegensatz zum *Apache* oder *Blackhawk* kommt es beim OH-58D auch gar nicht so sehr auf hohe Fluggeschwindigkeiten an. Er zeichnet sich vielmehr durch Hinterhältigkeit aus. Seine geringe Größe und

---

\* Nacht-Navigations-System

große Beweglichkeit ermöglichen es dem *Kiowa Warrior*, mal eben zwischen Baumwipfeln oder in einer Flußniederung zu verschwinden und sich an einen Gegner anzuschleichen. Wenn nur sein MMS über Baumkronen oder den Kamm eines Hügels hinauslugt, ist der Pfadfinder selbst fast unsichtbar. Darüber hinaus wird durch den vierblättrigen Rotor die Geräuschentwicklung der Blätter (außerhalb des Cockpits) reduziert. Vorbei die Tage an denen Chopper wie der UH-1 ihre Anwesenheit mit dem unverkennbaren »Wusch-Wusch« der zweiblättrigen Rotoren schon über Meilen im voraus ankündigten. Während die Crew eine Situation beobachtet, kann sie die ganze Zeit über Meldungen per Sprechfunk zurück ans Hauptquartier, über ATHS direkt an andere Flugzeuge oder via TAC-FIRE an Einheiten in Artillerie-Stellungen weitergeben.

Normalerweise werden die OH-58D also die Augen für andere Einheiten sein, die eine Feueraufgabe zu lösen haben. Falls notwendig, kann er allerdings auch selbst zu einem überaus gefährlichen Schützen werden. Seine Manövrierfähigkeit, besonders tief unten über dem Gelände, hat zur Folge, daß es nur sehr wenige Waffen gibt, die ihn verfolgen oder ausmanövrieren könnten. Den Start eines *Hellfire* mit dem MMS und der Sensorsteuerung vorzubereiten, ist geradezu lächerlich einfach. Nur damit Sie eine Vorstellung davon bekommen: Mein Rechercheur (nicht gerade ein Flipperkünstler) schaffte es, sich mit dem MMS auf ein Fenster im Dachgeschoß eines etwa 10 km entfernten Hotels aufzuschalten, und hatte nicht die geringsten Probleme, das Ziel auch dann noch im Visier zu behalten, als die Maschine weiter Manöver flog. Wäre es tatsächlich zu einem Start des Flugkörpers gekommen, er wäre auf direktem Weg durch dieses Fenster geflogen. Außerdem könnte es durchaus sein, daß der *Kiowa Warrior* der beste Hubschrauber unserer Tage für den Luftkampf mit anderen Helikoptern ist. Natürlich spielt der *Stinger* dabei eine wichtige Rolle, aber der eigentliche Schlüssel zu seiner Luftkampfkapazität liegt in seiner Manövrierfähigkeit. Ob Sie es glauben oder nicht, Hubschrauber mit vierblättrigen Festflügel-Rotorsystemen können Rollen und Loopings fliegen, und der *Kiowa Warrior* ist kunstflugtauglich. Mehr als irgend etwas sonst ist der *Kiowa Warrior* übermotorisiert und übersensibel. Er braucht die ruhige Hand eines reinrassigen Jockeys, die das Optimum aus ihm herausholt.

Heute stellen die bewaffneten OH-58D, die von den Umbau- und Fließbändern der Bell-Helicopter-Fabriken in Fort Worth, Texas, laufen, eines der besten Angebote im Arsenal der Vereinigten Staaten dar. Etwa fünfzehn von ihnen wurden zu *Low Observable*\*-Versionen umgebaut und sind heute bei der 1st Squadron der 17th Cavalry im Einsatz. Diese speziellen *Kiowa Warrior* mit dem Spitznamen »bessere Vögel« haben überarbeitete Nasen, die ihren Radarquerschnitt herabsetzen, und ihre Seitentüren, das MMS, der Kopf des Haupttrotors und der Schwanzrotor sind mit *Radar Absorbent Material* (RAM) beschichtet worden. Auch die Wind-

---

\* schwer überwachbar bzw. erfaßbar

schutzscheiben wurden mit einem besonderen goldfarbigen Überzug versehen, der angeblich ebenfalls über Radarwellen absorbierende Qualitäten verfügen soll. Das bedeutet also, daß die »1st of the 17th« über fünfzehn Aufklärungs-/Kampfhubschrauber mit Stealth-Eigenschaften verfügt, die Gott weiß wohin fliegen können, um Gott weiß was zu veranstalten. Man kann da nur spekulieren.

Die Army würde es gern sehen, wenn Bell ihre insgesamt 507 *Kiowa Warrior* alle umbauen würde, aber bis heute laufen die Verträge lediglich über insgesamt 366. Das schafft ein finanzielles Dilemma. Ein erst kürzlich umgebauter OH-58D, der frisch von den Fließbändern kam, kostete rund fünf Millionen Dollar im Gegensatz zu den vielleicht zwölf Millionen, die ein einziger der neuen RAH-66 *Comanche* Aufklärungs-/Kampfhubschrauber kosten wird, die demnächst herauskommen sollen. Das läßt den *Kiowa Warrior* wirklich bald wie ein Sonderangebot aussehen. Das Problem bei einer solchen Gegenüberstellung liegt darin, daß das Flugwerk des OH-58D nur noch über ein sehr begrenztes Wachstumspotential verfügt, während die RAH-66-Konstruktion erst am Anfang ihres Lebenslaufs steht. Das heißt, daß man beim OH-58D sehr genau überlegen muß, was man wirklich noch in das Flugwerk des alten Modells 206 einbauen will, während die Zukunftsperspektiven des RAH-66 weit offenstehen. Mit anderen Worten: Solange die Beschaffungsmaßnahmen für den OH-58D nicht im Widerspruch oder in Konkurrenz zum Budget des *Comanche*-Programms stehen, wird die Army auch weiterhin daran interessiert sein, in Anbetracht der augenblicklichen Bedarfslage den Bau oder Umbau der angestrebten 507 Maschinen vertraglich unter Dach und Fach zu bekom-

Blick auf einen RAH-66 *Comanche*. Man beachte den geschlossenen FANTAIL®-Heckrotor und die eingelassenen, schwer auszumachenden Lufteinflußkanäle des Antriebs. Das Rohr der 20-mm-Kanone befindet sich auf einer Drehlafette, die nach unten und hinten geschwenkt und eingefahren werden kann. Die Flugkörper sind auf ausfahrbaren Klappen montiert, die im geschlossenen Zustand absolut glatt mit dem Rumpf abschließen. *Boeing-Sikorsky*

men. Ob sie das letzten Endes schafft oder nicht, mag dahingestellt bleiben. Es steht aber außer Zweifel, daß sie heute bereits über den besten leichten Aufklärungs-/Kampfhubschrauber der Welt verfügt.

## Der RAH-66 *Comanche* Aufklärungs-/Kampfhubschrauber

Das *Comanche*-Programm hat bei der Army höchste Prioritätsstufe. Nicht nur bei den Heeresfliegern, wie Sie vielleicht annehmen könnten, sondern bei der gesamten US-Army. Sollten Sie daran zweifeln, berücksichtigen Sie bitte, daß es der Stabschef der Army höchstpersönlich war, der dies gesagt hat. Mitbekommen habe ich es während eines Briefings, das letzten Sommer im Büro von General Sullivan stattfand, bei dem er seine Pläne für die Army im 21. Jahrhundert umriß. Wenn also ein altgedienter Offizier der Cavalry einem erzählt, daß ein *Helikopter*-Programm das ist, was bei der Army an erster Stelle der Beschaffungsmaßnahmen steht, dann sollte man sich doch etwas näher mit diesem Programm befassen.

Im ganzen Land, in erster Linie aber in Stratford, Connecticut, und in Philadelphia haben die gemeinsamen Bemühungen von Boeing Helicopter, Sikorsky Aircraft und einigen anderen Vertragsnehmern dazu geführt, daß gerade in diesen Tagen mit dem Zusammensetzen von Rumpfteilen aus Composit-Baustoffen und integrierter Elektronik begonnen werden konnte. Das Ziel ist der wichtigste Fortschritt in der Hubschraubertechnologie seit Einführung der auf Antriebswellen wirkenden Strahltriebwerke: der RAH-66 *Comanche* Aufklärungs-/Kampfhubschrauber. Der *Comanche* soll nach seiner Fertigstellung den inzwischen in die Jahre gekommenen Bestand an AH-1-, OH-6- und OH-58-Hubschraubern ablösen und mit einem einzigen Flugwerk in der Lage sein, sämtliche Erkundungs- und leichten Angriffs-Missionen auszuführen. Wenn er dann eines Tages – so um das Jahr 2003 – bei den Einheiten angekommen ist, wird er dazu beitragen, das Erscheinungsbild von Gefechten auf immer zu verändern.

Warum?

Zum einen wird der RAH-66 für Radar-, Funk- und Infrarot-Erfassung im Rahmen der Möglichkeiten moderner Technologie nahezu unsichtbar sein. Zum anderen läuft seine Konstruktion darauf hinaus, daß er nach seiner Fertigstellung das leistungsfähigste und widerstandsfähigste Sensorensystem der Army sein wird. Das Wichtigste aber ist, daß er durch seine Konstruktion die Antwort auf die ewig wiederkehrende Frage der Befehlshaber von Bodenstreitkräften gibt:»Was liegt auf der anderen Seite dieses Hügels?« Erinnern Sie sich nur daran, daß General Franks das gesamte VII. Corps in den Kampf gegen die Republikanischen Garden auf der Basis außerordentlich dürftiger Informationen schicken mußte. Diese waren bei schlechtem Wetter von gerade mal einer Handvoll junger Offiziere der Cavalry zusammengetragen worden. Der *Comanche* soll diesen »Gefechten im Nebel« ein Ende setzen. Er wird unter Verwendung fortschrittlicher Sensoren und Elektronik, der Stealth-Technologie und höchster Manövrierfähigkeit in der Lage sein, einen Feind aufzuspüren und dabei selbst unsichtbar zu bleiben.

Schon lange vor dem Beginn von Desert Storm wußte die Army, daß sie so einen Hubschrauber brauchte. Es wurde das Programm für einen Nachfolger unter der Bezeichnung *Light Helicopter-Experimental* (LHX) ins Leben gerufen, das die Vorgaben für einen neuen Erkundungshubschrauber und einen leichten Kampfhubschrauber in einem einzigen Flugwerk zusammenführen und verwirklichen sollte. Das *Army Aviation Command* in St. Louis, Missouri, wählte zwei »Superteams« aus den Vertragsnehmern der Spitzenklasse aus, die sich mit dem Entwurf einer »Papiermaschine« um den endgültigen Entwicklungsauftrag bewerben sollten. Das eine Team stand unter der Federführung von McDonnell Douglas Helicopter und Bell Helicopter-Textron, das andere wurde von Sikorsky und Boeing Helicopter angeführt. Es folgte ein erbitterter Wettstreit, denn es war von vornherein klar, daß es hier um den letzten großen Auftrag zum Bau militärisch genutzter Hubschrauber in den 90er Jahren ging, und die Auftragslage für schon bestehende Modelle war bereits rückläufig.

Beide Konstruktionen waren auf Zwei-Mann-Crews ausgelegt und verwendeten Stealth-Technologie. Die Konstruktion von McDonnell Douglas/Bell verzichtete auf den Heckrotor und sah statt dessen ein Mantelstromgebläse vor (NOTAR = NO TAil Rotor genannt). Das Boeing®-Sikorsky-Team setzte auf einen ummantelten Heckrotor unter der Bezeichnung FANTAIL®.

Schließlich erhielt das Team von Boeing-Sikorsky den Zuschlag und bekam die Aufgabe gestellt, den jetzt als RAH-66 *Comanche* bezeichneten Hubschrauber zur Produktionsreife zu bringen. 1993 wurden die ersten Rumpfkomponenten eines flugfähigen Prototyps hergestellt. Die Indienststellung des *Comanche* bei den ersten Einheiten soll 2003 erfolgen. Die Army beabsichtigt, etwa 1.300 RH-66 zu beschaffen, die die mehr als 3.000 augenblicklich noch im Einsatz befindlichen AH-1, O/AH-6 und OH-58A/C/D ersetzen sollen.

Welche Merkmale wird der neue Hubschrauber mit auf den Weg bekommen? Gehen wir einmal von der folgenden Liste aus:

- **Crew** – Der *Comanche* wird ein Zweisitzer sein, bei dem die Crew in ähnlicher Tandem-Anordnung sitzen wird wie beim AH-64. Beide Cockpits werden über voll integrierte, programmierbare MFDs verfügen, die von der Mannschaft auch noch während des Fluges sehr schnell umkonfiguriert werden können. Darüber hinaus werden die Pilotenhelme und Sichtgeräte Leichtgewichtskonstruktionen sein und die unförmigen Modelle ersetzen, die im Augenblick noch in allen *Apache* und anderen amerikanischen Hubschraubern getragen werden. Außerdem wird das gesamte Abteil kugelsicher und mit einem Filtrations-/Überdrucksystem gegen die Umwelt abgekapselt sein, um Schutz vor nuklearer, biologischer und chemischer Kontamination zu bieten.

- **Rumpf** – Zum größten Teil wird der RAH-66 aus Fiberglas-, Kohlefaser-(Karbon-) und Plastik-Verbundmaterialien gebaut werden. Die Metallkomponenten werden auf ein Minimum beschränkt sein, um sowohl der Forderung nach Leichtigkeit als auch nach Stealth-Fähigkeit gerecht zu werden. Zudem wird der *Comanche* nach den gleichen Standards von Beschußsicherheit/-toleranz gebaut, die auch beim AH-64 *Apache* und UH-60 *Blackhawk* angelegt werden.
- **Antrieb** – Eine neue Firma, LHTEC (ein Gemeinschaftsunternehmen von Garret und Allison) in St. Louis, Missouri, wird eine verstärkte Version des T-800-Antriebs für den *Comanche* bauen. Die Lufteinfluß-Öffnungen der Antriebe werden verdeckt sein, um die Radarsignatur zu verkleinern, und die Abgas-Öffnungen wurden sehr geschickt im Schwanz verborgen, wo die heißen Abgase mit kühlerer Umgebungsluft durchmischt und dann nach unten gelenkt werden, um die IR-Signatur des *Comanche* zu reduzieren. Mit einer geschätzten Leistung von jeweils 1380 SHP werden die beiden Aggregate mit einiger Wahrscheinlichkeit noch bis gut ins 21. Jahrhundert hinein der Standardantrieb für alle neuen amerikanischen Hubschrauber der leichten und mittleren Kategorie sein.
- **Sensoren** – Der *Comanche* wird ein Ziel- und Navigationssystem bekommen, das etwa dem TADS/PNVS-System beim AH-64A entsprechen dürfte. Was das System im *Comanche* jedoch von denen in anderen unterscheiden wird, ist die Verwendung der FLIR-Wärmebild-Technologie der »zweiten Generation«. Das bedeutet, daß die Darstellung mit wesentlich höherer Auflösung und Genauigkeit erfolgt als bei den Systemen, die im Augenblick bei den amerikanischen Waffensystemen Verwendung finden. Diese Wärmebilder werden für den Bord-Computer ausreichend scharf sein, so daß er allein durch sie schon in der Lage sein wird, Ziele (in der Luft und am Boden) eindeutig zu identifizieren. Das wiederum bedeutet, daß dieses System automatisch zwischen einem amerikanischen M1A2 und einem T-72 sowjetischer Bauart unterscheiden kann. Zusätzlich werden alle *Comanche* schon komplett für den Einbau eines Longbow-Radars auf dem Rotorkopf vorgerüstet und verkabelt sein. Wie die AH-64C/D wird auch der *Comanche* via Modem Daten an andere Anwender in einem Netzwerk übertragen können. Man geht davon aus, daß je ein RAH-66B (mit Longbow) auf einen RAH-66A (ohne Longbow) kommen wird. Der *Comanche* wird auch mit einem Laser-Ziel-Designator und einer kompletten *Electronic Warfare* (EW)-Garnitur ausgerüstet sein, einschließlich Radar-Warnempfänger (RWR) und (möglicherweise auch) einer Funkstörausrüstung.
- **Avioniken** – Die Avioniken des *Comanche* werden die umfassendsten aller zur Zeit fliegenden Hubschrauber sein. An sie kommen noch nicht einmal die Pave Low Special Operations-Maschinen der Air Force heran. Zusammen mit dem inzwischen zur Standardausrüstung gehörenden GPS-Empfänger, AHRS, den SINCGARS-Funkgeräten und weiterer Navigationsausrüstung wird auch noch eine bewegliche Karte vorhanden sein, die direkt aus einem James-Bond-Film hierher gelangt

sein könnte. Sie unterstützt die Crew beim Kurshalten, hilft bei der Organisation eines Gefechts und gibt Informationen an den Rest der Truppe weiter. Bisher waren die einzigen Flugzeuge, die von einem solchen System profitierten, die F-15E *Strike Eagle* und F-117A Stealth-Kampfflugzeuge. Zusätzlich bekommt der *Comanche* ein vergleichbares automatisches Stabilisierungssystem wie der *Blackhawk*, jedoch mit einigen tiefgreifenden Verbesserungen.

- **Elektronik** – Beim RAH-66 führt die Army erstmalig ein neues Elektronik-Paket ein. Anstelle der »Black Boxes«, die seit Anfang der 60er Jahre zu einer Art Charakteristikum militärischer Elektronik geworden sind, werden hier erstmals alle Computer und Elektronik-Komponenten auf Schaltkreis-»Karten« versiegelt sein, die dann nur noch in die verschiedenen *Slots* (Einschubschächte) gesteckt werden. Jeder Kartentyp entspricht genau seiner spezifischen Funktion, die von der sie steuernden Software bestimmt wird. Das heißt, wenn beim RAH-66 irgendwann einmal eine Modernisierung der Computer erforderlich sein sollte, braucht der Crew-Chief nur noch eine zusätzliche Computer-»Karte« in den entsprechenden Elektronik-Schacht zu schieben. Als zusätzlicher Bonus werden andere Waffensysteme (theoretisch) in der Lage sein, auf die gleichen Kartentypen zurückzugreifen, was die Instandhaltungs- und logistischen Anforderungen sehr vereinfachen dürfte. Sämtliche Elektronik-Systeme des *Comanche* sind über einen 1553-Datenbus verbunden, der es den einzelnen Systemen ermöglicht, sich miteinander zu »unterhalten«.

- **Waffen** – Pfund für Pfund wird der *Comanche* das am schwersten bewaffnete Flugzeug der Geschichte sein. Die Grundwaffe ist eine 20-mm-Drillingsrohrkanone vom Gatling-Typ (mit 500 Schuß Munition), die in einem Turm an der Nase untergebracht wird. Entlang beider Rumpfseiten befinden sich Waffenschächte mit einfahrbaren Türhalterungen für die internen Waffen wie die *Hellfire*-Flugkörper, 2,75" *Hydra-70* Raketen und *Stinger*-Flugkörper für den Luftkampf. Zusätzlich können auch noch zwei Stummelflügel, ähnlich den ESSS-Montagepunkten beim UH-60 *Blackhawk*, für die Mitnahme weiterer Waffen oder Zusatztanks montiert werden. Die normale Gefechtsausrüstung für einen RAH-66 wird aber wahrscheinlich aus der 20-mm-Kanone, fünf AGM-114 *Hellfire*-Flugkörpern und zwei Luft-Luft-Flugkörpern (AAM) vom Typ *Stinger* bestehen.

- **Flugsteuerung/Manövrierfähigkeit** – Der *Comanche* wird der erste amerikanische Hubschrauber sein, der vom *Fly-by-Wire**-Steuersystem profitieren wird, das bereits beim F-16 *Falcon* im Einsatz ist. Darüber hinaus kann er mit dem FANTAIL®-Rotorsystem wesentlich schneller als jedes andere Flugzeug der Welt Richtungsänderungen durchführen. Dieses neue System ist derart flexibel, daß ein flugfähiger FANTAIL®-Prototyp (ein modifizierter Sikorsky S-76) Lateral-Geschwindigkeiten von mehr als 80 Knoten/150 km/h schaffte!

---

* Flugsteuerung durch elektrische Signalübertragung von Steuerbefehlen.

- **Wartung** – Die Vorgaben, die beim RAH-66 in bezug auf Zuverlässigkeit und Wartungsfreundlichkeit gemacht wurden, können nur als fanatisch beschrieben werden. Ein eingebautes Fehlerquellen-Isolierungs-System teilt dem Crew-Chief automatisch genauestens mit, was bei sämtlichen Systemen des *Comanche* defekt (oder in Ordnung) ist. Instandsetzungs- und Wartungsarbeiten wurden ebenfalls wesentlich vereinfacht. So dauert der Komplettaustausch eines Motors gerade noch eine Stunde. Alle Wartungsarbeiten im Einsatz sind mit lediglich sechs Werkzeugen möglich (die in einem Werkzeugkasten an Bord mitgeführt werden). Für große Inspektionen auf dem Stützpunkt sind es gerade noch vierunddreißig.

- **Einsatzfähigkeit** – Mit zwei Zusatztanks wird der *Comanche* »Einbahnsprünge« von mehr als 2.300 km schaffen. Das bedeutet, daß er von den USA aus – wenn auch mit einigen Zwischenstops – in jeden Winkel der Welt fliegen kann. Es wurden allerdings auch mehr praxisbezogene Einsatzoptionen bei der Konstruktion berücksichtigt. Dazu gehört beispielsweise die Möglichkeit, den Hauptrotor (ein fünfblättriges Modell, das die Geräuschentwicklung bei gleichzeitiger Verbesserung des Wirkungsgrades niedrig halten soll) zu demontieren und zu montieren. Dadurch kann man ihn bei einer Vielzahl von Transportflugzeugen in weniger als zweiundzwanzig Minuten be- und entladen. Die ehrwürdige C-130 *Hercules* schafft beispielsweise einen, während die C-5 *Galaxy* bis zu acht RAH-66 aufnehmen kann, die schon kurz nach der Landung einsatzbereit sind. Um einen *Comanche* zwischen den Einsätzen zu warten, aufzutanken und nachzuladen, braucht man tatsächlich nur fünfzehn Minuten.

All diese Mosaiksteinchen zusammenzusetzen, wird einige Zeit in Anspruch nehmen. Wenn der *Comanche* aber dann auf den Gefechtsfeldern des 21. Jahrhunderts auftaucht, wird er der absolut gefährlichste Drehflügler der Welt sein. Seine Stealth-Fähigkeit, Waffen- und Sensorenausstattung sowie seine Kommunikationskapazitäten werden ihn sicherlich bis weit ins 21. Jahrhundert hinein zum Rückgrat der Heeresfliegerei machen. Behalten Sie diesen neuen Vogel im Auge. Ich jedenfalls werde es tun!

# Tragbare Systeme der US-Army

Eines der begehrtesten Abzeichen der Army ist ein einfaches blaues Quadrat in dem sich eine silberne *Kentucky Long Rifle* aus dem 18. Jahrhundert befindet. Es nennt sich *Combat Infantry Badge* und klärt Sie darüber auf, daß Sie einem Soldaten gegenüberstehen, der schon ein Gewehr in der Hand gehalten, ein Gefecht mitgemacht und auf einen Feind geschossen hat. Seestreitkräfte können einen Feind blockieren, Luftstreitkräfte können seine wirtschaftlichen und politischen Zentren zerbomben. Letzten Endes sind es aber immer die Soldaten, die mit ihren persönlichen Waffen feindliche Soldaten aus ihren Bunkern und Schützengräben herausbuddeln und sie zum Teufel schicken. Der einzelne Soldat mit seiner persönlichen Ausrüstung ist letztendlich die Speerspitze für die gesamte Hochtechnologie, die bei Panzertruppen gebraucht und eingesetzt wird.

Heute wird von einem Durchschnittssoldaten wesentlich mehr erwartet als vor rund 130 Jahren, zu Zeiten des amerikanischen Bürgerkrieges. Damals reichte es noch aus, wenn er einen feindlichen Soldaten mit einiger Genauigkeit über eine Entfernung von vielleicht 100 m treffen konnte. Soldaten von heute müssen sich mit Bedrohungen auseinandersetzen, von denen weder die Jungs auf den Schlachtfeldern von Gettysburg noch auf denen von Shiloh auch nur geträumt hätten. Der Soldat auf einem modernen Gefechtsfeld (unter Umständen Tausende von Meilen von zu Hause entfernt) kann von Panzern angegriffen, von Flugzeugen bombardiert oder mit giftigen Chemikalien geduscht werden. Darüber hinaus muß ein Soldat eingekleidet, mit Nahrungsmitteln versorgt werden und Befehle erhalten, wohin er marschieren soll, und man muß ihm sagen, wie er dorthin kommt. Trifft er dort schließlich ein, geht es eigentlich erst richtig los, denn jetzt kann er gegebenenfalls den Befehl erhalten, einen Panzer zu zerstören oder ein Flugzeug beziehungsweise einen Hubschrauber abzuschießen – und zwar allein. Das wäre die schlechte Nachricht. Die gute Nachricht aber ist, daß die Army und die amerikanische Industrie ihn für diesen Job mit den besten Werkzeugen ausgestattet haben, die es jemals gegeben hat.

## Das Colt M16A2-Sturmgewehr

Bei den Marines kursiert folgendes Sprichwort: »Das ist mein Gewehr. Es gibt viele davon, aber das hier ist meins.« Diese Aussage verkörpert genau das, was die eigene Waffe für einen Soldaten bedeutet. Sie ist das Schwert, mit dem er auf Feinde einschlagen kann – und damit letzten Endes die Existenzberechtigung für den Soldaten selbst. Kein anderer Bestandteil der persönlichen Ausrüstung definiert einen Soldaten eindeutiger, nicht einmal die Uniform.

Das von den heutigen Soldaten verwendete Sturmgewehr leitet seinen Ursprung auf zwei frühere Waffen zurück: das *Bolt-Action Rifle** und das *Submachine Gun***. Beide waren während des Zweiten Weltkrieges im Einsatz, wobei aber weder das eine noch das andere über sämtliche Charakteristika verfügte, die sich die Infanterie wünschte. Gegen Ende des Zweiten Weltkrieges entwickelten die Deutschen das erste wirkliche Sturmgewehr, das MP44. Dabei handelte es sich um eine vollautomatische Waffe, einer Maschinenpistole nicht unähnlich, das aber eine stärkere, weiterreichende Munition im Gewehrkaliber verschoß. 1949 variierte ein russischer Ingenieur namens Mikhail Kalaschnikow die deutsche Konstruktion, und der Klassiker AK-47 war geboren. Die Übernahme von automatischen Handwaffen*** – oder Sturmgewehren, wie sie jetzt genannt wurden – auf breiter Ebene veränderte die Taktik kleiner Einheiten. Statt großer Treffsicherheit über weite Distanzen, durch die man einen Feind langsam zermürben wollte, wurde die Zielsetzung auf eine sofortige Vernichtung durch konzentrierte und intensive Feuerüberfälle verlagert, bei denen genaues Zielen keine so große Rolle mehr spielte. Das enorme Anwachsen des Munitionsverbrauchs schien aber dennoch vertretbar. Kugeln sind nun einmal billiger als Soldaten.

Die Standard-Infanteriewaffe der US-Army und des Marine Corps ist heute das M16A2. Dabei handelt es sich um ein nach dem (Gasdruck-)Rückstoßprinzip arbeitendes automatisches Gewehr Kaliber 5,56 mm, das mit einem dreißig Schuß fassenden Magazin etwa 4 kg wiegt. Wenn Sie sich einmal einen solchen Gewehrtyp in der Art des M16 oder AK-47 näher betrachten, werden Sie feststellen, daß sich am Ende des Laufs ein Mündungsdämpfer befindet, der die heißen, unter hohem Druck stehenden Gase dämpft, welche die Kugel treiben. Feuert man das Gewehr ab, wird das freiwerdende Gas aus der Patrone gegen einen Kolben gelenkt, der über eine Reihe von Hebeln und Federn bewirkt, daß die leere Patronenhülse ausgeworfen, der Schlagbolzen gespannt, die nächste Patrone eingeführt wird und der Verschluß sich wieder schließt. Die M16-Konstruktion basiert auf dem Armalite AR-15, das in den 50er Jahren von Eugene Stoner entwickelt wurde. Stoner vergab die Baulizenz an Colt Industries in Hartfort, Connecticut, die 1961 zunächst mit der Produktion des Gewehres (unter der Bezeichnung CAR-15) für die Sicherheitspolizei der US-Air Force begannen. 1966 gab das Verteidigungsministerium der US-Army die Anweisung, dieses Gewehr als Nachfolger des M14 Kaliber 7,62 einzuführen. Das M16 war etwa 1,8 kg leichter als das M14, und ein Soldat konnte deshalb dreimal so viel Munition mitführen. Obwohl die

---

* Repetiergewehr Maschinenpistole
** Karabiner
*** Heute spricht man in der Militärterminologie nur noch von Handwaffen, wo früher in Handfeuer-(Gewehre) und Faustfeuer-(Pistolen) unterschieden wurde

5,56-mm-Kugeln kleiner und leichter sind als die vom Kaliber 7,62 mm des M14, haben sie eine größere Mündungsgeschwindigkeit und neigen zum Taumeln, wenn sie auf Fleisch treffen. Die theoretische Reichweite der Waffe liegt bei 550 m. Die meisten Infanteriegefechte finden allerdings auf wesentlich kürzere Entfernungen statt. Das macht aufwendige Zielfernrohre und Sichtgeräte zu überflüssigen Beiwerk (vielleicht mit Ausnahme der speziellen Präzisionsgewehre für Heckenschützen, die aber auch eine intensive Scharfschützenausbildung absolvieren müssen, um wirklich effektiv zu sein).

Da es zu einem großen Teil aus gepreßten Metall- und Spritzplastikteilen besteht, ist das M16 in der Massenproduktion relativ billig herzustellen. Als es in den 60er Jahren bei den Truppen eingeführt wurde, erhielt es schnell den Spitznamen *The Mattel Toy**. Zu Beginn des Vietnamkrieges erwarb es sich wegen auftretender Ladehemmungen und Fehlschüssen schnell einen schlechten Ruf. Das lag aber in erster Linie daran, daß die Army bei den werkseitig vorgesehenen Treibladungen einen Austausch vorgenommen und sie durch minderwertigere Zündladungen ersetzt hatte, was zu extrem häufigen Fehlfunktionen führte. So wurde 1967 eine kleine Einheit der Marines von den Vietkong in der Nähe von Khe Sanh überrannt. Alle Toten, die man fand, hielten noch die Reinigungsstöcke in Händen, mit denen sie versucht hatten, die festsitzenden Magazine gängig zu bekommen. Was alles noch schlimmer machte, war die Tatsache, daß in den Dschungeln Südostasiens Matsch und Schlamm in die Präzisionsmechanismen gelangen konnten. Dadurch wurde es schwierig, teilweise sogar unmöglich, die Waffe zu verriegeln. Um diese Probleme aus der Welt zu schaffen, kam eine modifizierte Version heraus, das M16A1 mit einem von Hand zu bedienenden Kammerverschluß, einer Chrombeschichtung der Kammer selbst und einer etwas herabgesetzten Feuergeschwindigkeit.

Gefechtserfahrungen mit vollautomatischen Waffen haben gezeigt, daß Soldaten dazu neigen, den Abzug gedrückt zu halten (»Zielfixierung«) und selbst dann noch lange Feuerstöße auf ein Ziel abzugeben (die Soldaten nennen das »Rock and Roll«), wenn dieses längst getroffen oder niedergekämpft ist. Bei einer Feuergeschwindigkeit von 700 bis 900 Schuß pro Minute ist ein dreißig Schuß fassendes Magazin in weniger als drei Sekunden leergeschossen. 1982 präsentierte die Army die Lösung in Form des M16A2. Es hatte einen Wählhebel, an dem der Soldat Einzelfeuer oder Dreischuß-Salven einstellen konnte. Wenn er jetzt eine weitere Salve abgeben wollte, mußte er zunächst den Abzugsbügel loslassen und ihn dann erneut betätigen. Dieser Feuerstoßbegrenzer sparte enorme Mengen Munition, ohne daß die Tödlichkeit der Waffe beeinträchtigt wurde.

---

* »Das *Mattel*-Spielzeug«: Anspielung auf den amerikanischen Spielzeugkonzern, der seine Produkte (z. B. Modellautos) in Spritzgußtechnik als billige Massenware herstellt.

Das M16-Gewehr kann mit einer M203-Granatpistole ausgerüstet werden. Diese einschüssige, verschlußgeladene Waffe verfeuert 40-mm-Explosivprojektile. Die Werferpistole hat einen eigenen Abzug und Sicherungsmechanismus und erfordert keinerlei Veränderungen am M16. Normalerweise ist in jedem Infanteriezug ein Soldat mit dieser *Thump Gun\** ausgerüstet.

Offizielles Foto der US-Army

Bei der Konstruktion des M16A2 wurde erstmals auch ein einstellbarer Magazin-Deflektor eingeführt, damit linkshändige Schützen nicht länger mit heißem Messing überschüttet werden. Das M16A2 kann zusätzlich mit einem Gewehr-Granatenaufsatz\*\* ausgestattet werden. Mit diesem als M203 bezeichneten Aufsatz, der unter dem Lauf angebracht wird, können 40-mm-Tränengas-, Rauch- oder HE-Granaten verschossen werden. Normalerweise ist in jedem Zug der Infanterie ein M16 mit einem M203 ausgerüstet.

Eine schon ungewöhnlichere Variante des M16 ist die M231 *Firing Port Weapon\*\*\**. Dabei handelt es sich um ein kurzläufiges, vollautomatisches M16 ohne Korn und vorderen Handschutz. Die Mündung wurde so konstruiert, daß sie durch die Schießscharten eines *Bradley* Fighting Vehicle paßt. Im Straßenkampf oder als Reaktion auf einen Hinterhalt aus den Seiten eines *Bradley* zu feuern, ist taktisch gesehen zwar sinnvoll, aber in der Praxis lassen die Soldaten die M231 im Fahrzeug und haben die Standardversion des M16 bei sich, wenn sie absitzen.

Obwohl das M16 sich inzwischen der Vollendung seines vierten Jahrzehnts im Dienst nähert und immer noch gut in Form ist, bestehen Pläne, es durch eine neue Version, das M16A3, zu ersetzen. Die allgegenwärtigen Haushaltskürzungen werden allerdings dazu führen, daß die -A2-Version auch noch bis gut ins 21. Jahrhundert hinein Dienst tun wird. Es gibt heute noch eine ganze Reihe anderer Sturmgewehre vom Kaliber 5,56 mm, die zum Beispiel von Heckler & Koch (Deutschland) und der Fabrique National (Belgien) hergestellt werden. Auch das *Kalaschnikow* AKM darf man nicht vergessen (russische Konstruktion und Herstellung, von der in China und vielen anderen Ländern Kopien produziert werden). Jedes hat seine individuellen Vor- und Nachteile gegenüber dem M16. Ich habe aber

---

\* Wuchtkanone
\*\* Granatpistole
\*\*\* Schießscharten- bzw. Kugelblendenwaffe

mit vielen Soldaten gesprochen, die die Ansicht vertraten, daß das M16 wahrscheinlich den besten Kompromiß bei den Sturmgewehren vom Kaliber 5,56 mm darstellen dürfte. Nicht perfekt, aber eben der bestmögliche Kompromiß. Das wird es wahrscheinlich in absehbarer Zukunft auch bleiben.

## Die M9 Beretta Pistole Modell 92F, Kaliber 9 mm

An keiner anderen Waffe entzünden sich mehr Diskusionen, und keine wird eine emotional stärkere Bedeutung für ihre Träger besitzen als eine Faustfeuerwaffe. Obwohl sie im Gefecht nur sehr wenige Verluste hervorruft, gibt es keine andere Waffe (das Bajonett und die blanke Faust einmal ausgenommen), die so hautnah und so persönlich ist. Den größten Teil dieses Jahrhunderts war die Standard-Faustfeuerwaffe, die an Mitglieder der US-Panzertruppen ausgegeben wurde, der Colt, Kaliber .45, eine halbautomatische Pistole. Der Legende zufolge wurde diese Waffe von dem herausragenden Erfinder und Waffenschmied John Moses Browning (1855-1926) aus Utah entwickelt.

Während der Aufstände auf den Philippinen (1900-1903) hatte die Army nämlich feststellen müssen, daß heranstürmende Stammesangehörige, ungeachtet der Tatsache, daß sie von Gewehrkugeln Kaliber 0,3 scheinbar tödlich getroffen worden waren, weiter voranstürmten. Die Army brauchte also eine Waffe, mit der sie rasende Fanatiker auf ihrem Ansturm stoppen konnte. Die 45er war schwer, mechanisch kompliziert und hatte einen ungeheueren Rückschlag, der es schwer machte, die Waffe kontrolliert zu handhaben. Aber nie hat sich irgend jemand über ihre Tödlichkeit und ihre aufhaltende Wirkung beklagt. Im Laufe der 70er Jahre gingen aber die Lagerbestände der Army an 45ern zur Neige, und außerdem hatten sich inzwischen die meisten europäischen Heere auf 9 mm als Standardkaliber für Handwaffen geeinigt. Die 9-mm-Kugel ist zwar leichter als die .45, hat aber eine höhere Mündungsgeschwindigkeit. In typischen Nahkampf-Situationen ist sie tatsächlich tödlicher als ein 45er-Geschoß (Puristen werden Sie über diesen Punkt immer wieder in lebhafte

Die M9-9-mm-Beretta Modell 92F Automatik, die die klassische »45er« als Standardpistole der Army abgelöst hat.
*BERETTA USA*

231

Debatten verwickeln). Sie hat den Vorteil, wesentlich kompakter zu sein als die 45er, und außerdem kann das Magazin dieser halbautomatischen Pistole mehr Patronen aufnehmen.

Nach einem langen und wechselhaften Wettstreit gab die Army ihre Zustimmung zur M9 als *Personal Defense Weapon* (persönlicher Verteidigungswaffe). Die M9 ist eine Halbautomatik, die von der amerikanischen Zweigniederlassung des legendären italienischen Familienunternehmens Beretta hergestellt wird, das seit fast fünfhundert Jahren im Waffengeschäft ist. Die M9 wiegt 1,18 kg, hat ein Magazin für fünfzehn Schuß und einen besseren Sicherungsmechanismus als die Waffe, die sie ersetzt. Sie wurde so konstruiert, daß sie sowohl für Rechts- als auch für Linkshänder gleichermaßen gut verwendbar ist. Ihre Zuverlässigkeit ist beeindruckend. Bei einem Test wurden aus drei M9 30.000 Schuß abgegeben, ohne daß es zu einer einzigen Hemmung oder Fehlfunktion gekommen wäre. Das bisher größte Problem der M9 bestand darin, daß es aufgrund der ungeheuren Nachfrage immer wieder zu Engpässen bei der Lieferung kam. Normalerweise wird die M9 an Soldaten ausgegeben, die kein Gewehr tragen, wie das bei Fliegern und bei der Militärpolizei der Fall ist. Allerdings bekommen teilweise auch Offiziere und Angehörige der Special-Operations-Einheiten eine für den persönlichen Gebrauch ausgehändigt. Alles in allem kann man gut mit ihr schießen, obwohl die Fans der alten 45er dies niemals denjenigen gegenüber zugeben würden, die sie als »9-mm-Mafia« bezeichnen.

## Der *Javelin* Panzerabwehr-Lenkflugkörper

Als 1973 während des Arabisch-Israelischen Krieges zum ersten Mal tragbare Panzerabwehr-Lenkwaffen (in den 50er Jahren erfunden) in großer Zahl auf den Gefechtsfeldern auftauchten, sagten einige »Experten« den bevorstehenden Untergang des Panzers voraus. Durch die Verwendung der drahtgelenkten sowjetischen AT-3 *Sagger* (der russische Spitzname lautet *Malyutka*, was soviel wie »kleiner Freund« bedeutet) schalteten ägyptische und syrische Infanteristen israelische Fahrzeuge gleich zu Hunderten aus. Der *Sagger* wurde in einem leichten Koffer geliefert, der zwei Flugkörper, ein faltbares Startgerät und ein Scherenfernrohr mit wiederverwendbarem Steuerkasten enthielt. Ungeachtet ihres Erfolges hatten die *Sagger* etliche Mängel, wie das bei neuen Waffen der ersten Generation häufig der Fall ist. Beispielsweise war der AT-3 so langsam (120 m/s), daß eine alarmierte Panzerbesatzung ihn kommen sehen konnte. Des weiteren erzeugte er dicke Rauch- und Staubwolken beim Start und mußte mindestens 300 m geflogen sein, bevor der Richtschütze ihn mit seinem Joystick unter Kontrolle bekommen konnte. Hatte er das geschafft, mußte er ihn ins Ziel steuern: Es konnte durchaus eine halbe Minute dauern, bis die maximale Reichweite von 3 km in der Luft zurückgelegt war. Aufgrund dieser Mängel hatten die Panzerfahrer sehr bald herausgefunden, daß sie den Horizont ständig auf 360° überwachen und eine Panzergrenadier-Eskorte mitnehmen mußten, die Abwehrfeuer aus Maschinengewehren liefern konnte, sobald irgend jemand sich mit der Absicht blicken ließ, einen Flugkörper zu starten. Obwohl die Wirksamkeit der *Sagger* durch diesen Wechsel in der Taktik etwas gedämpft wurde, hatte hier ganz eindeutig eine Revolution in der Panzergefechtsführung stattgefunden.

Ende der 60er Jahre schrieb die Army ein Programm unter der Bezeichnung MAW, *Medium Anti-Tank Weapon* aus. Bei diesem Programm ging es um die Entwicklung einer Panzerabwehr-Lenkwaffe, die von der Schulter aus gestartet werden konnte und Nachfolger der berühmten *Bazooka* aus dem Zweiten Weltkrieg werden sollte – allerdings mit größerer Reichweite und wesentlich größerer Genauigkeit. McDonnell Douglas gewann den MAW-Wettbewerb und der Flugkörper ging als M47 *Dragon* sehr bald in die Produktion. Dieses System der zweiten Generation war aus verschiedenen Gründen nicht besonders erfolgreich. Der Richtschütze mußte sich in einer unbequemen Position hinsetzen, während der gesamten Flugzeit des Flugkörpers von zwölf Sekunden den Atem anhalten und durfte, wenn möglich, nicht einmal blinzeln. Das Gesamtgewicht von Flugkörper, Zweibein und Steuereinheit lag über 13,6 kg, das Startgerät schlug beim Start aus wie ein Muli, und das unhandliche Zweibein machte es – zusätzlich zur unbequemen Sitzstellung – außerordentlich schwer, ein bewegliches Ziel zu verfolgen. Außerdem war es aufgrund des mächtigen Rückstoßstrahls völlig unmöglich, den Flugkörper aus einem Bunker oder einer Höhle heraus zu starten. Auf der Habenseite konnte allerdings verbucht werden, daß der Richtschütze, wenn er es schaffte, das Ziel genau im Fadenkreuz zu behalten, den Flugkörper mit seinem 2,45 kg Gefechtskopf (der 610 mm starken Panzerstahl durchschlagen konnte) über eine Entfernung von 1.000 m genau ins Ziel bringen konnte. Unter dem Strich überwogen aber die negativen Seiten des *Dragon* seine Vorteile. Die Soldaten der Army haßten ihn, und die Marines zogen es vor, ihre *Dragons* lieber auf feindliche Bunker oder Gebäude zu starten, weil die sich erfahrungsgemäß eher selten bewegen.

Nach den unerfreulichen Erfahrungen mit dem *Dragon* kehrte man beim *Army Missile Command* in Huntsville, Alabama, an die Zeichenbretter zurück, um sich mit der dritten Generation von Panzerabwehr-Flugkörpern zu befassen. Der Sieger des ausgeschriebenen Wettbewerbs war der *Javelin* von Texas Instruments/Martin Marietta. Der »Speer« wird der erste von der Schulter zu startende *Fire and Forget*-Panzerabwehrflugkörper sein, der auf der ganzen Welt zu den Truppen kommt. Beim *Javelin* wird es keine Drahtabfälle auf den Gefechtsfeldern mehr geben. Der Flugkörper verfügt über einen fortschrittlichen »Wärmebildsucher« (das ist ein bilddarstellungsfähiger Computerchip ähnlich denen, die in den Video-Camcordern verwendet werden), der sich schon vor dem Start auf das Ziel aufschaltet und so dem Richtschützen reichlich Zeit verschafft, in Deckung zu gehen und Schutz zu suchen, bevor der angegriffene Panzer zurückschießen kann. Auf der negativen Seite muß vermerkt werden, daß ein komplettes Javelin-System schwer ist: fast 22,7 kg einschließlich Flugkörper, Einweg-Startrohr und wiederverwendbarer Tag/Nacht-/Wärmebild-/Teleskop-/Steuereinheit. Auf der positiven Seite steht die

Reichweite des *Javelin* mit rund 2 km, wobei der Richtschütze die Wahl zwischen einer geraden Flugbahn hat (genau in die Mitte eines Ziels), um Bunker und »weiche« Fahrzeuge zu treffen, oder einer bogenförmigen, um die dünne Dachpanzerung eines Panzers anzugreifen. Der Gefechtskopf ist eine *Tandem Shaped Charge*\*-Ausführung. Bei diesem Typ von Gefechtskopf streift die erste Ladung die (falls vorhanden) außenliegenden Lagen reaktiver Panzerung des Ziels beiseite, und die Hauptladung greift die Hauptpanzerung dahinter an. Bislang wurden keinerlei Leistungsdaten dieses Gefechtskopfes veröffentlicht, aber es steht schon jetzt außer Frage, daß es zur Zeit kein Fahrzeug auf der Welt gibt, das seinen Einschlag überleben könnte. Der »Speer« bringt sogar noch einen zusätzlichen Bonus mit: Weil der »weich startende« Raketenmotor des *Javelin* kaum noch Rückstoß und Druckwellen erzeugt, kann der Richtschütze ihn aus dem Stand, in der Hocke, im Sitzen oder auf dem Boden liegend starten. Damit steht der Verwendung des *Javelin* bei Straßen- oder Schützenstellungsgefechten und auch seinem sicheren Start selbst aus geschlossenen Räumen nichts mehr im Wege. Im Augenblick bewährt sich der »Speer« bei den laufenden Testserien recht gut, und man kann davon ausgehen, daß er bald bei den Truppen der Army und des Marine Corps eingeführt wird.

## Der *Stinger* Luftabwehr-Flugkörper

Seit der erste Infanterist von einem Flugzeug beharkt wurde (das wird wahrscheinlich irgendwo in Europa an der Westfront um 1916 gewesen sein), haben Infanterietruppen von einer Waffe geträumt, die diese Ungerechtigkeit ausgleichen würde. Fliegt ein Flugzeug nur tief genug und gibt es ausreichend viele Soldaten, die ihre Gewehre in die Luft abfeuern, besteht eine kleine, aber meßbare Chance, daß eine dieser Kugeln (Piloten nennen sie die »goldenen BBs«) das Glück hat, ein wichtiges System oder eine entscheidende Flugzeugkomponente zu treffen. Das haben etliche unglückliche Flieger über Südostasien (1964-1975) am eigenen Leibe erfahren müssen. Glück hin oder her, die Soldaten jedenfalls wollten immer eine »Zauberwaffe«, mit der sie ihre Unterdrücker in der Luft erreichen und vom Himmel fegen konnten. Ein tragbarer SAM war also genau das, was sie suchten. In den 50er Jahren scheinen amerikanische und russische Ingenieure diese Idee zur gleichen Zeit gehabt zu haben. Die Technologie selbst brauchte für ihre Entwicklung allerdings noch Jahre. Ungeheure Fortschritte waren zum Beispiel bei der Entwicklung äußerst empfindlicher Hitze-Detektoren, kompakter und gleichzeitig starker Raketenmotoren und präzise arbeitender, miniaturisierter Stellmotoren für die Steuerflossen erforderlich. Schließlich brauchte man auch noch eine extrem robuste Mikro-Elektronik, um das alles miteinander zu verknüpfen.

---

\* zwei hintereinander angeordnete Hohlladungen

Ein *Stinger*-Flugkörper-Team der 82nd Airborne Division in der saudischen Wüste. Die Schutzbrillen und -tücher über Mund und Nase gehören zur Standardausrüstung für den Wüsten-einsatz. HUGHES MISSILE SYSTEMS

Der erste tragbare SAM, der sowjetische SA-7 *Strela*(»Pfeil«)-Flugkörper kam 1966 heraus und wurde 1967 (allerdings ohne große Wirkung) von den Ägyptern gegen die Israelis eingesetzt. Die US-Army zog 1968 mit ihrem eigenen tragbaren SAM nach, dem von General Dynamics herge-stellten *Redeye*\*-Flugkörper. Die erste Generation dieser Waffen waren »Schwanzjäger« (das bedeutet, daß sie sich der »Zurückbleiben-Verfol-gen-Abfangen«-Logik bedienten). Der Infrarot-Sucher des Flugkörpers mußte das heiße Metall der Abgas-Öffnungen von Flugzeugantrieben »sehen« können. Das wiederum bedeutete, daß ein Ziel sich bereits entfer-nen mußte, sich also schon vom Schützen fortbewegte. Flog das Ziel mit Geschwindigkeiten von mehr als etwa 500 Knoten/ca. 900 km/h, hatte der Flugkörper kaum noch eine Chance, die Maschine einzuholen. Dar-über hinaus gab es das Problem, daß der Flugkörper die Neigung hatte, sich in einer Situation, in der sich Ziel und Sonne fast in Linie befanden, auf diesen äußerst heißen und ohne Zweifel unerreichbaren Stern aufzu-schalten. Aber trotz aller Einschränkungen holten auch diese ersten trag-baren SAMs einige Flugzeuge vom Himmel und mußten von nun an bei Planungen berücksichtigt werden.

Luftstreitkräfte entwickelten im Angesicht der neu entstandenen Be-drohung durch diese hitzesuchenden Flugkörper auf dem schnellsten Weg Dispenser für Wärmescheinziele und Infrarot-Störgeräte (wie die

---

\* »Rotauge«, so benannt nach seinem roten Sensorkopf.

ALQ-144 »Disco-Kugel«). Wenn ein Pilot erkannte, daß er einen Hitzesucher am Schwanz seiner Maschine hängen hatte, konnte er ein paar Wärmescheinziele abwerfen, die – da sie im Vergleich zu den Abgasen der Maschine die größere Quelle infraroter Energie darstellten – den anfliegenden Flugkörper täuschen würden. Das waren allerdings relativ einfache Maßnahmen, die nur gegen die Waffen der ersten Generation wirklich wirksam waren. Die Flugkörper-Konstrukteure arbeiteten bereits an neuen »intelligenteren« Flugkörpern wie dem *Stinger*.

Der von Hughes hergestellte *Stinger* stellt eine drastische Verbesserung im Bereich der tragbaren Luftabwehrwaffen dar. Zunächst einmal wird der Kopf des Suchers vor dem Start gekühlt (durch die Verwendung einer Patrone, die mit komprimiertem Gas gefüllt ist), damit er empfindlicher gegenüber Infrarot-Strahlung wird: Er kann jetzt außer den Abgasen des Antriebs auch noch die anderen »heißen« Bereiche eines Flugzeugs – etwa die Anströmkanten der Tragflügel – und das Glitzern der Cockpit-Verglasung in der Sonne »sehen«. Das heißt, der *Stinger* ist ein SAM »für alle Eventualitäten«, der ein Ziel in der Luft aus allen Richtungen angreifen kann: im Anflug, Vorbeiflug oder während es sich entfernt. Die neueste Version, der *Stinger*-RMP, kann sogar das »Loch« ausfindig machen, das ein Flugzeug vor dem Hintergrund der ultravioletten Strahlung des Himmels erzeugt. Darüber hinaus verleiht ihm eine Kombination aus optischen Filtern und computerberechneter Signalauswertung die Fähigkeit, ein wirkliches Ziel von Störmitteln zu unterscheiden. Die maximale Reichweite wird irgendwo bei 17 km liegen und hängt von Geschwindigkeit und Flughöhe des Ziels ab.

Der Flugkörper selbst wiegt ca. 10 kg und ist ca. 152 cm lang. Ein komplettes Startsystem für den *Stinger* wiegt etwa ca. 16 kg. In dieser Gewichtsangabe sind der Flugkörper wie auch das Wegwerf-Startrohr enthalten, das seinerseits in einen wiederverwendbaren »Griffstock« einschnappt. In diesem befinden sich das Zielgerät und die Start-Elektronik sowie Anschlüsse für eine Einwegbatterie und ein Kühlgerät. An der Seite wurde eine merkwürdig kastenförmige Antenne montiert, die mit einem tragbaren »IFF-Decoder« verbunden ist. Im Grunde ist das ein Radiosender, der eine Serie von Digitalimpulsen aussendet. Verfügt das Ziel über einen »freundlichen« IFF-Transponder, der die richtig codierte Antwort zurückschickt, kann man davon ausgehen, daß es sich nicht um ein feindliches Ziel handelt.

Um den *Stinger* einzusetzen, muß man zunächst einmal die Schutzkappe über der Linse entfernen, die sich auf der Mündung des Startrohres befindet. Als nächstes kommt das Einschieben einer frischen BCU, *Battery/Coolant Unit* (Batterie-/Kühlblock) in den Griffstock, der sofort damit beginnt, die Elektronik des Flugkörpers hochzufahren und den Sucherkopf zu kühlen. Ist auch das geschehen, muß man das Ziel durch ein Teleobjektiv verfolgen. Hat der Flugkörper sich auf das Ziel aufgeschaltet, meldet er dies durch einen unverwechselbaren Ton, der aus einem eingebauten Lautsprecher kommt. Gleichzeitig leuchtet ein Hinweislämpchen in Ihrem Sichtgerät auf. Jetzt holen Sie tief Luft und betätigen den Abzug.

Sofort zündet ein kleines Starttriebwerk und katapultiert den Flugkörper aus dem Rohr, die Leitwerkflügel entfalten sich, und erst dann startet der Hauptraketenmotor in einer für Sie sicheren Entfernung. Der Flugkörper beschleunigt rasch auf seine Spitzengeschwindigkeit von über Mach 2 (1.300 Knoten/2.400 km/h) und geht auf Abfangkurs zum Zielflugzeug. Sobald der *Stinger* das Ziel erreicht hat, detoniert der richtungsgesteuerte, knapp 3 kg schwere Splittergefechtskopf (der sowohl über einen Annäherungs-, als auch einen Aufschlagzünder verfügt) und schleudert seine Fragmente auf das Ziel. Für den relativ unwahrscheinlichen Fall, daß Sie das Ziel verfehlen, gibt es noch einen elektronischen Selbstzerstörungsmechanismus, der verhindert, daß ein scharfer Flugkörper den eigenen Leuten auf den Kopf fällt.

Der *Stinger* ist ein ausgezeichnetes Beispiel für etwas, das wirklich funktioniert und von Soldaten sehr gut gehandhabt werden kann. In Afghanistan erzielten die Guerillas der Mujaheddin schon nach minimaler Ausbildung und unter sehr schlechten Voraussetzungen eine erstaunliche Erfolgsquote beim Kampf mit den *Stinger*: Sie holten 270 sowjetische Flugzeuge vom Himmel. Umgerechnet auf die Anzahl gestarteter *Stinger* bedeutete das eine Abschußrate von 79 Prozent.

Darüber hinaus kann die von der Schulter aus startbare *Stinger*-Version, wie sie bei der Army, Air Force, Navy und von den Marines verwendet wird, auch auf eine ganze Reihe von Hubschraubern und Gefechtsfahrzeugen montiert werden. Das Zwillingsstartgerät für Hubschrauber wiegt knapp 56 kg, einschließlich Flugkörper, Steuer-Elektronik und Kühlelement. Es verschafft Helikoptern in der Art des AH-64, OH-58D, UH-60 und anderen Flugzeugen der Army die Fähigkeit, feindliche Hubschrauber und Festflügelflugzeuge im Flug anzugreifen und abzuschießen. Ein weiterer *Stinger*-Träger ist der von Boeing Aerospace entwickelte *Avenger*, der seit 1990 für die Army produziert wird. Der »Rächer« ist letzten Endes nichts anderes als ein HMMWV mit einem aufmontierten kompakten Turm. In diesem wurden zwei Vierlingsstarter für *Stinger*-Flugkörper, eine Maschinenkanone Kaliber 0,5" und ein digitales Feuerleitsystem einschließlich Laser-Entfernungsmesser und Wärmebildgerät untergebracht. Damit hat er den Vorteil, auch über ein integriertes Datenverbundsystem zu verfügen. Außerdem wird es demnächst noch die Version des M2 *Bradley* unter der Bezeichnung *Bradley Stinger Vehicle* geben, das sich derzeit noch in der Testphase befindet.

Während des größten Teils der 80er und auch noch Anfang der 90er Jahre mußte sich die Army bei der Luftabwehr für die im Einsatz befindlichen Bodentruppen fast völlig auf den *Stinger* stützen. Wegen der Absetzung des DIVAD FLAK-Systems und der schrittweisen Ausmusterung älterer Flugabwehrsysteme (wie beispielsweise des *Chaparal*, einer vom Boden aus startbaren Version des berühmten *Sidewinder*-Flugkörpers für den Luftkampf, und der auf einen M113 montierten M61 *Vulcan* Kanone Kaliber 20 mm) war der *Stinger* die einzige verfügbare Möglichkeit. Da es zwischen dem *Stinger* und der *Patriot* (die auf feste Stellungen angewiesen ist) keinerlei Luftabwehrsysteme gibt, kann die Army von Glück reden, daß im Moment kein Feind vorhanden ist, der eine ernstzunehmende Bedrohung aus der Luft darstellt. Bis neue Systeme konstruiert sind, die die Lücken im Luftabwehrschirm der Army füllen können, wird die taktische Luftverteidigung allein auf dem kleinen, aber effizienten *Stinger* basieren.

## Bekleidung: BDUs, Helme, Panzerung und ABC-Schutzanzüge

Was trägt der gutgekleidete amerikanische Soldat heutzutage im Gefecht? Sie mögen sich vielleicht über das Outfit ein wenig wundern, aber die Truppen, die Amerika überall in der Welt herumschickt, sind die bestangezogenen, die es je gab. Ich spreche hier nicht von den verschiedenen Dienst- und Ausgehuniformen, sondern von den Kampfanzügen – dem Zeugs also, mit dem man im Staub Saudi-Arabiens, der Feuchtigkeit Panamas oder in der alltäglichen Plackerei in Deutschland oder Korea überleben kann.

Im Augenblick ist die Grundausstattung für den Feldeinsatz die sogenannte *Battle Dress Uniform* (BDU). Sie steht in einer Vielzahl von Farben und Mustern und in unterschiedlichen Materialstärken zur Verfügung, womit den unterschiedlichen klimatischen und Umfeldbedingungen des jeweiligen Einsatzortes Rechnung getragen wird. Die Grundversionen sind folgende:

* *Forest* – Diese Ausführung wird bei den größten Teilen der Army als Grundversion verwendet. Die Grundfarbe ist Wald-/Olivgrün mit dunkleren Mustern, die die menschlichen Umrisse gegen den Hintergrund eines Waldes oder einer Graslandschaft verwischen sollen.
* *Desert* – Das ist die »Schokoladenuniform«, die während Desert Storm so berühmt wurde, weil General Schwartzkopf sie die ganze Zeit über trug. Bei ihr ist die Grundfarbe gelbbraun mit einem aufgedruckten

Soldaten tragen Tarnfarbe auf ihre Gesichter auf. Beachten Sie den lockeren Schnitt der BDUs (*Battle Dress Uniform*) und den Stoffüberzug bei den »Fritz«-Helmen aus Kevlar. Die kleinen Einschnitte und das elastische Band am Helm dienen zur Anbringung von Laubwerk, das den Tarneffekt erhöhen soll.
*Offizielles Foto der US-Army*

238

Muster aus verschiedenen Schattierungen dunklerer Braun- und Grautöne. Diese Tarnfarben helfen den Soldaten, sich zwischen dem Buschwerk und den Dünen der Wüstengebiete dieser Welt »unsichtbar« zu machen.

- *Arctic* – Diese neue Ausführung ist für den Einsatz im Gebirge und unter kalten Witterungsbedingungen vorgesehen. Es handelt sich um eine Farbkombination aus Schwarz-, Weiß- und Grautönen, die außerordentlich wirksam ist, wenn man sich zwischen Felsen und schmutzigen Schneewehen verstecken will, die auf winterlichen Gefechtsfeldern anzutreffen sind. Sie verfügt über eine wärme-isolierende Schutzschicht und ist etwas schwerer als die normale BDU.

All diese Kampfanzüge werden in einer großen Vielzahl von Konfektionsgrößen für Männer und Frauen hergestellt und sitzen recht gut, obwohl sie ziemlich unförmig aussehen. Die Army will, daß sie bequem sind und einen Soldaten nicht beim Springen und Klettern behindern. Darüber hinaus hat man die neuesten BDUs mit einem Wachsmaterial beschichtet, das die Absorption chemischer Agentien unterbindet. Außerdem gibt es noch spezielle Overalls für die Panzertruppen und Heeresflieger. Diese Overalls sind in erster Linie aus Nomex®-Gewebe (einem Material aus feuerfestem, synthetischem Fiberglas der Dupont Corporation) hergestellt. Die Overalls der Army scheinen Dutzende von Taschen zu haben! Über die BDUs tragen Soldaten ihr *Web Gear*, ein Vielzweck-Gurtzeug für die Aufnahme von Patronentaschen, Erste-Hilfe-Päckchen und dergleichen.

Stiefel sind für Soldaten fast genauso wichtig wie die Verpflegung. Es gibt sie in den unterschiedlichsten Ausführungen. Natürlich brauchen Flieger und Fallschirmspringer noch einmal andere, die ihrer besonderen Aufgabe Rechnung tragen. Es sind aber die Stiefel der Infanteristen, die für das Wohl eines Heeres von ausschlaggebender Bedeutung sind. Ganz allgemein kann man sagen, daß die Stiefel bequem und ausreichend strapazierfähig sind. Stiefel aber, die für die Verwendung unter extremen Einsatzbedingungen entwickelt wurden, haben amerikanischen Soldaten mehr als einmal schmerzende Füße oder Schlimmeres beschert. Dabei stellten die Stiefel für niedrige Temperaturen ein ganz besonderes Problem dar, obwohl die augenblickliche Version der Aufgabe entspricht. Der neue Wüstenstiefel, der gerade rechtzeitig vor Desert Storm herauskam, erwies sich als unschlagbar und ist bei den Truppen im Feldeinsatz sehr verbreitet.

Da der menschliche Körper im Vergleich zu Kugeln und Granatsplittern relativ zerbrechlich ist, hat die Army einige Ausrüstungsgegenstände entwickelt, die einem Soldaten im freien Gelände bessere Überlebenschancen einräumen sollen. Seit dem Ersten Weltkrieg ist der Helm ein wesentlicher Bestandteil der Ausrüstung eines amerikanischen Soldaten gewesen. Seitdem sind drei verschiedene Versionen getragen worden. Das ursprüngliche »Suppenschüssel«-Modell, das man von den Briten übernommen hatte, wurde bis Mitte 1942 verwendet. Im Laufe des Zweiten Weltkrieges übernahm die Army die klassische »Topf«-Form, die bis Anfang der 80er

Jahre mit den GIs identifiziert wurde. Dann brach die Army endgültig mit der Tradition und wechselte beim Grundmaterial für den Helm von Stahl zu synthetischem Kevlar (bei Dupont hergestelltes Kohlefasermaterial). Kevlar ist bei gleichem Gewicht über zehnmal so stark wie Stahl und wesentlich einfacher auszuformen, wenn es um die kugelsichere Gestaltung geht. Darüber hinaus hat die Army auch intensiv daran gearbeitet, die effektivste Form für den Schutzhelm herauszufinden. Es zeigte sich, daß der alte deutsche Stahlhelm aus dem Zweiten Weltkrieg den besten Schutz gegen Kopfverletzungen im Gefecht bot. Bei der Truppe wird er *Fritz* genannt (ein offensichtlicher Hinweis auf seine deutsche Abstammung)* und ist heute der Standardhelm bei fast allen Truppengattungen. Die einzige Verbesserung gegenüber dem ursprünglichen »Fritz«-Helm besteht darin, daß er nicht mehr aus Stahl, sondern aus einem neuen Kevlar-Material (bei Dupont unter der Bezeichnung Kevlar-29 geführt) hergestellt wird, das den Helm etwas leichter macht. Gewichtsreduzierung ist ziemlich wichtig, da »Fritz« ganz schön auf die Nackenmuskulatur drücken kann. Dafür ist er aber auch der zur Zeit beste Helm der Welt, wie mehr als ein Jahrzehnt Kampferfahrung bewiesen hat.

Eine wesentlich jüngere Entwicklung zum Schutz des amerikanischen Soldaten ist die Panzerung für den Körper – auch als »kugelsichere Westen« bekannt. Zum ersten Mal in Vietnam eingesetzt, reduzieren sie nachhaltig die Wahrscheinlichkeit tödlicher Brust- und Oberkörperverwundungen. Im Grunde ist es eine Jacke, in die sich Platten aus Kevlar einfügen lassen und die stark an eine Daunenweste erinnert. Die ersten Modelle waren noch schwer, steif und behinderten denjenigen, der sie trug, reduzierten aber die Zahl der Todesfälle in den Einheiten drastisch, wenn sie regelmäßig angelegt wurden. Die neuen Westen sind wesentlich leichter und anschmiegsamer, obwohl sie immer noch etwas einengen. Dennoch, sämtliche Soldaten, die ich kenne, tragen ihre Westen sehr gewissenhaft, um – wie sie sagen – »unnötige Perforationen« zu vermeiden!

Es ist schon merkwürdig, daß amerikanische Soldaten heute – fast fünf Jahre nach dem Fall der Berliner Mauer und dem Ende des kalten Krieges – mehr als je zuvor der Gefahr eines Angriffs mit chemischen Waffen ausgesetzt sind. Obwohl die Diktatoren dieser Welt ihr Bestes tun, sich in den Besitz von Atomwaffen zu bringen (das Statussymbol Nummer eins für Diktatoren), haben sich einige von ihnen auf eine ältere, weniger statusträchtige Technologie verlegt: chemische und biologische Waffen – sozusagen als »Atombombe des armen Mannes«. Da Saddam Hussein bereits Chemiewaffen gegen den Iran und die Kurden eingesetzt hatte, als die amerikanischen Streitkräfte 1990 an den Persischen Golf verlegt wurden, nahmen diese die Bedrohung durch irakische Waffen dieses Typs extrem ernst.

Glücklicherweise war das auch beim Verteidigungsministerium der Fall. Über die Beschaffung der *Fuchs*-Fahrzeuge aus Deutschland hinaus,

---

* »Fritz« war (und ist?) der Spitzname, der neben »Krauts« von den angelsächsischen Truppen für deutsche Soldaten verwendet wurde.

hatte das Ministerium auch kurz zuvor bei den amerikanischen Streitkräften die Einführung neuer Schutzanzüge gegen Chemiewaffeneinsatz veranlaßt. Der Vorläufer (eher eine Art gummierter Kittel) war sperrig und unbequem, und man konnte in ihm kaum länger als ein bis zwei Stunden arbeiten, ohne einen Hitzschlag zu bekommen.

Der neue Anzug stellte eine enorme Verbesserung gegenüber dem alten Modell dar. Er erinnert stark an einen gesteppten Overall mit dicker Isolierschicht. Die Außenseite ist ähnlich wie beim BDU mit einem Tarngewebe versehen und resistent gegen absolut alle derzeit bekannten chemischen Wirkstoffe. Auf der Innenseite hat er ein Gewebe, in das Aktivkohleschichten eingearbeitet sind, um die Feuchtigkeit aufzunehmen und den Träger (relativ) trocken und damit auch (relativ) kühl zu halten. Tatsächlich fanden die Soldaten, die sie während Desert Storm trugen, die Anzüge sogar recht komfortabel, was teilweise auch daran liegen mag, daß die hundert Stunden Bodenkampf von Desert Sabre während einer kühlen und regnerischen Periode stattfanden. Der Nachteil dieser neuen Anzüge war der, daß, wenn sie länger als etwa fünf Tage in Folge getragen wurden, Innenhülle und Aktivkohle sich abzulösen begannen und von der Haut der Träger aufgenommen wurden. Die neuesten Versionen haben diesem Problem Rechnung getragen und scheinen ganz gut damit klar zu kommen.

Soldaten tragen diese Anzüge im Einsatz grundsätzlich dann, wenn die Gefahr eines Chemieangriffs besteht. Für den Fall, daß ein Chemieangriff erwartet wird, zieht jeder Soldat sofort seine Schutzmaske und -kappe über. Dann streift er »Galoschen« über seine Stiefel, um zu verhindern, daß diese durch giftige Wirkstoffe kontaminiert – oder »versaut« – werden. Die Maske ist eine bewährte Konstruktion mit austauschbaren Filtern (sie haben jetzt einen leichteren »Zug«, der das Luftholen weniger anstrengend macht) und einem kleinen Anschluß, über den Wasser aus der Standard-Feldflasche aufgenommen werden kann. Der Anzug ist immer noch alles andere als komfortabel, stellt aber dennoch eine enorme Verbesserung gegenüber seinen Vorgängern dar. Auf jeden Fall ist er besser als die Alternative: Opfer eines chemischen Giftstoffs zu werden.

Wann ist es soweit, daß General Sullivan jedem Soldaten einen GPS-Empfänger und ein IVIS-Terminal in die Hand drückt? (Erinnern Sie sich an die Raumsoldaten aus *Aliens*?) Lachen Sie nicht, die Dinger sind bereits unterwegs und werden zur Standardausrüstung der Soldaten gehören, bevor das erste Jahrzehnt des 21. Jahrhunderts verstrichen ist. Trimble Navigation aus Sunnyvale, Kalifornien, arbeitet schon an der Integrierung von Miniaturversionen der GPS-Antenne und -Empfänger in den »Fritz«-Helm. Um 2010 wird ein biomedizinisches Überwachungs- und Transpondergerät mit einiger Wahrscheinlichkeit ebenfalls zur Grundausrüstung der Soldaten zählen. Wenn sich das weit hergeholt anhört, bleiben Sie mal am Empfänger: Dinge wie ein voll elektrisch betriebener Körperschutz, einschließlich Klimaanlage und Umfeldsteuerung, sind bereits in Fort Benning, Georgia (dem Sitz des *Army Infantry Center*) und Fort Detrich, Maryland (wo man sich mit Wohn- und Ernährungstechnologie befaßt) in der Diskussion. »Starship Trooper« wird es tatsächlich geben!

# Verpflegung: T-Rationen und MREs

»Eine Armee marschiert mit dem Bauch.« (Napoleon Bonaparte)

Es gibt nichts im Leben eines Soldaten, was größere Auswirkungen auf sein Wohlbefinden und seine Moral hätte, als die Qualität und Quantität der Feldküche. Das größte Problem der Verpflegung liegt darin, daß sie organisch und damit verderblich ist. Schon seit Urzeiten, als die ersten Menschen ihre Höhlen verließen, um Krieg mit weiter entfernt lebenden Nachbarn zu führen, galten die Überlegungen der Krieger auch der Suche nach einer Antwort auf die Frage, wie sie sie wohl am besten ihre Nahrungsmittel einpacken und haltbar machen könnten. Zu Zeiten Alexanders des Großen nahm man Ziegenleder und Tonkrüge, um darin Speisen und Getränke zu verpacken – keine umwerfend wirkungsvolle Methode. Napoleon setzte Preise für Erfinder aus, die beweisen konnten, daß sich Nahrungsmittel in Glaskrügen konservieren ließen. Die aber wirklich grundlegende Verpackungstechnologie, die auch noch für die nächsten 150 Jahre Standard bleiben sollte, war eine britische Erfindung: die Konservendose. Mit ihr konnte alles – von der Dosenbutter bis hin zum entbeinten Fasan – eingedost und an britische Streitkräfte auf der ganzen Welt verschickt werden. Damals war es aber noch sehr teuer, Nahrungsmittel auf diese Weise zu verpacken, und eigentlich waren es schließlich nur Delikatessen und Nahrungsergänzungsmittel wie Butter und Kondensmilch, die ihren Weg zu den vorgeschobenen Truppen fanden. Während des amerikanischen Bürgerkrieges erreichte der Wunsch, gleichzeitig die Verpackungskosten zu reduzieren und die Wirksamkeit des Rationssystems zu verbessern, wahrscheinlich einen Tiefpunkt in der Geschichte. Die Unterernährung, die aus der Beschränkung auf die verfügbaren Grundnahrungsmittel Pökelfleisch (Schweineschinken), Schiffszwieback (ungesäuertes Brot) und schwarzem Kaffee resultierte, wird vermutlich für genauso viele Tote verantwortlich gewesen sein wie die Kugeln. Lediglich die verzweifelten Bemühungen der *United States Sanitary Commission* und des Roten Kreuzes verhinderten noch folgenschwerere Verluste.

Während der nachfolgenden eineinhalb Jahrhunderte sorgten Fortschritte in der Konservierungstechnologie und der Abbau von Kosten bei der Eindosung (wegen des gestiegenen Bedarfs auf dem zivilen Markt) für eine Qualitätssteigerung und längere Haltbarkeit der Produkte. Zugleich versuchte die US-Army, nahrhafte und wohlschmeckende abgepackte Feldverpflegung in Dosen zu produzieren. Am bekanntesten wurden wohl die berühmten C- und K-Rationen des Zweiten Weltkrieges, die aus individuell portionierten, bekannten Nahrungsmitteln in Dosen und versiegelten Packungen bestanden und deren Haltbarkeit nach Jahren gemessen wurde. Einige davon, wie geschmortes Rindfleisch mit Spaghetti, waren identisch mit den zivilen Produkten von Armour oder Campell's. Andere wiederum, wie die grauenhafte Schweinepastete (Wurst in fettigem Bratensaft) und der berüchtigte Fruchtkuchen (eine Art süßer und klebriger Eishockey-Puck), wurden gewöhnlich an feindliche Kriegsgefangene weitergereicht. Wegen der unterschiedlichen Akzeptanz durch die kämpfende Truppe an der Front fühlte sich die Army verpflichtet, die Feldrationen möglichst oft durch frische Nahrungsmittel zu ergänzen oder zu ersetzen. Dieses Vorgehen – im Prinzip durchaus bewunderungswürdig – konnte allerdings auch die tollsten Blüten treiben. Das passierte beispielsweise in Vietnam, als Dschungelpatrouillen eisgekühltes Bier abgeworfen bekamen, oder von abgelegenen Feuerstellungen zurückkehrende Patrouillen mit umfangreichen Steak-Menüs und wohlbestückten Bars begrüßt wurden. Es stand also außer Frage, daß das Versorgungssystem der Army in dem Bemühen, Feldrationen so wohlschmeckend wie möglich zu machen, einfach durchgedreht hatte und dringend auf den Boden der Tatsachen zurückgeholt werden mußte. Glücklicherweise kam zu dieser Zeit gerade eine neue Verpackungstechnologie heraus, die der Army half, mit diesem Problem fertig zu werden.

Der Beginn des Raumfahrtzeitalters und die ersten Ausflüge von Menschen in den Weltraum und zum Mond schufen die Notwendigkeit, ihnen etwas zu essen und zu trinken mit auf den Weg zu geben. Anfangs hatte das alles noch die Gestalt von pürierter Nahrung in Zahnpastatuben, krümeligen Crackern und Plätzchen. Die Astronauten waren von dem Zeug allerdings wenig begeistert. Da das Raumfahrtprogramm aber für die gesamte Öffentlichkeit sichtbar über die Bühne ging, fühlte sich die NASA veranlaßt, bessere Nahrungsprodukte zu suchen und zu entwickeln, damit die Raumschiff-Besatzungen zufriedenstellender und gesünder ernährt werden konnten. Zuerst versuchte man es mit gefriergetrockneter Nahrung – schockgefroren und dann unter Vakuum verschlossen, um alle Feuchtigkeit zu entziehen. Das klappte aber nicht so gut mit Fleisch und Backwerk. Gegen Ende des Apollo-Mondlande-Programms ließ die NASA auf Mondflügen Dinge zu, die man in einem gewöhnlichen Lebensmittelgeschäft kaufen kann: Brot in Scheiben, Dosenfleisch, Erdnußbutter und Marmelade. Der wirkliche Durchbruch aber kam mit der Entwicklung des »Wet-Pack«. Die »Feuchtverpackung« ist ein versiegelter Plastikbeutel, in dem sich entwässerte Nahrungsmittel, wie Fleisch in Scheiben, Braten oder Gemüse, befinden. Der Inhalt wird sterilisiert, damit er nicht verdirbt (was normalerweise durch Dampfsterilisation oder Bestrahlung geschieht). Vor dem Verzehr brauchen die Crews nur das vorher entzogene Wasser wieder zu ergänzen. Dieselbe Technik wurde auch bei anderen Fertiggerichten (Lasagne, Huhn mit Reis usw.) in Containern für größere Personenkreise angewendet. Und so entstand die Technik der MREs, die den T-Rationen folgten.

Im Augenblick verfolgt die Army bei der Verpflegung ihrer Soldaten folgende Strategie, die sich um die nachfolgenden drei Arten von Rationen gruppiert:

- A-Ration – Frische Nahrungsmittel, die vor Ort aus der Umgebung eines Kampfgebietes beschafft und von den Standard-Feldküchen der Army zubereitet werden. Das ist sicherlich die billigste und am meisten bevorzugte Art von Versorgung (eine von Soldaten und Army übereinstimmend vertretene Ansicht), obwohl Zulieferer und Vorräte vor Ort unter Umständen nicht ausreichend vorhanden sind.

- T-Rationen – Hierbei handelt es sich um Fertiggerichte von Firmen wie Stouffers und Swanson, die in großen Aluminiumschalen für Gruppen von zwölf Soldaten verpackt sind. Die Schalen werden vor dem Verzehr mit heißem Wasser in Heizgeräten aufgewärmt, wie man sie auch von Imbißstuben her kennt. Normalerweise brauchen sie nicht tiefgefroren zu werden, obwohl einige spezielle Mahlzeiten (wie das berühmte Thanksgiving-Dinner von 1990 während Desert Shield) schon etwas Kühlung während des Transportes benötigen.
- *Meals Ready to Eat* (MREs) – Das ist die Standard-Feld-/Gefechtsverpflegung des amerikanischen Militärs. Bei den MREs handelt es sich um eine Reihe von nassen, trockenen und gefriergetrockneten Nahrungsmittelpaketen, denen Zusatzpakete (mit Gewürzen, einem Löffel, einer Gabel, Papierserviette usw.) beigefügt sind. Dieses Zusatzpaket ist in einen widerstandfähigen (einige behaupten *zu* widerstandsfähigen!) braunen Plastikbeutel eingeschweißt. Es gibt insgesamt zwölf Basisausführungen, von denen jeweils eine Version einem MRE-Paket beigelegt wird. Jedes MRE enthält rund 3000 Nahrungskalorien, und jedem Soldaten im Einsatz stehen nach dem Versorgungsplan der Army täglich vier davon zu.

Hinsichtlich ihrer Kosten und Transportierbarkeit waren die T-Rationen für die Army ein Gottesgeschenk. Wenn man den Behälter einer T-Ration öffnet, findet man gewöhnlich drei Aluminiumschalen mit Nahrungsmitteln vor – ein Vorgericht mit Fleisch, eine stärkehaltige Beilage und ein Gemüsegericht. Im Behälter befindet sich auch aber auch noch die meistgepriesene

Der Inhalt eines *Meal Ready to Eat* (MRE). In dem hier abgebildeten befindet sich je ein Beutel Hähnchen mit Reis, Streichkäse, Cracker, ein Mixgetränk, Kaffee und ein Gebäckriegel. Beachten Sie auch die kleine Flasche mit Tabasco-Sauce, die sich bei der Truppe außerordentlicher Beliebtheit erfreut. JOHN. D. GRESHAM

Sache im Verpflegungsprogramm der Army: eine Flasche Tabasco-Sauce von McIlhenny Co.! Bei allem Respekt für die Army und ihre Vertragsnehmer – die Nahrungsmittel, die an die Truppe ausgeliefert werden, sind manchmal doch ein wenig mild gewürzt. Das gilt besonders für einige ethnische Gruppen der amerikanischen Bevölkerung, die einmal eine Karriere bei der Army äußerst attraktiv fanden. Deshalb wurde die Beigabe von pikanten Gewürzen zu einem wesentlichen Teil der Spezifikation von T-Rationen gemacht. Insgesamt gesehen, war das T-Ration-Programm ein Erfolg, obwohl jeder einzelne natürlich immer eigene Vorlieben haben wird. So konnte sich beispielsweise ein junger Offizier der Cavalry, mit dem wir uns unterhielten, einfach nicht für mit Honig glasierte Hähnchenbrust an Reis begeistern. Ein höherrangiger Versorgungsoffizier dagegen fand das Gericht »köstlich« und meinte, er könne es jeden Tag essen! Wie die Bevölkerung, aus der sie sich zusammensetzt, so ist auch die ganze Army eine Mischung der verschiedensten Geschmacksrichtungen.

Durch den Golfkrieg kamen die MREs in einen sehr schlechten Ruf. Manchmal sogar als *Meals Rejected by the Enemy** bezeichnet, mußten sie während der Golfkrise eine Menge negativer Kommentare einstecken. Ein Grund dafür war die Tatsache, daß es in den ersten Tagen von Desert Shield nur sehr wenig kulinarische Abwechslung gab. In den schwarzen Tagen des August 1990, bevor die Logistik- und Versorgungseinheiten der Army mit den ersten an den Persischen Golf geschickten Truppen (vor allem die 82nd Airborne und die 101st Air Assault Division) gleichziehen konnten, bekamen diese nichts als MREs zu essen. Zu dieser Zeit gab es auch nur vier Sorten (im Gegensatz zu etlichen Dutzend, die heute zur Verfügung stehen), eine Wahl, die durch die Rücksicht auf die Ernährungsgewohnheiten unser Alliierten aus Saudi-Arabien noch schlimmer gemacht wurde. Vor Desert Shield war die Nationalgarde Saudi-Arabiens in erster Linie eine Sicherheitstruppe, die die Aufgabe hatte, die Moscheen in und um Mekka und anderen heiligen Stätten zu schützen. Sie war keine Feldarmee und verfügte deswegen auch über keinerlei Versorgungsstrukturen für die Selbstversorgung in der Wüste und in den nördlichen Regionen Saudi-Arabiens. Die Saudis hatten keine Lager mit Feldrationen für ihre Bodentruppen, und es mangelte an Feldküchen, die ihnen ihre Mahlzeiten hätten zubereiten können. Also baten die Saudis darum, einige Millionen MREs als Feldrationen kaufen zu dürfen, damit sie eine Übergangslösung hätten, bis ihre eigenen Feldküchen geliefert worden wären. Diesem Wunsch wurde mit Freuden entsprochen. Nachdem die MREs allerdings ausgeliefert worden waren, entdeckte jemand (keiner weiß, ob die Saudis oder Amerikaner schuld daran waren), daß zwei der vier MRE-Sorten Schweinefleisch enthielten (Schinken in der einen, gegrilltes Schweinefleisch in der anderen) und damit für Mohammedaner als Speisen Tabu waren. Um uns nicht in Verlegenheit zu bringen, behielten die Saudis die beiden Sorten *ohne* Schweinefleisch selbst und verschenkten

---

* vom Feind zurückgewiesene Mahlzeiten

den Rest großzügig an die Einheiten des XVIII. Airborne Corps, das bereits an der irakischen Grenze in Stellung gegangen war. Aus diesem Grund mußten sich die Soldaten des XVIII. Fallschirmjäger-Corps überwinden, einige Wochen ununterbrochen Schinken-Käse-Omelett- und Schweinepasteten-MREs zu essen. Es hing ihnen buchstäblich zum Halse heraus! Dennoch hat es jeder gegessen, und sie ließen sich dadurch auch nicht von der Erfüllung ihrer Aufgabe abbringen: der Rückeroberung von Kuwait.

Aus diesem kleinen diätetischen Debakel erwuchs die Initiative zu einer großzügigen Erweiterung der Vielfalt und Qualität des MRE-Programms. Der erste Schritt bestand in der Entwicklung und Verpackung neuer MRE-Sorten. Der nächste – im Moment noch nicht abgeschlossene – war, einmal einen Blick hinter die Kulissen der traditionellen Verpflegung zu werfen, die bislang in Feldrationen abgepackt wurde. Dadurch wollte man erreichen, daß die Eßgewohnheiten und Geschmacksrichtungen junger Amerikaner, die schließlich das Rohmaterial der US-Army darstellen, besser berücksichtigt würden. Mehr über die neue MRE-Technologie später. An dieser Stelle wollen wir uns zunächst die bestehende Vielfalt verfügbarer MREs anschauen, die von amerikanischen Soldaten verzehrt werden.

Wenn Sie einen Container mit MREs öffnen, werden Sie in seinem Inneren sämtliche Arten von MREs finden. Das wurde deshalb gemacht, damit sich niemand darüber beklagen konnte, daß die Army und ihre Vertragsnehmer versuchen würden, MREs einer bestimmten Sorte einer anderen gegenüber zu bevorzugen und so bei den Truppen loszuwerden. Der erste Schritt in der Verzehretikette für MREs wird also aller Wahrscheinlichkeit nach der sein, daß die Soldaten willkürlich in die Kiste greifen, wenn sie zum Empfang der Verpflegung gerufen werden, und einfach blind eine Packung herausziehen. Auf diese Weise kann niemand behaupten, die Sache sei »manipuliert« worden. Die zweite Regel ist die, daß es völlig in Ordnung ist, anschließend einen schwunghaften Handel zu treiben, um an ein anderes MRE zu kommen (ähnlich wie mit den Frühstücksbroten in der Schulpause). Hat man schließlich sein gewünschtes MRE erwischt, erfordert die Öffnung des Päckchens eine gewisse Ausdauer. Das braune Plastikmaterial der Beutel ist sehr zäh, man könnte meinen, es wäre kugelsicher. So teilten mir Soldaten mit, daß ein Schweizer Armeemesser (das Modell mit der eingebauten Schere) als eines der lebenswichtigsten Werkzeuge eines richtigen MRE-Gourmets gilt. Falls Sie wirklich wissen wollen, was denn nun eigentlich in diesen kleinen braunen Plastikbeuteln versteckt ist, stellen Sie sich folgende Menüs vor:

• Menü Nr. 2 – Haschee von Corned Beef, gefriergetrocknete Birnen, Cracker, Apfelgelee, ein Gebäckriegel aus Hafermehl, Basispulver für Getränke (Fruchtsaftgeschmack), Pulver für die Bereitung von Trinkschokolade, das Zubehör-Paket »C« (*Taster's Choice*- Kaffee, Milchpulver, Zucker, Salz, Pfeffer, Kaugummi, Zündhölzer, Handreiniger und Toilettenpapier) und ein Löffel.

- Menü Nr. 4 – Omelett mit Schinken, gratinierte Kartoffeln, Cracker, Streichkäse, Gebäckriegel aus Hafermehl, Basispulver für Getränke (Fruchtsaftgeschmack), Zubehör-Paket »C« (*Taster's Choice*-Kaffee, Milchpulver, Zucker, Salz, Pfeffer, Kaugummi, Zündhölzer, Handreiniger und Toilettenpapier), Tabasco-Sauce und ein Löffel.
- Menü Nr. 7 – Geschmortes Rindfleisch, Cracker, Erdnußbutter, Kirsch-Nußkuchen, Zubehör-Paket »A« (*Taster's Choice*-Kaffee, Milchpulver, Zucker, Salz, Pfeffer, Kaugummi, Zündhölzer, Handreiniger und Toilettenpapier), Tabasco-Sauce und ein Löffel.
- Menü Nr. 8 – Eine Scheibe Schinken in eigenem Saft, gratinierte Kartoffeln, Cracker, Apfelgelee, ein Walnußkuchen mit Schokoladenglasur, Pulver für die Bereitung von Trinkschokolade, das Zubehör-Paket »A« (*Taster's Choice*-Kaffee, Milchpulver, Zucker, Salz, Pfeffer, Kaugummi, Zündhölzer, Handreiniger und Toilettenpapier) Tabasco-Sauce und ein Löffel.
- Menü Nr. 11 – Huhn auf Reis, Cracker, Streichkäse, Gebäckriegel mit Schokoladenüberzug, Basispulver für Getränke (Fruchtsaftgeschmack), *Starburst*-Süßigkeiten, das Zubehör-Paket »A« (*Taster's Choice*-Kaffee, Milchpulver, Zucker, Salz, Pfeffer, Kaugummi, Zündhölzer, Handreiniger und Toilettenpapier) Tabasco-Sauce und ein Löffel.

Ist das Päckchen geöffnet, besorgt man sich als nächstes die Getränke (normalerweise Wasser, das für die Bereitung von Kaffee aufgeheizt oder für das Fruchtsaftpulver gekühlt wird, oder Dosenmilch). Dann muß man sich um das kümmern, was man in seinen Tüten vorgefunden hat. Will man sein Hauptgericht aufwärmen, braucht man es nur in Wasser zu kochen (sofern die Möglichkeit dazu besteht). Die wirklichen MRE-Gourmets erzählten mir aber, daß es eine wesentlich bessere Methode gibt, die allgemein bevorzugt wird. Der erste Schritt ist einen freundlichen HET-Fahrer aufzutreiben, der einem erlaubt, das Päckchen mit der Hauptmahlzeit in den Auspuffmantel seines HET zu stecken, während die Maschine im Leerlauf läuft. Man wartet etwa zehn Minuten (das Timing ist hier von fast elementarer Bedeutung) und bittet den Fahrer dann, kurz richtig Gas zu geben. Das MRE-Paket fliegt aus dem Auspuff heraus und ist perfekt aufgeheizt! Eine weitere Option ist die Verwendung eines kleinen Ausrüstungsteils, mit dem die Army ihre Soldaten ausstattet: des MRE-Heaters 1992. Dabei handelt es sich um einen kleinen Katalysator-Ofen, der nach der Aktivierung mit Wasser ausreichende Mengen Hitzeenergie liefert, um eine MRE-Hauptmahlzeit für den Verzehr aufzuwärmen. In arktischen Regionen werden sie auch dazu verwendet, die tiefgekühlten MREs aufzutauen. Der Nachteil besteht darin, daß dieser Ofen als Nebenprodukt der katalytischen Reaktion Wasserstoff (ein explosives Gas) produziert (was bedeutet, daß in seiner Nähe weder geraucht werden, noch ein offenes Feuer brennen darf). Es gibt auch noch weitere Abfallprodukte dieser Katalyse, die ziemlich giftig sind und die deshalb einen vorsichtigen Umgang mit dem Gerät erfordern.

Jetzt werden Sie sich möglicherweise fragen, wie das Ganze wohl schmeckt. Tatsächlich nicht einmal schlecht. Das Hauptgericht muß man direkt aus dem Beutel essen, wobei man sich allerdings ziemlich bekleckern kann (ein kleiner Tip – wenn Sie die Kleckerei in Grenzen halten wollen, schneiden Sie den Beutel am besten entlang seiner Längsseite auf), aber es geht doch recht gut.

Grundsätzlich sind die MREs für das Versorgungssystem nicht gerade leicht zu handhaben. Ihre Inhalte sind mit solchen Mengen Wasser hydratisiert, daß sie relativ schwer und unförmig sind. Außerdem erzeugen sie Unmengen Müll. Angesichts dieser Abfallmengen, die aus MREs entstehen (die Army hat den Begriff des »nassen« Mülls oder Abfalls dafür geprägt), ist es eine ganz gute Idee, wenn man die braunen MRE-Plastikbeutel dazu verwendet, alle Abfälle hineinzustopfen. Dieser »Naßmüll« ist eines der Hauptprobleme mit den MREs. Die derzeitige Umweltschutzpolitik der Army muß gewährleisten, daß die Länder, die von unseren Streitkräften betreten werden, wenigstens ebenso sauber gehalten werden wie unsere Truppenübungsgelände zu Hause. Das bedeutet, daß der Abfall beseitigt oder in eine Mülldeponie geschafft werden muß.

Trotz all dieser Probleme werden die MREs so lange der bestverfügbare Kompromiß bleiben, bis die Army einen Weg gefunden hat, Wasser aus der dünnen Luft einer Wüste zu gewinnen. Wegen des geringen zusätzlichen Wasserbedarfs der Mahlzeiten, werden MREs bei den amerikanischen Streitkräften die bevorzugte Feldverpflegung bleiben, wenn sie fern von zu Hause im Einsatz sind.

Das bringt uns zu der Erörterung künftiger MRE-Entwicklungen. Eines der Hauptziele der Army besteht darin, die Feldverpflegung sowohl attraktiv für die Soldaten, als auch nahrhaft zu machen. Das zweite Ziel wird mit den derzeitigen MREs schon ganz gut erreicht. Wohlausgewogen an Nährstoffen, besonders in bezug auf den Anteil an Mineralien (Mineralien sind von lebenswichtiger Bedeutung, wenn es in Einsatzgebiete geht, in denen die Soldaten stark schwitzen), liefert jedes MRE einen Brennwert von rund 3000 Kalorien (wenn es vollständig verzehrt wird), und jeder Soldat bekommt täglich vier davon zugeteilt. Überraschenderweise ist es gerade der hohe Kalorienwert jeder einzelnen Mahlzeit, der dazu führt, daß Soldaten im Gefechtseinsatz dazu neigen, trotz der starken Einsatzbelastungen an Gewicht zuzulegen (was in der Militärgeschichte einzigartig ist). Damit ist aber noch nicht das Problem des Geschmacks und der Auswahlmöglichkeiten gelöst. Mit der ständig wachsenden ethnischen Vielfalt der Army-Angehörigen (Moslems sind die in Amerika und damit auch bei der Army am schnellsten wachsende Gruppe) wird alles sogar noch komplizierter. Inzwischen ist es unumgänglich geworden, Feldrationen zu produzieren, die den unter Umständen sehr strengen diätetischen Vorgaben von Vegetariern und Mohammedanern entsprechen. Ende 1993 wurde eine neu produzierte MRE-Serie – bei der die Hauptmahlzeiten auf Gemüsearten wie Linsen und Kartoffeln basieren – als Versorgung für die Moslems in Bosnien aus der Luft abgeworfen. Für mehr amerikanische Geschmacksvorstellungen gibt es einige vielversprechende Bemühungen,

die darauf hinauslaufen, auch *Fast Food* wie Hamburger und einige mexikanische und chinesische Hauptmahlzeiten abzupacken. Das Kronjuwel
unter diesen neuen Menüs ist aber (ganz richtig geraten!) ein MRE mit
einem Stück Pizza als Inhalt. Ein speziell geformter Ofen erhitzt es in der
»Naßpackung« und bringt gleichzeitig den Käse zum Schmelzen. Diese
neuen »Fast Food«-MREs werden aller Voraussicht nach schon in den
kommenden Jahren an Truppen im Gefechtseinsatz ausgeliefert und dürften zu einem Hit werden. Nichtsdestotrotz bekamen wir von einem alten
Cavalry Sergeant, mit dem wir in Fort Bliss beim Essen zusammensaßen,
zu hören, die MRE-Pizza wäre erst dann perfekt, wenn die Vertragsnehmer
es schaffen würden, dem Paket auch noch eine sich selbst kühlende
Dose Bier beizufügen! Da kann man ihm nur zustimmen. Auf jeden Fall
gibt die Army Unsummen aus, damit die US-Army die bestgenährte in
der Welt ist. *Bon appétit!*

## Funkgeräte: Die SINCGARS-Familie

Als im Mai 1940 die Panzerdivisionen des Dritten Reiches in Frankreich ein-
drangen, waren die meisten deutschen Panzer den französischen und britischen Modellen, die ihnen gegenüberstanden, sowohl in puncto Feuerkraft
als auch in Panzerung unterlegen. Aber *jeder* deutsche Panzer verfügte über
ein Funkgerät, während bei den Alliierten nur einige Kommandofahrzeuge
eines an Bord hatten. Bei der beweglichen Gefechtsführung muß aber jede

Die Rucksack-Version des
SINCGARS-Funkgerätes. Es ist
unempfindlich gegen Funk-
störmaßnahmen und arbeitet
mit der Frequenzsprungtech-
nik. Ein derartiges Funkgerät
könnten beispielsweise Spähtrupps von Cavalry-Einheiten
verwenden.
*OFFIZIELLES FOTO DER US-ARMY*

Kampfeinheit drei Dinge können: sich bewegen, schießen und *kommunizieren*. Durch diese zerbrechlichen Röhrengeräte, die zwar nur über kurze Entfernungen arbeiteten, erzielten die Deutschen aber enorme taktische und operative Vorteile. Dieser Aspekt wirkte sich positiv auf die Flexibilität ihrer Befehls- und Führungsmöglichkeiten aus. Andere Armeen lernten sehr viel aus dieser Lektion. Und sie tun es auch heute noch.

Durch die revolutionären Fortschritte, die in den 70er und 80er Jahren im Bereich der Elektronik gemacht wurden, saß die US-Army plötzlich auf einer Ansammlung veralteter Funkgeräte. Sie hatten ein zu hohes Gewicht, waren schwer instandzuhalten, brauchten zuviel Energie und entwickelten zu viel Wärme. Oft waren sie auch nicht mit den Frequenzbändern und Übertragungsarten kompatibel, die bei der Navy und Air Force verwendet wurden. Aber fast noch schlimmer war die Tatsache, daß sie durch feindliche Geräte abgehört und gestört werden konnten. Die Russen hatten beispielsweise mit ihren jahrzehntelangen Erfahrungen bei der Störung von Radiosendungen des Westens (*Voice of America*, *Radio Free Europe* usw.) den »elektronischen Funkkampf« zu einem Schlüsselmoment ihrer taktischen Grundlagen gemacht.

Anfang 1980 spezifizierte die US-Army schließlich Vorgaben für die Konstruktion eines neuen *SINgle Channel Ground and Airborne Radio System* (SINCGARS). Die SINCGARS-Geräte (die 1988 bei den Streitkräften eingeführt wurden) sind eine Familie kompakter, leichtgewichtiger, zuverlässiger und sicherer UKW-Funkgeräte, die jede der 2320 verschiedenen Frequenzen des UKW-Bandes zwischen 30 und 87,975 MHz nutzen können. Die Army plant, 150.000 SINCGARS-Funkgeräten von General Dynamics (San Diego, Kalifornien) und ITT Aerospace (Fort Wayne, Indiana) zu beschaffen; zusätzlich gibt es Aufträge vom Marine Corps und anderen Dienststellen der Regierung. Das System widersteht Störmaßnahmen, indem es sich der »Frequenzsprung«-Technik bedient: Sender und Empfänger sind synchronisiert und springen gleichzeitig in sehr kurzen Abständen über eine sehr große Bandbreite von Frequenzen. Um dieses System schlagen zu können, müßte ein Gegner ungeheure Energie darauf verwenden, einen riesigen Bereich des elektromagnetischen Spektrums zu überwachen. Es gibt acht Basisausführungen:

- AN/PRC-119 – Das ist die Rucksackversion, die von einem Mann getragen werden kann.
- AN/VRC-87 – Diese Version mit kurzer Reichweite wird fest in Fahrzeuge eingebaut.
- AN/VRC-88 – Ebenfalls ein für den Einbau in Fahrzeuge vorgesehenes Modell mit kurzer Reichweite, das aber ausgebaut und, falls erforderlich, von der Mannschaft mitgenommen werden kann.
- AN/VRC-89 – Transceiver* für den Einbau in Fahrzeuge mit kleiner und großer Reichweite.

* Sende-/Empfangsgerät

- AN/VRC-90 – Transceiver mit großer Reichweite für den Einbau in Fahrzeuge.
- AN/VRC-91 – Transceiver mit großer Reichweite für den Einbau in Fahrzeuge. Bei diesem Modell besteht zudem die Möglichkeit, es als tragbares Sende-/Empfangsgerät, dann jedoch nur für kurze Reichweiten verwendbar, auszubauen.
- AN/VRC-92 – In Fahrzeuge eingebautes Zweikanal-Modell (im Grunde zwei Geräte in einem) mit großer Reichweite, das aber über Re-Transmissionsfähigkeiten (über ein separates Funknetz) verfügt.
- AN/ARC-201 – Das ist die Standardausführung des Hubschrauber-/Flugzeug-Transceivers.

Das tragbare AN-PRC-119-Rucksackmodell wiegt etwa 10 kg. Die Ausführungen für kurze Reichweiten arbeiten mit einer Leistung von 5 Watt und ihre Maximalreichweite liegt etwa zwischen 4 und 8 km. Die Ausführungen für große Reichweiten haben eine Leistungsabgabe von 50 Watt und eine maximale Reichweite von 8 bis 35 km. Die relativ schwachen Sendeleistungen machen es einem Gegner schwer den Sender zu empfangen und zu lokalisieren. Sämtliche SINCGARS-Systeme können für Sprach- und Textkommunikation sowie für digitalen und analogen Datentransfer verwendet werden (man braucht nur den entsprechenden Übertragungsadapter anzuschließen). Mit dem notwendigen Zubehör können Sie sogar Fax-Mitteilungen verschicken. Die neuesten Modelle haben zusätzlich eingebaute Scrambler (Verschlüsselungsmodule), die eine noch größere Abhörsicherheit gewährleisten. Während Desert Storm erwiesen sich die SINCGARS als außergewöhnlich zuverlässig, selbst bei großer Hitze, Staub, in Sandstürmen und bei schlechtem Wetter. Sie werden wohl mit einiger Sicherheit auch noch bis weit ins 21. Jahrhundert zur Standard-Kommunikations-Ausrüstung der Army zählen.

## Das NAVSTAR GPS-System

Um Truppenbewegungen erfolgreich durchführen zu können, muß ein Befehlshaber permanent die Antworten auf zwei Fragen kennen:

1. Wo, zum Teufel, steckt der Feind?
2. Wo, in drei Teufels Namen, befinde ich mich selbst?

Die Militärgeschichte ist voll von Niederlagen als Ergebnis tapferer, aggressiver Flankenmanöver, die sich in Wäldern totliefen, und von heldenmütigen Verteidigern, die sich auf der falschen Anhöhe eingegraben hatten. Seit es einigermaßen genaue Geländekarten gibt (etwa seit Beginn des 18. Jahrhunderts), haben Heeresführer immer wieder versucht, ihre jüngeren Offiziere in die Kunst des Kartenlesens und der Navigation einzuführen – häufig mit überaus enttäuschendem Resultat. Das Aufkommen moderner Elektronik brachte mit dem Kreiselkompaß und Trägheits-Navigations-Systemen zwar in bescheidenem Maße Vorteile mit sich, doch aufgrund ihrer hohen Kosten ließen sich diese Systeme nur sehr begrenzt verwenden. Auch die ersten Satelliten-Navigationssysteme erweckten große Hoffnungen, obwohl auch hier die Kosten, zusammen mit den Preisen und der Größe der Empfänger, diese Geräte für die meisten militärischen Nutzer unbrauchbar machten. Man brauchte also etwas, das genaue Positionsbestimmungen ermöglichte. Dieses Etwas war das NAVSTAR GPS-System.

Das NAVSTAR *Global Positioning System* (GPS) ist ein entscheidender Fortschritt in der Navigation. Es beginnt mit einer Anordnung von vierundzwanzig Satelliten (man nennt so etwas eine Konstellation), die in einer Entfernung von 17.600 km auf einem Orbit die Erde im Weltraum umkreisen. Ihre Umlaufbahnen haben eine Inklination* von 55° zum Äquator. In dieser Höhe benötigt ein Satellit zwölf Stunden für einen Erdumlauf. Wenn die ersten zweiundzwanzig Satelliten (plus drei als Reserve) alle ihre Umlaufbahn erreicht haben, sind immer mindestens vier von ihnen zur gleichen Zeit und von absolut jedem Punkt der Erde aus sichtbar. Jeder Satellit trägt eine supergenaue »Atomuhr« und einen Sender mit niedriger Ausgangsleistung, der speziell kodierte Zeitsignale und Statusmeldungen auf Funkfrequenzen zwischen 1227,6 und 1575,42 MHz aussendet. Werden die Signale von mindestens vier Satelliten in Relation zueinander gebracht und noch einige trigonometrische Berechnungen angestellt, gibt Ihnen der Computer in einem kleinen tragbaren Empfänger Ihre Position, Höhe, Geschwindigkeit und die Zeit mit sehr großer Genauigkeit an. Relativ preiswerte Geräte für den zivilen Einsatz schaffen normalerweise eine dreidimensionale Genauigkeit bei der Positionsangabe innerhalb einer Kugel von 25 m Durchmesser. Die militärisch verwendeten Geräte können darüber hinaus einen noch wesentlich genaueren, allerdings verschlüsselten Teil des GPS-Signals, den sogenannten P(Y)-Code, entschlüsseln und kommen dadurch auf eine erheblich bessere Leistung bei der Positionsbestimmung. Die ursprüngliche Spezifikation für GPS im militärischen Bereich lag unter Verwendung des P(Y)-Codes bei einer Genauigkeit von 16 m. Heute gehen militärische GPS-Nutzer allerdings von Genauigkeiten aus, die eher bei 5 m liegen. Übrigens können Landvermesser, wenn sie mehrere GPS-Empfänger an einem bekannten (z. B. vermessenen) geographischen Punkt miteinander verbinden, die Genauigkeit der Positionsangabe bis auf plus/minus 1 cm bringen! Dadurch, daß jeder GPS-Empfänger sich selbst vollautomatisch mit den supergenauen Uhren der Satelliten synchronisiert, haben Kampftruppen noch den zusätzlichen Vorteil, ihre Aktionen sowohl zeitlich als auch räumlich mit ungeheurer Präzision aufeinander abstimmen zu können. Inzwischen gibt es bereits GPS-»Handys« für den militärischen Einsatz, die knapp 400 g wiegen und deren Anzeige auf den Displays (in sechs Sprachen!) auch Informationen über den Sonnenstand und die Mondphase an einem bestimmten Tag liefern kann.

---

* Neigung einer frei aufgehängten Magnetnadel zur Waagerechten

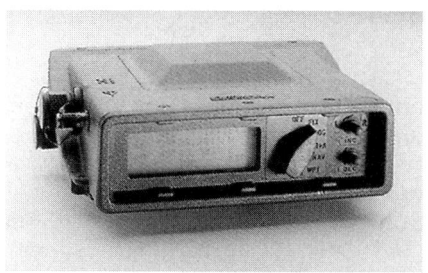

Ein kleiner Leichtgewicht-GPS-Empfänger, der es der US-Army ermöglichte, sich in den Wüstengebieten des Irak zurechtzufinden. Der quadratische Buckel auf dem Deckel des Gerätes ist die Antenne, die die Signale von fünf NAVSTAR-Satelliten gleichzeitig empfangen kann. Um den äußerst genauen P(Y)-Code umsetzen zu können, muß der »Codeschlüssel« in das Gerät geladen werden. Der Befehl *Zeroize Cryptokeys** hebt diese Geheiminformation wieder auf.

TRIMBLE NAVIGATION

Nachdem heutzutage viele amerikanische, europäische und asiatische Elektronikfirmen GPS-Empfänger auf dem freien Markt anbieten, werden Sie sich vielleicht fragen, was einen Feind davon abhalten könnte, sich einfach so ein Ding aus dem Regal zu nehmen, um dann über die gleichen taktischen Vorteile zu verfügen wie Sie. Nun, das GPS-System wurde so entwickelt, daß es während einer Krise oder eines Konfliktes »selektive Verfügbarkeit« erzeugen kann. Sobald die GPS-Satelliten von den Controllern der Air Force am Boden ein speziell kodiertes Signal empfangen, können sie mit der Aussendung weniger genauer Daten beginnen. Dann werden Sie ohne einen militärischen P(Y)-Code-Empfänger und den genauen Verschlüsselungs-Code des Tages lediglich in der Lage sein, Ihre Position vielleicht nur noch auf etwa 100 und nicht einmal mehr auf 25 m genau zu bestimmen.

Es ist aber auch möglich, daß die Controller, falls erforderlich, für Geräte ohne P(Y)-Code örtlich begrenzt eine selektive Verschlechterung (beispielsweise auf nur 1000 m Genauigkeit) des Systems herbeiführen können, wie sie das während der Krise in der Golf-Region beispielsweise getan haben.

Wie macht man sich dieses erstaunliche kleine Stück Technologie nun zunutze? Gehen wir einmal von folgendem aus. Heute ist der AN/PSN-10 (V) TRIMpack GPS Empfänger der meistgekaufte GPS-Empfänger für den militärischen Einsatz. Im wahrsten Sinne des Wortes waren einige Tausend davon während Desert Shield und Desert Storm im Einsatz, und seitdem werden mehr als insgesamt 18.000 auf der ganzen Welt verwendet. Es gibt auch eine zivile Version unter der Bezeichnung *Scout-M*, die Sie für die Verwendung in Ihrem Geländefahrzeug oder auf Ihrer Yacht kaufen können. Der *Centurion*, das neueste Modell von Trimble Naviga-

---

* Codeschlüssel auf Null setzen

tion, ist ebenfalls P(Y)-codefähig, wiegt gerade noch 1,4 kg und hat etwa die Größe eines guten Fernglases. Die flache Antenne ist in ein fast unzerstörbares grünes Plastikgehäuse eingebaut worden. Das Gerät verfügt über einen austauschbaren Akkublock mit wiederaufladbaren Nickel-Cadmium-Batterien (früher wurden die nicht wiederaufzuladenden Lithium-Zellen verwendet). An der Vorderseite befindet sich ein von hinten beleuchtetes, vierzeiliges LCD-Display (diese Art von Beleuchtung ist sehr nützlich, wenn AN/PVS-7 Restlichtgläser verwendet werden), ein Drehschalter für die unterschiedlichen Betriebsarten und zwei Kippschalter zum Umschalten zwischen den verschiedenen Anzeigemodi des Displays.

Das Gerät hat außerdem eine serielle Schnittstelle, über die eine Verbindung zu jeder Art von kompatiblem Computer, Digitalsystem in einem Fahr- oder Flugzeug und sogar anderen GPS-Empfängern hergestellt werden kann. Während Desert Shield kaufte die Army im Rahmen einer Dringlichkeits-Beschaffungsmaßnahme 8000 dieser Small-Lightweight-GPS-Receiver (SLGR – die Soldaten nannten sie kurz »Slugger«) zum Preis von 3600 Dollar pro Stück. Der SLGR kann mit bis zu 1089 »Waypoints«* gefüttert werden. Man braucht nicht mehr zu tun, als den **R+A**-Knopf (*Range and Azimut*) zu drücken, und schon hat man die augenblickliche Entfernung und die Peilung zu den nächsten drei vorprogrammierten Wegpunkten (wie beispielsweise der Position einer gegnerischen Einheit, einem befreundeten Stützpunkt oder Versorgungspunkt). Als Desert Storm losbrach, waren die SLGRs immer noch so knapp und so immens wichtig für die Orientierung in einer Wüste ohne Landmarken, daß eine ganze Menge Soldaten versuchten, die Dinger direkt vom Hersteller zu kaufen und bereit waren, mit ihren eigenen Kreditkarten zu zahlen. Teams der Special Forces, die tief im Inneren des Irak operierten, und ein paar Piloten, die über feindlichem Gebiet abgeschossen worden waren, verdanken ihr Überleben in erster Linie der Präzision ihrer GPS-Empfänger, die es ihnen ermöglichten, Kontakt mit eigenen Hubschraubern aufzunehmen und dann genau zur richtigen Zeit am richtigen Platz zu sein.

Die Verwendung eines SLGR ist extrem einfach (bedenken Sie bitte, daß ich für die folgende Beschreibung einen SLGR verwendete, der nicht über die P(Y)-Codefähigkeit verfügte). Das ist wörtlich zu verstehen, denn während Desert Storm haben die Soldaten, die einen ausgehändigt bekamen, einfach die Verpackung aufgerissen und arbeiteten bereits nach weniger als einer halben Stunde mit den Geräten. Man beginnt damit, daß man den Wahlschalter von der Stellung **OFF** in die Position **STS** (*Status and Setup*) bringt. Sobald die Startmeldung auf dem Display verschwunden ist, zeigt Ihnen die **STS**-Anzeige folgende Daten:

```
Tracking 0 SVs
GPS n/a
```

---

* Wegpunkten

```
Battery used: 0:00
INT antenna <more>
```

Das bedeutet, daß das SLGR noch nicht mit der Verfolgung von Satelliten begonnen hat (**SVs**). Deshalb kann auch noch keine GPS-Position zur Verfügung stehen, was aus der Meldung **GPS n/a**\* hervorgeht. Die Meldung **Battery used:** zeigt uns an, wie lange das Gerät seit dem letzten Aufladen der Batterien eingeschaltet war. Die Anzeige **INT antenna** informiert uns schließlich darüber, daß wir mit der eingebauten Antenne und nicht mit der optional verfügbaren externen Antenne, die irgendwo an- oder eingebaut sein könnte, empfangen. Nach ein bis zwei Minuten werden Sie feststellen, daß das **SVs**-Zählwerk zu arbeiten anfängt. Sobald sich die Anzeige auf:

```
Tracking 4 SVs
GPS OK
Battery used: 0:03
INT antenna <more>
```

verändert hat, wissen Sie, daß ein dreidimensionaler Fix (ein zweidimensionaler Fix geht auch noch, wenn nur drei Satelliten verfolgt werden können) zustande gekommen ist, und Sie können mit der Arbeit beginnen. Als erstes werden Sie sicherlich Ihre persönlichen Einstellungen für die Handhabung des SLGR programmieren wollen. Wenn Sie jetzt den horizontal verstellbaren **L/R**-Wippschalter betätigen, beginnt die **<more>**-Anzeige zu blinken. Nun drücken Sie zweimal den vertikal verstellbaren **INC/ DEC**- Wippschalter, und Sie gelangen in das Auswahlfenster für die Voreinstellungen. Hier werden Sie dann mit einiger Wahrscheinlichkeit folgende Anzeige dargestellt bekommen:

```
Datum: WGS-84
Time: UTC
Units: Metric/DEGS
Mode: DMS/Tr <more>
```

Die Zeile **Datum: WGS-84** klärt Sie darüber auf, daß der SLGR im Augenblick mit dem WGS-84-Kartenstandard arbeitet. WGS-84 besagt, daß hier als Grundlage die sogenannte Mercator-Karte für die Angabe von Koordinaten verwendet wird. Die verschiedenen Kartensysteme greifen als Referenz auf unterschiedliche Modelle der Erddarstellung zurück. Stellen Sie sich einmal vor, wir wollten durch Washington, D.C., spazieren gehen. Wenn wir uns jetzt eine taktische Karte dieses Gebietes im Maßstab 1:50.000 von der Defense Mapping Agency besorgen (Blatt 5.561 I, Serie V734, Ausgabe 1-DMA, Alexandria, zu beziehen über National Geological Survey und NOAA) und einen Blick auf die Kartenlegende am unteren Kartenrand werfen, können wir feststellen, daß sie mit dem North American Datum (NAD = Kartennull Amerika) von 1927 übereinstimmt. Also

---

\* GPS not available = kein GPS verfügbar

drücken wir den **L/R**-Schalter einmal, und die Anzeige **Datum** beginnt zu blinken. Jetzt nehmen wir den vertikal verstellbaren Schalter und »rollen« damit die Anzeige durch, bis wir **NAD-27, CONUS** gefunden haben. Wenn wir jetzt den **L/R**-Schalter zweimal betätigen, können wir die Anzeige **Time:** einstellen. Dabei haben Sie die Möglichkeit, entweder **UTC** (*Universal Time Code*, bzw. die frühere Bezeichnung GMT = *Greenwich Mean Time*) oder **Local** (ihre augenblicklich aktuelle Zeitzone) als Zeitangabe zu wählen. Lassen wir Sie im Moment einmal bei **UTC** stehen. Wenn wir den **L/R**-Schalter noch einmal betätigen, können wir die Einheit auswählen, in der die Anzeige erfolgen soll. In diesem Fall **ENGLISH/DEGS** (Englisch/Gradeinteilung). Danach betätigen wir den **L/R**-Schalter erneut, um die Modus-Anzeige auf DMS – *Degrees-Minutes-Seconds** – und *True North*** einzustellen (weitere Möglichkeiten wären **UTM** und auch das *Military Grid Reference System* **MGRS**). Dann können Sie die **L/R**- und **INC/DEC**-Schalter wieder betätigen, um in das **STS**-Ausgangsbild zurückzugelangen. Die Einstellungen, die Sie jetzt vorgenommen haben, werden solange als Voreinstellungen gespeichert bleiben, bis Sie sie wieder ändern.

Wenn Sie jetzt den Drehschalter in die Stellung **POS** bringen, wird der Empfänger Ihnen Zeit und Position anzeigen. Ein Fix auf den Stufen zum Eingang der Union Station (ich liebe Bahnreisen!) könnte Ihnen an einem Samstagnachmittag (EST = angenommene Zeit) etwa folgende Anzeige bescheren:

```
SAT UTC16:00:00
lat 38°53'56.7"N
lon 77°00'23.6"W
alt + 260ft ±300
```

Ein schneller Blick auf die Karte zeigt Ihnen, daß Sie genau vor dem Bahnhof stehen und zwar etwas südlich der Metro-Station. Wenn wir jetzt auf die **STS**-Voreinstellungen zurückschalten, die Einstellung auf eine Anzeige im Military Grid Reference System (**MGRS**) ändern und anschließend wieder auf **POS** schalten, könnte die Anzeige etwa folgendermaßen aussehen:

```
SAT UTC16:00:00
MGRS 18s
UJ 25988 07562
alt + 260ft 300±
```

Wenn Sie eine Karte haben, die nach diesem System erstellt wurde – in diesem speziellen Fall wäre es das Blatt 18s –, könnten Sie auf den Quadratmeter genau sehen, wo das Gerät Ihre Position gefunden hat. Aber stellen wir uns jetzt vor, wir wollten unseren GPS-Empfänger so einstellen, daß

---

  * Grade/Minuten/Sekunden: Diese Daten haben nichts mit Zeitangaben zu tun. In dieser Form werden Koordinaten nach Längen- und Breitengrad angegeben.
 ** Richtung auf den geographischen Nordpol

wir einen Gang machen, der auch von anderen Personen nachvollzogen werden kann. Dazu brauchen Sie wieder den Wahlschalter, mit dem Sie dann **Waypoint (WPT)** für die Eingabe von Wegpunkten einstellen. Folgende Anzeige wird auf dem Display erscheinen:

```
SAT UTC16:00:00
lat 38°53'56.7"N
lon 77°00'23.6"W
alt + 260ft <fix>
```

Wenn Sie jetzt den **L/R**-Schalter nach links drücken, werden Sie die Anzeige **<fix>** zum Blinken bringen. Dann speichert ein Druck auf den **INC/DEC**-Schalter diese Position automatisch als Wegpunkt **AA** (erster von 1089 möglichen) in die Wegpunkt-Datenbank des SLGR und bestätigt diesen Schritt mit folgender Anzeige:

```
WPT AA ‡ 160000
lat 38°53'56.7"N
lon 77°00'23.6"W
alt + 260ft <fix>
```

Jetzt haben Sie es erst einmal geschafft, und wir können uns in südwestlicher Richtung über die Constitution Avenue in Bewegung setzen, um die Nordtreppe am National Air and Space Museum (einer meiner liebsten Plätze auf dieser Erde!) auf der Nordseite der Independence Avenue zu erreichen. Dort nehmen wir einen neuen Fix vor und die **POS**-Anzeige lautet:

```
SAT UTC16:30:00
lat 38°53'25.0"N
lon 77°01'06.2"W
alt + 90ft ±300
```

Ein weiterer Blick auf die Karte zeigt, daß der Empfänger recht ordentliche Fixe erzeugt. Wir speichern auch diese Position als Wegpunkt in der Datenbank und bekommen folgende Bestätigung auf dem Display:

```
WPT AB ‡ 163000
lat 38°53'25.0"N
lon 77°01'06.2"W
alt + 90ft <fix>
```

Unser nächster Wegpunkt ist die Westtreppe des Capitols:

```
WPT AC ‡ 164500
lat 38°53'19.1"N
lon 77°00'47.6"W
alt + 9ft <fix>
```

Haben Sie das plötzliche Absacken des Höhenwertes bemerkt? Das kommt vor, ist aber noch durchaus innerhalb der vorgegebenen Toleranzen (100 m). Wir gehen weiter und fügen als nächsten Wegpunkt das Washington-Denkmal (Ost-Parkplatz) hinzu:

```
WPT AD ‡ 171500
lat 38°53'25.0"N
lon 77°01'06.2"W
alt + 90ft <fix>
```

Jetzt wenden wir uns wieder nach Westen und gehen am glitzernden Teich hinter dem Vietnam Veterans Memorial vorbei (Sie sollten auf jeden Fall stehenbleiben und sich die schwarze Wand mit den Inschriften der Gefallenen anschauen) zu den Stufen, die zum Lincoln Memorial hinaufführen, um unseren nächsten Fix vorzunehmen:

```
WPT AE ‡ 174500
lat 38°53'16.3"N
lon 77°02'57.2"W
alt + 497ft <fix>
```

Von dort geht es weiter Richtung Westen, und wir überqueren den Potomac River auf der Memorial Bridge. Schon nähern wir uns unserem letzten Wegpunkt, dem Soldatenfriedhof Arlington:

```
WPT AF ‡ 181500
lat 38°53'03.4"N
lon 77°03'57.2"W
alt + 238ft <fix>
```

Mit diesen sechs gespeicherten Wegpunkten ist man in der Lage, die Route umzukehren und sich von Punkt zu Punkt auf dem Rückweg zur Union Station zu orientieren. Wenn man beispielsweise den **R + A**-Modus wählt und sich über die **L/R**- und **INC/DEC**-Einstellungen die Wegpunkt-Daten AA (Union Station), AB (das Air and Space Museum) und AC (das US-Capitol) anzeigen läßt, dann müßte das etwa so aussehen:

```
R+A: AA AB AC
azm 084° 088° 078°Tr
rng 3.5 2.4 2.9 Mi
vrt 22-148-220 Ft
```

Das zeigt uns, daß wir 3,5 Meilen (rng) von unserem Ausgangspunkt entfernt sind (auf der Plotgrundlage der Großkreisnavigation – also im Grunde die Luftlinie) und dieser sich in einer Peilung von rechtweisend (Tr) 84° (im Gegensatz zur Magnetpeilung) befindet. Nehmen wir einmal an, Sie wollen wirklich, daß der SLGR Sie dynamisch zurück zur Union Station führt, während Sie bereits unterwegs sind. Dazu müssen Sie den Wahlschalter auf den **NAV**-Modus stellen. Danach müßten Sie die nachfolgende Anzeige vor Augen haben:

```
TO: AA ttg *
vel 0MPH 084° Tr
rng 3.5Mi azm084°Tr
vrt 22Ft <more>
```

Diese Anzeige besagt, daß wir uns, um den Wegpunkt AA (Union Station) erreichen zu können, mit Kurs 084° rechtweisend (etwa in östlicher Richtung die Mall entlang) bewegen müssen. Die Geschwindigkeitsangabe (Vel = Velocity) steht auf 0, denn wir haben uns ja noch nicht bewegt. Die Abkürzung »ttg« steht für »time to go«, gibt also die Zeit an, die noch bis zum Erreichen des Ziels vergeht und ist mit einem »*« versehen. Auch das bedeutet, daß das Gerät noch keine Daten liefern kann, weil wir immer noch an Ort und Stelle stehen. Sobald wir uns Richtung Bahnhof in Bewegung setzen (die meisten Menschen gehen mit einer Geschwindigkeit von ca. 8 km/h), wird der SLGR zu rechnen anfangen, und es erscheinen **vel**- und **ttg**-Werte auf dem Display (alles was sich mit mehr als 5 km/h bewegt, verschafft dem SLGR den notwendigen Doppler für die Berechnungen). Fast unmittelbar, nachdem wir die ersten Schritte getan haben, sollte die folgende Anzeige auf dem Display abzulesen sein:

```
TO: AA ttg 42:00:00
vel 5MPH 084° Tr
rng 3.5Mi azm084° Tr
vrt 22Ft <more>
```

Das sagt uns, daß wir in zweiundvierzig Minuten zurück am Bahnhof sein könnten. Voraussetzung dafür sind aber ein paar Kleinigkeiten: Wir müssen unbeirrt den direktem Weg zur Union Station einhalten (ziemlich unwahrscheinlich bei dem Verkehr in Washington, aber was soll's) und die ganze Zeit über eine konstante Geschwindigkeit beibehalten. Nun, der SLGR wird diese Werte kontinuierlich aktualisieren, und selbst wenn wir unterwegs einen Halt einlegen und uns ein wenig umsehen wollen, er wird uns auch danach weiter nach Hause geleiten. Wenn wir später noch einige bekannte Orte als zusätzliche Wegpunkte eingeben möchten, können wir auch das tun, indem wir sie über die Wippschalter auf dem Frontpanel einfügen. Darüber hinaus haben wir auch die Möglichkeit, unseren SLGR mit einem anderen Gerät gleicher Art zu verbinden und die Wegpunkte dorthin zu übertragen und damit jedermann zur Verfügung stellen, der ebenfalls so einen kleinen, pfiffigen Empfänger besitzt.

Jetzt könnten Sie die Frage stellen: Was hat das alles mit taktischen Operationen im Gefecht zu tun? Vielleicht mehr, als Sie sich im Augenblick vorstellen. Halten Sie sich einmal die folgende Geschichte vor Augen. Schon vor dem Beginn von Desert Storm wurden Teams der Special Forces aus Amerika, Großbritannien und anderen Nationen der Koalition in den Irak und nach Kuwait geschickt. Neben ihrer normalen Waffenausrüstung hatten sie auch SLGRs dabei. Mit denen taten sie im Grunde nichts anderes als das, was wir eben durchexerziert haben. Sie lasen die Angaben von den Displays ab und gaben Wegpunkte ein. Diese Wegpunkte fanden dann ihren Weg zu den SLGRs von Cavalry-Offizieren im 2nd und 3rd ACR. Die konnten mit diesen Daten ihre eigenen SLGRs so programmieren, daß sie von ihnen zu Durchlauflinien und Straßenkreuzungen geführt wurden, die noch nicht einmal nomadisierende Beduinen gefunden hätten. Es gibt die Geschichte von einem Offizier der Air Force, der Ende

August 1990 – zu einer Zeit also, in der so etwas noch möglich war – mit einem Diplomatenpaß nach Bagdad flog. Er hatte lediglich eine Aktentasche dabei, in der sich ein SLGR befand. Sofort nach seiner Ankunft wurde er zur amerikanischen Botschaft gefahren. Dort setzte er sich in den Innenhof und wartete darauf, daß er von der GPS-Konstellation überflogen wurde (zu der Zeit waren erst sechs davon oben im Orbit), um einen einzigen Fix vorzunehmen. Kaum hatte er das getan, stand er wieder auf, fuhr zurück zum Flughafen und machte sich mit diesem einen Wegpunkt im Speicher seines SLGR auf den Flug nach Hause. Auf der Basis dieses einzigen Fixes wurden sämtliche Koordinaten der Einsätze von *Tomahawk*-Cruise-Missiles und F-117 Stealth Fightern für Ziele errechnet, die zu Beginn des Krieges angegriffen wurden. Nicht viel später hatte GPS für die Durchführung des Krieges eine derartige Bedeutung gewonnen, daß ohne dieses System beispielweise der berühmt gewordenen »Hail Mary Sweep« in den Irak niemals hätte stattfinden können.

Nachdem das System inzwischen fast komplett ist, arbeiten die Army und alle anderen Teilstreitkräfte fieberhaft daran, GPS-Empfänger in absolut alles einzubauen, was sich bewegt. Panzer, Hubschrauber, Fighter, Lenkflugkörper und sogar LKWs werden mit diesem neuen Navigationswerkzeug ausgerüstet. 1993 war das größte GPS-Beschaffungsprogramm für den *Portable Lightweight GPS Receiver* (PLGR = tragbarer Leichtgewicht-GPS-Empfänger) – bei der Truppe »Plugger« genannt – von Rockwell International noch voll im Gange. Diese GPS-Handys sehen aus wie ein wenig zu groß geratene Taschenrechner. Sie haben LCD-Displays und Tastaturen und werden an Infanterie-Einheiten, Spähtrupps, Teams der Special Forces und andere Einheiten ausgegeben, die die Navigationsmöglichkeiten brauchen, die das GPS-System bietet. Zusätzlich befinden sich noch etliche Programme auf GPS-Basis in der Entwicklung. Jedes einzelne wird dann noch genauer sein als das vorausgegangene System, zu dessen Ablösung es entwickelt wurde. Das wichtigste dürfte aber sein, daß man das GPS-System auch für jede Art von ziviler Nutzung freigegeben hat. Einfach alles, angefangen von der Landvermessung bis hin zu Blindflug-Landesystemen für Passagierflugzeuge, wird getestet. Gegen Ende 1994 wird es so weit sein, daß man GPS-Receiver mit digitalisierten Karten kombinieren kann (erinnern Sie sich noch an die im Aston Martin von James Bond?), die dann auch für zivile Kraftfahrzeuge als Zubehör angeboten werden. Wahrscheinlich ist GPS die aufregendste Technologie, die seit Jahren vom Militär eingeführt wurde. Was alles aber noch viel interessanter macht, ist die Tatsache, daß es sich dabei um etwas zu unser aller Nutzen handelt. All denjenigen, die das System über so viele Jahre zu dem gemacht haben, was es heute ist, gilt unser Dank für diese neue Art eines allgemein zugänglichen Gebrauchsgegenstandes. Er kann uns letzten Endes immer sagen, wo wir uns befinden und wie wir dorthin kommen, wohin wir wollen.

# COLONEL ROBERT M. YOUNG

### ist ermächtigt, eine Rekruteneinheit
### für das

# 3RD CAVALRY REGIMENT

### auszuheben,

*die im Augenblick in der Nähe der mexikanischen Grenze in Fort Bliss, El Paso, Texas aufgestellt wird. Männer, die sich bei mir verpflichten oder wiederverpflichten wollen, erhalten einen Vertrag des Regiments, in dem eine Dienstzeit von 12 Monaten garantiert wird. Nur noch wenige Plätze sind frei, entscheiden Sie sich daher jetzt. Kontaktieren Sie noch heute Ihren Rekrutierungsoffizier oder Laufbahnberater.*

Rekrutierungsplakat des 3rd ACR

JOHN D. GRESHAM

# Zu Besuch beim 3rd Armored Cavalry Regiment

Wenn Sie von Fort Worth aus Richtung Westen über die Interstate 20 fahren und Abilene, Odessa und die Kreuzung mit der Interstate 10 hinter sich gelassen haben, kommen Sie in die gottverlassenste Ecke Amerikas – nach West-Texas. Dieses Bild ändert sich aber wieder, wenn Sie das Tal des Rio Grande hinauffahren und erste Anzeichen menschlichen Lebens zurückkehren. Jetzt dauert es nicht mehr lange, und Sie haben El Paso erreicht.

El Paso ist im Grunde eine Straßenkreuzung zwischen den Vereinigten Staaten und Mexiko, gleichzeitig aber auch eine Kreuzung, an der Vergangenheit und Zukunft der amerikanischen Geschichte aufeinandertreffen. Auf dem gegenüberliegenden Ufer des Rio Grande liegt die mexikanische Stadt Ciudad Juárez, von wo aus Pancho Villa damals über den Fluß kam, um amerikanische Siedlungen zu überfallen. Weiter im Norden liegen die alten Städte Las Cruces und Alamogordo, New Mexico. Dort befinden sich die amerikanischen Raumfahrthäfen auf dem Raketengelände von White Sands. Ganz in ihrer Nähe ist auch die Holloman Air Force Base, der Stützpunkt der F-117A Stealth Fighter des 49th Fighter Wing. Eingebettet zwischen Vergangenheit und Zukunft liegt im Norden von El Paso der alte Kavallerie-Posten Fort Bliss.

In Fort Bliss ist die 11th *Air Defense Brigade** beheimatet. Das sind die Soldaten, die 1991 während des Krieges am Persischen Golf mit dem *Patriot*-Flugabwehrsystem operierten. Etwas später, versteckt am Ostende des Stützpunktes finden wir das letzte schwere Panzeraufklärer-Regiment, das 3rd Armored Cavalry Regiment (3rd ACR). Das 3rd ACR ist als Panzeraufklärungseinheit dem amerikanischen III. Corps (mit Stützpunkt in Fort Hood, Texas) unterstellt. Für seine Größe ist es eine der schlagkräftigsten Einheiten der Welt. Mit einer Menge gepanzerter»Zähne« und einem sehr kurzen »Schwanz« an Verwaltung ist das 3rd ACR eine einzigartig flexible und ausgewogene Kampfeinheit – die kleinste unabhängige Panzereinheit in der US-Army, die zu Einsätzen nach Übersee geschickt werden und dort ganz auf sich allein gestellt kämpfen kann.

Schnelle Einsatzfähigkeit ist für das amerikanische Militär von entscheidender Bedeutung. Um die 24th Mechanized Infantry-(Panzergrenadier-) Division von General Barry McCaffrey in die Golf-Region zu verlegen, waren sechsundzwanzig Schiffsladungen nötig. Mit nur acht Hochgeschwindigkeits-Truppentransportern (über 30 Knoten/55 km/h) vom Typ SL-7 aus

---

\* Flugabwehr-Brigade

Die Insignie des 3rd Armored Cavalry Regiments, die »*Brave Rifles*«
*JACK RYAN ENTERPRISES, LTD.,*
*VON LAURA ALPHER*

dem Arsenal des *US-Military Sealift Command*\* kann das komplette 3rd ACR – als einzige schwere Panzereinheit der US-Army – auf einmal nach Übersee transportiert werden. Diese Schlagkraft und Flexibilität setzt voraus, daß die Soldaten dieses Regiments zu den besten der Army gehören. Wenn Sie die Jungs einmal treffen, werden Sie erkennen, daß diese These der Wirklichkeit entspricht. Lassen Sie uns jetzt einmal einen Blick auf das 3rd ACR werfen.

## Kurzgefaßte Geschichte des 3rd ACR

Das 3rd ACR ist die zweitälteste unununterbrochen existierende Einheit der US-Army. Nur das 2nd Armored Cavalry Regiment-Light (ACR-L) kann seine Abstammung noch weiter zurückverfolgen. Per Kongreßakte vom 19. Mai 1846 geschaffen, wurde der Einheit die Aufgabe übertragen, die Forts von Missouri bis hinauf nach Oregon abzusichern. Außerdem sollte sie Gesetz und Ordnung in den gerade besiedelten westlichen Territorien aufrechterhalten. Der eigentliche Grund für die Aufstellung dieses Regiments lag aber etwas tiefer – im Kampf gegen die Mexikaner. Angesichts der Ausrüstung und Größe dieser Einheit ließ sich dies allerdings nur schwer verheimlichen. Entgegen der sonst üblichen Ausstattung von Kavallerie-Regimentern mit Karabinern, Säbeln und Pistolen sollte dieses Regiment aus berittenen Schützen zu einer äußerst mobilen Kampftruppe werden, die über die Schlagkraft eines Infanterie-Regiments verfügte. Darüber hinaus

---

\* *Military Sealift Command* = Zuständige Militärbehörde für den Truppen- und Materialtransport auf dem Seeweg = Transportdienststelle See

war es auch zahlenmäßig überproportional stark. Unmittelbar vor dem Amerikanisch-Mexikanischen Krieg aufgestellt, verfügte es über Unterkünfte für rund 800 Trooper und vergrößerte damit den Umfang der aktiven Army um volle 15 Prozent. Die Einheit wurde am 12. Oktober 1846 unter dem Namen *Regiment of Mounted Riflemen* (Infanterieregiment zu Pferde)in den Jefferson Barracks, Missouri, offiziell für einsatzbereit erklärt. Bevor sie allerdings ihre Stationen am Oregon Trail beziehen konnten, wurden die Mounted Riflemen zum Kampfeinsatz nach Mexiko geschickt. Das Regiment kämpfte während des Amerikanisch-Mexikanischen Krieges in sechs verschiedenen Gefechten, unter anderem in Vera Cruz, Contreras, Churbusco und Chapultepec. Während ihres Einsatzes am 14. September 1847 führten die Soldaten dieses Regiments auch den letzten Angriff auf den mexikanischen Nationalpalast an und eroberten ihn, was ihnen den bis heute geltenden Spitznamen eintrug: *Brave Rifles.* 1848 kehrten sie nach Missouri zurück, um ihre eigentlichen Pflichten an der Grenze zu übernehmen. Ihre erste Übung bestand aus einem monumentalen sechsmonatigen Marsch nach Oregon, um so Präsenz zu demonstrieren. Im November 1849 traf das Regiment dort ein. 1851 kehrte es wieder nach Missouri zurück, nur um von dort aus gleich weiter nach Texas verlegt zu werden. Hier hatte es Indianer-Aufstände niederzuschlagen und den grenzübergreifenden, räuberischen Überfällen aus Mexiko ein Ende zu setzen. Etwa in dieser Zeit konnte das Regiment einen ersten Blick auf seinen späteren Stützpunkt, Fort Bliss, werfen. Während der ganzen 50er Jahre des 19. Jahrhunderts war das Regiment in kleinere Gruppen von Texas bis nach Arizona im Westen und nach Norden bis Colorado aufgesplittert. Es war ein harter, gefährlicher Dienst, schmutziger und wesentlich unromantischer, als wir das aus den Filmen von John Ford über den Westen kennen.

Der Ausbruch des Amerikanischen Bürgerkrieges konfrontierte die *Brave Rifles* mit neuen Herausforderungen. Es begann damit, daß viele Offiziere und Mannschaften die Fronten wechselten und zu den Konföderierten Einheiten überliefen. Trotz des Vakuums in der Führung, das durch den Fortgang der Südstaatler entstanden war, zogen die verbliebenen Offiziere die Einheit in New Mexico zusammen, wo sie im August 1861 in 3rd US-Cavalry umbenannt wurde. Das Regiment blieb bis September 1862 in New Mexico und kehrte dann in die Jefferson Barracks nach Missouri zurück. Während dieser Zeit nahm es an den beiden Hauptschlachten des Krieges im Westen der USA teil. Im Dezember 1862 ging es weiter nach Memphis, Tennessee, wo das 3rd Patrouillen- und Versorgungsaufgaben übernahm, bis es im darauffolgenden Jahr mit der Armee von General Sherman zusammengeführt wurde und am Marsch auf Atlanta teilnahm. Danach führten die *Brave Rifles* den berühmten »March to the Sea« und den abschließenden Vorstoß nach Carolina an. Nach Ende des Krieges kehrte das Regiment an die Westgrenze zurück, wo es in den folgenden dreißig Jahren mit der Niederschlagung von Indianer-Aufständen beschäftigt war und die Grenze nach Mexiko bewachte. Bemerkenswert war dabei die Schlacht am Rosebud Creek (Montana) vom 17. Juni 1876, die größte isolierte Kampfhandlung, die es jemals zwischen Streitkräften der Vereinigten Staaten und Indianern gegeben hat (1.400 Trooper und freundlich gesinnte Indianer gegen 4.000 bis 6.000 Sioux und nördliche Cheyenne). Die Kampfhandlungen fanden wenige Wochen vor dem Debakel der 7th Cavalry am Little Big Horn statt.

Mit Ausbruch des Krieges gegen die Spanier im Jahre 1898 wurden die *Brave Rifles* nach Kuba verlegt, wo sie am Angriff auf die Höhen von San Juan teilnahmen. Kaum ein Jahr später gingen sie wieder an Bord von Truppentransportern, um 1899 die Niederschlagung des Aufstandes auf den Philippinen zu unterstützen. Die folgenden Jahre verbrachte das Regiment damit, gegen die Rebellen auf Luzon zu kämpfen, und kehrte schließlich 1905 nach Texas zurück, um dort den Kampf gegen die Grenzbanditen weiterzuführen. 1917 traten die Vereinigten Staaten in den Ersten Weltkrieg ein. Das 3rd wurde nach Frankreich geschickt, aber nicht, um an Gefechten teilzunehmen, sondern um in der Etappe für die amerikanischen, britischen und französischen Einheiten, die noch Pferde verwendeten, Depots zu unterhalten. 1919 kehrte das Regiment in die USA zurück. Die folgenden neunzehn Jahre verbrachten die *Brave Rifles* auf verschiedenen Stützpunkten entlang der Ostküste (hauptsächlich in Fort Meade, Maryland, und Fort Ethan Allen, Vermont). Dabei übernahmen sie vornehmlich die Pflichten von Ehrengarden im Gebiet von Washington, D. C. Bei Ausbruch des Zweiten Weltkrieges war das Regiment noch immer eine Pferdekavallerie-Einheit. Aber schon ein paar Monate später wurde es auf Erkundungsfahrzeuge und leichte Panzer umgerüstet. Bei dieser Gelegenheit erhielt es auch gleich seinen neuen Namen, 3rd Armored Regiment, nur um kurz darauf erneut umbenannt zu werden, diesmal in 3rd Cavalry Group. 1944 fand die Verlegung nach Europa statt. Dort führte das 3rd General Pattons Vorstoß durch Frankreich an, nahm an der Ardennen-Offensive teil und war auch beim abschließenden Einmarsch nach Deutschland dabei.

Nach dem Krieg kehrte es nach Fort Meade zurück, wo es 1948 seinen derzeitigen Namen erhielt: 3rd Armored Cavalry Regiment. Bis 1955 blieb es in den Vereinigten Staaten stationiert, um dann das 2nd ACR im Rahmen der Rotationsregelung in Europa abzulösen. 1958 kehrte es wieder nach Fort Meade zurück. Doch auch diesmal nicht für lange. Kaum drei Jahre später, 1961, wurde es während der Berlin-Krise erneut nach Europa verlegt und blieb dort bis 1968. Dann ging es wieder zurück in die Staaten, diesmal jedoch nach Fort Lewis, Washington. Dort blieb das 3rd ACR bis 1972 als REFORGER-Einheit, um schließlich in seinen derzeitigen Stützpunkt Fort Bliss, Texas, umzuziehen. Die nächsten achtzehn Jahre verbrachte es mit lästigen, aber lebenswichtigen Routineaufgaben einer REFORGER-Einheit des kalten Krieges.

Der Fall der Berliner Mauer und das Ende des Kommunismus in Osteuropa hätten unter Umständen auch das Aus für das 3rd ACR bedeuten können. Wie für so viele andere stolze Einheiten der Army sah es auch für dieses Regiment so aus, als müßte es seine Fahne niederholen und in den Ruhestand gehen – bis Saddam Hussein sich im August 1990 zur Invasion Kuwaits entschloß. Am 10. August 1990 wurde das 3rd ACR in

Alarmbereitschaft versetzt, um jederzeit nach Saudi-Arabien verlegt werden zu können, damit es dort als Element der Panzeraufklärungseinheiten des XVIII. Fallschirmjäger-Corps eingesetzt werden konnte. Im September 1990 trafen die ersten Vorausabteilungen des 3rd ACR in Saudi-Arabien ein und nahmen von dort aus an der Operation Desert Shield teil. Ursprünglich bestand seine Mission darin, die Iraker an einem weiteren Vorrücken nach Saudi-Arabien zu hindern. Aber schon Anfang November wußte das Regiment, daß es zum Bestandteil einer Armee werden würde, die sich vorgenommen hatte, die irakischen Streitkräfte entweder zum Verlassen Kuwaits zu zwingen oder sie mit Gewalt dort hinauszuwerfen. Als die ersten Elemente des amerikanischen VII. Corps ab Dezember eintrafen, begann das XVIII. Airborne Corps mit seinem Marsch nach Westen, um dort die Aufgabe der flankendeckenden Kraft für den »Hail Mary«-Vorstoß um die linke Seite der irakischen Linien zu übernehmen. Am 22. Februar 1991 führte das 3rd ACR den Rest des XVIII. Fallschirmjäger-Korps beim Durchbruch durch die Erdwälle in den Irak an und stieß weiter auf dem Weg zum Euphrat vor. Während des gesamten viertägigen Vormarsches nach Norden arbeitete das Regiment sehr eng mit der 24. Panzergrenadier-Division zusammen, und gemeinsam legten beide etwa 300 km zurück, bevor sie sich nach Osten Richtung Basra wandten und Kurs auf die Ölfelder von Rumaylah nahmen. Als ihre Desert-Storm-Mission erfüllt war, kehrte das 3rd ACR am 5. April 1991 nach Fort Bliss zurück, um den einmal begonnenen Kreislauf von Training und Modernisierung wieder aufzunehmen. Jetzt, wo sich das Regiment seinem 150. Jahr ohne Unterbrechung im aktiven Dienst nähert, sieht es ganz so aus, als würde es auch weiterhin in Fort Bliss bleiben.

## Das 3rd ACR – Organisation und Ausrüstung

Seit es 1991 aus der Golf-Region zurückgekehrt ist, hat das Regiment einen massiven Wandel durchlaufen, sowohl hinsichtlich seiner Ausrüstung als auch seiner Aufgabe. Früher betrachtete man das 3rd ACR als reine Verstärkungstruppe, die zu Hause nur über ein Minimum an Übungsausrüstung verfügte und deren Gefechtsausrüstung in Depots in Deutschland eingelagert war. Anfang 1992 wurde das 3rd ACR im Rahmen der Reorganisation der Army, die zu einer größeren Mobilität führen sollte, zum Bestandteil von *Force Package-1\**. *Force Package-1*, zu dem auch Teile des III. Corps und des XVIII. Airborne Corps gehören, wurde darauf trainiert, den höchsten Alarmbereitschafts-Standard zu erfüllen, und genießt höchste Priorität bei der Modernisierung der Ausrüstung. Plötzlich mußten sich die *Brave Rifles* mit einer Vielzahl neuer Systeme vertraut machen, die praktisch alle zur gleichen Zeit eingeführt wurden. Innerhalb von knapp vierundzwanzig Monaten tauchte alles,

---

* Truppen Kontingent-1

angefangen vom OH-58D *Kiowa Warrior*-Erkundungs-/Kampfhubschrauber bis hin zu der neuen Familie von SINCGARS-Funkgeräten im *Table of Organisation and Equipment* (TO&E*) des 3rd ACR auf – eine Herausforderung also, die wohl jedem einzelnen im Regiment die Grenzen seiner Belastbarkeit vor Augen führt. Wenn allerdings der augenblicklich laufende Modernisierungszyklus irgendwann im Laufe des Jahres 1996 abgeschlossen sein wird, steht das 3rd ACR als stärkste Bodenkampftruppe seiner Größe auf der Welt da. Sehen wir uns jetzt doch einmal die Menschen und ihre Werkzeuge an.

Zunächst sollten wir uns aber kurz mit der Designation von Einheiten befassen. Die Kavallerie war immer eine Gemeinschaft, die sich selbst treu blieb und deren Tradition, Dinge auf ihre ganz eigene Art und Weise zu erledigen, auch bis zum heutigen Tag erhalten geblieben ist. Daher ist der Grundbaustein der Army, bei Kavallerie und Panzereinheiten noch immer ein *Platoon***. Das nächste Glied der Kette wird aber bereits anders bezeichnet: Was ein Panzer-Offizier als *Company* bezeichnen würde (gewöhnlich zwischen drei und fünf Platoons), nennt ein Offizier bei der Cavalry *Troop*. So ähnlich geht es dann weiter. Das *Battalion* (vier bis sechs Companies) für einen Panzeroffizier ist für einen Offizier der Cavalry die *Squadron*. Also sind die hier im Buch verwendeten Begriffe *Company* und *Troop* ebenso wie *Battalion* und *Squadron* analog. Nachdem wir dieses Detail geklärt haben, wollen wir uns nun dem 3rd ACR widmen.

## Headquarters Troop

Unter der Bezeichnung *Regimental Headquarters and Headquarters Troop* (RHHT = Stabs- und Verwaltungskompanie des Regiments) werden Regimentskommandeur – ein Colonel – sein unmittelbarer Stab und einige Kommando- und Versorgungsfahrzeuge zusammengefaßt. Dazu gehören im einzelnen:

- Zwei M3A2 *Bradley Cavalry Vehicles* in der Ausführung als *Command Track****. Sie sind normalerweise mit zwei oder mehr Funkgeräten ausgerüstet, ansonsten aber *Bradleys* in Standardausführung.
- Elf bis fünfzehn, in Gruppen zu jeweils vier oder fünf zusammengefaßte M577-Führungs-/Befehls-APCs. Sie werden demnächst durch die neuen XM4-Kommandofahrzeuge ersetzt, sobald diese gegen Ende der 90er Jahre in Dienst gestellt werden.
- Etliche HMMWVs und LKWs, mit denen allgemeine Transport- und Versorgungsaufgaben erfüllt werden.

---

\* Offizielles Dokument, das detailliert den Aufbau und die Bewilligung von Vollmachten für eine militärische Einheit festlegt.
\*\* Zug
\*\*\* Track = Kurzform für Tracked Vehicle. Ein Command Track ist demzufolge eine mobile Befehlsstelle mit Kettenantrieb.

Der *Command Sergeant Major* (der höchste Unteroffiziersdienstrang im Regiment) und der Regimentsgeistliche sowie einige Bürokräfte und Versorgungskompanien machen dieses kompakte Hauptquartier komplett. Ende 1993 war Colonel Robert Young Regimentskommandeur. Er graduierte 1969 an der Texas Christian University und ist Berufsoffizier der Cavalry. Einen Teil seiner Dienstzeit hat er beim 2nd ACR abgeleistet, als es noch in Deutschland stationiert war. Darüber hinaus verfügt er über ein enormes Hintergrundwissen über die Verhältnisse im Nahen Osten und hat mit einer Dissertaton zu diesem Thema auch seinen Magister erworben. Aus diesem Grund überwachte er, wenn er nicht gerade das Kommando über Cavalry-Troops hatte, auch als UN-Beobachter Operationen wie den Abzug israelischer Truppen aus dem Libanon. Er war auch schon US-Repräsentant bei Hilfeleistungen für die Kurden im Norden des Irak. Dabei muß er phantastische Arbeit geleistet haben, denn als er Ende 1992 den Irak verließ, hatte Saddam Hussein eine Prämie von immerhin 100.000 Dollar auf seinen Kopf ausgesetzt. So wie ich es verstanden habe, war dieses Kopfgeld auch noch Ende 1993 aktuell. Im Mai 1993 übernahm Colonel Young das Kommando über das 3rd ACR und wird diesen Posten bis etwa Mitte 1995 innehaben. Der *Regimental Command Sergeant\* Major* (RCSM) Dennis E. Webster arbeitet unmittelbar mit Colonel Young zusammen. CSM Webster trat 1972 in die Army ein und ist bei der Cavalry Berufssoldat der Unteroffizierslaufbahn. Er ist schon seit 1990 beim 3rd ACR. Zunächst war er dort Command Sergeant Major beim Versorgungsbataillon – der 3rd Squadron – und ist heute der zwölfte RCSM des Regiments. Damit ist er gleichzeitig der höchstrangige Soldat ohne Offizierspatent im Regiment und fungiert als Bindeglied zwischen den Soldaten und dem Regimentskommandeur. Der RXO, *Regimental Executive Officer* (stellvertretender Regimentskommandeur) ist Lieutenant Colonel Luke Barnett, gleichzeitig Chef des Stabes im Regiments-Hauptquartier. Das bemerkenswerteste Element in diesem kleinen Regimentsstab dürften der Regimental Operations Officer (S-3) und sein Stab ein. Er und seine Leute sind für die Planung und Verwirklichung aller Vorgaben darüber verantwortlich, wie das Regiment zu operieren und zu kämpfen hat.

## 1st, 2nd und 3rd Cavalry Squadrons

Die Schneide der Klinge des Regiments bilden die drei Armored Cavalry Squadrons: die 1st, 2nd und 3rd. Auf dem Papier erinnert eine Armored Cavalry Squadron stark an ein verstärktes Panzerbataillon. Sie setzt sich aus 53 Offizieren, 339 Unteroffizieren und 499 Soldaten zusammen und kommt damit auf eine Gesamtstärke von 891 Mann. Jede Squadron steht unter dem Befehl eines Panzer-Lieutenant Colonel. Ihm stehen bei seinen Aufgaben ein Command Sergeant Major und ein kleiner Stab zur Seite. Ende 1993 waren die Befehlshaber der drei Squadrons:

---

\* der CSM und RCSM sind Unteroffiziers-Dienstgrade ohne Analogie bei der Bundeswehr

(1. »Tiger« Panzeraufklärer Bataillon)

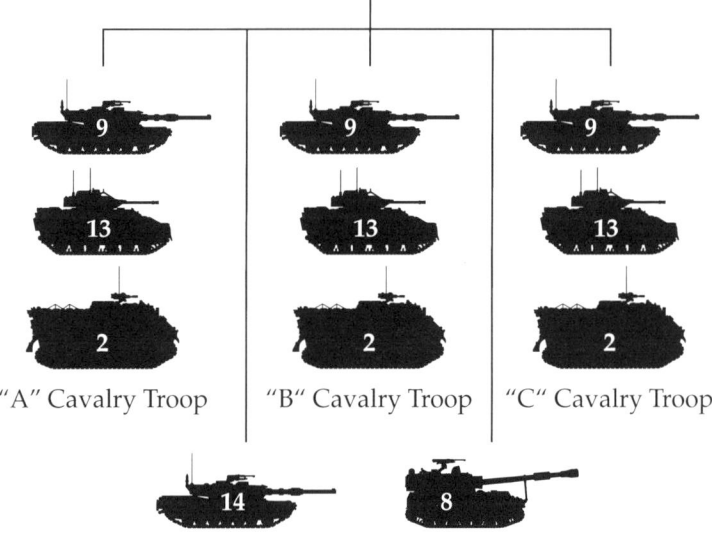

Headquarters & Headquarters Troop (HHT = KdrGrp = Kommandeursgruppe)

"A" Cavalry Troop    "B" Cavalry Troop    "C" Cavalry Troop

»D«-Panzer Kompanie    »D«-Panzer Artillerie Batterie

Die Basisorganisation und -Ausrüstung der 1st Cavalry Squadron (»Tiger« Squadron) des 3rd Armored Cavalry Regiments unter dem Kommando von Lieutenant Colonel Toby Martinez. Die 2nd und 3rd Cavalry Squadron sind in ihrer Grundstruktur nahezu identisch organisiert. Die älteren M109A2, die im Augenblick bei den *Brave Rifles* im Einsatz sind, sollen durch die M109A6 *Paladin*-Selbstfahrhaubitzen ersetzt werden.    JACK RYAN ENTERPRISES, LTD., VON LAURA ALPHER

- 1st Squadron – Lieutenant Colonel Toby W. Martinez (Murray State University, Jahrgang 1975) als Kommandeur und sein CSM Roy Thomas.
- 2nd Squadron – Kommandeur Lieutenant Colonel Norman Greczyn (West Point, Jahrgang 1972) mit CSM Alton B. Eckert als Command Sergeant Major.
- 3rd Squadron – mit Lieutenant Colonel Karl J. Gunzelman (West Point, Jahrgang 1975) als Kommandeur und Conrad C. Bilodeau als höchstrangigem NCO.

Jede Squadron ist ein in sich geschlossenes Team unterschiedlicher Waffengattungen und besteht aus:

# Cavalry Troop

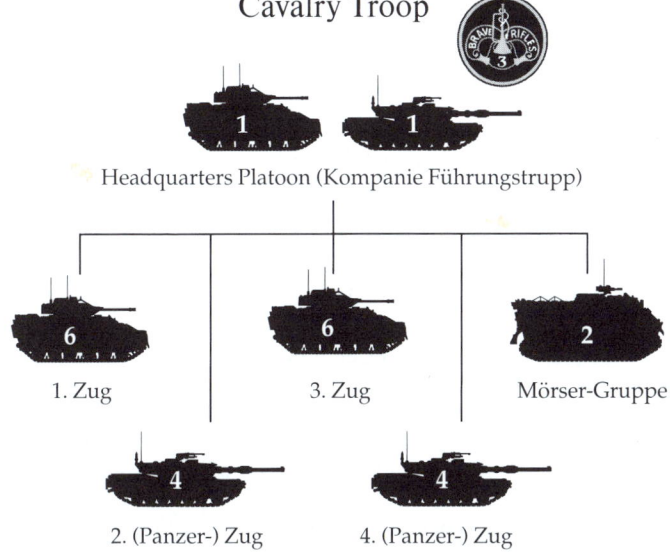

Headquarters Platoon (Kompanie Führungstrupp)

1. Zug     3. Zug     Mörser-Gruppe

2. (Panzer-) Zug     4. (Panzer-) Zug

Ausrüstung und Organisation einer Cavalry Troop. Das 3rd Armored Cavalry Regiment verfügt in seinem *Table of Organisation & Equipment* (TO&E) über insgesamt neun solcher Kompanien.     JACK RYAN ENTERPRISES, LTD., VON LAURA ALPHER

- Headquarters und Headquarters Troop* – Zwei *Bradley* M3A2 Kommando-Panzerwagen, sechs M577-Kommandofahrzeugen, einigen HMMWVs und verschiedenen Bergefahrzeugen, LKWs und Tanklastzügen für alle Arten von Versorgung im Gefechtseinsatz.
- Drei Armored Cavalry Troops – Sie sind die wirklich scharfe Schneide des Bataillons. Jede dieser Kompanien besteht aus einer HQ-Abteilung (ein M1A1 *Abrams* Panzer, ein M2A3 *Bradley* und ein M577 als bewegliche Befehlsstelle), zwei Scout Platoons (Aufklärerzüge mit je sechs M3A2 *Bradleys* in der Version als Cavalry Fighting Vehicle), zwei Panzerzügen (je vier M1A1 *Abrams* Panzer) und einer Mörsergruppe (zwei M106 4,2" Mörserträger) sowie zwölf Ketten- und Radfahrzeugen für die Versorgung.
- Tank Company – Jede Squadron hat eine reine Panzerkompanie (von der nie als *Troop* gesprochen wird), die dem Squadron Commander als Panzerreserve dient. Diese Kompanie besteht aus einer HQ-Abteilung (zwei M1A1-Panzer) und drei Panzerzügen (je vier M1A1).
- Haubitzen-Batterie – Um die Squadron mit einer eigenen, organisch integrierten Artillerie-Unterstützung zu versorgen, wurde ihr eine Batterie von acht M109A2 Self-Propelled Howitzers (SPHs) unterstellt, deren Versorgung wiederum von acht FAASVs übernommen wird.

---

\* Stab/Stabskompanie (Kdr Grp)

Der Kommandeur einer Armored Cavalry Squadron führt also einundvierzig M1 *Abrams* Panzer, einundvierzig M3 Cavalry Fahrzeuge, acht M109 SPHs (mit acht FAASVs) und sechs M106 4,2" *Mortar carrier* (Mörserträger). Das ist schon eine Menge Feuerkraft in Händen eines einzigen Befehlshabers! Denken Sie daran, daß während des Golfkrieges nur eine Cavalry Squadron im *Battle of 73 Easting* allein eine ganze Brigade der Republikanischen Garden des Irak (drei- bis viermal so groß wie die amerikanischen Kräfte) vernichtete. In den kommenden Jahren werden diese Bataillone ihre Kampfkraft durch die neuen M1A2 *Abrams*, die M109A6 *Paladin* SPH, die IVIS-Version des M3A2 Cavalry Vehicle und die neue 120-mm-*Mortar Carrier* noch weiter steigern.

Innerhalb des Regiments steht jede Troop (die, wie erwähnt, einer Einheit in Kompaniestärke entspricht) unter dem Befehl eines Captain und wird alphabetisch bezeichnet. In der First Squadron sind dann dementsprechend die A-, B- und C-Troop, in der Second Squadron die E, F, G-Troop, dann die H-Company usw. Der Tradition folgend übernimmt jede Troop einen Namen, der mit ihrem Identifizierungsbuchstaben beginnt. So ist beispielsweise die E-Troop »Eagle«, und die I-Troop nennt sich »Ironhawk«. Unter dem Strich verfügt eine Cavalry Squadron, so wie sie sich heute darstellt, einschließlich der unterstützenden Waffensysteme über eine massive Feuerkraft an Kanonen und Flugkörpern. Wenn es überhaupt einen Schwachpunkt gibt, so ist es der Mangel an absetzbarer Infanterie (jeder M2A3 hat nur zwei Späher an Bord, die abgesetzt werden können, und das sind *keine* Infanterie-Soldaten). Dadurch werden die Möglichkeiten für eine Cavalry Squadron, ein Gebiet zu halten und zu säubern, sehr stark eingeschränkt. Andererseits kann die Cavalry aber ein Gefechtsfeld überwachen wie keine andere Einheit vergleichbarer Größe auf der Welt. Im folgenden Kapitel werden wir uns noch näher mit einigen der typischen Operationen der Cavalry beschäftigen.

### 4th Air Cavalry Squadron

Die 4th Air Cavalry Squadron* wird von einem Aviation Lieutenant Colonel** kommandiert und hat einen Stamm von 36 Offizieren, 110 Stabsunteroffizieren und Unteroffizieren und 355 Soldaten. Zusammen gibt das eine Sollstärke von 501 Mann. Ende 1993 war Lieutenant Colonel Gratton Sealock (Eastern Washington State College, Jahrgang 1974) Kommandeur und 1st Sergeant Timothy D. Paul sein CSM. Die Einheit setzt sich wie folgt zusammen:

- Headquarters and Headquarters Troop – mit drei UH-60L *Blackhawks*, drei EH-60 »Quick Fix«-Hubschraubern für die elektronische Gefechtsführung und einem OH-58C *Kiowa* Erkundungshubschrauber. Das Versorgungselement entspricht in etwa seinem Pendant bei den Bodenkampfelementen der Squadron.

---

* Luft-Aufklärungs Bataillon der Heeresfliegerei
** Oberstleutnant der Heeresflieger

- Drei Air Cavalry Troops – Jede dieser Kompanien besteht aus sechs Scout-Helikoptern (z. Zt. OH-58C) und sieben Kampfhubschraubern (z. Zt. AH-1F).
- Eine Transport Helicopter Troop – Diese Kompanie besteht aus fünfzehn UH-60L *Blackhawk* Hubschraubern der neuesten Version.
- Maintainance Troop – Dies ist eine bodengebundene Instandsetzungs-Kompanie, die Wartung und Versorgung für den Rest der 4th Squadron übernimmt.

Insgesamt betreibt die 4th Squadron 74 Hubschrauber (26 Kampf-, 27 Aufklärungs-, 18 Transport-Hubschrauber und 3 für die elektronische Gefechtsführung). In ihrem gegenwärtigen Zustand findet man bei der Air Squadron gleichzeitig die modernste und älteste Ausrüstung der Army. Auf der Habenseite steht, daß die UH-60L *Blackhawks* und die EH-60 »Quick Fix«-Vögel auf dem neuesten Stand der Technik sind und nahezu jede Aufgabe lösen können, die ihnen gestellt wird. Ein ganz besonderer Vorteil ist dabei, daß die *Blackhawks* bereits mit dem ESSS-System ausgerüstet sind und dadurch zusätzlichen Kraftstoff und sogar *Hellfire*-Flugkörper (die allerdings eine Zusatzausrüstung für die Laser-Designation erforderlich machen) tragen können.

Das Hauptproblem der 4th Squadron stellt jedoch ihr derzeitiger Bestand an veralteten OH-58C *Kiowa* Erkundungs- und AH-1F *Cobra*-Kampfhubschraubern dar. Sie eignen sich nicht für Nachteinsätze, verfü-

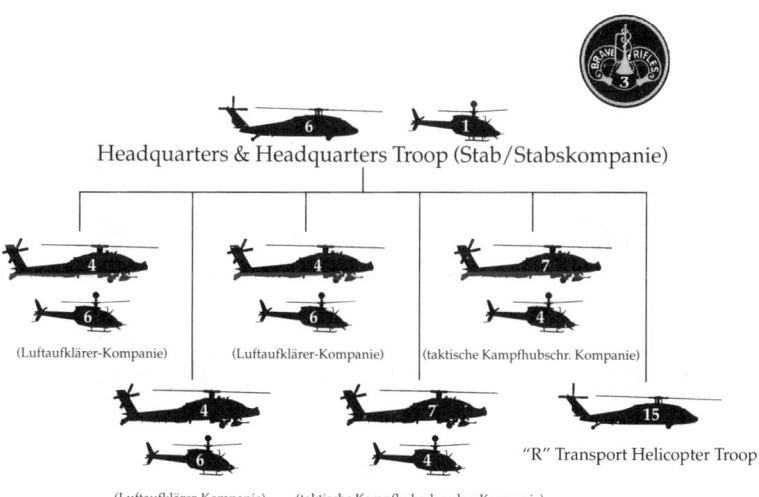

Headquarters & Headquarters Troop (Stab/Stabskompanie)

(Luftaufklärer-Kompanie)   (Luftaufklärer-Kompanie)   (taktische Kampfhubschr. Kompanie)

"R" Transport Helicopter Troop

(Luftaufklärer-Kompanie)   (taktische Kampfhubschrauber Kompanie)

Organisation der 4th (Air Cavalry) Squadron, wie sie sich nach Abschluß des Modernisierungsprogramms darstellt. Die Scout- und Attack-Troops des 3rd Armored Cavalry Regiment sind im Augenblick mit relativ alten AH-1F *Cobra* Kampf- und OH-58A/C *Kiowa* Aufklärungshubschraubern ausgerüstet.

*Jack Ryan Enterprises, ltd., von Laura Alpher*

gen über keine Möglichkeit der Laser-Designation, haben keine automatische Zielweitergabe und können keine Langstrecken-Stand-Off-Flugkörper starten (der AH-1 ist nur mit TOW-Flugkörpern ausgerüstet). Ein ernstzunehmender Mangelzustand bei einer Einheit, die mit großer Wahrscheinlichkeit als Antwort auf eine eskalierende Krise eingesetzt werden soll. In der alten Struktur der Squadron war es so schlecht um die Feuerkraft bestellt, daß man zur Kompensation der Ausrüstungsmängel dieser Einheiten sowohl dem 2nd als auch dem 3rd ACR jeweils ein Bataillon AH-64A *Apache* und OH-58D *Kiowa Warrior* unterstellte, als sie während Desert Shield an den Persischen Golf verlegt wurden.

Ähnlich wie die Panzerfahrer und Richtschützen in der 1st, 2nd und 3rd Squadron von ihren M1A2 und M109A6, so träumen die Flieger der 4th Squadron vom baldigen Ersatz ihrer Vögel durch die *Apache* und *Kiowa Warriors*. Wann das allerdings der Fall sein wird, ist noch nicht sicher. In erster Linie dürfte das wohl darauf zurückzuführen sein, daß die Produktion neuer AH-64 inzwischen abgeschlossen ist und die Produktionszahlen für den OH-58D durch Kongreßentscheidung neu festgelegt werden – wobei es unter anderem auf die Stärke der texanischen Delegation ankommen wird. Da die Army ihr Geld lieber in das *Comanche*-Programm steckt, sieht sie im Augenblick keinen Bedarf für irgendwelche neuen OH-58D. Ganz sicher wird die 4th Squadron modernisiert werden, nur das Wann und Wie steht noch in den Sternen.

Typen und Stückzahlen der verschiedenen Waffensysteme, mit denen das 3rd Armored Cavalry Regiment ausgerüstet sein wird, wenn sein Modernisierungszyklus abgeschlossen ist. JACK RYAN ENTERPRISES, LTD., VON LAURA ALPHER

### Support Squadron

Das Versorgungsbataillon steht unter dem Befehl eines Lieutenant Colonel und hat eine Stärke von 802 Mann. Der augenblickliche Kommandeur ist Lieutenant Colonel Thomas M. Hill (University of South Dakota, Jahrgang 1972), und sein Command Sergeant Major heißt Halford M. Dudley. Lieutenant Colonel Hill hat einen köstlichen Humor. Das ist ein großer Vorteil, denn er steht vor einer entmutigenden Aufgabe: das 3rd ACR mit absolut allem zu versorgen, was nötig ist, um es bewegungs-, gefechts- und lebensfähig zu halten, das heißt von Disketten für die Computer über Mundspülung bis hin zur Reparatur eines Bulldozers. Lieutenant Colonel Hill und seine Männer kümmern sich um alles, was irgendwie zum Regiment gehört. Obwohl zahlenmäßig nicht größer als eine Cavalry Squadron, ist die Support Squadron die am breitesten gefächerte Einheit im Regiment. Dazu gehören die:

- *Headquarters and Headquarters Troop* (Stabs- und Stabskompanie) – Das Nervenzentrum der Squadron mit einem soliden Fundament aus computergeschultem Personal, ein par LKWs und HMMWVs.
- *Medical Troop* – Die Sanitätskompanie ist mit sechzehn Krankentransportfahrzeugen (acht davon auf der Basis des HMMWV und weiteren acht auf M113 APC-Fahrgestell) so ausgerüstet, daß sie Gefechtsverbandsplätze einrichten kann, die in der Lage sind, Verwundete bis zur Größenordnung von Divisions-/Corpsebene in mobilen Feldlazaretten zu versorgen.
- *Maintainance Troop* – Die Kraftfahrzeug-Instandsetzungs-Kompanie hat die Aufgabe, unmittelbare Unterstützung bei Bergung, Wartung und Wiederherstellung von Fahrzeugen des Regiments zu leisten. Sie ist mit einer Vielzahl unterschiedlicher Laster (22 Fünftonner-Sattelzugmaschinen und 12 Fünftonner-LKWs) und Bergefahrzeugen (5 M88, 4 Fünftonner-Abschleppfahrzeuge und 3 mobile Werkstätten auf M113-Basis) ausgerüstet. Damit kann diese Kompanie praktisch jedes Fahrzeug im Regiment warten. Sie ist in der Lage, sämtliche Ausrüstung zu reparieren, die von Mechanikern auf Troop- und Squadron-Ebene nicht instandgesetzt werden kann.

Ein M88 Bergepanzer des 3rd ACR auf seinem Abstellplatz in Fort Bliss. Diese Fahrzeuge braucht man, um beschädigte oder kampfunfähige Panzerfahrzeuge abzuschleppen.

JOHN D. GRESHAM

275

- *Supply und Transportation Troop* – Die Versorgungs- und Transportkompanie ist genau das, wonach sie sich anhört: eine Kombination aus Warenhaus und Spedition. Mit 28 Schwerlastern (33 Fünftonner-Sattelschlepper, 26 Fünftonner-LKWs, 22 HEMTT-Tanklastzüge mit einem Fassungsvermögen von knapp 19.000 l und 6 HETs) ausgerüstet, bewegt diese Kompanie täglich mehr als 507 Tonnen Fracht und Wasser an die Frontlinie des Regiments.

Was ein ACR im Gefechtseinsatz täglich benötigt, läßt sich nur schwer beziffern. Die Zahlen würden Sie außerdem schon nach kurzer Zeit völlig benommen machen. Nur ein Beispiel: Die Support Squadron ist so ausgerüstet, daß sie täglich fast 530.000 l Wasser reinigen und verteilen kann. Geht man von einer Sollstärke von 5.000 Mann aus, die in einem Regiment Dienst tun, bedeutet das etwa 36,3 l pro Soldat und Tag (Waschen, Trinken, Essenszubereitung, Körperpflege usw.). Und dann kommt die Verpflegung. Die Standardausgabe von Feldrationen für fünf Tage (wovon ein Teil unter der Bezeichnung UBL, *Unit Basic Load* (Grundbedarf einer Einheit, geführt wird) liegt für ein Regiment bei 75.000 MREs (also etwa 15.000 täglich), die in 6.250 Pappkartons und auf 98 Paletten gepackt sind, was ein Gesamtgewicht von etwas mehr als 68 Tonnen ausmacht. Und das ist nur die Verpflegung für fünf Tage im Feld. Und schließlich der Kraftstoff (757 l Diesel, 189 l JP-5- Turbinentreibstoff), die Bekleidung (275 Positionen), Ersatzteile (2.792 verschiedene Typen für die Boden- und 3.361 für die Flugausrüstung) und alles, was man sonst noch braucht, um diese bewegliche Ausführung einer kompletten Kleinstadt in Betrieb zu halten.

Es ist eine enorme Aufgabe. Das alles zu schaffen ist schon ein Meisterwerk an Organisation, Datenverarbeitung und Kommunikationstechnologie. Ein hartes Stück Arbeit für die Soldaten dieser Einheit, die für ihre Anstrengungen noch nicht einmal Orden verliehen bekommen. Ihre Tüchtigkeit würde die meisten Steuerzahler in Staunen versetzen, denn die Vorstellung von der Versorgungtruppe basiert immer noch auf dem Klischee des mit Autoreifen handelnden Versorgungsfeldwebels. Sicherlich wird es immer noch einige dieser Typen geben, aber die Army bewegt sich in eine neue Ära der *Just In Time*\*-Wartungsplanung und *As You Need It*\*\*-Anlieferung. Früher war es so, daß beispielsweise jede Panzerkompanie zwei Generatoren für den M1-Panzer im Kompanie-Magazin vorrätig hielt. Jetzt hat sie überhaupt keinen mehr. Sollten sie einen brauchen, tippt der Versorgungssoldat in der Schreibstube eine Anforderung in seinen Laptop, und nur wenige Stunden später wird das erforderliche Teil von einem Zentrallager auf Regiments-Ebene geliefert. In der Zwischenzeit hat das Regiments-Versorgungssystem automatisch einen neuen Generator über das weltweite Computernetzwerk der Army bestellt. Auf diese Weise wird der Ersatzge-

---

\* Logistisches Konzept der Industrie, bei dem weniger Teile beim Hersteller auf Lager gehalten, und stattdessen mit äußerst geringen zeitlichen Toleranzen von den Zulieferern an die Hersteller ausgeliefert werden.
\*\* »Zum Zeitpunkt der Erforderlichkeit«

nerator für das Regiments-Magazin wahrscheinlich schon für die Eilzustellung durch Federal Express (ja, die liefern sogar in Kampfgebiete!) verpackt, während der Generator im Instandsetzungspunkt des Platoons noch in den Panzer eingebaut wird. So kann die Gesamtlagerhaltung für einzelne Artikel bei der Army weltweit reduziert werden, was den Steuerzahlern eine Menge Kosten erspart. Außerdem speckt so etwas ein ACR ab (weil es keinen so großen »Rattenschwanz« hinter sich herschleppen muß) und macht es dadurch zu einer leistungsfähigeren Einheit (weil es auf diese Weise dadurch mehr Platz für Kraftstoff und Munition gewonnen hat). Während Desert Shield/Desert Storm managte Lieutenant General »Gus« Pagonis für CENTCOM die gesamte Logistik am Persischen Golf. Als er später ein Buch darüber schrieb, gab er ihm den Titel *Moving Moutains**. Wohl selten hat ein Buchtitel treffender beschrieben, was das Army Quartermaster Corps und die Soldaten der 3rd ACR Supply Squadron wirklich leisten: Sie versetzen Berge.

### 43rd Combat Engineer Company

Die 43rd Combat Engineer Company (Panzer-Pionier-Kompanie) steht unter dem Befehl eines Pionierhauptmannes und hat eine Sollstärke von 220 Mann. Sie verfügt über ihren eigenen Instandsetzungszug, einen A&B-Zug, *Assault and Barrier* und drei identische *Combat Engineer Platoons*. Ihre TO&E umfaßt folgende Positionen:

- 12 gepanzerte Mannschaftstransportwagen vom Typ M113
- 6 gepanzerte Erdarbeitsfahrzeuge vom Typ M9
- 3 gepanzerte *Vehicle launched Bridges* (Brückenlegepanzer = eine faltbare Scherenbrücke auf dem Fahrgestell eines M60 Panzers zur Überbrückung kleinerer Flüsse und größerer Gräben)
- 3 Pionier-Gefechtsfahrzeuge (Fahrgestelle von M60-Panzern mit Räumschaufel und einer kurzläufigen *Demolition Gun* (Abrißkanone) Kaliber 165 mm)
- 6 Fünftonner-Sattelschlepper
- 1 Schaufelbagger
- Ein ganzes Sortiment weiterer spezieller Bagger- und Schanzfahrzeuge.

Die Aufgabe der Pioniere ist die Beseitigung von Hindernissen aus dem Weg der eigenen Kräfte und der Bau von Sperren gegen feindliche Truppenbewegungen. Die Pioniere sind dafür ausgebildet, Abbrucharbeiten durchzuführen, aber auch Feldbefestigungen zu bauen und Straßen und Brücken zu reparieren. Ganz besonders wichtig werden sie, wenn Kampfhandlungen in Städten und stadtnahen Gebieten stattfinden.

---

* »Berge in Bewegung«

## 66th Military Intelligence Company

Die MI *Military Intelligence Company* (militärische Nachrichtendienst-Kompanie im Bereich der elektronischen Aufklärung) steht unter dem Kommando eines Majors des militärischen Nachrichtendienstes und hat eine Sollstärke von 152 Mann. Diese Kompanie arbeitet mit einer Vielzahl von elektronischen Stör- und Überwachungsgeräten.

## 90th Chemical Company

Die ABC-Abwehrkompanie steht unter dem Befehl eines Captain des ABC-Corps und hat eine Stärke von 78 Soldaten. Obwohl alle zivilisierten Staaten Verträge über den Verzicht auf chemische Waffen unterzeichnet haben, besitzen die ABC-Abwehreinheiten der Army noch immer eine wichtige Schutzfunktion (nicht alle unsere potentiellen Gegner sind nämlich zivilisiert). Das ABC-Corps hat auch die traditionelle Aufgabe, Nebelwände zu erzeugen. Die TO&E dieser Kompanie enthält folgende Positionen:

* 6 *Fox* ABC-Spürfahrzeuge
* 7 M1059-Nebel-Generatoren (auf dem M113-Fahrgestell)
* 1 M12A1-Dekontaminierungsgerät
* Ein umfassendes Sortiment spezieller Spür- und Dekontaminierungsausrüstung.

Bei Operationen, die unter ABC-Gefahr stattfinden, unterstellt das 89th seine *Fox*-Spürfahrzeuge gewöhnlich paarweise den Cavalry Squadrons, damit jederzeit eine möglichst bewegliche ABC-Spür- und Vermessungsfähigkeit an der Front gewährleistet ist. Sollte ein kontaminierter Bereich festgestellt werden, können die »Füchse« sehr schnell eine Umgehungsstrecke festlegen, um das jeweilige Bataillon in Bewegung und frei von Verseuchung zu halten. Dadurch werden auch andere Einheiten davor geschützt,»versaut« zu werden, wenn sie durch dieses verseuchte Gebiet marschieren müssen. Normalerweise wird dem 89th auch noch ein zusätzliches Decontamination Platoon vom Corps unterstellt. Durch diese Verstärkung wird es wesentlich leistungsfähiger bei der Durchführung seiner Aufgabe, Ausrüstung und Soldaten zu dekontaminieren.

## Air Defense Section

Das 3rd ACR verfügt über eine Luftabwehr-Abteilung, die an die Regimental Headquarters and Headquarters Troop gebunden ist. Diese Abteilung besteht aus sechs *Avenger* Luftabwehr-Fahrzeugen. *Avenger* sind *Hummer* mit aufmontiertem kompaktem Turm, in dem sich eine Maschinenkanone Kaliber 0,5", acht *Stinger*-Flugkörper in je zwei Startbehältern, ein digitales Feuerleitsystem mit einem Laser-Entfernungsmesser, ein Wärmebildgerät und ein FAADS-Frühwarnterminal befinden. Die *Aven-*

*ger* werden abgelöst, sobald die *Bradley Stinger Vehicles* in Dienst gestellt werden können. Die Abteilung kann aber mit ihren eigenen HMMWVs auch Teams mit *Stinger*-Flugkörper-Startgeräten, die von der Schulter abgefeuert werden, in den Einsatz schicken.

## Das III. US-Corps – Komponenten und Umfang

Wir schon erwähnt, ist das 3rd ACR eine von vielen Einheiten, die dem III. US-Corps in Fort Hood, Texas unterstellt sind. Das III. Corps setzt sich aus folgenden Elementen zusammen:

- 1st Cavalry Division (im Augenblick eine Panzerdivision)
- 2nd Armored Division
- 1st Mechanized Infantry Division
- 4th Mechanized Infantry Division
- 3rd ACR
- Zusätzliche Einheiten aus dem Bereich Feldartillerie, Luftabwehr, Pioniere, Militärpolizei und Versorgung.

Derzeit ist das Corps die schlagkräftigste eigenständige Bodenkampftruppe der Welt. 1993 stand es unter dem Befehl von Lieutenant General Paul Funk (der während Desert Storm Kommandeur der Third Armored Division war). Das III. Corps entscheidet darüber, wie das 3rd ACR bei bestimmten Missionen eingesetzt und von welchen geeigneten Einheiten es dabei unterstützt werden soll.

Ein Faktor, der das ACR zu einer derart attraktiven Einheit für Einsätze in Übersee macht, ist die Tatsache, daß es für die unterschiedlichsten Einsatzprofile praktisch maßgeschneidert werden kann. Denken Sie etwa an die Situation, mit der sich Colonel (jetzt Brigadier General) Don Holder konfrontiert sah, als er während Desert Storm das 2nd ACR kommandierte. Dieses 2nd ACR war damals genauso organisiert wie das 3rd ACR heute. Um es bei seiner Aufgabe, den Feindkontakt mit verschiedenen Panzer-Einheiten der Republikanischen Garden des Irak, zu unterstützen, wurden ihm vom kommandierenden General des VII. Corps, dem damaligen Lieutenant General Fred Franks, eine ganze Reihe verschiedener Einheiten zugeordnet, um so die Kampfkraft des Regiments zu verstärken. Mit von der Partie waren damals:

- die 210th Field Artillery Brigade (M109 und MLRS),
- das 2nd Battalion/1st Aviation Regiment (OH-58D und AH-64A),
- das 82nd Combat Engineering Battalion,
- die 214th Military Police Company
- die 177th Personnel Service Company.

All diese Ergänzungseinheiten machten das 2nd ACR zu einer kleinen Panzer-Division, und vergessen war das magere Cavalry Regiment, das in Al Jubail an Land gekommen war. Das war aber nur möglich, weil der kommandierende General des Corps ein Gespür für die Notwendigkeit einer solchen Maßnahme hatte und die offene Struktur eines Cavalry Regiments ihm auch die Möglichkeit verschaffte, es ohne Probleme zu verwirklichen.

Was könnte Lieutenant General Funk also Colonel Young zur Verfügung stellen, wenn dieser mit seiner Einheit zu Kampfhandlungen in ein fernes Land verlegt werden müßte, in dem die Situation unsicher wäre und wenn über die Zielsetzung des Einsatzes im Lageraum des Weißen Hauses noch diskutiert würde? Ein guter Anfang wäre auf jeden Fall eine Helicopter Squadron wie die 4th Squadron der 6th Cavalry Brigade in Fort Hood, Texas. Da sie mit *Apache* und *Kiowa Warrior* ausgerüstet ist, würde diese Squadron Colonel Young schon einmal die Nachtüberwachungs- und Langstreckenflugkörper-Kapazitäten verschaffen, an denen es ihm mangelt. Ein weiterer Kandidat wäre beispielsweise die Artillerie, vielleicht ein zusätzliches Bataillon MLRS-Startfahrzeuge von der Artillerie des III. Corps in Fort Sill, Oklahoma. Dann käme möglicherweise auch noch die 1st Military Police Company (aus Fort Riley, Texas) hinzu, um die Sicherheit, das Kriegsgefangenenwesen und die Verkehrsregelung hinter den Linien zu gewährleisten. Das alles zusammen könnte schon ausreichen, um einen potentiellen Gegner davon abzuhalten, Ärger zu machen. Gefechte, die vermieden werden, können Siege sein, die süßer sind als eine gewonnene Schlacht.

# Der Stahl wird geschliffen

In vielen Kulturen und über lange Zeiträume der Geschichte hinweg wurden Soldaten als Abschaum der Gesellschaft angesehen und aus der Gosse rekrutiert. Das alte chinesische Sprichwort »Guten Stahl nimmt man nicht für Nägel, und gute Männer macht man nicht zu Soldaten« bringt die traditionelle Einstellung von Kaisern, Königen und vielleicht sogar einiger Präsidenten zum Ausdruck. Nicht so in der Tradition des amerikanischen Militärs, das sich auf dem freiwilligen Soldaten aus dem Bürgertum gründet und einer unwidersprochenen Kontrolle durch gewählte Vertreter des Volkes unterworfen ist. In unserer Geschichte waren Soldaten nie Abschaum der Gesellschaft.

Obwohl das professionelle Offizierskorps über lange Zeiten der amerikanischen Geschichte hinweg eine kleine, in sich gekehrte Aristokratie war, die sich nur aus sich selbst rekrutierte, haben es die Amerikaner in Kriegszeiten immer wieder geschafft, eine Army aus der Bevölkerung auf die Beine zu stellen, die von populären Generälen wie Omar Bradley und Ulysses S. Grant geführt wurde. Die schlichte Wahrheit ist, daß die größten Kräfte Amerikas im Feld – von Washingtons Armee bei Yorktown bis hin zu George Pattons Dritter Armee in Europa – stets aus gut ausgebildeten bürgerlichen Soldaten bestand, die von amerikanischen Idealen beseelt waren. Das ist der amerikanische Stil, Kriege zu führen.

Wie sieht die US-Army heute aus? Nun, sie ist ein gutes Spiegelbild des heutigen Amerika. In zunehmendem Maß ist es eine afro-, latino-, asiato-amerikanische und südliche Army, denn dies entspricht dem demographischen Wachstum unserer Bevölkerung. Kürzlich wurde auch der erste islamische Geistliche von der Army verpflichtet, weil der Anteil an Moslems in Amerika ständig zunimmt (zur Zeit sucht man immer noch nach einem buddhistischen Geistlichen). Es ist aber auch eine Army, in der in wachsendem Maße Frauen in nicht traditionellen und Führungspositionen anzutreffen sind, denn wir sind eine Gesellschaft, in der Frauen seit über einem Jahrhundert für mehr Gleichberechtigung gekämpft haben. Inzwischen sind Frauen auch ohne *irgendwelche* geschlechtsspezifische Einschränkungen bei Kampftruppen wie Fliegerei und Artillerie zugelassen.

In vielerlei Hinsicht kämpft die Army mit den gleichen Problemen wie jede andere Gemeinschaft: Streß, Scheitern von Familien, Trennungen und Alkoholmißbrauch. Bemerkenswert ist allerdings die Tatsache, daß unsere Armee dank eines rigorosen Programms willkürlicher Überprüfungen absolut drogenfrei ist. Vielleicht ebenso bemerkenswert (möglicherweise aber auch nicht, wenn man etwas länger darüber nachdenkt) ist die Tatsache, daß wir in einer Zeit, in der die traditionellen Religionen ständig Gläubige verlieren, die möglicherweise religiöseste Armee haben, seit

Robert E. Lee die Army of Northern Virginia vor Gefechten zu Gebeten versammelte. In einer Periode hoher Arbeitslosigkeit und zurückgehender Lehrstellen ist sie auch eine schrumpfende Streitmacht. Hier liegt die wirkliche Herausforderung für die Rekrutierungsbeauftragten der Army, die Anzeigenagenturen und der Stäbe für Öffentlichkeitsarbeit. Schon 1996 soll der Personalabbau bei der Army (durch vorzeitig in den Ruhestand geschickte, unfreiwillig Ausgeschiedene, vorübergehend Entlassene oder wie Sie es auch nennen wollen) eine Zahl von Soldaten erreicht haben, die etwa derjenigen entspricht, die 1991 in den Krieg am Persischen Golf geschickt wurde. Wie wollen Sie die besten und intelligentesten jungen Menschen unserer Gesellschaft davon überzeugen, daß es in einer verkümmernden Organisation mit altmodischen Wertvorstellungen und dem Risiko eines plötzlichen und gewaltsamen Todes immer noch große Chancen gibt?

Was treibt die Leute dennoch zur Army? Diese Frage habe ich oft gestellt, als ich durchs Land reiste, um für dieses Buch zu recherchieren. Einige der Antworten, die ich zu hören bekam, waren etwa folgende:

• Erziehungs-, Reise- und Ausbildungsmöglichkeiten
• Zusätzliches Geld für die Verpflichtung und Weiterverpflichtung
• Familiäre oder sozial bedingte Traditionen
• Abenteuerlust oder Patriotismus
• Zugehörigkeitsgefühl

Für manche ist die Army der Weg aus den Banden und der Gewalt der Großstädte oder der Verzweiflung der Armut. Für viele andere bedeutet sie auch die Möglichkeit, ihren eigenen Weg in die Welt zu finden. All das sind Gründe für junge Männer und Frauen, in der Army einen Platz zu sehen, der ihnen den Start ins Erwachsenenleben und zu einer Karriere ermöglicht. Damit wurde die Army zu einem attraktiven Anlaufpunkt für viele Männer und Frauen aller Rassen, Religionen und sozialen Abstammungen. Die Army ist eine Organisation, die genauso aussieht wie das Land, zu dessen Schutz sie da ist, dem sie dient und das sie häufig dem Rest der Welt gegenüber repräsentiert. Daher ist es auch keine besondere Überraschung, daß Amerikaner auf die Frage, wem sie am meisten trauen und die höchste Achtung entgegenbringen, an erster Stelle die Namen populärer ehemaliger Offiziere der Army nennen.

## Die Soldaten

Um die vorgesehene Sollstärke aktiver Truppenangehöriger von 500.000 Mann aufrechterhalten zu können, benötigt die Army jährlich mehr als 100.000 neue Rekruten.

Angenommen, Sie haben gerade die High School absolviert (Sie müssen nämlich mindestens siebzehn Jahre alt sein, bevor Sie sich verpflichten dürfen) und stellen sich bei Ihrem ortsansässigen Rekrutierungsbüro vor. (Sollten Sie ein Drogen-Problem haben oder eine Vorstrafe, die über geringfügige Delikte hinausgeht, vergessen Sie es am besten gleich wieder.) Der Rekrutierungsbeauftragte wird Sie danach fragen, welche Art von Ausbildung und Laufbahn Ihnen bei der Army speziell vorschwebt, und Ihnen alle verfügbaren Möglichkeiten erläutern. Davon gibt es nämlich eine ganze Menge, und es kostet schon einige Zeit, Ihnen alle zu erklären, wenn Sie nicht genau wissen, was Sie wollen. Ist Ihre Überprüfung positiv ausgefallen, werden Sie aufgefordert, einige Papiere – etwa wie ein Vertrag – zu unterschreiben, in denen Sie Ihr Einverständnis erklären, sich für eine bestimmte Anzahl von Jahren zum Dienst zu verpflichten (die Dauer hängt von der gewählten Spezialausbildung ab – prüfen Sie daher die augenblicklich gültigen Vorgaben). Dann werden Sie einer medizinischen Musterung unterzogen und an die Einberufungsstelle weitergeleitet. Dort findet eine kleine Feier statt, in deren Verlauf Sie vereidigt werden,»... die Verfassung der Vereinigten Staaten von Amerika gegen alle Feinde im In- und Ausland zu bewahren, zu schützen und zu verteidigen ...«.

Nach der Vereidigung treten die neuen Rekruten ihre zwölfwöchige Grundausbildung an. Diese findet unter anderem in Fort Knox/Kentucky, Fort Jackson/South Carolina, Fort Leonard/Missouri, Fort Lee/Virginia, Fort Benning/Georgia und einigen weiteren Orten statt. Aus Hollywood-Filmen gewinnt man leicht den Eindruck, die Grundausbildung (besser bekannt als *Boot Camp*) wäre eine Kreuzung zwischen einem Lager für Kettensträflinge und einem Konzentrationslager der Nazis. In der Praxis hat Army allerdings längst gelernt, daß man mit Schikanen und Brutalität nichts erreichen kann, schon gar nicht bei intelligenten und motivierten Rekruten. Dennoch ist die Grundausbildung körperlich anstrengend, sie soll aber auch das Zusammenwachsen in kleinen Einheiten, die Fitneß und Selbstachtung sowie einige soldatische Kenntnisse vermitteln.

Der Ansatz der Army bei der Ausbildung konzentriert sich auf drei Prinzipien: Aufgaben, Voraussetzungen und Standards. Die Soldaten lernen ihren Job in einer Reihe von Aufgaben, wobei Voraussetzungen zu erfüllen sind, die man braucht, um bestimmte Leistungsstandards zu erreichen. Deshalb könnte eine typische Ausbildungsaufgabe etwa so aussehen:

```
»Nach Abschluß dieses Ausbildungs-
abschnittes wird der Soldat eine ABC-
Schutzmaske aufsetzen können.«
```

Die geforderten Voraussetzungen könnten so formuliert sein:

```
»Er wird eine M49-Maske in ihrem Behälter
empfangen, während das Vorhandensein
eines chemischen Kampfstoffes (Gelber
Rauch, manchmal auch CS-Tränengas) simu-
liert wird.«
```

Der zu erreichende Standard wäre etwa folgender:

»... die Maske innerhalb von 5 Sekunden überzuziehen, ohne daß dabei erkennbare Lücken oder Öffnungen im Sitz auftreten.«

Die Army widmet der Erstellung, Entwicklung, Überprüfung und Verfeinerung von Ausbildungsmethoden und Materialien enorme Anstrengungen. Die Soldaten sollen eine realistische Ausbildung »zum Anfassen« bekommen, und wenn diese aus Kosten- oder Sicherheitsgründen nicht möglich ist, stehen statt dessen Simulatoren, Modelle in Originalgröße oder vergleichbare Ausbildungsgeräte zur Verfügung. Die Standards werden absichtlich sehr hoch angesetzt, denn bei aller Begeisterung und Lust auf Abenteuer im militärischen Dienst bleibt es dennoch ein *gefährlicher* Beruf, bei dem Menschen verletzt werden können, wenn die Ausrüstung nicht richtig gehandhabt wird. Den Ausbildern bei der Army wird immer wieder klargemacht, daß es an ihnen selbst liegt, wenn ein Rekrut beim Lernen versagt, weil sie ihn nicht korrekt unterwiesen haben.

Nach der Abschlußprüfung für die Grundausbildung (wenn Sie beim ersten Mal durchfallen, können Sie es nach einem erneuten Durchgang noch einmal versuchen) werden die Soldaten zum *Advanced Individual Training* (AIT = Spezialausbildung) zu einer speziellen Waffengattung oder Spezialeinheit versetzt. Die Waffengattungen der Army gliedern sich in drei große Gruppen:

- **Kampf** – Infanterie, Panzer, Artillerie
- **Einsatzunterstützung** – Heeresfliegerei, Luftabwehr, Artillerie, Pioniere, Militärpolizei, militärischer Nachrichtendienst, Funker, usw.
- **Logistik** – Versorgung, Transport, Finanzwesen, Datenverarbeitung usw.

Nach Durchlaufen der Spezialausbildung, die normalerweise zwischen sechs und vierundzwanzig Wochen dauert, erhält der Soldat seinen MOS-Code, *Military Occupational Speciality* = Truppengattungs-ATN (= Ausbildungs- und Tätigkeitsnachweis). Wollen Sie beispielsweise zu den Panzeraufklärern, ist Ihr MOS 19D und Sie kommen auf die Panzerschule nach Fort Knox in Kentucky. Möchten Sie aber Mechaniker für *Apache* Hubschrauber werden, bekommen Sie MOS 67R und Sie gehen auf die Heeresflieger-Instandsetzungs-Schule nach Fort Rucker in Alabama. Haben die Soldaten ihren AIT-Abschluß, erhalten sie die erste Kommandierung und werden zu ihrer ersten Stammeinheit versetzt.

Freiwillige Soldaten können über insgesamt neun Dienstgrade Karriere machen. Man fängt mit E-1 (gemeiner Soldat) an und kann es bis zum E-9 (Sergeant Major) bringen. Ranghöhere Unteroffiziersdienstgrade genießen in der Army hohes Ansehen. Es ist keineswegs ungewöhnlich, daß ein kluger Offizier einen dienstälteren Unteroffizier um seine Meinung fragt, wie er sich in taktischen Situationen verhalten oder wie er mit einem schwierigen Soldaten umgehen soll. Diese Truppenangehörigen haben oft einen College-Abschluß, und nicht selten werden Sie Sergeants Major (so die korrekte Pluralbildung) antreffen, die einen akademischen Grad haben.

Von seinem ersten Kommando an kann man das Leben eines dienstverpflichteten Soldaten in wenige Worte zusammenfassen: Mach deine Arbeit, geh zur Schule und bereite dich auf die nächste Stufe der Karriereleiter vor. Da die Truppenstärke der Army abgebaut wird, hat das alles inzwischen mehr Wettbewerbscharakter angenommen. In einer Zeit, in der ein Abbau von Streitkräften auf der Tagesordnung steht, werden nur diejenigen gehalten, die Fähigkeiten an den Tag legen oder vermuten lassen.

Auf der anderen Seite gibt es bei der Army Jobs für Mannschafts-/Unteroffiziersdienstgrade, die in anderen Truppengattungen des Militärs nicht existieren. Nur ein Beispiel: Wenn Sie als Pilot bei der US-Air Force fliegen wollen, müssen Sie Offizier sein. Nicht so bei der Army. Die Tradition der »Flying Sergeants« ist schon Jahrzehnte alt. Als die Army sich 1947 nach der Trennung von der Air Force entschloß, den Bereich der Heeresfliegerei beizubehalten, entschied sie sich gleichzeitig auch dafür, diese Tradition in einer Serie von Rangstufen für *Warrant Officers* (WOs) fortzuführen. *Warrant Officers* sind ehemalige Sergeants, die jetzt eine eigene Laufbahn haben und mehr Verantwortung übernehmen müssen. Dazu gehört unter anderem, wie man einen zehn Millionen Dollar teuren Hubschrauber behandelt und mit ihm umgeht! Die Army vertraut Unteroffiziersdienstgraden Aufgaben an, die fast genauso wichtig, Verantwortlichkeiten, die fast ebenso groß und Ziele, die von nahezu gleichwertig lebenswichtiger Bedeutung sind wie diejenigen, die Offizieren übertragen werden. Tatsächlich ist das einzige, was ein Offizier darf, ein Unteroffizier aber nicht, ein eigenes Kommando zu übernehmen.

## Das Offizierskorps

Sie reichen von Offiziellen in Funktion von Regierungsmitgliedern bis hin zu den Second Lieutenants, die das Kommando über einen Zug haben. Allen aber ist eines gemeinsam: das Vertrauen, das die Nation in sie setzt, daß sie ihr Bestes tun, ihre Pflicht zu erfüllen. Das ist eine große Verantwortung, wie die vergangenen Jahre eindrucksvoll gezeigt haben. Die Army erwartet eine Menge von ihren Offizieren.

1991, unmittelbar vor dem Krieg am Persischen Golf, waren es die Spitzenoffiziere in Washington, D.C., speziell General Colin Powell, der Vorsitzende der Vereinigten Stabschefs, und General Carl Vuono, der Stabschef der Army, die die Regierung Bush darüber informierten, wie ein Krieg gegen den Irak geführt und unter annehmbaren Risiken und Opfern auch gewonnen werden konnte, um Kuwait zu befreien.

Währenddessen bereiteten sich auf der anderen Seite der Welt einige der jüngsten Offiziere der Army darauf vor, ihre Soldaten ins Gefecht zu führen. Tatsächlich waren es drei junge Armeeoffiziere, Dan Miller, H. R. McMaster und Joe Sartino. Jeder hatte das Kommando über eine Kompanie der 2nd Squadron des 2nd ACR. Sie waren diejenigen, die als erste Kontakt mit den Sicherungs-Schutzelementen der Republikanischen Garden des Irak hatten, mit denen die entscheidenden Bodenkämpfe des Golfkrieges ausgetragen wurden. Drei Captains, keiner älter als achtundzwanzig Jahre, trafen spontane Beurteilungen, durch die festgelegt wurde, wie der Rest des VII. Corps unter General Franks kämpfen würde. Was denkt General Franks heute über ihre Initiative? Die drei jungen Offiziere »… taten genau das, was ich selbst auch getan hätte …«, sagt er dazu.

Was für ein Unterschied zu den Verhältnissen, die gerade ein Vierteljahrhundert zurückliegen. Damals hielt man die jüngeren Offiziere der Army für die am wenigsten professionellen im gesamten amerikanischen Militär – und einige von ihnen wurden von den eigenen Truppen in den Rücken geschossen!

Diesen Unterschied verdankt man dem intellektuellen und professionellen Wachstum des Korps von Männern mit Offizierspatent in der Army. Beachten Sie das Wort *Offizierspatent*. Ein Soldat *verpflichtet* sich bei der Army für eine bestimmte Anzahl von Dienstjahren, und ihm kann eine Wiederverpflichtung angeboten werden (so ähnlich wie bei einem Vertrag). Ein Offizier dagegen ist kraft seines Patentes *ernannt*. Die Ernennung zum Offizier der Army fordert von dieser Person, daß sie eine Vielzahl von Dingen akzeptiert, die vielleicht am besten vom Wahlspruch der Militärakademie West Point auf den Punkt gebracht werden: »Pflicht, Ehre, Vaterland.« Entsprechend seinen Leistungen und den Erfordernissen kann ein Offizier sein Patent unter Umständen bis zu seinem Ruhestand innehaben. Aber schauen wir uns zunächst einmal den Ausgangspunkt einer solchen Reise an.

Die Laufbahn eines Offiziers der Army beginnt normalerweise unmittelbar nach Abschluß der High School, wenn sich ein junger Mann dafür entscheidet, zum Militär zu gehen. Dann folgt das College, eine Erfahrung, die für die Army von großem Interesse ist. Dieses Interesse ist nicht rein passiver Natur, denn eine höhere Ausbildung wird für manchen Teenager auf diese Weise überhaupt erst erschwinglich. Dabei hat er zwei Möglichkeiten:

- Immatrikulation an der Militärakademie West Point im US-Bundesstaat New York
- Reserve Officer Training Corps (ROTC)-Stipendienprogramme an allen größeren Colleges und Universitäten.

Aus diesen Programmen kommen genauso wie von den Officer Candidate Schools (das sind Ausbildungsstätten für Unteroffiziersdienstgrade, die schon einen College-Abschluß haben) die Second Lieutenants (wegen ihrer goldfarbenen Rangabzeichen auch unter dem Spitznamen *Butter Bars** bekannt). Sie sind das Rohmaterial des Offizierskorps der Army.

Da die Fähigkeit und Bereitschaft, eine Menge zu leisten, das beste Mittel ist, um dabeizubleiben, ist die Generation von Offizieren in der Ära nach dem Vietnamkrieg das am besten ausgebildete Offizierskorps, das die Army jemals ins Feld geschickt hat. Es wird erwartet, daß ein Offizier

---

* Butterriegel

im Verlauf einer etwa zwanzigjährigen Karriere eine Graduierung schafft und sich ständig um professionelle Weiterbildungsmöglichkeiten bemüht. Zu den interessanteren unter ihnen gehören:

- Das Army War College in Fort Nair, Washington, D.C.
- Das Command and General Staff College (Führungsakademie) in Fort Leavenworth, Kansas.
- Die School of Advanced Military Studies, deren Absolventen als »Jedi-Ritter« bekannt sind.
- Spezialausbildungsgänge, Dienst als Austauschoffizier und akademische Grade ziviler Universitäten.

Das Resultat dieser ganzen Ausbildung ist, daß die Offiziere der US-Army in ihrer Gesamtheit heute die größte Professionalität in der amerikanischen Geschichte erreicht haben. Viele von ihnen sind auch schon Veteranen der Kämpfe am Persischen Golf, in Panama, Somalia und anderen Kriegsschauplätzen. Gefechtserfahrungen fördern und überprüfen immer wieder die Kampffähigkeit und Wirksamkeit militärischer Kräfte. Auch andere Dinge können dabei ganz hilfreich sein, aber die siegreichen Gefechtserfahrungen dieser jungen Männer in Captain- und Majorsrang werden die Kampffähigkeit der Army für eine weitere Generation zu erhalten helfen. Das wiederum ist von Vorteil für jeden, der unter ihrem Befehl steht.

Ein eigenes Kommando ist das ultimative Ziel eines jeden Berufsoffiziers. Glücklicherweise ermöglicht es die Organisation der Army einem ziemlich hohen Prozentsatz von Mitgliedern des Offizierskorps, schon ziemlich früh Erfahrungen als Zugführer oder Kompanie-/Troopchefs zu sammeln. Dabei hat die Army aber auch gleichzeitig die Möglichkeit der Selektion: Auf der Grundlage ihrer Leistungen als Befehlshaber einer kleineren Einheit wählt sie diejenigen aus, die sich am besten für ein Kommando über größere Einheiten qualifiziert haben. Das garantiert nicht zwangsläufig, daß auch immer nur die besten Offiziere an die Spitze gelangen, doch tendenziell werden auf diese Weise Leute mit Talent und Potential in verantwortliche Positionen befördert. Dort können ihr Organisationstalent, ihre Initiative und ihre Führungsqualität auch unter Belastung sehr gut weiterentwickelt werden.

## Der Weg zum National Training Center

Das Ziel jeder Kampftruppe der Army ist es, jederzeit einsatz- und, falls erforderlich, auch gefechtsbereit zu sein. Wie schafft es ein Kommandeur wie Colonel Young vom 3rd ACR eigentlich, gerade eben ausgebildete Soldaten, die bei ihm vom Recruiting Command eintreffen, mit der bereits vorhandenen Ausrüstung und den Soldaten zu mischen und sie in einen gefechtsbereiten Zustand zu versetzen? Die Army hat die Angewohnheit, Menschen auszuwechseln und zu fördern, wodurch die Aufrechterhaltung von Bereitschaft zu einer ununterbrochenen Herausforderung wird. Colonel Youngs Verantwortung als Regimentskommandeur liegt darin, dieses hochwertige Instrument, das er von seinem Vorgänger, Colonel (inzwischen Brigadier General) Robert R. Ivany, übernommen hat, in Schuß zu halten. Glücklicherweise verfügt die Army über eine Vielzahl von Ausbildungs- und Übungsmöglichkeiten, die nur zu dem Zweck geschaffen wurden, dem Kommandeur einer Einheit genau dabei zu helfen. Der Übungskreislauf ist so eingerichtet worden, daß an seinem Ende – zum »Abschlußexamen« – das gesamte Regiment herausfinden muß, wie gut es wirklich ist. Diese abschließende Prüfung hat ein Synonym: *National Training Center* (NTC).

## Das Konzept des National Training Center

Das NTC wurde angesichts der allgemein schwachen Leistungen von Einheiten der US-Army im Vietnamkrieg geschaffen. Es ist als Trainingsumfeld konzipiert, in dem sich Einheiten bis hinauf zu Regiments- und Brigadegröße in einem simulierten Kriegsgebiet bewegen und kämpfen können, und zwar über einen Zeitraum von mehreren Wochen. In Fort Irwin, Kalifornien, direkt in der Mojave- Wüste gelegen (in der Nähe von Barstow, südlich des Death Valley) verschafft das NTC Einheiten der Army die Gelegenheit, ihre Gefechte in einem kontrollierten Umfeld auszutragen. Das NTC-Konzept ist das Resultat einer Studie über erste Kampferfahrungen, aus der hervorging, daß Soldaten und Einheiten, die sich zum ersten Mal im Gefecht befanden, die höchsten Verluste zu verzeichnen hatten. Die Navy stellte beispielsweise fest, daß ein Pilot, wenn er seine ersten zehn Einsätze über der hervorragenden Luftabwehr Nord-Vietnams überlebt hatte, gute Chancen besaß, auch die nächsten neunzig zu überstehen. Die Studien wiesen nach, daß Kampfbelastungen und Konfusion im Gefecht junge Piloten für eine gewisse Zeit regelrecht paralysierten, bis sie gelernt hatten, sich »mentale Filter« zu schaffen, die es einem kampferprobten Veteran ermöglichen, Dinge von lebenswichtiger Bedeutung von solchen zu unterscheiden, die getrost ignoriert werden dürfen. Die Piloten nennen so etwas »Situationsbewußtsein«, und das ist das Charakteristikum, das ein As von einer Leiche unterscheidet. Die Antwort der Navy bestand in der Schaffung der berühmten *Top Gun*-Waffenschule für Kampfflieger der Marine und später der Strike University am NAS Fallon in Nevada. Das *Top-Gun*-Programm war so erfolgreich, daß die US-Air Force sich entschloß, eine ähnliche Schule für ihre Kämpfer auf der Nellis AFB in Nevada einzurichten. Sie erhielt den Namen *Red Flag*.

Auch die Army erkannte die Vorteile eines solchen Programms und wollte ebenfalls ein Ausbildungszentrum zu schaffen, um dort die Kunst der neuen Gefechtsführung des Vorgehens unter Feuer, Stoßkraft und Bewegung zu lehren, die sich zu ihrer Standardrichtlinie entwickelt hatte. Die weitläufige Mojave-Wüste schien der am besten geeignete Platz dafür zu sein, und Fort Irwin, außerhalb von Barstow gelegen, war Anfang der 80er Jahre verfügbar. Fort Irwin war ein gewaltiger, heruntergekommener Posten, der praktisch nicht mehr verwendet worden war, seit General Patton dort im Jahre 1940 seine Panzer-Einheiten trainiert hatte. Es kostete Jahre und jede Menge Steuergelder, die notwendigen Einrichtungen aufzubauen, und sogar heute sind die Bauarbeiten (speziell bei den Unterkünften des Stützpunktes) noch nicht abgeschlossen. Was Fort Irwin zu einer derart perfekten Örtlichkeit für das Üben der Gefechtsführung unter Feuer, Stoßkraft und Bewegung macht, ist in einem Wort gesagt: Raum. Der NTC-Komplex in Fort Irwin erstreckt sich über ein völlig offenes Gelände von 3050 km$^2$ (das entspricht etwa der Größe von Rhode Island), das sich in Staatsbesitz befindet. Ein weiter Vorteil ist der, daß sich niemand um dieses Gebiet kümmert. Es ist so unfruchtbar, wie es ein Wüstengebiet in Amerika nur sein kann, und deshalb dürfte es äußerst unwahrscheinlich sein, daß jemals zivile Aktivitäten durch die Übungen beeinträchtigt werden könnten. Es gibt auch keine Gegebenheiten der Natur, um die sich Außenstehende Sorgen machen müßten – vielleicht mit Ausnahme des weltgrößten Brutplatzes von Wüstenschildkröten und einer seltenen Gattung der Salzwassergarnele, die die saisonal ausgetrockneten Salzseen des Gebietes bewohnt (und die Army kümmert sich tatsächlich um ihren Schutz). Ansonsten ist das hier ein wirklich riesiges und staubiges Spielfeld. Obwohl die Temperaturen im Sommer normalerweise extrem hoch sind – sie steigen regelmäßig auf über 43°C –, macht das Platzangebot dieses Gebiet zu einem perfekten Sandkasten, um sich in der Kriegskunst zu üben. Ständig im NTC stationiert ist ein simuliertes Mot-Schützen-Regiment sowjetischen Stils, das sich aus Soldaten der Army zusammensetzt, die als OPFOR, *Opposing Force* (gegnerische Kraft) fungieren. Sämtliche Einrichtungen des NTC sind mit Instrumenten ausgerüstet, die Gefechte vollständig aufzeichnen und wiedergeben können. Dadurch haben die Einheiten und deren Befehlshaber die Möglichkeit, ganz genau zu erkennen, was sie im Kampf gegen die OPFOR falsch (und richtig) gemacht haben.

Alle drei bis fünf Wochen kommt eine Einheit im »turnusmäßigen« Wechsel nach Fort Irwin. In den Wochen ihres Aufenthaltes werden die Grundkenntnisse in Geschützwesen und Vorgehen unter Feuer, Stoßkraft und Bewegung überprüft. Außerdem testet man auch die Fähigkeiten bei der Einsatzunterstützung, Logistik, medizinische Versorgung im Kampf und Instandsetzung. Alles ist so gestaltet, daß rund um die Uhr gelernt wird und ihre Erfahrungen die Teilnehmer dazu ermutigen, Neues auszuprobieren und Kreativität zu entwickeln. Gleichzeitig lernen Offiziere und Mannschaften, sich in einem realistischen Umfeld zu bewegen. Natürlich ist das alles ziemlich teuer. Aber die Erfahrungen, die sich hier erwerben lassen, können einfach nicht am Computer simuliert oder in den Heimatstützpunkten der Einheiten durchgespielt werden. Viel wesentlicher jedoch ist, daß sich diese Erfahrungen unglaublich stark auszahlen, wenn es darum geht, Verluste zu reduzieren und Siege zu erringen, sollten die Einheiten einmal in ein wirkliches Gefecht geschickt werden. (Wenn man etlichen Golfkrieg-Veteranen Glauben schenken darf, die in der irakischen und kuwaitischen Wüste gekämpft haben, so war dort alles genau wie im NTC, außer daß die Iraker bei weitem nicht so gut waren wie die OPFOR!).

Anders ausgedrückt, ein Fehler im Bereich der Operationskunst hat Fehler bei den Einheiten zur Folge, wenn sie sich in wirklichen Kampfhandlungen befinden. Darum gibt es das NTC.

Schauen wir mal, wie sich Colonel Young und seine Männer 1993 auf den Wechsel zum NTC vorbereiteten.

## Die Vorbereitungen

Das 3rd ACR begann schon im Frühjahr 1993 mit seinen Vorbereitungen für die Verlegung nach Fort Irwin. Im Jahr zuvor hatte das Regiment lediglich seine 1st und 3rd Armored Cavalry Squadron zum NTC geschickt. Jetzt sollte Colonel Young den Rest des Regiments nach Fort Irwin führen, während die 3rd Squadron im Rahmen einer Übung nach Kuwait (Operation Intrinsic Action 94-1) verlegt wurde. Damit der Rest des Regiments besser auf den kommenden Turnus am NTC vorbereitet wäre, setzte er für die Übungen vor der Verlegung zum NTC die 3rd Squadron als OPFOR ein, gegen die das Regiment antreten sollte. Da Fort Bliss direkt an das Raketenversuchsgelände von White Sands grenzt, profitierte das 3rd ACR für seine Übungen und Manöver von einem riesigen »Hinterhof«. Tatsächlich hatte das 3rd ACR mehr Bewegungsraum zur Verfügung als die Fläche, die von sämtlichen Einrichtungen des III. Corps in Fort Hood, Texas, eingenommen wird.

Inzwischen waren viele der Veteranen des Golfkrieges in andere Positionen aufgestiegen oder versetzt worden, und die meisten der Soldaten mußten sich mit ihren Waffen neu qualifizieren. Deshalb hatte man im Wüstengebiet nördlich von Fort Bliss im Juni/Juli 1993 ein Programm aus fünf »Tabellen« für das Schießen mit scharfer Munition aufgestellt (»Tabellen« nennt man sie deshalb, weil die Blätter mit den Ergebnissen in Reihen und Spalten gegliedert sind, mit Kästchen zum Abhaken für den Schiedsrichter). Jede Tabelle erfaßt die Leistungen in einer bestimmten Art von Geschützkenntnissen und für einen bestimmten Fahrzeugtyp. Normalerweise muß dazu eine Feuerposition erreicht werden, gefolgt von einer Serie scharfer Schüsse auf *Pop-Up*-Targets*. Jede Fahrzeugbesatzung muß alle zwölf Tabellen geschafft haben, bevor sie für das Geschützwesen »qualifiziert« ist. Dieser Qualifikationsprozeß war lang und mühsam, denn immerhin wollten 200 Mannschaften des 3rd ACR hier ihre Zulassung bekommen. Als alles vorbei war, hatten sämtliche Mannschaften der 1st (Lieutenant Colonel Toby W. Martinez) und 2nd Squadron (Lieutenant Colonel Norman Greczyn) ihre Voraussetzungen erfüllt. Jetzt konnten diese beiden Einheiten zusammen mit dem Rest des Regiments (ausgenommen die 3rd Squadron unter Lieutenant Colonel Karl J. Gunzelman) planmäßig am ersten September-Wochenende 1993 zum Wechsel ins NTC nach Fort Irwin aufbrechen.

---

* Plötzlich auftauchendes Ziel, meist hochklappende oder -springende Zielobjekte.

Unmittelbar vor der Neuqualifikation hatten die beiden Kommandeure der Bataillone damit begonnen, ihre Einheiten zu unterweisen, wie sie als Gruppe unter Feuer und Bewegung vorgehen sollten. Zuerst auf Zug-, dann auf Kompanie-Ebene schweißten Colonel Martinez und Colonel Greczyn die kleineren Einheiten zusammen, damit sie auf Bataillons-Ebene manövrieren konnten, was für das NTC eine Voraussetzung war. Man sollte allerdings wissen, daß diese Vorbereitungen keineswegs nur für den Einsatz am NTC gebraucht werden, sondern eigentlich zu einem Prozeß gehören, den das Regiment durchläuft, wann immer es einen Befehl zum Einsatz in Übersee bekommt. Tatsächlich ist das komplette Regiment hier gefordert, die gleichen Aufgaben zu erledigen, die unmittelbar vor einem Kampfeinsatz anstehen. Das fängt bei der Zusammenstellung von Ausrüstung und Versorgungsgütern durch die Support Squadron an. Alles muß frachtfertig gemacht werden, bis hin zu den Rechts- und Medizinabteilungen, die Testamente und Impfungen auf den neuesten Stand bringen müssen.

Nach der Neuqualifikation begannen die Übungen auf Bataillons-Ebene (jeweils eine Squadron allein) gegen eine gegnerische Einheit aus der 3rd Squadron von Colonel Gunzelman, die von einigen Marines verstärkt wurde. Die Männer des US-Marine Corps hatte man vom Twenty-Nine Palms-Wüstentrainingszentrum zur Teilnahme eingeladen. Diese Einheit sollte ein Angriffsziel im Gebiet nördlich von El Paso verteidigen, wobei die Aufgabe der Trooper der 1st wie auch der 2nd Squadron darin bestand, sie von dort zu vertreiben.

Zum Notieren der Punkte gibt es eine Reihe elektronischer Geräte unter der Bezeichnung *Multiple Integrated Laser Exercise System* (MILES\*). Mit MILES können Einheiten, »ohne daß ein Schuß fällt«, Bodenkampf (und eingeschränkt auch Luftkampf) üben. MILES verwendet für die Augen unschädliche Laser, um den Abschuß von Waffen zu simulieren. Mit den MILES-Geräten lassen sich die meisten Waffen des Arsenals der Army und darüber hinaus einige sowjetische Systeme simulieren. Mit dem richtigen MILES-Sender kann also praktisch alles – von der Hauptwaffe eines Panzers bis zum Sturmgewehr – simuliert werden.

Zusätzlich gibt es einige kleine pyrotechnische Ladungen (eigentlich dicke, sichere Feuerwerkskörper), sogenannte *Hoffman*-Sprengkörper, die von der MILES-Elektronik eingesetzt werden, um den Rauch und das Geräusch zu simulieren, wenn eine Kanone losbricht oder ein Flugkörper gestartet wird. Sobald ein Ziel vom Laser-Strahl einer feuernden Einheit »getroffen« wird, erkennt ein Sensor den »Treffer« des Lasers und bewertet ihn entweder als Schuß knapp am Ziel vorbei oder als »Abschuß«.

Ist ein Zielfahrzeug »abgeschossen«, beginnt ein gelbes Stroboskop-Licht auf seinem Dach zu blinken, damit jeder sofort erkennt, daß es außer Gefecht ist. Um Diskussionen wie »Wir haben aber zuerst auf euch

---

\* Ein integratives Übungssystem aus unterschiedlichen Lasergeräten, die als Sensoren am Körper oder Fahrzeug angebracht, Schüsse simulierende Strahlen eines Laser-Senders registrieren und entsprechend bewerten.

Ein amerikanischer Army-Soldat mit voller MILES-Infanterie-Ausrüstung. Die »Knöpfe« an seinen Koppelgurten und am Helm erfassen Laser-»Treffer« von gegnerischen Waffen, während sein M16-Sturmgewehr mit einem Laser-Generator ausgerüstet ist.

*OFFIZIELLES FOTO DER US-ARMY*

geschossen!«, wenn ein Fahrzeug »gekillt« wurde, auszuschließen, legt MILES sofort sämtliche seiner Laser lahm.

Es gibt auch MILES-Systeme für abgesessene Soldaten, die an den Koppelgurten und Helmen der Träger befestigt werden und Ausfälle von Soldaten erfassen. Wird ein Soldat mit MILES-Ausrüstung »getroffen«, signalisiert ein unangenehmer Piepston einen knappen Vorbeischuß und ein schrilles ununterbrochenes Wimmern seinen »Tod«, bis der Soldat die Geräuschkulisse (und damit gleichzeitig auch seine Waffe) mit einem kleinen gelben Schlüssel außer Funktion setzt. Zusätzlich zu den »Kills«, die von gegnerischen Fahrzeugen registriert werden, können auch die »Observer/Controller« (O/C = Beobachter/Leiter)-Schiedsrichter (sofern anwesend) einen »Kill« mit einem kleinen Laser, von den Soldaten »Gottes Kanone« genannt, auslösen.

Die Gefechte beginnen mit einem Nachtmarsch zur sogenannten »Ablauflinie«, also dem Punkt, an dem der eigentliche Angriff beginnt. Entlang der Marschroute sind auf den Stabskarten sogenannte *Phase Lines** eingezeichnet. Diese imaginären Linien, die quer zur Marschrichtung verlaufen, erhalten normalerweise Code-Bezeichnungen, damit Klarheit im Funkverkehr herrscht. Die 1st Squadron bevorzugt Mädchennamen für ihre *Phase Lines* wie Debbie, Ginger, Zelda, usw. Sobald eine Einheit eine bestimmte Durchlauflinie passiert hat, meldet sie das per Sprechfunk an den Bataillonskommandeur. Dadurch weiß der Befehlshaber, daß der Angriff dem Zeitplan entsprechend abläuft und gleichzeitig auch, wer gerade was tut.

Von Zeit zu Zeit werden vom Übungsleiter Schwierigkeiten in der Art von Chemie- oder Artillerie-Angriffen eingestreut. Wenn beispielsweise

---

* Durchlauflinien

Ein M1A1 HC-Panzer des
3rd ACR wirbelt während
einer Übung in Fort Bliss,
Texas, Staub auf.
*JOHN D. GRESHAM*

eine Einheit durch eine Zone marschiert, die mit nachwirkenden chemischen Agentien verseucht ist (ein Schiedsrichter würde sie davon in Kenntnis setzen), muß sie sofort ihre MOPP-IV-Schutzanzüge anlegen, ihre *Fox*-Spürfahrzeuge einsetzen, um den kontaminierten Bereich zu vermessen, die Resultate an den Stab der Squadron melden, gegebenenfalls eine Dekontaminierung durchführen und dann weiter zum Angriffsziel marschieren.

In unserem Fall zeigte bereits die erste Übung für ein Bataillon in voller Stärke, weshalb Soldaten üben (müssen). Es lief nämlich eine ganze Menge verkehrt. So beobachteten wir unmittelbar nach Tagesanbruch des 4. Juli eine Übung, an der Colonel Martinez' 1st Squadron beteiligt war. Das Angriffsziel war ein Höhenzug im östlichen Teil des Übungsgeländes von Fort Bliss. Von dort aus konnte man die Annäherung der 1st Squadron aus Südwest gut überschauen. Um die ganze Sache etwas schwieriger zu machen, hatten die 3rd Squadron und die Marines einige Tage Zeit bekommen, um sich am Angriffspunkt und entlang der Annäherungsroute einzugraben.

Während der Übungseinweisung am Tag zuvor hatten wir noch versucht, dem Colonel und seinen Offizieren mit dem Versprechen, ihnen am Angriffspunkt »Donuts und Kaffee« zu servieren, einen Anreiz zu geben – aber unser gutes Vorhaben hat ihnen nicht sehr viel geholfen. Die 1st Squadron wurde zu einem Opfer dessen, was Clausewitz als »Reibungseffekt« bezeichnete: Eine Kleinigkeit nach der anderen verschwört sich gegen Ihr Vorhaben, das Angriffsziel zu erreichen. Clausewitz schrieb: »In einem Krieg ist alles einfach, aber die einfachste Sache ist schwierig. Diese Schwierigkeiten häufen sich an und bewirken eine Reibung, die sich niemand vorstellen kann, der nicht an einem Krieg teilgenommen hat.«

Hier kam es durch Staub und Dunkelheit dazu, daß einige Platoons die Orientierung und dadurch den Anschluß verloren (das passiert manchmal selbst mit GPS). Währenddessen schlüpften ein paar OPFOR-Teams der Marines in die hinteren Sammlungsräume der Squadron und stifteten

Der OPFOR-Stab bei der Einweisung vor dem Einsatz. Der Autor und die Illustratorin Laura Alpher sitzen in der vordersten Reihe. *JOHN D. GRESHAM*

dort zusätzliche Verwirrung. Inzwischen hatte die 1st Squadron sich zum Angriff auf den Hügel formiert, wurde aber durch die eingegrabenen Panzer und *Bradleys* der 3rd Squadron glatt aufgerieben.

Jetzt könnten Sie fragen: Was bringt eine Angriffsübung, die daneben geht? – Antwort: Man lernt aus seinen Fehlern.

Die formelle Schlußbesprechung stellt sicher, daß die Teilnehmer wirklich etwas dazulernen. Diese *After-Action-Review* (AAR) ist eine Zusammenkunft zur Besprechung im Anschluß an eine Übung, bei der sämtliche Befehlshaber beider Seiten darstellen, was sie gesehen haben. Die Schiedsrichter gehen jedes Detail der Übung mit gnadenloser Genauigkeit durch. Es wird erwartet, daß der Kommandeur jeder einzelnen Einheit aufsteht und ehrliche Selbstkritik am Ablauf übt. Um all dem noch größere Klarheit zu verleihen, werden die MILES-Daten projiziert, um das Vorgehen unter Feuer und Bewegung zu veranschaulichen. Danach werden die »gelernten Lektionen« schriftlich fixiert, um später an die Teilnehmer verteilt zu werden. Keine katholische Beichte kann je so ungemütlich und offen sein wie eine korrekt abgehaltene Schlußbesprechung.

Nur ganz nebenbei: Der Tiger Squadron haben wir selbstverständlich dennoch die versprochenen Donuts spendiert!

### Die Verlegung zum NTC

Nachdem die Bataillonsübungen abgeschlossen waren, konnte sich das Regiment auf den Weg nach Fort Irwin machen. Schon einige Wochen zuvor hatten Colonel Young und seine Offiziere das NTC besucht, um dort detailliert in die *Rules of Engagement* (ROE = Sicherheitsbestimmungen) des Übungsplatzes, die logistischen Vorgaben und andere Vorgehensweisen eingeführt zu werden. Es werden keine Mühen gescheut, um sicherzustellen, daß der Einsatz zu einem vollen Lernerfolg wird. Auch für mich war es eine Lernerfahrung, denn ich verbrachte etliche Tage mit der Beobachtung des 3rd ACR bei den NTC-Übungen.

Um die eigene Ausrüstung möglichst vor Abnutzung zu bewahren, nehmen die Einheiten, wenn sie zum NTC kommen, die meisten der benötigten Fahrzeuge und Ausrüstungsgegenstände aus dem Bestand von Fort Irwin. Dementsprechend brauchten nur ein paar Kommandofahrzeuge des 3rd ACR dorthin verfrachtet zu werden.

Unmittelbar vor dem Labor Day Weekend (= erstes September-Wochenende) wurden die meisten Soldaten mit Lastern und Bussen nach Fort Irwin gebracht (nur etwa 10 Prozent kamen auf dem Luftweg), um ihre Ausrüstung in Empfang zu nehmen und zum Sammlungsbereich des Übungsgeländes mit dem bezeichnenden Namen *The Dust Bowl** zu marschieren.

Gleichzeitig flog die 4th Squadron mit ihren Hubschraubern auf direktem Weg zum Flugfeld von Fort-Irwin und von dort aus zu einem Feldflugplatz, von dem aus sie während der Übung operieren würde. Damit teilte sich das Regiment für die Dauer der Übung in zwei Teile. Während der ersten Hälfte ging die 2nd Squadron (Lieutenant Colonel Greczyn) hinauf zum Schießplatz. Der Rest des Regiments nahm Kurs auf das Übungsgelände im südlichen Teil Fort Irwins, um dort eine Reihe von Gefechten gegen die härteste Einheit zu führen, die *nie* Bestandteil der Sowjetarmee war, die OPFOR.

### Das National Training Center – Einrichtungen und Personal

Wenn Sie von Los Angeles aus die Interstate 10 Richtung Osten fahren, kreuzen Sie die Interstate 15, die nach Norden Richtung Las Vegas in Nevada führt. Etwa auf halben Weg zum »Sündenbabel« liegt an der I-15 die Wüstenstadt Barstow, das Tor zum National Training Center, das etwa 60 km weiter nördlich beginnt. Das erste, was Sie auf Ihrem Weg zum Stützpunkt sehen werden, sind jede Menge weißer Kreuze – Gedenksteine für Fahrer, die auf der Straße zum NTC im Laufe der letzten zwölf Jahre ihr Leben ließen. Sie sind eine grausige Warnung, daß das Leben am NTC gefährlich genug ist, auch ohne daß man dazu rücksichtslos oder betrunken Auto fahren müßte. Ein wesentlich faszinierenderes Monument stellen die farbenfroh angemalten Steinhaufen dar, die die Einfahrt zur Basis dekorieren. Jeder Felsbrocken trägt das Emblem einer Einheit, die hier ihren Turnus absolviert hat.

Fort Irwin ist trost- und baumlos – nur Unmengen Felsen, Staub, kleine Büsche und Platz für Truppenbewegungs- und Schießübungen. Und trotzdem fühlt sich die Army erstaunlicherweise in diesem rund 2.687 km² großen Gelände eingeengt. Deshalb plant sie jetzt den Ankauf einer weiteren Parzelle, um die Einrichtungen um etwa 50 Prozent zu vergrößern. Im Augenblick noch auf Aktionen in Bataillonsgröße beschränkt, wird das Übungsgelände dann Raum für Gefechte in Brigade-/Regimentsgröße bieten.

---

* Doppelsinnige Bedeutung: einerseits eine geologische Bezeichnung für ein Trockengebiet mit häufigen Staubstürmen, andererseits Staubschüssel.

Obwohl in Fort Irwin Tausende von Soldaten mit ihren Familien leben und arbeiten – und täglich kommen neue hinzu –, ist hier lediglich eine einzige Kampfeinheit, die 177th Armored (OPFOR) Brigade, auf Dauer stationiert. Der Stützpunkt selbst ist alles andere als elegant. Die meisten der Gebäude wurden nach der Eröffnung von Fort Irwin im Jahre 1981 im schmucklosen Stil amtlicher Reißbrettarchitektur erbaut. Zuvor hatte hier die NASA eine riesige Parabol-Antenne aufgebaut, über die sie die Kommunikation mit ihren Raumsonden im Rahmen der Einrichtungen zu Deep-Space-Tracking abwickelte. Wirklich überaus elegant für ein Übungsgelände! Das gesamte Areal ist mit einem riesigen Verfolgungs- und Bewertungssystem auf MILES-Basis instrumentiert, und es gibt Ausrüstungen, über die man Gefechte mit höchstmöglicher Wirklichkeitstreue simulieren kann.

Während unseres Besuches im Jahre 1993 war Brigadier General Robert S. Coffey, ein Berufsoffizier der Infanterie, Kommandeur des NTC und folgender Einheiten:

- **Fort Irwin Base Garrison** – Eine Garnisonstruppe, die ständig Fort Irwin zugeordnet ist und praktisch alles vom PX* bis zur Einrichtung von Unterkünften betreibt. Diese Einheit sorgt auch für die Wartung und Lagerung von Ausrüstung, die von den durch das NTC »rotierenden« Einheiten benötigt wird.

- **NTC Operations Group** – Soldaten dieser Betriebsgruppe kümmern sich um die MILES-Sensoren, Laser-Waffen und Zielgestaltungen. Sie betreiben auch das »Star Wars«-Gebäude, in dem die Übungen aufgezeichnet und *After-Action-Reviews* (AARs) abgehalten werden. Sie leiten die Gefechtsübungen im Gebiet und fungieren als Trainer, Schiedsrichter, Sicherheitsoffiziere des Übungsgeländes und Bedienpersonal für die Zielaufbauten.

- **177th Armored Brigade/60th Guard Motorized Rifle Division\*\*** – Das sind die Manöverelemente der OPFOR. Auf der Grundlage sowjetischer Organisation und Kampfweise simulieren sie für die anderen Einheiten bei den Übungen am NTC den Gegner. Sie operieren mit den alten, leichten M551 *Sheridan*-Panzern und HMMWVs mit Anbausätzen aus Metallplatten (sogenannten *Visual Modifications* oder VISMODs = sichtbare Veränderungen). Durch diese *Add-on-Kits* erhalten die *Hummer* das Aussehen von Fahrzeugen sowjetischer Herkunft. Nach dem Ende der Bedrohung durch die Sowjetunion hält sich die OPFOR auf dem laufenden, was Taktik und Organisation anderer Gegner angeht, mit denen Amerika unter Umständen auf dem Balkan, im Nahen Osten, in Ostasien oder anderen Krisenherden konfrontiert werden könnte.

Diese Gruppen machen in ihrer Zusammenarbeit das NTC zur universellsten Gefechtsübungseinrichtung der Welt. Buchstäblich alles, womit sich

---

* Kaufhaus für Truppenangehörige
** Der sowjetischen 60. motorisierten Gardeschützendivision nachempfunden.

Ein UH-1-Hubschrauber der OPFOR am NTC dreht scharf ab, nachdem er einen simulierten Feuerüberfall auf Truppenteile des 3rd ACR ausgeführt hat. Die VIS-MODs an diesem Hubschrauber lassen ihn wie einen sowjetischen HIND-D-Kampfhubschrauber aussehen.

JOHN D. GRESHAM

eine Kampfeinheit im Gefechtseinsatz konfrontiert sehen kann, wird am NTC simuliert, und oft finden Einheiten, daß ein Lehrgang in Fort Irwin eine härtere Sache ist als ein wirkliches Gefecht.

## Force-on-Force Fight – Mittwoch, 8. September 1993

Als Colonel Young, Lieutenant Colonel Martinez und Lieutenant Colonel Sealock im NTC eintrafen, bestand ihre erste Aufgabe darin, die 1st wie auch die 4th Squadron unterzubringen und das Regimentshauptquartier einzurichten. Außerdem mußten sie dafür sorgen, daß alles bereit wäre, wenn die ersten der Übungsgefechte losgingen, die für die ersten zehn Tage auf dem Terminplan des dreiwöchigen Turnus standen. Die Squadrons werden dabei in eine Reihe von simulierten Kampfhandlungen mit der OPFOR verwickelt.

Eine ganze Woche lang sollten sich von jetzt an über 5.000 Soldaten jeden zweiten Tag zu Gefechten auf dem Übungsgelände treffen. Die Szenarien werden von der O/C-Gruppe mit dem Ziel kreiert, die einander gegenüberstehenden Teilnehmer immer wieder vor neue Herausforderungen zu stellen. So etwas kann in den unterschiedlichsten Erscheinungsformen ablaufen. Manchmal bewegen sich zwei Kräfte simultan und verwickeln sich in Gefechte um irgendein Stück Wüste, wann und wo auch immer ihre Patrouillen aufeinanderstoßen. Ein anderes Mal greifen die OPFORs eine Einheit (die sogenannten »Blauen«) an, um durchzubrechen und ein vorgegebenes Angriffsziel zu erobern. Oder umgekehrt: Die Blauen Truppen können auch die OPFOR angreifen und ihrerseits versuchen, ein Angriffsziel einzunehmen.

Unabhängig von der Situation versuchen beide Seiten, ihre Aktionen so zu planen, daß die Übungserfahrung der Blauen Truppe maximiert wird. Aus dem Blickwinkel der OPFOR bedeutet das, alles nur mögliche zu unternehmen, um die Blaue Truppe zu schlagen, bis hin zum simulier-

Col. Bob Young (vorn im Bild) und der Führungsstab der 4th (Air Cavalry) Squadron des 3rd ACR planen ein NTC *Force-on-Force*-Gefecht in einem »Sandkastenmodell« auf dem NTC-Übungsgelände.
JOHN D. GRESHAM

ten Einsatz von Massenvernichtungswaffen. Tatsächlich gewinnen die OPFOR auch etwa 80 Prozent der Gefechte gegen ihre Gegner von den Blauen Streitkräften. Da die Chancen ganz bewußt zu Gunsten der OPFOR verteilt sind, wird jedes Gefecht für die Blauen zu einem verzweifelten Kampf ums Überleben. Jedes Gefecht, das die Blauen »gewinnen« wollen, erfordert also eine perfekte Durchführung ihres eigenen Gefechtsplanes – normalerweise müssen allerdings die OPFOR auch noch ein paar Fehler gemacht haben. Der geringste Mangel an Perfektion führt unausweichlich zu einer vernichtenden Niederlage der Blauen Truppen und zu einer AAR mit so viel demütigender Selbstkritik, daß man sich ein Leben lang daran erinnert – und zu einer ebenfalls lebenslangen Lehre. Einige Faktoren für die Erfolge der OPFOR sind:

- **Kräfteverhältnis im Szenario** – Das Kräfteverhältnis für jedes Szenario (das von der Verfassung und der Einsatzbereitschaft der Blauen Kräfte abhängt) wird von der Operations Group festgelegt, damit die Kämpfe so schwer wie möglich ausfallen. Seit man von den amerikanischen Truppen erwartet, daß sie gegen zahlenmäßig stärkere Streitkräfte antreten und gewinnen können, werden die OPFOR-Einheiten bis zu doppelt so stark angesetzt wie ihre Gegner von der Blauen Truppe, unabhängig davon, ob die OPFOR angreift oder verteidigt.
- **Waffen** – Das NTC macht keinen Unterschied in der Wirksamkeit amerikanischer Waffen (durch die MILES-Geräte simuliert) und denen »sowjetischer Herkunft« bei den OPFOR-Einheiten. Das bedeutet, daß die OPFOR-Panzer und -Kampffahrzeuge aus ihren Kanonen und Flugkörpern die gleichen Leistungsdaten beziehen können wie die amerikanischen Einheiten.
- **Heimvorteil** – Während eines Zeitraums von sechs Wochen führen die OPFOR-Einheiten zwischen acht und zehn Gefechte auf dem gleichen Gelände und sehr oft unter identischen taktischen Bedingungen durch. Das heißt, sie »kämpfen« wesentlich häufiger als jede andere Einheit

der Army. Ähnlich wie eine Basketball-Mannschaft, die immer nur in der eigenen Halle spielt, so kennen auch sie jedes lockere Bodenbrett und jeden rauhen Punkt persönlich. Nicht selten sind ihre Gegner von der Blauen Truppe zum ersten Mal im NTC – es kommt sie also teuer zu stehen, daß sie sich erst einmal mit dem ungewohnten Boden vertraut machen müssen. Die OPFOR-Einheiten nutzen ihre Geländekenntnis so virtuos, daß Einheiten, die zum ersten Mal das NTC besuchen, Witze über »OPFOR-Tunnel« machen, weil sie den Eindruck haben, daß die OPFOR überall, wo sie wollen, »aus dem Boden wachsen« können.

- **OPFOR-Erfahrungen** – Jedes Mitglied der OPFOR ist ein erfahrener Panzer-Offizier oder -Soldat. Sie alle nehmen praktisch ununterbrochen an OPFOR-Aufgaben teil, was dazu führt, daß sie in ihren Jobs unheimlich gut sind. Wie im Leben, so gilt auch in der Gefechtsarena, daß die Übung den Meister macht.

Aus verschiedenen Gründen waren die Voraussetzungen für das 3rd ACR bei diesem Turnus sogar noch härter. An erster Stelle, weil sich die Trooper der Cavalry selbst für eine Elite halten, weshalb die OPFOR die Cavalry ganz besonders »ins Herz geschlossen« zu haben scheinen. Die OPFOR lieben es geradezu, dem 2nd ACR-L oder 3rd ACR, wann immer sie zum NTC kommen, so oft wie möglich nachdrückliche Dämpfer zu versetzen, indem sie besonders harte Szenarien austüfteln. Um zu gewinnen, müssen die »Blauen« darum erheblich größere Risiken eingehen.

Diesmal verliefen die ersten Tage der *Force-on-Force*-Gefechte gar nicht gut für das 3rd ACR. Obwohl die Soldaten es einmal fast geschafft hätten, einen Sieg zu erringen, wurden sie bei etlichen anderen Gelegenheiten übel zugerichtet. Als am Morgen des 7. September der Alarmbefehl für eine Bewegung-zum-Kontakt-Übung für den folgenden Tag eintraf (dabei wird alles, bis hin zu den Einsatzbefehlen, wie bei einem wirklichen Kampfeinsatz gehandhabt), wußte Lieutenant Colonel Martinez, daß dies seine letzte Gelegenheit wäre, ein erfolgreiches Gefecht gegen die OPFOR zu führen. Nach dieser Übung wurde seine Truppe nach Norden zum Drinkwater Lake verlegt, um auf den Schießbahnen für Gefechtsschießen des NTC zu üben.

Der 7. September wurde mit dem Reparieren der Ausrüstung (gepanzerte Fahrzeuge verschleißen sich in der Wüste mit geradezu brutaler Geschwindigkeit) und den Planungen für das kommende Gefecht verbracht. In der Zwischenzeit entwarfen die Kommandeure in den Hauptquartieren der 1st und 4th Squadron Gefechtspläne auf den riesigen Sandkastenmodellen von Fort Irwin. Das Angriffsziel bestand darin, durch den Brown's Pass am Nordende des Geländes durchzustoßen. Der Stab des 3rd ACR ging davon aus, daß sich die OPFOR am weiter entfernten Ende des Passes eingegraben hätte, wobei ihre genaue Position erst durch die vorbereitende Späh-Aufklärung festgestellt werden sollte, die für diesen Abend angesetzt war. Wenn sie es nur schaffen würden, die OPFOR ausfindig zu machen, sollte es eigentlich kein Problem sein, sie auf direktem Weg aus dem Brown's Pass heraus- und gleich weiter bis zum Überwachungszentrum von Goldstone zu jagen.

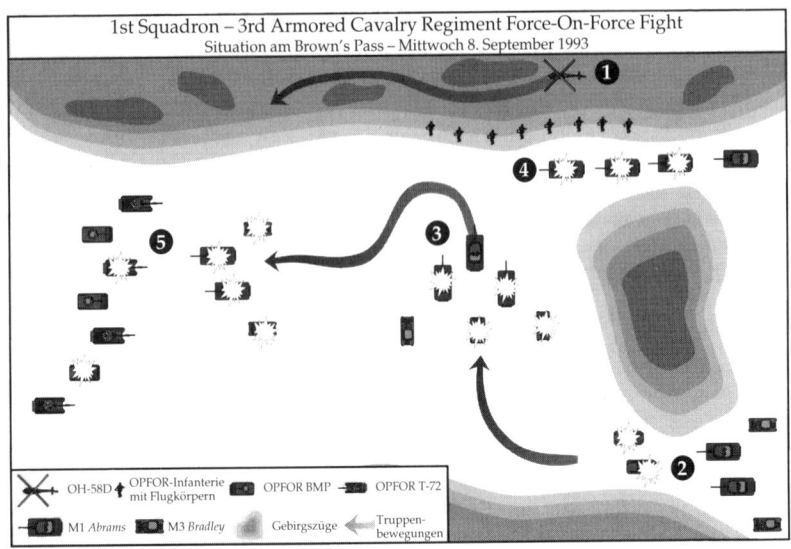

1st Squadron – 3rd Armored Cavalry Regiment Force-On-Force Fight
Situation am Brown's Pass – Mittwoch 8. September 1993

Das Gefecht des 3rd Armored Cavalry Regiment gegen die NTC-OPFOR am Brown's Pass fand am 8. September 1993 statt. Als das Gefecht begann, erkundeten die Hubschrauber der 4th Squadron mit mäßigem Erfolg den Nordhang des Passes (1). Dann vernichtete die 1st Squadron die OPFOR-Sicherheitskräfte am südlichen Zugang zum Paß (2)und rückte weiter auf die OPFOR-Stellungen entlang des Nordhanges vor. Hier (3) geriet sie unter Flugkörperbeschuß durch die OPFOR. Auch die Panzerkompanie der 1st Squadron wurde schwer getroffen, und diejenigen, die den Beschuß überstanden hatten, wurden zerstört, als sie direkt in die Hauptmacht der OPFOR-Kräfte hineinliefen (5). *Jack Ryan Enterprises, ltd., von Laura Alpher*

In einem *Lager** in der Nähe von Goldstone planten zur gleichen Zeit auch die Anführer der OPFOR das morgige Gefecht. Nachdem der Operations-(S-3)-Stab etliche Stunden hart gearbeitet hatte, entschied man sich dafür, das Gefecht mit einer aggressiven Gegenerkundung auf das 3rd ACR Richtung Osten zu beginnen (derjenige, der das Aufklärungsgefecht für sich entscheidet, gewinnt gewöhnlich auch den Kampf). Fahrzeuge der 60th Guards Motorized Rifle Division sollten sich in den Hügeln am Nordende des Passes eingraben. ATGM-Teams, *Anti Tank Guided Missile* würden sich zwischen den Felsen am strategisch wichtigen Zugang zum Paß verstecken. Sobald die 1st Squadron am nächsten Morgen dort durchkäme, würde sie in einen Hinterhalt laufen und sich in Zonen mit überlappendem Feuer befinden.

Als beide Seiten sich im Laufe der Nacht auf die Ausgangspositionen für das Gefecht begaben, kam es zu einer Reihe kleinerer Scharmützel, die

---

* Aus dem Deutschen übernommener Begriff für ein wagenburgartiges Feldlager aus Kampffahrzeugen, die kreisförmig angeordnet nach außen ausgerichtet sind.

Lieutenant Colonel Toby Martinez, Kommandeur der 1st »Tiger« Squadron des 3rd ACR nach der Niederlage am Brown's Pass. Er war bereits von vier Fahrzeugen »abgesprungen«, die während der Force-on-Force-Gefechte »getroffen« wurden.

JOHN D. GRESHAM

einen entscheidenden Einfluß auf den Verlauf des Gefechts am kommenden Tag haben würden. Entlang der Hügellinie und -kämme nördlich des Passes wurden die Spähtrupps des 3rd ACR von den *Blackhawks* der 4th Squadron abgesetzt, jedoch fast sofort von den Gegenspähtrupps der 60th Guards geschnappt. Als der nächste Tag zu dämmern begann, bewegte sich die 1st Squadron des 3rd ACR daher fast blind Richtung Westen in den Paß hinein.

Die einzigen Aufklärungsdaten kamen von den Luftaufklärern der 4th Squadron, die einen Sicherungs-Außenposten des Gegners am Paß selbst und feindliche Panzerfahrzeuge in Gefechtsstellungen im Westen des Passes meldeten. Angesichts der Bedrohung durch simuliertes SAM- und FLAK-Feuer konnten sie aber nicht näher herankommen, um mehr über die OPFOR-Stellungen herauszufinden.

Im Morgengrauen donnerte die 1st Squadron geradewegs durch den Paß und verlor dabei durch die dort in Stellung gegangenen OPFOR-Truppen nur wenige Fahrzeuge. Dann ging sie in ein *long bounding movement* (Umgehungsmanöver) über, das sie in nordwestlicher Richtung auf die eingegrabenen Panzerfahrzeuge führen sollte, die von den Luftaufklärern gemeldet worden waren. Lieutenant Colonel Martinez fuhr in seinem M3 *Bradley* ins Gefecht. Unmittelbar hinter ihm folgten weitere *Bradleys* mit dem Regiments-Gefechtsstand von Colonel Young.

Während dieses nordwestlich gerichteten Vorstoßes fuhren M1059 (das sind die M113-APC mit Rauchentwicklern) entlang der Flanken der führenden Fahrzeuggruppe und nebelten die Bewegung ein. Alles schien ganz gut zu laufen. Aber von einem Augenblick zum anderen brach die Hölle los, als von den Hügeln im Norden des Passes ein wahrer Hagel simulierter ATGMs hervorbrach. Etliche *Abrams* Panzer und *Bradleys* fielen diesem ersten Sperrfeuer zum Opfer. Die zum Westende des Passes führende Ebene wurde zu einer Mülldeponie für bewegungsunfähige Fahrzeuge, auf deren Dach gelbe Stroboskop-Lichter blinkten. Das Schlimmste aber war, daß die Kommandofahrzeuge von Colonel Young und Lieutenant Colonel Martinez gleich beim ersten Sperrfeuerangriff durch Flugkörper kaltgestellt wurden.

Toby Martinez ist allerdings kein Soldat, der so einfach aufgibt. Sobald sein Kommandofahrzeug getroffen wurde, »sprang« er auf ein anderes, um den Angriffsschwung aufrechtzuerhalten. Er sollte das noch dreimal wiederholen müssen, bevor das Gefecht an diesem Tag endete. Sobald er sich im Führungs-Sprechfunkverkehr zurückgemeldet hatte, befahl er den Überlebenden der A-, B- und C-Kompanien, die Flugkörper-Teams der OPFOR zwischen den Felsen der Höhenzüge anzugreifen und das Gebiet zu säubern. Während die so eingesetzten Einheiten damit beschäftigt waren, schickte er die D-Kompanie – seine Reserve von vierzehn Panzern – los. Sie sollte den Angriff auf die eingegrabenen Fahrzeuge im Westen fortsetzen.

Pech für Lieutenant Colonel Martinez und seine Männer der 1st Squadron. Jetzt stellten sich die Folgen der fehlgeschlagenen Aufklärung vom Vorabend ein und begannen sie zu plagen. Als die Panzer der D-Kompanie endlich die Linien der eingegrabenen T-72 Panzer und BMPs erreichten, trafen sie nicht die erwartete Einheit in Kompaniestärke an, sondern sahen sich mit einem fast kompletten Bataillon Kampffahrzeuge der OPFOR konfrontiert. Da die Einheiten der Squadron in zwei weit voneinander entfernte Gruppen zersplittert waren, wurden sie fast gänzlich aufgerieben, bevor sie auch nur richtig begriffen hatten, was eigentlich vor sich ging. Die ATGM-Teams hatten die Cavalry-Einheiten angezogen wie ein Fliegenfänger und die eiserne Faust der OPFOR schmetterte sie dann an die Felswände des Passes. Weniger als vier Stunden, nachdem die 1st Squadron ihre Ablauflinie verlassen hatte, war sie bereits dezimiert. Entlang des ganzen westlichen Zugangs zum Paß legten die blinkenden, »gekillten« Fahrzeuge des 3rd ACR ein ebenso stummes wie ärgerliches Zeugnis von den Fähigkeiten der OPFOR ab.

Niemanden im ganzen Regiment hat es an diesem Tag schlimmer getroffen als Toby Martinez. Nicht nur, daß er viermal von Fahrzeugen »abspringen« mußte, die ihm unter dem Hintern weggeschossen worden waren (er war gerade auf der Suche nach einem fünften, als über das Sprechfunknetz der Befehl zur Beendigung des Gefechts kam), außer einer Muskelzerrung an Seite und Rücken hatte er sich auch noch eine Verletzung seines rechten Knies zugezogen, als er von seinem vierten Fahrzeug, einem *Abrams*-Panzer sprang. Dieses Mißgeschick sollte ihm noch etliche Tage nicht unerhebliche Schmerzen bereiten – während er nach wie vor das Kommando über sein Bataillon führte. Jetzt aber eilten er und Colonel Young erst einmal zur Schlußbesprechung ins »Star Wars«-Gebäude, um dort ihre Prügel zu beziehen.

Bei dieser speziellen AAR erhielten sie unter anderem folgende Anregungen:

- Verbesserung der Aufklärungs- und Gegenerkundungsplanung beim Regiment;
- bessere Nutzung von Artillerie- und Luft-Nahunterstützungseinsätzen, die bei den Aktionen am Paß praktisch wirkungslos geblieben waren;
- bessere Geländeausnutzung am Paß, um zu vermeiden, daß es zu einer Bloßstellung vor den ATGMs käme, wenn große ungedeckte Fläche überwunden werden müßten.

Nachdem dieses Gefecht – ihr viertes innerhalb nur einer Woche – überstanden war, bereitete sich die 1st Squadron auf die Abwechslung mit der 2nd Squadron von Norman Greczyn am Drinkwater-Lake vor. Das bedeutete einen 50-km-Marsch auf der Straße von einem Ende Fort Irwins zum anderen, an dem alle Fahrzeuge der Bataillone teilnehmen würden. Colonel Young und das *Regimental Tactical Operations Center* (RTOC = Regimentsgefechtsstand) würden zurückbleiben und weitere zehn Tage mit der 2nd Squadron in den Force-on-Force-Gefechten zusammenarbeiten. Es war eine harte Woche für die 1st Squadron und sie waren bereits müde, durstig und dreckig. Die vergangenen Tage waren schon extrem heiß gewesen, und auf ihrem Marsch nach Osten zum Schießplatz sollte es noch heißer werden. Es herrschten Spitzentemperaturen von 46° C. Im Inneren eines Panzers oder *Bradley* lagen die Temperaturen aber noch einmal bis zu 11° C *darüber*! Auf mich selbst, muß ich gestehen, hatte die Hitze verheerende Auswirkungen. Ich war auf dem besten Wege, in den »Trott« des Flüssigkeitskreislaufs zu verfallen und

Der Autor mit General Coffey (links im Bild) und der Illustratorin der Serie, Laura Alpher (Bildmitte) bei einer Feldbesprechung mit einer Schiedsrichtergruppe des NTC nach einer Übung. *JOHN D. GRESHAM*

wünschte mir mehr als einmal, ich wäre im vollklimatisierten Luxus der VIP-Unterkünfte von Fort Irwin zurückgeblieben. Als wir an diesem Abend zu einem »Arbeitsessen« in einem UH-1-Hubschrauber zurück zur Hauptbasis flogen, mußte ich dauernd an die jungen Trooper des 3rd ACR denken, die weder eine frische Mahlzeit, noch eine Dusche oder einen Raum mit Klimaanlage haben würden, in dem sie schlafen konnten. Gleichzeitig ertappte ich mich dabei, wie ich Toby und seiner Squadron für den Sonntagmorgen, ihrem ersten Tag auf dem Schießgelände am Drinkwater Lake, mehr Glück wünschte.

### Schießübungen mit scharfer Munition bei Tageslicht, Sonntag 12. September 1993

Sollte Lieutenant Colonel Martinez sich der Hoffnung hingegeben haben, ihm und der 1st Squadron wären nach Abschluß der Force-on-Force-Übungen mehr Glück beschieden, so standen ihm jetzt einige grausame Überraschungen bevor. Seine Verletzungen vom Sturz am 8. taten immer noch scheußlich weh, und er bekam nur wenige Stunden Schlaf pro Nacht. Schlafmangel ist eine ernstzunehmende Angelegenheit, wenn man gezwungen ist, Entscheidungen auf Leben und Tod zu fällen, und die Schmerzen waren auch nicht gerade hilfreich. Fast noch schlimmer waren die Neuigkeiten über die Einsatzbereitschaft der Panzer und *Bradleys*. Im Laufe des Sonntagmorgen stellte sich heraus, daß, bedingt durch den Ersatzteilmangel in Fort Irwin, nur 60 Prozent seiner Panzer und 55 Prozent seiner *Bradleys* einsatzbereit sein würden. Damit aber würden technische Unterstützung und indirektes Artilleriefeuer eine wesentlich wichtigere Rolle als gewöhnlich spielen. Genau genommen wurden sie zum entscheidenden Faktor für Erfolg oder Versagen der Squadron.

An diesem Sonntagmorgen bekam es die Squadron mit der »Mutter aller Shooting Galleries« zu tun: dem Schießgelände von Drinkwater Lake. Eingebettet in ein Tal an der Nordostecke von Fort Irwin, verläuft das Gelände in Ost-West-Richtung, mit Hügeln im Norden und zerklüfteten Bergen im Süden. Am Ostende dieses Tals, dem Fußpunkt einer langgezogenen Senke, befindet sich der Drinkwater Lake. Dieser See trocknet jahreszeitlich bedingt in der unerträglichen Hitze des Sommers aus, er wird weiß und bretteben. Am Boden des Tales sind ganze Serien von insgesamt 1500 computergesteuerten »Pop-Up«-Zielen installiert worden, die das Vorrücken eines *Motorized Rifle Regiment* (MRR = Motorisiertes Schützen-Regiment) das Tal hinunter auf die Stellungen der Blauen Truppen zu simulieren.

Die Ziele werden von einem O/C-Team von einem Kontrollzentrum aus gesteuert, das man in guter Position auf der Spitze eines Hügels am Westende des Tales eingerichtet hat. Sobald ein solches Ziel von einem der *Training-Practice*-Geschosse (TP = Übungsmunition) getroffen wurde, das ein Panzer oder Kampffahrzeug abgeschossen hat, gilt dieses Ziel als »tot« und taucht auch nicht wieder in der Linie von *Pop-Up*-Zielen auf. Um zu siegen, muß die Blaue Truppe ein komplettes Bataillon von Zielen, oder anders ausgedrückt, 160 simulierte feindliche Fahrzeuge zerstören. Die Bedingungen am Drinkwater Lake sind so wirklichkeitsgetreu, wie es die Sicherheitsbestimmungen des Übungsplatzes gerade noch zulassen. Scharfes Artilleriefeuer ist erlaubt (wie wir später noch feststellen werden), und sogar der Einsatz von Chemiewaffen wird simuliert, wobei Tränengas verwendet wird, um die Trooper zu zwingen, in ihren MOPP-IV-Kampfanzügen zu kämpfen.

Am Tag vor der Schießübung gingen Lieutenant Colonel Martinez und seine Kommandeure, der S2, S3, der Feuerunterstützungs-Offizier, der Kommandeur des Feldartillerie-Bataillons, der den direkten Feuerschutz liefern sollte, und der Befehlshaber der Pionierkompanie, das Gefechtsfeld ab, um ihre Vorstellungen darüber abzustimmen, in welchem Bereich des Angriffsgebietes sie den Feind zu vernichten planten. Nachdem die Kommandeure ihre Erkundung des Terrains abgeschlossen hatten, befahl der Squadron Commander, wo die Fahrzeuge in Stellung zu gehen hatten, legte die Grenzen der Angriffsabschnitte fest und teilte dabei das Gebiet in drei separate Vernichtungszonen ein. Die erste lag außerhalb der Reichweite von Flachfeuerwaffen und sollte von der Artillerie und den *Close-Air-Support*-F16 (CAS = Luftunterstützung-) beherrscht werden. Die Absicht war, das indirekte Feuer vom Feldartillerie-Bataillon des Regiments (das aus drei Artillerie-Batterien bestand) und der eigenen Haubitzen-Batterie (insgesamt 30 M109-Rohre) der Squadron auf den Feind zu massieren. Lieutenant Colonel Martinez stellte klar, daß er mit sämtlichen Batterien eine Feuerwalze [*linear sheafs*[1]] zur maximalen Zerstörung erzielen wollte, denn sollte es dem Gegner gelingen, unbehelligt in den Wirkungsbereich der Flachfeuerwaffen zu gelangen, wären für die Panzer und *Bradleys* einfach zu viele Ziele auf einmal vorhanden, die sich nicht mehr ausschalten ließen. Das hätte zur Folge, daß der Feind die Stellungen der Blauen Truppen glatt überrennen würde. Der Feuerunterstützungs-Offizier, Captain Joe Feistritzer, positionierte seine *Fire-Support-Teams* (FISTs) auf den Anhöhen zu beiden Seiten des Gefechtsbereiches, um auf diese Weise weite und gleichzeitig überlappende Beobachtungsbereiche sicherzustellen. Die Ziele für die Artillerie wurden identifiziert und vermessen und die *Trigger Points* (Zielbezugspunkte) auf dem Boden markiert. Die zweite Vernichtungszone sollte von den M1 *Abrams* und den TOW-Flugkörpern der M3 *Bradleys* dominiert werden. Die Vorgaben basierten auf den Maximalreichweiten dieser Waffen. Ziele erster Priorität in dieser Zone sollten die feindlichen Panzer sein. Man hatte vor, die gegnerischen Panzer abzuschießen, bevor diese Gelegenheit hatten, selbst in ihre wirksamste Schußweite zu kommen. Währenddessen würden Artillerie und Mörser weiterhin Sperrfeuer und Nebel liefern. Der Bataillonskommandeur ging davon aus, daß er den dann noch vorhandenen Rest des Feindes in der dritten Vernichtungszone würde ausschalten können. In dieser dritten Zone sollte es zu einer Konzentration der Angriffsziele kommen, wobei sämtliche Waffensysteme dann den Feind in Reichweite haben würden.

(1) M1A1 HC-Panzer des 3rd ACR (der auf der linken Seite ist mit einem Minenräumgerät ausgerüstet) nach einem Übungsgefecht am Brown's Pass.
JOHN D. GRESHAM

(2) Trooper des 3rd ACR in ihren ABC-Schutzanzügen arbeiten an ihren M109-Selbstfahrhaubitzen. JOHN D. GRESHAM

(3) Ein M1A1 HC-Panzer des 3rd ACR, eingegraben auf dem Schießgelände des NTC am Drinkwater Lake. JOHN D. GRESHAM

Der Squadron Commander wußte, daß, wenn es die Artillerie schaffte, wenigstens 20 Prozent der Ziele über große Entfernung auszuschalten, und der Plan der Pioniere mit den Sperren aufginge, der Feind mindestens zehn weitere Minuten in der Angriffszone aufgehalten werden würde. Dann könnten die Trooper, die auf den Panzern und *Bradleys* aufgesessen waren, die Vernichtung des Feindes vollenden.

Sobald die Planungen abgeschlossen waren, wurden sämtliche Elemente der Squadron mit dem gleichen Ziel in Marsch gesetzt – das Gefechtsfeld für die Vernichtung des Feindes vorzubereiten. Noch spät in der Nacht hielt Lieutenant Colonel Martinez eine letzte Stabsbesprechung ab. Anwesend waren dabei der Kommandeur des Artillerie-Bataillons, Lieutenant Colonel Twohig, der Einsatzoffizier der »Tiger«-Squadron (S3), Major Brossart, der *Fire Support Officer* (= FUO = Feuerunterstützungsoffizier), Captain Feistritzer, und der Offizier des Aufklärungsdienstes der Squadron (S2), Captain Whatmough. Noch einmal wurde jedes einzelne Detail der Kampfzone durchgesprochen, die Feuerleitung, die Angriffsprioritäten, jeder einzelne *Trigger Point* der Artillerie und das Synchronisierungsschema. Im Anschluß an die Besprechung traf er sich noch mit seinem Stellvertreter, Major Sandridge, um die letzten Berichte über die Einsatzbereitschaft entgegenzunehmen. Danach stieg er zusammen mit seinem Feuerunterstützungs-Offizier in sein M3-Kommandofahrzeug und fuhr zu seiner Position für das morgendliche Gefecht. Am

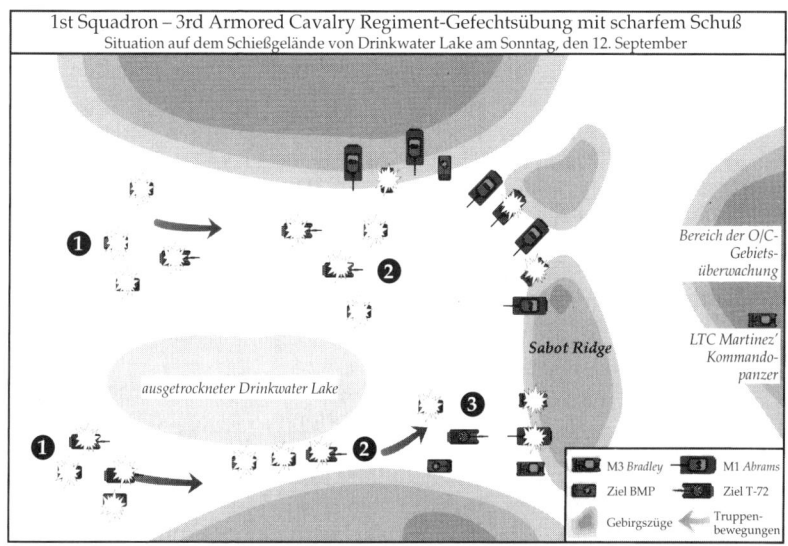

1st Squadron – 3rd Armored Cavalry Regiment-Gefechtsübung mit scharfem Schuß
Situation auf dem Schießgelände von Drinkwater Lake am Sonntag, den 12. September

Bereich der O/C-
Gebiets-
überwachung

LTC Martinez'
Kommando-
panzer

Sabot Ridge

ausgetrockneter Drinkwater Lake

M3 *Bradley*          M1 *Abrams*

Ziel BMP          Ziel T-72

Gebirgszüge          Truppenbewegungen

Das Gefecht des 3rd Armored Cavalry Regiments mit der Zielgestaltung auf dem Schießgelände des NTC am 12. September 1993. Das Gefecht begann mit einer ersten Welle simulierter Motor Rifle Batallions (MRBs), die von wohlgeplantem und -geleitetem Artilleriefeuer getroffen wurde (1). Anschließend vernichtete die 1st Squadron den Rest der beiden MRBs durch Feuer aus ihren Stellungen auf der Nordseite des Tales und vom Sabot Ridge (2). Der letzte Ansturm kam vom Reserve-MRB entlang der Südseite des Drinkwater Lake (3). Aus Sicherheitsgründen wurde Feuereinstellung befohlen, weshalb einige (etwa 25 von 160) simulierter Fahrzeuge durchbrechen konnten. *JACK RYAN ENTERPRISES, LTD., VON LAURA ALPHER*

folgenden Morgen, auf *Stand To* (das ist die festgelegte Zeit, zu der sämtliche Waffensysteme und Soldaten kampfbereit sein müssen), liefen zusammen mit den Statusmeldungen all seiner untergeordneten Befehlshaber auch die neuesten Aufklärungsdaten vom S2 bei ihm ein. Zu diesem Zeitpunkt wußte Lieutenant Colonel Martinez, daß es jetzt nichts mehr gab, was er noch hätte tun können, um die »Tiger«-Squadron auf das Gefecht vorzubereiten. Er versuchte, sich zu entspannen und wartete auf den Feind.

Da an diesem Morgen weniger als 60 Prozent der Direktbeschuß-(Flachfeuer-)waffen zur Verfügung standen, mußte sich das Bataillon etwas ganz Besonderes einfallen lassen, um in diesem Gefecht auch nur gleichziehen zu können. Als wir uns auf unserem Flug dorthin mit General Taylor unterhielten (der früher selbst einmal Kommandeur des NTC gewesen war), teilte er uns mit, daß er angesichts der Verfügbarkeitsprobleme mit den Fahrzeugen am NTC wenig Hoffnung hätte, daß die 1st Squadron an diesem Tag besonders erfolgreich sein würde. Er wäre eigentlich nur gespannt festzustellen, »wieviel Charakter Toby und seine Trooper haben«. Wir alle sollten bald erkennen, wieviel Charakter sie tatsächlich besaßen.

307

Nach unserer Landung gegen 7 Uhr morgens frühstückten wir mit dem O/C-Team in einem Überwachungsbereich, von dem aus man das ganze Tal überblicken konnte. Der Plan des O/C-Teams, die verkrüppelte 1st Squadron zu besiegen, war ebenso einfach wie brutal. Die Übungsleiter würden je ein Bataillon Ziele auf beiden Seiten des Sees von Ost nach West vorrücken lassen. Dann würden sie es ihrem »Reserve-Bataillon« überlassen, immer gerade dort einzugreifen, wo der Vorstoß jeweils am weitesten vorangekommen war. Dies entspricht sowjetischer Militärdoktrin, die besagt, daß ein Erfolg durch den Einsatz von Kampfreserven vergrößert werden kann. Als die erste Linie von Zielen auf dem Sattel des Passes »hochsprang«, der zum Westende des Tales hin verläuft (das sogenannte »S-Zielband«), waren die O/Cs völlig sicher, daß sie die 1st Squadron praktisch aus dem Tal pusten würden.

Nachdem die Stellungen der verteidigenden Blauen Truppen einmal festgelegt waren, konnten die Feuerpositionen (wegen der geltenden Sicherheitsvorschriften auf dem Übungsgelände) im Laufe des Gefechts weder zurückgenommen noch verändert werden. Das machte die Vorgaben für die ohnehin schon erheblich verringerte Streitmacht von Colonel Martinez nur noch gefährlicher. Seine Hauptverteidigungslinie verlief vom Fuß der Berge auf der Südseite des Tales entlang einer Anhöhe mit der Bezeichnung »Sabot Ridge« und dann in weitem Bogen längs der Nordseite des Tales. Der Aufbau war so gewählt worden, um eine maximale Feuerüberlappung auf den breitesten Korridor im Tal zu erzielen, der sich auf der Nordseite des ausgetrockneten Sees entlangzog. Da unter der Oberfläche des Drinkwater Lake die Larven der Salzlaken-Krabben überwintern und es sich bei denen um eine gefährdete Spezies handelt (nein, das ist *kein* Witz), besagt eine der Vorschriften auf dem Schießgelände, daß sich niemand auf den trockenen See begeben darf; auch Schwerlastverkehr und Artillerie sind dort nicht zugelassen.

In eine flache Gefechtsstellung auf dem NTC-Gelände eingegraben, bereitet sich dieser *Bradley* auf ein Gefecht mit der OPFOR vor. Beachten sie das TOW-Startgerät in feuerbereiter Stellung und das Blinklicht neben der Luke des Kommandanten. *OFFIZIELLES FOTO DER US–ARMY*

Währenddessen hatten die O/Cs uns kugelsichere Westen und Helme verpaßt, damit wir vor Querschlägern geschützt wären, die möglicherweise in unmittelbarer Nähe herunterfielen. Um 8 Uhr setzten wir uns dann hin, um das Gefecht zu beobachten. Es war wie ein langsamer Festzug, als die erste Linie von Zielen herankam und leise vorrückte. Hin und wieder ließen die O/Cs ein Ziel mit seinem Rauchgenerator »knallen« um den Staub zu simulieren, der entsteht, wenn sich Fahrzeuge über Wüstenboden bewegen. Genau in diesem Augenblick brachen die ersten Probeschüsse bei den Artillerie-Batterien der 1st Squadron zur Reichweitenerfassung los und schlugen um die vorrückende Linie von Zielen ein. Sofort danach begann die Artillerie, Ziele in rauhen Mengen zu »killen«, und die nördliche Ziellinie begann abzubröckeln. Das Geräusch der Artillerie war wie ein fernes Gewitter, wobei der schwarze Rauch und Staub der HE-Granaten uns zeitweilig die Sicht nahm. Dann tauchten die ersten F-16 von der Nellis AFB (in der Nähe von Las Vegas, Nevada) am Ort des Geschehens auf und schalteten noch mehr der nördlichen Ziele aus. Im Süden passierte genau dasselbe. Auch hier machte die Artillerie die vorrückende Linie von Zielen an der Südecke des Drinkwater Lake nieder.

Der Plan von Lieutenant Colonel Martinez mit der Artillerie und dem CAS klappte so gut, daß wir schon fast die geschrumpfte Streitmacht aus Panzern und *Bradleys* vergessen hätten, die im Tal auf jene »Durchschlüpfer« warteten, die es geschafft hatten, durch dieses Sperrfeuer zu kommen. Ganz überraschend für uns eröffnete der erste Panzer mit einem lauten »Krach« seiner 120-mm-Hauptwaffe das Feuer. Fast im gleichen Augenblick feuerten auch noch etliche andere. Dann hörten wir auch noch das typische »Wusch« der TOW-Flugkörper, die auf ihrem Weg über das trockene Bett des Sees waren, um dort all die Ziele zu treffen, die eine Umgehung nach Süden versuchten. Als der simulierte Gegner in seinem Vormarsch die Linie von Sperren erreichte, die von den Pionieren errichtet worden war, traten als letzte Waffen die 25-mm-Maschinenkanonen der *Bradleys* ins Gefecht. Die Feuerdisziplin war perfekt. Dabei feuerten die Mannschaften einzelne Schüsse zur Reichweitenerkennung ab, denen Feuerstöße zu jeweils drei Schuß folgten, sobald sie die Entfernung hatten. Über das O/C-Funknetz konnten wir hören, wie die zerstörten Ziele gezählt wurden, und waren einigermaßen überrascht, als die Schiedsrichter erklärten, die ersten beiden Bataillone seien vernichtet und sie müßten jetzt die beiden Reserve-Bataillone aus Zielen zum südlichen Korridor um das Bett des Sees in Marsch setzen.

Für kurze Zeit herrschte trügerische Ruhe, als die O/Cs das letzte Zielbataillon aufmarschieren ließen und die Artillerie-Mannschaften damit beschäftigt waren, ihre dicken Kanonen für einen erneuten Angriff vorzubereiten. Als die M109 dann wieder feuerten, wiederholten sie zeitweilig den Erfolg des vorausgegangenen Sperrfeuers. Sogar die Verwendung einiger Tränengasgranaten entlang der Verteidigungslinie (damit die Soldaten ihre MOPP-IV-Anzüge anlegen mußten) und die großzügige Verwendung der »Gotteskanonen«, um willkürlich einige Panzer und Kampffahrzeuge zu »töten«, konnte das Feuer der 1st Squadron nicht verlangsamen.

Der kommandierende General des III. Corps, General »Pete« Taylor spricht mit Lieutenant Colonel Toby Martinez, dem Kommandeur der 1st »Tiger« Squadron des 3rd ACR nach der Gefechtsübung mit scharfer Munition auf dem Schießgelände des NTC am Drinkwater Lake. *JOHN D. GRESHAM*

Dann kam die unvermeidliche »Reibung« des Krieges ins Spiel. Etliche der 155-mm-HE-Geschosse einer M109 Batterie schlugen an den falschen Stellen ein und ließen es Salz und braune Erde regnen. Eine der Sicherheitsbestimmungen des NTC besagt, daß, sollte so etwas passieren, die O/Cs den Befehl zur Feuereinstellung an alle Batterien geben müssen, damit die Befehlsübermittlung bei der Artillerie die Gelegenheit bekommt abzuklären, wer eigentlich auf was schießt. Es kostete noch nicht einmal zehn Minuten, bis alles neu organisiert war und die Kanonen das Feuer wieder aufnehmen konnten. Aber diese Zeit war von den Zielen dazu genutzt worden, um den See herumzufahren und das östliche Ende des Tals zu erreichen. Als schließlich der Befehl für den Abbruch des Gefechts kam, hatte gerade einmal eine Handvoll »Durchschlüpfer« die Verteidigungslinie am Sabot Ridge erreicht. Als die Kanonen schwiegen und die »Klar«-Meldungen über das Funknetz eintrafen, konnte man bei dem normalerweise zurückhaltenden und objektiven O/C-Team regelrechte Begeisterung darüber hören, wie gut die 1st Squadron ihre Sache gemacht hatte. Wir waren eindeutig Zeugen von etwas ganz Besonderem am NTC geworden: Eine Einheit hatte aus einer scheinbar hoffnungslosen Ausgangssituation den »Sieg« einfach an sich gerissen. Als das Endergebnis hereinkam, stand fest, daß Toby und seine Trooper 135 von 160 simulierten feindlichen Panzern »abgeschossen« hatten. Obwohl ihnen am Ende rund fünfundzwanzig »Durchschlüpfer« durch die Lappen gegangen waren, hatten sie dennoch einen Punkt im Buch der Rekorde des NTC gemacht.

Rasch legten wir unsere »Körperpanzerung« ab und sprangen in ein paar HMMWVs. Mit denen fuhren die Generäle Taylor, Coffey und mein Team den Hügel hinauf zum Führungsteam der 1st Squadron, um dort mit Lieutenant Colonel Martinez zusammenzutreffen und seine Sicht der Abläufe zu erfahren. Als wir bei den beiden M3-Kommandofahrzeugen auf dem Rücken der Anhöhe ankamen, kroch Toby Martinez gerade aus der kleinen Heckklappe, um uns zu begrüßen. Man konnte ganz klar erkennen, daß es ihm schon Schmerzen bereitete, nur dort zu stehen und

Sanitäter der Support Squadron des 3rd ACR behandeln simulierte Opfer nach einer Übung auf dem NTC Schießplatz am Drinkwater Lake. *JOHN D. GRESHAM*

zu atmen. Aber durch all diese Schmerzen war ebenso deutlich die Begeisterung darüber zu erkennen, was seine Trooper geschafft hatten. Als er General Taylor darüber informierte, wie das Gefecht verlaufen war, versicherte er Pete, daß er nicht nur gern ein paar Fahrzeuge mehr für das Scharfschießen, das am Abend stattfinden sollte, einsatzbereit hätte, sondern daß sie auch »… heute abend jedes einzelne dieser verdammten Ziele abschießen würden, Sir!«

Auch die Generäle Taylor und Coffey waren ohne Zweifel aufgeregt und versicherten, daß Toby und sein TOC-Stab ihre Sache heute morgen sehr gut gemacht hätten. In gerade einmal zwei Stunden (es schienen lediglich zwanzig Minuten gewesen zu sein, weil alles so schnell passierte) hatte sich die Einstellung des Bataillons ins Gegenteil verkehrt, weil es durch Toby Martinez' vorausschauende Planung des Artilleriefeuers eine überzeugende Leistung hatte erbringen können. Jetzt, als »NTC-Sieger«, konnten die Männer beruhigt auf weitere Einsätze blicken, denn nun verfügten sie über entsprechende Erfahrungen aus ihrem »guten Kampf«. Es war ein bewegendes Erlebnis zu sehen, wie Pete Taylor, Veteran aus drei wirklichen Kriegen und mit drei Sternen auf seinen Schulterstücken, seinen Arm um den jungen Lieutenant Colonel legte und sagte: »Eines Tages wirst Du Dein eigenes Regiment haben, mein Sohn.«

### Nachlese

So glücklich Toby über den Ausgang des Gefechts auch sein mochte, für ihn und sein Bataillon gab es doch noch einiges zu erledigen, bevor sie sich eine Mütze voll Schlaf genehmigen konnten. Das Bataillon mußte die Beobachter-Positionen für die Artillerie-Zielansprache verfeinern, Artillerie-Batterien mußten verlegt werden, Sperren neu errichtet und simulierte Opfer korrekt abtransportiert werden. Außerdem mußten die reparierten Fahrzeuge vom Unit Maintainance Collection Point (UMCP, im Militärjar-

Der kommandierende General des III. Corps, General »Pete« Taylor, unterhält sich nach *Force-on-Force*-Gefechtsübungen mit scharfem Schuß am NTC mit Colonel Bob Young, dem Kommandeur des 3rd ACR.
JOHN D. GRESHAM

gon *Bone Yard**). Wenn sie jetzt bei dieser Aufgabe versagten, würde das O/C-Team die Leistung der Squadron geringer bewerten, und ihr Erfolg wäre wieder zunichte. Gleichzeitig mußten Munition und Verpflegung nach vorn gebracht, die Fahrzeuge nachgeladen und, falls notwendig (bzw. möglich), repariert werden.

Die Leistung am frühen Morgen war schon beeindruckend. Als aber die Sonne am Ende dieses Tages unterging, wurde es noch besser. Weil sie einige zusätzliche Panzer und *Bradleys* aus dem Instandsetzungspunkt bekommen und mehr Einheiten Richtung Sabot Ridge zum Ostende des Tales hin verlegen konnten, »killten« sie an diesem Abend sogar noch mehr Ziele und demonstrierten damit auch unter widrigen Umständen den Geist der Trooper des 3rd ACR. Im Augenblick ihres Sieges am Sabot Ridge bekräftigten sie den Wahlspruch des Regiments: *Brave Rifles!* und die Antwort *Blood and Steel.*

Zurück zum *Force-on-Force*-Gelände. Dort hatte die 2nd Squadron allerdings ihre eigenen Probleme mit den OPFOR. Am Tag zuvor erst frisch von recht guten eigenen Leistungen auf dem Schießplatz gekommen, mußten auch die Männer der 2nd Squadron am Brown's Pass Schweres hinnehmen. Bei Kampfhandlungen mit überlegenen OPFOR-Kräften brach auch hier die Erkundung völlig ein, und Colonel Young hatte Schwierigkeiten, über das Sprechfunknetz Informationen zu bekommen, damit er die Entscheidung treffen konnte, wann und wo die in Reserve stehende Panzerkompanie der Squadron eingesetzt werden sollte. Die OPFOR fauchte wie eine Druckwelle durch den nördlichen Teil der überdehnten Linien, und in weniger als siebzehn Minuten hatten die OPFOR-Panzer den Versorgungs- und Nachschubbereich des Regiments bereits

---

\* Knochenacker

überrannt. Eine harte Art des Lernens für den neuen Regimentskommandeur, der hier in dieser Funktion seinen ersten NTC-Turnus absolvierte.

Aber das NTC wurde schließlich dazu geschaffen, um hier zu lernen, und Bob Young steckte seine Körpertreffer weg wie ein Profi.

Das Regiment brachte noch eine weitere Woche mit simulierten Kampfhandlungen hinter sich und erzielte dabei ein paar oberflächliche Erfolge, mußte aber auch unabwendbare Niederlagen durch die OPFOR hinnehmen. Als sie alle in der dritten Septemberwoche ihren Turnus abgeschlossen hatten, gaben sie die geliehenen Fahrzeuge zurück und bestiegen die Reisebusse nach El Paso. Etliche Wochen später schickte ihnen der NTC-Stab den Lohn für all ihre Mühen – ein 1.300 Seiten starkes Paket mit einer Aufstellung sämtlicher Bewegungen und Schüsse, die während des gesamten Turnus vom Regiment vollzogen und abgegeben wurden. Dieser Katalog ist praktisch ein Leitfaden für alles, woran das Regiment noch arbeiten muß, bevor es zu seinem nächsten NTC-Turnus kommt.

Während sich der größte Teil des Regiments am NTC befand, waren Lieutenant Colonel Gunzelman und seine 3rd Squadron zu Hause in Fort Bliss geblieben, um sich auf den Einsatz in Kuwait vorzubereiten, der für das Ende des Jahres vorgesehen war. Ende 1993 schloß die 3rd Squadron ihren Einsatz im Rahmen von Intrinsic Action 94-1 ab und kam auf Urlaub nach Hause. Aber das Regiment war nur für kurze Zeit wieder vereint, denn der nächste Übungsturnus stand schon ins Haus.

Durch all die harte Arbeit und Hingabe wird das 3rd ACR eine der Einheiten bleiben, bei denen sich die Army darauf verlassen kann, daß sie im Fall eines Notstandes oder einer Krise »bereit« sein werden. Die Trooper der »Brave Rifles« werden auch weiterhin ihre fast 150-jährige Tradition im Dienste der Vereinigten Staaten von Amerika fortschreiben.

# Aus dem Leben
# eines Offiziers der Cavalry

In den vorangegangenen Kapitel haben wir uns mit der Ausrüstung und den Institutionen auseinandergesetzt, die es der US-Army ermöglichen, Soldaten auszubilden und auszurüsten und so zu einem funktionierenden Bestandteil einer Cavalry- oder Panzereinheit zu machen. Wie aber sieht die menschliche Seite all dessen aus? Wie fühlt man sich, wenn man in die Army eintritt, um ihr sein berufliches Leben zu widmen? Unser Gespräch mit General Franks hat uns natürlich einige vielsagende Einblicke verschafft, aber was bedeutet das Leben in der Army für jemanden, der jünger und nicht so hochrangig ist? Wie sehen die Perspektiven für einen jungen Mann oder eine junge Frau in den ersten Jahren des Erwachsenwerdens aus, wenn sich ihnen die Welt gerade erst eröffnet und das ganze Leben noch ein neues Abenteuer ist?

Um das rechte Gefühl dafür zu bekommen, wie ein junger Mensch das Leben in der Army von heute empfindet, sollten wir jemanden befragen, der zu den brillantesten und erfolgreichsten jungen Berufsoffizieren gehört: Herbert Raymond McMaster, jr., von seinen Freunden kurz H. R. genannt. Er wurde am 24. Juli 1962 in Philadelphia, Pennsylvania, geboren. 1984 machte er in West Point sein Examen und startete eine ausgezeichnete Karriere bei der Army. Während Desert Storm war er Befehlshaber der Eagle Troop der 2nd Squadron des 2nd Armored Cavalry Regiments und leitete einen äußerst erfolgreichen Angriff auf die Brigade einer Republikanischen Gardedivision. Dieser Angriff – der später unter dem Namen *Battle of 73 Easting* (unter Bezug auf das Planquadrat des Kartenrasters für den Irak) bekannt wurde – wird allgemein als Lehrbuch-Beispiel für die Operationskunst und Befehlsinitiative bei kleinen Einheiten angesehen. Nicht trotz, sondern gerade wegen dieser beeindruckenden Leistung ist H. R. ein Repräsentant der neuen Generation von Offizieren, die in den letzten zwölf bis fünfzehn Jahren zur Army gegangen sind. Pfiffig, fit, attraktiv und den Idealen verpflichtet, die ihn bewogen haben, Berufsoffizier zu werden. Ihn wollen wir jetzt kennenlernen.

**Tom Clancy:** Schildern Sie bitte, wie Ihre Kindheit verlief, und vor allem, was Sie veranlaßt hat, zum Militär zu gehen.

**H. R. McMaster:** Mein Vater hat während des Koreakrieges als Infanterist gedient und ging, als er Anfang zwanzig war, im Rang eines First Sergeant zu den Reserve-Einheiten. Während des Vietnamkrieges wurde ihm ein Patent verliehen, das ihn auf direktem Weg vom First Sergeant zum Captain machte. Später wechselte er wieder zum aktiven Dienst und nahm an Sicherungsseinsätzen im Großraum Philadelphia teil. Ich habe noch eine Schwester, Letitia. Sie ist zwei Jahre jünger als ich. Sie ist Absolventin der Villanova University, arbeitet jetzt für eine Computerfirma und bereitet gerade ihren MBA* vor. Meine Mutter ist Lehrerin und erst kürzlich, nach etwa siebenunddreißig Jahren Tätigkeit, pensioniert worden. Sie begann ihre Lehrtätigkeit in der vierten Grundschulklasse und spezialisierte sich später auf Kinder im Vorschulalter. Sie schaffte den MED* und wurde Schulverwalterin. Ich halte sie für eine ausgezeichnete Erzieherin. Rückblickend betrachtet, glaube ich, daß die berufliche Befriedigung, die sie darin fand, positiven Einfluß auf das Leben von Menschen nehmen zu können, wie auch die Erfahrungen meines Vaters bei der Army, den Militärdienst reizvoll für mich machten. Ich ging in der Valley Forge Military Academy auf die High School, die etwa zehn Meilen von unserer Wohnung entfernt im Roxborough-Bezirk von Philadelphia liegt. Für mich war es eine tolle Erfahrung, schon in jungen Jahren alles über Führungseigenschaften zu lernen. Sowohl in der Grundschule als auch später auf der High School begeisterte ich mich für Sportarten, die im Team gespielt wurden, speziell für Football und Baseball. Ich glaube, daß man durch die Team-Sportarten lernen kann, was es heißt, mit anderen zusammen auf ein gemeinsames Ziel hinzuarbeiten. Diese Erfahrungen leiten eigentlich auf direktem Weg zu einem Wissen, das man braucht, um erfolgreich beim Militär dienen zu können.

**Tom Clancy:** Erzählen Sie uns etwas über Ihre Entscheidung fürs College.

**H. R. McMaster:** Während meines Abschlußjahres in Valley Forge bewarb ich mich sowohl an der United States Military Academy in West Point als auch um ein ROTC-Stipendium an der University of Notre Dame. Es fiel mir sehr schwer, mich zwischen diesen beiden hervorragenden Einrichtungen zu entscheiden. Meine Entscheidung für West Point basierte – zumindest teilweise – auf der Überlegung, daß ich hier am besten auf eine Karriere beim Militär vorbereitet werden könnte. Außerdem beeinflußten mich auch noch die einzigartigen Herausforderungen, die mit einem Studium in West Point verbun-

---

* Master of Business Administration
** Master of Education

den wären. Ich trat also dort im Juli 1980 als neuer Kadett ein. Die Verwandlung vom Zivilisten zum Kadetten setzt man recht schnell um. Tatsächlich ließ man die neuen Kadetten bereits am ersten Tag zu einer Parade vor ihren Eltern aufmarschieren, die sich die Sache von einer Tribüne aus ansahen. Während dieser Parade legte die Eintrittsklasse auch ihren Diensteid auf die Vereinigten Staaten ab.

**Tom Clancy:** Mit anderen Worten, Sie wurden bereits am Ende Ihres ersten Tages in West Point als Mitglied der Streitkräfte der Vereinigten Staaten angesehen.

**H. R. McMaster:** Ja.

Seit Beginn des 19. Jahrhunderts haben Amerikaner ihre Söhne – und seit kurzer Zeit auch ihre Töchter – losgeschickt, um sich in die *Long Gray Line* des Kadettenkorps von West Point einzureihen. Durch das Wachtor oberhalb des Hudson River sind einige der größten Offiziere der Militärgeschichte gegangen: Lee und Grant, MacArthur und Eisenhower, Bradley und Patton, Schwartzkopf und Franks. Die Akademie strahlt eine positive Geschichte und Tradition aus, und die ersten Erinnerungen, die H. R. an diesen Ort hat, verdeutlichen uns eine Menge davon.

**Tom Clancy:** Wie fanden Sie Ihren ersten Sommer in West Point?

**H. R. McMaster:** Schon in architektonischer Hinsicht ist West Point imposant, und der Campus strahlt Tradition und militärischen Professionalismus aus. Ein neuer Kadett strotzt vor Aufregung und Stolz, Teil dieser Tradition sein zu dürfen – eben ein Mitglied dieser *Long Gray Line*. In den »Beast Barracks« [Jargonausdruck für die Belastungen des Kasernenlebens im ersten Sommer] lernt man, daß der Schlüssel zum Erfolg Teamarbeit und Selbstlosigkeit ist. Der Druck, den die Angehörigen der höheren Klassen auf die neuen Kadetten ausüben, sorgt dafür, daß man zusammenhalten muß, um durch diesen ersten, intensiven Abschnitt zu kommen. Eine außerordentlich wichtige Lektion für einen aufstrebenden Offizier. Den neuen Kadetten werden unzählige Pflichten übertragen, für deren Erledigung eigentlich nie genug Zeit vorhanden ist. Man lernt dabei sehr schnell, wie man die Aufgaben mit Prioritäten versieht und die wichtigsten zuerst erledigt. Da kein Kadett in der Lage ist, alles zu schaffen, kann er sich darauf einrichten, ein bestimmtes Maß an negativer Aufmerksamkeit zu erregen. Sie können sich vorstellen, daß es sehr wichtig ist, sich dabei seinen Sinn für Humor zu bewahren!

**Tom Clancy:** Wie waren die Kasernen und was waren das für Menschen, mit denen Sie da zusammenlebten?

**H. R. McMaster:** Zuerst kam ich auf eine Drei-Mann-Stube. Dort traf ich Dan Miller, und wir wurden schnell die dicksten Freunde. Zufällig landeten wir nach der Umstrukturierung, die dem »Proleten«[Anfänger]-Jahr folgte, in derselben Kompanie von West Point. Dann trafen wir uns sechs Jahre nach dem Examen im 2nd Armored Cavalry Regiment [2nd ACR] wieder, wo er das Kommando über die Iron Troop der 3rd Squadron und ich über die Eagle Troop der 2nd Squadron hatte. Mein anderer Stubenkamerad hatte Schwierigkeiten, in West Point zurechtzukommen. Dan und ich versuchten, ihm da durchzuhelfen, aber er schaffte es einfach nicht, dem Druck standzuhalten. Eines Tages, als Dan und ich gerade zum Training gehen wollten, sagte er uns, daß er aussteigen würde. Als wir zurückkamen, war er schon weg. Er hatte für sich die Entscheidung getroffen, daß der Militärdienst nicht der richtige Beruf für ihn war, und deshalb verließ er die Akademie.

**Tom Clancy:** Was empfinden Sie bei der Entscheidung Ihres Stubenkameraden? Respektieren Sie ihn deswegen?

**H. R. McMaster:** Ich respektierte seine Entscheidung ohne Vorbehalte. Er verließ die Akademie genau wie es auch eine Reihe anderer guter Freunde im Laufe der vier Jahre tat, die ich dort verbrachte. Um ehrlich zu sein, wenn Sie meinen damaligen Ausbildungsoffizier fragen, wird er Ihnen wahrscheinlich sagen, daß auch ich ein paarmal gefährlich nahe daran war, zu gehen – aber nicht, weil ich es selbst wollte. Natürlich befinden sich Menschen in diesem jungen Alter in einem unterschiedlichen Stadium der Reife. Auch entscheiden sich die Menschen aus den unterschiedlichsten Gründen dafür, sich auf West Point festzulegen – die Qualität der Ausbildung, um ihren Eltern einen Gefallen zu tun, und so weiter. Wenn sie ihre Entscheidung aus dem Wunsch heraus treffen, ihrem Land zu dienen, und sie Freude daran haben, mit Menschen zusammenzuarbeiten, dann glaube ich, daß diese Erfahrung höchstwahrscheinlich mit ihren Zielen in Einklang zu bringen ist. Während dieser vier Jahre lernt man ständig mehr über den militärischen Beruf, und deshalb können sich die Gründe, warum man nach West Point geht, und die, warum man dort bleibt, ganz gehörig voneinander unterscheiden. Als ich einmal einen Freund fragte, warum er nach West Point gekommen sei, antwortete er: »Ich wollte es einfach mal ausprobieren.« Er diente mit Auszeichnung und war ein großartiger Offizier.

| | |
|---|---|
| **Tom Clancy:** | Wie sah die Grundstruktur des Lehrplanes in West Point aus? |
| **H. R. McMaster:** | Die breit gefächerte Ausbildung war sehr nützlich. Der Lehrplan beinhaltet solide Grundlagen in Mathematik, Naturwissenschaften und Technik, aber genauso in Englisch, Geschichte und Sozialwissenschaften. Ebenfalls dabei sind Kurse in Militärwissenschaften, um die Kadetten mit der Organisation der Army, geschichtlich bedingten Traditionen, verwaltungstechnischen Abläufen und Taktiken vertraut zu machen. Die große Bandbreite von Kursen im Kernlehrplan ermöglicht es den Kadetten, das Gebiet herauszufinden, für das sie die größte Begabung und das meiste Interesse haben. Meine Begabungen und Interessen in Mathematik, Naturwissenschaften und Technik sind längst nicht so groß wie auf anderen Gebieten, und deshalb machten mir diese Kurse immer wieder ganz schön zu schaffen. Die größte akademische Herausforderung kam für mich im Laufe des zweiten Ausbildungsjahres [Yearling]. Wir mußten um die vierundzwanzig Scheine machen, einschließlich der Samstagskurse. Elektrotechnik, Chemie und Physik – und alles zur selben Zeit! Ich stützte mich sehr stark auf meine Klassenkameraden und lernte dabei, wie man diszipliniert, organisiert und wirkungsvoll studiert. |
| **Tom Clancy:** | Wie hat sich der Lehrplan weiterentwickelt, seit Sie Ihr Examen gemacht haben? |
| **H. R. McMaster:** | Als ich nach West Point kam, »konzentrierten« sich die Kadetten auf eine bestimmte Disziplin. Meine waren die internationalen Beziehungen, und als Wahlpflichtfächer nahm ich Geschichte und Spanisch. Ich hatte sehr großes Interesse an den Studiengängen, die sich mit Lateinamerika beschäftigten, und erhielt die Chance, Peru als Austauschkadett zu besuchen. Die Zahl der Scheine fiel dabei allerdings ein wenig zu knapp aus, um sich damit als »Hauptfach« zu qualifizieren. Im heutigen Lehrplan wurde die Ausbildung auf breiter Ebene zwar beibehalten, aber er erlaubt es den Kadetten jetzt, ein Hauptfach ihrer Wahl zu studieren. |
| **Tom Clancy:** | Wie war die Qualität der Ausbilder und des Lehrplanes? |
| **H. R. McMaster:** | Alle Ausbilder hatte Abschlüsse der besten Universitäten unseres Landes und waren extrem engagierte und begeisterte Lehrer. Die größte Klasse hatte nur zwölf bis fünfzehn Studenten und die Ausbilder waren bereit, sich auch tagsüber mit den Kadetten zu treffen, um sie individuell zu fördern. Die überwiegende Zahl der Pro- |

fessoren waren Offiziere der Army, obwohl es in einigen Fakultäten auch zivile Professoren oder Offiziere von anderen Truppengattungen [Navy, Air Force, usw.] gab. Da die Ausbilder ein Interesse an jedem einzelnen Kadetten als zukünftigem Offizier der Army hatten, investierten sie außergewöhnliche Mühen und viel Energie auf ihre intellektuelle und berufliche Entwicklung.

Das Leben in West Point besteht nicht nur aus akademischer Ausbildung und militärischer Disziplin. Ganz im Gegenteil, es ist ebenso angefüllt mit Kameradschaft und Abenteuern. Im Anschluß an jedes Ausbildungsjahr wird den Kadetten die Gelegenheit gegeben, Zeit mit den Feldeinheiten der Army zu verbringen oder im Ausland zu studieren. Und keine Beschreibung von West Point wäre vollständig ohne irgendwelche Geschichten über den Sport. Auch H. R. machte da keine Ausnahme, denn er wurde Mitglied in der Rugby-Mannschaft der Akademie.

**Tom Clancy:** Was können Sie uns sonst noch über Ihre Erfahrungen in West Point berichten?

**H. R. McMaster:** Das wichtigste ist, Sie gewinnen Freunde fürs Leben ... Was das Vergnügen angeht, da hatte ich den meisten Spaß in der Rugby-Mannsschaft der Army. Unser Cheftrainer, Major J. D. A. Baker [ein britischer Offizier], war das Musterbeispiel eines Offiziers. Wir [die Mannschaft] waren eine fest zusammengewachsene Gruppe, und das Team bedeutete für uns eine willkommene Erholung vom Alltagsleben eines Kadetten. Wir hatten eine großartige Zeit miteinander und waren bei Wettkämpfen recht erfolgreich. Und als ich mit dem Team im Herbst 1983 ein Spiel hatte, traf ich meine Frau Katie [Trotter].

**Tom Clancy:** Möchten Sie uns erzählen, wie das passierte?

**H. R. McMaster:** 1983 fand das Army-Navy-Spiel in der Rose Bowl von Pasadena, Kalifornien, statt. Die Rugby-Mannschaft war schon früh dort, um einige Spiele gegen Clubs der Westküste auszutragen. Ich lernte Katie durch einen Mannschaftskollegen kennen, der seinerseits Katies beste Freundin kennengelernt hatte. Katie ist Absolventin der Universität von San Diego und hat ein Lehramt an einer High School. Zu dieser Zeit stand sie der Bekanntschaft mit einem Kadetten sehr skeptisch gegenüber. Trotz ihrer Vorbehalte und wegen einer Verletzung, die ich mir in unserem Spiel gegen die California State University in Long Beach zugezogen hatte, hatten wir eine vergnügte Zeit miteinander und fingen sehr schnell ein Verhältnis an. Danach lebten wir in einer *long distance*-Beziehung und konnten uns nur jeden Monat, manchmal auch nur jeden zweiten sehen. Wir heirateten im Juli 1985 – etwa ein Jahr nach meinem Abschlußexamen in West Point.

Während der vierjährigen Ausbildungszeit in West Point machen Kadetten eine Vielzahl militärischer Erfahrungen, die so konzipiert sind, daß sie ihnen bei der lebenswichtigen Entscheidung helfen können, welche Waffengattung der Army (Panzer, Infanterie, Nachrichtendienst usw.) sie anschließend wählen und auf was sie sich in ihrer Laufbahn spezialisieren möchten. Fast jeder, der diesen Weg einschlägt, scheint seine eigene Geschichte über seinen Werdegang zu haben, und H.R. ist da keine Ausnahme.

**Tom Clancy:** Wann war für Sie der Zeitpunkt gekommen, an dem Sie die Entscheidung für eine spezielle Waffengattung der Army trafen?

**H.R. McMaster:** Kadetten treffen die Wahl ihrer Waffengattung im allgemeinen im letzten Jahr [*Firstie*] vor der Abschlußprüfung. Als ich nach West Point kam, stand für mich außer Frage, daß ich ein Patent als Infanterieoffizier anstreben wollte. Der Sommer zwischen meinem Sophomore* [*Yearling*]- und dem Junior-Jahr [*Cow*] verstärkte diesen Wunsch sogar noch: Ich ging nach Fort Carson, Colorado, zum 1st Battalion des 8th Infantry Regiment [normalerweise als »1st of the 8th« abgekürzt]. Für die Dauer von fünf Wochen hatte ich die Funktion eines Zugführers bei den Panzergrenadieren. Während des CTLT, *Cadet Troop Leader Training* »beschattet« ein Kadett gewöhnlich einen Zugführer als Assistent. Ich hatte das große Glück, daß beim 1st of the 8th gerade ein Platoon Leader fehlte, und der Bataillonskommandeur übertrug mir die volle Verantwortung über diesen Zug. Für mich war es eine großartige Gelegenheit, bei der ich feststellen konnte, wie die Beziehung zwischen einem neuen Offizier und den Soldaten eines Platoons aussieht, ganz besonders, wenn es darum geht, ein Verhältnis zu den Soldaten aufzubauen und von ihnen respektiert zu werden. Mit diesem Zug ging ich auch zum eben eröffneten *National Training Center* [NTC] nach Fort Irwin, Kalifornien. An dieser Stelle noch einmal besten Dank an die Unteroffiziere [NCOs, wie Sergeants beispielsweise] und die anderen Offiziere der Kompanie. Bei ihnen lernte ich eine Menge über die Führung kleiner Einheiten und wie man mit ihnen operiert.

---

* Student an einer amerikanischen High School im zweiten Studienjahr.

Während meines letzten Ausbildungsjahres wurde die Army Aviation zu einer eigenständigen Waffengattung. Das weckte mein Interesse an der Fliegerschule, und ich entschied mich für die Heeresfliegerei. Ich hatte schon von Operationen der Air Cavalry in Vietnam gelesen und wollte gerne Luftaufklärer werden. Nach dem Examen nahm ich auf dem Weg zur Fliegerschule an Kursen der Airborne School* in Fort Benning, Georgia und dem Armor Officer Basic Course [AOBC = Grundlehrgang für Panzeroffiziere] in Fort Knox, Kentucky, teil. Während des AOBC stellte sich bei der Flugtauglichkeitsuntersuchung eine bislang unentdeckte Sehstörung an einem meiner Augen heraus, die mich für die Fliegerschule untauglich machte. So wurde ich unmittelbar zur Panzertruppe versetzt. Um mich selbst besser auf die Führung einer Bodenkampfeinheit vorzubereiten, meldete ich mich zu einer Ranger**-Vorausbildung an und bewarb mich um die Aufnahme an der Ranger School. Bevor ich Fort Knox verließ, traf ich mich mit einem Assignment Offizier (Personaloffizier-S1), um mit ihm über meine Versetzung nach Deutschland zu diskutieren. Der Offizier, ein Captain, empfahl mir, nach Fort Hood in Texas zu gehen, weil die dort stationierte 2nd Armored Division die einzig vollständig modernisierte Division der Army sei. Die sogenannte »Hell on Wheels« Division [Spitzname der 2nd Armored] hatte gerade ihre schweren M1 *Abrams*-Panzer und M2/3 *Bradley*-Gefechtsfahrzeuge bekommen. Ich folgte dem Vorschlag des Offiziers.

**Tom Clancy:** Wie lange dauerte der AOBC in Fort Knox, und was haben Sie dabei gelernt?

**H. R. McMaster:** Ich begann im Juli, und er dauerte bis November. Beim AOBC geht es in erster Linie darum, daß neue Lieutenants in die Lage versetzt werden, einen Panzerzug [eine Einheit aus vier Panzern und sechzehn Soldaten] unter den verschiedensten Gegebenheiten wirksam einzusetzen. Die Armor School gewährleistet, daß Panzeroffiziere technisch kompetent sind, was die Systeme eines Panzers, seine Waffen und seine Kommunikationsausrüstung betrifft. Außerdem werden die Studenten mit der Verwaltung in der Army, mit Versorgungs- und Instandsetzungsabläufen vertraut gemacht. Die Abschluß-

---

* Ausbildungszentrum für Luftlandetruppen
** Bezeichnung für die Einzelkämpfer der Army, analog zu der Spezialausbildung z. B. der Navy-SEALS.

|              | übung ist ein einwöchiger »Krieg«, in dessen Verlauf die neuen Lieutenants mit ihren Panzerzügen unter den prüfenden Blicken der Ausbilder Gefechte gegeneinander führen müssen. |
|--------------|--------------------------------------------------|
| **Tom Clancy:** | Sie erwähnten, daß Sie sich für die Ranger School beworben hatten. Erzählen Sie uns doch bitte, was es damit auf sich hat. |
| **H. R. McMaster:** | Die Ranger School ist in erster Linie eine Führungsakademie. Der Kurs setzt die Teilnehmer intensiven physischen und mentalen Belastungen aus und läßt dadurch Einschätzungen zu, wie sie als Befehlshaber von Gruppen reagieren, wenn sie erschöpft sind und unter Druck stehen. Die Teilnehmer lernen auch Taktiken – mit besonderem Schwergewicht auf Planung und Durchführung von Patrouilleneinsätzen. Man lernt dabei sehr schnell, daß ein durchtrainierter menschlicher Körper überraschend viel erdulden kann. Die Teilnehmer werden für lange Zeiträume den Elementen ausgesetzt und operieren unter einer Vielzahl von widrigen Umweltbedingungen – wie Gebirge, Wüsten und Dschungel [Sümpfe]. Ranger-Kandidaten bekommen täglich nur zwei Mahlzeiten und verlieren sehr viel an Körpergewicht. |
| **Tom Clancy:** | Wie ging es weiter, als Sie die Graduierung der Ranger School [im März 1985] hatten? |
| **H. R. McMaster:** | Ich fuhr von Fort Benning in Georgia nach Fort Hood in Texas, um dort meinen Dienst im 1st Battalion des 66th Armored Regiment anzutreten, und zwar in der Stabskompanie. Mein erstes Kommando war Zugführer eines Support-Platoons [Versorgung und Transport]. Nach acht Monaten wurde ich zur B-Company versetzt und Zugführer eines M1 Tank Platoons. |

Als der M1 *Abrams* 1981 erstmalig im Arsenal der US-Army auftauchte, war er für seine jungen Besatzungen eine völlig neue Welt, und sie mußten zunächst einmal lernen, mit seinen komplizierten Systemen umzugehen. Aus dem Blickwinkel von H. R. stellte sich das folgendermaßen dar.

| | |
|--------------|--------------------------------------------------|
| **Tom Clancy:** | Erläutern Sie doch bitte einmal den Unterschied zwischen einem M1 *Abrams* und dem älteren M60A3 *Patton*. |
| **H. R. McMaster:** | Der M1 war in Bezug auf Manövrierfähigkeit, Genauigkeit und Schutz ein enormer Sprung nach vorn. Er feuert problemlos während der Fahrt, und das Federungssystem sorgt für ein außergewöhnlich sanftes Fahrverhalten. Das Feuerleitsystem berechnet automatisch die Nachführung der Waffen auf sich bewegende Ziele, die angegriffen werden sollen. Das Wärmebild-Sichtgerät |

macht die Nacht zum Tage, und die 1.500 PS starke Maschine ist kraftvoll und reagiert spontan. Die Feuerleitkapazität während der Fahrt ist ein enormer Fortschritt gegenüber dem M60.

**Tom Clancy:** Können Sie uns bitte etwas über den Tank Platoon (im 1st Battalion des 66th Armored Regiment der 2nd Armored Division) erzählen, den Sie in dieser Zeit kommandierten?

**H. R. McMaster:** Ein amerikanischer Panzerzug besteht aus vier Panzern und setzt sich aus einem Offizier [einem Second Lieutenant] und fünfzehn Unteroffizieren und Soldaten zusammen. Die Sergeants sind, mit Ausnahme des Zugführerfahrzeugs, Panzerkommandanten. Ein Platoon kann in zwei Abteilungen zu je zwei Panzern operieren, wobei der Lieutenant den Befehl über die eine und der Platoon Sergeant, normalerweise ein Sergeant First Class, den über die andere Abteilung hat. Der Zugfeldwebel trägt außerdem die Verantwortung dafür, daß der Zug für die jeweilige Operation ausreichend versorgt und vorbereitet ist. Allerdings sind die Verantwortlichkeiten nicht sehr scharf gegeneinander abgegrenzt. Ein gutes Verhältnis zwischen dem Zugführer und dem Zugfeldwebel, das sich aus gegenseitigem Respekt und gemeinsamen Zielen ergibt, ist der Schlüssel zur Bildung eines fest zusammenhaltenden und wirkungsvollen Teams. Der Platoon Sergeant, im allgemeinen zwischen fünfunddreißig und vierzig Jahren alt, gilt als technischer Experte für sein Fahrzeug. Er muß allerdings auch über die Fähigkeit verfügen, die Soldaten auszubilden, für sie zu sorgen und sie zu motivieren. Haben Sie einen scharfen Platoon Sergeant, können Sie fast sicher sein, daß Sie auch einen ausgezeichneten Zug haben.

**Tom Clancy:** Erklären Sie bitte die Funktion der einzelnen Mannschaftsmitglieder im M1 *Abrams*. Geben Sie zum Beispiel grundsätzlich der Person mit der geringsten Erfahrung den Job des Ladeschützen, weil diese Aufgabe am leichtesten zu bewältigen ist?

**H. R. McMaster:** Nein, denn der Job des Ladeschützen ist *nicht* zwangsläufig die leichteste Aufgabe. Jede Position im Panzer ist von entscheidender Bedeutung. Die Funktion des Ladeschützen ist mit einiger Wahrscheinlichkeit aber diejenige Position, in der man am besten lernen kann, wie man einen Panzer instandhält und wie man mit ihm operiert. Die normalen Laufbahnstufen sind also vom Ladeschützen über den Fahrer zum Richtschützen und schließlich zum Kommandanten. Das heißt, der Ladeschütze hat hier wirklich Gelegenheit, eine Art Lehre zu absolvieren. So lernt er beispielsweise vom Fahrer alles über die fahrzeugtechnischen Aspekte eines Panzers. Immer wenn der Kraftfahrer am Rumpf oder an Antrieb und Federung Arbeiten erledigen muß, arbeitet er mit dem Ladeschützen zusammen. Von der Position des Ladeschützen im Turm aus kann dieser während seiner Arbeit Erfahrungen sammeln, indem er den Richtschützen und den Kommandanten bei ihrer Tätigkeit beobachtet. Er hat tatsächlich die beste Position, wenn es darum geht, sich mit allen Aspekten eines Panzers vertraut zu machen. Die Aufgabe des Fahrers besteht in erster Linie darin, dafür zu sorgen, daß der Panzer sich in angemessenem Betriebszustand befindet. Der Richtschütze wartet die 120-mm-Hauptwaffe, das koaxiale Maschinengewehr, Kaliber 7,62 mm und das Feuerleitsystem des Panzers. Der Panzerkommandant selbst ist für die 0,5" Maschinenkanone verantwortlich und koordiniert die Arbeit seiner Mannschaftsmitglieder. Natürlich habe ich diese Darstellung sehr stark vereinfacht, denn eigentlich ist keine dieser Aufgaben festgeschrieben, vielmehr arbeitet die ganze Mannschaft Hand in Hand, um den Job zu erledigen.

**Tom Clancy:** Erzählen Sie uns etwas über die Wärmebild-Sichtgeräte des M1A1, wie sie während Desert Storm verwendet wurden.

**H.R. McMaster:** Damals gab es nur ein *Thermal-Sight*, das vom Richtschützen bedient wurde. Er konnte zwischen Thermal-[Wärmebild] und Tageslicht-Darstellung [optisch sichtbares Bild] wählen. Der Panzerkommandant hatte aber schon etwas, das unter der Bezeichnung GPSE, *Gunner's Primary Sight Extension* [Erweiterung des Hauptzielgerätes des Richtschützen] lief. Durch dieses Erweiterungsgerät konnte der Kommandant genau dasselbe sehen, wie der Richtschütze. Außerdem konnte er jederzeit die Kanone und das Sichtgerät durch den Übersteuerungsschalter von seiner Position aus richten. Dem Fahrer steht eine Reihe von Periskopen und Winkelspiegeln zur Verfügung, die ihm die Orientierung ermöglichen. Er hat auch die Möglichkeit, ein Nachtsichtgerät anzubringen, das das Restlicht verstärkt und das Bild auf einem grünen Schirm darstellt. Dadurch kann er auch noch bei Nacht fast alles erkennen.

Gegen Ende 1987 hatte H.R. schon einen ziemlich langen Weg in der Army zurückgelegt und machte sich Gedanken darüber, wie er wohl am besten an ein Kommando über eine kleine Einheit in Europa kommen konnte.

Nach einem Jahr als stellvertretender Kompaniechef einer Panzerkompanie wurde er Zugführer des Panzeraufklärungszuges im Bataillon. Das war eine bemerkenswerte Versetzung, denn sie brachte ihn einen Schritt weiter in Richtung auf sein Ziel, Kommandeur einer Cavalry Troop in Deutschland zu werden.

**Tom Clancy:** Was passierte mit Ihnen im Frühjahr und Sommer 1987?

**H. R. McMaster:** Ich war immer noch stellvertretender Kompaniechef bei den Panzern, lernte den M1 immer besser kennen und vertiefte meine Erfahrungen im Bereich der Operationen mit kleinen Einheiten. Etwa zu dieser Zeit wurde mir aber auch definitiv klar, daß ich gerne Führer eines Panzeraufklärerzuges werden wollte. Ich hörte, daß demnächst ein solches Kommando frei werden würde und bat meinen Bataillonskommandeur, mich bei der Besetzung zu berücksichtigen. Ich hätte um keine befriedigendere und lohnendere Erfahrung bitten können. Der Befehlshaber eines Panzeraufklärerzuges ist für sechs M3 *Bradley* Aufklärungsfahrzeuge verantwortlich. Zu jedem *Bradley* gehören fünf Soldaten; der Fahrer, der Richtschütze, der Kommandant des *Bradley* [der gleichzeitig Gruppenführer ist] und hinten zwei Aufklärer/Beobachter. Die Grundaufgabe eines Aufklärungszuges ist es, Erkundungs- und Sicherungsaufgaben für das Bataillon zu übernehmen. Der Zug konzentriert sich darauf, einen Feind möglichst frühzeitig aufzuspüren oder zu finden, um so dem Bataillonskommandeur die Zeit zu verschaffen, die er braucht, um die vorteilhafteste Stellung gegen den Feind einzunehmen.

**Tom Clancy:** Wie viele Fahrzeuge und Soldaten gehören zu einem Aufklärerzug?

**H. R. McMaster:** Insgesamt dreißig Mann. Die Führung haben ein Platoon Leader [ein First Lieutenant] und ein Platoon Sergeant. Der Zug ist in drei Abteilungen organisiert. Üblicherweise gehören der *Bradley des* Zugführers und des Platoon-Sergeanten zur Headquarter Section. Die anderen beiden Abteilungen stehen unter dem Befehl eines Staff Sergeant der jeweils zwei M3 unter sich hat. Allerdings besteht auch die Möglichkeit, einen Zug auf nur zwei Abteilungen zu je drei *Bradleys* aufzuteilen, wobei der Platoon Leader und der Platoon Sergeant jeweils eine Abteilung führen. Eine sehr flexible Organisation. In meinem eigenen Zug und später auch in der Eagle Troop operierten wir immer mit der Zugführer-/-Sergeant-Aufteilung, ungeachtet der Formation, die wir gerade einnahmen, um die Führungsgewalt über einen möglichst weiten Bereich des Operationsgebietes auszudehnen.

| | |
|---|---|
| **Tom Clancy:** | Das M3 *Bradley Cavalry Fighting Vehicle* (CFV = Panzerspähwagen) unterscheidet sich doch ganz erheblich von einem Panzer. Können Sie uns bitte das Fahrzeug und seine Bewaffnung beschreiben? |
| **H. R. McMaster:** | Das CFV wird von einem Turbodiesel angetrieben. Seine Hauptwaffe ist eine automatische Kanone vom Kaliber 25 mm, die sogenannte *Chain Gun** oder *Bushmaster* [nach der Schlange]. Mit ihr können zwei Munitionstypen verschossen werden: Ein Typ ist ein panzerbrechendes Projektil, der andere ein hochexplosives Leuchtspur-Brandgeschoß, das beim Aufschlag auf das Ziel explodiert. Darüber hinaus hat der *Bradley* ein koaxiales Maschinengewehr Kaliber 7,62 mm. Koaxial bedeutet, daß diese Waffe achsenparallel zur 25-mm-Hauptwaffe angebracht ist und sich mit ihr zusammen bewegt. Ein TOW-Zwillings-Flugkörper-Startgerät gibt dem *Bradley* die notwendige Panzerabwehrkapazität. Um aber die TOWs starten zu können, muß der *Bradley* auf einigermaßen ebenem Grund anhalten. Der Richtschütze verfügt für die Zielansprache über ein Zielgerät, das er wahlweise im Wärmebild- oder Tageslichtmodus verwenden kann und das etwa dem der M1A1-Panzer entspricht. |
| **Tom Clancy:** | Welche Waffen werden normalerweise zusätzlich zu den fest im *Bradley* eingebauten noch mitgeführt? |
| **H. R. McMaster:** | Jeder hat sein persönliches M16A2-Sturmgewehr dabei, und die Spähtrupps nehmen beim Absitzen auch noch ein M60-Maschinengewehr mit. Außerdem trägt der *Bradley* auch noch eine Anzahl AT4 [der Nachfolger der ehrwürdigen M72-LAWS-Rakete bei der Army]. Das sind leichte, von der Schulter aus abzufeuernde Panzerabwehrwaffen. Die AT4 sind recht genau und verschaffen abgesessenen Spähtrupps eine Panzerabwehrkapazität auf kurze Entfernung. |
| **Tom Clancy:** | Als Sie zu den Panzeraufklärern wechselten, hatten Sie da das Gefühl, endlich das gefunden zu haben, was Sie eigentlich zur Army gebracht hat? |
| **H. R. McMaster:** | Das Gefühl hatte ich tatsächlich. Ich war rundum zufrieden und hätte mir kein besseres Team von Soldaten für die Zusammenarbeit wünschen können. Der Dienst in diesem Scout Platoon war für mich eine enorme Erfahrung, und die Übungen, besonders am NTC, verschafften mir eine solide Wissensgrundlage über Erkundungs- und Sicherungsoperationen mit kleinen Einheiten. |

---

* Maschinenkanone mit Zerfall-Gliederketten-Zuführung

1987 bekam H. R. die Gelegenheit, seine Erfahrungen noch mehr zu erweitern. Er nahm mit seinem Aufklärerzug an der REFORGER-Übung teil und konnte dabei ein gutes Verständnis für relativ unabhängige Operationen entwickeln, was seinen Traum von einem Troop-Kommando in Europa noch verstärkte.

**Tom Clancy:** Wenden wir uns jetzt der Zeit gegen Ende 1987 zu. Was passierte damals?

**H. R. McMaster:** Ende 1987 erhielt ich die Chance, im Rahmen der Operation REFORGER mit der 2nd Squadron des 1st Cavalry Regiment, die als Abteilung der Cavalry der 2nd Armored Division fungierte, nach Europa versetzt zu werden. Wir kamen als vierter Aufklärerzug in einer der Bodenkampf-Kompanien dorthin. Zu dieser Zeit bestanden Abteilungen der Cavalry Squadrons [und zwar diejenigen, die direkt Panzer- und Panzergrenadier-Divisionen unterstellt waren] normalerweise nur aus drei Scout Platoons. Colonel Tom Dials, der später Chef der Cavalry Tactic in Fort Knox wurde, befehligte die Squadron. Er war ein hervorragender Kommandeur und Taktiker, und ich lernte sehr viel bei ihm. Seine Squadron war phantastisch, und es war eine große Ehre, mit diesen Leuten zu dienen.

**Tom Clancy:** Was ist REFORGER eigentlich genau?

**H. R. McMaster:** Der Begriff steht für *REturn of FORces to GERmany**. Während des kalten Krieges gab es Kräfte, die dafür vorgesehen waren, gegebenenfalls bereits in Deutschland stationierte Einheiten zu verstärken. REFORGER verschaffte uns die Gelegenheit, Truppenverlegungen im großen Stil zu proben. Während REFORGER führten wir Operationen auf breiter Front und in großer Tiefe durch – Operationen also, die wir so zu üben in Amerika keine Gelegenheit hatten. Dabei lernte wir auch große Teile Norddeutschlands kennen.

Im Rahmen von REFORGER übten die Einheiten in verschiedenen Gebieten und zusammen mit einer Vielzahl von Streitkräften anderer Nationen. Die Missionen, die sie dabei trainierten, dienten aber nicht ausschließlich der Verteidigung. Die neuen Richtlinien der US-Army für das Vorgehen unter Feuer, Stoßkraft und Bewegung – die erstmalig 1982 in der Ausgabe FM 100-5 des Army Field Manual zu Papier gebracht worden waren – sahen vor, daß sogar die Einsätze, die in erster Linie Defensivcharakter hätten, auch offensive Operationen einschließen sollten. Für die Einheiten der Army bedeutete dies einen Konzeptionswechsel. Also änderten die Einheiten, ganz gleich welcher Größe, ihre Einstellung und konzentrierten sich auf Offensivoperationen. Durch REFORGER-87 bekam H. R. die Gele-

---

* Rückverlegung von Streitkräften nach Deutschland

genheit, zusammen mit seinem Scout Platoon an offensiven Übungen in Korpsdimensionen teilzunehmen.

**Tom Clancy:** Was taten Sie eigentlich während REFORGER?

**H. R. McMaster:** Wir erhielten von Colonel Dials den Befehl, weit hinter den feindlichen Linien aufzuklären. Das hatte den Sinn, eine Landing Zone [LZ] für eine Luftlandeoperation [Hubschrauber] in Korpsgröße zu finden. Wir trafen im vorgesehenen Gebiet starke Verteidigungskräfte an und warnten die Infanteriebrigade, die darauf wartete, hier abgesetzt zu werden. Andere Operationen beinhalteten Vorausüberwachung für große Panzerformationen, bei denen wir feindliche Sicherungskräfte ausschalten und die Hauptverteidigungsstellungen des Gegners ausfindig machen sollten.

**Tom Clancy:** Welche Lehren konnten Sie im Laufe von REFORGER aus den Operationen größerer Einheiten ziehen?

**H. R. McMaster:** Eine der wichtigsten Erkenntnisse war, daß Informationen, die leicht nachvollziehbar sind, für die Hauptmacht einer Angriffsformation von entscheidendem Wert sein können. Für große Panzereinheiten in der Stärke von Brigaden und Divisionen ist es von geradezu lebenswichtiger Bedeutung, möglichst detaillierte Informationen über die Zone zu haben, durch die sie sich gerade bewegen, damit sie den Schwung des Vormarsches im Rahmen einer Offensive aufrechterhalten können.

**Tom Clancy:** Wie übermittelten Sie bei REFORGER Informationen dieser Art an die anderen Einheiten der Division?

**H. R. McMaster:** Wir meldeten unsere Informationen an den Bataillonsstab, benutzten allerdings auch sogenannte *Connecting Files** – das bedeutet, daß z. B. die Einheit hinter einem Element der Cavalry [wie etwa ein Panzer- oder Panzergrenadierbataillon] ihr eigenes Erkundungselement vorrücken läßt [normalerweise einen Aufklärerzug], um Verbindung mit den Aufklärungseinheiten herzustellen, die vor ihnen liegen. Das ist der schnellste und rationellste Weg, gesammelte Informationen weiterzuleiten. Einheiten der Cavalry können auch Melder bzw. Führer abstellen, die sich mit den nachfolgenden Bodenkampf-Einheiten treffen, um diesen detaillierte Informationen zu übermitteln. Für Angriffskräfte ist die Kommunikation mit den vor ihnen operierenden Einheiten der Cavalry von lebenswichtiger Bedeutung, und die Einheiten überwachen ständig, auch gegenseitig, die Funkfrequenzen.

---

* Verbindungslinien

| Tom Clancy: | Welche Art von Kommunikationsausrüstung stand Ihnen zur Verfügung? |
|---|---|
| H. R. McMaster: | Jedes Aufklärungs-Kettenfahrzeug [M3 *Bradley*] hatte zwei UKW-Sprechfunkgeräte. Die Gruppenführer bei den Aufklärern waren dafür verantwortlich, die nächstliegende oder direkt nachfolgende Einheit abzuhören. Die Funkgeräte waren mit Abhörsicherungen versehen, die einen Sprachverschlüsselungs-Code verwenden, um Sendungen auf eine Art und Weise zu verschlüsseln, die es nur Funkgeräten mit identischem Code ermöglicht, diese auch klar zu empfangen. So verhindert man Lauschangriffe durch einen Feind. In unserem Zug waren darüber hinaus im Heck eines *Bradley* drei zusätzliche Funkgeräte montiert, mit denen man Textnachrichten verschicken konnte [um nicht auf den Sprechfunk angewiesen zu sein]. Dazu wurden die Informationen vorher über eine Tastatur eingegeben. Um eine solche Meldung zu übermitteln, braucht man nur sehr kurze Zeit [man nennt so etwas eine *Burst-Transmisson**] und kann auf diese Weise verhindern, daß die Übertragung vom Gegner gestört oder eingepeilt wird. Jeder *Bradley* war außerdem mit einem tragbaren Funkgerät ausgestattet, das von einem Mann getragen werden konnte, um Verbindung zu den abgesessenen Spähtrupps halten zu können. |
| Tom Clancy: | Bei REFORGER bekamen Sie einen ersten Eindruck von Europa. Welche Erwartungen verbanden Sie mit der Vorstellung, an einem größeren Krieg teilnehmen zu müssen? |
| H. R. McMaster: | Als Offizier mit niedrigerem Dienstgrad kümmern Sie sich vor allem darum, daß ihre Einheit gefechtsbereit ist. Ich war sehr zuversichtlich, daß wir bereit waren, denn die ganze Army tut ja im Grunde nichts anderes, als sich ständig auf ein Gefecht vorzubereiten. Ich wußte, daß ich Teil einer Organisation war, die das mit aller Perfektion betrieb. Das sowjetische Militär war groß und stark, aber wir wußten, daß wir qualitativ in jeder Hinsicht – Menschenmaterial, Organisation, Ausrüstung und Ausbildungsstand – besser dastanden. |

Gegen Ende des Jahre 1987 wurde es für H. R. Zeit, sich in Richtung auf das »mittlere Management« der US-Army zu bewegen. Also besuchte er die *Advanced Armor School* (Panzertruppenschule) in Fort Knox, Kentucky, und bereitete sich dort auf seine erste Versetzung zum 2nd Armored Cavalry Regiment in Deutschland vor:

---

\* Raffersendung

| Tom Clancy: | Was kam für Sie nach REFORGER? |
| H. R. McMaster: | Anfang 1988 nahm ich an einem *Armor Officer Advanced Course* (Fortbildungslehrgang für Panzeroffiziere) in Fort Knox teil. Zum ersten Mal nach längerer Zeit wußte ich, daß ich hier einmal freie Wochenenden haben würde und mehr Zeit mit meiner Familie verbringen konnte [Katharine, die erste Tochter von H. R. und Katie, war bereits im September 1986 geboren worden]! Der Kurs selbst lief im Seminarstil ab. Dabei standen für die Teilnehmer Planungen für Operationen im großen Rahmen [Regiments-/Brigade-Dimension] im Mittelpunkt, von denen aus sie sich zu Operationen auf Kompanie-Ebene hinunterarbeiteten. Im Rahmen des Lehrplanes beschäftigten wir uns auch mit möglichen Szenarien in Korea und in einigen Bereichen – wegen der Variationsbreite des Geländes und der politischen Brisanz – auch mit Nordafrika. In der Panzerausbildung lernt man eine Menge von Kameraden, indem man Erfahrungen und Ideen austauscht. |
| Tom Clancy: | Was taten Sie nach dem Abschluß des *Advanced Armor Course*? |
| H. R. McMaster: | Durch meine Erfahrungen als Platoon Leader war ich ziemlich anspruchsvoll geworden, und jetzt hatte ich Bedenken, in der Gemeinschaft der Cavalry zu bleiben [zu dieser Zeit gab es drei Regimenter, das 2nd, 3rd und 11th]. Damals, 1987, hatte Colonel Dials mir empfohlen, nach einer Versetzungsmöglichkeit zum 2nd Armored Cavalry Regiment [2nd ACR] zu suchen, das in Bayern stationiert war. Das Hauptquartier des Regiments befand sich in Nürnberg, und die 1st Squadron in Bindlach, einem Ort etwa fünfundvierzig Autominuten vom Hauptquartier entfernt. Die 2nd Squadron lag in Bamberg, und die 3rd Squadron in Amberg. Die 4th Squadron [die Air Cavalry] war dagegen wieder näher bei Nürnberg – in Feucht – stationiert. |
| Tom Clancy: | Worin bestand zu dieser Zeit die Aufgabe des 2nd ACR? |
| H. R. McMaster: | Das 2nd ACR war das Cavalry Regiment des VII. Corps, das darauf vorbereitet war, die Verteidigung Mitteleuropas zu unterstützen. Jedes Corps hatte ein Cavalry Regiment, das für den kommandierenden General des Corps als »Augen und Ohren« fungierte. Das 2nd ACR war auf die Ausführung einer *Economy of Force*-Mission vorbereitet. Dazu bereitete das Regiment die Verteidigung eines breiten Raumes vor, damit der kommandierende General des Corps den zahlenmäßig stärksten Teil seiner Streitmacht dort konzentrieren konnte, wo er den massivsten Vorstoß feindlicher Kräfte erwartete. Das Regiment wurde durch je einen Gefechtsverband |

von einem Infanterie-Bataillon [das mit den M2 *Bradley Infantry Fighting Vehicles* ausgerüstet war] und von einem Panzer-Bataillon verstärkt. Das Regiment war ein schwerbeschäftigter Haufen, neben der Gefechtsbereitschaft mußte es nämlich auch noch Patrouillen in Bereichen der innerdeutschen Grenze und entlang der Grenze zur Tschechoslowakei durchführen. Mit Ende des kalten Krieges wurde beim 2nd ACR das Schwergewicht von Grenzüberwachung und -kontrolle wesentlich stärker auf harte Ausbildung und Gefechtsbereitschaft verlagert. Wir konnten nach wie vor ausgiebig in der deutschen Landschaft üben und erwarben damit einige unschätzbar wertvolle Erfahrungen.

1990 war es schließlich soweit, H. R. bekam das Kommando über seinen ersten eigenen Gefechtsverband, die Eagle Troop des 2nd ACR. Aufregend war für ihn und Katie aber auch die Geburt ihrer zweiten Tochter Colleen, die im Februar dieses Jahres auf die Welt kam. Neun Monate, nachdem er die Eagle Troop übernommen hatte, ging der Befehl zur Herstellung der Alarmbereitschaft ein, der sich zu einem Kampfeinsatz entwickeln würde: zur Operation Desert Shield. Schon zuvor hatte er das Gefühl gehabt, daß Kampfhandlungen bevorstehen würden, und deshalb begann er, seine Truppe »auf Vordermann zu bringen«, um sie in Gefechtsbereitschaft zu versetzen.

**Tom Clancy:** Wir schreiben jetzt das Jahr 1990. Was lag da bei Ihnen an?

**H. R. McMaster:** Ich blieb bis Januar 1990 als Chefplaner des Regiments für REFORGER beim Stab des 2nd ACR. Im Planungsbüro, dem außer mir selbst auch noch ein weiterer Captain, ein Staff Sergeant und zwei Spezialisten angehörten, entwarf ich die REFORGER-Pläne [diese Übung findet einmal im Jahr statt] und stimmte sie mit dem Stab des VII. Corps ab. Dabei lernte ich sehr viel von unserem Regimentskommandeur, Colonel L. D. Holder, einem Militärhistoriker und Mitautor des *FM 100-5*. Nachdem REFORGER abgeschlossen war, schied ich aus dieser Funktion aus und bereitete mich darauf vor, das Kommando über die Eagle Troop des 2nd ACR in Bamberg zu übernehmen. Im Februar 1990 wurde auch unsere zweite Tochter, Colleen, geboren und einen Monat später zogen wir nach Bamberg um.

**Tom Clancy:** Wie war das Leben in Bamberg für Sie und Ihre Familie?

**H. R. McMaster:** Wir genossen es, in einer deutschen Kleinstadt zu leben, und gewannen einige sehr gute Freunde. Obwohl ich sehr viel unterwegs war, sahen meine Familie und ich eine Menge von Europa. Meine Frau Katie unterrichtete

|  |  |
|---|---|
| | BSEP im Rahmen eines Fortbildungsprogramms für Erwachsene, das für die Soldaten eingerichtet worden war. |
| **Tom Clancy:** | Was taten Sie und Ihre Eagle Troop gerade, als die Invasion Kuwaits im August 1990 begann? |
| **H. R. McMaster:** | Wir waren gerade zu einer Übung ausgerückt, bei der wir Geschütz- und Gefechtstraining durchführen wollten. Ich setzte die Soldaten stark unter Druck, um eine Feinabstimmung unserer Fähigkeiten zu erreichen, uns als Team zu bewegen und zu feuern. Wir hatten zwar im Mai gerade erst eine sehr erfolgreiche Übung am Combat Arms Maneuver Training Center [das europäische Gegenstück zum NTC] absolviert, aber inzwischen waren bei uns einige neue Soldaten in Schlüsselpositionen dazugekommen. Als wir eben von den Schießübungen zurückkamen und mit den Vorbereitungen für taktische Operationen beschäftigt waren, kam in den Nachrichten die Meldung, daß der Irak gerade mit der Invasion Kuwaits begonnen hatte. Ich sprach zu den Soldaten und schilderte die möglichen Konsequenzen dieses Vorfalls. Dann forderte ich sie auf, ihre Trainingsmöglichkeiten optimal zu nutzen, denn der nächste Befehl, den sie vielleicht bekämen, konnte möglicherweise schon der für einen Einsatz in der Wüste Saudi-Arabiens sein. Als es dann tatsächlich losging, kamen aber die ersten Truppen, die nach Saudi-Arabien geschickt wurden [die 82nd Airborne- und die 101st Air Assault-Division] von den in Amerika stationierten *Rapid Deployment Forces* [RDF = schnelle Eingreiftruppe] und nicht vom VII. Corps, das in Europa stationiert war. |
| **Tom Clancy:** | Was war während dieses Einsatzes die Aufgabenstellung für das 2nd ACR? |
| **H. R. McMaster:** | Das 2nd ACR wurde als Truppenteil [des VII. Corps] eingesetzt, um General Schwartzkopf [dem kommandierenden General des *CENtral COMmand*] die nötige Offensivstärke zu geben, die Iraker wieder aus Kuwait hinauszuwerfen. Am Anfang hatte das Regiment noch die Funktion einer Sicherungstruppe für das VII. Corps, während es aus Deutschland dort hinunter verlegt wurde. Zusätzlich zum 2nd ACR sollten dem VII. Corps auch noch die 1st und 3rd Armored Division, die 1st Infantry Division (Mechanized)* und die 1st Armoured Division** der Briten unterstellt werden. |

---

\* Panzergrenadierdivision
\** Panzerdivision

**Tom Clancy:** Gab es im November 1990, also noch vor dem Befehl für die Alarmbereitschaft, irgendwelche Eventualitätsplanungen für einen Einsatz des 2nd ACR in Saudi-Arabien?

**H. R. McMaster:** Es kursierten einige Gerüchte und Spekulationen. Wir diskutierten auch die Wahrscheinlichkeit eines Einsatzes und die generellen Vorgaben für Offensivoperationen in der irakischen Wüste. Aber es wurden keine Überlegungen für Planungen auf Bataillons-Ebene angestellt, bis wir benachrichtigt wurden.

**Tom Clancy:** Können Sie beschreiben, was passierte, als dann der Alarmbefehl kam?

**H. R. McMaster:** Unsere Einheit [die 2nd Squadron, zu der die Eagle Troop gehörte] war die erste des 2nd ACR, die [nach Saudi-Arabien] losgeschickt wurde. Obwohl wir vierundzwanzig Stunden zuvor benachrichtigt worden waren, mußten wir noch die gesamte Ausrüstung zusammenpacken und für die Versendung [zu den Einschiffungshäfen] zusammenstellen. Aber wir waren vorbereitet, da unsere Mission in Deutschland ohnehin Ortswechsel mit minimaler Vorwarnzeit als Voraussetzung beinhaltete. Die Fahrzeuge befanden sich annähernd in Spitzenzustand, und wir fuhren mit dem Zug nach Bremerhaven, um dort an Bord des Truppentransporters zu gehen.

**Tom Clancy:** Nachdem Ihre eigenen Fahrzeuge unterwegs waren, halfen Sie dann auch noch den anderen Bataillonen des 2nd ACR bei der Bereitstellung ihrer Ausrüstung?

**H. R. McMaster:** Eigentlich nicht. Wir waren nämlich viel zu sehr damit beschäftigt, unsere eigenen Kompanien startklar zu bekommen. Auch konzentrierten wir unser Training auf verschiedene Geländeformen unter Berücksichtigung besonderer Schwerpunkte, angefangen von Überlebenstechniken über ABC-Abwehr in der Wüste bis hin zur Fahrzeug-Instandsetzung. Darüber hinaus erhielten und leiteten wir Informationen weiter, die über die irakische Armee und die Feindsituation am Kriegsschauplatz Kuwait eingingen. Vor dem Einsatz erstellten wir noch ein Handbuch, das wir »F 100-Eagle« nannten [unter Bezugnahme auf das Handbuch F 100-5 der US-Army]. Es wurde an alle Truppenführer der »Eagles« ausgegeben und enthielt vor allem Informationen über das wie Überleben in der Wüste, Erste Hilfe, Verhinderung von Hitzeschlägen, Fahrtechnik, Taktik der irakischen Armee und so weiter. Ich hatte die Gelegenheit, mit allen Soldaten der Kompanie in kleineren Gruppen über den Charakter von Panzergefechten in der Wüste zu sprechen, wobei ich mich sehr stark an den Erfahrungen orientierte, die während des Zweiten Weltkrieges in Nordafrika und während der Arabisch-Israelischen Kriege gemacht worden waren. Wir sprachen auch darüber, wie wir unsere eigenen Taktiken so modifizieren konnten – Standardabläufe und Formationen –, daß sie auch in einer Wüste greifen würden.

**Tom Clancy:** Welche speziellen Bedrohungen erwarteten Sie von den Irakern für den Fall, daß diese Sie in Saudi-Arabien angreifen würden?

**H. R. McMaster:** Nervengas. Wir wußten, daß sie davon am meisten hatten. Obwohl die Wahrscheinlichkeit gering war, daß sie uns damit angreifen würden, waren wir bestens darauf vorbereitet, uns dagegen zu schützen.

Bevor wir uns mit Captain McMaster an den Persischen Golf begeben, ist es notwendig, daß wir etwas mehr über die Menschen, die hier in den Krieg zogen, und ihre Ausrüstung erfahren. In der folgenden Geschichte können Sie den Mikrokosmos erkennen, durch den sich alle Truppen von Desert Shield und Desert Storm bewegen mußten, als der Countdown auf den G-Day (24. Februar) lief, der für den Beginn des Bodenkampfes vorgesehen war.

**Tom Clancy:** Konnten Sie das gesamte Personal der Eagle Troop mitnehmen?

**H. R. McMaster:** Ja, keiner blieb zurück.

**Tom Clancy:** Erzählen Sie uns etwas über den First Sergeant der Eagle Troop?

**H. R. McMaster:** In William Virrill hatte ich einen außergewöhnlich talentierten und effektiven First Sergeant, der sowohl an sich selbst als auch an die Einheit enorm hohe Maßstäbe anlegte. Er war auch in der Lage, zu den jungen Soldaten ein sehr enges, aber professionelles Verhältnis aufzubauen. Ich stimmte mit diesem First Sergeant auf der ganzen Linie überein, was die Zielvorstellungen der Einheit und die Prioritäten anging. Infolgedessen konnten wir sehr gut zusammenarbeiten. Genaugenommen waren wir Partner.

**Tom Clancy:** Können Sie die verschiedenen Züge der Eagle Troop beschreiben, wie sie ausgerüstet waren, und etwas über ihre Anführer sagen?

**H. R. McMaster:** Wir hatten zwei Scout Platoons mit je sechs M3A2 *Bradley*-Gefechtsfahrzeugen und zwei Panzerzüge, die mit jeweils vier »schweren« M1A1 *Abrams* Panzern ausgerüstet waren und schon die neue Panzerung [abgereichertes Uran] hatten. Der stellvertretende Kompaniechef war Lieutenant John Gifford [West Point, Jahrgang 1987], der außerhalb des Kompaniegefechtsstandes [einem M577] operierte. Das 1st Scout Platoon [sechs M3A2] stand unter dem Befehl von Lieutenant Mike Petschek, einem Absolventen der University of Georgetown. Der Platoon Sergeant dieser Einheit war Staff Sergeant Robert Patterson. Der 2nd Tank Platoon [vier M1A1] wurde von Lieutenant Mike Hamilton kommandiert, der von der Norwich University kam, und sein Platoon Sergeant war der Sergeant First Class Eddie Wallace. Der Befehlshaber des 3rd Scout Platoon [sechs M2A3] war damals Lieutenant Tim Gauthier, Absolvent der Arizona State University, der den 2nd Platoon verlassen hatte, um das Kommando über den 3rd Platoon zu übernehmen. Sein Platoon Sergeant war Staff Sergeant David Caudill. Der 4th Tank Platoon [vier M1A1] wurde von Lieutenant Jeff DeStefano geführt, auch er ein Absolvent von West Point. Ihm zur Seite stand Staff Sergeant Henry Foy. Ich hatte große Achtung vor der Führungsmannschaft der Kompanie. Sämtliche Offiziere und Unteroffiziere waren sehr talentierte und engagierte Führungspersönlichkeiten, die sich wirklich um die ihnen unterstellten Soldaten kümmerten. Wir ergänzten uns meiner Ansicht nach gegenseitig in Temperament und Stil. Ich halte sie nach wie vor für meine besten Freunde.

Tom Clancy: Wie war der Headquarters Platoon der Eagle Troop organisiert und ausgerüstet?

H. R. McMaster: Der Stabszug schloß die Mörser-Abteilung [zwei M106 4,2-Zoll-Mörserträger] und sämtliche Instandsetzungs-, Kommunikations- und Versorgungsfunktionen für die Kompanie ein. Zum Personal dieses Verwaltungszuges gehörten zwölf Mechaniker, elf Mörserschützen und annähernd zwanzig weitere Soldaten, die auf Kommunikations-, Versorgungs-, Sanitäts- und Unterstützungswesen spezialisiert waren. Die Instandsetzungs-Gruppe verfügte über einen M88-Bergepanzer, einen gepanzerten M113-Mannschaftstransportwagen und zwei M35A2 2,5-Tonner-LKWs. Einer davon war als Werkstattwagen ausgerüstet, der andere transportierte die Ersatzteile, die man normalerweise ständig bei einer Cavalry Troop mitführt. Ich selbst hatte einen M1A1 Panzer [Rufzeichen Eagle-66, Spitzname »Mad Max«]. Dem First Sergeant war noch ein weiterer M113 unterstellt. Der Kompaniechef und sein First Sergeant hatten außerdem auch noch HMMWVs, die wir allerdings zu Krankentransportern umbauten. Der Kompaniegefechtsstand bestand aus einem M577 [auf dem Fahrgestell eines M113] als Befehlsstelle und einem 5-Tonner-

Captain H. R. McMaster
(Bildmitte) mit den Zug-
führern seiner Eagle
Troop. (Von links nach
rechts) 1st Lt. Jeff De-
Stefano, 1st Lt. Timmothy
Gauthier, 2nd Lt. Michael
Hamilton und 1st Lt. Mi-
chael Petschek.

*H. R. MCMASTER*

LKW zum Transport der Versorgungsgüter. Zusätzlich hatten wir noch einen HMMWV für den stellvertreten- den Kompaniechef. Also befand sich zum Zeitpunkt unserer Verlegung folgende Ausrüstung in der Kompa- nie: neun [M1A1 *Abrams*] Panzer, dreizehn *Bradleys*, zwei Mörser-Kettenfahrzeuge [M113 APCs mit 106-mm- Mörsern], ein M88-Bergepanzer, zwei Standard M113, die als Krankentransporter ausgerüstet worden waren, eine bewegliche Befehlsstelle M577, vier HMMWVs, ein 5-Tonner- und zwei 2,5-Tonner-LKWs. Später bekamen wir noch ein FIST-V-Feuerunterstützungsfahrzeug [ein M113 APC, der so ausgerüstet war, daß von ihm aus eine Anforderung und Abstimmung von Artillerie- beschuß erfolgen konnte] mit einem ausgezeichneten Fire Support Team unter der Führung von Lieutenant Daniel Davis. Unsere Funkausrüstung war absolut Stan- dard. Wir hatten eines der neuen NAVSTAR-GPS-Ge- räte, das wir beim führenden Aufklärerzug und dort in Mike Petscheks Kettenfahrzeug benutzten.

**Tom Clancy:** Gab es noch Änderungen in letzter Minute, bevor Sie sich auf den Weg nach Saudi-Arabien machten?

**H. R. McMaster:** Eigentlich nicht. Wir kamen mit perfektem Timing an. Die Fahrzeuge und Ausrüstung trafen einen Tag nach uns ein.

**Tom Clancy:** Was bedeutete es für Sie, Abschied von Ihrer Familie nehmen zu müssen?

**H. R. McMaster:** Natürlich wußte ich, daß ich Katie und die Mädels schrecklich vermissen würde. Aber zu irgendwelchen dramatischen Gefühlsausbrüchen kam es nicht. Katie und ich waren der Ansicht, daß es das Beste war, alles so positiv wie möglich zu sehen. Deshalb wollte ich auch nicht, daß meine Kinder – meine ältere Tochter Katharine war ja erst viereinhalb Jahre alt – erfuhren, daß wir in den Kampf zogen. Also erzählten Katie und ich ihr, daß ich zu einer ganz normalen Übung ginge. Wir nahmen sie auch nicht zu der Abschiedszeremonie mit, denn wir glaubten, der Anblick anderer Familien beim Abschied – mit wehenden Fahnen und Tränen – könnte unsere kleinen Töchter unter Umständen beunruhigen.

**Tom Clancy:** Was löste es in Ihnen aus, als Sie sahen, wie andere von ihren Familien Abschied nahmen?

**H. R. McMaster:** Ich glaube, den Familien fiel der Abschied wesentlich schwerer als den Soldaten. Die Trooper wußten, daß sie eine Aufgabe zu erfüllen hatten und daß wir alle als Mitglieder eines fest verschweißten Teams gingen. Die Frauen und Kinder mußten mit der Unsicherheit fertig werden, die immer mit solchen Einsätzen verbunden ist. Aber die Frauen halfen sich gegenseitig, und ich glaube, daß auch das Selbstvertrauen der Soldaten ganz hilfreich war.

**Tom Clancy:** Und dann gingen Sie direkt nach Saudi-Arabien?

**H. R. McMaster:** Genau. Wir starteten mit zivilen Fluggesellschaften im verschneiten Nürnberg und flogen nach Daran, von wo aus wir weiter mit dem Bus zu den Einrichtungen in Al Jubail gebracht wurden.

Als H. R. Anfang Dezember 1990 in Saudi-Arabien eintraf, bestand seine erste Aufgabe darin, die Ausrüstung der Eagle Troop von den Schiffen in Al Jubail zu entladen und sie anschließend zu ihrem ersten Sammlungsraum entlang der saudisch-irakischen Grenze schaffen zu lassen. Während seiner ersten Tage kümmerte er sich darum, daß die Männer seiner Einheit gesund und fit blieben und die Ausrüstung der Kompanie einsatzbereit war. Auch mußte das Personal trainiert und für den kommenden Angriff auf den Irak in Stellung gebracht werden.

**Tom Clancy:** Wie war das Wetter bei Ihrer Ankunft?

**H. R. McMaster:** Als wir landeten, war es sehr heiß. Die Temperaturen lagen gut über 30° C. Obwohl es keineswegs so heiß war wie im Spätsommer, bedeutete es doch einen drastischen Wechsel gegenüber den Temperaturen im kalten, verschneiten Deutschland.

**Tom Clancy:** Was war Ihrerseits erforderlich, um Ihre Fahrzeuge im Hafen von Al Jubail entladen und abmarschbereit zu bekommen?

**H. R. McMaster:** Wir fuhren sie von den Schiffen herunter und rangierten sie auf das Hafengelände. Anschließend ging es im Konvoi auf der Straße zum Sammelplatz. Danach verbrachten wir etliche Tage damit, die Ausrüstung zusammenzubauen und die Kampffahrzeuge mit Wüstentarnfarbe anzumalen. Anschließend verluden wir die Fahrzeuge auf zivile Schwertransporter [HETs-»Low-Boy«-Sattelschlepper] und fuhren damit zu unserem taktischen Sammelpunkt, wo wir bleiben sollten, bis der Luftkampf begann.

**Tom Clancy:** Wie sah ihr erster Sammelpunkt aus, und welche Einheiten waren außer Ihnen noch dort?

**H. R. McMaster:** Unser erster Sammelpunkt lag im Osten des Wadi al-Batin und nördlich der Wasserpipeline. Allgemeiner ausgedrückt, es war der nördlichste Punkt des riesigen Militärgeländes von *King Kalid Military City* [kurz KKMC genannt]. Zuerst waren noch keine anderen Einheiten in unserer Nähe – wir befanden uns westlich der Marines und des 3rd ACR. Unser erster Sammlungsraum war ein brettebenes, eintöniges und unbewohntes Stück Wüste.

**Tom Clancy:** Wann traf das komplette Regiment in Saudi-Arabien ein, und womit waren Sie zu diesem Zeitpunkt beschäftigt?

**H. R. McMaster:** Der Rest des Regiments kam so Mitte Dezember an. Der S-3 [Einsatzoffizier] der 2nd Squadron, Major [inzwischen Lieutenant Colonel] Douglas MacGregor entwickelte einen Übungsplan, in dessen Verlauf wir nacheinander mit Aufgaben auf Individual-, Crew-, Platoon- und Troop-Level konfrontiert wurden. Dann führten wir Gefechtsübungen mit dem ganzen Bataillon in der Stärke von drei Kompanien – einer Panzerkompanie, einer Headquarters Company und einer Haubitzen-Batterie – in der Formation einer einzigen Einheit durch. Die Übungen des Bataillons waren eine Herausforderung, und Nachtoperationen wurden dabei bevorzugt. Wir probten auch noch einmal unsere Marschformationen und Gefechtsabläufe durch, um uns auf die Führungsrolle für den Vorstoß des VII. Corps in den Irak vorzubereiten. Da die 2nd Squadron die erste vollständige Einheit des 2nd ACR in Saudi-Arabien war, hatten wir reichlich Gelegenheit, Erfahrungen bei Gefechtsbewegungen in der Wüste zu sammeln.

Eine der wichtigsten Ergänzungen für die Ausrüstung der Eagle Troop und aller anderen Streitkräfte der Koalition am Persischen Golf waren eine Anzahl neuer NAVSTAR-GPS-Terminals, die eine enorme Hilfe bei der Navigation in der Wüste darstellen. Die US-Army verfügte zwar schon vor der Invasion Kuwaits durch den Irak über etwa tausend dieser Geräte, aber durch eine Dringlichkeits-Beschaffungsmaßnahme wuchs die Zahl dieser Geräte in der Größe eines Autoradios auf etliche Tausend an, als sie schließlich zu den Einheiten im Feld geschickt wurden. Darüber hinaus kauften Einzelpersonen Tausende ziviler GPS-Geräte, die praktisch überall, vom Sattelschlepper bis zum Hubschrauber, eingebaut wurden.

**Tom Clancy:** Wann bekamen Sie Ihre zusätzlichen GPS-Terminals, die Sie beim Bodenkampf verwendeten, und wie sahen die aus?

**H. R. McMaster:** Gegen Ende Dezember 1990 erhielt das Regiment zusätzliche Trimble TRIMPACK GPS-Empfänger, die entweder über Batterien oder über den Stromkreis eines Fahrzeugs betrieben werden konnten. Sie sahen wie tragbare Autoradios aus, und wir montierten sie mit Klettband oder Montageschaum auf den Dächern der Panzer. Sie konnten so programmiert werden, daß sie die Positionsangaben als Koordinaten im militärischen Kartengitternetz [MGRS, eingeteilt in Planquadrate zu jeweils 1 km Kantenlänge]. Ihre Genauigkeit lag innerhalb nur weniger Meter um den aktuellen Standort. Man konnte sie auch mit sogenannten *Waypoints* (Wegpunkten) programmieren, die einen beim Marsch durch die Wüste leiteten. In der Kompanie hatten wir vier dieser Geräte, wobei je eins den jeweiligen M3-Kommandofahrzeugen des 1st und 3rd Scout Platoon zugeteilt war, eins hatte ich in meinem Panzer und das letzte befand sich in Dan Davis' *Fire Support Vehicle* [FIST-V = Fahrzeug für vorgeschobene Artilleriebeobachtung]. GPS verschaffte uns enorme Vorteile, und ohne dieses System hätten wir niemals so gut operieren können. Leider befanden sich zu dieser Zeit nur sechs Satelliten in der Konstellation [es sind insgesamt vierundzwanzig geplant], weshalb wir leider keine Abdeckung rund um die Uhr hatten. Die Perioden, in denen wir keine GPS-Signale empfangen konnten [und damit auf die Verwendung des GPS-Systems verzichten mußten], nannten wir die »traurigen Zeiten«. Wann immer das passierte, mußten wir zu unseren alten Systemen wie z. B. LORAN zurückkehren oder koppeln*. Wegen des völligen Mangels an Landmarken in der Wüste machte es die Koppelnavigation erforderlich, daß Mannschaftmitglieder das Fahrzeug verließen, um es auf einen magnetischen Azimut zu bringen. Sobald das Fahrzeug ausgerichtet war, brachte der Richtschütze das Waffensystem in den stabilisierten Modus, und der Fahrer

---

* Koppelnavigation bedeutet, eine Besteckrechnung durchzuführen, die von einer letzten bekannten Position ausgeht und unter Zuhilfenahme von Kompaß und Wegstreckenzähler näherungsweise genau einen Kurs nachvollzieht.

blieb mit dem Kanonenrohr in Linie. Dabei verfolgten die Fahrer die Entfernungen auf ihren Wegstreckenzählern in den Fahrzeugtachometern.

**Tom Clancy:** Wie lange dauerten diese »traurigen Zeiten« des GPS?

**H. R. McMaster:** Maximal vierzig Minuten. Einmal passierte uns das, als wir gerade dabei waren, in einem Sandsturm unsere Position mit zwei weiteren Einheiten abzustimmen. Überflüssig zu betonen, daß wir dafür den wohl ungünstigsten Zeitpunkt erwischt hatten. Aber die Aufklärer des 1st Platoon leisteten so hervorragende Arbeit, daß wir dennoch dort ankamen, wo wir hin sollten.

Immer wieder mußte sich H. R. um all jene Dinge kümmern, mit denen sich Befehlshaber des amerikanischen Militärs schon seit Zeiten George Washingtons bei Valley Forge herumzuschlagen hatten: Verpflegung der Truppe, Weihnachtsfeiern fern der Heimat, Aufrechterhaltung der Moral. Gelegentlich kam es sogar zu Begegnungen mit friedlichen Beduinenstämmen.

**Tom Clancy:** Wie lief ein Durchschnittstag bei der Eagle Troop ab?

**H. R. McMaster:** Zuallererst steckten wir einen Rahmen für die Absicherung auf 360° ab. Jeden Morgen machten wir gruppenweise Leibesübungen – Liegestütze, Rumpfbeugen und Kurzstreckenläufe. Es ist von lebenswichtiger Bedeutung, daß Soldaten körperlich fit, geschmeidig und energiegeladen bleiben. Außerdem fördert es das Zusammengehörigkeitsgefühl in einer Gruppe. Das Frühstück bestand normalerweise aus einer Feldration vom Typ T. Für alle, die damit nichts anzufangen wissen: Eine A-Ration steht für Frischverpflegung, die vor Ort beschafft wird und mit B-Rationen aus Dosen ergänzt werden kann. Die T-Ration ist eine Mahlzeit im Kantinenstil, in rechtwinklige Tabletts verpackt, die in kochendem Wasser erwärmt wird. Wir aßen aber auch Gerichte aus zivilen Beständen vom *Top Shelf* und *Beefaroni*-Typ [die von der Army per Dringlichkeits-Beschaffungsmaßnahme organisiert worden waren]. Weil die *Meals Ready to Eat* [MRE = Fertigmahlzeiten als Feldrationen] nur in begrenzter Stückzahl zur Verfügung standen, hoben wir sie uns für den Bodenkampf auf. Was die persönliche Hygiene anging, so hatten wir ein paar einfache Latrinen und Duschen, die nach dem Prinzip der Schwerkraft arbeiteten. Zum Ende eines jeden Tages wurde der Latrineninhalt mit Dieselkraftstoff gemischt und verbrannt. Wenn wir weiterzogen, nahmen wir diese Einrichtungen nicht mit. Als wir dann zum Sammlungsraum des VII. Corps marschierten, ließen wir auch unsere Zelte zurück und lebten in unseren

Die Besatzung von Eagle-66 (von links nach rechts) Captain H. R. McMaster (Kommandant) Staff Sergeant Craig Koch (Richtschütze*), Specialist* Christopher Hedenskog (Fahrer), Private 1st Class Jeffrey Taylor (Ladeschütze).   *H. R. MCMASTER*

Panzerfahrzeugen. Aber die Feldpost war immer mit uns auf gleicher Höhe, und wir erhielten von den Menschen in der Heimat jede Menge aufmunternder Unterstützung. Besonders Schulen und Geschäfte waren führend bei der Versendung von Päckchen und Briefen »an jeden Soldaten«. Die Post bedeutete einen positiven Schub für die Moral der Truppe.

**Tom Clancy:** Wie war die Moral im allgemeinen?

**H. R. McMaster:** Die Einstellung der Truppe war während der ganzen Zeit sehr gut. Wir trainierten sehr viel und waren dabei außerordentlich zuversichtlich. Die Kompanie wuchs zu einer wirklichen Einheit zusammen, und alles nahm einen schon fast familiären Charakter an.

**Tom Clancy:** Wie lief das Weihnachtsfest 1990 für Ihre Männer ab?

**H. R. McMaster:** Die Eagle Troop hatte den Wachdienst für die Logistikbasis Alpha übertragen bekommen. Als wir in Gefechtsformation in den Stützpunkt einfuhren, stellte sich heraus, daß viele der dort anwesenden Soldaten noch nie in ihrem Leben einen Panzer gesehen hatten, und wir wurden enthusiastisch begrüßt.

Am Weihnachtstag lösten sich die Platoons gegenseitig im Wachdienst ab, so daß sie genügend dienstfreie Zeit für ihr Weihnachtsmahl hatten. Jeder bekam sein eigenes Dinner mit Truthahn und sämtlichen Beilagen. Die Ehefrauen der Kompanie hatte zu Hause in Deutschland je zwei Geschenke pro Soldat eingepackt, in denen Toilettenartikel, Schreibwaren und Süßigkeiten waren. Wir hatten sogar einen kleinen

---

* In Deutschland nicht verwendete Dienstbezeichnung für einen Soldaten, der dem Rang nach ein Haupt- oder Stabsgefreiter sein kann.

Christbaum mit dazugehöriger Beleuchtung. Der First Sergeant und ich stellten den Baum auf die Motorhaube eines HMMWV und fuhren an der angetretenen Kompanie vorbei. Dabei überreichten wir die Geschenke an die Soldaten. Wir verbrachten auch mit jedem einzelnen Soldaten noch ein wenig Zeit und unser Geistlicher hielt mehrere Gottesdienste ab, damit jeder Trooper Gelegenheit bekam, an einem teilzunehmen.

**Tom Clancy:** Wie reagierten Sie auf die einheimischen Beduinen, beziehungsweise, wie gingen Sie mit ihnen um?

**H. R. McMaster:** Wir erhielten eine Einführung über die Gebräuche und Traditionen vor Ort, und wir respektierten sie. Unsere Kontakte zur einheimischen Bevölkerung waren zunächst aber äußerst selten. Das änderte sich erst, als wir später, nach dem Waffenstillstand, bei dessen Absicherung im südlichen Irak halfen.

**Tom Clancy:** Hörten Sie viel Radio?

**H. R. McMaster:** Aber ja. Wir hörten Radio Bagdad, der Lieblingssender der Soldaten – mit seiner Sendung »Bagdad Betty«. Die von dort ausgestrahlte irakische Propaganda war simpel, albern und ziemlich lustig. Aber sie brachten ganz anständige Musik. Leider hatten wir den Eindruck, daß wir uns bei jedem Marsch gerade eben außerhalb der Reichweite von Armed Forces Radio befanden. Der internationale Nachrichtenservice von BBC war für uns eine gute Quelle für Meldungen zur rechten Zeit. Aber CNN bekamen wir nicht!

Am 16. Januar 1991 begann die Operation Desert Storm mit einem massiven Bombardement irakischer Ziele und Streitkräfte aus der Luft. Als die Soldaten diesen explosiven Sturm im Norden wahrnahmen, jagte er ihnen zunächst einen Schrecken ein, aber gleichzeitig trieben sie die Vorbereitungen für den kommenden Angriff auf die irakischen Kräfte im Irak und in Kuwait weiter voran.

**Tom Clancy:** Welche typischen Zeichen des Krieges wurden für Sie offenbar, als der Luftkrieg begann?

**H. R. McMaster:** Über uns waren Unmengen von Flugzeugen, und durch unsere Nachtsichtgläser konnten wir erkennen, daß der nördliche Horizont praktisch glühte. Um dieses Ereignis zu feiern, weckte ich die Köche und bat sie, Pfannkuchen und gekochte Eier für uns zu machen. Anschließend sprach ich zur Kompanie, skizzierte das Luftangriffskonzept und wiederholte noch einmal einige Hauptgesichtspunkte der Planung für die Bodenoffensive. Am gleichen Tag reagierten wir auf eine Falschmeldung von einem Vorstoß der Iraker über die Grenze.

Innerhalb weniger Sekunden waren wir aufgesessen, hatten die Maschinen gestartet und nahmen Kurs Nord auf unser zugewiesenes Gebiet, in dem wir als Verzögerungskraft wirksam werden sollten. Später waren wir eigentlich recht dankbar, daß sich das Ganze als falscher Alarm herausstellte, denn dadurch wurde allen Troopern noch einmal klar, daß es sich hier nicht mehr um eine Einsatzübung, sondern um einen wirklichen Krieg handelte.

Kurz nach Beginn des Luftkrieges starteten das 2nd ACR – zusammen mit dem Rest des VII. Corps und dem XVIII. Airborne-Corps – eine weiträumige Bewegung über mehr als hundert Meilen. Sie marschierten dabei Richtung Westen, um die »Hail Mary-Aufführung« zu unterstützen, die den Angelpunkt des Planes von General Schwartzkopf für die Bodenkampf-Phase von Desert Storm darstellte (dieser Abschnitt lief unter der Code-Bezeichnung Desert Sabre). Die ganze Sache lief insgeheim und von den Irakern fast völlig unbemerkt ab (deren nachrichtendienstliche Tätigkeit beschränkte sich zu dieser Zeit auf das illegale Abhören von CNN-Satellitenübertragungen). »Hail Mary« war so angelegt, daß die Streitkräfte der Koalition die möglichen Fluchtwege aus Kuwait in den Irak abschneiden konnten und dabei besonders dem VII. Corps mit seinen schweren Panzerdivisionen die Gelegenheit verschaffen sollten, die fünf Republikanischen Gardedivisionen der Iraker zu zerstören. Diese nämlich hatten an der alten kuwaitisch-irakischen Grenze Stellung bezogen, um die Araber und das Marine Corps anzugreifen, die ihrerseits gerade dabei waren, Kuwait zu befreien. Die Divisionen der Republikanischen Garden des Irak waren überdimensioniert und mit dem Besten ausgerüstet, was die irakische Armee zu bieten hatte. Sie wurden als Bedrohung erster Ordnung für die Kräfte angesehen, die versuchten, Kuwait wieder frei zu bekommen. Dem VII. Corps organisch als Aufklärungselement zugeordnet, hatte das 2nd ACR die Aufgabe, dem Corps den Weg zu den Republikanischen Garden zu weisen und diese zu binden, damit der Rest des Corps sie dann vernichten konnte.

**Tom Clancy:** Wann begann der Marsch nach Westen zur Unterstützung von »Hail Mary«?

**H. R. McMaster:** Ein paar Tage, nachdem der Luftkrieg begonnen hatte, also gegen Ende Januar 1991. Nach etwa zwei Wochen schwenkten wir nach Norden, um den Bereich unmittelbar südlich der irakisch-saudischen Grenze abzusichern. Dann hörten wir im Laufe der letzten Woche, bevor der Bodenkampf losgehen sollte, plötzlich eine Menge Gerüchte über Friedens-Resolutionen im letzten Augenblick. Zu diesem Zeitpunkt war es allerdings außerordentlich wichtig, daß die Soldaten auch weiterhin auf den Kampf konzentriert blieben. Ich versicherte ihnen ganz bewußt, daß wir ins Gefecht kommen würden. Obwohl wir über einen Friedensschluß sehr glücklich gewesen wären, hätte es doch ziemliche Enttäuschung ausgelöst, wenn wir jetzt doch nicht hätten angreifen können. Wir waren also gleichzeitig bereit, zuversichtlich und ungeduldig, unsere Aufgabe zu erfüllen.

**Tom Clancy:** Wie sah die Zusammenstellung des VII. Corps aus, als Sie sich auf dem Sprung zum G-Day (24. Februar 1991) befanden?

**H. R. McMaster:** Das Regiment marschierte vor dem VII. Corps her und führte dabei das durch, was wir als Operation offensiver Verzögerungskräfte bezeichnen. Die 1st und die 3rd Armored Division befanden sich direkt hinter uns, beziehungsweise auf unserer linken [westlichen] und rechten [östlichen] Flanke. Darüber hinaus machten sich auch die britische 1st Armoured Division und die amerikanische 1st Infantry Division (Mechanized) bereit, ihren eigenen Vorstoß östlich von uns in den Irak und nach Kuwait zu starten. Die Aufgabe des Corps bestand nun darin, die Republikanischen Gardedivisionen zu vernichten, die Kuwait besetzt hielten oder verteidigten. Dabei sollte das Regiment mit dem Corps vorrücken, die feindlichen Aufklärungs- und Sicherungskräfte ausschalten, die Hauptverteidigungslinien der Republikanischen Garden ausfindig machen und unseren schweren Divisionen den Durchbruch erleichtern, damit sie die Vernichtung des Feindes abschließen konnten. Wir rechneten damit, mit den Republikanischen Garden erstmals knapp nördlich und östlich des von uns so bezeichneten Phase Line Smash zusammenzustoßen.

Zu Beginn griff das 2nd ACR mit zwei Squadrons vorn [2nd und 3rd] und einer in Reserve [1st Squadron] an. Die Air Cavalry [4th Squadron] führte die Aufklärung aus der Luft vor den Bodenkampf-Bataillonen durch. Das Regiment war durch eine Reihe von Unterstützungseinheiten verstärkt worden, um seine Schlagkraft zu vergrößern. Zu diesen Kräften gehörte ein Hubschrauber-Bataillon mit AH-64A *Apache* und OH-58D *Kiowa* von der 1st Armored Division, das 82nd Engineer Bataillon, zwei 155-mm-Haubitzen-Bataillone, eine MLRS-Batterie [*Multiple Launch Rocket System*] und eine Kompanie Militärpolizei, die behilflich sein sollte, den Abtransport irakischer Kriegsgefangener zu regeln. Wir starteten unseren Angriff in Richtung Irak am G-Day minus eins, also dem Nachmittag des 23. Februar 1991.

Als Leonard D. »Don« Holder, der Kommandeur des 2nd ACR, sein Regiment durch die Grenzbefestigungen (langgezogene Erdwälle) in den Irak führte, hatte er den Befehl über eine Einheit, die wesentlich größer war als diejenige, welche er normalerweise in Friedenszeiten kommandiert. Tatsächlich unterstand am G-Day eine Einheit seinem Kommando, die durch die quer zugewiesenen Elemente mehr an eine kleine Division erinnerte. Die spezialisierteren Einheiten wie Pioniere und Gefechtsaufklärer sollten noch eine lebenswichtige Rolle beim ersten Angriff auf die Iraker spielen.

**Tom Clancy:** Wie bereiteten Sie sich auf den Einmarsch in den Irak am G-Day vor?

**H. R. McMaster:** Noch vor dem Einmarsch in den Irak wurde die Kompanie durch einen Pionierzug verstärkt, der auch einen Armored Combat Earth Mover [ACE] hatte. Dieser ACE sollte eine Schneise in die Erdwälle graben, die von den Irakern aufgeschüttet worden waren, um die Grenze zu Saudi-Arabien zu markieren. Diese Sperren stellten nicht gerade ein gewaltiges Hindernis dar, konnten aber den Vormarsch großer Panzerformationen schon behindern. Also bestand eine der Aufgaben des Regiments darin, etliche Breschen dorthinein zu schlagen, um so das Vorgehen der uns folgenden Divisionen zu erleichtern. Ich befahl den Pionieren, einige simulierte Sperren zu bauen, an denen wir das Breschenschlagen üben konnten. Als wir den Plan zur Ausführung brachten, stürmte der 1st Scout Platoon zusammen mit den Pionieren vor, um das Hindernis zu räumen und abzusichern. Nachdem die Sperren erfolgreich beseitigt waren, führte ich die Kompanie mit meinem Panzer an der Spitze dort hindurch, wobei sie in Linie hinter mir herfuhren. Sobald wir auf der anderen Seite waren, nahmen wir wieder eine Keilformation ein. Der 3rd Scout Platoon folgte den Panzern und verschaffte uns anschließend eine Flankensicherung nach Westen. Zum Schluß kreuzte der erste Zug unseren Kurs und raste nach vorn, um wieder die Führung der Formation zu übernehmen.

**Tom Clancy:** Wie gut waren Ihre nachrichtendienstlichen Informationen darüber, wie es auf der anderen Seite der Sperrwälle im Irak aussah?

**H. R. McMaster:** Obwohl eine Artillerie-Vorbereitung stattfand, glaubten wir eigentlich nicht daran, daß es zu irgendeinem Zusammentreffen kommen würde. Das 3rd ACR [dem XVIII. Airborne-Corps im Westen des VII. Corps unterstellt] hatte bereits am Tag zuvor Löcher in den Sperrgürtel geschlagen. Major MacGregor [der S-3 der 2nd Squadron] und ich fuhren mit unseren HMMWVs zu deren Abschnitt hinüber. Nachdem wir uns mit ihnen abgestimmt hatten, fuhren wir durch die Breschen, die sie geschlagen hatten und warfen einen Blick auf das Gelände, in dem unsere Bataillone sich treffen sollten. Wir konnten nicht das geringste Anzeichen feindlicher Aktivität feststellen. Schon eine Woche zuvor hatte eine Patrouille des dritten Zuges nachts den Übergangsbereich unter die Lupe genommen und die Mienen geräumt.

In der Nacht vom 23. auf den 24. Februar 1991 führte H. R. die Eagle Troop durch die Breschen in den Irak. Im Laufe der nächsten paar Tage, während der Rest des VII. Corps ebenfalls die Breschen passierte und sich dahinter neu formierte, rückte das 2nd ACR langsam vor. Das Wetter zeigte sich nicht gerade von seiner angenehmsten Seite.

**Tom Clancy:** Wie lief die Breschenoperation tatsächlich ab?

**H. R. McMaster:** Die Männer von Lieutenant Ed Ketchum leisteten hervorragende Arbeit. Sie trugen das Hindernis in weniger als einer Minute ab, und schon Sekunden später war mein Panzer durch. Wir hatten den Ehrgeiz, als erste Kompanie auf der anderen Seite zu sein, und schafften es auch – sogar mit einem zeitlichen Puffer. Irgendwie war es eine Erleichterung, endlich im Irak zu sein. Endlich waren wir soweit, die Aufgabe zu erfüllen, derentwegen wir hierhergekommen waren. Während der Fahrt feuerten wir einige Testschüsse ab, und nach ein paar Minuten übernahmen die *Cobras* und OH-58 von der 4th Squadron die Führung in der Luft, während die Fox Company von Captain Tom Sprowl dasselbe am Boden tat.

**Tom Clancy:** Ich glaube, die Witterungsbedingungen waren während des Bodenkampfes sehr schlecht. Wollen Sie uns nicht ein wenig darüber erzählen?

**H. R. McMaster:** In der ersten Nacht schüttete es nur so. Ich schlief zusammengekauert im Sitz des Panzerkommandanten [in seinem M1 namens »Mad Max«] über der Erweiterung des Sichtgerätes und hatte dabei meinen Helm auf. Aber am 24. war das Wetter im großen und ganzen gut. In der Nacht vor unserem großen Gefecht, am 25., kehrte dann allerdings der peitschende Regen zurück. Am Morgen des 26. fanden wir uns in dichtem Bodennebel wieder, der später am Tag von starkem Wind und fliegendem Sand abgelöst wurde. Dadurch mußten die Flugzeuge am Boden bleiben, und die Sicht war miserabel.

Einer der Schlüssel zum Erfolg der Bodenkampf-Phase von Desert Storm war die Synchronisation sämtlicher Einheiten auf dem Gefechtsfeld. Das war von entscheidender Bedeutung für die Planung und Durchführung von Luft- und Logistikoperationen auf dem Gefechtsfeld, aber auch um die Einheiten der Koalition zu ihren vorgesehenen Zielen (irakischen Bodeneinheiten) zu führen und Fälle von »freundlichem Beschuß« oder »Brudermord« zu verhindern.

**Tom Clancy:** Würden Sie bitte die Abläufe der Bewegungen erläutern, speziell das Konzept der Durchlauflinien?

**H. R. McMaster:** Durchlauflinien sind grafische Bezugslinien, die alle paar Kilometer eingezeichnet werden, um den Kurs eines Vormarsches im Rahmen einer Offensive beibehalten zu können. Die Einheiten melden ihre Bewegungen über solche Durchlauflinien an die jeweils übergeordneten Stäbe.

**Tom Clancy:** Erzählen Sie uns etwas über die beiden ersten Tage des Marsches durch den Irak.

**H. R. McMaster:** Während der ersten beiden Tage des Feldzuges deckten wir sehr rasch kurze Entfernungen ab und legten dann längere Pausen ein. Der Widerstand des Feindes war selten und wenig wirksam. Die Fox Troop hatte am 24. die erste Feindberührung. Nach kurzem Feuergefecht nahm sie eine große Zahl Kriegsgefangener. Später im Laufe dieser Nacht spürten wir [die Eagle Troop] eine Reihe von Schützengräben auf, die zu einer Infanteriestellung gehörten. Die *Bradleys* vom ersten Zug und mein Panzer belegten die Stellungen mit schwerem 25-mm-Feuer und TOWs, und von den Panzern aus schossen wir HEAT-Projektile in die Bunker. Die Spähtrupps lenkten außerdem das Feuer der Mörser-Abteilungen auf diesen Abschnitt. Dieser Feuerüberfall trieb die Überlebenden direkt in die Arme der Fox und der Ghost Troop, die nach einer vergleichbaren Aktion Hunderte von Feinden als Gefangene nahmen. Am nächsten Morgen, als wir weiter nach Norden marschierten, entdeckten wir massenhaft Feinde, die sich ergaben. Wir hatten aber keine Zeit, deswegen anzuhalten. Also stellten wir nur sicher, daß sie entwaffnet wurden, und ließen sie für die nachfolgenden Einheiten zurück... Von den *Bradleys* aus warfen ihnen viele unserer Soldaten aber noch Verpflegung und Wasser zu.

Joe Sartinos Ghost Troop hatte am 25. den einzigen erwähnenswerten Kontakt des Bataillons. Ghost zerstörte etliche MTLBs, eroberte auch noch einige von ihnen und brachte sie zum Bataillons-Gefechtsstand. Als wir uns zu einer Besprechung trafen, nahmen die anderen Kompaniechefs und auch ich selbst einige der erbeuteten Fahrzeuge mit, um mit ihnen Testfahrten durchzuführen. Wir wußten, daß wir eine Sicherheitszone der Republikanischen Garde getroffen hatten. Die Soldaten trugen die Abzeichen der Republikanischen Garde, die Einheit war gut versorgt und verfügte über neue Waffen und Ausrüstungsgegenstände. Ich erklärte meiner Kompanie, daß sie nicht damit rechnen sollte, daß alle Einheiten der Iraker so schwach wären wie diese ersten, auf die wir gestoßen waren. Ich wollte ganz einfach vermeiden, daß wir in unserer Wachsamkeit nachließen.

Am 26. Februar 1991 kam der Tag, auf den sich die US-Army und H.R. selbst über ein Jahrzehnt hinweg vorbereitet hatten: ein Begegnungsgefecht (Panzerduelle) mit dem Besten, was die Iraker aufzubieten hatten, der Tawakalna-Division der Republikanischen Garde. Von sämtlichen Divisionen der Republikanischen Garden, mit denen es im Laufe von Desert Storm zu Begegnungen kam, war dies die einzige, die mit wirklicher Aggressivität vorging.

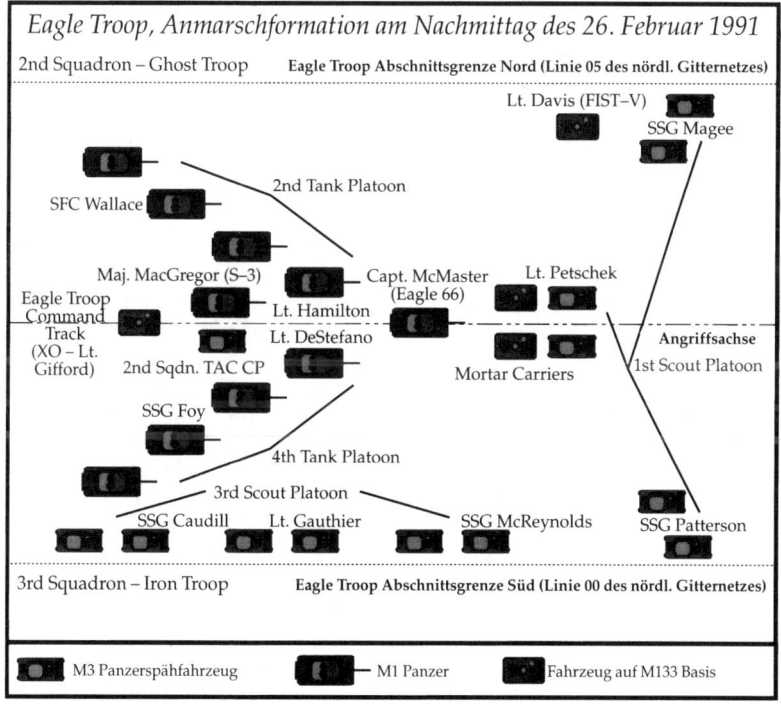

**Eagle Troop, Anmarschformation am Nachmittag des 26. Februar 1991**

2nd Squadron – Ghost Troop    Eagle Troop Abschnittsgrenze Nord (Linie 05 des nördl. Gitternetzes)

Lt. Davis (FIST–V)

SSG Magee

SFC Wallace

2nd Tank Platoon

Maj. MacGregor (S–3)    Capt. McMaster (Eagle 66)    Lt. Petschek

Eagle Troop Command Track (XO – Lt. Gifford)    Lt. Hamilton

Lt. DeStefano    Angriffsachse
1st Scout Platoon

2nd Sqdn. TAC CP    Mortar Carriers

SSG Foy

4th Tank Platoon

3rd Scout Platoon

SSG Caudill    Lt. Gauthier    SSG McReynolds    SSG Patterson

3rd Squadron – Iron Troop    Eagle Troop Abschnittsgrenze Süd (Linie 00 des nördl. Gitternetzes)

M3 Panzerspähfahrzeug    M1 Panzer    Fahrzeug auf M133 Basis

Die Formation der Eagle Troop, 2nd Cavalry Squadron und des 2nd Armored Cavalry Regiments am Nachmittag des 26. Februar 1991. Der 1st Scout Platoon liegt weit vorn, wobei Captain H.R. McMaster (Eagle 66) den Keil von M1A1-Panzern anführt. *JACK RYAN ENTERPRISES, LTD., VON LAURA ALPHER*

So sollten die Dinge eigentlich ablaufen: Mit der Eagle Troop voraus konnte das 2nd ACR den Feind lokalisieren, ihn auf Armeslänge fernhalten und dann die schweren Panzer der 1st und 3rd Armored Division durchlassen, um die Iraker zu vernichten. Das zumindest war der Plan. Aber die Realität wollte sich damit einfach nicht in Einklang bringen lassen. Starker Wind und fliegender Sand hielten die Hubschrauber am Boden fest, und es blieb den Troopern der Cavalry am Boden überlassen, den Feind ausfindig zu machen, ganz ähnlich, wie es ihre Vorväter im vergangenen Jahrhundert noch zu Pferde getan hatten.

**Tom Clancy:** Wann stießen Sie zum ersten Mal auf Vorausabteilungen der Tawakalna-Division der Republikanischen Garden?

**H. R. McMaster:** Am Morgen des 26. Februar stieß die Eagle Troop auf Aufklärungselemente der Republikanischen Garden. Die Ghost Troop hatte zwei gepanzerte Mannschaftstransportwagen zerstört, und ein dritter BMP fuhr ein Ausweichmanöver. Staff Sergeant Patterson dirigierte meinen Panzer zu diesem dritten BMP, und mein Richtschütze, Sergeant Craig Koch, zerstörte ihn über große Entfernung – 2620 m – mit einem HEAT-Geschoß. Das Resultat dieses kleinen Scharmützels dürfte wohl gewesen sein, daß die Aufklärer der Iraker vermutlich keine Gelegenheit mehr hatten, ihr Hauptquartier über unsere Anwesenheit zu informieren.

Am späten Nachmittag des 26., als das Regiment weiter auf den Kontakt mit der Tawakalna-Division vorrückte, erreichte die Eagle Troop ein kleines Dorf, das beiderseits der Demarkationslinie lag. Dabei befand sich die 3rd Squadron im Süden (unterhalb der 00 Northing bzw. Anmarsch-Mittellinie des VII. Corps). Nachdem sie von Maschinengewehren und einer eingegrabenen ZU-23 (23-mm-Zwillingskanone)-FLAK-Stellung unter Feuer genommen worden waren, fiel die Antwort seitens der Panzer und *Bradleys* der Adler Kompanie wesentlich massiver aus und brachte das feindliche Feuer zum Schweigen.

**Tom Clancy:** Zu welchem Zeitpunkt kamen Sie in die Nähe des Dorfes, das Ihnen Probleme bereitete?

**H. R. McMaster:** Das Regiment führte die Operation sehr straff. Unser Bataillon marschierte wegen der räumlichen Enge in unserem Abschnitt in Doppelreihenformation, wobei die Ghost und die Eagle Troop führten und die Fox Troop mit der Panzerkompanie in Reserve blieb. Die Eagle Troop lag südlich der Ghost Troop und stand in unmittelbarer Verbindung mit der Iron Troop [unter dem Befehl von Dan Miller, H. R.s Stubenkamerad aus den »Beast Barracks«] der 3rd Squadron. Die Sicht war nach wie vor schlecht. Der Nebel hatte sich zwar verzo-

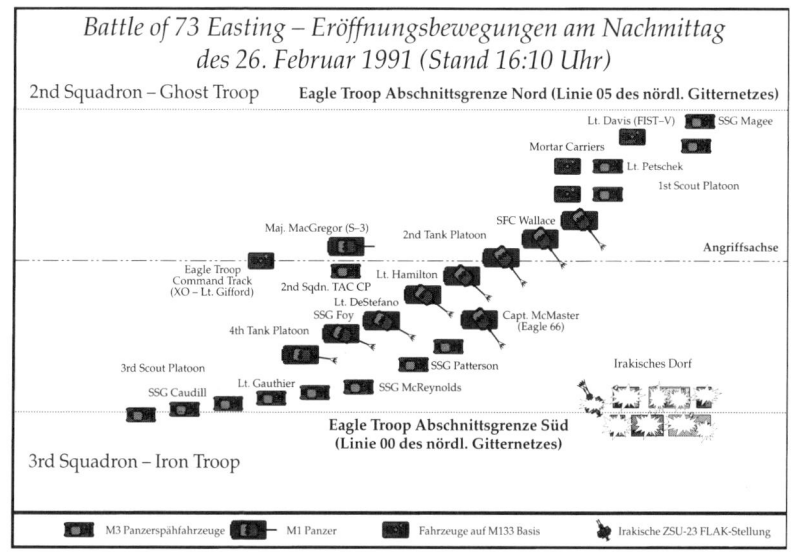

Battle of 73 Easting – Eröffnungsbewegungen am Nachmittag
des 26. Februar 1991 (Stand 16:10 Uhr)

2nd Squadron – Ghost Troop   Eagle Troop Abschnittsgrenze Nord (Linie 05 des nördl. Gitternetzes)

Lt. Davis (FIST–V)   SSG Magee
Mortar Carriers
Lt. Petschek
1st Scout Platoon
Maj. MacGregor (S–3)   2nd Tank Platoon   SFC Wallace
Angriffsachse
Eagle Troop
Command Track
(XO – Lt. Gifford)   2nd Sqdn. TAC CP   Lt. Hamilton
Lt. DeStefano
SSG Foy
4th Tank Platoon   Capt. McMaster
(Eagle 66)
3rd Scout Platoon   SSG Patterson   Irakisches Dorf
SSG Caudill   Lt. Gauthier   SSG McReynolds
Eagle Troop Abschnittsgrenze Süd
(Linie 00 des nördl. Gitternetzes)
3rd Squadron – Iron Troop

M3 Panzerspähfahrzeuge   M1 Panzer   Fahrzeuge auf M133 Basis   Irakische ZSU-23 FLAK-Stellung

Eröffnung zum *Battle of 73 Easting*. Captain McMaster und die Panzer des 2nd und 4th Tank Platoon erwidern das Feuer aus einem irakischen Dorf, nachdem sie einige Gefangene gemacht hatten.   JACK RYAN ENTERPRISES, LTD., VON LAURA ALPHER

gen, an seine Stelle waren dafür aber starker Wind und Flugsand getreten. Die schlechten Witterungsbedingungen hielten die Flugzeuge immer noch am Boden fest. Gegen 4:00 Uhr früh gab das Regiment die Erlaubnis zum Anmarsch auf die Linie 67 des östlichen Gitternetzes. Die Erkundungsabteilung von Staff Sergeant Reynold stieß auf einen abgesessenen Außenposten der Iraker. Sie entwaffneten vier irakische Soldaten und dabei wurde die Abteilung aus einem Dorf etwa 1200 m weiter im Osten unter Beschuß aus Maschinenkanonen, Kaliber 23 mm, genommen. Die Scouts erwiderten das Feuer, und ich befahl den Panzern der Kompanie, die Gebäude, aus denen die Iraker feuerten, mit HEAT-Granaten zu belegen. Der Beschuß der Panzer riß riesige Löcher in die Wände der Lehmziegelgebäude, brachte Dächer zum Einsturz und löste Brände aus. Fast unmittelbar, nachdem wir die Störung durch das Dorf beseitigt hatten, erhielten wir die Erlaubnis, etwa drei Kilometer weiter auf Linie 70 des östlichen Gitternetzes vorzurücken.

Genau in diesem Augenblick brach die Hölle über die Eagle Troop herein. Meldungen über feindliche Panzer (von Lieutenant Michael Petschek vom 1st Scout Platoon), die sich direkt voraus im Dunst und Sandsturm befinden sollten, zwangen H. R. zu einer Entscheidung: Sollte er bleiben, wo er war (wie es die Richtlinien der amerikanischen Armored Cavalry für diesen Tag vorsahen) und versuchen, die feindlichen Panzer aufzuhalten, während die eigenen der schweren Divisionen aufschlossen? Oder sollte er die feindlichen Panzer allein angreifen?

Als H. R. feststellte, daß nach dem Abschuß von drei Panzern in den ersten Augenblicken des Gefechts (in weniger als zehn Sekunden!) die gegnerischen Panzer sein Feuer nicht besonders wirksam erwiderten, traf er seine Entscheidung. Er erkannte, daß er die Iraker überrascht hatte und jetzt im Vorteil war. Deshalb befahl er der Kompanie den Angriff auf die feindlichen Stellungen. Zusammen mit der Eagle Troop marschierten und kämpften zu dieser Zeit auch noch Major MacGregor, der S-3 (Einsatzoffizier) der 2nd Squadron in seinem M1A1 und der Tactical Command Post (TAC CP bzw. CP = Hauptgefechtsstand) der 2nd Squadron in einem M2 *Bradley*.

**Tom Clancy:**    Was machten Sie dann?

**H. R. McMaster:**    Ich rief »Red-1«[1] [Lieutenant Petschek] – das war das Rufzeichen für den Zugführer des 1st Scout Platoon –

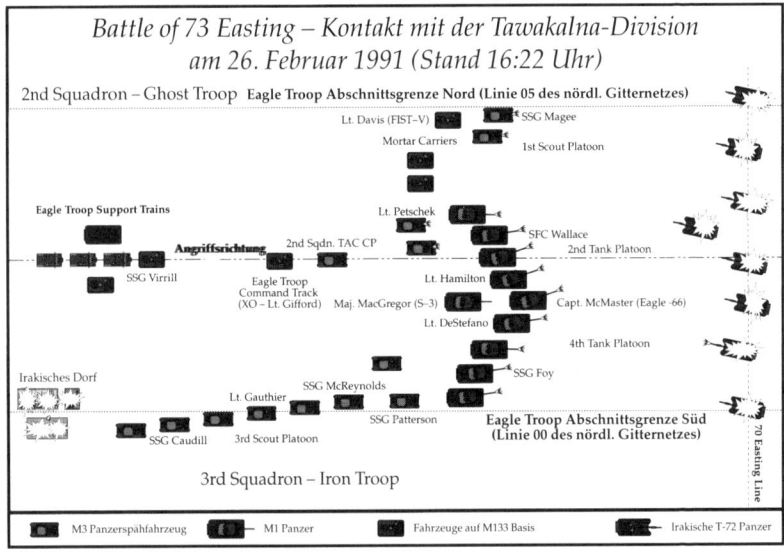

Nachdem sie das irakische Dorf passiert hatten, trafen die Führungselemente der Eagle Troop auf eine Linie von acht irakischen T-72 Panzern der Tawakalna-Division der irakischen Republikanischen Garde. Captain McMaster in Eagle 66 griff zusammen mit den *Bradley*-Gefechtsfahrzeugen des 1st Scout Platoon die feindliche Formation an. Die Panzer des 2nd und 4th Tank Platoon schlossen auf und übernahmen dann den Rest. Die Eagle Troop rückte weiter vor, um irakische Stellungen hinter den zerstörten T-72-Panzern des Irak anzugreifen.

*Jack Ryan Enterprises, Ltd., von Laura Alpher*

und befahl ihm, den Angriff weiter bis zur Linie 70 des östlichen Gitternetzes vorzutragen. Er zögerte etwas, weil die Besatzung von Staff Sergeant Cowart Magee in ihrem M3 – was ich nicht wußte – einen feindlichen Panzer [einen T-72] ausgemacht hatten, den sie gerade mit TOW-Flugkörpern angreifen wollten. Ich befahl den Panzern der Kompanie: »*Follow my move*« (Männer – mir nach) und übernahm selbst die Führung in dieser ungewissen Situation. Als Staff Sergeant Magges Richtschütze, Sergeant Moody, den T-72 angriff, erreichte ich mit meinem Panzer gerade den Kamm einer kaum zu erkennenden Anhöhe im Gelände. Fast sofort entdeckte ich acht feindliche Panzer in einer Defensivstellung, die Richtung Westen orientiert war (genau in unsere Richtung). Der Sandsturm hatte sich gelegt, und die Sicht war zumindest so gut geworden, daß man sie mit bloßem Auge ausmachen konnte.

**Tom Clancy:** Was unternahmen Sie in diesem Augenblick?

**H. R. McMaster:** Ich meldete »Kontakt« an die Kompanie und befahl den beiden Panzerzügen [Grün und Weiß] mit höchster Dringlichkeit, zu mir nach vorn zu kommen. Gleichzeitig gab ich meiner Besatzung den Feuerbefehl und mein Richtschütze, Staff Sergeant Craig Kock, vernichtete drei der Panzer in weniger als zehn Sekunden. Als wir unsere dritte Granate gerade abgefeuert hatten, traten auch die Panzerzüge und Major MacGregors Panzer ins Gefecht ein. Die Feuerverteilung war perfekt, und unsere neun Panzer rissen bereits mit der ersten Salve einen dicken Brocken aus dem Feind heraus. Zu dieser Zeit glaubte ich noch, es wären T-55 [ein älteres Modell] gewesen, weil wir sie mit solcher Geschwindigkeit ausgeschaltet hatten. Auch die Feuererwiderung des Feindes war alles andere als effektiv. Etliche Granaten der T-72 lagen zu kurz, und ihr Maschinengewehrfeuer richtete bei den Panzerfahrzeugen nichts aus.

Kaum war diese Linie von Panzern vernichtet, sichtete Captain McMaster auch schon weitere irakische Panzerfahrzeuge dahinter und jenseits des Dorfes. Diese Konzentration irakischer Panzerkräfte war der Verteidigungssektor für eine Brigade der Tawakalna- Division. Sofort befahl H. R. der Eagle Troop, weiter vorzurücken und die zahlenmäßig überlegene feindliche Kraft anzugreifen, die sie gerade überrascht hatten.

**Tom Clancy:** Was passierte als nächstes?

**H. R. McMaster:** Die *Bradleys* des ersten Zuges reihten sich hinter dem Panzerkeil ein, um dessen Rückendeckung zu übernehmen, und der dritte Zug deckte in die Tiefe, um unsere nach Süden offene Flanke zu schützen. Die Panzer kon-

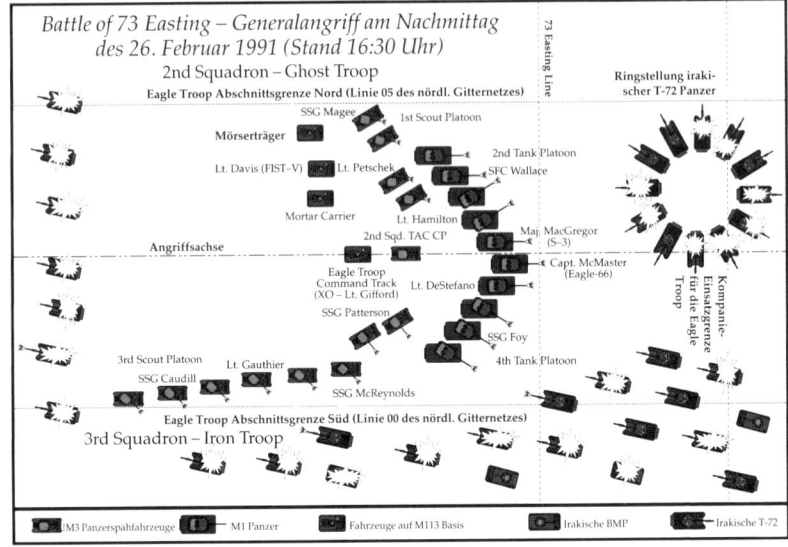

Battle of 73 Easting – Generalangriff am Nachmittag des 26. Februar 1991 (Stand 16:30 Uhr)
2nd Squadron – Ghost Troop
Eagle Troop Abschnittsgrenze Nord (Linie 05 des nördl. Gitternetzes)

73 Easting Line

Ringstellung iraki-scher T-72 Panzer

SSG Magee
1st Scout Platoon
Mörsertäger
2nd Tank Platoon
Lt. Davis (FIST-V)   Lt. Petschek   SFC Wallace
Mortar Carrier   Lt. Hamilton
2nd Sqd. TAC CP   Maj. MacGregor (S-3)
Angriffsachse
Capt. McMaster (Eagle-66)
Eagle Troop Command Track (XO – Lt. Gifford)   Lt. DeStefano
SSG Patterson
SSG Foy
3rd Scout Platoon   Lt. Gauthier   4th Tank Platoon
SSG Caudill
SSG McReynolds

Kompanie-Einsatzgrenze für die Eagle Troop

Eagle Troop Abschnittsgrenze Süd (Linie 00 des nördl. Gitternetzes)
3rd Squadron – Iron Troop

M3 Panzerspähfahrzeuge   M1 Panzer   Fahrzeuge auf M113 Basis   Irakische BMP   Irakische T-72

Die Eagle Troop geht zum Generalangriff auf den Sammelpunkt einer irakischen Brigade der Tawakalna-Division über. Die Keilformation aus den Panzern Captain McMasters, Major MacGregors (S-3 der 2nd Squadron) und den Panzern des 2nd und 4th Tank Platoon marschierten nach Osten, um von dort aus anzugreifen. Ihnen folgte der Rest der Kompanie. Der Angriff fand auf Linie 73,8 des östlichen Gitternetzes seinen Abschluß.                    *Jack Ryan Enterprises, ltd., von Laura Alpher*

zentrierten sich voll darauf, Feindfahrzeuge zu zerstören, und die *Bradleys* feuerten in erster Linie auf abgesessene Infanterie. Als wir die erste Verteidigungslinie des Gegners durchbrochen hatten, griffen wir weitere feindliche Fahrzeuge an, die tiefer im Osten und Süden standen. Die Hauptverteidigung des Gegners befand sich vornehmlich auf Linie 70 des östlichen Gitternetzes – unserer eigentlichen Angriffsgrenze. Als mich John Gifford [der stellvertretende Kompaniechef] daran erinnerte, daß wir mit Linie 70 die Grenze unseres Abschnitts erreicht hätten, sagte ich ihm, daß wir jetzt wohl kaum einfach mitten in der feindlichen Stellung stehenbleiben könnten und deshalb bis auf die gegenüberliegende Seite vorrücken würden. In Deutschland hatte unser Regimentskommandeur Colonel [inzwischen Major General] L. D. Holder uns jüngeren Offizieren klargemacht, daß wir freie Entscheidungsbefugnis hätten, wenn es darum ging – entsprechend der jeweiligen Situation –, selbst die Initiative zu ergreifen. Etwa in Höhe der Linie 73 des östlichen Gitternetzes standen

|  |  |
|---|---|
| | wir erneut auf der Kuppe einer Anhöhe und kamen jetzt in den Sammlungsraum der feindlichen Panzerreserve. Wir vernichteten den größten Teil der achtzehn T-72 auf kürzeste Entfernung, als sie gerade gegen uns vorgehen wollten. Schließlich blieben wir ein wenig östlich der Reservestellung stehen. |
| Tom Clancy: | Als die Geschwindigkeit Ihres Angriffs nachließ, entwickelte sich das Gefecht, von Ihrer Position aus gesehen, auf der rechten und linken Seite weiter, als die Ghost und Iron Troop aufschlossen und die Flankenelemente der Kräfte angriffen, die Sie gerade beschossen hatten. Was geschah dann? |
| H. R. McMaster: | Gerade als wir auf Linie 74 zum Stillstand gekommen waren, griff die Ghost Troop [Captain Joseph Sartino] die feindlichen Kräfte direkt vor ihr an und vernichtete sie. Später kämpfte sich die Iron Troop von Captain Dan Miller ihren Weg nach vorn zu einer schmalen Lücke zwischen den beiden Bataillonen durch. Wir blieben, wo wir waren, hielten die Stellung und bekamen im Laufe der Nacht noch Unterstützung von einer Vorausabteilung der 1st Infantry Division (Mechanized). |
| Tom Clancy: | Wieviele Fahrzeuge hat die Eagle Troop zerstört? |
| H. R. McMaster: | Schätzungsweise 30 Panzer, 16 Mannschaftstransportwagen (BMP) der Infanterie und 39 LKWs. Was mich allerdings von allen Resultaten dieses Gefechtes am dankbarsten macht, ist die Tatsache, daß es bei der Eagle Troop kein einziges Opfer gegeben hat. Dafür danke ich Gott. |
| Tom Clancy: | Wie lange hat das Gefecht insgesamt gedauert? |
| H. R. McMaster: | Fast dreiundzwanzig Minuten von dem Zeitpunkt an gerechnet, an dem wir aus dem Dorf beschossen wurden, bis wir an der Linie 74 des östlichen Gitternetzes zum Stehen kamen. |

Ein ausgebrannter irakischer T-72 auf dem Gefechtsfeld am Gitternetz 73 Ost. *LIEUTENANT COLONEL TOBY MARTINEZ*

Obwohl sie es zu diesem Zeitpunkt noch nicht wissen konnten, hatten die Männer der Eagle Troop gerade das Hauptgefecht in einer Schlacht hinter sich gebracht, die zu einer der am genauesten analysierten der heutigen Zeit werden sollte: The Battle of 73 Easting. Die Army und mit ihr General Fred Franks (der kommandierende General des VII. Corps) waren von den Resultaten des Gefechtes derart beeindruckt, daß sie ein Analytikerteam vom *Institute for Defense Analysis* der US-Army kommen ließen, das jeden einzelnen Gesichtspunkt der Schlacht untersuchen sollte. Aus den Erkenntnissen wollte man die gesamte Kampfhandlung rekonstruieren, um sie bei künftigen Übungen daheim in den Vereinigten Staaten zu verwenden. Inzwischen gibt es eine Computerdarstellung des vollständigen Gefechtes, das solchen Lehrbuch-Operationen wie der Verteidigung des Little Round Top in Gettysburg durch Joshua Lawrence Chamberlain und der Eroberung und Verteidigung der Pegasus-Brücke am D-Day durch Major John Howard als ebenbürtig gilt. Doch ehe die Geschichtsbücher geschrieben werden konnten, mußte erst noch ein weiterer Tag des Kriegs zu Ende gebracht werden. Für die Eagle Troop verlief er freilich recht ruhig.

**Tom Clancy:**    Was passierte am folgenden Tag, dem 27. Februar, der gleichzeitig der letzte Tag des Bodenkampfes war?

**H. R. McMaster:**    In der vorangegangenen Nacht hatten wir einige Kriegsgefangene gemacht – zunächst zweiundvierzig, dann aber im Laufe des folgenden Tages in sporadischen Abständen noch eine ganze Menge mehr. Dabei hatten wir uns auch gleichzeitig weiter auf Kuwait zu bewegt.

**Tom Clancy:**    Wann erfuhren Sie vom Waffenstillstand?

**H. R. McMaster:**    Am darauffolgenden Tag.

**Tom Clancy:**    Welchen Eindruck hatten Sie, alles in allem, von dem Gefecht, an dem Sie teilgenommen hatten?

**H. R. McMaster:**    Die Iraker waren überhaupt nicht auf die US-Army vorbereitet. Die Republikanischen Garden erwiesen sich als zwar mutiger, aber unbeholfener Gegner. Unsere Ein-

General Franks mit Captain H. R. Mc-Master bei der Inspektion des Gefechtsfeldes am 73. Gitternetz Ost.

*LIEUTENANT COLONEL TOBY MARTINEZ*

heiten waren wesentlich besser ausgebildet und ausgerüstet. Aber ich glaube, der wirkliche Unterschied im Kampf war der amerikanische Soldat selbst. Weil unsere Soldaten zuversichtlich und aggressiv waren, konnten unsere Truppen unmittelbar und als Team handeln. Panzergefechte in der offenen Wüste werden *sehr* schnell entschieden. Wir überraschten den Feind und waren in der Lage, uns das zunutze zu machen. Wir trafen den Gegner bereits in der Anfangsphase des Gefechtes so hart und durchbrachen seine Stellungen so schnell, daß er keine Chance mehr hatte, sich davon zu erholen.

Einige Wochen nach Kriegsende packten die Eagle Troop und der Rest des 2nd ACR ihre Sachen und machten sich auf den Weg zurück nach Deutschland, um dort wieder ihren normalen Dienst aufzunehmen. Traurigerweise ist der Bedarf für Einheiten in der Art des 2nd ACR nach Ende des kalten Krieges und dem Erfolg der US-Army am Persischen Golf sehr stark zurückgegangen und erreichte schließlich einen Punkt, an dem die Entscheidung gefällt wurde, diese hervorragende und schon lange im Dienst stehende Einheit gänzlich zu deaktivieren.

**Tom Clancy:** Was tat die Eagle Troop nach Verkündung des Waffenstillstandes?

**H. R. McMaster:** Wir marschierten für einige Tage nach Kuwait und wurden später als Sicherungstruppe in einem Bereich des südlichen Irak eingesetzt. Dann leisteten wir humanitäre Hilfe bei der Bevölkerung überwiegend schiitisch-moslemischen Glaubens. Tausende von Kriegsgefangenen wurden noch gemacht, oder sie kamen einfach und ergaben sich uns. Dann ging unsere Einheit zurück zum KKMC und begann mit den Vorbereitungen für die Rückführung der Fahrzeuge nach Al Jubail, von wo aus sie schließlich wieder nach Deutschland gebracht wurden. General Franks versprach uns, daß wir die ersten sein würden, weil wir auch als erste Einheit des VII. Corps vor Ort gewesen wären. Ende Mai waren wir wieder in Bamberg.

**Tom Clancy:** Ende 1991 mußten Sie die Eagle Troop übergeben. Wie ging es danach für Sie weiter?

**H. R. McMaster:** Es fiel mir sehr schwer, dieses Kommando abzugeben. Man hatte uns gesagt, das 2nd ACR würde deaktiviert [in Europa] und in den USA neu aufgestellt werden. Als Major MacGregor befördert wurde und uns verließ, um das Kommando über eine Cavalry Squadron zu übernehmen, wurde ich der neue S-3 [Einsatzoffizier].

Das 2nd ACR kam zunächst nach Fort Lewis, Washington, wurde später nach Fort Polk, Louisiana, ver-

legt und schließlich als Light Cavalry Regiment neu auf-
gestellt. Nach einigen Monaten als S-3 wechselte ich zur
*Combined Armed Services Staff School*\* in Fort Leaven-
worth, Kansas. Nach dem Abschluß begann ich meine
Graduierungsstudien an der Universität von North
Carolina, Chapel Hill. Ab Sommer 1994 werde ich in
West Point Militärgeschichte unterrichten.

**Tom Clancy:** Wie sehen Sie heute, nach all diesen Erfahrungen, Ihre
Laufbahn?

**H. R. McMaster:** Mein Berufsleben war befriedigender und lohnender,
als ich mir das je vorgestellt hätte. Ich kann die Army
nur jedem empfehlen, der die militärische Laufbahn
einschlagen will.

Captain H. R. McMaster hat mehr als ein Jahrzehnt dafür trainiert, um für
die relativ kurze Zeit (wahrscheinlich weniger als eine Stunde), die er in
einem harten Gefecht stand, bereit zu sein. Dennoch dürften weder er
selbst noch die amerikanischen Steuerzahler je daran zweifeln, ob sich all
ihre Aufwendungen und Mühen auch ausgezahlt haben. Und die gute
Nachricht für uns alle ist: H. R. McMaster ist keineswegs einzigartig. Wie
der Stabschef der US-Army, General Gordon Sullivan, kürzlich sehr nachdrücklich betonte, gibt es bei der US-Army jede Menge solch guter Soldaten wie Captain McMaster.

Als dieses Buch vor seinem Abschluß stand, erlebten H. R. und Katie
McMaster noch zwei weitere Beispiele dafür, wieviel ihnen das Leben
geben konnte, das sie gewählt hatten. Ihre dritte Tochter, Caragh Elisa-
beth, kam zur Welt, und H. R. wurde für eine Beförderung vorgeschlagen.
Es ist gut zu wissen, daß die Töchter von H. R. McMaster eine bessere Welt
kennenlernen werden – eine Welt, die Menschen wie ihr Vater mit geformt
haben.

---

\* Stabsakademie für Truppen gemischter Waffengattungen

# Rollen und Aufgaben:
# Das ACR in der realen Welt

Nach dem Ende des kalten Krieges konnte sich keiner so recht vorstellen, daß es noch einmal eine Krise geben würde, die gravierend genug wäre, um der Army den Einsatz einer kompletten Division oder auch nur eines Regiments abzuverlangen. Tatsächlich hatte seit dem Vietnamkrieg keine Einheit der US-Army, die größer gewesen wäre als eine Brigade, wirklich als Einheit gekämpft. Zwar hatten Übungen in Korpsgröße stattgefunden, aber es war keine einzige Situation eingetreten, bei der die Army wirklichen Bedarf an Einheiten großen Umfangs gehabt hätte. Manche Analytiker schlugen sogar vor, die Army selbst sollte ihre Stärke auf einige Task-Forces in der Größe von Brigaden abbauen.

Desert Storm verwandelte diese Theorie in einen Trümmerhaufen. Die Vereinigten Staaten führten Truppen in der Größenordnung von drei kompletten Korps (zwei von der Army und eines der Marines) ins Feld, um sie gegen den Irak einzusetzen. Die anhaltenden Bedrohungen seitens Irak, Iran und Nord-Korea, die instabile Lage auf dem Balkan und in der ehemaligen Sowjetunion sowie die Notwendigkeit von umfassenden humanitären und friedenssichernden Missionen wie etwa in Somalia zeigen recht deutlich, daß die Vereinigten Staaten darauf vorbereitet sein müssen, die überragende Kampf- und Sicherungskraft ihrer Bodenstreitkräfte zur Durchsetzung nationaler Zielvorstellungen jederzeit einzusetzen.

Vor diesem Hintergrund aber stellt sich die Frage, wie man in den kommenden Jahren ein Armored Cavalry Regiment sinnvoll einsetzen kann. Schauen wir uns zwei verschiedene Szenarien aus einer Vielzahl von Möglichkeiten an, mit denen sich die Vereinigten Staaten konfrontiert sehen könnten. Das erste der beiden folgenden Szenarien läuft unter dem Einsatz einer konventionellen Einheit der Armored Cavalry ab, wie sie vom augenblicklich in Fort Bliss, Texas, stationierten 3rd Armored Cavalry Regiment repräsentiert wird. Das zweite Szenario eröffnet uns den Blick auf eine neue Formation, das Armored Cavalry Regiment-Light, das aus der Umwandlung des ehemaligen 2nd Armored Cavalry Regiment hervorging, nachdem dieses von seiner NATO-Mission zurückgekehrt war. Beim ACR-L handelt es sich um eine völlig neue Einheit, die sich bislang noch nicht bewähren konnte und bei der noch eine Menge Details ausgearbeitet werden müssen. Dennoch könnte das 2nd ACR-L durchaus zu einem Hauptakteur künftiger Aktionen der »mobilen Feuerwehr« der Army werden – eben von Armored Cavalry Regiments.

# Operation Robust Screen:
# Der Zweite Koreakrieg, Januar 1997

Wie sie die letzten fünfzig Jahre überstanden hatten, war eigentlich ein Wunder. Die Demokratische Volksrepublik Korea war ein Anachronismus – ein hermetisch abgeschlossenes Reich, aus dem nur sehr spärliche Informationen durchsickerten und von denen noch weniger einen Sinn ergaben. Aber eines stand völlig außer Zweifel: Die Nordkoreaner wollten die Kontrolle über ganz Korea. Bereits Anfang der 50er Jahre hatten sie einen Krieg geführt, der sie diesem Ziel aber auch nicht näher gebracht hatte, und nur wenige zweifelten daran, daß sie bei passender Gelegenheit den Süden noch einmal angreifen würden. Obwohl es wiederholte Friedensangebote seitens der Republik Korea (ROK) gegeben hatte, waren diese im Norden nur halbherzig aufgenommen worden und letzten Endes immer wieder im Sande verlaufen. In der Zwischenzeit hatte die spektakuläre wirtschaftliche Entwicklung des Südens den Norden zu immer größerer Bedeutungslosigkeit degradiert. Politiker in der ganzen Welt hatten sich die bequeme Ansicht zu eigen gemacht, man brauche nur Kim Il-Sung und seinen exzentrischen Sohn und designierten Nachfolger Kim Jong-Il zu ignorieren, und sie würden von ganz allein verschwinden. Das allerdings war eine äußerst gefährliche Selbsttäuschung.

Als die dritte Generation Nordkoreaner herangewachsen war, kannte sie nichts außer jener bizarren Mischung, die die beiden Kims aus Militarismus, konfuzianischer Moralvorstellung und kommunistischer Dogmatik im Laufe der Jahre angerührt hatten. So wurden innerhalb der Partei und der militärischen Elite die Forderungen nach einer endgültigen und gewaltsamen Wiedervereinigung der geteilten Halbinsel immer stärker. Fast fünfzig Jahre lang hatte die Inmun Gun (die koreanische Volksarmee) – eine brutal disziplinierte, verschwenderisch ausgerüstete Streitmacht von mehr als einer Million Menschen – trainiert, geplant und sich auf eine einzige Mission vorbereitet: die »Befreiung« des Südens. Seit Ende des Koreakrieges im Jahre 1953 hatten sich Hunderttausende von schwer schuftenden Arbeitern beharrlich in den harten Granit der Berge Koreas gewühlt, um dort, hinter dem Schutz massiver Stahltore, unterirdische Flugzeughangars, Waffenfabriken, Befehlszentralen, ja sogar gepanzerte Radarstationen mit ausfahrbaren Antennen anzulegen. Etwa zwei Dutzend dieser Hunderte von Höhlen waren für den »Großen Führer« von ganz besonderer Bedeutung. Dort befanden sich die Silos für die im eigenen Land hergestellten Nodong[1]-Flugkörper, die ebenfalls in Korea produzierte Atomsprengköpfe trugen.

Sogar noch nach dem Tod des älteren Kim im Jahre 1994 verharrte der »Geliebte Führer« (so wünschte Kim Jong-Il angesprochen zu werden) in seiner Selbstsicherheit. Wie schon sein Vater, so wollte der jüngere Kim auf jeden Fall noch das große Werk vollenden und die Wiedervereinigung Koreas der Welt als Vermächtnis hinterlassen, ehe er zu den anderen großen Heiligen des Kommunismus einging: Marx, Lenin, Stalin, Mao und sein Vater.

In der koreanischen Schöpfungslehre ist jede Jahreszeit und jede Gottheit jeweils einer der vier Himmelsrichtungen zugeordnet. Nachdem der Norden mit dem Winter in Verbindung gebracht wird und den Kriegsgöttern gewidmet ist, fand der Geliebte Führer es angemessen, mit der Invasion des Südens im Januar, also im tiefsten Winter zu beginnen – und passenderweise genau zu dem Zeitpunkt, wo die imperialistischen Amerikaner einen korrupten neuen Präsidenten ins Amt einführen würden. Kim fühlte sich zu einem Gedicht über dieses Thema inspiriert, in dem er die künftige »Befreiung« des Südens feierte. Dieses Werk sollte allerdings nur im allzeit dankbaren Kreis des Zentralkomitees zirkulieren. Wie man sich leicht vorstellen kann, wurde es dort auch begeistert aufgenommen.

### Sonntag, 25. Januar 1997, 0300 Uhr[2]

Um ein strategisches und taktisches Überraschungsmoment zu gewährleisten, griff die Volksarmee ohne weitere Vorbereitungen (sie befand sich gerade im Wintermanöver) innerhalb kaum einer Stunde bei absoluter Funkstille und auf der Grundlage versiegelter Befehle an. Mit der ersten Invasionswelle kamen 22 Kommando-Brigaden, die sich aus mehr als 70.000 Angehörigen der Elite-Einheiten zusammensetzten. Sie schwärmten aus den Tunneln unter der entmilitarisierten Zone hervor, sprangen am Fallschirm aus An-2 Colt Transport-Doppeldeckern ab (die wegen ihres hölzernen Rumpfes über gewisse Stealth-Eigenschaften verfügen) oder schwammen aus Mini-U-Booten an Land. Eine kleine Gruppe, die sich als japanische Geschäftsleute verkleidet hatte, entführte eine Boeing 747 der Korean Air Lines während des Fluges. Innerhalb kürzester Zeit hatten sie auch die Kontrolle über den Kimpo International Airport von Seoul an sich gerissen. Als die Capital Division, die Elite der ROK-Truppen, das Gelände am nächsten Tag stürmte, boten der Kontrollturm und der Terminal-Komplex nur noch ein Bild der Zerstörung. Eine der erfolgreichsten Brigaden der Spezialeinheiten Nord-Koreas landete mit einigen in Amerika hergestellten MD-500 Hubschraubern auf dem amerikanischen Botschaftsgelände. Die Hubschrauber waren schon zu Beginn der 80er Jahre auf illegalem Wege von einem deutschen Waffenhändler beschafft worden. Die Wachen der Marines wurden ausgelöscht, und eine Handvoll Stabsangestellter der Botschaft, die in dieser Nacht Dienst hatten, wurde einfach niedergemacht. Als hastig zusammengestellte Befreiungskräfte aus amerikanischer Militärpolizei und Pioniereinheiten eintrafen, um das Gebäude zurückzuerobern, stand es bereits in Flammen, und mit ihm verbrannten auch seine lebenswichtigen elektronischen Kommunikations- und Überwachungsgeräte. Ein ähnlicher Überfall auf das Hauptquartier der amerikanischen Eighth Army[3] in einem Vorort von Yongsan wurde frühzeitig entdeckt und mit Hilfe von *Stinger*-Flugkörpern einer in Alarmbereitschaft befindlichen *Avenger*-Luftabwehr-Batterie zurückgeschlagen.

## Sonntag, 25. Januar 1997, 1200 Uhr

Die meisten der nordkoreanischen Kommandoeinheiten wurden ziemlich rasch ausgeschaltet, aber die Verwirrung und zeitweilige Orientierungslosigkeit, die sie hinterlassen hatten, öffnete dem Hauptangriff Tür und Tor. Die unwegsame Topographie Koreas läßt nur wenige Invasionswege zu, wodurch praktisch jede militärische Bewegung kanalisiert wird. Die schmale Straße entlang der Ostküste ließ selbst für eine einzige nordkoreanische Division vom 806. Panzergrenadier-Korps kaum genügend Bewegungsspielraum; jeden gewonnenen Meter schien sie mit einem zerstörten Panzer bezahlen zu müssen. Fünf auf die Überquerung von Flußläufen spezialisierte Regimenter und verschiedene Infanterie-Divisionen rückten zum breiten Fluß Imjin vor, der entlang der Westküste verläuft. Zwar konnten einige Brückenköpfe gebildet werden, die aber wurden bald eingekesselt und nach und nach von den südkoreanischen Divisionen, die diese Linie verteidigten, wieder eliminiert. Die eigentliche Hauptangriffsrichtung verlief aber entlang der Schnellstraßen im Osten Seouls. Dort massierten sich auf einer Frontbreite von knapp 80 km 2.000 T-72, T-62 und modernisierte T-55 Panzer zusammen mit über einem Dutzend Geschütz-Artillerie-Regimentern und etwa 60 Raketen-Artillerie-Bataillonen. Die amerikanische 2nd Infantry Division, auf beiden Flanken von Einheiten der ROK unterstützt, wurde unter schweren Verlusten in Richtung Seoul zurückgedrängt, wobei sie dem Gegner allerdings das Drei- bis Vierfache ihrer eigenen Verluste zufügte. Die Volksarmee wußte, daß bei Straßengefechten die Verteidiger immer im Vorteil sind, und der Geliebte Führer wünschte, daß die historischen, wirtschaftlichen und kulturellen Zentren des Landes relativ unbeschädigt eingenommen werden sollten. Die Invasion stieß weiter in Richtung Süden und Osten vor und bewegte sich damit fort von den dicht bevölkerten Ballungsräumen um die Hauptstadt. Damit verlagerte sich der Hauptvormarsch mehr in Richtung auf die Niederung des Flusses Han. Die Nordkoreaner hatten sich zum Ziel gesetzt, Seoul zu umgehen und dann einen plötzlichen Haken westwärts zu schlagen, um die von antiken Wällen umgebene Stadt Suwon zu erobern. Dadurch würde die Hauptstadt mit ihren zehn Millionen Einwohnern abgeschnitten, belagert und zur Übergabe gezwungen werden. Was die Generale des Geliebten Führers allerdings nicht wußten, war, daß die amerikanische Eighth Army sie genau dazu bringen wollte. Die Armee Nord-Koreas schluckte den Köder.

Trotz des Chaos in den ersten Stunden des Krieges erfolgte eine schnelle Einschätzung der Lage durch das *National Military Command Center* im Pentagon und des *Pacific Command* (PACOM)[4] Hauptquartiers in Hawaii. Nordkoreanische Kampfschwimmer hatten die Telefon- und fiberoptischen Kabel gekappt, die durch die Straße von Tsushima nach Japan führen. Erbarmungslose Raketen- und Artillerie-Angriffe zwangen die verbliebenen Stabs-Einheiten in Süd-Korea, ständig in Bewegung zu bleiben, was sogar die Kommunikation über Satellitenverbindungen schwierig machte. Die Echtzeitbilder allerdings, die von den Aufklärungssatelliten in erdnahem Orbit einliefen, ließen keinen Zweifel daran, daß der Zweite Koreakrieg begonnen hatte. Der neue amerikanische Präsident, der erst wenige Tage zuvor ins Weiße Haus eingezogen war, wurde per Telefon vom Vorsitzenden der vereinigten Stabschefs, einem General der Air Force, über die Situation informiert. Der Präsident setzte sofort eine außerordentliche Sitzung des Nationalen Sicherheitsrates an und bat den Sprecher des Repräsentantenhauses, eine Dringlichkeitssitzung des Kongresses einzuberufen. Währenddessen befahl er, in seiner Funktion als Oberbefehlshaber der amerikanischen Streitkräfte, dem amtierenden Verteidigungsminister, die bestehenden Pläne für die Truppenverstärkung in Korea umzusetzen. Kaum eine Stunde später erhielt der Offizier vom Dienst im Kommunikationszentrum des III. US-Corps in Fort Hood, Texas, einen dringenden Telefonanruf.

### Montag, 26. Januar 1997, 10.00 Uhr

Der erste Verband, der zur Verstärkung in Korea eintraf, war die *Alert Brigade* (Alarmtruppe in Brigadestärke) der 82nd Airborne-Division. Per Lufttransport auf direktem Weg von Fort Bragg, North Carolina, nach Taejon in Korea verlegt (ein rund zwanzigstündiger Flug mit Zwischenstopps zum Auftanken von immerhin gut 11.000 km), war die Brigade bereits am darauffolgenden Tag in den Hügeln nördlich und westlich der Stadt, um den Stützpunkt der US-Air Force und die strategisch wichtige Brücke über den Fluß Kum abzusichern. Da die Flugplätze um Seoul unter permanentem Beschuß von SCUDs und Langstrecken-Artillerie lagen, hatte man sich für Taejon als vorgeschobenes Hauptquartier des amerikanischen IX. Corps entschieden, das normalerweise in Japan stationiert war und nun die Führung aller Einheiten übernehmen sollte, die als Verstärkungskräfte für die 8. Armee eintreffen würden.

Gleichzeitig stachen sechs *Maritime Prepositioning Ships* (MPS)[5] aus dem Hafen Agana auf Guam in See und nahmen Kurs auf Pusan. Sie hatten Versorgungsgüter und Ausrüstung für eine komplette Brigade des US-Marine Corps an Bord. Mit Ausnahme eines *Quick Reaction Battalion* (schnelle Eingreiftruppe in Bataillonsstärke), das sich an Bord einiger Amphibientransporter in Okinawa befand, sollten alle Truppen aus Camp Pendelton, Kalifornien, eingeflogen werden. Deshalb sollte die 1st Marine Expeditionary Force als erstes die Häfen von Pusan und Ulsan absichern und offen halten. Sobald dies sichergestellt wäre, würden die »Ledernacken« zu all den Punkten an die Front verlegt werden, an denen die Bedrohung aus Nord-Korea am größten war, und sich dort eingraben.

Zur selben Zeit verließ ein weiteres MPS-Geschwader Guam. Es hatte die Ausrüstung für eine Brigade der 10th Mountain Division (Gebirgsjäger-Division) aus Fort Drum im Staat New York an Bord. Diese Truppen sollten gegen Ende der Woche per Flugzeug nach Taejon verlegt werden und sofort im Eilmarsch nach Norden ziehen, wo sie die angeschlagene

2nd Infantry Division entlasten konnten, die sich in den Kessel von Seoul zurückziehen sollte, um sich dort zu reorganisieren und ein wenig zu verschnaufen. Sobald die C-5 *Galaxy*, C-17 *Globemaster III* und Transportflugzeuge der *Civil Reserve Air Fleet* (CRAF*) nach dem Absetzen der ersten Welle von Verstärkungskräften wieder zurückwären, würde auch die *Alert Brigade* der 101st Air Assault Division (Luftlandetruppen) aus Fort Campell, Kentucky, auf dem Luftwege nach Taejon verlegt werden. Dort sollte sie sich zu einer *Airmobile Reserve*** formieren, die genug Hubschrauber zur Verfügung gestellt bekäme, um die gesamte Brigade mit einem einzigen Lufttransport ins Einsatzgebiet zu bringen.

Das Kernstück des Verstärkungsplans war aber das 3rd Armored Cavalry Regiment (3rd ACR) aus Fort Bliss, Texas. Mit seinen 123 M1A2 *Abrams*-Panzern, 127 *Bradley*-Gefechtsfahrzeugen, 74 Hubschraubern unterschiedlicher Typen und Hunderten von Kraftfahrzeugen war es für einen Lufttransport nicht besonders geeignet, zumal es durch zusätzliche Pionier-, Artillerie-, Militärpolizei- und Versorgungs-Bataillone des III. Corps in Fort Hood[6] ergänzt werden sollte. Selbst wenn genügend Transportflugzeuge verfügbar gewesen wären (und die Kürzungen bei den Beschaffungsmaßnahmen für die C-17 während der 90er Jahre bedeuteten, daß es eben nicht genug gab), hätte eine solche Operation die wenigen noch einsatzbereiten Flugplätze in Korea, die mit der Abwicklung ankommender Versorgungsgüter, Verstärkungen und dem Ausfliegen von Verwundeten ohnehin schon ausgelastet waren, völlig überfordert. Während der nächsten Wochen gerieten auch Landebahnen und Abfertigungshallen unter sporadischen Beschuß von Raketen und Mörsern nordkoreanischer Eindringlinge. Entgegen den Behauptungen von Luftflotten-Freaks kann man eine Panzereinheit nämlich nicht einfach wie einen Brief per Luftpost über Nacht verschicken. Das 3rd ACR würde auf dem Wasserwege kommen. Aber dazu mußte es erst einmal zu den Schiffen gelangen, und das allein erforderte allerhand Kunstfertigkeit.

### Mittwoch, 28. Januar 1997

Um 70 Tonnen schwere Panzer wie den M1A2 zu transportieren, braucht man speziell verstärkte Eisenbahnwaggons. Dank unermüdlicher Generalstabsarbeit der Planer und Verkehrsbetriebsregler am *Military Transportation Command* in St. Louis, Missouri, kostete es kaum mehr als zwei Tage, den gesamten Fahrzeugbestand aus dem ganzen Land zusammenzuziehen und komplette Züge auf den Rangierbahnhöfen von Fort Bliss und Fort Hood zusammenzustellen. In der Zwischenzeit hatte das *Military Sea-*

---

* Zivile Reserve-Luftflotte: zivile Passagier- und Transportflugzeuge, die den US-Streitkräften von privaten Fluglinien aufgrund besonderer Abkommen im Bedarfsfall mit sofortiger Wirkung zur Verfügung gestellt werden müssen.
** Luftbewegliche Einsatzreserve

*lift Command*\* sechs SL-7 Roll-on-Roll-off-(RoRo)Frachtschiffe nach Long Beach, Kalifornien, und zwei weitere SL-7 (wir haben nur acht davon) nach Beaumont, Texas, geschickt. Die SL-7 blicken auf eine bemerkenswerte Geschichte zurück. In den 70er Jahren wurden sie auf deutschen und niederländischen Werften als sehr große, schnelle Containerfrachter gebaut. Es stellte sich aber bald heraus, daß ihr Betrieb und Unterhalt viel zu kostspielig waren, um noch Wirtschaftlichkeit zu gewährleisten. Aber gerade diese Kombination aus hohen Geschwindigkeiten von mehr als 30 Knoten/55 km/h mit enormen Ladekapazitäten stellte für das Sealift Command einen unwiderstehlichen Reiz dar. Dort hatte man nämlich mit Besorgnis beobachten müssen, wie die Transporter aus der Ära des Zweiten Weltkrieges langsam immer mehr verrotteten, während die amerikanische Handelsmarine gleichzeitig dahinwelkte. Mit einer Verdrängung von 30.000 Tonnen leer und 55.000 Tonnen bei voller Nutzlast kann ein SL-7 180 schwere Panzer oder 600 HMMWVs aufnehmen. Jeder SL-7-Transporter hat einen eigenen 50-Tonnen-Kran an Bord und verfügt sowohl auf Backbord als auch auf Steuerbord über RoRo-Rampen. Die Schiffe erhielten ihre Namen nach den acht Fixsternen, die Seeleuten wohlbekannt sind: *Algol, Bellatrix, Deneb, Pollux, Altair,* Regulus, *Capella* und *Antares*[7].

Entsprechend den Plänen, die im Laufe von unzähligen Übungen und Simulationen äußerst sorgfältig entwickelt worden waren, wurde das 3rd ACR in Fort Bliss auf Züge verladen – zwei Züge täglich –, während das III. Corps in Fort Hood alle zwei Tage einen Zug belud. Sobald alle Elemente des Regiments in Long Beach angekommen waren, wurden sie auf die vorgesehenen SL-7 umgeladen. Der gleiche Prozeß lief auch in Beaumont ab, wo die Artillerie des III. Corps und andere unterstellte Einheiten eintrafen.

Der Transportplan basierte auf dem Konzept des sogenannten »Combat Loading«, was bedeutet, daß jedes einzelne Fahrzeug vollgetankt und -bewaffnet wäre, wenn es auf den Kaianlagen in Pusan von Bord rollte. Das machte die Schiffe zwar wesentlich anfälliger für Brände und Explosionen, wenn sie einmal getroffen werden sollten, verkürzte aber die erforderliche Zeit ganz erheblich, die das 3rd ACR nach der Ankunft noch benötigte, um gefechtsbereit zu sein. Die gefährlichsten Ausrüstungs- und Versorgungsgüter wurden daher vorsichtshalber auf verschiedene Schiffe verteilt, damit nicht der Verlust eines einzigen Schiffes gleich das ganze Regiment verstümmelte. Die *Abrams*-Panzer kamen schon fertig auf *Heavy Equipment Transporter* (HET-Tiefladern) verzurrt an Bord der Schiffe. Das kostete zwar etwas mehr Platz, aber nur so war es möglich, die Panzertruppe ohne Verschleiß- und Abnutzungserscheinungen an Ketten und Aufhängung/Federung mit Höchstgeschwindigkeit über das ausgezeichnete Netz der südkoreanischen Higways an die Front zu bringen.

---

\* Für den Seetransport von Militärgut zuständige Dienststelle.

## Montag, 9. Februar 1997

Von Long Beach aus brauchten die SL-7 sechs Tage für die Überquerung des Pazifiks. Die Schiffe aus Beaumont mußten durch den Panama-Kanal, weshalb ihre Passage drei Tage länger dauerte. Die überaus sorgfältige Arbeit des Nachrichtendienstes und der Kommandoeinheiten, die dem US-Army Southern Command Headquarters in Fort Clayton, Panama, unterstellt waren, führten zur Identifikation und »Terminierung« eines nordkoreanischen Sabotageteams, das mit falschen chinesischen Pässen losgeschickt worden war, um einen rostigen alten Frachter unter der Flagge Panamas an der schmalsten Stelle des Kanals, dem Galliard Cut, zu versenken. Für Februar war das Wetter im sonst so stürmischen Pazifik ungewöhnlich mild, und da sie um die Dringlichkeit der Situation wußten, holten die zivilen Crews (die aber zum überwiegenden Teil ehemalige Angehörige der US-Navy waren) das letzte Quentchen Leistung aus den launischen Kesseln und Dampfturbinen ihrer SL-7. Dadurch lag die Durchschnittsgeschwindigkeit des Konvois sogar ein wenig oberhalb von dreißig Knoten.

Als er die Südspitzen der Inseln des japanischen Hoheitsgebietes umrundete und in die Straße von Korea einlief, wurde der Konvoi schon von vier Fregatten der O. H. PERRY-Klasse erwartet, die ihnen von dort an Geleitschutz gaben. Diese Fregatten hatte man auf schnellstem Wege mobilisiert. Sie kamen von den Navy-Reserve-Verbänden und waren die einzigen kurzfristig verfügbaren Schiffe mit Sonargeräten, die auf mittlerer Frequenz arbeiten und deshalb feindliche U-Boote in diesen flachen Gewässern aufspüren konnten. Die Entscheidung erwies sich als kluge Vorsichtsmaßnahme, denn als sich der Konvoi Pusan näherte, spürten die Fregatten ein »Wolfsrudel« veralteter nordkoreanischer U-Boote der ROMEO-Klasse auf. Das Rudel hatte vor der Insel Tsushima auf der Lauer gelegen und konnte jetzt von Torpedos zerstört werden, die von den Hubschraubern der PERRY-Fregatten abgeworfen wurden, ehe die U-Boote sich auf Angriffsdistanz nähern konnten.

## Dienstag, 10. Februar 1997

Als die Schiffe im großartigen Nordhafen von Pusan angelegt hatten, wurden als erstes die 27 MLRS-Startfahrzeuge des 6th Battalion der 27th Field Artillery Brigade entladen. Noch in Fort Hood waren diese Fahrzeuge mit zwei ATACMS ausgerüstet worden – jenen pummeligen Lenkflugkörpern mit einer Reichweite von 100 bis 150 km. Die Fahrer und Richtschützen, die bereits in der Nacht zuvor mit dem Flugzeug eingetroffen waren, warteten schon am Kai, um die Lieferung in Empfang zu nehmen. Die Startfahrzeuge wurden vom Kai aus direkt auf Eisenbahnwaggons geladen und setzten sich dann Richtung Norden in Bewegung. Als nächstes standen die 52 Kampf- und Aufklärungshubschrauber der 4th Squadron des 3rd ACR auf der Entladeliste. Kaum abgeladen, waren sie auch schon in der Luft und auf dem Weg zum gut 60 km nördlich von Seoul liegenden Flughafen Pyongtaek, wo Vorauseinheiten bereits einen *Forward Arming and Refueling Point* (FARP = vorgeschobenen Auftank- und Wiederbewaffnungspunkt) eingerichtet hatten.

## Mittwoch, 11. Februar 1997, 0700 Uhr.

Am nächsten Morgen fächerten Hubschrauber vom Typ AH-64A *Apache* und OH-58D *Kiowa Warrior* paarweise auf und flogen über die Hügel hinweg zum weiten Tal des Flusses Nam Han, wo sich inzwischen der Hauptvorstoß feindlicher Kräfte in Richtung Süden entwickelte. Die *Kiowas* konnten mit ihren am Mast montierten Laser-Designatoren und Wärmebild-Sichtgeräten über die Hügelkämme hinwegblicken, ein Ziel ausmachen und überschallschnelle *Hellfire*-Flugkörper von den *Apache* anfordern, die in einiger Entfernung hinter der nächsten Hügelkette verborgen flogen. Die Richtschützen der Air Cav konzentrierten sich auf die Luftabwehrstellungen und dabei besonders auf die alten, aber tödlichen S-60 (Kal. 57 mm) Kanonen auf Rad-Lafetten, und auf die wesentlich moderneren gepanzerten Aufklärungsfahrzeuge mit den SA-18 Zwölffach-Raketenwerfern.

Als die drei anderen Cavalry Squadrons des Regiments entladen waren und auf der Schnellstraße Seoul-Pusan Richtung Norden rasten, übertrug man dem 3rd ACR die »Feuerwehr«-Rolle. Es sollte Lücken in die feindlichen Linien schlagen und die feindlichen Spitzen, die langsam durch die entschlossen kämpfenden Verteidigungslinien der ROK brachen, zum Stehen bringen.

Die Schnellstraße 327 überquert den Fluß Han in Höhe des Dorfes Punwon-ni. Pioniereinheiten der ROK hatten diese Brücke gesprengt, als sich die ersten feindlichen Aufklärungseinheiten dem Nordufer näherten. Das neu eingetroffene 820. Panzer-Korps der Nordkoreaner hatte den Befehl erhalten, zusammen mit dem 815. Panzergrenadier-Korps, das noch durch eine Artillerie-Division verstärkt worden war, in diesem Abschnitt den Fluß zu überqueren, anschließend einen Brückenkopf auf dem Südufer zu bilden und diesen zu halten. Obwohl ihr Vormarsch ausschließlich bei Nacht erfolgte – ohne Licht und unter hervorragender Tarndisziplin, um tagsüber vor den Aufklärungssatelliten verborgen zu bleiben –, wurde die Bewegung des Feindes von den Aero Scouts des 3rd ACR erkannt und verfolgt. Sie meldeten alles zum vorgeschobenen Gefechtsstand von Colonel Rodriguez (Kommandeur des 3rd ACR) in der Nähe von Suwon.

Die Linie entlang des Flußlaufs wurde von einer Division ROK-Reservisten gehalten, der bereits zwei Wochen zuvor beim Rückzug aus der entmilitarisierten Zone übel mitgespielt worden war und die dabei die meisten ihrer Fahrzeuge und schweren Waffen verloren hatte. Aber sie hatte immer noch ihr Schanzwerkzeug, M16 und einen zur Neige gehenden Vorrat an TOW- und *Javelin*-Panzerabwehrwaffen. Der Oberst, der jetzt das Kommando über die ROKs hatte (beide Generale waren im Gefecht gefallen), wußte genau, daß sein Land nicht mehr auf Zeit spielen konnte und daß seinen Männern nichts anderes übrig blieb, als das Flußufer zu halten oder zu sterben. Sie lagen unter Dauerbeschuß ganzer Bataillone, die sie aus Raketenwerfern, schweren Mörsern und Feldgeschützen eindeckten.

Inzwischen zog der Feind in den flachen Hügeln nordwestlich des Schnittpunktes von Fluß und Schnellstraße Truppen zusammen, die den Fluß überqueren sollten: Pioniereinheiten mit fahrbarer Ausrüstung für Pontonbrücken, einem Regiment mit leichten Amphibien-Panzern und einer Brigade Kommandoeinheiten mit Sturm-Schlauchbooten. So weit im Süden trieben kaum noch Eisschollen im Fluß. Der Kommandeur des nordkoreanischen Korps hatte seine Männer jahrelang unter weit schlimmeren Bedingungen üben lassen. Er nahm in Kauf, daß vielleicht die Hälfte von ihnen im eisigen Wasser des Flusses ertrank, aber er *würde* auf dem südlichen Ufer Fuß fassen. Dann würde er seine Reserve-Divisionen nachführen, die ROK-Marionetten der imperialistischen amerikanischen Aggressoren umzingeln und den Weg für die Befreiung Suwons freimachen. Anschließend könnte er Richtung Süden rollen und die übriggebliebenen Amerikaner samt ihren koreanischen Lakaien ins Meer treiben. Er stellte sich schon bildlich vor, wie er im Triumphzug mit seinem T-72-Kommandopanzer an der Spitze in Pusan einmarschierte.

### Donnerstag, 12. Februar 1997, 0100 Uhr

Colonel Rodriguez blätterte in seinem M4 Befehls-Kettenfahrzeug auf dem hochauflösenden LCD-Farbbildschirm seiner *Silicon Graphics Battle Space Workstation** die Wettervorhersagen durch. Für den kommenden Morgen war im unteren Flußtal des Han Nebel vorausgesagt, der sich nicht vor Mittag lichten sollte. Er lächelte, während seine Finger über die Tastatur tanzten und er Befehle an die Kommandeure seiner Squadrons und die ihm zugewiesenen Kampfunterstützungs-Einheiten über die abgesicherten Satelliten-Datenverbindungen hinausgehen ließ. Er hätte die Anweisungen natürlich auch einem der drei Soldaten an den Konsolen diktieren können, aber jeder wußte, daß er der schnellste Computer-Jockey im Regiment war – ein Relikt aus seiner Zeit in West Point.

Weiter hinten im FARP der 4th Squadron hatte sich CW-3 (*Chief Warrant Officer Third Class*) Jennifer Grayson gerade durch die kurze Checkliste für die Startvorbereitungen ihres OH-58D Hubschraubers gearbeitet. Sie hatte diese Routinen bereits 376 mal hinter sich gebracht, ohne dabei auch nur je einen einzigen Schritt auszulassen oder Abkürzungen zu nehmen. Es gab noch immer einige Neandertaler bei der Army, die die Ansicht vertraten, eine Frau sollte auf keinen Fall Pilotin eines Kampfhubschraubers werden; das war mit der Grund dafür, weshalb sie sich stets um »null Feh-

---

* tragbarer Computer (Notebook/Laptop), der in das Datennetzwerk eines Gefechtsfeldes integriert wird

ler« bemühte. WO-1 (*Warrant Officer First Class*) Greg Olshanski, ihr Co-pilot, tauchte mit dem DTD (*Data Transfer Device* = Daten-Übertragungs-gerät) aus der ersten Morgendämmerung auf. Er steckte das kleine Gerät, das stark an ein Videospiel erinnerte, in einen Schacht des mit Instrumenten vollgepackten Armaturenbretts. Jetzt wurden sämtliche einsatzrele-vanten Daten, wie Sprechfunkfrequenzen, Wegpunkte für das Navigati-onssystem und die IFF-Codes, die speziell für diese Mission galten, auto-matisch überspielt. Das DTD würde die ganze Zeit über in seinem Schacht bleiben und die wichtigsten Daten vom Flugsteuerungssystem des *Kiowa* für die Abschlußbesprechung aufzeichnen. Eine leere Kassette steckte bereits im eingebauten Videorecorder des Hubschraubers, auf der konti-nuierlich alle Zielanflüge aufgezeichnet werden würden. »Heute Nacht haben wir *Nomad Zwo-Sieben* als Rufzeichen bekommen«, sagte Olshanski.

»*Nomad Zwo-Sieben*«, brummte CW-3 Grayson bestätigend. Die Haupt-bedrohung am Flußufer waren die feindlichen Panzer. Also hatte man den *Kiowa* für den Panzerkampf mit vier *Hellfire*-Panzerabwehrraketen be-waffnet, die in den Waffentürmen steckten. Grayson fand es nicht gut, auf ihren Behälter mit der 0,5" Maschinenkanone verzichten zu müssen; mit den *Hellfires* war es einfach zu leicht, und sie schoß viel lieber LKWs und »wei-che Ziele« mit der Kaliber .50 ab. Dazu brauchte man ein gewisses Ge-schick, und auch eine gefühlvolle Hand an der Steuerung. Sie hatte beides.

## Donnerstag, 12. Februar 1997, 0400 Uhr

Die Wärmebild-Kamera einer Drohne mit Stealth-Eigenschaften, die vom Aufklärungs-(Nachrichtendienst-)Bataillon des IX. Corps im Laufe der Nacht gestartet worden war, hatte ein feindliches Bataillon aus 31 Panzern ausgemacht, das sich die Schnellstraße 327 hinunter bewegte. Bei Tages-anbruch hatte dieses Bataillon die Fahrbahn verlassen, sich in einem schmalen Tal verteilt und dort getarnt. Grayson rief auf ihrem Multifunk-tions-Display die Wärmebild-Anzeige auf. Die Motoren der Panzer wür-den noch warm sein, wenn der OH-58D in Reichweite war. Zwar waren die Nordkoreaner sehr gut, wenn es um die Tarnung ihrer Panzer mit Net-zen, Ästen und Sträuchern ging, aber die Heckbereiche ihrer T-72 würden auf dem Wärmebild-Gerät des Mastvisiers wie entzündete Daumen aus diesen Tarnungen hervorstehen.

Grayson und Olshanski hielten die Ankunft an den einzelnen Weg-punkten zeitlich ganz genau ein. Es gab an diesem Morgen eine Menge Flugverkehr, und fast alles flog ohne Navigationsbeleuchtung und Such-radar, um seine Position nicht zu verraten. Einen gewissen Anteil an die-sem Flugverkehr hatten allerdings auch Artillerie-Granaten, die einfach blindlings den Gesetzen der Physik folgten. Die Planungsstäbe der Air Cav unternahmen große Anstrengungen, um »Interessenkonflikte« zu vermeiden. Es sollte absolut und zweifelsfrei sichergestellt werden, daß sich niemals eigene Hubschrauber und eigene Geschosse zur gleichen Zeit im gleichen Luftraum befänden.

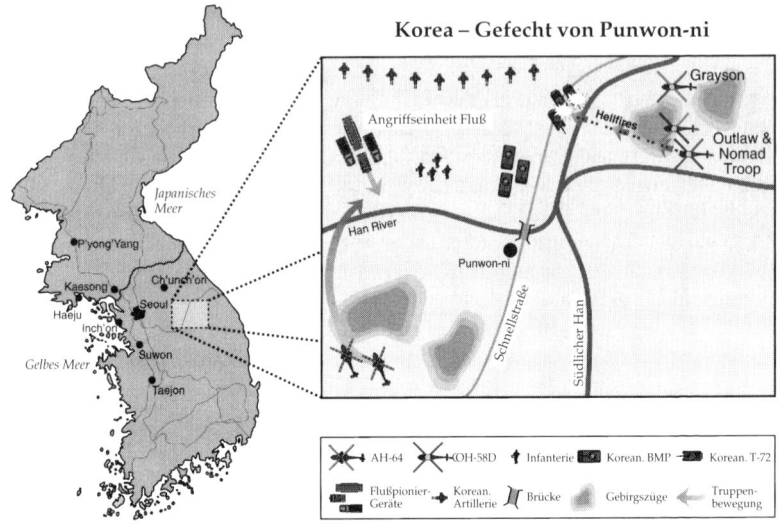

**Korea – Gefecht von Punwon-ni**

Angriffseinheit Fluß

Grayson

Hellfires

Outlaw & Nomad Troop

Japanisches Meer

Han River

Punwon-ni

Schnellstraße

Südlicher Han

P'yong'Yang

Kaesong

Ch'unch'on

Haeju

Seoul

Inch'on

Suwon

Gelbes Meer

Taejon

| AH-64 | KOH-58D | ✝ Infanterie | Korean. BMP | Korean. T-72 |
| Flußpionier-Geräte | Korean. Artillerie | Brücke | Gebirgszüge | Truppen-bewegung |

Das Gefecht von Punwon-ni. Hubschrauber der 4th (Air Cavalry) Squadron des 3rd Armored Cavalry Regiments verhindern die beabsichtigte Überquerung des Han durch die Nordkoreaner. *JACK RYAN ENTERPRISES, LTD., VON LAURA ALPHER*

Grayson steuerte den agilen Chopper über den Kamm eines Gebirgszuges hinauf. Die feindlichen Panzer lagen direkt hinter der Kuppe, und die Besatzungen hatten sich, mit Ausnahme einiger Wachen, die nervös den Himmel beobachteten, bereits schlafen gelegt. Mit einem behutsamen Schub betätigte sie den Cyclic und regulierte die Einstellung des Collective gefühlvoll nach, so daß das Mastvisier gerade eben, wie das Gesicht eines dreiäugigen Roboters, über die felsige Lippe des Talmundes lugte. Sie schaltete die *Hellfire* auf der Waffensteuerungstafel scharf, zielte und schoß. Im Reflex schloß sie für eine Sekunde die Augen, damit ihre Nachtsicht durch das Zünden der Raketenmotoren nicht beeinträchtigt würde, wenn sich die *Hellfire* von den Startschienen lösten. Dann zog sie die Maschine in einem graziösen Bogen nach oben und stieß im Sturzflug auf einen knapp 2 km entfernten Panzer hinab. Bevor der erste Flugkörper auch nur eingeschlagen hatte, war der zweite bereits unterwegs. Dann auch der dritte. Innerhalb weniger Sekunden explodierten drei Panzer, wobei ihre Türme durch die tödliche Mischung aus Dieselkraftstoff und Bereitschaftsmunition glatt von den Fahrzeugen getrennt und in die Luft gejagt wurden. Aber nur ein paar Sekunden später hatten sich die aufgescheuchten nordkoreanischen Besatzungen aus einem Dutzend Panzer von ihrem Schrecken erholt und lenkten ein breites Band Leuchtspurgeschosse aus ihren Maschinengewehren, Kaliber 14,5 mm in Richtung Bergspitze. Der Hubschrauber hatte sich freilich längst wieder hinter dem Kamm in Sicherheit gebracht und forderte über das Automated Target Handoff System (ATHS) weitere Hubschrauber an, die sich an dem Gemetzel beteiligen sollten. Nachdem er drei *Hellfires* weniger in den Startschienen hatte, war der OH-58D rund 180 kg leichter und lief Gefahr, völlig ins Sichtfeld des alarmierten Feindes zu geraten. Instinktiv kompensierte Grayson die Gewichtsveränderung, und schon sank der Chopper mit einer leichten Linksdrehung wieder nach unten und entging so dem Abwehrfeuer.

Es knackte im Lautsprecher des Funkgerätes, und eine Stimme fragte: »*Nomad Zwo-Sieben*, hier ist *Outlaw Vier-Sechs*. Ich bin etwa zwei Clicks* hinter dir und habe sechzehn Schuß dabei. Was hast du mir zu bieten? Over.«

»Verstanden, *Outlaw Vier-Sechs*, hier ist *Nomad Zwo-Sieben*. Hier sind zwei Dutzend Tango sieben-zwo** auf zehn Uhr*** etwa zwei Clicks voraus. Wir haben sie gerade ganz schön aufgemischt. In dreißig Sekunden können wir euch die Ziele ›anmalen‹. Gehen auf *Mission Package Alpha Seven****, over.«

*Outlaw Vier-Sechs* war ein AH-64A *Apache* mit einer vollen Ladung Flugkörper und Granaten für die automatische 30-mm-Kanone. Beide Besatzungen schalteten jetzt auf die automatische Übernahme durch das ATHS um. Der OH-58D würde entlang des Talrandes Verstecken spielen und dabei Ziele mit seinem Laser kennzeichnen, während die AH-64A aus sicherer Entfernung seine Flugkörper startete. Die erste Rakete war bereits in Richtung auf einen unglücklichen T-72 unterwegs, als die Stimme von Lieutenant Colonel Martin, dem Kommandeur der 4th Squadron, über den Kommandokanal des Sprechfunknetzes kam. Sämtliche *Outlaw*- und *Nomad*-Einheiten erhielten den Befehl, mit sofortiger Wirkung ihre augenblicklichen Missionen abzubrechen und schnellstmöglich zu einer Reihe neuer Zielkoordinaten weiter im Westen aufzuschließen. Ein Aufklärerzug der ROK-Truppen hatte einen Gefechtsverband ausgemacht, der sich auf das Nordufer des Flusses Han zubewegte, um den Fluß zu überqueren.

»Das wird ganz schön haarig. Ich wünschte, wir hätten unsere Kaliber .50 dabei«, sagte Olshanski.

»Für so etwas hier werden wir schließlich bezahlt«, antwortete Grayson grimmig und tippte die neuen Koordinaten in das Navigationssystem ein. Um den Sammelraum zu erreichen, in dem sich die Nordkoreaner auf die Flußüberquerung vorbereiteten, mußte die Air Cav Squadron durch den Beschuß kleinerer Waffen und von der Schulter gestarteter SA-18 Flugkörper praktisch Spießruten laufen. (In Wirklichkeit waren diese SA-18 nordkoreanische Kopien der chinesischen Kopie der russischen SA-18. Sie waren nicht besonders zuverlässig, aber im Moment flogen sie haufenweise in der Luft herum.) Im Tiefflug und unter ständigen Ausweich-

---

* Fliegerjargon: 1 Click = 1 km
** Der Buchstabe »T« im internationalen Sprechfunk-Alphabet. Sieben-zwo = 72. Zusammen ergibt das T-72, die Typenbezeichnung der Zielpanzer.
*** Hier *keine* Zeitangabe. In See- und Luftfahrt wird die Zielansprache auf die Position des Stundenzeigers auf dem Zifferblatt einer Uhr bezogen. Der Bug der Maschine ist dabei immer zwölf und das Heck sechs Uhr zum aktuellen Kurs. Zehn Uhr wäre also 60 Grad Backbord voraus.
**** Gefechtsposition A-7

manövern erreichte Grayson schließlich das Zielgebiet, und durch ihr FLIR-Gerät im Mastvisier sah sie lange Reihen kastenförmiger Schatten zum Flußufer kriechen. Das waren PMP-Abteilungen mit Pontonbrücken, Selbstfahr-Fähren mit GPS-Steuerung und PTS-M geführte, amphibische Transportfahrzeuge. Die Nordkoreaner hatten sich (zum absoluten Schleuderpreis) etliches aus der reichhaltigen Menagerie von Flußpionier-Geräten der Sowjets beschafft, die eigentlich für die Überquerung der Elbe, des Rheins, der Mosel und der Maas vorgesehen gewesen waren (in meinem Roman *Im Sturm* können Sie dieses Szenario aus dem kalten Krieg noch einmal rekapitulieren). Diese robusten und clever konstruierten Fahrzeuge hatten einen langen Weg zurückgelegt, um diesen Fluß zu überqueren. Grayson wollte das ihre dazu tun, daß diese Reise umsonst gewesen war.

Es gab da eine flache Anhebung im Gelände, nur knapp 100 m vom Südufer entfernt. Grayson und ein paar andere OH-58D schwangen sich hinter den Kamm und kamen immer nur für einige Sekunden hoch, um Ziele für die *Apache* zu kennzeichnen, die etwa 2 bis 3 km weiter hinten eine sichere Abschußposition gefunden hatten. Die Nordkoreaner hatten einige ZU-23 23-mm-Zwillings-FLAKs in Stellung gebracht, um die Flußüberquerung abzusichern. Diese FLAKs waren Ziele erster Priorität für die *Hellfires*. Als nächstes wurden die Reihen von Flußpionier-Geräten und Wagenladungen von Sturmbooten mit Raketen beharkt. Das Resultat dieses Beschusses führte zu einem brennenden und qualmenden Verkehrsstau, der sich auf fast 2 km vom Flußufer aus nach hinten fortsetzte. Jetzt schlossen die *Apache* auf, um die Zerstörung mit Salven von ungelenkten 2,75"/ 70-mm-Raketen und Beschuß aus ihren 30-mm-Kanonen zu vollenden.

Auf ihrer linken Seite bemerkte Grayson plötzlich einen Blitz, dem eine dunkle Rauchwolke folgte. Eine nordkoreanische SA-18 hatte *Outlaw Vier-Drei* direkt am Heckträger getroffen und den Heckrotor in seine Einzelteile zerlegt. Der *Apache* geriet außer Kontrolle und trudelte auf den gefrorenen Boden der gegnerischen Flußseite zu. Glücklicherweise flog der Hubschrauber gerade in einer Höhe, die das Überleben der Crew beim unausbleiblichen Aufprall wahrscheinlich werden ließ. Grayson schaltete das Funkgerät auf die Bataillonsfrequenz. »Hier ist *Nomad Zwo-Sieben*. Erbitte Feuerschutz. Ich werd' die Jungs aufsammeln, over«, gab sie durch.

Eine lebende amerikanische Hubschrauber-Besatzung war es allemal wert, Risiken auf sich zu nehmen. Oberstabsfeldwebel Lim Cho-buk war ein zweimal dekorierter Held des sozialistischen Klassenkampfes, Maschinengewehrschütze erster Klasse und im Augenblick diensttuender Kommandeur eines Aufklärungszuges (nachdem das BRDM-Aufklärungsfahrzeug des Leutnants am Morgen einen *Hellfire*-Treffer durch das Dach abbekommen hatte). Die Visiereinrichtung an seinem Ein-Mann-Turm war zwar nur sehr grob, aber auf diese Entfernung brauchte man keine große Treffsicherheit, um einen Strom von Kugeln in den *Apache* zu lenken, der gerade auf dem Flußufer aufschlug. Kim trat seinem Fahrer zwischen die Schulterblätter und brüllte ihn an, er solle näher heranfahren. Der andere BRDM folgte ihm in etwa hundert Metern Abstand. Gleichzeitig sprangen einige Infanterie-Gruppen aus ihren Löchern hervor und rannten auf den abgestürzten Hubschrauber zu (wahrscheinlich in der Hoffnung, die Amerikaner hätten einige MREs an Bord).

Jennifer bemerkte die beiden Schützenpanzer, aber auch die Infanteristen, wie sie aus ihren Deckungen kamen und auf die Absturzstelle zuliefen. Sie sah, wie sich ein wahrer Strom von Leuchtspurgeschossen aus dem führenden Fahrzeug löste, als dieses das Feuer eröffnete. Sie bekam kaum mit, daß Olshanski den zweiten BRDM mit ihrem letzten *Hellfire* zur Strecke brachte, so sehr konzentrierte sie sich darauf, in der Nähe des Wracks in einem niedrigen, stabilen Schwebeflug zu bleiben. Dort versuchten sich gerade zwei benommene und blutende Fliegerkameraden aus ihren Gurten zu befreien.

*Outlaw Vier-Eins*, ein weiterer *Apache*, schaukelte ein paar hundert Meter hinter Grayson. Als er das Feuer aus seiner 30-mm-Kanone eröffnete, fiel die ausgefranste Linie von nordkoreanischen Infanteristen wieder zurück, der Schützenpanzer feuerte Nebelgaranten ab und legte den Rückwärtsgang ein.

Die Überlebenden torkelten zum schwebenden OH-58D hinüber und klinkten ihre Geschirre in die Landekufen. Das mochte zwar komisch aussehen, war aber die Standard-Rettungsprozedur für das Abbergen im Gefecht. Als sie mit den beiden windgebeutelten, aber sehr dankbaren Warrant Officers, die an ihrem Landegestell baumelten, abgehoben hatte, wünschte sich Jennifer einmal mehr, sie hätte eine Kaliber .50 an Bord.

Die Linie am Fluß im Abschnitt Punwon-ni konnte zwar gehalten werden, aber im Laufe der Nacht sicherten die Nordkoreaner weiter flußabwärts einen Brückenkopf und brachten Panzergrenadiere in Korpsstärke ans andere Ufer. Dann stießen sie weiter nach Süden vor, um bei Pangyori die Schnellstraße zwischen Seoul und Suwon zu unterbrechen. Sollten sie es schaffen, Suwon einzunehmen und weiter in Richtung auf die Westküste vorzurücken, wäre der Großraum Seoul-Inchon abgeschnitten und mit ihm 40 Prozent der Gesamtbevölkerung Süd-Koreas sowie fast alle Wirtschaftszentren des Landes.

**Freitag, 13. Februar 1997, 0630 Uhr**

Luftaufklärer und Spähtrupps am Boden bestimmten äußerst sorgfältig die Positionen der nordkoreanischen Artillerie-Stellungen und der Befehlsstände der feindlichen Divisionen, die auf Suwon zumarschierten. Unmittelbar vor Anbruch der Morgendämmerung feuerten drei MLRS-Bataillone, die in Taejon standen, eine Salve ATACMS. Als die Sprengköpfe über dem Gefechtsfeld detonierten, regnete es Schüttmunition über ein Gebiet von mehreren Quadratkilometern Ausdehnung. Die einzigen Überlebenden befanden sich entweder in Panzerfahrzeugen oder hatten sich tief in den Boden eingegraben. Der Morgennebel lag noch stellenweise über den zugefrorenen Reisfeldern, als die 2nd und 3rd Squadron des 3rd ACR aus den Gebirgsausläufern hervorbrach und tief in die Flanke der 687. *Mechanized Rifle Division* (Motorisierten-Schützen-Division) vorstieß. Die M2A3 *Bradley*-Panzeraufklärerfahrzeuge fanden hinter den Erdwällen – die die einzelnen Felder voneinander trennten – hervorragende Stellungen, von denen aus sie talabwärts feuern konnten. Als sie mit Langstrecken-TOW-Schüssen die feindlichen Kommandofahrzeuge herausgepickt hatten (wegen ihrer überlangen Antennen gut von den anderen zu unterscheiden), rückten die Panzer mit Höchstgeschwindigkeit vor und feuerten dabei auf alles, was den Versuch unternahm zurückzuschießen. Panzerabwehrgranaten aus eingegrabenen 120-mm-Kanonen prallten von den Türmen der M1A2 ab, als wären es Erbsen aus einem Blasrohr.

Ein paar nordkoreanische Panzerabwehrgruppen sprangen aus verborgenen »Fuchsbauten«, nachdem die M1A2 sie passiert hatten, um mit drahtgelenkten Panzerabwehr-Flugkörpern die nur schwach gepanzerten Hecks, unter denen sich der Antrieb befand, anzugreifen. Bevor sie allerdings Gelegenheit zu einem zweiten Schuß bekamen, wurden die Gruppen auch schon entdeckt und vom Maschinengewehrfeuer der *Bradleys* niedergemäht. Inzwischen war je ein Panzer jedes Zuges hastig mit einer improvisierten Räumschaufel ausgerüstet worden, um sich durch die Erdwälle zwischen den Reisfeldern zu schneiden (das Originalzubehör war bereits in Pusan bei einem völlig überraschenden Feuerüberfall durch SCUD-Raketen verloren gegangen). Ein Schweißer in der 43rd Engineer Company hatte einmal Bilder von »Heckenscheren« gesehen, die man 1944 in der Normandie an den M4 *Sherman*-Panzern angebracht hatte. Er war auf die Idee gekommen, wie man diesen Gedanken in verbesserter Form auch hier verwirklichen konnte. Sein Captain hatte diese Idee an Colonel Rodriguez weitergeleitet, der sie sofort genehmigte. Keine Frage, daß die Panzerleute diese unmittelbare Verbesserung der Querfeldein-Fähigkeiten bei ihren Fahrzeugen zu schätzen wußten. Es gibt eine alte Redensart, wonach »Geschwindigkeit mit Panzerung« gleichzusetzen ist. Jetzt hatten sie beides.

### Sonntag, 1. März 1997

Das Gefecht bei Pangyo-ri erwies sich als Hochwassermarke der nordkoreanischen Invasion. Während der folgenden drei Wochen stabilisierte sich die Front auf einer Linie, die von Sokcho an der Ostküste durch das Geröll von Ch'unch'on den Flußlauf des Han hinab bis zu den Außenbezirken von Seoul verlief.

Nachdem sie in den ersten Wochen des Krieges bei Luftkämpfen Verluste von mehr als 50 Prozent hatten hinnehmen müssen, zogen es die Luftstreitkräfte Nord-Koreas vor, die verbliebenen MiGs in ihren Felstunnel-Hangars zu behalten und die Lufthoheit den Amerikanern zu überlassen. Tagsüber flogen die B-1 und nachts die F-117A (und sogar eine Handvoll B-2) der US-Air Force ununterbrochene Offensiven gegen feindliche Versorgungslinien, Führungszentren und Artillerie-Stellungen. Hin und wieder verursachten SCUDS Zerstörungen und forderten Opfer unter der Zivilbevölkerung in den Städten Süd-Koreas, aber den kontinuierlichen

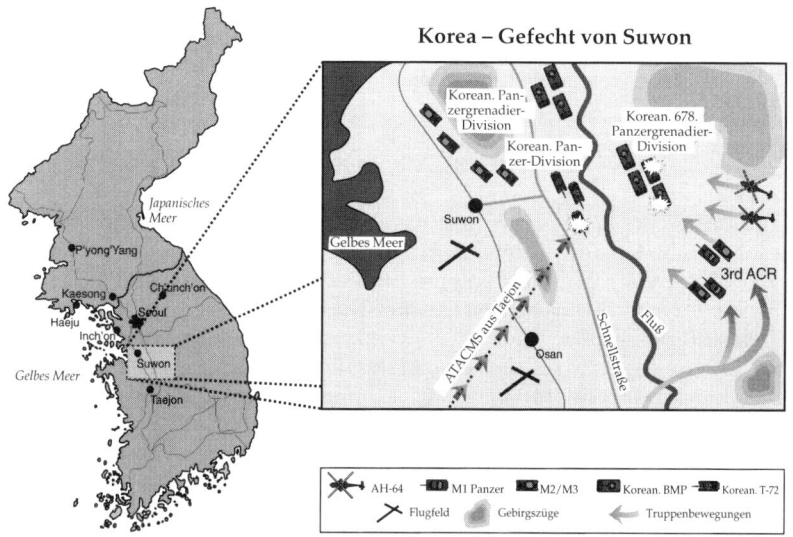

## Korea – Gefecht von Suwon

Das Gefecht von Suwon. Unterstützt durch ATACMS-Flugkörperangriffe, führte das 3rd Armored Cavalry Regiment einen Angriff auf Bereitstellungen durch, um den weiteren Vormarsch der Nordkoreaner zum Gelben Meer zu unterbinden.

JACK RYAN ENTERPRISES, LTD., VON LAURA ALPHER

Nachschub an frischen Truppen und Versorgungsgütern konnten sie nicht aufhalten. Was jedoch viel wichtiger war: Das Gleichgewicht des Schrekkens stabilisierte sich – selbst der Geliebte Führer war nicht verrückt genug, einen atomaren, chemischen und biologischen Holocaust mit seinen Waffen auszulösen, die still und heimlich in den tiefsten unterirdischen Bunkern schlummerten. Die 1st Cavalry Division (das *First Team*) aus Fort Hood in Texas und die 1st Mechanized Infantry Division (die *Big Red One*) aus Fort Riley in Kansas gingen in der ersten Märzwoche in Pusan von Bord, um der 8. Armee eine Offensivmöglichkeit zu verschaffen.

In der Zwischenzeit hatte der Geliebte Führer so viele UN-Resolutionen ignoriert, daß die Demokratische Volksrepublik Korea am 13. März als erster Staat von der Generalversammlung ausgeschlossen wurde.

Auf den Berghängen, die nicht durch Granateinschläge verwüstet worden waren, standen die Kirschen schon in voller Blüte, als die 8. Armee zurückschlug. Die gesamte amerikanische 1st Marine Expeditionary Force[8], die in aller Stille durch ein britisches Bataillon der Royal Marines und eine leichte Panzereinheit der Franzosen in Brigadegröße verstärkt worden war, hatte an Bord von amphibischen Kampffahrzeugen Kurs auf das Gelbe Meer genommen. Eskortiert wurden sie von einem Gefechtsverband um die Flugzeugträger *Constellation* und *Theodore Roosevelt*, der die Westküste der Halbinsel bedrohte. Dadurch waren die Nordkoreaner gezwungen, ein gutes Dutzend Infanterie-Divisionen für den Küstenschutz zu binden. Irgendwo an ihrer eigenen, sehr langen und verwundbaren Küstenlinie erwarteten sie jetzt eine Art Neuauflage von Douglas MacArthurs Überraschungsangriff, der 1950 mit der Landung in Inchon begann. Sie sollten zum Narren gehalten werden.

### Dienstag, 31. März 1997, 0530 Uhr

Das 3rd ACR, massiv verstärkt durch Artillerie-, Pionier- und Aufklärungs-Einheiten, führte den Angriff des IX. Corps im Norden und Westen von Chonpyongchon. Ihm folgten unmittelbar die schweren Panzerverbände der amerikanischen 1st Cavalry Division. Inzwischen zu knapp an Treibstoff für größere Gefechtsbewegungen, blieb den Nordkoreanern kaum eine Alternative, als sich einzugraben und darauf zu warten, daß das Bombardement anfing, sie abgeschnitten, umzingelt und umgangen würden. Schon am ersten Tag kamen die Bataillone der Cavalry mehr als 30 km voran, während die Air Cav Squadron sogar noch 60 bis 70 km tiefer in feindliches Gebiet vordrang und dort Versorgungslaster und Verwaltungseinheiten in den rückwärtigen Räumen beschoß. Am 1. April wurde der alte Stützpunkt der 2nd Infantry Division in Tongduchon (Camp Casey) nach hartem Kampf zurückerobert, und Elemente von insgesamt zwölf feindlichen Divisionen saßen in einem Kessel um Uijongbu in der Falle. Als beim Gegner der Nachschub an Flugabwehrraketen und Munition ausblieb, wurden die Marines per Hubschrauberluftbrücke zu einer weitläufigen »Vertikalumfassung« an Land gebracht. Die ersten Einheiten des Feindes ergaben sich – statt bis zu ihrem Tod weiter zu kämpfen – am zweiten Tag in Gruppen- und Zugstärke, am vierten Tag in Kompanie- und Bataillonsstärke. Kaum eine Woche nach Beginn der Gegenoffensive hatte der Vorstoß der Cavalry Squadrons bereits die entmilitarisierte Zone erreicht, schwache Widerstandsnester bei Panmunjon beiseite gefegt und die Stadt Kaesong, schon innerhalb Nord-Koreas, eingenommen.

### Mittwoch, 15. April 1997, 1200 Uhr

Die Situation war für die Nordkoreaner eindeutig hoffnungslos geworden. So konnte es eigentlich niemanden mehr besonders überraschen, als in den Mittagsnachrichten von Radio Pjöngjang die Mitteilung kam, daß der Geliebte Führer und die Spitzenfunktionäre der Arbeiterpartei verhaftet worden waren und die provisorische Militärregierung eine sofortige Waffenruhe und den schnellstmöglichen Beginn von Verhandlungen über die Wiedervereinigung Koreas vorschlug. Man schrieb den 15. April, und die steuerzahlenden Reservisten der 8. Armee hatten das sichere Gefühl, diesmal ihr Geld wert gewesen zu sein.

# Operation Rapid Sabre:
## Uganda, Juni 1999

Das 2nd Armored Cavalry Regiment (2nd ACR, *The Dragoons*) wurde Anfang der 90er Jahre als Armored Cavalry Regiment-Light (ACR-L) neu aufgestellt. Diese leicht zu transportierende Panzertruppe hat die Aufgabe, den Einheiten des XVIII. Airborne-Corps mobile, gepanzerte Feuerkraft zur Verfügung zu stellen. Damit sind sie die bevorzugte Einheit für Alarmeinsätze, die zu weit im Landesinneren stattfinden, als daß sie von den United States Marines übernommen werden könnten. Die Army hat lange und schwer dafür kämpfen müssen, diese einzigartige, mit der neusten Technik ausgerüstete Einheit bewilligt zu bekommen. Sie als Experimentaleinheit zu bezeichnen, war zwar hilfreich (um sie im Pentagon buchhalterisch besser unterbringen zu können), die beste Rechtfertigung für die Kosten waren aber immer noch die hervorragenden Leistungen im Gefecht. Die M1 *Abrams*-Panzer wurden Stück für Stück gegen das neue M8 *Armored Gun System* (AGS = leichter Kampfpanzer) ausgetauscht. Darüber hinaus wurden auch sämtliche *Bradleys* durch die M1071 »Heavy Hummer« ersetzt. Diese Version des HMMWV ist durch eine weiterentwickelte Panzerung geschützt. Jedes Fahrzeug wurde mit dem IVIS-Befehls- und Führungsnetzwerk »verkabelt«. Einige erhielten die Kaliber .50 Maschinenkanonen, andere die Mk-19 40-mm-Granatwerfer und leichtgewichtige TOW-Startgeräte. Etwa jeder Fünfte trug ein neues Waffensystem, die N-LOS-Flugkörper, *Non-Line Of Sight*, zu jeweils acht in einer Senkrechtstartrampe. Jeder Soldat des 2nd ACR-L, der zu Fuß kämpfte, hatte den neuen Virtual-Battlefield-Helm mit eingebautem GPS-Empfänger, Helmsichtgerät und Datenverbindung zum IVIS-Netzwerk. Die Soldaten nannten sich selbst die »Starship Trooper«.

Als Stand-Alert Force des XVIII. Airborne-Corps befand sich eine der drei Armored Cavalry Squadrons des Regiments in ständiger Alarmbereitschaft, und ein Geschwader Transportflugzeuge des TRANSport COMmand (TRANSCOM) wurde auf ähnliche Weise »warmgehalten«, um dieses Bataillon zum Einsatzort zu transportieren. Es war purer Zufall, daß bei Ausbruch der Uganda-Krise die 2nd Squadron des 2nd ACR-L gerade zusammen mit dem 512th Military Airlift Wing, einem Reservistenhaufen in Fort Polk in Delaware, »Dienst« hatte. Sie sollten nun als erste vom Flugbetriebsgelände in Fort Polk in Louisiana abheben.

### Uganda, Juni 1999

Kein Mensch hatte je damit gerechnet, daß Idi Amin noch einmal auf der Weltbühne auftauchen würde. Der allgemeinen Annahme zufolge sollte er sich im Endstadium einer Geschlechtskrankheit befinden (oder tatsächlich längst tot sein). Deshalb war seine unerwartete Rückkehr nach Uganda eine ähnliche Überraschung, wie die israelische Rettungsaktion von Entebbe im Juli 1976. Durch tatkräftige Unterstützung sudanesischer und libyscher Agenten entkam er aus seinem (allerdings luxuriösen) Hochsicherheits-Hausarrest in Saudi-Arabien. Dann scharte er mit Hilfe sudanesischer »Freiwilliger« eine Handvoll demoralisierter Grenzwächter um sich und zog in Kampala, der Hauptstadt von Uganda, ein. Mit seinen bewaffneten Anhängern übernahm der selbsternannte »Feldmarschall« und »Präsident auf Lebenszeit« sehr schnell die Kontrolle über den Flughafen, die Fernseh- und Radiosender und die Zentralbank. Außerdem versuchten er und seine Anhänger, so viele der vierzehn Millionen ausgemergelten Einwohner wie möglich auf ihre Seite zu bringen, und sei es auch durch pure Schikane und Einschüchterung. Obwohl durch Krankheiten und chronische Anarchie schwer gezeichnet, hatte in der immer wieder tragisch heimgesuchten Nation des zentralafrikanischen Hochlandes seit den späten 90er Jahren ein langsamer Erholungsprozeß begonnen. Zumindest war die Wiederherstellung von Recht und Ordnung soweit vorangeschritten, daß das Aids-Komitee der UNO dorthin zurückkehren konnte. Das internationale Team aus zweihundert Ärzten und Krankenschwestern war gerade einmal fünf Wochen im Land und brachte einige vielversprechende Behandlungsmethoden gegen das tödliche Virus mit, das über die Hälfte der ugandischen Bevölkerung befallen hatte. Die erste Amtshandlung Amins bestand darin, das medizinische Personal hinter Schloß und Riegel zu bringen und die internationale Anerkennung seiner Rückkehr zur Macht als Bedingung für die Freilassung zu fordern. Die Ermordung des Missionschefs, eines französischen Arztes vom Pasteur-Institut, dessen Widerstand gegen die Rowdy-Methoden Amins wohl doch etwas zu mutig gewesen war, kristallisierte sofort die Natur dieser Krise heraus. Als die blutigen Bilder weltweit in den Fernsehsendungen erschienen, wurden Telefonhörer abgehoben und vorbereitete Eventualpläne aktiviert. Schließlich war es der französische Präsident, der jene Worte von sich gab, welche die Dinge in Gang brachten, wobei die Wortwahl seinen amerikanischen Amtskollegen allerdings etwas verwirrte:

»Kein Friede mit Bonaparte.«

Für die Französische Republik war die Ermordung französischer Bürger eine Frage der Ehre, und man begann mit der Aufstellung der Force Réaction Rapide (FRR = schnelle Eingreiftruppe). Diese leichte Infanterietruppe der Franzosen war aber mit kaum mehr als ein paar Maschinengewehren und einer automatischen 30-mm-Kanone, den schwach gepanzerten Schützenpanzern und einigen von der Schulter aus abfeuerbaren Panzerabwehrwaffen im wahrsten Sinne des Wortes »leicht«. Sogenannte Experten auf der ganzen Welt bekamen das mit und verwiesen auf die zwar veralteten, aber durchaus realen russischen T-72-Panzer, Mi-24 *Hind*-Hubschrauber und MiG-29-Kampfflugzeuge, die auf Echtzeitbildern von Kampala und Entebbe zu sehen waren. Die Aufnahmen kamen von einem russischen Aufklärungssatelliten und wurden jetzt von CNN und anderen Nachrichtenmedien übertragen. Amins Streitmacht rekrutierte sich vorrangig aus libyschen und sudanesischen »Freiwilligen«, die von loyalen Überlebenden der alten ugandischen Armee (vornehmlich

Angehörige von Amins eigenem kleinen Kakwa-Stamm) verstärkt wurde, und verfügte über drei zerlumpte Brigaden und ein Luftkampfgeschwader. Außerdem gab es genügend abtrünnige Techniker aus Ägypten und Pakistan, die als Söldner dafür sorgen würden, daß die Maschinen liefen und die Radare richtig eingestellt wären. Um die Ernsthaftigkeit seines Führungsanspruchs im Lager der muslimischen Fundamentalisten unter Beweis zu stellen, veranstaltete Amin als erstes ein systematisches Massaker unter den ugandischen Christen. Das kam in Khartum und Bengasi sehr gut an und sorgte für einen ständigen Fluß von Geld und Munition.

Die Quatschköpfe in den Talkshows und Nachrichtensendungen waren weltweit einer Meinung: Diese Truppen waren eigentlich kein ebenbürtiger Gegner für eine Division des Westens – tatsächlich noch nicht einmal ein Gegner für ein schweres Panzerregiment wie das 3rd ACR. Die Armee Amins war aber auf jeden Fall stark genug, um der französischen FRR an Feuerkraft überlegen zu sein und damit die Rettung der internationalen Medizinergruppe auch weiterhin unmöglich erscheinen zu lassen. Keiner dieser Schwätzer aber hatte jemals Leute wie Brigadegeneral Jean-Jacques Beaufre oder Lieutenant Colonel Mike O'Connor kennengelernt. Einer ein Legionär, der andere ein Angehöriger der Cavalry, und beide Veteranen des Golfkrieges. Berufssoldaten hassen es, Dinge unvorbereitet erledigen zu sollen. Wenn menschliches Leben auf dem Spiel steht, ist sorgfältige Planung eine Mindestanforderung, doch die Gefahr, die in dieser Krise für das Leben von Zivilpersonen bestand, schloß normale Bedenken bezüglich des Lebens von Soldaten aus. Schließlich war auch das ein Bestandteil ihres Jobs.

Die multinationale Einsatzgruppe für diese Operation war fast ebenso merkwürdig wie die Leute, die die Mission planten. Die nachrichtendienstlichen Erkenntnisse kamen von Overhead-Projektor-Folien, die von russischen Aufklärungssatelliten im Auftrag der Agence France Press kommerziell aufbereitet wurden. Die Franzosen würden als erste vor Ort sein und benötigten diese Daten daher am dringendsten. Es gab da einen annehmbar flachen Punkt etwa 50 km westlich des Angriffszieles. Das war nahe genug – besser gesagt, das hatte nahe genug zu sein –, denn die ugandische Armee erinnerte sich noch immer gut daran, was passiert war, als die Israelis Entebbe ihren unerwarteten Besuch abgestattet hatten. Alle drei Landebahnen in Entebbe und auch die Zubringer waren durch Kolonnen geparkter LKWs, Panzer und Schützenpanzer nachhaltig blockiert. Um einen Angriff mit Hubschraubern von vornherein zu unterbinden, waren überall rund um den Flughafen 23-mm-FLAK-Geschütze eingegraben und Luftabwehr-Flugkörperstellungen eingerichtet worden. Die Wettervorhersagen der NOAA sahen für das Zeit-»Fenster«, das für diese Aktion voraussichtlich benötigt würde, recht vielversprechend aus. Das milde Klima Ugandas verursachte nur geringfügige Probleme. Die Schwärme von Moskitos, die sich jeden Abend aus den Sümpfen an den Seen erhoben, machten allerdings eine Malaria-Prophylaxe lebensnotwendig.

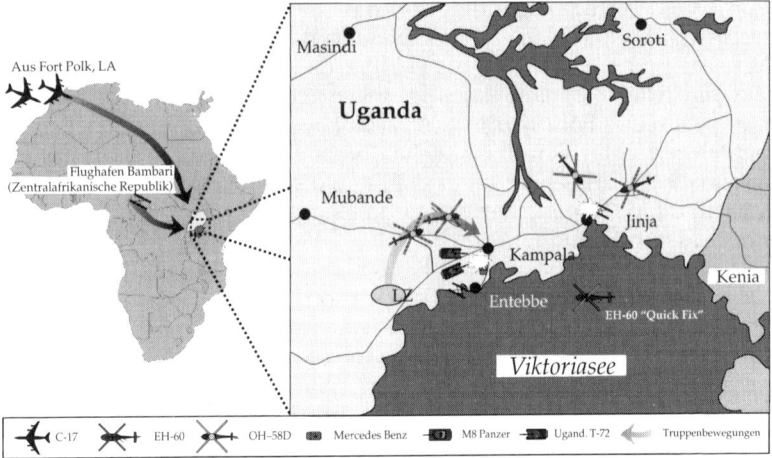

**Uganda – Operation RAPID SABRE**

Aus Fort Polk, LA

Flughafen Bambari
(Zentralafrikanische Republik)

Masindi •     Soroti

**Uganda**

Mubande

Jinja

Kampala

Kenia

Entebbe

EH-60 "Quick Fix"

*Viktoriasee*

C-17    EH-60    OH–58D    Mercedes Benz    M8 Panzer    Ugand. T-72    Truppenbewegungen

Karten des Anfluges der alliierten Kräfte auf Uganda. Die C-17-Transportmaschinen aus Fort Polk in Louisiana mit Elementen des 2nd Armored Cavalry Regiment-Light an Bord treffen gleichzeitig mit Soldaten der französischen Kommandoeinheiten ein.      *JACK RYAN ENTERPRISES, LTD., VON LAURA ALPHER*

Die *US-Defense Mapping Agency** verfügt über die besten kartographischen Informationen der Welt, und diese begannen in Gigabytes via Satellit nach Paris zu fließen. Währenddessen liefen die abhörsicheren Telefonleitungen zwischen den beiden hektischen Operationsstäben heiß, die auf diese Weise versuchten, das Unmögliche in zwei Sprachen gleichzeitig möglich zu machen. Mit mehr als nur kleinen Schreiereien und gelegentlichem Gefluche (das glücklicherweise von beiden Seiten nur unvollständig verstanden wurde) schmiedete man in aller Geschwindigkeit ein Operationskonzept zurecht, während die amerikanischen Kräfte, die an dieser Aktion teilnehmen sollten, schon an Bord ihrer C-17 und C-5 Transporter gingen, um den großen Sprung nach Afrika zu machen. Während die ganze Welt immer wieder Aufzeichnungen vom Tod des französischen Arztes zu sehen bekam und die Quatschköpfe sich Sorgen um den Verhandlungsverlauf machten, kam die Operation *Rapid Sabre* – der allererste Luftlande-Panzeraufklärer-Einsatz – ins Rollen.

Die Besprechung des Planes im Élysée dauerte nicht lange. Zur Truppe von General Beaufre gehörte ein auf Geiselbefreiung spezialisiertes Team, das von der Direction Générale de Sécurité abkommandiert worden war. Es trug die Uniformen der Fallschirmjäger der Fremdenlegion und hatte falsche Ausweise bei sich. Der Verteidigungsminister hatte zwar Bedenken, diese Elitetruppe der Republik einem solchen Risiko auszusetzen,

---

* Kartographische Abteilung des Pentagon

doch der Präsident machte ihm klar, daß hier die Ehre Frankreichs auf dem Spiel stand. Als der Verteidigungsminister zu einem elegant formulierten, logischen und taktvollen Einspruch ausholen wollte, knallte der Präsident seine Perrier-Flasche auf den antiken polierten, mit Intarsien verzierten Kabinettstisch und sagte ihm, er solle die Klappe halten und dafür sogen, daß die Männer in zwei Stunden am Flugplatz wären.

## 23. Juni 1999, 0400 Uhr[9]

Die härteste Aufgabe fiel den Tankflugzeugen zu. Diese nicht gerade stattlichen Vögel wurden vor allem von Angehörigen der Air Force Reserve geflogen – von denen die meisten einfach von ihren normalen Jobs bei den Zivilfluglinien abgezogen worden waren. Man hatte sie so schnell zum Dienst einberufen, daß während der folgenden Wochen mehr als einmal gegen die von der FAA festgelegten Regeln für die Ruhepausen von Besatzungen zwischen den Flügen verstoßen wurde, die bei den amerikanischen Zivilfluglinien gelten. Eines nach dem anderen reihten sich die Frachtflugzeuge hinter den bereits in die Jahre gekommenen KC-135R und den neueren KC-10A ein, um ihren Treibstoff zu ergänzen. Die Entfernungen, die Zeit und verfügbaren Tankflugzeuge diktierten einen direkten Kurs entlang eines Großkreises*, der über verschiedene Staaten Afrikas führte. Glücklicherweise waren die meisten davon ehemalige französische Kolonien, und durch die Kombination aus leiser Diplomatie und Franzosen in den richtigen Positionen der verschiedenen Flugverkehrs-Kontrollzentren konnte der 500 km lange Strom aus amerikanischen Flugzeugen genauso ereignislos über die Weiten Afrikas dahinziehen, als wäre es ein normaler Langstreckenflug von Los Angeles nach New York.

## 23. Juni 1999, 1930 Uhr

Die französischen Fallschirmspringer trafen als erste ein, knapp achtzig Minuten vor der Ankunft des ersten amerikanischen Flugzeugs. Zwei Bataillone landeten kurz nach Sonnenuntergang, weil sie befürchteten, daß die Sonne durch die Reflexionen auf den Rümpfen der Flugzeuge den Kurs der Transporter verraten könnte, aber dazu war es schon zu spät. Sobald sie am Boden waren, sammelten sich die Gruppen und formierten sich zu Zügen, die auf dem schnellsten Weg ausschwärmten, um das Gebiet im Umkreis zu sichern. Knappe, kurze Mitteilungen über Sprechfunk meldeten keine Kontakte mit feindlichen Kräften. Ein paar verwirrte Zivilisten wurden aufgegriffen und festgehalten. Man fand drei Telefon-

---

* Navigatorischer Begriff: Die kürzeste Entfernung zwischen zwei Punkten der Erde ist, bedingt durch ihre Kugelform, keine gerade Linie, sondern ein Bogen (als Teil eines Kreises) entlang der Erdkrümmung.

leitungen und kappte sie, dazu alle elektrischen Leitungen, die auf den Satellitenphotos zu sehen gewesen waren. Die Landezone wurde von einem Augenblick zum anderen ein schwarzes Loch, zumindest was Informationen anging. Jeder, der das Pech hatte, zufällig dort hinein zu laufen, wurde umgehend gefangengenommen und bis zu seiner späteren Freilassung in einem Arrestbereich festgehalten.

Voll und ganz zufrieden, daß die Landungszone (LZ) jetzt gesichert war, griff der höchstrangige französische Offizier zum Mikrofon, und noch ehe er seine Soldaten losgeschickt hatte, die mit einer chemischen Reaktion arbeitenden Lichter für die Kennzeichnung der Landebahn auf der harten roten Erde Zentralafrikas auszubringen, rief er die anfliegenden Transporter herein. Als erstes landete die französische Kommandoeinheit. General Beaufre richtete an einem vorbereiteten Platz sofort seinen Befehlsstand ein, während weitere Transportmaschinen unablässig landeten und wieder starteten. Sie nahmen sich nicht einmal die Zeit, ihre Motoren abzustellen und hoben sofort wieder ab, um auf dem Flughafen von Bambari in der Zentralafrikanischen Republik aufzutanken. Jetzt hatte Beaufre knapp tausend Elite-Fallschirmjäger am Boden, die allerdings nur mit leichten Waffen und ein paar Renault-Geländewagen ausgerüstet waren. Ihr General grollte über die magere Lufttransportkapazität seines Landes – vier Schwadronen mit rund 70 veralteten C-160 *Transall*. Na ja, vielleicht würde man ihm im kommenden Jahr Gehör schenken…

### 23. Juni 1999, 2050 Uhr.

Lieutenant Colonel Mike O'Connor saß auf dem Klappsitz der vorausfliegenden C-17 und dachte dasselbe. Er beobachtete den Anflug durch sein Nachtglas und erhaschte einen Blick auf das Strahlen der chemischen Fackeln, während ein 29jähriger Captain der Air Force namens Tish Weaver ihre Maschine für eine sanfte Landung abfing. Die geschärften Sinne der Pilotin nahmen das Aufsetzen wahr und stuften den Boden als gut ein. Auf jeden Fall war der Untergrund hier fest genug für eine sichere Landung der erste Reihe von Transportflugzeugen und mit einiger Wahrscheinlichkeit auch für die älteren C-5, die von den Piloten der moderneren C-17 spöttisch als FREDs [*F…king Ridiculous Expensive Desaster* = besch…en lächerlich teure Katastrophe] bezeichnet wurden. Kaum war die C-17 ausgerollt, verließ Lieutenant Colonel O'Connor als erster mit seinem Kommando-HMMWV die Maschine. Während sein Fahrer noch nach dem Weg zum Befehlsstand suchte, montierten zwei Funker die Antennen und ein für die Verkehrsregelung zuständiger Offizier stimmte sich mit seinem französischen Pendant ab. Als O'Connor den Befehlsstand erreichte, wurde kurz salutiert, und die Kommandeure der beiden Einheiten schätzten sich von Angesicht zu Angesicht ab, denn bislang kannten sie sich nur über Bildtelefon und Funk. Während der zwei Stunden, bis die lange Reihe von Transportjets gelandet war und ihre Ladung über die ausfahrbaren Rampen gelöscht hatte, steckten sie ihre Köpfe über den Karten zusammen. Danach hatten sie noch eine weitere Stunde zur Verfügung, um ihre Leute sammeln zu lassen, ihnen letzte Instruktionen zu geben und schließlich abzumarschieren. Jedem Soldaten im Umkreis von Kilometern war noch ganz schlecht vom Brüllen der Mantelstromtriebwerke. Kaum einer konnte wirklich glauben, daß dieser Einsatz noch immer unentdeckt geblieben war. Sollten die MiG-Jets und *Hind*-Hubschrauber in Kampala aufsteigen, würde sich die Landezone in eine tödliche Falle verwandeln.

### 23. Juni 1999, 2400 Uhr

Jetzt trafen die motorisierten Aufklärungs-Einheiten ein. Alles hing am seidenen Faden. Insgesamt acht »Hummer« mit ihren Mannschaften deckten eine Frontlinie von 12 km, indem sie abwechselnd von einer Anhöhe zur nächsten vorpreschten. Dort blieben sie einige Minuten lang stehen, blickten sich um und verglichen ihre Position mit den Karten und Satellitenfotos – wobei die erstgenannten keineswegs immer mit den letztgenannten übereinstimmten. Anschließend brachten sie die taktischen Karten auf ihren IVIS-Terminals auf den neuesten Stand. Auf ihrem Weg kappten sie jede Telefonleitung, die sie entdecken konnten, und umgingen Ansiedlungen. Das Bodenerkundungselement hatte etwa die halbe Strecke zum Angriffsziel zurückgelegt, als die ersten OH-58D Kampf-/Aufklärungshubschrauber über ihren Köpfen auftauchten. So viel zur Dringlichkeit der Mission.

Vom Pilotensitz ihres vorausfliegenden *Kiowa Warrior* blickte CW-4 Jennifer Grayson über die mondbeschienenen Hügel unter ihr, die spärlich mit Baumwoll- und Kornfeldern gesprenkelt waren. Dann gerieten ein paar dürre Rinder und schilfgedeckte Hütten halb verlassener Dörfer in ihr Blickfeld. Ein vager Abklatsch der bernsteinfarbenen Wellen des Korns, das den Boden ihres Heimatstaates Kansas bedeckte. Zwanzig Jahre Bürgerkrieg und die erschreckend hohe Sterblichkeitsrate der »Magersucht« (die ironische afrikanische Umschreibung für Aids) hatten diese ehemals herrliche Landschaft verwüstet. Die beiden Mechaniker der 4th Air Squadron und der Crew-Chief hatten nicht einmal sieben Minuten gebraucht, den OH-58D die Laderampe der C-17 hinunter zu rollen, das Mastvisier anzubolzen, die Rotorblätter zu entfalten und die Maschine startbereit zu machen. Grayson hatte ihre Hilfe angeboten – sie kannte jeden einzelnen Zentimeter ihres graziösen kleinen Hubschraubers mit geradezu intimer Genauigkeit –, aber die Bodencrew hatte diese komplizierte Übung schon so oft durchgeführt, daß ihr zwei weitere Hände nur im Weg gewesen wären. Abgesehen davon war es aber *ihr* Vogel.

Das Einsatzziel der heutigen Nacht waren die in Kampala stationierten MiGs und *Hind-D*. Wenn sein Verband den Flughafen von Kampala stürmen würde, wünschte Colonel O'Connor keine Störung durch

# Uganda – Einsatz auf dem Flughafen von Entebbe

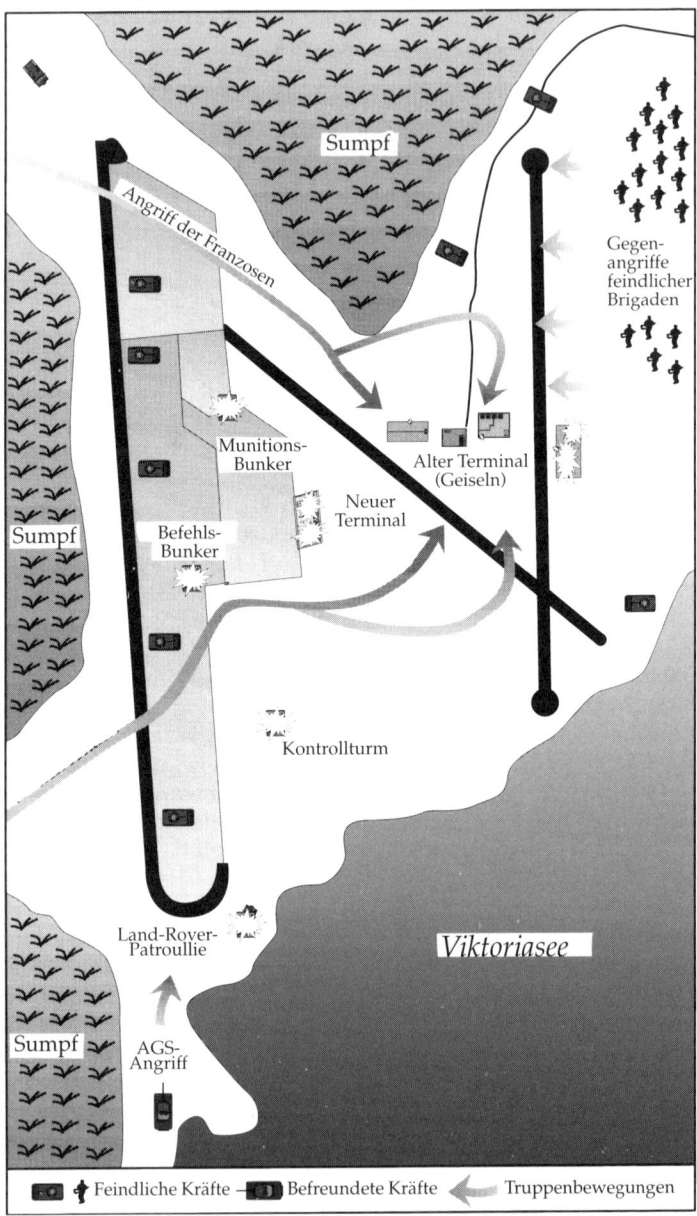

Angriff und Geiselbefreiung durch Soldaten alliierter Kräfte auf dem Flughafen von Entebbe. Während die Soldaten der französischen Kommandoeinheiten die Geiseln in den alten Terminalgebäuden befreien, greifen leichte Kampfpanzer M8 und HMMWVs mit N-LOS Flugkörpern die Sicherungskräfte des Flughafens an. Dann stoppen sie den Angriff einer feindlichen Brigade, die die Befreiungsaktion unterbinden sollte. JACK RYAN ENTERPRISES, LTD., VON LAURA ALPHER

Idi Amins Luftstreitkräfte. Auf dem langen Flug von Fort Polk hatte Grayson die Satellitenfotos studiert. Es handelte sich um Schrägaufnahmen mit einer Auflösung von 10 Zentimetern, die bei guten Lichtverhältnissen gemacht und sorgfältig mit Bildbearbeitungs-Programmen aufbereitet worden waren, um die Einzelheiten von Futtermauern und Schutzhangars für die Flugzeuge besser hervor zu heben. Diese russischen Vögel im All machten wirklich nette Schnappschüsse, dachte sie.

## 24. Juni 1999, 0100 Uhr

Die leichten M8 *Buford* Kampfpanzer polterten die Rampen der C-17 hinunter, rasselten hinaus in die afrikanische Nacht und ließen nur noch einen Hauch von Dieselgeruch aus ihren Auspuffrohren zurück. Als im Jahr zuvor die ersten Einheiten aus der Serienfertigung ausgeliefert wurden, hatte man ihnen ihren Namen gegeben, um damit John Buford zu ehren, jenen Kavallerie-General, der es am ersten Tag der Schlacht von Gettysburg geschafft hatte, nur mit den wenigen Repetiergewehren seiner abgesessenen Kavalleristen den Vormarsch eines ganzen Korps der Konföderierten zu verzögern. Eine Lektion, die sich ein für allemal im Bewußtsein jedes Troopers verankerte: Feuerkraft wiegt in ihrer Masse schwerer als überlegene Truppenstärke.

## 24. Juni 1999, 0130 Uhr

Feldwebel Abu-Bakr Elmahdi fluchte äußerst farbig auf arabisch, dinka und englisch, als das grünliche Bild seines Nachtsicht-Glases zu flackern anfing, langsam blasser und schließlich gänzlich schwarz wurde. In Europa kann man in ein Sportgeschäft gehen und ein vielleicht klobiges, aber immerhin zuverlässiges Nachtsichtgerät ex-sowjetischer Herkunft für etwa 100 Dollar erwerben. Das waren dann aber schon die mit Restlichtverstärkern der zweiten Generation, die jede Art verfügbaren Lichtes verstärkten und ein mannsgroßes Ziel auf 100 m Entfernung selbst im Sternenlicht einer stockfinsteren Nacht noch sichtbar machten. Die russischen Ingenieure hatten ganz bewußt Standardbatterien für japanische Camcorder verwendet, weil sie wußten, daß die unbesiegbaren Armeen des Sozialismus sich diese Akkus überall auf der Welt beschaffen konnten. Leider hatte nur irgendein Versorgungsangestellter in Khartum die neuen Batterien, die mit der Ausrüstung der Brigade geliefert werden sollten, heimlich gegen alte, bereits erschöpfte ausgetauscht und die neuen zum Stückpreis seines Monatsgehaltes auf dem Basar verscherbelt. Ein ausgemachter Dieb, dem man die Hand abschlagen würde, sobald die Sache herauskam. Inzwischen aber hatten Feldwebel Elmahdi und die anderen Wachtposten entlang der Begrenzung des Flughafens von Entebbe nur das Licht eines Viertelmondes, um ihre Patrouillengänge zu absolvieren.

## 24. Juni 1999, 0200 Uhr

Nie mehr hatte Nicole solche Angst gehabt, seit die Nonnen ihren Freund Jean-Jacques in seinem Versteck im Wandschrank ihres Schlafraumes entdeckt hatten. Danach hatte sie nie wieder etwas von ihm gehört, und erst später war ihr zu Ohren gekommen, daß seine Eltern ihn auf irgendeine Militärakademie in Südfrankreich gesteckt hatten. Sie lächelte bei dem Gedanken, wer von ihnen beiden für ihr sündiges Verhalten wohl härter bestraft worden war. Das hier war allerdings schon sehr schlimm. Die Ugander hatten sämtliche Geiseln in der Abflughalle des abbruchreifen alten Terminals zusammengetrieben, die immer noch die Kugelnarben des israelischen Geiselbefreiungsdramas von 1976 trug. Diesmal wird es keine Rettungsaktion geben, dachte sie verbittert. Die Welt kümmert sich nicht um eine Handvoll idealistischer, medizinischer Narren, denen das Leiden und der Schrecken hier nicht gleichgültig waren. Wenigstens funktionierten noch die Wasserhähne und Toiletten. Zweimal täglich brachten ihre Bewacher Körbe mit Bananen und einen Bottich mit Kornbrei als Verpflegung. Aber all ihre medizinischen Versorgungsgüter und Geräte waren geplündert oder zerstört worden. Einige der männlichen Mediziner und Laboranten waren zusammengeschlagen worden, die Frauen allerdings hatte man nicht belästigt – noch nicht. Nicole gab sich alle Mühe, den jüngeren Mädchen ein gutes Beispiel zu sein. Stumm betete sie den Rosenkranz vor sich hin, ganz so, wie es ihr die Schwestern so viele Jahre zuvor beigebracht hatten:

*Heilige Maria, Mutter Gottes*
*bete für uns Sünder*
*jetzt, und in der Stunde unseres Todes.*
*Amen.*

## 24. Juni 1999, 0225 Uhr

Smitty brachte den HMMWV behutsam bis knapp unter die Kuppe eines flachen Hügels. Paco überprüfte den GPS-Empfänger und bestätigte, daß sie genau die vorgeschriebene Position erreicht hatten. Weiter im Süden reflektierte die ungeheure Fläche des Viktoria-Sees das Mondlicht, aber die Stadt und der Flughafen von Entebbe lagen in völliger Finsternis. Der Dieselgenerator des Flughafens war abgeschaltet worden, einerseits um Kraftstoff zu sparen, andererseits um den auf Hitzestrahlung reagierenden IR-Suchköpfen von Flugkörpern kein leichtes Ziel zu bieten. Paco drückte mit dem Daumen auf einen Knopf, und die Mehrfachsensoren-Einheit des HMMWV hob sich an ihrem Gelenkarm, um über die Hügelkuppe zu spähen. Langsam schwenkte er das Wärmebild-Gerät über die Abgrenzung des Flughafens.»Bunker... drei Panzer... zwei APCs... Bunker... irgendeine Art von SAM-Startgerät... sechs Laster... noch ein Bunker«, sagte er und zählte dabei sorgfältig die möglichen Ziele, wobei er jedesmal, wenn er ein paar Einzelheiten bestätigt haben wollte, deren er sich nicht ganz sicher war, auf stärkere Vergrößerung zoomte. Paco betrachtete die glühenden, bernsteinfarbenen Symbole auf dem IVIS-Display. Captain Martin hatte in seinem 3 km entfernten Kommando-HMMWV die Umrisse des Flughafens und bestimmter Ziele für jede Einheit dieses Zuges mit schweren Waffen grob skizziert. Die 120-mm-Mörser sollten die LKWs ausschalten und Nebel werfen. Martins eigener HMMWV würde mit zwei N-LOS-Flugkörpern den Kontrollturm ausschalten, damit sichergestellt wäre, daß das vierstöckige Befehlszentrum auch völlig demoliert wäre. Smitty und Paco sollten ihren ersten N-LOS auf den zweiten Bunker starten. An den unteren Rand des Bildschirms hatte der Captain »TOT 2330 ZULU« geschrieben und dreimal dick mit rotem Stift unterstrichen. Das bedeutete, daß sämtliche Waffen des Platoons simultan um 2330 Uhr (11:30 PM Greenwich Time, 02:30 Uhr Ortszeit) ihre zugewiesenen Ziele angreifen sollten. Laut Digitaluhr am Armaturenbrett des HMMWV wäre das in genau fünf Minuten. Bei der vorliegenden Entfernung würde die Flugzeit der Rakete – Smitty drückte ein paar Knöpfe auf der Waffenkontroll-Konsole – bei 36 Sekunden liegen.

### 24. Juni 1999, 0230 Uhr

Ekwanza und Hubutse waren heute nacht für den Patrouillendienst eingeteilt. Der sudanesische Leutnant hatte in seinem gebrochenen Suaheli auf sie eingebrüllt und ihnen klargemacht, daß es da draußen von amerikanischen und französischen Spionen nur so wimmele, und wenn sie auch nur einen einzigen durchkommen ließen, stünde ihnen beiden ein grauenhafter Tod bevor. Mit abgeschalteten Scheinwerfern zog der Land Rover langsam seine Runden über die äußere Ringstraße um den Flughafen. Ekwanza hatte ein RPG-7 und Hubutse ein AKM-Sturmgewehr dabei. Hinten im Rover lagen auch noch eine Kiste mit Granaten, ein paar Signalfackeln und ein leichtes Maschinengewehr herum. Sie sollten besonders auf die Ufer des Sees achten, wo die Amerikaner zweifellos versuchen würden, ihre Navy-SEALs einzuschleusen. Der Leutnant war vor etwa einem Jahr bei einer eingehenden Ortsbesichtigung dabeigewesen, nachdem die SEALs dem Hafen von Sudan einen nächtlichen Besuch abgestattet hatten. Seitdem verfolgten ihn immer noch Alpträume von dunklen Schatten, die sich langsam aus dem Wasser erhoben ...

Der Richtschütze des M8 *Buford* sah den Rover um die Ecke kommen, vielleicht eine oder zwei Sekunden, ehe Ekwanza und Hubutse den aus der Dunkelheit auftauchenden AGS bemerkten. Ekwanza versuchte gerade noch, sein RPG anzulegen, als ein 105-mm-HEAT-Geschoß durch die Mitte des Kühlergrills rauschte und den Motorblock traf. Land Rover haben in Ostafrika einen fast legendären Ruf, was ihre Zähigkeit und Zuverlässigkeit angeht, aber für eine solche Mißhandlung waren sie wirklich nicht geschaffen.

»Den ersten hat's erwischt!« jubelte der Richtschütze in die Bordverständigungsanlage.

»Ist ja schon gut! Das nächste mal nimmst du aber gefälligst die Maschinenkanone, wenn du auf weiche Ziele schießt«, sagte der Kommandant. »Jetzt bleiben uns nämlich nur noch zwanzig Granaten von dem Zeug.« Die Explosion alarmierte die gesamte Garnison von Entebbe. Oberst Alakbar riß es aus seinem Bett, und er wußte sofort, was da vor sich ging. »Die Amerikaner greifen an! Tötet sofort die Gefangenen!« schrie er. Der Einsatzoffizier vom Dienst im Befehlsbunker der Brigade reagierte umgehend. Fast im selben Augenblick war er am Feldtelefon, um diesen Befehl des Oberst an die Kompanie der 6. Islamischen Legion weiterzugeben, die für die Bewachung der Gefangenen verantwortlich war. Doch ehe er auch nur das erste Wort herausbringen konnte, flog Smittys und Pacos erster N-LOS durch die mit Sandsäcken verbarrikadierte Tür und detonierte an der gegenüberliegenden Wand. Der Bunker, der Oberst, der Einsatzoffizier der Brigade, drei schlafende Stabsgefreite, das Feldtelefon und die Truhe mit dem Sold für die nächste Woche – alles war innerhalb weniger Millisekunden zunichte.

## 24. Juni 1999, 0231 Uhr

Mit ruhiger Hand lenkte Paco den zweiten N-LOS zum direkten Treffer im Munitionsbunker des Bataillons. Die Folgeexplosionen waren sogar noch im über 30 km entfernten Kampala hören. »Ein Schuß, ein Treffer!« bemerkte Smitty schadenfroh.

Als der nur knapp 300 m entfernte Munitionsbunker in die Luft flog, wachten Nicole und die anderen Geiseln schlagartig auf.

Obwohl ihre 150 sudanesischen Bewacher in einer traditionellen Kriegergemeinschaft erzogen worden waren, in der Töten als Bestandteil der Männlichkeit galt, und sie durch jahrelangen Guerillakrieg im Süd-Sudan, wo Greueltaten gegenüber der Zivilbevölkerung zum normalen Tagesablauf gehörten, verroht waren, konnte man sie nicht eigentlich als schlechte Menschen bezeichnen. Diese Männer fühlten sich unwohl bei der Vorstellung, die ungläubigen weißen Ärzte unter Umständen umbringen zu müssen. Viele von ihnen hatten einen Onkel, einen Vetter oder Großvater, die ihr Leben Menschen wie diesen Weißen verdankten. Dennoch wußten sie, daß sie wahrscheinlich den Befehl bekommen würden, die Gefangenen schließlich doch zu töten. Wenn es dazu käme, wäre es eben der Wille Allahs. Ohne entsprechende Befehle aber zögerten sie, und das sollte verheerende Folgen für sie haben.

Die kurze Phase der Unentschlossenheit war alles, was die französischen Fallschirmjäger und Kommando-Einheiten brauchten. Die schweren Waffen der Eagle Troop hatten ihnen einen Weg direkt zum alten Terminal freigeschossen. Ihre dünn gepanzerten Fahrzeuge und Truppentransportwagen kamen mit Höchstgeschwindigkeit aus allen Richtungen auf das Gebäude zugerast und ließen es dabei Rauchkanister hageln, um die Verteidiger einerseits zu verwirren und ihnen andererseits die Möglichkeit zu gezielten Schüssen zu nehmen. Jeder Mann trug die neuen Wärmebild-

Sichtgeräte am Helm und konnte damit problemlos bei Rauch und Dunkelheit sehen. Das Geiselbefreiungsteam hatte auch Megaphone mitgebracht und setzte diese jetzt ein, um den Geiseln durch den Gefechtslärm hindurch deutlich mitzuteilen, sie sollten die Köpfe unten behalten und sich nicht bewegen. Die Durchsagen erfolgten sicherheitshalber in Französisch, Englisch und Arabisch. Mit automatischen Waffen, die aus idiotensicheren Entfernungen abgefeuert wurden, war die Sache schnell überstanden. Nur ganz wenige der Geiseln hatten etwas durch Querschläger abbekommen. Es wurden keine Gefangenen gemacht, und die Fallschirmjäger untersuchten und filmten mit kleinen Camcordern jeden einzelnen der hingestreckten Sudanesen; wer noch Lebenszeichen von sich gab, bekam eine Kugel durch den Kopf geschossen. Nachdem das erledigt war, kümmerten sie sich wieder um die Geiseln.

### 24. Juni 1999, 0245 Uhr

Die ugandische Infanterie-Brigade in Entebbe war ein zusammengewürfelter Haufen aus Straßenbanditen, Guerilleros der nördlichen Stämme und fanatischen »Freiwilligen« aus Libyen und dem Sudan. Als Nachzügler auf ihrer Flucht vom Flughafen in seine vorgeschobenen Stellungen stolperten, organisierte der Oberst vom Dienst einen überstürzten Gegenangriff, um den Terminal zurückzuerobern. Seine Batterie aus 122-mm-Feldgeschützen schaltete zwei HMMWVs und einen leichten Panzer aus, ehe sie durch artilleristisches Gegenfeuer aus amerikanischen 120-mm-Mörsern und 2,75"/70-mm-Raketen von den OH-58D, die die Absicherung der Evakuierung aus der Luft übernommen hatten, zum Schweigen gebracht wurden. Die feindliche Infanterie, die zu Fuß das offene Gelände überwinden mußte, wurde von überlappendem Feuer aus Maschinenkanonen Kaliber .50 der HMMWVs niedergemäht.

### 24. Juni 1999, 0300 Uhr

Aber jetzt kam der harte Teil: der Abtransport. Die meisten der HMMWVs der 2nd Cavalry konnten jeweils nur maximal vier Personen zusätzlich aufnehmen. In der Handvoll VAB 6x6-Schützenpanzer, die die Franzosen mitgebracht hatten, fanden etwa zwölf Menschen Platz. Ruhig, effektiv und mit einer Behutsamkeit, die bei einem so grimmig dreinschauenden Krieger ziemlich überraschte, leitete Lieutenant Colonel O'Connor die Evakuierung der verstörten Geiseln und stellte sicher, daß jedes Fahrzeug richtig beladen wurde. Er kümmerte sich auch darum, daß es auf dem mit Trümmern übersäten Parkplatz nicht zu Verkehrsstaus kam. Nachdem das Gelände des Flugplatzes und seine Umgebung von den letzten feindlichen Heckenschützen gesäubert war, forderte er seine fünfzehn UH-60L *Blackhawk*-Hubschrauber an, die hinten in der Landezone in Bereitschaft gestanden hatten. Diese evakuierten als erstes die Verwundeten und begannen dann, die befreiten Geiseln mit kurzen Flügen gleich dutzendweise zu den Transportern zu bringen.

## 24. Juni 1999, 0330 Uhr

Eine sechzehn Mann starke Abteilung der Sanitäts-Kompanie der 2nd Cav hatte ein kleines, aber bestens ausgerüstetes Feldlazarett im höhlenartigen Frachtraum einer C-17 eingerichtet. Die befreiten Geiseln waren abgespannt, unterernährt und von ihrer plötzlichen Rettung noch ganz durcheinander, aber sie waren auch Profis. Kaum eingetroffen, baten etliche der Ärzte und Schwestern um die Erlaubnis, sich waschen und dann um die Verwundeten kümmern zu dürfen. Schon bald gab es mehr medizinische Helfer als Opfer.

Die beiden EH-60 »Quick Fix«-Hubschrauber für die elektronische Gefechtsführung, die von der Headquarters and Headquarters Troop der 4th Air Cavalry Squadron kamen, flogen hoch über dem Viktoriasee und konnten dabei den überwiegenden Teil der Funkgespräche erfassen und verfolgen, die in dieser Nacht in Uganda abgewickelt wurden. Die Sendeanlagen von Radio Entebbe waren durch einen einzigen N-LOS-Treffer ausgeschaltet worden. Die feindliche Brigade in der Stadt verfügte aber immer noch über wenigstens drei Kurzwellen-Sender. Bislang war freilich noch kein Versuch unternommen worden, über diese Geräte Verbindung zu den Truppen Amins in Kampala aufzunehmen. Sobald dies geschähe, würden sie binnen Sekunden geortet, gestört und kurz darauf mit Flugkörpern unter zielgenauen Beschuß genommen werden. Ein Suaheli-Lehrer, den man auf dem schnellsten Wege aus der Sprachenschule der US-Army in Monterey, Kalifornien, eingeflogen hatte, saß an einem der Funkgeräte in der überfüllten Kabine und imitierte den Disk-Jockey von Radio Entebbe, indem er dessen Nachtprogramm mit ostafrikanischer Popmusik nachmoderierte. Keiner, der die Sendung hörte, würde darauf kommen, daß in Entebbe irgend etwas nicht stimmte. Tatsächlich, dachte er bei sich, der Spurt hinüber zum Musikladen Tower Records, wo er kurz vor dem Abflug noch schnell ein paar CDs herausgesucht hatte, hatte sich gelohnt: Er besaß jetzt die beste Kollektion von Musikstücken in diesem Teil Afrikas. Er hoffte, die Einheimischen würden dies zu würdigen wissen.

## 24. Juni 1999, 0400 Uhr

Der Rückzug war genauso sorgfältig geplant wie der Überfall. Sobald die Geiseln gerettet waren, sollten die Franzosen umgehend zurück zur Landezone fahren, ihre Flugzeuge besteigen und nach Dschibuti starten. Die Kompanien der Light Cavalry würden Rückendeckung geben und sich langsam von einem Hügel zum nächsten zurückziehen, während die Hubschrauber der 4th Air Cavalry Squadrons den Abzug aus der Luft deckten. Alles und jedes hatte aus dem ugandischen Luftraum verschwunden zu sein, ehe die Sonne über dem Viktoriasee aufging. Beschädigte Fahrzeuge sollten noch vor Ort gesprengt werden, denn für ihre Bergung war einfach nicht genug Zeit. Aber einem alten Ehrenkodex der Legionäre folgend, würde *jeder* nach Hause kommen.

## 24. Juni 1999, 0410 Uhr

Als er von dem unvergeßlichen Geräusch explodierender MiG 29 geweckt wurde, rollte sich Halim von seinem Feldbett, zog seinen Overall über und rannte nach draußen zum Hubschrauber. Sie hatten das viele Male geübt. Die faulen Afrikaner konnte man vielleicht im Schlaf überraschen, aber die libyschen Freiwilligen der islamischen Jihad-Luftkampfeinheit waren dazu erzogen worden, auf keinen Fall nutzlos am Boden zu sterben. Omar, sein Pilot, saß bereits im Pilotensitz und startete die Motoren. Als der große fünfblättrige Rotor sich zu drehen anfing, sprang Halim in den Sitz des Richtschützen, schnallte sich an, setzte das Nachtsichtgerät auf und schaltete die Kanone und Flugkörperstartgeräte scharf. Der mächtige Mi-24 erhob sich aus dem rauchenden und explodierenden Inferno auf dem Jinja Flugfeld, entging damit dem Feuer der kreisenden AC-130U»Kanonenboote«* und jagte in Richtung Entebbe. Er würde zu spät kommen.

## 24. Juni 1999, 0415 Uhr

Feldmarschall und Präsident auf Lebenszeit Al Hajj Idi Amin Dada wurde von einer zitternden Ordonnanz geweckt. Seit er die Siebzig überschritten hatte, war der alte Mann zunehmend launisch geworden, und seine fast zwei Meter große Erscheinung war immer noch kraftvoll genug, um unaufmerksamen Untergebenen schwere Verletzungen zuzufügen. »Exzellenz, soeben wurde gemeldet, daß die Franzosen zusammen mit den Amerikanern Entebbe angegriffen haben!« rief die Ordonnanz.
»Laß den Mercedes vorfahren und hol' General Bashir, wir müssen sofort zum Gegenangriff übergehen!« röhrte er wie auf dem Exerzierplatz mit jener dröhnenden Selbstsicherheit, die ihn einst zum besten Regimental Sergeant Major bei den King's African Rifles gemacht hatte.
Innerhalb einer Stunde rollte die Gardebrigade des Präsidenten unter Führung eines Bataillons libyscher T-72-Panzer die Schnellstraße von Kampala nach Entebbe entlang. General Bashir, der sudanesische Stabschef und eigentliche Befehlshaber, fuhr in seinem MTLB-Kommando-Kettenfahrzeug direkt hinter den Panzern. Die gepanzerte Limousine des Präsidenten bildete mit ihrer geschniegelten und gewienerten Motorrad-Eskorte das Ende der langen Marschkolonne.

---

* schwer bewaffnete Gefechtshubschrauber amerikanischer Bauart

## 24. Juni 1999, 0445 Uhr

Colonel O'Connor erwartete, daß der Feind trotz der Stillegung des Radiosenders und des damit verbundenen Täuschungsmanövers, noch vor Morgengrauen Entsatztruppen aus Kampala schicken würde. Er hatte einen Zug *Bufords* in eine gute Position für einen Hinterhalt fahren lassen. Ein paar Hubschrauber standen auf Abruf bereit, um sie gegebenenfalls mit *Hellfire*-Flugkörpern zu unterstützen. Als die Ugander schließlich erschienen, schaltete die erste Flugkörpersalve auch sofort die führenden Panzer aus. Die Wracks blockierten die Straße, und einer der Flugkörper erwischte auch das Kommandofahrzeug General Bashirs, was die Brigade einer wirksamen Führung beraubte. Die meisten der Panzer waren vernichtet, ehe sie auch nur Gelegenheit bekamen zurückzuschießen. Doch die ugandischen Veteranen vom 2. Panzergrenadier-Bataillon, die in wenigen hundert Metern Abstand folgten, sahen von ihren chinesischen APCs aus, was sich vorne tat. Sofort schwärmten sie in die Felder zu beiden Seiten der Straße aus, um von dort aus ihre tragbaren Panzerabwehrwaffen gegen die Kräfte auf den Flanken und im Hinterhalt einzusetzen. Sie trafen zwar einen der *Bufords*, wurden aber sofort von den koaxialen Maschinengewehren und Granaten aus den 0,5" Kanonen der OH-58D unter Beschuß genommen. Einige der Soldaten liefen, ohne einzuhalten, direkt bis zur sudanesischen Grenze durch. Ein paar ganz Hartnäckige wurden niedergemacht, als sie ein letztes Mal um die Limousine des Präsidenten in Stellung gingen. O'Connor, der die Evakuierung des Ärzteteams abgeschlossen hatte, landete mit seinem HQ-*Blackhawk* mitten auf der Straße. Er riß die Tür der Limousine auf und war für einen Augenblick sprachlos, als er sich dem Insassen gegenüber sah. Dann aber ergriff er Amin am Arm und zerrte ihn aus dem Auto, wobei der Professionalismus aus fast zwanzig Jahren Dienst in der Army wieder die Oberhand gewann. Fast so, als hätte er so etwas sein ganzes Leben lang, Tag für Tag gemacht, sagte er: »Im Namen der Vereinten Nationen – Sie sind verhaftet. Ihnen werden Verbrechen gegen die Menschlichkeit zur Last gelegt. Sie haben das Recht, die Aussage zu verweigern…«

Die Sieger und ihr Gefangener gingen an Bord des *Blackhawk* und starteten zu der langen Reise zurück nach Dover, Delaware, und schließlich zu einer Zelle im Hochsicherheitstrakt des neuen UN-Gefängniskomplexes außerhalb von Genua.

## 24. Juni 1999, 0500 Uhr

Brigadegeneral Jean-Jacques Beaufre leitete persönlich die Beladung der Transporter, die das befreite Ärzteteam nach Dschibuti in die Sicherheit des Stützpunktes der französischen Luftstreitkräfte bringen sollten. Er wollte auf jeden Fall sicherstellen, daß es seine Gäste bequem haben würden. Seine harten Fallschirmjäger gingen grundsätzlich nicht gerade sanft mit Zivilisten um, aber heute Nacht würde er so etwas nicht dulden. Da bemerkte er eine der Ärztinnen, die einem Mitglied der amerikanischen Tankflugzeug-Besatzungen gerade den Verband einer Kopfverletzung wechselte. Die Jahre hatten in ihrem Gesicht ein paar Spuren hinterlassen, und in ihrem dunklen Haar zeigten sich auch die ersten grauen Strähnen, doch diese Augen konnte man einfach nicht vergessen. Sie blickte auf und bemerkte seine Rangabzeichen.»Ich sehe, Jean-Jacques, du hast es auf der Militärakademie zu etwas gebracht«, sagte Nicole und lächelte.

# Die Trooper von morgen

Warum Aufklärer? In jeder Generation war und wird die Antwort immer wieder die gleiche sein: Kommandeure brauchen mobile Krieger, die ihre Gegner ausfindig machen, überwachen, angreifen und verfolgen können. Ob auf dem Rücken von Pferden, mit Motorfahrzeugen, Flugzeugen oder Geräten, die wir uns heute noch nicht einmal vorstellen können – solange es Konflikte gibt, werden Aufklärer gebraucht. Wer sind Aufklärer? Männer und Frauen, die sich vom Soldatenberuf angezogen fühlen und Mitglieder einer kleinen, stolzen und eingeschworenen Gemeinschaft von Militärs sein wollen. Die Cavalry der US-Army ist eine solche Gemeinschaft, die ihre Stärke zwar aus den Traditionen schöpft, die sich aber immer wieder den besten Menschen, den innovativsten Gedanken und den modernsten Technologien aller anderen Waffengattungen öffnet – mögen sie von der Infanterie, der Panzertruppe, den Fliegern oder der Artillerie kommen. Jeder, der einmal einen klassischen Western von John Ford gesehen hat, weiß, was die Cavalry ist. Das sind diejenigen, die an der Grenze den Gesetzlosen die Stirn bieten. Es sind die Soldaten, die im richtigen Augenblick zur Rettung erscheinen. Obwohl einige der Bedrohungen, denen wir ausgesetzt waren, in den vergangenen Jahren verschwunden sind, leben wir auch weiterhin in einer Welt, in der an gesetzlosen Grenzräubern genausowenig Mangel herrscht wie an Menschen, die gerettet werden müssen.

Berufssoldaten und selbsternannte Experten debattieren ständig darüber, welche Art von Army wir haben sollten. Dabei tauchen immer wieder Fragen auf wie: Was ist die richtige Mischung aus »leichten« Kräften für schnelle Einsätze bei geringfügigeren Konflikten und »schweren« Kräften in der Art des VII. Corps von General Franks, das die Republikanischen Garden Saddam Husseins ausschaltete? Solche Fragen sind über Jahre hinweg diskutiert worden und werden auch weiterhin all diejenigen beschäftigen, die nach Lösungen für die Probleme in bezug auf Struktur und Ausgewogenheit von Streitkräften suchen (oder davon träumen, solche zu finden).

Aber inzwischen gibt es einen neuen Faktor, der in diese Diskussionen einbezogen werden muß. Er könnte sogar entscheidenden Einfluß darauf haben, welche Art von Army wir in den nächsten zehn bis zwanzig Jahren haben werden. Dieser Faktor heißt High-Tech: Hochtechnologie.

Technologie war schon immer ein Entscheidungsfaktor, wenn es darum ging, wie Panzertruppen ausgerüstet und organisiert werden sollten. Seit der erste Mann sich entschloß, einen Stein oder einen Knüppel aufzuheben, um sich durch ihn einen Vorteil gegenüber einem anderen Mann zu verschaffen, hat es einen Wettlauf darum gegeben, bessere Steine und Knüppel als der Gegner zu finden. Konnte man diese nicht finden, hat der Mensch neue und bessere Steine und Knüppel entworfen und gebaut.

Es gab einmal eine Zeit, in der es zehn und mehr Jahre dauerte, bis ein Waffensystem den Weg vom Zeichenbrett zum Gefechtsfeld zurückgelegt hatte. Diese Zeiten sind vorbei. Heute hat die atemberaubende Entwicklungsgeschwindigkeit in der Technologie dazu geführt, daß es einem sehr schwer wird, die richtige Entscheidung zu treffen, welche Art von Steinen und Knüppeln man bauen soll.

Was sich radikal geändert hat, ist die Verfügbarkeit von programmierbaren digitalen Systemen. Der revolutionäre Aspekt dieser digitalen Waffensysteme liegt darin begründet, daß sie ihre Leistung auf der Anzahl von Linien im Programm-Code der Computer aufbauen. Sie haben ein eingebautes Wachstumspotential. Sie schreiben ein paar Software-Bausteine um, verändern einige Hardware-Komponenten am Datenbus, und Ihr altes System wird zu einer Waffe mit ungeheuer verbesserten Kapazitäten. Man braucht nur einen Blick auf den M1A2 *Abrams* und den AH-64D *Longbow Apache* zu werfen, um zu wissen, daß diese Aussage zutrifft. Um aber diese ganze Technik verwenden zu können, benötigt man Soldaten, die fit und geistig beweglich genug sind, diese dauernden Wechsel auch zu verarbeiten. Und dazu brauchen Sie die Trooper der Cavalry.

Man sagt, daß sich eine Armee immer auf ihren letzten Krieg vorbereitet. Dank Saddam Hussein verfügt unsere Army heute über einen großen Erfahrungsschatz, eine gute Ausrüstung und Übung im Wüstenkampf. Folgt man aber Murphy's Gesetz, so kann man davon ausgehen, daß unser nächster Krieg in bewaldeten Gebirgen oder in den Dschungeln der Großstädte stattfinden wird. Noch einmal: Für so etwas brauchen Sie die Cavalry Trooper.

Die Soldaten des 2nd ACR-L und des 3rd ACR sind auf dem besten Wege zur Vorhut einer neuen Generation von Cavalry Troopern zu werden. Sie werden mit einer Palette von High-Tech-Ausrüstung bewaffnet sein, die ihnen taktische Möglichkeiten eröffnet, über die ihre Vorgänger im Golfkrieg höchstens etwas in Science-fiction-Romanen gelesen haben. Jeder einzelne Soldat wird zum Bestandteil eines Computernetzwerks, wie zum Beispiel dem IVIS-System, im großen Stil werden. Stealth-Systeme, wie Panzer und Gefechtsfahrzeuge, die gänzlich aus Verbundplastik gebaut sind, werden ihre Präsenz auf eine Art und Weise kundtun, die wir uns heute überhaupt noch nicht vorstellen können. Die Aufgabe von Kommandeuren wird in erster Linie darin bestehen, sich durch eine Flut von Daten zu arbeiten und sich dabei die Rosinen aus dem Kuchen der angebotenen taktischen Möglichkeiten herauszupicken. Das ist die Herausforderung, mit der sich die Befehlshaber der Cavalry im 21. Jahrhundert konfrontiert sehen dürften.

Einige der fähigsten Köpfe in der US-Army haben die »Rollen und Missionen« überdacht, die unsere Welt während der nächsten Jahrzehnte von ihnen verlangen könnte. Es wird eine Welt sein, in der religiöse Extremisten und ethnische Fanatiker in wachsendem Maße Zugriff auf Massenvernichtungswaffen bekommen werden. Es wird eine Welt sein, die von ökologischem Terrorismus, biotechnischen Seuchen und weitverbreitetem sozialem und wirtschaftlichem Zusammenbruch bedroht sein wird.

Immer stärker werden amerikanische Streitkräfte zur Teilnahme an nicht kriegerischen Operationen gerufen werden. Einige davon könnten die folgenden sein:

• Hilfs- und Wiederaufbaueinsätze bei Katastrophen (Flutwellen, Erdbeben, Großbrände, Hungersnöte usw.);
• Operationen der Drogenbekämpfung (Interventionen in Drogen-Anbaugebieten und die Durchsetzung von Recht und Ornung an unseren eigenen Grenzen);
• Friedenssicherung und Frieden durchsetzende Maßnahmen (unter der Schirmherrschaft der Vereinten Nationen oder in unseren eigenen Städten).

All diese Operationen erfordern Beweglichkeit zu Lande und in der Luft, um eine schnelle Einsatzfähigkeit zu gewährleisten, aber auch massive Feuerkraft, um bewaffnete Rowdies abzuschrecken und die Ordnung aufrechtzuerhalten oder wiederherzustellen. Sollte der Einsatz von Streitkräften einmal erforderlich sein, wird der Fähigkeit, schnelle Entscheidungen zu treffen, zu improvisieren und Probleme auf Gruppen- oder Zugführungsebene zu lösen, eine lebenswichtige Bedeutung zukommen. Ebendiese Kriterien definieren die Charakteristika der Cavalry und zeigen zugleich, weshalb es von derart lebenswichtiger Bedeutung ist, sie als Institution des amerikanischen Militärs zu erhalten. Wie wir am Beispiel Somalias gesehen haben, kann sogar eine humanitäre Hilfsaktion von einer Sekunde zur anderen in einen bewaffneten Konflikt umschlagen. Am Beispiel Bosniens wurde uns vor Augen geführt, daß ein Mangel an Friedenssicherungskräften mit überragender Feuerkraft und fortschrittlicher Technik die meisten wohlgemeinten Interventionen zu kraftlos werden ließen, um einen Völkermord zu verhindern.

Militärischer Sieg, gefolgt von einer überstürzten Abrüstung, die uns unvorbereitet in den nächsten Krieg gehen ließ: Das ist ein sich ständig wiederholender Kreislauf in der Geschichte Amerikas. Ende der 40er Jahre ließ man die Army, die dazu beigetragen hatte, Hitlers Wehrmacht zu schlagen, und sich schon anschickte, auch gegen den äußersten Widerstand von *Kamikaze*-Fliegern in Japan einzumarschieren, in der irrigen Annahme, daß man sie wohl nie wieder brauchen würde. Aber nur fünf Jahre später wurden amerikanische Truppen (die unglückliche Task Force Smith[1]) von Kräften in die Flucht geschlagen, die viermal so stark waren wie sie selbst – von den Nordkoreanern. Glücklicherweise hatten wir immer ein paar Regimenter der Cavalry in der Hinterhand. Nachdem Sie einige Cavalry Trooper von heute kennengelernt haben und sehen konnten, wozu sie fähig sind, werden auch Sie wahrscheinlich der Ansicht sein, daß die Investitionen unserer Nation in die Trooper von morgen klug angelegt sind. Streitkräfte zu unterhalten ist teuer. Hervorragend ausgebildete und ausgerüstete Verbände wie das 3rd ACR sind sogar *sehr* teuer. Aber das einzige, was eine Nation noch teurer zu stehen kommen kann, ist, sie nicht zu haben, wenn sie gebraucht werden.

# Glossar

| | |
|---|---|
| **AAH** | **A**dranced **A**ttack **H**elicopter. Kampfhubschrauber, aus dem der AH-64 *Apache* hervorging |
| **AAM** | **A**ir-to**A**ir-**M**issile. Luft-Luft-Flugkörper |
| **AAR** | **A**fter-**A**ction **R**eview = Die kritische Bewertung der Leistungen aller Beteiligten an einer speziellen Übung oder Simulation, also eine Schluß- bzw. Übergangsbesprechung. |
| **Abrams** | → M1 *Abrams* |
| **ACR** | **A**rmored **C**avalry **R**egiment = gepanzertes Kavallerie-Regiment. In dieser Form bei den Streitkräften der Bundesrepublik Deutschland nicht bekannt. Ein ACR ist eine Einheit, die sich aus verschiedenen Komponenten zusammensetzt. Im Heer der Bundeswehr würde es der Kombination von Panzer-, Panzergrenadier-, Heeresflieger entsprechen. |
| **AFATDS** | **A**dranced **F**ield **A**rtillery **T**actical **D**ata **S**ystem. Computergesteuertes Datenerfassungs- und Feuerleitsystem |
| **AFSC** | **A**rmed **F**orces **S**taff **C**ollege. Stabsakademie der Panzertruppen. |
| **AGM** | **A**ir-to-**G**round (Surface) **M**issile = Luft-Boden (bzw. im Marinebereich: Wasseroberfläche)-Lenkflugkörper. |
| **AGM-114** | *Hellfire.*»Höllenfeuer« = Dieser amerikanische Langstrecken-Lenkflugkörper ist ein lasergelenkter (Panzerabwehr-) Air-to-Ground-Missile (AGM = Luft-Boden-Flugkörper), die bei verschiedenen westlichen Kampfhubschraubern, bevorzugt jedoch bei Helikoptern des Typs *Apache* und *Kiowa Warrior* der US-Army eingesetzt wird. |
| **AGS** | **A**rmored **G**un **S**ystem |
| **AH-1** | *Huey Cobra.* Amerikanischer Kampfhubschrauber älterer Bauart |
| **AH-56** | *Cheyenne.* Amerikanischer Kampfhubschrauber. Dieser Typ ging nicht in Serie. Er ist der Vorläufer des *Apache.* |
| **AH-64** | *Apache.* Amerikanischer Kampfhubschrauber. Hubschrauber werden bei den amerikanischen Streitkräften gerne mit Namen von Indianerstämmen versehen. Der *Apache* wird bei McDonnell Douglas in verschiedenen Versionen gebaut. |
| **AHRS** | **A**ltitude-**H**eading **R**eference **S**ystem = Flughöhen-Kurs-Referenz System = primäres Navigationssystem der *Apache* Kampfhubschrauber |
| **AOBC** | **A**rmor **O**fficer **B**asic **C**ourse = Grundausbildung für Panzeroffiziere, der in Fort Knox, Kentucky stattfindet |
| **Apache** | → AH-64 *Apache* |
| **APC** | **A**rmored **P**ersonnel **C**arrier = gepanzerter Mannschaftstransportwagen |
| **APFSDS** | **A**rmor-**P**iercing, **F**in-**S**tabilized, **D**iscarding-**S**abot = Panzer- |

| | |
|---|---|
| | brechendes, flügelstabilisiertes Treibspiegel-Geschoß, → Long-Rod Penetrator. |
| **ARCENT G-2** | Army Central Command Intelligence Officer. Chef der Nachrichtenabteilung im → CENTCOM |
| **ARTEP** | **AR**my **T**raining and **E**valuation **P**rogram = Ausbildungs- und Trainingsprogramm der Army (des Heeres) |
| **AT-#** | Bezeichnungssystem der NATO, das normalerweise für die Identifikation sowjetischer → ATGMs verwendet wird. Unglücklicherweise wurde damit begonnen, auch einige der NATO-Waffen mit dieser Bezeichnung zu versehen, was zu einiger Verwirrung geführt hat. |
| **ATACMS** | **A**rmy **TAC**tical **M**issile **S**ystem = System taktischer Flugkörper in der Army |
| **ATGM** | **A**nti-**T**ank **G**uided **M**issile = Anti-Panzer-Lenkflugkörper |
| **ATHS** | **A**irborne **T**arget **H**andover **S**ystem = Weiterleitungssystem für in der Luft erfaßte Ziele an andere fliegende Einheiten |
| **AWOL** | **A**way **W**ith**O**ut **L**eave: Unerlaubtes Entfernen oder Fernbleiben von der Truppe. Scherzhaft auch:»sich ohne Verzug auf den Weg machen«. Beim amerikanischen Militär werden gerne Abkürzungen (nicht nur im technischen Bereich) verwendet. |
| **Battalion** | Das Bataillon. Setzt sich aus mehreren Kompanien/Batterien einer Waffengattung zusammen und umfaßt je nach Einheit zwischen 400 und 1.100 Mann. |
| **BCS** | **B**attery **C**ontrol **S**ystem = Artillerie Datenleit- und Erfassungssystem (ähnlich dem in Deutschland verwendeten ADLER-System). |
| **BCU** | Battery/Coolant Unit. Batterie/Kühlblock |
| **BDU** | **B**attle **D**ress **U**niform = Die neue Bezeichnung für die (Tarn-) Kampfanzüge. |
| **Bill** | Schwerer Panzerabwehr-Flugkörper schwedischer Herkunft, der einen Angled (eckigen) Shaped-Charge Sprengkopf verwendet. Der *Bill* ist für den Angriff von oben auf einen Panzer konzipiert. Der Name leitet sich von einer hakenförmigen Stabwaffe des Mittelalters und nicht von der englischen Kurzform des Vornamens»William« ab. |
| **Blackhawk** | → UH-60 A *Blackhawk* |
| **Blazer** | Diesen Namen erhielt die erste Generation reaktiver Explosivpanzerung der Israelis. |
| **BMP-3** | Russischer Schützenpanzer |
| **Bradley** | → M2/M3 Bradley |
| **Brigade** | Kampftruppen und Kampfunterstützungstruppen verbundener Waffengattungen. Militärischer Verband, dem Einheiten unterschiedlicher Truppengattungen unterstellt sind |
| **Brigadier General** | Brigadegeneral der Bundeswehr. NATO-Code OF-7. Auch: Einsterne-General |
| **C³I** | **C**ommand, **C**ontrol, **C**ommunication and **I**ntelligence. Die Bestandteile und Ziele geheimdienstlicher Kampfführung. Ausgesprochen:»See-Three-Eye« (Doppelsinnige Bedeutung, etwa zu verstehen als:»Blick mit drei Augen«) |
| **Captain** | Hauptmann in der Bundeswehr. NATO-Code: OF-3. |

| | |
|---|---|
| **Cavalry Troop Commander** | Kompaniechef einer Panzeraufklärungskompanie |
| **CENTCOM** | CENTral COMmand der Vereinigten Staaten von Amerika. Zusammengeführtes Kommando (joint services: zusammengeführte/verbundene Streitkräfte) z. B. mit Verantwortungsbereich Naher Osten und Südwestasien. Hauptquartier ist dann die McDill AFB in Florida, Oberkommandierender grundsätzlich ein Viersterne-General der Army. Normalerweise unterstehen CENTCOM keine größeren Truppenkontingente. In Krisensituationen hingegen wird es sehr schnell durch Einheiten des XVII. Airborne Corps (Luftlandetruppen) der Army, der Marines und alliierter Streitkräfte verstärkt. CENTCOM trug während der Operationen Desert Shield, Desert Sabre und Desert Storm die Verantwortung. |
| **CGSC** | Command and General Staff College. Führungsakademie |
| **Ceramic Laminates** | Panzerungsart für Panzerfahrzeuge, die eine oder mehrere Lagen von Keramik mit Verbundstoffen enthalten, um die Widerstandsfähigkeit gegen → Shaped-Charge-Geschosse zu verbessern. |
| **Challenger I** | Britischer → MBT der 80er Jahre. Erster Panzer aus britischer Produktion, bei dem eine spezielle Chobham-Panzerung verwendet wurde. |
| **Challenger II** | Aktuelle Version der britischen *Challenger* Panzerserie. Seine Verbesserungen gegenüber den vorausgegangenen Serien bestehen aus einer neuen Chobham-Panzerung der zweiten Generation, einer 120-mm-Kanone und ausgeklügelterer Fahrzeugelektronik. |
| **Cheyenne** | → AH-56 Cheyenne |
| **Chobham Armor** | Eine revolutionäre Panzerungsart, die von den Forschungslabors der britischen Armee in Chobham, England, entwickelt wurde. Bei ihr werden normale → RHA Stahl-Bauelemente mit dazwischenliegenden, speziellen Keramik-Verbundmaterialien kombiniert. Die Chobham-Panzerung ist äußerst wiederstandsfähig gegen den Durchschlag von → Shaped-Charge Jets. |
| **CID** | Commander's Integrated Display = (integriertes) Anzeigegerät des Kommandanten |
| **CINC** | Commander in Chief: Bezeichnung eines hochrangigen Offiziers, üblicherweise eines Viersterne-Generals oder Admirals, der die Position eines Oberbefehlshabers bekleidet. So ist zum Beispiel der CINCPAC (Commander in Chief of the US-Pacific Command) der Oberkommandierende der US-Pazifikflotte). |
| **CITV** | Commander's Independent Thermal Viewer = unabhängiges Wärmebild-Sichtgerät des Kommandanten. |
| **Cobra** | → AH 1 *Huey Cobra* |
| **Click** | Fliegerjargon, 1 Click = 11 km. |
| **Colonel** | Oberst in der Bundeswehr. NATO-Code: OF-6. |
| **Comanche** | → RAH-66 *Comanche* |
| **Combat Support Squadron** | Bataillon zur Einsatzunterstützung |

| | |
|---|---|
| **Combination Armor** | Kombinationspanzerung. Sowjetisch/russische Bezeichnung für eine Panzerungsart, die aus Schichten homogenen Walzstahls und keramischem Verbundmaterial besteht. |
| **Company** | Kompanie. In Abhängigkeit von der jeweiligen Truppengattung unterschiedlich stark bemannt (zwischen 60 z.B. bei den Panzertruppen und 100-150 Mann bei der Infanterie). Besteht im allgemeinen aus drei bis fünf Zügen. |
| **Copperhead** | »Kupferkopf«. Zum Einsatz gegen Panzer und Punktziele entwickelte »smarte« Granate, ist der *Copperhead* das Gegenstück der Artillerie zu einer → LGB |
| **CP** | Command Post = Gefechtsstand |
| **CS** | Tränengas |
| **CSM** | Command Sergeant Major. Höchster Unteroffiziersdienstrang, → RCSM |
| **CTC** | Combat Training Center = Gefechtsübungszentrum |
| **CVC** | Combat Vehicle Crew-Helm |
| **DID** | Drivers's Integrated Display = (integriertes) Kraftfahrer-Anzeigegerät in einem M1A2 |
| **Dragon** | Der *Drachen* ist eine optisch gelenkter, tragbarer Panzerabwehr-Flugkörper (ähnlich dem deutschen MILAN). |
| **DU** | Depleted Uranium = ausgebranntes (abgereichertes) Uran. Natürlich vorkommendes Uran, bei dem die meisten der Uran$^{235}$-Isotope (radioaktiv) nicht mehr vorhanden sind. Fast reines Uran$^{238}$. |
| **E-8 Joint-STARS** | → J-STARS. Bei dieser Maschine für die Überwachung aus der Luft, handelt es sich um ein Boeing-Flugwerk vom Typ 707. Im Gegensatz zu den AWACS, die für die Luftraum-Radarüberwachung zuständig sind, liegt die Hauptaufgabe der Joint-STARS in der Überwachung von Vorgängen auf dem Erdboden. |
| **ECM** | Electronic Counter Measures: elektronische Gegenmaßnahmen. Jeglicher Gebrauch des elektromagnetischen Spektrums, um feindliche Radargeräte, Sensoren oder Funkverkehr zu stören, in ihrer Wirkung herabzusetzen oder unwirksam zu machen. »ECCM« (Electronic Counter-Countermeasures) bezeichnet aktive oder passive Maßnahmen gegen feindliche ECM, wie Frequenzsprünge oder Breitbandwellenformen. |
| **EFP** | Explosively Formed Projectiles = Durch eine Explosion geformte Geschosse. Die EFP, oder »fliegende Untertasse« verwendet, ähnliche wie die → Shaped Charge, ebenfalls Hochexplosivstoffe, um eine Metallhülse in ein Geschoß umzuwandeln. Bei den Hohlladungs-Gefechtsköpfen haben die Hülsen eine konische, bei den EFP die Form einer flachen halbkugeligen Schüssel. Sobald die Sprengladung detoniert, wird die Schüssel in einen festen *slug* (= Stachel) umgeformt. Der *slug* wird dann auf Geschwindigkeiten von bis zu Mach 5 beschleunigt. |
| **ERA** | Explosive Reactive Armor = Panzerung mit explosiver Gegenreaktion. Ein Zusatzsystem in der Panzerung, bei dem hochexplosive Sprengladungen in Sandwichbauweise zwischen Stahlplatten eingeschlossen ist. Die Sprengladung |

detoniert bei Auftreffen eines Hohlladungsstrahls oder eines Long-Rod-Penetrators. Die erste ERA-Generation hatte man konstruiert, um die Wirksamkeit von → Shaped-Charge Jets durch Aufbrechen des konzentrierten Strahles herabzusetzen. Die zweite ERA-Generation verfügt jetzt über bessere Leistungen gegen Shaped Charge Jets, ist nun allerdings auch in der Lage, → Long-Rod Penetratoren zu zerbrechen. ERA muß nach einmaliger Verwendung ersetzt werden.

**ESSS** External-Stores-Support-System. System für die Anbringung außenliegender Zusatzgeräte und Behälter

**FAA** Federal Aviation Administration = Amerikanische Luftfahrtbehörde. Sie entspricht etwa dem LFB (LuftFahrtBundesamt) in der Bundesrepublik Deutschland. Die FAA (das LFB) legt die Abläufe und festen Regeln im Bereich der zivilen Luftfahrt fest (wie zum Beispiel die Ruhepausen für die Flugbesatzungen zwischen Flügen u. ä.) und überwacht deren Einhaltung.

**FAADS** Forward-Area Air-Defense System = Vorgeschobenes Luftabwehr System. Eine Variante des *Bradley*, bei dem die TOW (siehe dort) durch vier *Stinger* → SAMs ersetzt wurden.

**FAASV** Field Artillery Ammunition Supply Vehicle. Munitions-Versorgungsfahrzeug

**Fahrenheit** In den USA und GB immer noch gebräuchliche Temperaturangabe. 1 °F entspricht -17,222 °Celsius. Dementsprechend ist 1 °C = 33,8 °F.

**FASCAM** Field Artillery Containerized Anti-Tank Mine = Containergepackte Panzerabwehrminen der Artillerie

**FCEU** Fire Control Electronic Unit = elektronische Feuerleitrechner(-gerät)

**Fire and Forget** Wörtlich:»schieß und vergiß«. Taktische Bezeichnung, die bei selbstsuchenden Flugkörpern verwendet wird. Da die mikroprozessorgesteuerten Suchköpfe ihre Ziele kraft eigener »Intelligenz« suchen, können weitere Maßnahmen zur Steuerung nach dem»Abschuß« des Flugkörpers»vergessen« werden.

**FOX** → M93 Fox

**FLAK** Flug Abwehr Kanone. Deutscher Begriff für bodengebundene Verteidigung gegen feindliche Flugzeuge durch den Einsatz von Flugabwehrkanonen, -raketen (ungelenkt), -lenkflugkörpern und konventionellen Maschinenwaffen, deren Kaliber unter def. Kanonenkaliber liegt.

**FLIR** Forward Looking InfraRed:»vorausschauendes Infrarot«. Elektro-optisches Gerät, ähnlich einer Fernsehkamera, das jedoch das Infrarot-Spektrum und nicht das sichtbare Licht »sieht«. FLIR erzeugt ein Bild aufgrund von aktuellen Temperaturänderungen in seinem Blickfeld. Dadurch werden beispielsweise die heißen Abgasdüsen eines Triebwerks als heller Punkt dargestellt.

**Fly-by-Wire** Flugsteuerung durch elektrische Signalübertragung von Steuerbefehlen. Löst bei den modernen Maschinen die hydraulischen und mechanischen Steuerelemente weitgehend ab. Dieses System ist zwar weniger verschleißanfällig, muß aber im Gegensatz zu den traditionellen Systemen extrem gut gegen magnetische und vor allem gegen elektromagnetische Einflüsse abgeschirmt sein, um Fehlfunktionen durch Außeneinflüsse zu unterbinden.

**Fracticide** »Brudermord«. Begriff der die Situation beschreibt, in der es zu Ausfällen in *Friendly Fire* kommt, also einer Situation in der sich befreundete Einheiten gegenseitig beschießen. Auch als *Blue-on-Blue*-Situation bekannt. Dieser Begriff leitet sich aus der traditionellen Bezeichnung eigener Truppen mit der Farbe Blau und feindlicher Truppen mit der Farbe Rot ab.

**FUO** Fire SUpport Officer. Feuerunterstützungs-Offizier

**FV-432 Warrior** → Infantry Fighting Vehicle der britischen Armee.

**Gallon** amerikanisches Volumenmaß. 1 gallon = 3,779 Liter

**GCDP** Gunner's Control and Display Panel = Richtschützen Bedien- und Anzeigegerät

**General** General, Viersterne. NATO-Code: OF-10

**Goldwater-Nichols** Verbreiteter Name für den Military Reform Act von 1986, der eine Serie von zusammengeführten Kommandos schuf, wobei man sich über sämtliche Grenzen traditioneller Streitkräfte hinwegsetzte und die Macht des Oberkommandierenden der vereinigten Stäbe stärkte.

**GPS** Global Positioning System: Konstellation von 22 NAVSTAR-Satelliten in erdnahen Orbits, die ununterbrochen Navigationssignale senden, die mit ultragenauen Atomuhren synchronisiert sind. Normalerweise können von jedem Punkt der Erde außerhalb der Polkappen mindestens vier Satelliten im gleichzeitigen Durchgang erfaßt werden. Ein spezieller Computer, der in einem (tragbaren) Empfänger eingebaut ist, kann dann die exakte Positions- [innerhalb weniger als hundert Meter] und Geschwindigkeitsangabe ableiten, indem er die Informationen in Beziehung zu den Daten von drei weiteren Satelliten setzt. Ein Teil der Signale wird – zum ausschließlichen Gebrauch durch das Militär – verschlüsselt gesendet. Ein ähnliches, jedoch unvollständiges System wird von den Russen unter der Bezeichnung GLONASS betrieben.

**HA** Heavy Armor. Zusatzpanzerung

**HC** Heavy Armor Common. Zusatzpanzerung einschließlich Reaktivpanzerung

**HE** High Explosive = Hochexplosiv.

**HEMTT** Heavy Expanded Mobility Tactical Trucks. Militärisch genutzte LKW's mit hoher Geländegängigkeit

**HE-VT** High-Explosive, Variable Time fuse = Hochexplosivzünder mit einstellbarer Zeitvorgabe.

**HEAT** High-Explosive Anti-Tank = Hochexplosive Panzerabwehr-Geschosse. → Shaped Charge Warhead.

**Hellfire** → **AGM-114**

**Hellfire II** Die kommende Generation des *Hellfire*-Lenkflugkörpers, der mit einem Radarsucher ausgerüstet ist, welcher auf Millimeter-Wellenlänge arbeitet. Der *Hellfire II* ist eine »intelligente

Waffe«, da er mit seinem verbesserten Sucher zwischen verschiedenen Zieltypen unterscheiden kann.

**HETS**   Heavy-Equiment Transporter System = Transportsystem für schwere Ausrüstungsgegenstände. Es handelt sich hierbei um einen sehr großen Anhänger (Typ Sattelauflieger *Low Boy*), auf dem auch schwerste Fahrzeuge, einschließlich Panzern der M1-Serien geschleppt werden können.

**HEU**   Hull Electronics Unit. Elektronisches Rumpfdaten-Erfassungsgerät

**HMMWV**   High-Mobility Multipurpose Wheeled Vehicle = Sehr bewegliches Vielzweck-Radfahrzeug. Spitzname:»Hummer«. Nachfolger des legendären Willys Overland *Jeep*. Allradfahrzeug der 80er und 90er Jahre, der sich inzwischen auch im zivilen Einsatz wachsender Beliebtheit erfreut.

**Horsepower**   1 HP = 1,0138 PS = 0,7456 kW

**HUD**   Heads-Up Display. Wörtlich:»Kopf-Hoch-Anzeigegerät«. (Im Sprachgebrauch der Bundeswehr: *Frontsicht-Anzeige* oder *Blickfeld-Darstellungs-Gerät*). Ein transparenter Schirm oberhalb der Cockpit-Instrumente auf den entscheidende Fahr-, Flugzeug-, Ziel- und Waffeninformationen projiziert werden, damit man während der Fahrt (des Fluges) in einer Gefechtssituation nicht hinunter ins Cockpit zu blicken braucht, um Meß- und Anzeigeinstrumente abzulesen.

**HVAPFSOS**   High-Velocity, Armor-Piercing, Finstabilized, Discarding Sabot. Hochgeschwindigkeits-, panzerbrechendes, flügelstabilisiertes Treibspiegel-Geschoß

**IFV**   Infantry Fighting Vehicle = Infanterie-Gefechtsfahrzeug = Schützenpanzer

**Inch**   Zoll = 2,54 cm. 1 cm = 0,03937 inches.

**Interdiction**   Abriegelung: z. B. Anwendung von Luftmacht, um die Bewegung von feindlichen Militäreinheiten durch Angriffe auf Transportwege, Fahrzeuge und Brücken tief im Rücken des Feindes zu unterbrechen oder gänzlich zu unterbinden.

**IVIS**   Inter-Vehicular Information System. Hierbei handelt es sich um ein neues Computer-Netzwerk zum Datenaustausch, welches in den M1A1 MBTs eingebaut wurde. In Deutschland ist ein ähnliches System unter der Bezeichnung IFIS (Integriertes-Fahrzeug-Informations-System) im Einsatz.

**J-STARS**   auch **Joint-STARS**, → E-8 Joint-STARS) **Joint Surveillance and Targeting Attack Radar System**: Kombiniertes Überwachungs- und Zielverfolgungs-Angriffs-Radar-System. Ein gemeinsames Programm von US-Army und US-Air Force für den Einsatz in 20 Boeing E-8C Flugzeugen, die über ein starkes Seitenradar vom → SAR-Typ verfügen und damit über Hunderte von Meilen Bewegungen von Bodentruppen erfassen können. Sie sind in der Lage, die gewonnenen Informationen dann an Bodenstationen von Corps oder Divisionen zu übermitteln. Zwei E-8A, die an die Front nach Saudi-Arabien verlegt wurden, waren bei Nachteinsätzen während Desert Storm sehr erfolgreich.

| | |
|---|---|
| Javelin | Der *Speer* ist der erste von der Schulter eines Soldaten abfeuerbare »Fire and Forget« (siehe dort) Panzerabwehr-Lenkflugkörper, der demnächst weltweit bei den Truppen eingeführt werden wird. Beim *Javelin* gibt es keinerlei Lenkdrähte mehr, da er über einen fortschrittlichen Infrarotsucher verfügt, den man auf das Ziel aufschaltet, bevor der Flugkörper gestartet wird. |
| JCS | Joint Chiefs of Staff = Vereinigte Stabschefs. Oberste Führungs-(Kommando-)ebene des US-Militärs, verantwortlich für die Beratung des Präsidenten in Dingen der nationalen Verteidigung. Die JCS setzen sich aus einem Vorsitzenden (Chairman, der Generalstabschef der vereinigten Stäbe), der aus jeder Teilstreitkraft kommen kann, dem Oberkommandierenden der Marineoperationsstäbe, dem Stabschef der Army, dem kommandierenden General des Marine Corps und dem Stabschef der Air Force zusammen. |
| JTF | Joint Task Force= Kombinierte (verbundene) Einsatz-(bzw. Eingreif-)truppe. Militärische Einheit, die sich aus zwei oder mehr Truppengattungen zusammensetzt und unter dem Befehl eines höherrangigen (Stabs-)Offiziers steht. JTFs können für spezielle Missionen aufgestellt werden oder wie die Anti-Drogen-JTF-4 mit Stützpunkt in Florida, als »fast-ständige« Organisationen arbeiten. |
| Kiowa Warrior | → **OH-58 D** |
| LASER | Light Amplification by Stimulated Emission of Radiation: Gerät zur Erzeugung und Verstärkung von kohärentem Licht. Kohärenz beschreibt hier, daß die Phasen zweier Wellen gleicher Frequenz übereinstimmen oder mit einem konstanten Wert voneinander abweichen. |
| Leopard I | Kampfpanzer der Bundeswehr in den 70er Jahren |
| Leopard II | Seit den 80er Jahren Haupt-Kampfpanzer der Bundeswehr. Er verfügt über die gleichen Offensivfähigkeiten wie die M1-Serie, hat jedoch eine schwächere Panzerung, bei der kein Chobham System verwendet wurde. |
| LGB | Laser-Guided-Bomb: lasergeführte Bombe. Gleitfähige Bomben, die über einen Laserbeam [-strahl] vom Boden aus ins Ziel geführt werden. |
| Lieutenant | US-Leutnantdienstgrade sind in verschiedene Stufen unterteilt. Ein First L. entspricht etwa dem Oberleutnant, der Second L. einem Leutnant im Bereich der Bundeswehr-Offiziers-Dienstgrade. |
| Lieutenant General | Ranggleich mit einem Generalleutnant der Bundeswehr, Dreisterne-General. NATO-Code: OF-9 |
| Lieutenant Colonel | Oberstleutnant in der Bundeswehr. NATO-Code: OF-5 |
| Long-Rod Penetrator | Ein modernes, unterkalibriges Hartkerngeschoß, das in seiner Form an einen *Dart* (Wurfpfeil) erinnert und auf der Basis kinetischer Energie (Bewegungsenergie) funktioniert. Es ist 1,5 bis 2,0 foot (0,46 bis 0,61 m) lang und 10 lb. (4,53 kg) schwer. Diese *Darts* können Geschwindigkeiten von bis zu |

|  |  |
|---|---|
| | → Mach 4 erreichen, wenn sie von einer großkalibrigen Panzerkanone abgefeuert werden. Der Long-Rod Penetrator durchschlägt die Panzerung eines Tanks, indem er pure Einschlagskraft auf einen sehr kleinen Fleck auf der Oberfläche der Panzerung wirksam werden läßt. |
| **Longbow** | Das *Langbogen*-Radar arbeitet im Millimeterwellen-Bereich und wurde so konstruiert, daß es Boden- und Luftziele unter allen Witterungsbedingungen und tags wie nachts erfassen kann. Es wurde für den AH-64 *Apache* Helikopter gebaut. |
| **LORAN** | Küstennahes Funknavigationssystem, erdgebunden. Dem z. Zt. in Nord-Europa (noch) betriebenen DECCA-System vergleichbar. Der Empfang von mindestens zwei Systemsendern ist für eine Positionsbestimmung erforderlich (damit v. a. Voraussetzungen ähnlich GPS). Reichweiten begrenzt auf ca. 50 km um die jeweiligen Sender, also im Gegensatz zu GPS beispielsweise tief im Landesinneren und auf hoher See nicht mehr verfügbar. |
| **LZ** | Landing Zone = Lande- bzw. Absprung- oder Absetz-Zone. Begriff für ein vorgesehenes Landegebiet von Airborne-[Fallschirmjäger-] oder Airmobile-[Hubschrauber-Luftlande-]Einheiten |
| **M1 Abrams** | Amerikanischer (Main Battle Tank, → MBT) Kampfpanzer der 80er Jahre. Nachfolgemodell des M60. Erster Panzer der amerikanischen Streitkräfte, bei dem die Chobham-Panzerung verwendet wurde. Benannt nach General Creighton Abrams. |
| **M9** | Beretta Pistole, Halbautomatik |
| **M93 Fox** | Ursprünglich von Thyssen-Henschel hergestelltes gepanzertes Fahrzeug (*Fuchs*) |
| **M9 ACE** | Armored Combat Earthmover. Gepanzertes Erdarbeitsgerät |
| **M106** | Mobiler 81-mm-Mörser (Minenwerfer) auf dem Fahrgestell eines → M113 |
| **M109A6** | *Paladin* (fahrender Ritter) 155-mm-Selbstfahrhaubitze. |
| **M16A2** | Standard-Infanteriewaffe der US-Army. Automatisches Gewehr Kaliber 5,56 mm, Spitzname *The Mattel Toy* |
| **M113** | Gepanzerter Mannschafts-Transportwagen (→ APC) der 60er Jahre |
| **M125** | Mobiler 106-mm-Mörser (Minenwerfer) auf dem Fahrgestell eines → M113 |
| **M1A1** | Verbesserte Version des M1 Panzers mit einem leistungsfähigeren Panzerungspaket. Beim M1A1 fand erstmals die 120-mm-Rheinmetall-Kanone Verwendung. |
| **M1A1 HA** | HA steht für Heavy Armor, also schwere Panzerung. Eine Version des M1A1. Bei diesem Panzer wird ausgebranntes Uran im Panzerungspaket verwendet, um die Effektivität in der Abwehr von Long-Rod Penetratoren zu verbessern, die mit kinetischer Aufschlagsenergie arbeiten. |
| **M1A2** | Neueste Version der M1-Serie. Er hat sämtliche Verbesserungen des M1A1 HA und verfügt darüber hinaus auch noch über die Ausrüstung mit neuen Sensoren und ein ausgeklügelteres internes Computersystem. |

**M2/M3 Bradley** Das amerikanische Infantry-/Cavalry-Fighting Vehicle → IFV der 80er Jahre.

**M26 Pershing** Amerikanischer Panzer der 40er Jahre. Nachfolger des M4 *Sherman*

**M231** Firing Port Weapon. Schießscharten- bzw. Kugelblenden-waffe, Varinate des M16

**M270** Kombiniertes → MLRS Transport-/Startfahrzeug

**M4 Sherman** Amerikanischer Panzer der 40er Jahre, der in beträchtlichem Umfang während des Zweiten Weltkrieges im Einsatz war. Obwohl er den meisten deutschen Konstruktionen technisch gesehen nicht ebenbürtig war, erwies er sich doch als ganz respektabler Panzer, der seine Schlachten gewann, weil seine zahlenmäßigen Verwendungsmöglichkeiten für die amerikanischen Streitkräfte wesentlich vielseitiger waren, als das bei den verfügbaren komplizierten deutschen Panzern der Fall war.

**M48 Patton** Amerikanischer (Main Battle Tank, → MBT) Kampfpanzer der 50er Jahre. Der erste schwere Panzer amerikanischer Herkunft in der Zeit nach dem Zweiten Weltkrieg

**M551 Sheridan** Leichter Panzer, der v.a. in Vietnam eingesetzt wurde

**M577** Mobile Command Post (→ APC) auf der Basis eines M113-Fahrgestells mit höherem Dach und breiteren Seitenteilen. Der M577 verfügt über zusätzliche Generatoren (Stromerzeuger) für den Betrieb der zahlreichen Funkgeräte, die in den Regalen im rückwärtigen Teil des Fahrzeugs untergebracht sind, ist komfortabler als der M113APC und wird ab Brigadegröße als mobiler Gefechtsstand eingesetzt.

**M60** Amerikanischer → MBT in den 60er Jahren. Nachfolgemodell des M48

**M901** M113 Fahrgestell mit aufrichtbarem Doppelstart- und optischem Sichtgerät für → TOW Panzerabwehr-Lenk-Flugkörper

**M993** Auf diesem Fahrgestell werden die MLRS-Raketen paketweise transportiert.

**Mach** Schallgeschwindigkeit auf Meereshöhe (Mach 1 = 1115,5 ft. pro Sekunde = 340 m/Sek.). Die Machzahl eines Flugzeugs hängt von der Flughöhe ab, da sich der Schall in einem dünneren Medium langsamer, als in einem dichteren bewegt. Die Bezeichnung erhielt ihren Namen nach dem österreichischen Physiker Ernst Mach (1835-1916).

**Major General** Entspricht einem Generalmajor der Bundeswehr. Zweisterne-General. NATO-Code: OF-8.

**Maverick** Wörtlich:»Einzelgänger« (amerikanisch für ein wildes Rind – im Sinne von nicht domestiziert). AGM-65 Familie von Luft-Boden-Flugkörpern, die seit 1971 von Hughes und Raytheon mit einer Vielzahl von Lenksystem- und Sprengkopf-Konfigurationen hergestellt werden (→ AGM). Bei der US-Army infrarotgelenkt in der Rolle als Panzerabwehr-Lenkflugkörper im Einsatz.

**MBT** Main Battle Tank = (wörtlich: Haupt-)Kampfpanzer. Eine adäquate Bezeichnung zum MBT gibt es in der deutschen Terminologie des Heeres nicht, oder besser nicht mehr, seit keine speziellen Panzer (ein und derselben Kampfstärke) für unterschiedliche Einsatzprofile mehr gebraucht werden, da die modernen Versionen in nahezu allen Bereich gleichermaßen leistungsfähig sind. Die fachliche Bezeichnung beschränkt sich auf den Begriff Kampfpanzer, KPz abgekürzt.

**MCS** Mikroclimate Cooling System. Mikroklima-Kühlsystem

**Merkeva** Israelischer Kampfpanzer der 80er Jahre.

**MFD** Multi-Function-Display: Mehrfachanzeigegerät. Ein kleiner Video- oder LCD-Monitor im Instrumentenbrett, der es dem Bediener ermöglicht, sich verschiedene Arten von Sensor-Informationen, Statusanzeigen, Warnmeldungen und Daten der Systemdiagnose anzeigen zu lassen und sie zu bearbeiten.

**Mile** Statute Mile = 5280 feet = 1,6104 km

**MILES** Multiple Integrated Laser Exercise System = Vielfach integriertes Laser-Übungs-System. Mit MILES kann man den Bodenkampf (und auch einige Luftkampfarten)»ohne zu schießen« üben. Das System erkennt und registriert Treffer schon im Verlauf der Übung. Beim MILES werden Laser verwendet, die für das Auge unschädlich sind, um das Abfeuern von Waffen und Einschalten von Laser-Detektoren zu simulieren und»Treffer« aufzuzeichnen.

**MLRS** Multiple-Launch Rocket System = Mehrfachstartsystem für Raketen. Verlängerter Rumpf eines M2 Bradley mit zwei sechsfach Rocket packs (Abfeuerungseinrichtungen).

**MMS** Mast Mounted Sight = Am Mast montierte Sichtgeräte. Gemeint ist hier ein Sensorenpaket bei den OH-58D *Kiowa Warrior* Helikoptern, in dem sich ein stabilisiertes FLIR (siehe dort), eine Tageslicht-Fernsehkamera und auch noch ein Laser-Entfernungsmesser und -Designator [Markierer] befinden.

**MOPP** Mission-Orientated Protective Posture. Einsatzorientierte Schutzausrüstung

**MOS** Military Occupational Speciality. Ein System, durch welches Spezialausbildungen von Soldaten gekennzeichnet werden.

**MREs** Meals Ready to Eat: Fertigmahlzeiten. Militärische Feldrationen (C-Ration) der 80er und 90er Jahre in unterschiedlichen Darreichungsformen. Wird von Angehörigen der Air Force im Einsatz verzehrt, bis reguläre Kantineneinrichtungen erstellt sind. Humorvoll als»Meals Rejected by Enemy/ Everyone/Ethiopians«(»von Feinden/jedem/Äthiopiern abgelehnte Mahlzeiten«) bezeichnet.

**MRR** Motorized Rifle Regiment. Motorisiertes Schützen-Regiment

**NATO** North Atlantic Treaty Organisation = Nordatlantisches Verteidigungsbündnis

**NBC** Nuclear, Biological, Chemical. Allgemeine Bezeichnung für Massenvernichtungswaffen, einschließlich Atombomben oder Waffen, die darauf konstruiert wurden, radioaktives Material, Giftgase, -flüssigkeiten oder -pulver, infektiöse Mikroorganismen oder biologische Toxine zu verstreuen. Die im deutschen Sprachraum verwendete Abkürzung **ABC**

| | |
|---|---|
| | ist gleichbedeutend. Waffen dieser Wirkung wurden durch etliche internationale Verträge, die jedoch weitgehend ignoriert werden, verboten. |
| NCO | Non-Commissioned Officer = allgemeine Bezeichnung für Unteroffiziersdienstränge |
| N-LOS | Non-Line Of Sight = Lenkflugkörper vom Stand-off-Typ, deren Flug sich über die (visuelle) Sichtweite des Schützen hinausbewegt. |
| NOTAR | No-TAil Rotor = ohne Heckrotor. Eine Hubschrauberkonstruktion, bei der man ein künstliches Luftsystem dazu verwendet, dem Drehmoment des Hauptrotors entgegenzuwirken. |
| NTC | National Training Center = Staatliches Ausbildungszentrum des Militärs → CTC mit Sitz in Fort Irwin, Kalifornien |
| NVG | Night-Vision Goggles = Nachtsichtgläser |
| OH-58 D | *Kiowa Warrior.* Der *Kiowa-Krieger* ist ein Aufklärungs-/ Kampfhubschrauber von Bell Helicopter TEXTRON, der bevorzugt bei der Armored Cavalary der US-Army verwendet wird. |
| OPFOR | OPposing FORces = Gegnerische Streitkräfte. Die »bösen Buben« bei Übungen. |
| Paladin | → M109 A6 *Paladin* |
| Pave Low | Name des MH-53J Helikopters der Air Force mit → PAVE-Ausrüstung für Spezialeinsätze im Bereich Kommunikations-, Navigations- und Rettungsunterstützung. |
| PAVE | Precision Avionics Vectoring Equipment: Ausrüstung mit Präzisions-Vektorisierungs-Avionic |
| PCV | Platoon Control Vehicle. Zugbefehlsfahrzeug |
| Platoon | Zug, bestehend aus ca. 120 Mann |
| PNVS | Pilot Night-Vision Sensor = Nachtsichtdetektor |
| pound | US pound (weight) = 0,4535 kg |
| POW | Prisoner Of War = Kriegsgefangener. |
| Private | untere Mannschaftsdienstgrade. Auch hier sind die Einteilungen zwischen den Bezeichnungen der Bundeswehr und bei den amerikanischen Streitkräften bisweilen überlappend. Unterste Stufe (Nato Code OR-1) ist der Private E-1 der dem Schützen oder Grenadier entspricht. Die zweite Stufe (Nato Code OR-2) ist der Privat E-2, der etwa auf der Stufe des Gefreiten liegt. Ab OR-3 kommt es zu Überlappungen. Diese Dienstrangstufe ist bei der Bundeswehr sowohl der Ober-, wie auch der Hauptgefreite, während bei der US-Army hier der Rang eines Private First Class greift. OR-4, ist mit Corporal und Stabsgefreitem wieder identisch, aber OR-5, der → Sergeant gilt in Deutschland sowohl für den Unter- wie auch Stabsunteroffizier. |
| RADAR | Radio Detection And Ranging. Wörtlich: »Funkermittlung und Entfernungsmessung«. Ein Verfahren zur Ortung von Gegenständen im Raum mit Hilfe gebündelter elektromagnetischer Wellen, die von einem Sender ausgehen, von dem betreffenden Gegenstand reflektiert und über einen Empfänger auf einem Anzeigegerät sichtbar gemacht werden. |
| RADOM | Antennenkuppel. Wetterfeste Umkleidung einer (Radar-) |

| | |
|---|---|
| | Antennenanlage, die den freien Durchgang von Funkwellen nicht beeinflußt. |
| **RAH-66** | *Comanche.* Zur Zeit in der Entwicklungsphase stehender, neuer Aufklärungs-/Kampfhubschrauber der US-Army |
| **RAM** | **R**adar-**A**bsorbent **M**aterial = Radarwellen schluckendes Material (auch als »Frequenzschäume« bezeichnet). Ein Bestandteil der sogenannten STEALTH-Technologie. Metall-, Metalloxid- oder Faserpartikel in einem Kunstharz werden als Beschichtung oder Oberflächenbehandlung von radarreflektierenden Bereichen eines Fahr- oder Flugzeugs angewendet, um dessen Radarquerschnitt zu reduzieren. Besondere RAM-Zusammensetzungen können speziell auf ein niedriges Band des Radarspektrums abgestimmt sein. RAM absorbiert (verschluckt) oder zerstreut also Radarwellen, um zu verhindern, daß sie zum Sender reflektiert werden. |
| **RCS** | **R**adar **C**ross **S**ection = Radarquerschnitt. Er gibt an, wieviel Radarenergie und in welcher Richtung von einem Objekt zurückgeworfen wird. |
| **RDF** | **R**adio **D**irection-**F**inding = Funkpeilung |
| **REFORGER** | **RE**turn of **FOR**ces to **GER**many = Rückführung von Streitkräften nach Deutschland. Jährlich stattfindendes NATO-Manöver, um die Geschwindigkeit der Rückverlegung von Truppen nach Europa für den Fall eines Generalangriffs sowjetischer Streitkräfte auf Westdeutschland zu testen. |
| **Regiment** | Führt Bataillone gleicher Truppengattung |
| **Republican Guard** | Eliteeinheiten der irakischen Streitkräfte. Ursprünglich Leibgarde Saddam Husseins, die später auf eine Stärke von über 100.000 Mann anwuchs. Diese Einheiten waren die bestausgerüsteten der irakischen Armee und wurden von den Streitkräften der Koalition als die gefährlichsten eingestuft. |
| **RHA** | **R**olled **H**omogeneous **A**rmor = homogener Walzstahl. Eine Familie qualitativ höchstwertiger Stahllegierungen, die gewalzt werden, um sowohl einheitliche Materialstärken wie auch die beste Kombination aus Elastizität und Widerstandsfähigkeit gegen panzerbrechende Geschosse zu gewährleisten. Das Material ist durchgängig hart und dient als Standard für die Bewertung anderer entwickelter Panzerungsarten. |
| **RIU** | **R**adio **I**nterface **U**nit = *Black Box*, die als Schnittstellengerät zur Funkanlage dient |
| **ROE** | **R**ules **O**f **E**ngagement: Spezielle Liste von Regeln für Kampfhandlungen. Leitfaden, meist durch höchste Regierungsstellen festgelegt, die das Wie und Wann eines Waffeneinsatzes für Einheiten der US-amerikanischen Einheiten festschreiben. Bei Luftkämpfen z. B. benennen die ROE üblicherweise spezifische Kriterien, die erfüllt sein müssen, damit ein nicht identifiziertes Flugzeug als feindlich eingestuft werden kann. Im Bodenkampfeinsatz verbieten die ROE gewöhnlich Flugzeugen immer dann den Angriff auf Ziele, wenn die Wahrscheinlichkeit besteht, daß auch Bereiche der Zivilbevölkerung oder religiöse Stätten zu Schaden kommen könnten. |

| | |
|---|---|
| **RPG** | Rocket-Propelled Grenade = Granate mit Raketenantrieb. Serie nicht wiederverwendbarer, leichtgewichtiger, sowjetisch/russischer Panzerabwehrwaffen. |
| **RPV** | Remotely Piloted Vehicles = Ferngesteuerte (Fahr-) Flugzeuge. Überbegriff für sehr kleine, unbemannte und ferngesteuerte Aufklärungsdrohnen |
| **RCSM** | Regimental Command Sergeant Major. Unteroffiziers-Dienstgrad ohne Analogie bei der Bundeswehr, →CSM |
| **RWR** | Radar Warning Reciver: elektronischer Detektor, der auf eine oder mehrere feindliche Radarfrequenz(en) eingestellt und mit einem Alarmsystem verbunden ist, das auf die ungefähre Richtung und die mögliche Art einer Gefahr hinweist. Vom Konzept her den Kraftfahrzeug-Radardetektoren vergleichbar, die bei der Polizei verwendet werden. |
| **RXO** | Regimental EXecutive Officer. Stellvertretender Regimentskommandeur |
| **SA-#** | Surface Air Nr. = Bei der NATO verwendetes Bezeichnungssystem für Boden-Luft-Waffen, das normalerweise für die Identifikation sowjetischer →SAMs verwendet wird. |
| **SADARM** | Sense-And-Destroy ARMor = Eine besondere Art von Munition, die das Vorhandensein eines Panzerfahrzeuges oder von Artillerie praktisch »wittern« und dann mit →EFP Gefechtsköpfen angreifen kann. |
| **SAM** | Surface-to-Air-Missile = Boden-Luft-Flugkörper. Lenkflugkörper mit der primären Aufgabe, ein feindliches Flugzeug anzugreifen. Die meisten SAMs werden von einem Raketenmotor angetrieben und einige von ihnen verfügen über Radar- oder Infrarot-Lenksysteme. |
| **SAR** | Synthetic Aperture Radar: »Radar mit synthetischer Blende«. Flugzeugradar (oder Betriebsart eines Multifunktions-Radars), das hochauflösende Bodenkarten liefern kann. |
| **SCUD** | Bezeichnung der NATO für einen ungelenkten taktisch-ballistischen Flugkörper sowjetischer Bauart der ersten Generationen. In erster Linie wurden damit die sowjetischen R-11 (SCUD-A) und R-17 (SCUD-B) ballistischen Kurzstrecken-Flugkörper bezeichnet. Sie basieren weitestgehend auf deutscher Technologie aus dem Zweiten Weltkrieg. Ihre Reichweite wird zwischen 110 und 180 Meilen (176-288 km) angegeben und sie sind mit 1.000 kg Sprengköpfen ausgerüstet. Ein SCUD verfügt über ein nur ungenaues Trägheits-Lenksystem und kann von einem großen LKW transportiert und zum Start aufgestellt werden. Flugkörper dieses Typs wurden in erheblichem Umfang in den Irak, nach Nord-Korea und andere Bündnisstaaten der Sowjetunion exportiert. Die Iraker modifizierten die Grundversion des SCUD, um daraus die Al Abbas und Al Hussein Marschflugkörper mit größerer Reichweite und wesentlich kleineren Sprengköpfen zu bauen. |
| **Sergeant** | Unteroffiziers-Dienstgrade verschiedener Abstufungen durch eine ganze Reihe von vor- oder nachgesetzten Bezeichnungen. Wird der Rang Sergeant (Nato Code OR-5) ohne Zusätze |

verwendet, so weist er auf einen Dienstgrad hin, der bei der Bundeswehr in diesem Code sowohl den Unteroffizier, wie auch den Stabsunteroffizier erfaßt. Die nächste Stufe (Nato Code OR-6) ist der Staff Sergeant der in Deutschland abermals zwei Dienstgrade erfaßt: Feldwebel und Oberfeldwebel. Ihm folgt der Sergeant First Class (OR-7) der wieder zwischen dem Ober- und Hauptfeldwebel angesiedelt ist. Der Nato Code OR-8, Master Sergeant, liegt auf der Ebene von Haupt- und Stabsfeldwebel und OR-9, Sergeant Major (in Amerika E-9), schließlich ist der höchste Unteroffiziersdienstgrad: Oberstabsfeldwebel.

**Shaped-Charge Warhead**  Hohlladung. Ein Shaped-Charge Gefechtskopf besteht aus einer hochexplosiven Ladung, die um eine konusförmige Hülse aus Metall gepackt ist. Sobald er detoniert, bewirkt die Explosivladung einen schnellen Zusammenbruch des Metallkonus in Richtung auf das Zentrum des Geschosses. Die Metallhülse wird durch die Explosionsenergie gleichzeitig aufgeheizt und komprimiert und bildet einen Jet [Strahl/Stachel] aus, der Geschwindigkeiten in der Größenordnung von bis zu → Mach 25 erreicht. Das Metall bleibt zwar fest, verhält sich jedoch wegen des enormen Drucks wie eine Flüssigkeit. Praktisch sämtliche → ATGMs verfügen über einen Gefechtskopf mit Hohlladung.

**Sheridan**  → M551 Sheridan

**Sherman**  → M4 *Sherman*

**Sidewinder**  AIM-9 = **A**ir-**I**ntercept-**M**issile = Luftabfang-Flugkörper mit dem Namen *Sidewinder*. Die Namensbezeichnung enthält eine Doppelsinnigkeit: einerseits wörtlich: *Seitenwinder*, also jemand, der Wind von der Seite bekommt, oder sich seitlich windet, was auf die typische Flugbahn des Körpers hindeutet, andererseits ist Sidewinder aber auch der Name einer amerikanischen Klapperschlangen-Art.

**SINCGARS**  **SI**ngle-**C**hannel **G**round and **A**irborne **R**adio **S**ystem = Einband Boden- und Luft-Funksystem. Eine Familie von UKW-Funkgeräten, die sich der Technik des Frequenzsprungs bedienen. Bei dieser Technik kann jede der 2.320 möglichen Frequenzen des UKW-Bandes zwischen 30 und 87.975 MHz benutzt werden.

**Spall**  Splitter, also Teile oder Fragmente der Panzerung eines Tanks, die durch das Auftreffen eines Panzer- oder eines Artilleriegeschosses abgerissen und durch den Explosionsdruck ins Innere des Panzers geschleudert werden. Eine Splitterwirkung kann selbst dann noch erzielt werden, wenn die Panzerung nicht gänzlich durchbrochen wurde.

**SPH**  **S**elf-**P**ropelled **H**owitzer = Haubitze/Selbstfahrlafette

**Squad**  in erster Linie im Bereich der Infantry verwendet, entspricht sie etwa der Gruppe und ist je nach Mission zwischen acht und vierzehn Mann stark.

**Squadron**  Seit Ende des Zweiten Weltkrieges gibt es in Deutschland keine Schwadron mehr. Die Größe einer *Squadron* entspricht der eines Bataillons.

| | |
|---|---|
| **SSM** | Surface-to-Surface Missile = Boden-Boden-Flugkörper, → ATACMS |
| **Stand-Off Weapon** | Allgemeiner Begriff für Luft-Boden-Lenkwaffen, die ohne Bodenunterstützung (Laserführung) mit eigenen Navigationssystemen ausgerüstet sind und in erheblicher Entfernung vom Startpunkt ihr Ziel treffen sollen. |
| **Stinger** | Der *Stecher* ist ein tragbarer Boden-Luft-Flugkörper mit Infrarotlenkung. *Stinger*-Flugkörper können auch von Landfahrzeugen und Hubschraubern aus gestartet werden, wozu dann allerdings modifizierte Startgeräte benötigt werden. |
| **T-64** | Sowjetischer Kampfpanzer der 70er Jahre. Er verfügte als erster über eine Kombinations-/Keramik-Laminatpanzerung. Der T-64 war das Nachfolgemodell des konventioneller gebauten T-62. |
| **T-72** | Genau wie der T-64 ein sowjetischer Kampfpanzer der 70er Jahre, der als einfachere Ausgabe des T-64 konstruiert worden war, um eine Massenproduktion möglich zu machen. Er wurde in großem Umfang an die Mitgliedsstaaten des Warschauer Paktes und verschiedene Satellitenstaaten der Sowjetunion exportiert. |
| **T-80** | Sowjetischer Kampfpanzer der 80er Jahre. Es ist eindeutig der beste Panzer im russischen Arsenal von heute und liegt in seinen Leistungsdaten nur unwesentlich unter denen des M1A1. |
| **TACAN** | TACticAl Navigational System = Taktisches Navigationssystem auf der Basis von Funkfeuern |
| **TACFIRE** | TACtical FIRE-Direction Computer = Taktischer Feuerleitcomputer. Ein Feuerleit- und Koordinationssystem bei der Artillerie, das im Augenblick durch das Advanced Field Artillery Tactical Data System AFATDS ersetzt wird. |
| **TACOM** | Tank and Automotive COMmand = Panzer- und Fahrzeug-Kommando mit Sitz in Warren, Michigan. |
| **TADS** | Target-Acquisition Designation Sight = Zielerkennungs- und Markierungs- Sichtgerät, also im Prinzip eine Beobachtungs- und Zieloptik. |
| **TCP** | Tactical Command Post = bewegliche Befehlsstelle, Gefechtsstand |
| **TGW** | Terminally Guided Warhead = Eine neue Generation von »cleverer« Munition, die voraussichtlich 1996 für eine Produktion in geringen Stückzahlen bereit sein wird. Der TGW ist ein sehr großes Panzerbrechendes Geschoß, das einen »smarten« Radarsucher einsetzt, der auf der Millimeter-Wellenlänge nach Panzern und anderen vordringlichen Zielen sucht. |
| **TIS** | Thermal-Imaging Sight = Wärmebild-Sichtgerät |
| **TOC** | Tactical Operations Center |
| **ton** | US short ton = 2000 Pound = 907,2 kg |
| **TOW** | Tube-launched, Optical tracked, Wire-guided Missile = Aus einem Abschußrohr gestarteter, optisch verfolgter, drahtgelenkter Flugkörper. Ein schwerer amerikanischer Panzerab- |

|            |                                                                                                                                                                                                          |
|------------|----------------------------------------------------------------------------------------------------------------------------------------------------------------------------------------------------------|
|            | wehr-Lenk-Flugkörper der sowohl von Land- als auch von Luftplattformen aus gestartet werden kann. |
| TRADOC     | US-Army **TR**aining **A**nd **DO**ctrine **C**ommand = Kommandobehörde, entsprechend dem Heeresamt bei der US-Army, zuständig für Ausbildung und Einsatzschulung, mit Hauptquartier in Fort Monroe, Virginia. |
| UH-1       | *Huey*. Ein amerikanischer Nutz- und Transport-Hubschrauber älterer Bauart. |
| UH-60A     | *Blackhawk*. Der *schwarze Falke* ist ein amerikanischer Nutz- und Transport-Hubschrauber. |
| UTTAS      | **UT**ility **T**actical **A**ircraft **S**ystem. Vielzweck-Flugzeugsystem |
| Warrant Officer | WOs. Rangbezeichnung für eine ganze Dienstgradgruppe in der US-Army, die der Gruppe der Fachoffiziere in der Bundeswehr gleicht. Sie ist in *Degrees*, also Stufen von *W1* bis *W4* gegliedert. Der wichtigste Unterschied zur Bundeswehr besteht jedoch darin, daß alle *Warrant Officer*-Dienstränge zwar Unteroffiziere sind, jedoch Offiziersdienst tun! |
| WP         | **W**hite **P**hosphorus = *weißer Phosphor* ist die Typenbezeichnung für eine Brandgranate, die bei der Artillerie Verwendung findet. |
| X...       | Der Buchstabe X wird immer dann vor ansignierte Typenbezeichnungen amerikanischen Rüstungsgutes gestellt, wenn dieses sich noch im Experimentalstadium befindet (z. B. XM4). Sind mehrere Bewerber im Rahmen einer Ausschreibung beteiligt, werden die nachfolgenden Buchstaben zusätzlich vergeben (XF-22 YF-22) |
| XM4        | Neues amerikanisches Mobile Command Post Tracked Vehicle = Bewegliche Befehlsstelle in einem Kettenfahrzeug. Dieses Fahrzeug ist der Ersatz für den alten M577 Mobile Command Post. |
| XM5        | Neues amerikanische Fahrzeug für die elektronische Kampfführung. Es wurde so konstruiert, daß es nach feindlichen Funkgeräten suchen, deren Peilung bestimmen, die wahrscheinliche Position von Sendern errechnen, und für den Fall, daß es erforderlich ist, diese auch stören kann. |
| XM8        | Armored Gun System. Ein neuer leichter Panzer mit einer 105-mm-Kanone bestückt, der speziell für schnelle Reaktionen leichter Streitkräfte konstruiert wurde. |
| ZSU-23-4   | Fahrbare vierläufige sowjetische → FLAK, Kaliber 23 mm, auf einer leichten Panzerlafette mit optischer Zieleinrichtung. Normalerweise zusammen mit mobilen SAM-Starteinrichtungen im Einsatz. Russische Bezeichnung: *Shilka*. Sie wurde konstruiert, um den sowjetischen Truppen-Formationen einen dichten Luftabwehr-Schirm zu verschaffen. |
| ZU-23      | Automatische Zwillingskanone sowjetischer Herkunft, die fest am Boden verankert werden muß und über ein optisches Zielgerät verfügt. Sie bringt es bei einer Gurtzuführung auf über 800 Schuß pro Minute aus jeder Trommel, bei einer maximalen Reichweite von 2.500 m. |

# Endnoten

## Einführung

1 Puristen werden das 3rd ACR von der 3rd US-Cavalry herleiten und damit dessen Ursprung wahrscheinlich auf die Zeit nach dem amerikanischen Bürgerkrieg datieren. In der Zeit davor hoben die einzelnen Bundesstaaten Regimenter aus, die den Namen des zuständigen Staates zur Identifikation mit in ihrer Bezeichnung führten (1st Michigan usw.). Deshalb verweist die Bezeichnung »US-Cavalry« auf Truppen der regulären Armee.

2 Inzwischen deaktiviert.

## Dabei und wieder zurück: Ein Interview mit General Fred Franks

1 Einige Leute hielten das für eine schlechte Idee, aber eine kleine Gruppe von Visionären hielt sie lange genug am Leben, daß sie 1965 im Gefecht umgesetzt werden konnte.

2 Die Studie *Divisions-86*, die von General Donn Starry 1978 initiiert und im Laufe des Jahres 1980 umgesetzt wurde, reorganisierte die »schweren« Panzer- und Panzergrenadier-Divisionen. Die Panzer-Divisionen bestanden danach aus sechs Panzer- und vier Infanterie-Bataillonen, während die Panzergrenadier-Divisionen je fünf Bataillone des jeweiligen Typs hatten. Im Rahmen dieser Maßnahme erfuhren die Bataillone eine Verstärkung auf jeweils vier statt bisher drei Kompanien. Darüber hinaus wurde jeder Division eine Hubschrauber-Brigade unterstellt, die Haubitzen-Batterien wurden vergrößert und weitere Veränderungen wurden durchgeführt, die zur Vergrößerung der Gesamt-Kampfkraft führen sollten.

3 Die 8. sowjetische Gardearmee bestand aus drei *Motor Rifle* (Mot-Schützen-) Divisionen, einer Panzer-Division und unterstützenden Einheiten von der Artillerie, den Pionieren und Kampfhubschraubern. Sie war eine von insgesamt neun sowjetischen Armeen, die in vorgeschobenen Offensivpositionen entlang der innerdeutschen Grenze in Stellung gegangen waren.

4 REFORGER (REturn of FORces to GERmany = Truppenrückführung in die Bundesrepublik Deutschland) war eines der größten NATO-Manöver in Europa. Die jährlich stattfindende Übung, ein Kennzeichen der Jahre des kalten Krieges, bestand aus massierten Verlegungen von Soldaten und Ausrüstung in die Bundesrepublik Deutschland und andere Mitgliedsstaaten der NATO. Die Übung war so konzipiert, daß sie allen NATO-Kräften die Gelegenheit verschaffte zu üben, wie sich ihre Truppen im Vorfeld eines Krieges mit der Sowjetunion und den Staaten des Warschauer Paktes schnellstmöglich mobilisieren und verstärken ließen. Obwohl einige der Verstärkungseinheiten ihre Ausrüstung per Schiff mitbrachten, befand sich die Ausrüstung der meisten Truppen in bereits vorher eingerichteten Lagern auf dem europäischen Festland.

5 Plans and Staff Officer-J[7].

6 Kommandeur einer Division ist ein Major General (zwei Sterne).

7 Normalerweise steht ein Korps unter dem Kommando eines Lieutenant General (drei Sterne). Der überwiegende Teil des VII. Corps war in Bayern stationiert.

8 Saddams Republikanische Garde bestand aus acht Divisionen mit insgesamt etwa 100.000 Mann. In diesen Einheiten befanden sich die besten verfügbaren Rekruten, sie erhielten die beste Verpflegung, die beste Ausbildung und Ausrüstung und galten als die zuverlässigsten Elemente des irakischen Heeres. Während des Krieges wurden vier Divisionen der Republikanischen Garden völlig aufgerieben. Die stärkste und loyalste Division hielt Saddam in Reserve-Stellungen um Bagdad zurück. Sie kam nie ins Gefecht.

9 GPS verwendet Satelliten im All und tragbare Empfänger auf der Erde. Durch dieses System erhalten Sie Positionsangaben von äußerster Genauigkeit.

10 *Force oriented* (Streitkraftorientierung) bedeutet, daß das Ziel des VII. Corps die Vernichtung der feindlichen Einheiten selbst war und nicht die Eroberung geographischer Angriffsziele.

11 Normalerweise haben militärische Sprechfunkgeräte Reichweiten zwischen 8 und 35 km. Auf ebenem Gelände werden üblicherweise alle 16 bis 24 km Relaisstationen, sogenannte »Repeater« in Stellung gebracht.

12 Wie beim Football.

13 *Medina Ridge* ist der Name, den amerikanische Truppen einer flachen, etwa 11 km langen Anhebung in der irakischen Wüste im Norden Kuwaits gaben. Hier vernichtete die 2nd Brigade (»Iron«) der First Armored Division am Nachmittag des 27. Februar 1991 innerhalb von vierzig Minuten eine Brigade der Medina-Division der Republikanischen Garden (sechzig T-72-Panzer und »Dutzende« von Mannschafts-Transportwagen).

14 Das FM 100-5 (Ausgabe Juni 1993) definiert den Begriff *Hasty Attack* als einen Angriff, der »… von Truppen quasi aus dem Stand, also mit minimaler Vorbereitungszeit gestartet wird, um den Feind zu vernichten, ehe er selbst in der Lage ist, seine Truppen zu sammeln oder eine Verteidigung aufzubauen.« Ein solcher Angriff »… erhöht die Beweglichkeit mit dem Risiko des Verlustes der gegenseitigen Abstimmung (Synchronisation).« Diese Art von Blitzangriff steht im Gegensatz zur *Deliberate Attack*, die mehr Vorbereitungszeit erfordert.

15 *Pursuit** definiert das FM 100-5 als »… Offensivoperation gegen feindliche Kräfte, während diese sich auf dem Rückzug befinden.« *Exploitation*** folgt einem erfolgreichen Angriff. »… *Exploitation* und *pursuits* dienen der Überprüfung der Kühnheit sowohl von Soldaten als auch von Führern. Bei beiden Operationen besteht für den Angreifer ein fast genauso großes Risiko der Desorganisation wie für den Verteidiger.«

16 Eine doppelte Umfassung ist ein simultanes Vorgehen unter Feuer, Stoßkraft und Bewegung gegen beide Flanken einer gegnerischen Stellung. Erstmals angewandt von Hannibal bei der Aufreibung der römischen Armee in der Schlacht von Cannae im Jahre 216 vor Christus. Sie wird als Ausdruck höchster Führungsqualität angesehen.

---

\* Verfolgung
\*\* Nutzung im Sinne von Vernichtung

# Der Stahl wird geschliffen

1 Die *linear sheaf** ist eine besondere Form des artilleristischen Beschußmusters.

## Aus dem Leben eines Offiziers der Cavalry

1 Die Kompanie von Captain MacMaster verwendete Farben als Code-Bezeichnungen. Der erste Zug war »Red«, der zweite »White«, der dritte »Blue«, der vierte »Green« und das Führungselement der Kompanie »Black«. Das Rufzeichen von Captain MacMasters Panzer war »Black-66«.

## Rollen und Aufgaben: Das ACR in der realen Welt

1 Diese Langstrecken-Version des sowjetischen SCUD, der *Nodong* Langstrecken-Flugkörper mit Atomsprengköpfen, kommt mit einem 1.000 kg Gefechtskopf auf eine Reichweite von 1.000 km. Mit einer Treffergenauigkeit (*Circular Error Probable* = wahrscheinlicher Fehlerkreis) von vielleicht 500 m stellt er eine Bedrohung für sämtliche Städte Südkoreas und für einige in Japan, China und Sibirien dar.

2 Beachten Sie bitte, daß sich alle Zeitangaben auf die Zeitzone von Seoul beziehen, die vierzehn Stunden vor Washington, D.C., und neun Stunden vor Greenwich Mean Time (GMT = Mitteleuropäische Zeit) liegt. GMT wird von der US-Army weltweit als Bezugszeit verwendet und aus unerfindlichen Gründen als »Zulu«-Zeit bezeichnet. Wenn es also 7.00 morgens in Washington ist, steht die Uhr in Seoul auf 21.00 Uhr, und es ist 1200 Zulu.

3 Die US-Eighth Army setzt sich aus sämtlichen Truppen der Army in Korea und Japan zusammen – 1997 insgesamt 25.000 Mann. Das Hauptquartier der 8. Armee in Korea steht unter dem Kommando eines Viersterne-Generals, der nominell auch oberster Befehlshaber aller UN-Streitkräfte ist, die sich auf der Halbinsel befinden. In der Praxis heißt das, er koordiniert die Planungen, die Logistik, den Nachrichtendienst und die Operationen ihm unterstellter Kräfte mit der Kommandostruktur des südkoreanischen Militärs.

4 Das PACific COMmand (PACOM) steht unter dem Kommando eines Viersterne-Admirals der US-Navy. Er hat den operativen Oberbefehl über absolut alle amerikanischen Kräfte im pazifischen Raum, einschließlich der 8. Armee in Korea.

5 Diese kastenförmigen Frachtschiffe mit 40.000 bis 45.000 t Bruttotonnage können mit militärischen Ausrüstungsgütern beladen werden. Sie sind im Rahmen langfristiger Pachtverträge in sicheren Häfen in der Nähe von potentiellen Krisenherden stationiert und mit einer gemischten Besatzung aus Personal der Navy und der Vertragsnehmer bemannt. Ein typisches MPS kann 522 der Standard 20-Foot Vans tragen (350 in der Munitionstransport- und 32 in der Kühlausführung) und hat RoRo-Parkraum für

---

* Feuerwalze

110 allgemeine Versorger, 30 davon mit Kraftstoff für bis zu 1.400 Fahrzeuge in HMMWV-Größe und 1.500.000 Gallons (ca. 5.680 m$^3$) losem Treibstoff, der abgeladen werden kann. Diese dieselgetriebenen Schiffe laufen bis zu 17 Knoten (ca.31,5 km/h). Sie sollten nicht mit den SL-7 Schnelltransportern verwechselt werden.

6 Normalerweise ist das 3rd Armored Cavalry Regiment dem III. Corps in Texas unterstellt. Im Rahmen des hier beschriebenen Robust-Screen-Plans würde es mit sämtlichen Verstärkungselementen dem Operationsbefehl eines Lieutenant General (drei Sterne) übergeben, der das IX. Corps in Korea kommandiert.

7 Mit kleinen Mannschaften aus Zivilisten bemannt, bewiesen sie ihren Wert in den Jahren 1990 und 1991 im Rahmen der Operation Desert Shield. Lediglich sieben dieser Schiffe transportierten 11 Prozent der *gesamten* US-Fracht, die an den Persischen Golf gebracht wurde (die restlichen 89 Prozent kamen zum größten Teil auf langsameren, gecharterten Transportern, und nur die ganz dringenden Frachtstücke wurden mit enormen Kosten auf dem Luftwege transportiert).

8 Zur 1st MEF gehören drei Infanterie-Brigaden, Bataillone von Kampf- und Transport-Hubschraubern, einige leichte Panzer-Bataillone und ein Geschwader mit Staffeln F-18 *Hornet* und AV-8B *Harrier*.

9 Die Zeitangaben erfolgen in Ortszeit Uganda, die drei Stunden vor GMT und acht Stunden vor Washington, D.C., liegt.

## Die Trooper von morgen

1 Die Task Force Smith war ein Detachement vom 1st Battalion des 21st Infantry Regiments, das durch eine Batterie Feldartillerie verstärkt worden war. Kurz nachdem die nordkoreanische Armee am 25. Juni 1950 mit dem Einmarsch in den Süden begonnen hatte, wurde es mit höchster Eile nach Korea verlegt. Am 5. Juli wurde diese schlecht ausgebildete und schwach geführte Task Force, die auch keine wirksamen Panzerabwehrwaffen hatte, in der Nähe von Osan überrannt und aufgerieben. Sie wurde in der amerikanischen Militärgeschichte zu einer Lektion mit symbolhaftem Charakter, wie man Truppen *nicht* ausbilden, ausrüsten und ins Gefecht schicken soll.

# Bibliographie

## Bücher

Adams, James. *Secret Armies.* Atlantic Monthly Press, 1987.

Adan. Avraham (Bren). *On the Banks of the Suez.* Presidio Press, 1980.

Albrecht, Gerhard und Rhades, Jürgen. *Weyers Flottentaschenbuch – Warships of the World.* Bernard & Graefe Verlag, 1992/93.

Allen, Thomas B. *War Games – The Secret World of the Creators, Players, and Policy Makers Rehearsing World War III Today.* McGraw-Hill, 1987.

Antal, John F. *Armor Attacks – The Tank Platoon.* Presidio Press, 1991.

Arrian. *The Campaign of Alexander.* Dorset Press, 1971.

Asher, Jerry und Hammel, Eric. *Duel for the Golan – The 100-hour Battle That Saved Israel.* William Morrow and Company Inc., 1987.

Atkinson, Rick. *Crusade – The Untold Story of the Persian Gulf War.* Houghton Mifflin Company, 1993.

Avallone, Eugene A. und Baumeister, Theodore III (Hg.). *Marks' Standard Handbook for Mechanical Engineers.* 9. Aufl. McGraw Hill Book Company, 1987.

Baxter, William P. *Soviet Air Land Battle Tactics.* Presidio Press, 1986.

Bishop, Chris und Donald, David. *Encyclopedia of World Military Power.* The Military Press, 1986.

Blackwell, James. *Thunder in the Desert – The Strategy and Tactics of the Persian Gulf War.* Bantam Books, 1991.

Blair, Arthur H. *At War in the Gulf – A Chronology.* Texas A&M University Press, 1992.

Blair, Clay. *The Forgotten War – America in Korea 1950-1953.* Times Books, 1987.

Bolger, Daniel P. *Dragons at War 2 – 34th Infantry in the Mojave.* Presidio Press, 1986.

Bradley, John H. *The Second World War: Asia and the Pacific.* Avery Publishing Group. 1989.

Bradnock, Robert. *South Asian Handbook.* Prentice Hall, 1992.

Brady, George S. und Clauser, Henry R. (Hg.). *Materials Handbook.* 13. Aufl. McGraw Hill Book Company, 1991.

Brugioni, Dino A. *Eyeball to Eyeball: The Inside Story of the Cuban Missile Crisis.* Random House, 1990.

Buell, Thomas B.; Franks, Clifton R.; Hixson, John A.; Mets, David R.; Pirnie, Bruce R.; Ransone, James F. Jr. und Stone, Thomas R. *The Second World War: Europe and the Mediterranean.* Avery Publishing Group, 1989.

Chadwick, Frank. *Gulf War Fact Book.* GDW, 1991.

Charlton, James (Hg.). *The Military Quotation Book.* St. Martin's Press, 1990.

Chinnery, Philip D. *Life on the Line.* St. Martin's Press, 1988.

Clancy, Tom. *Atom U-Boot: Reise ins Innere eines Nuclear Warship.* Wilhelm Heyne Verlag, 1995.

Cohen, Elliott und Gooch, John. *Military Misfortunes: The Anatomy of Failure in War.* Free Press, 1990.

Courtney-Green, P. R. *Ammunition for the Land Battle: Land Warfare.* Brassey's New Battlefield Weapons Systems an Technology Series. Band 4. Brassey's (UK) Ltd., 1991.

Crowe, William J. Admiral Jr. *The Line of Fire.* Simon & Schuster, 1993.

Darwish, Adel und Alexander, Gregory. *Unholy Babylon – The Secret History of Saddam's War*. St. Martin's Press, 1991.

Deighton, Len. *Blood, Tears and Folly: An Objective Look at World War II*. Harper Collins, 1993.

Delbrück, Hans. *Geschichte der Kriegskunst im Rahmen der politischen Geschichte: Das Altertum*. Walter de Gruyter, 1964.

Department of Defense. *Conduct of the Persian Gulf War*. Government Printing Office, 1992.

Dorr, Robert F. *Desert Shield – The Build-Up: The Complete Story*. Motorbooks International, 1991.

– *Desert Storm Air War*. Motorbooks, International, 1991.

– *Desert Storm Ground War*. Motorbooks International, 1991.

– *Desert Storm Sea War*. Motorbooks International, 1991.

Dunnigan, James F. und Bay, Austin. *From Shield to Storm*. William Morrow and Company, Inc., 1992.

Dunnigan, James F. und Macedonia, Raymond M. *Getting It Right: American Military Reforms after Vietnam to the Gulf War and Beyond*. William Morrow and Company, Inc., 1993.

Dupuy, R. Ernest und Dupuy, Trevor N. *The Harper Encyclopedia of Military History from 3500 BC to the Present*. 4. Aufl. Harper Collins Publishers, Inc., 1993.

Dupuy, Trevor N. *Numbers, Predictions & War: The Use of History to Evaluate and Predict the Outcome of Armed Conflict*. Hero Books, 1985.

– *The Evolution of Weapons and Warfare*. Bobbs-Merril, 1980.

– *Understanding War: History and Theory of Combat*. Paragon House, 1987.

– *Understanding Defeat*. Paragon House, 1990.

– *How to Defeat Saddam Hussein*. Warner Books, 1991.

– *Future Wars: The World's Most Dangerous Flashpoints*. Sidwick & Jackson Ltd., 1993.

Dupuy, Trevor N.; Johnson, Curt und Bongard, David. *Harper Encyclopedia of Military Biography*. Harper Collins, 1992.

Edwards, John E. *Combat Service Support Guide*. 2. Aufl. Stackpole Books, 1993.

Ellis, John. *Brute Force – Allied Strategy and Tactics in the Second World War*. Penguin Group, 1990.

Eshel, David. *The U.S. Rapid Deployment Forces*. Arco Publishing, 1985.

Everett-Heath, E. J.; Moss, G. M.; Mowat, A. W. und Reid, K. E. *Military Helicopters, Land Warfare*. Brassey's New Battlefield Weapons Systems and Technology Series, Band 6. Brassey's (UK) Ltd., 1990.

Farrar, C. L. und Leeming, D. W. *Military Ballistics – A Basic Manual*.
Brassey's Battlefield Weapons Systems and Technology Series, Band 10. Brassey's Publishers Ltd., 1983.

Foss, Christopher F. (Hg.). *Jane's Armour and Artillery 1979-80*. Jane's Information Group, 1979.

– *Jane's Armoured Personnel Carriers*. Jane's Publishing Company Ltd., 1985.

– *Jane's Main Battle Tanks*. 2. Aufl. Jane's Publishing Company Ltd., 1986.

Friedman, Norman. *Desert Victory: The War for Kuwait*. Naval Institute Press, 1991.

– *World Naval Weapons Systems*. Naval Istitute Press, 1991.

Gilbar, Stephen, *The Reader's Quotation Book*. Penguin, 1990.

Glover, Thomas J. *Pocket Ref*. Sequoia Publishing, 1992.

*GPS: A Guide to the Next Utility*. Trimble Navigation, 1993.

Green, Michael. *HUMMER*. Motorbooks International, 1992.

Green, Michael und Stewart, Greg. *M2/M3 Bradley*. Concord Publications, 1990.

Greer, Don. *MIA/Abrams in Action*. Squadron/Signal Publications, 1989.

Griess, Thomas E. *Campaign Atlas to the Second World War*. Avery Publishing Group, 1989.

Guderian, Heinz. Übersetzt von Christopher Duffy. *Achtung-Panzer!* Arms and Armour Press, 1992.

Gunston, Bill. *The Illustrated Encyclopedia of Aircraft Armament.* Orion Books, 1988.

Halberstadt, Hans. *NTC-A Primer of Modern Land Combat.* Presidio Press, 1989.

– *Army Aviation.* Presidio Press, 1990.

Hallion, Richard P. *Strike from the Sky – The History of Battlefield Air Attack 1911-1945.* Smithsonian Institution Press, 1989.

– *Storm over Iraq – Air Power and the Gulf War.* Smithsonian Institution Press, 1992.

Hammel, Eric. *Khe Sanh-Siege in the Clouds: An Oral History.* Crown Publishers. Inc., 1989.

Hansen, Chuck. *U.S. Nuclear Weapons – The Secret History.* Orion Books, 1988.

Hassler, Warren W. Jr. *Crisis at the Crossroads-The First Day at Gettysburg.* University of Alabama Press, 1970.

Harris, J. P. und Toase, F. N. (Hg). *Armoured Warfare.* B. T. Batsford Ltd., 1990.

Heinlein, Robert A. *Starship Troopers.* Bastei-Verlag Gustav H. Lübbe, 1998.

Hilsman, Roger. *George Bush vs Saddam Hussein – Military Success/Political Failure?* Lyford Books, 1992.

Hudson, Heather E. *Communications Satellites: Their Development and Impact.* Free Press, 1990.

Hughes, B. P. *Open Fire: Artillery Tactics from Marlborough to Wellington.* Antony Bird Publications, 1983.

*International Countermeasures Handbook.* 12. Aufl. EW Communications, 1987.

*The Iraqi Army: Organisation and Tactics.* Paladin Press, U.S. Army, 1991, S. 501.

Isby, David C. *Weapons and Tactics of the Soviet Army.* Jane's Publishing Company Ltd., 1981.

Isby, David C. und Kamps, Charles Jr. *Armies of NATO's Central Front.* Jane's Publishing Company Ltd., 1985.

*Jane's Armour and Artillery Systems 1993-94.* Jane's Information Group, 1993.

Keegan, John. *Das Antlitz des Krieges.* Campus Verlag, 1991.

– *The Second World War.* Viking, 1989.

– *A History of Warfare.* Knopf, 1993.

Kelley, Orr. *King of the Killing Zone.* Berkley Books, 1989.

Kondo, Yoji (Hg.). *Requiem.* Tom Doherty Associates, 1992.

Lee, R. G.; Garland-Collins, T. K.; Garnell, P.; Halsey, D. H. J.; Moss, G. M. und Mowat, A. W. *Guided Weapons (Including Light, Unguided Anti-Tank Weapons).* Brassey's Battlefield Weapons Systems and Technology Series, Band 8. Brassey's Publishers Ltd., 1983.

Lehman, John. *Making War.* Scribners, 1992.

Liddell-Hart, Basil Henry. *Strategy.* Praeger, 1967.

Luttwak, Edward und Koehl, Stuart L. *The Dictionary of Modern War.* Harper Collins Publishers, 1991.

Macksey, Kenneth. *Tank versus Tank-The Illustrated Story of Armored Battlefield Conflict in the Twentieth Century.* Crescent Books, 1991.

Macksey Kenneth und Batchelor, John H. *Tank – A History of the Armoured Fighting Vehicle.* Ballantine Books, 1971.

McConnell, Malcolm. *Just Cause – The Real Story of America's High-tech Invasion of Panama.* St. Martin's Press, 1991.

McFarland, Stephen L. und Newton, Wesley P. *To Command the Sky.* Smithsonian Institution Press, 1991.

McWilliams, Barry. *This Ain't Hell … But You Can See It From Here!* Presidio Press, 1992.

Menninger, Bonar. *Mortal Error.* St. Martin's Press, 1992.

Mesko, Jim. *M2/M3 Bradley in Action.* Squadron/Signal Publications, 1992.

Morse, Stan (Hg.). *Gulf Air War Debrief.* Aerospace Publishing, London, 1991.

Newhouse, John. *War and Peace in the Nuclear Age.* Knopf, 1989.

Nilsen, Robert. *South Korea Handbook.* Moon Publications, 1988.

Norman, Bruce. *Secret Warfare: The Battle of Codes and Cyphers.* David and Charles, 1989.

O'Ballance, Edgar. *No Victor, No Vanquished – The Yom Kippur War.* Presidio Press. 1978.

Pagonis, William G. *Moving Mountains: Lessons in Leadership and Logistics from the Gulf War.* Harvard Business School Press, 1992.

Peebles, Curtis. *Guardians-Strategic Reconnaissance Satellites.* Presidio, 1987.

Peeters, Willy. *AH-64A Attack Helicopter.* Verlinden Publications, 1991.

Peoples, Kenneth. *Bell AH-1 Cobra Variants.* Aerofax, Inc., 1988.

Perla, Peter P. *The Art of Wargaming.* Naval Institute Press, 1990.

Pfanz, Harry W. *Gettysburg: The Second Day.* University of North Carolina Press, 1987.

Phillips, Jeffrey und Gregory, Robyn M. *America's First Team in the Gulf.* Taylor Publishing, 1992.

Popelka, Beverly A. (Hg.), *Weapon Systems.* U.S. Army, 1992.

Pretty, Ronald T. *Jane's Weapon Systems, 1981-82.* Jane's Publishing Company, 1981.

Prezelin, Bernard und Baker, A. D. *Combat Fleets of the World, 1993.* Naval Institute Press, 1993.

Price, Alfred. *The History of U.S. Electronic Warfare.* Association of Old Crows, 1989.

Quarrie, Bruce. *Armoured Wargaming – A Detailed Guide to Model Tank Warfare.* Patrick Stephens Limited, 1988.

Richelson, Jeffrey T. *America's Secret Eyes in Space.* Harper & Row, 1990.

Rogers, Will und Rogers, Sharon. *Storm Center: The USS Vincennes and Iran Air Flight 655.* Naval Institute Press, 1992.

Rommel, Erwin. *Infantry Attacks.* Presidio Press, 1990.

Santolli, Al. *Leading The Way – How Vietnam Veterans Rebuilt the U.S. Military.* Ballantine Books, 1993.

Schwarzkopf, H. Norman. *Man muß kein Held sein.* Wilhelm Goldmann Verlag, 1994.

Shaara, Michael. *The Killer Angels.* Random House, 1974.

Simpkin, Richard E. *Antitank – An Airmechanized Response to Armored Threats in the 90s.* Brassey's Publishers Ltd., 1982.

Smallwood, William L. *Warthog – Flying the A-10 in the Gulf War.* Brassey's, 1993.

Smith, Peter C. *Close Air Support – An Illustrated History, 1914 to the Present.* Orion Books, 1990.

Smithfells, Colin J. *Metals Reference Book.* 4. Aufl., Band III. Plenum Press, 1967.

Sorley, Lewis. *Thunderbolt – From the Battle of the Bulge to Vietnam and Beyond.* Simon & Schuster, 1992.

Starry, Donn. *Mounted Combat in Vietnam.* Department of the Army, 1978.

Stevenson, William. *90 Minutes at Entebbe.* Bantam, 1976.

Stewart, Greg. *National Training Center.* Concord Publications, 1992.

Summers, Harry G. *On Strategy II: A Critical Analysis of the Gulf War.* Dell, 1992.

Taylor, John W. R. und Munson, Kenneth. *Jane's All the World's Aircraft, 1984-85.* Jane's Publishing Company, 1984.

Terry, T. W.; Jackson, S. R.; Ryley, C. E. S.; Jones, B. E. und Wormell, P. J. H. *Fighting Vehicles, Land Warfare.* Brassey's New Battlefield Weapons Systems and Technology Series. Band 7. Brassey's (UK) Ltd., 1991.

Thompson, Julian. *No Picnic – 3 Commando Brigade in the South Atlantic: 1982.* Hippocrene Books, 1985.

– *The Lifeblood of War: Logistics in Armed Conflict.* Brassey's (UK) Ltd., 1991.

Toffler, Alvin und Toffler, Heidi. *War and Anti-War.* Little, Brown, 1993.

*TRIMPACK GPS Receiver: Operation & Maintenance Guide.* Trimble Navigation, 1990.
*U.S. Army Field Manual 100-5: Blueprint for the AirLand Battle,* Brassey's (U.S.), 1991.
U.S. News and World Report. *Triumph Without Victory.* Random House, 1992.
Vaux, Nick. *Take that Hill! – Royal Marines in the Falklands War,* Brassey's (U.S.) Inc.,
    Maxwell Macmillian Pergamon Publishing Corp., 1986.
Von Clausewitz, Carl. *Vom Kriege.* Ullstein Buchverlag, 1998.
Von Senger und Etterlin, Ferdinand. *Tanks of the World.* 7. Aufl. Bernard & Graefe
    Verlag, 1990.
Ward, Geoffrey C.; Burns, Ric und Burns, Ken. *The Civil War.* Alfred A. Knopf, Inc.,
    1991.
Warden, John A. III. *The Air Campaign: Planning for Combat.* Brassey's (U.S.), 1989.
Watson, Bruce W.; George, Bruce M. P.; Tsouras, Peter und Cyr., B. L. *Military Les-
    sons of the Gulf War.* Greenhill Books and Presidio Press, 1991.
Weinberger, Caspar. *Fighting For Peace: Seven Critical Years in the Pentagon.* Warner
    Books, 1990.
White, B. T. *Tanks and other Armored Fighting Vehicles 1900-1918.* The Macmillian
    Company, 1970.
Winnefeld, James A. und Johnson, Dana J. *Joint Air Operations-Pursuit of Unity in
    Command and Control 1942-1991.* Naval Institute Press, 1993.
Winter, Frank H. *The First Golden Age of Rocketry.* Smithsonian Institution Press, 1990.
*XM8 Armored Gun System.* Program Briefing, FMC Corporation, 1993.
Zaloga, Steven J. *The M1 Abrams Battle Tank.* Osprey Publishing. London, 1985.
–  *The M2 Bradley Infantry Fighting Vehicle.* Osprey Publishing, 1986.
–  *Red Thrust – Attack on the Central Front, Soviet Tactics and Capabilities in the 1990s.*
    Presidio Press, 1989.
Zaloga, Steven J. und Green, Michael. *Tank Attack: A Primer of Modern Tank Warfare,*
    Motorbooks International Publishers & Wholesalers, 1991.
Zaloga, Steven J. und Sarson, Peter. *M 1 Abrams Main Battle Tank: 1982-1992.* Osprey
    Publishing, 1993.
Zurick, Tim. *Army Dictionary and Desk Reference.* Stackpole Books, 1992.

## Monographien

Frizzell, D. und Bowers, R. (Hg.). »Air Power and the 1972 Spring Invasion.« USAF
    Southeast Asia Monograph Series.
Gawrych, George W. »Key to the Sinai: The Battles for Abu Ageila in the 1956 and
    1967 Arab-Israeli Wars.« U.S. Army Command and General Staff College, 1990.
Kamiya, Jason K. »A History of the 24 Mechanized Infantry Division Combat Team
    during Operation Desert Storm.« U.S. Army, 1991.
Mesko, Jim. »M60 Patton in Action.« Squadron/Signal Publications, 1986.
Netherland, Scott F. »Use of the Global Positioning System by U.S. Forces during
    the Gulf War.« German Army Conference on GPS, 1991.
Romjue, John L. »From Active Defense to AirLand Battle: The Development of Army
    Doctrine 1973-1982.« U.S. Army, TRADOC Historical Monograph Series, 1984.

## Offizielle US-Armeeberichte

Army Modernization Plan. Anhang A. – *Close Combat-Heavy.* U.S. Army, 1993.
Army Modernization Plan. Anhang B. – *Close Combat-Light.* U.S. Army, 1993.
Army Modernization Plan. Anhang C. – *Command, Control & Communications.* U.S.
    Army, 1993.

Army Modernization Plan. Anhang D. – *Engineer And Mine Warfare*. U.S. Army, 1993.

Army Modernization Plan. Anhang E. – *Air Defense*. U.S. Army, 1993.

Army Modernization Plan. Anhang F. – *Tactical Wheeled Vehicles*. U.S. Army, 1993.

Army Modernization Plan. Anhang G. – *Fire Support Systems*. U.S. Army, 1993.

Army Modernization Plan. Anhang H. – *Theater Missile Defense*. U.S. Army, 1993.

Army Modernization Plan. Anhang I. – *Intelligence/Electronic Warfare*. U.S. Army, 1993.

Army Modernization Plan. Anhang J. – *Logistics*. U.S. Army, 1993.

Army Modernization Plan. Anhang K. – *Soldier*. U.S. Army, 1993.

Army Modernization Plan. Anhang L. – *Aviation*. U.S. Army, 1993.

Army Modernization Plan. Anhang M. – *Nuclear, Biological and Chemical*. U.S. Army, 1993.

Army Modernization Plan. Anhang N. – *Information Mission Area Infrastructure*. U.S. Army, 1993.

Army Modernization Plan. Anhang O. – *Medical*. U.S. Army, 1993.

Army Modernization Plan. Anhang P. – *Training*. U.S. Army, 1993.

Army Modernization Plan. Band I. U.S. Army, 1993.

Army Modernization Plan. Band II. U.S. Army, 1993.

Command and General Staff College, Fort Leavenworth, KS. Student Text 100 – 3. *Battle Book: Center for Army Tactics*. U.S. Army, 1986.

Command and General Staff College, Fort Leavenworth, KS. Student Text 100-7. *Soviet Army Handbook*. U.S. Army, 1991.

Field Artillery School, Fort Sill, OK. *Advanced Field Artillery Tactical Data System (AFATDS) Operations*. U.S. Army, 1992.

Field Artillery School, Fort Sill, OK. *Tactics, Techniques, and Procedures for the M 109A6 (Paladin) Howitzer: Section Platoon Battery and Batallion*. U.S. Army, 1992.

FM 1-114, *Tactics, Techniques and Procedures for the Regimental Aviation Squadron*. U.S. Army, 1991.

FM 17-47, *Air Cavalry Combat Brigade*. U.S. Army, 1982.

FM 100-5, *Operations*. U.S. Army, HQ Training and Doctrine Command, 1993.

FM 100-23, *Peace Operations*. Draft. U.S. Army, 1993.

Headquarters. Training and Doctrine Command. FM 3-4, *NBC Protection*. U.S. Army, 1984.

Headquarters, Training and Doctrine Command, FM 15-50, *Attack Helicopter Operations*. U.S. Army, 1984.

Headquarters, Training and Doctrine Command, FM 55-50. *Army Water Transport Operations*. U.S. Army, 1985.

Headquarters, Training and Doctrine Command. FM 100-17, *Mobilization, Deployment, Redeployment, Demobilization*. U.S. Army, 1992.

*How They Fight*. Desert Shield Order of Battle Handbook. U.S. Army, September 1990.

*Land Warfare in the 21st Century*. U.S. Army, 1993.

Product Manager, M 113/M60 Family of Vehicles. *Data Book: September 1992*. U.S. Army,. Tank Automotive Command. Warren, MI., 1992.

*2nd Armored Cavalry 1989-1991*, 2nd Armored Cavalry Regiment, 1991.

24th Mechanized Infantry Division. *Operation Desert Stom: Attack Plan OPLAN 91-3*. U.S. Army, 1992.

24th Mechanized Infantry Division. *24th Mechanized Infantry Division Combat Team: Historical Reference Book*. U.S. Army, 1991.

24th Mechanized Infantry Division. *The Victory Book: A Desert Storm Chronicle*. U.S. Army, 1991.

# Zeitschriften

*Air Force*
*Apache*
*Armada International*
*Armed Forces Journal*
*Armor – The Magazine of Mobile Warfare*
*Army*
*Army 1993-94 Green Book*
*Army Aviation*
*ATAC and the Armor/Anti-Armor Program*
*Aviation Week and Space Technology*
*Command*
*Field Artillery*
*Fighter Weapons Review*
*Flight International*
*Halting the Armoured Tide – JDW Survey*
*Helistop*
*International Defense Review*
*Jane's Defense Weekly*
*Jane's Intelligence Review*
*Jane's Soviet Intelligence Review*
*Military Technology (MILTECH)*
*Motor Trend*
*NATO's Fifteen/Sixteen Nations*
*Red Thrust Star*
*U.S. Naval Institute Proceedings*
*Warship International*
*World Airpower Journal*

# Broschüren

»AH-1W Super Cobra.« Bell Helicopter-Textron.
»AH-64A Apache – A Total System for Battle.« McDc.
»Air-to-Air Stinger.« General Dynamics Air Defense Systems.
»The Armed OH-58D Kiowa Warrior.« Bell Helicopter-Textron.
»Army Tactical Missile System: Fact Sheet.« Loral Vought Systems.
»AT4 Light Anti-Armor Weapon.« BOFORS Weapon Systems.
»Avenger.« Boeing.
»Bell OH-58D Kiowa Warrior.« Bell Helicopter-Textron.
»Bradley A2-M2/M3 Fighting Vehicles.« FMC Corporation.
»The Carl Gustaf System.« BOFORS Weapon Systems.
»Combat Training and Simulation Systems.« Loral Vought Systems.
»E-8C Joint STARS.« Grumman.
»FDCV/CPV: Fire Direction Center Vehicle/Command Post Vehicle.« BMY Corporation.
»Flexibility Sets the Pace at Combat Training Centers.« Loral Vought Systems.
»Guided Weapon for T-80U and T-90E Tanks.« Russian Broschure.
»Hellfire II Missile System.« Martin Marietta Electronics Group.
»Hellfire-Ground-Launched Light Systems.« Rockwell International Tactical Systems Division.
»Hellfire Modular Missile System.« Rockwell international. Tactical Systems Division.

»Hummer 25.« AM General.
»HUMMER M-988 Series: Specifications & Performance Data.« AM General.
»Hydra-70.« BEI Defense Systems, Fort Worth, TX.
»IVIS. Knowledge Is Power.« General Dynamics Land Systems.
»Javelin Antitank Weapon System.« Texas Instruments/Martin Marietta.
»Joint STARS.« Grumman.
»LAW-M72 Light Anti-Armor Weapon.« Talley Defense Systems.
»M1 Abrams Laser Rangefinder Thermal Imaging System.« Hughes Aircraft Company, Electro-Optical Systems.
»M1 Evolution-M1A1.« General Dynamics Land Systems.
»M1A1.« General Dynamics Land Systems.
»M1A2-Fightability Defined.« General Dynamics Land Systems.
»M1A2 Gunner's Primary Sight: Line-of-Sight Subsystem.« Hughes Aircraft Company, Electro-Optical Systems.
»M1A2-Tomorrow's Solutions Today.« U.S. Army.
»M9 Armored Combat Earthmover.« BMY Corporation.
»M16A2 Rifle.« Colt's Manufacturing Company. Hartford, CT.
»M16A3 Enhanced Family of Weapons.« Colt's Manufacturing Company, Hartford, CT.
»M77 MLRS Rocket: Fact Sheet.« Loral Vought Systems.
»M88A1 Recovery Vehicle.« BMY Corporation.
»M88A1E1: The Improved Recovery Vehicle to Support M1 Series Tanks.« BMY Corporation.
»M109A2 155mm Self-Propelled Howitzer.« BMY Corporation.
»M113 Family of Vehicles: Modernizing for the Future.« FMC Corporation.
»M113A3.« FMC Corporation.
»M829A1 KE Tactical Cartridge.« Olin Ordnance, St. Petersburg, FL.
»M830 HEAT Tactical Cartridge.« Olin Ordnance, St. Petersburg, FL.
»Meet an American Legend: Hummer.« Am General.
»MILES Air-to-Ground Engagement System II.« Loral Vought Systems.
»MLRS.« Loral Vought Systems.
»Multiple Launch Rocket System: Fact Sheet.« Loral Vought Systems.
»National Training Center.« U.S. Army.
»Non-Line-of Sight Combined Arms (NLOS-CA).« Boeing.
»120mm Tank Ammunition.« AllianTechSystems Precision Armament Systems.
»Oshkosh M 1070 Heavy Equipment Transporter Specifications.« Oshkosh Truck Corporation.
»Oshkosh PLS: Palletized Load System Specifications.« Oshkosh Truck Corporation.
»Precision Lightweight GPS Receiver (PLGR).« Trimble Navigation.
»RAH-66 Comanche: Now … Mote than Ever.« Boeing-Sikorsky.
»Scout M GPS Handheld Tactical SPS Receiver.« Trimble Navigation.
»Shield – T-72S Rocket Tank.« Russian Broschüre.
»Stinger Family of Weapon Systems.« Hughes Missile Systems. Pomona, CA.
»T-80U, PROMEXPORT.« Russian Broschure.
»Tank Ammunition.« Allian TechSystems, Brooklyn Park, Mn.
»TOW 2/TOW 2A.« Hughes Aircraft Company.
»TOW 2B-A Fly-Over Shoot-Down TOW.« Hughes Aircraft Company.
»TRADOC; Where Tomorrow's Victories Begin.« U.S. Army.
»TRIMPACK, AN/PSN-10(v) Small, Lightweight GPS Receiver.« Trimble Navigation.
»TRIMPACK Quick Reference Guide, Revision C.« Trimble Navigation.
»UH-60L Blackhawk.« Sikorsky.

»U.S. Army AH-64A Apache.« McDonnell Douglas.
»U.S. Army/Rockwell Hellfire Modular Missile.« Rockwell International, Tactical Systems Division.
»XM8 Armored Gun System.« FMC Ground Systems Division.

## Druckschriften

»AFV.« Profile Publications Limited, 1993.
»AH-64A Apache Anti-Armor Helicopter System Description.« McDonnell Douglas Helicopter Company, 1986.
»Apache AH-64A.« McDonnell Douglas Helicopter Company, 1993.
»Bellona Military Vehicle Prints.« Bellona Publications Ltd., 1993.
»Bradley Derivative Vehicle Systems.« FMC Corporation, 1993.
»Comanche: RAH-66.« Boeing-Sikorsky, 1992.
»Defense Systems Group: Program Status.« FMC Corporation, 1993.
»The Desert Jayhawk: Operation Desert Shield/Storm.« U.S. Army, 1991.
»Desert Storm Conference Report.« U.S. Army, 1992.
»General Dynamics 1992 Shareholder Report, General Dynamics.« Corporate Headquarters, Falls Church, VA, 1992.
»German Tanks and Armoured Vehicles 1914-1945.« Ian Allen Ltd., 1966.
»GTA-17-2-13 Armored Vehicle Recognition.« U.S. Army, 1984.
»History, Customs, and Traditions of the 3rd Armored Cavalry Regiment.« U.S. Army, 1992.
»Key Weapons and Equipment Guide: Warsaw Pact Armies.« U.S. Army, 1974.
»Leadership and Command on the Battlefield: Battalion and Company.« U.S. Army, 1993.
»Program and Operational Highlights of the Armed OH-58D Kiowa.« American Helicopter Society, 1990.
»Sikorsky H-60 Product Line.« Sikorsky, 1992.
»State of America's Army on Its 218th Birthday.« U.S. Army, 1993.
»Team Apache Modernization: Lifting the Fog of War.« McDonnell Douglas Helicopter Company, 1993.
»Thinking About the Army's Future: Continuity, Change and Growth.« U.S. Army, 1993.
»Trimble Navigation Annual Report.« Trimble Navigation, 1991.
»U.S. Army Advanced Concepts and Technology Program.« U.S. Army, 1993.

## Protokolle zu Einsatzbesprechungen

»Apache Program Status.« McDonnell Douglas Helicopter Company.
»Brave Rifles 101. Third Armored Cavalry Regiment.« U.S. Army.
»Comanche: RAH-66.« Boeing-Sikorsky.
»MLRS Overview, Schaefer, Walter.« FMC Corporation.
»XM93 & XM93EL.« General Dynamics Land Systems Division.

## Karten

East Africa, 1:2.700.000. Karto + Grafik, 1989.
Soul (Seoul) Korea, 1:1.000.000. Army Map Service, 1964.

Virginia. 1:50.000. Alexandria, Defense Mapping Agency, V734X55611.
Washington West Quadrangle: District of Columbia, Maryland, Virginia. 1:24.000.
U.S. Geological Survey, 1983.

## Videokassetten

*ABC News, Mr. Donaldson & CG*. Battle Labs, TRADOC Command BFG.
*A More Cunning Fox*. General Dynamics Land Systems.
*Apache Owns the Night*. McDonnell Douglas Helicopter Company.
*Armed and Dangerous*. McDonnell Douglas Helicopter Company.
*Armored Gun System-Executive Summary*. FMC Corporation.
*Armored Gun System-Progress Review I*. FMC Corporation.
*Armored Gun System-Progress Review II*. FMC Corporation.
*Army Chief of Staff General Gordon Sullivan Visits the Boeing-Sikorsky Comanche Team*.
Sikorsky Aircraft.
*AUSA*. AM General.
*Bell Helicopters in the Gulf War*.
*The Big Picture*. FMC Corporation.
*BMY Combat Systems King of Battle*.
*BMY Combat Systems Meeting the Challenge*.
*Bradley Fighting Vehicle Performance in SWA: A Conversation with Colonel Douglas Staar, Commander 3rd Cavalry*. FMC Corporation.
*Bradley … the Soldiers' Vehicle*. FMC Corporation.
*C2V Interior & Exterior Views*. FMC Corporation.
*The Civil War*. PBS Home Video.
*CYPHER Free Flight Demonstration Tape 2*. Sikorsky Aircraft.
*Desert Storm Chronicles*. U.S. Army.
*First Flight AH-64D*. McDonnell Douglas Helicopter Company.
*Forged in Fire*. McDonnell Douglas Helicopter Company.
*Fox NBCRS*. General Dynamics Land Systems.
*General Franks. 73 Easting*. U.S. Army.
*Hellfire – The Difference AUSA '92*. Rockwell International.
*HET M-1070*. Oshkosh Truck Corporation.
*Hummer: The Inside Story*. AM General.
*LAM: The Update*.
*Longbow AAAA '92*. McDonnell Douglas Helicopter Company.
*M1A1 Technical Characteristics*. General Dynamics Land Systems.
*M1A2 Fightability Defined*. General Dynamics Land Systems.
*M1A2 – The Decisive Edge*. General Dynamics Land Systems.
*M113 Family of Vehicles Modernizing for the Future*.
*M113 FOV Acceleration Comparison Tests*. FMC Corporation.
*M111A3 Universal Carrier*. FMC Corporation.
*M992A1 FAASV-Attacking the Munitions Challenge*. BMY Corp.
*Mad Dogs in Saudi*. U.S. Army.
*MGEN McCaffrey Troop Talks*. U.S. Army.
*MLRS-In the Storm*. Loral Vought Systems.
*MLRS-The Making of a Winner*. Loral Vought Systems.
*MLRS-Total Victory*. FMC Corporation.
*Modernized Apache Operational Capabilities*. McDonnell Douglas Helicopter Company.
*NATO/UN Operations at CMTC*. U.S. Army.
*NBC Nightly News »What Works« Hummer*. AM General.

*Night of the Apache.* McDonnell Douglas Helicopter Company.
*Partners in Success.* General Dynamics Land Systems.
*PLS: The Army's Total Distribution System.* Oshkosh Truck Corporation.
*RAH-66 Comanche PPR 2nd Gen FLIR Update 3/92 Fantail* (music video). Sikorsky
    Aircraft.
*Reconnaissance: The Key to Victory ETV.* Fort Rucker, U.S. Army.
*Simulation Insights.* U.S. Army.
*Simulation Insights and the Reconstruction of the Battle of 73 Easting.*
*U.S. Army Simulation.* Sikorsky Aircraft.
*War in the Gulf.* Video Ordnance.
*Warrior on the Move.* McDonnell Douglas Helicopter Company.
*Wings of Apache.* McDonnell Douglas Helicopter Company.
*Wings Over the Gulf.* Discovery Communications, Inc.

## Spiele

»MBT.« Day, James M. (design and research), Avalon Hill, 1989.
»Phase Line Smash.« Chadwick, Frank. GDW, 1992.

## Tom Clancy

Kein anderer Autor spielt
so gekonnt mit politischen
Fiktionen wie Tom Clancy.

»Ein Autor, der nicht
in Science Fiction abdriftet,
sondern realistische Ausgangs-
situationen spannend
zum Roman verdichtet.«
*DER SPIEGEL*

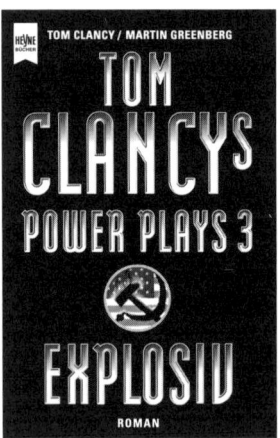

01/13041

Eine Auswahl:

**Tom Clancy
Gnadenlos**
01/9863

**Ehrenschuld**
01/10337

**Der Kardinal im Kreml**
01/13081

**Operation Rainbow**
Im Heyne-Hörbuch als
MC oder CD lieferbar

**Tom Clancy
Steve Pieczenik
Tom Clancys OP-Center 5
Machtspiele**
01/10875

**Tom Clancys OP-Center 6
Ausnahmezustand**
01/13042

**Tom Clancys Net Force 1
Intermafia**
01/10819

**Tom Clancys Net Force 2
Fluchtpunkt**
01/10876

**Tom Clancys Power Plays 2**
01/10874

**Tom Clancys Power Plays 3
Explosiv**
01/13041

# HEYNE-TASCHENBÜCHER